JN299024

力学読本

自然は方程式で語る

大島隆義 [著]
Takayoshi Ohshima

Mechanics
Nature speaks
in equations.

名古屋大学出版会

まえがき

　大学理工系の学部初年次に力学を学ぶ。このとき、高校で学んだものと大きく異なることに気づくはずである。ニュートンの運動方程式は $m\alpha = F$ でなく、$md^2r/dt^2 = F$ である。はじめから微分・積分が登場する。これが大学の授業だと思って合格のうれしさを再度噛み締めるもの、新たに心を引き締めるもの、あるいは、はじめから逃げ腰になるもの、いろいろである。1ヶ月、2ヶ月と授業が進むにつれて、新しい知識を得る愉しさを味わうもの、必死に授業について行くもの、なかなかついて行けなくて悩むもの、さらにはほとんどギブアップするものに徐々に分かれてくる。いま、本書を手にしている学生はどの部類に属するのか？

　本書は学部初年次の力学の勉強のための、副読本のつもりで書いた。したがって、いわゆる教科書ではなく、著者は諸君と対しているつもりで、語りかける口調の言葉づかいをしているところも随所にある。しかし一方で、本書は通常の参考書の範疇の枠から随分はみだしており、硬派の立場をとる。

1. 硬派の立場とは何か。本書は「やさしく」力学を教えようとするものではない。できるだけ数式を少なくして「やさしく」理解できるような書き方はしていない。力学、さらには物理を敬遠しないように、努力少なく学習できるようにとは考えていない。

　本書では、その逆を目指す。勉学に安易な道はない。努力なしで勉学の楽しさを知ることはできない、との立場をとる。諸君が努力して力学を学ぶための手助けとなることを目指す。

　微分・積分が難しいといって、物理を敬遠する学生が少なからずいる。しかし、本書では微分・積分をできるだけ多く登場させ、そして、可能な限り詳細に記述する。微分・積分は科学表現の言葉である。ガリレオがまさに述べたように、「自然」は数式、方程式という言葉によって自分を表現する。

$$\text{"Nature speaks in equations."}$$

である。科学の理解のために、基本的な数学の習得が要請される所以である。人が言葉を覚え、正確に意思疎通を行ない、自己表現でき、世界を理解するために、正しい文法に従った言語力を身につける必要があるのと同じである。

数学的扱いの厳密さよりも物理的描像の把握が重要である、と強調されることがある。両者が重要であるのは当然であるが、学部時代にはまず前者を習得せよ。数学の技術的な取り扱いを学べ。そして、その過程において、つねに数式の意味をも自分なりに考えよ。それが習得するという過程である。数式、方程式の意味を考えることは、その物理的描像の把握を当然導く。教科書の「行間を読む」、とはそういうことである。これらは教科書を単に読んだからできるというものではない。努力が必要である。努力があってこそ、科学の愉しさ、「自然」の面白さがはじめて分かってくるのだ。本書がその一助になればと願う。

2．本書はある意味では親切すぎる。

「行間を読め」と上で書いた。本書は「行間を読む」読み方を徹底して書いた。それがこの読本の精神のつもりである。「行間の読み方」は当然、人により異なる。本書は、著者の観点からの読み方である。

「読み方」は学生が勉学して自分で習得するものであるが、「読め」といってもはじめは「読み方」が分からない。しかしながら、それを何年もかけて自得するのが理想である。だが、理想に達する前に、多くの学生はギブアップする、あるいはずっと「読み方」も分からず、勉学の面白さも知らずに卒業してしまう。

本書で「行間の読み方」を学んだからといって、残念ながらすぐできるわけではない。それは長年の修練と個性の混じり合った結果でもある。だから、人それぞれだというのだ。諸君が大学在学の期間、この読本のスタイルを1つの参考にして、自分の「読み方」を身につける勉学法を習得することを期待する。

本書を学部初年次の「力学」の副読本のつもりで書いたと述べたが、初年次のレベルを大きく超えるところも含む。力学に興味をもちはじめ、理解力が向上しはじめた諸君がその実力を確認するため、あるいは、さらに飛躍し学ぶためである。よって、むずかしいと思うところは飛ばして進めるように構成したつもりである。初年次に読んで分からなかったとしても、3年次、4年次に読み直すと分かることもある。また、はるか先に研究者になって読み返しての発見もあろう。本書は一生ものである。

ここで扱う課題は当然、「力学」のすべてではない。基本事項である。「力学」に限らず、学問は面白いものだ。生物的に視覚を通してみえていた自分のまわりの世界について、学べば学ぶほどそれらの存在意義や相互関連に気づき、このみえる同じ世界がその様相を変化させてくる。そして、その中での自分の存在を徐々に理解しはじめ、存在価値を探りはじめる。これが大学で学ぶ意義である。

3．日常生活で身近に出会う現象をできるだけ多く対象として取り入れるようにした。それらの現象の振る舞いを自分で解析し理解することによって、諸君にとって「力学」

がより身近なものとなるであろう。さらには、自然をみる見方も変化してくるであろう。

「読本」である利点を活かして、著者の能力と時間と気力が続く範囲で、対象をできるだけ徹底して検討するように努めた。その意図は、事物を考えるとき、どこまで深く、かつ広く展開できるか、諸君がそのような体質を身につけるよう修練してもらうためである。著者の勝手な「読本」というものの意味づけから、記述の簡潔さは教科書に譲り、むしろ丁寧さをとった。諸君が確実な理解に至るため、式の展開過程を可能な限り省略せず（必要に応じてヒントも加え）、記述の繰り返しや1つの事項の説明に複数の異なる表現をとった。前の章で扱った事項の説明をのちの章で繰り返す記述法もとっているが、それは重点や重要性を思い出して確認するためであり、また、前の章へ戻る煩雑さを避け、諸君の理解の流れに支障をきたさないようにと考えたためである。さらに本書では、対象に近似的取り扱いをなすときは近似がどのくらい精度がよいものか、あるいは式を身近な例に適用したときにはどのくらいの量になるかなど、諸君が対象を実感として把握できるように具体的に数値評価を示すように努めた。

もちろん、本書を教科書同様に活用することもできる。また、「読本」として数式を追うことを脇に置き、方程式を読む愉しさや自然のメカニズムの面白さに焦点を合わせて「読む」こともできる。その観点から、科学的に未だ確立していない現場の物理学的課題やそのアプローチをも読み物として取り入れている箇所もある。さらに、多くのところでは著者の理解のしかたや把握法にもとづいた議論が展開されている。

本書の構成

1．力学は、**物体の運動とつり合い**を扱う学問である。

前者は、力がはたらくもとで物体あるいは対象とする系がどのような運動をするかを研究するものであり、**動力学** (dynamics) とよぶ。それは、端的にいって、ニュートンの運動の法則によって解析できる。後者は、物体あるいは対象とする系に複数の力あるいは複数の力のモーメントがはたらいているとき、それらがつり合う状態を研究するものである。よって、これを**静力学** (statics) という。多くの教科書では、静力学を動力学の特別な場合として扱う。

本書で扱う力学は、20世紀初頭に現れ確立した「量子力学」、「相対性理論」に対応して、「**ニュートン力学**」(Newtonian mechanics)、あるいは「**古典力学**」(classical mechanics)[1] とよばれる。その歴史は、紀元前の古代ギリシアにはじまり、西洋のルネッサンス、宗教改革や大航海時代のはじまる15世紀後半までの近代以前と、16, 17世紀の「科学革命」の時代からニュートンが力学を確立する18世紀前半までの時代

---

[1] 「量子力学」や「相対性理論」と区別し、それ以前の「電磁気学」、「熱力学」や「統計力学」などの物理学理論体系を「古典物理学」と総称する。

と、さらにそれ以降、ダランベール (Jean le Rond d'Alembert, 1717-1783)、ラグランジュ (Joseph Louis Lagrange, 1736-1813)、ハミルトン (Sir William Rowan Hamilton, 1805-1865) により運動方程式の数学的一般化がなされ、**解析力学**といわれる理論体系が完成する 20 世紀寸前までの 3 つの期間に区分できる。この区分は科学史に疎い筆者の独断であるが、多分そう的をはずしていないと考える。

静力学は力学発展史においてもっとも古く、古代ギリシアに始まる。諸君が高校で学んだ「てこの原理」や「滑車の原理」である。これらの研究を通して科学的認識や思考法が進み、また、「力の合成、分解」、「力のモーメント」、「位置のエネルギー」や「仕事」などの力学の重要な概念の発見や萌芽がみられた。動力学は、この静力学の発展の基礎の上に構築されたものである、と考えてよい。

したがって、まず、静力学の重要性を「てこの原理」や「力の合成、分解」に代表される「力のつり合い」を通して再認識してから動力学へ進もうと当初は考えた。しかし、諸君は物理的概念がいかに構成され、その歴史的発展がどのようであったかをここで知るよりは、いま大学で学んでいる力学に関する当面の不明点や疑問点の解明、あるいは少なくとも参考になるヒントを期待しているであろう。そこで本書では、静力学や力学研究についての歴史的な研究業績は、対応するそれぞれの箇所ごとに記すこととした。

2．本書は副読本であるので、多くの教科書の構成に従うようにした。

第 1 章～第 8 章は前半部を構成する。

まず、ニュートンの運動法則を第 1 章で導入し、その具体的な対象として「砲弾の軌道計算」や「空気抵抗がはたらくもとでの落下運動」を第 2 章で扱う。ここで本書の進み方に慣れてもらう。つぎは速度、加速度や力といった力学の基本量を、さらに、重要な力学量である運動量、角運動量、エネルギーならびに運動を支配するそれらの保存則を、第 3 章と第 4 章で把握する。これが第 I 部であり、導入部である。第 5 章と第 6 章では自然界の基本現象である振動運動を、その基礎としてばねや振り子の運動を学ぶ。ここまででかなり、大学での「力学」に慣れることだろう。ギブアップせず、忍耐強く努力すること。ここまでは対象を記述する座標系は慣性系である。つぎには、加速平行移動や回転する非慣性系へ進む。自転する地球上に位置するわれわれがみる非慣性系の地上の物体の運動は、遠心力やコリオリ力という慣性力が作用し、慣性系のニュートンの運動方程式と比べて変形を受ける。この基礎を第 7 章で学び、それらを「コリオリ力と台風」、「高所から落下する物体軌道」や「振動面が回転するフーコーの振り子」の具体的対象を通して第 8 章で習得する。振り子運動も観測する座標系によって、扱う規模によって、異なってくる。これらが第 II 部を構成する。

第 9 章～第 16 章は後半部を構成する。

前半部では主に 1 物体（質点）の運動が対象であった。そこでマスターした事柄を武器に、第 III 部（第 9 章〜第 13 章）では複数の物体（質点）で構成される「質点系」の運動に移る。まず簡単な 2 体系を対象とし、解析するための基礎的枠組みを第 9 章にまとめた。第 10 章は万有引力で構成された 2 体系である「太陽 − 惑星の運動」を詳細に扱い、引き続き、第 11 章ではクーロン力で構成された 2 体系として「原子核による α 粒子の散乱」を学ぶ。太陽系規模の運動と極微の原子核世界の現象が、同じニュートン方程式で理解できるわけだ。第 12 章では 1 次元ならびに 2 次元での球の衝突を、「バットでボールを打つ」ことや「ビリヤード球」の衝突を通して、運動学的に解き、理解する。第 13 章では対象を 2 体系から「n 体系の運動へひろげ」、その基本的扱い方を述べる。

　最後の第 IV 部は、質点系である剛体の「回転運動」である。第 14 章では剛体の回転運動を決定する基本的な力学量である「慣性モーメント」を導入し、その計算法を習得する。この準備ののち、取り扱いが最も単純な固定軸まわりの回転運動から入る。「ヨーヨーの運動」、「ビリヤード球の運動」、「戻るゴルフボール」など、具体的な物体の運動を第 15 章の対象とする。つぎに、第 16 章では固定軸から固定点まわりの回転運動へと束縛条件を軽くし、運動の自由度を増やす。運動の解析が複雑になる。ここが最後のヤマ場だ。オイラー角やオイラーの運動方程式、さらに、慣性系ならびに剛体に固定した座標系と一度に多くのものを学ぶ。当然、混乱する。それに耐えられるように、丁寧に、諄（くど）く、繰り返し説明した。最後の第 17 章では固定点まわりの回転運動の具体的な対象として「地球の歳差運動」や「こまの各種の運動状態」などを扱い、具体的に理解できるように試みた。

　これで初年次で学ぶべきものほぼすべてを被うが、習得するレベルの深浅はその勉学の努力によって当然違ってくる。本書がより深い理解の助けになるよう期待する。

3．初年次の「力学」は授業する方にとって大変つらいところがある。学生の大半は微積分や内積、外積のベクトル計算を忘れている、あるいは充分に習っていない。したがって、それらを必要とする最初の授業科目である「力学」において数学を含め、すべてを教える、あるいはおさらいをする必要がある。さらには、ギリシア文字の読み方や数学記号も教える必要がある。それはよい。しかし、時間が限られている。

　そのため、微積分はじめ微分方程式の解法などの数学的な取り扱いについても、個々の具体例を解く機会に、できるだけ詳細に記載した。ニュートンの運動方程式に関連して、物理学からみた微分、積分の意味を含め、付録 C「ベクトルと座標系」、付録 D「微分と積分」、ならびに付録 E「指数関数と対数関数と三角関数」に簡単なまとめを用意したので活用してほしい。「付録」とはいうものの、当初は 2 ないし 3 つの章として本文を構成していたものである。是非一度は目を通してほしい。

ニュートンの運動方程式は上記した課題に対して、いろいろな形で現れる。斉次ならびに非斉次、線形あるいは非線形の、2階微分方程式あるいは連立2階微分方程式、等々である。それらの解法を本文各所に記した。

　上で述べたように数式、特に、微分・積分は科学の言語である。それらの方程式を変形し、関連づけ、解くことによって、対象の振る舞いが一般化された形で論理的に読み取れる。それらはときには予期しなかった現象や予測を超える領域へと導いてもくれる。諸君が数学的取り扱いがむずかしいといって物理学を避けないように、著者の能力の範囲で、物理数学についてもできるだけ豊富に盛り込んだつもりでいる。それらは具体的な形で登場する箇所で扱ったので、本書全般にわたり展開されている。物理数学用の特別の目次を計画していたが、うまく果たせなかったので、巻末の索引を活用してほしい。また、虚数ならびに複素数の物理学的解釈もそれらと関連して解説した。

　なお、付録Aには本読本で利用する「物理定数」のみをまとめた。また、付録Bには「ギリシア文字」とその読み方を載せた。

　著者はさらに、力学という学問の歴史的展開がどのようであったかをも知れば、より一層面白く、かつ広い視野で学べると考える。そこで、できるだけ歴史的事項を著名な科学者を挙げながら記載したつもりである。著者の表現力と科学史についての知識不足のために充分ではないだろうが、多少の役には立つであろうと推測する。

　勉学することは実に楽しいものである。学べば学ぶほど、そして、自分の頭で考えれば考えるほど、世の中のみえ方が変わってくる。諸君も大いに楽しむことを期待する。

目次

まえがき i

第 I 部　力学の語りかた

第 1 章　ニュートンの運動方程式のありがたみ　2

- 1-1　第 2 法則（運動の法則） 3
  - 1-1-1　ニュートンの第 2 法則 4
  - 1-1-2　最小作用の原理 5
  - 1-1-3　(物体固有の量)×(運動表示の量) という形 6
  - 1-1-4　ニュートンとライプニッツの時間微分の記法 7
- 1-2　第 1 法則（慣性の法則） 7
  - 1-2-1　慣性系と非慣性系 9
- 1-3　第 3 法則（作用・反作用の法則） 10

第 2 章　落下運動は語る　13

- 2-1　落下運動と初期条件 13
  - 2-1-1　ニュートンの運動方程式で落下運動をみる 13
  - 2-1-2　速度の初期条件 15
  - 2-1-3　z 位置の初期条件 17
- 2-2　砲弾の軌道 20
  - 2-2-1　城塞が地表にあるとき $(h = 0)$ 21
  - 2-2-2　城塞が地表より高いとき $(h > 0)$ 27
- 2-3　空気の抵抗を考える 31
  - 2-3-1　粘性抵抗がはたらく落下運動 32
  - 2-3-2　慣性抵抗がはたらく落下運動 39
  - 2-3-3　粘性抵抗ならびに慣性抵抗がはたらく場合の落下運動 45
  - 2-3-4　雨滴の落下運動 48
  - 2-3-5　アリの落下運動 49

第3章　力学量と単位　　51

3-1　力学量　　51
- 3-1-1　位置と時間　　51
- 3-1-2　速度と加速度　　52
- 3-1-3　力　　59
- 3-1-4　質量と重さ　　62
- 3-1-5　角と角速度　　65

3-2　次元と単位　　69
- 3-2-1　次元　　69
- 3-2-2　単位　　70

第4章　力学の概念　　73

4-1　運動量と力積　　73
- 4-1-1　運動量　　73
- 4-1-2　運動方程式と運動量の保存　　73
- 4-1-3　力積　　74

4-2　角運動量と力のモーメント　　75
- 4-2-1　角運動量　　75
- 4-2-2　回転の運動方程式　　76
- 4-2-3　力のモーメントと偶力　　77

4-3　仕事　　79
- 4-3-1　仕事　　79
- 4-3-2　つり合いと仕事　　82

4-4　エネルギー　　85
- 4-4-1　運動エネルギー　　85
- 4-4-2　位置エネルギーあるいはポテンシャル・エネルギー　　87
- 4-4-3　エネルギーの保存　　92
- 4-4-4　力とエネルギー(仕事)の次元と単位　　94

第II部　振り子の振動が語ること

第5章　ばねの運動は語る　　98

5-1　単振動　　98

5-1-1	単振動の運動方程式を解く	99
5-1-2	単振動のエネルギー	108

5-2 減衰振動 ... 112
- 5-2-1 $\omega_0^2 > \eta^2$ の場合 ... 113
- 5-2-2 $\omega_0^2 < \eta^2$ の場合 ... 115
- 5-2-3 $\omega_0^2 = \eta^2$ の場合 ... 116
- 5-2-4 2階微分方程式の解は2つ存在する ... 118

5-3 強制振動 ... 120
- 5-3-1 非斉次微分方程式を解く ... 121
- 5-3-2 強制振動の振る舞い ... 124

第6章 単振り子は語る　129

6-1 単振り子の運動方程式 ... 129

6-2 振り子の微小振動 ... 130
- 6-2-1 テイラー展開、マクローリン展開 ... 131
- 6-2-2 張力と振動角の関係 ... 135

6-3 仕事、エネルギー、束縛運動 ... 138
- 6-3-1 仕事とエネルギー ... 139
- 6-3-2 束縛運動 ... 141

6-4 振り子の回転運動 ... 142
- 6-4-1 棒の場合 ... 142
- 6-4-2 ひもの場合 ... 147

第7章 慣性系と慣性力をつかう　150

7-1 平行移動する座標系 ... 150
- 7-1-1 慣性系 ... 151

7-2 回転する座標系 ... 152
- 7-2-1 回転座標系表示の速度と加速度 ... 152
- 7-2-2 回転系の単位ベクトルとその時間変化 ... 154
- 7-2-3 回転系の運動方程式 ... 155
- 7-2-4 慣性系と回転系におけるベクトルの時間微分 ... 158
- 7-2-5 遠心力とコリオリ力と向心力 ... 159

第 8 章　地球自転の効果を地上でみる　　163

- 8-1　気象現象　　163
  - 8-1-1　台風の渦の回転方向　　163
  - 8-1-2　偏西風と貿易風　　167
  - 8-1-3　気圧と風の流れ　　168
  - 8-1-4　実効的な重力　　169
- 8-2　ナイルの放物線　　171
  - 8-2-1　落下物体の運動方程式　　171
  - 8-2-2　逐次近似計算　　173
  - 8-2-3　具体的な運動の例　　174
- 8-3　フーコーの振り子　　184
  - 8-3-1　座標系と運動方程式　　186
  - 8-3-2　運動方程式を解く-1　　189
  - 8-3-3　運動方程式を解く-2　　199

第 III 部　惑星運動と原子核散乱が語ること

第 9 章　2体系の運動へひろげる　　202

- 9-1　2体系の運動方程式　　202
  - 9-1-1　全運動量の保存　　203
  - 9-1-2　全角運動量の保存　　203
  - 9-1-3　重心と相対座標　　204
  - 9-1-4　2体系における回転運動　　207
  - 9-1-5　簡単な例としての太陽と地球の2体系　　209
- 9-2　万有引力とポテンシャル　　213
  - 9-2-1　万有引力の特性　　213
  - 9-2-2　万有引力のポテンシャル　　218

第 10 章　惑星の運動は語る　　223

- 10-1　歴史的背景　　223
  - 10-1-1　コペルニクスからニュートンへ　　223
  - 10-1-2　ケプラーの3法則　　226
- 10-2　惑星の運動を解く　　227

	10-2-1	角運動量に着目する	228
	10-2-2	運動方程式を解く	230
	10-2-3	$u' = A\cos\theta$ を読む	232
	10-2-4	ケプラーの第1法則	237
	10-2-5	ケプラーの第3法則	245
	10-2-6	実際の惑星の離心率と軌道	246

10-3 惑星の運動とポテンシャル … 248
 10-3-1 遠心力のポテンシャル … 248
 10-3-2 2つのポテンシャルの振る舞い … 250
 10-3-3 エネルギーと運動 … 253
 10-3-4 エネルギー E と離心率 ε … 255

10-4 潮汐効果 … 258
 10-4-1 地球と月と太陽と … 258
 10-4-2 太陽による潮汐力 … 261
 10-4-3 潮汐作用と衛星イオの火山活動 … 262

第11章 原子核の散乱は語る   264

11-1 クーロン力による散乱 … 264
 11-1-1 運動方程式と有効ポテンシャル … 265
 11-1-2 斥力がはたらくときの特殊性 … 265
 11-1-3 粒子の軌道 … 266

11-2 ラザフォード散乱 … 269
 11-2-1 衝突係数 b … 270
 11-2-2 散乱と有効ポテンシャル … 273
 11-2-3 原子の構造を探る … 278

11-3 原子、原子核の構造研究 … 285
 11-3-1 電子と原子 … 285
 11-3-2 ラザフォード実験の意義 … 286
 11-3-3 軌道電子の影響と散乱 … 287
 11-3-4 トムソンのモデルの場合 … 289
 11-3-5 硫化亜鉛とシンチレーション … 290
 11-3-6 量子力学 … 291

xii 目次

第12章 球の衝突は語る　292

12-1 1次元での球の衝突　292
12-1-1 反発係数　293
12-1-2 エネルギー保存則　295
12-1-3 バットでボールを打つ　296

12-2 2次元での球の衝突 -1　299
12-2-1 ホームランを打つには　300
12-2-2 ビリヤード球　302

12-3 2次元での球の衝突 -2　303
12-3-1 連立方程式を解く　304
12-3-2 $v'_{A,B}$ が2根をもつ理由　305
12-3-3 実験室系での衝突　310

第13章 n 体系の運動へひろげる　312

13-1 n 体系の運動方程式　312
13-1-1 n 体系の重心と相対座標　313
13-1-2 n 体系の運動量　314
13-1-3 n 体系の運動方程式　315
13-1-4 n 体系の運動エネルギー　315

13-2 n 体系の角運動量　316
13-2-1 角運動量の運動方程式　316

第IV部　こまの回転が語ること

第14章 剛体の回転に慣性モーメントをつかう　322

14-1 重心のまわりの回転運動　323
14-1-1 剛体の回転自由度は3つ　323
14-1-2 角速度は剛体のすべての領域で同じ　324
14-1-3 重心のまわりの回転運動　325
14-1-4 回転のエネルギーと慣性モーメント　325

14-2 角運動量と慣性モーメント　327
14-2-1 円板の角運動量と慣性モーメント　328
14-2-2 円柱の角運動量と慣性モーメント　330

- 14-2-3 一般の慣性モーメント ... 332
- 14-2-4 平行軸の定理 ... 334
- 14-3 慣性モーメントの計算例 ... 335
  - 14-3-1 棒の慣性モーメント ... 336
  - 14-3-2 板の慣性モーメント ... 336
  - 14-3-3 直方体の慣性モーメント ... 339
  - 14-3-4 円殻の慣性モーメント ... 341
  - 14-3-5 球殻の慣性モーメント ... 342
  - 14-3-6 厚みのある球殻の慣性モーメント ... 343
  - 14-3-7 慣性モーメント計算のためのいくつかの問 ... 346
  - 14-3-8 簡単な形状の剛体の慣性モーメント ... 349

第15章 固定軸まわりの回転運動は語る　351

- 15-1 斜面をころがる剛体の運動 ... 352
  - 15-1-1 運動方程式を立てる ... 353
  - 15-1-2 運動方程式を解く ... 353
  - 15-1-3 剛体のエネルギー ... 355
- 15-2 物理振り子 ... 357
  - 15-2-1 回転の運動方程式を立てる ... 357
  - 15-2-2 微小な振動の場合 ... 358
- 15-3 ヨーヨーの運動 ... 363
  - 15-3-1 糸を巻き付けた円板の運動 ... 363
  - 15-3-2 糸を巻き付けた円板と重りの運動 ... 365
  - 15-3-3 ヨーヨーの運動 ... 367
- 15-4 撃力とビリヤード球 ... 375
  - 15-4-1 撃力 ... 375
  - 15-4-2 ビリヤード ... 376
  - 15-4-3 戻るゴルフボール ... 381

第16章 剛体に固定した座標系とオイラー角をつかう　384

- 16-1 剛体に固定した座標系 O' の必要性 ... 385
  - 16-1-1 自由度は1から3へ ... 385
  - 16-1-2 回転運動をどの座標系でみるのがよいか？ ... 386
- 16-2 オイラー角と回転座標系 O' ... 387
  - 16-2-1 オイラー角を導入する ... 387

16-2-2	O' 系による表示の仕方	388
16-2-3	O' 系による角速度ベクトルの表示	392

16-3 慣性モーメントはテンソル量　　394

16-3-1	角運動量と慣性テンソル	394
16-3-2	回転運動を束縛力の観点からみる	397
16-3-3	慣性テンソルを対角化する	401
16-3-4	剛体の運動エネルギーと慣性モーメント	406

16-4 オイラーの運動方程式　　407

16-4-1	おさらい：慣性系と回転座標系	407
16-4-2	慣性系と剛体に固定した座標系	408
16-4-3	オイラーの運動方程式	409
16-4-4	混乱をきたしている諸君へ	410

第17章　固定点まわりの回転運動は語る　　412

17-1 剛体の自由回転運動　　412

17-1-1	力のモーメントが作用しないときのオイラーの運動方程式	412
17-1-2	地球の歳差運動	413

17-2 ラグランジュのこま -1　　423

17-2-1	$\omega = \dot{\phi}e_z + \dot{\theta}e_{y'} + \dot{\varphi}e_3 = \omega_1 e_1 + \omega_2 e_2 + \omega_3 e_3$	424
17-2-2	力のモーメントが作用するときのオイラーの運動方程式	424
17-2-3	運動方程式を解く – 保存量	426
17-2-4	運動方程式を解く – 角速度 $\dot{\phi}, \dot{\theta}, \dot{\varphi}$	427
17-2-5	有効ポテンシャル $U_{\mathrm{eff}}(\theta)$	428
17-2-6	$f(u)$ の振る舞い	429

17-3 ラグランジュのこま -2　　430

17-3-1	こまの軸の動き	431
17-3-2	定常的な歳差運動	433
17-3-3	地球の歳差運動 -2	439
17-3-4	高速で回転 (ω_3) するこまの章動と歳差運動	442

17-4 なぜ、こまは倒れないか？　　446

17-4-1	有効ポテンシャルから考える	446
17-4-2	新しい座標系	448
17-4-3	保存量から考える	451
17-4-4	向心力から考える	455
17-4-5	空間の一様性	457

付録

付録 A　物理定数表　460

付録 B　ギリシア文字　461

付録 C　ベクトルと座標系　463
C-1　ベクトル　463
- C-1-1　ベクトルの定義　463
- C-1-2　ベクトルの成分展開　464
- C-1-3　自由ベクトルと束縛ベクトル　466
- C-1-4　右手直交系　466
- C-1-5　ベクトルの発展史　467

C-2　ベクトルと座標系　468
- C-2-1　直交座標系とベクトルの内積，外積，微分　469
- C-2-2　2次元極座標系　476
- C-2-3　3次元極座標系　480

付録 D　微分と積分　484
D-1　微分　484
- D-1-1　微分　484
- D-1-2　多項式の微分　489
- D-1-3　指数関数の微分　489
- D-1-4　対数関数の微分　490
- D-1-5　三角関数の微分　492

D-2　積分　495
- D-2-1　積分　495
- D-2-2　定積分と不定積分　497
- D-2-3　積分と微分　499
- D-2-4　一般の公式　500

D-3　力学と微積分　504

D-4　ベクトル微分演算子　506
- D-4-1　ナブラ　507
- D-4-2　勾配　511

付録 E　指数関数と対数関数と三角関数　　515

E-1　対数関数と指数関数　　515
E-1-1　対数の主要な公式　　515
E-1-2　オイラー数 e　　518
E-1-3　対数の逆関数　　518
E-1-4　オイラー数再び　　521

E-2　三角関数と指数関数　　523
E-2-1　オイラーの公式　　523

付録 F　原子核の崩壊　　525

付録 G　等速円運動と観測する系　　528

G-1　慣性系からの観測　　528
G-2　回転系からの観測　　529

あとがき　　531
参考文献　　533
索　　引　　535

第Ⅰ部
力学の語りかた

第1章
ニュートンの運動方程式のありがたみ

　すべてのものは、ほかのものとの関連で存在する。他者からの影響を受け、かつそれらに働きかけて、つまり相互の作用のもとに存在する。それは科学が扱う対象のみではなく、経済、政治など人文社会においても然りである。これらの相互作用を「力」がはたらくといい、それを扱う学問を一般的に「力学」とよんでいる。「政治力学」などとも使う。

　自然科学においては、自然界の相互作用のもとでの複雑な現象を、単純な個々の現象の集まりとして理解する。「力学」で学ぶものは、力の作用のもとで物体がどのような運動を行なうかということである。

　力にはいろいろな種類がある。重力、電気力、磁気力、摩擦力、張力、浮力等々があり、それらの生成過程の違いや物理的意味合いの違いなどから、一概にひとまとめにはできない。ここで扱う「力」はその物理的内容は問わず、物体の運動に変化を与える「圧」のようなもの、と考えよう。日常生活を通して十分に経験しているものである。

　「力学」ではニュートンの運動方程式 (equation of motion) から物体の運動を調べる（この作業を「解析する」という）。このとき、物体の最も重要な物理的属性として、「質量」がある。物理学では運動の本質部分に焦点を合わせるため、対象を単純化（あるいは純粋化）する。物体の幾何学的大きさや形状を無視し、本質的な量である「質量」のみを取り出し、質量はあるが大きさの無視できる対象、「**質点**」[1]、を導入する。このことにより、物体の大きさや形状により引き起こされる副次的で複雑な事象、たとえば、物体の回転運動、媒質中を運動することによる抵抗力など、をとりあえず無視することができる。質点の導入は第一義的に重要な力学要素 (質量) に焦点を絞るためであって、大きさのある物体を想定しながらも副次的効果を無視することと同じである。質点を対象としながらも、本書では多くのところで「物体」と記しているのは、対象のイメージ化のためであり、この意味である。

　さて、一般的な教科書では、力学の基礎となる概念や数学的準備をまずはじめに導

---

[1] 物理学辞典では mass point と記してあるが、a point body という表現の方が視覚的にはよい。

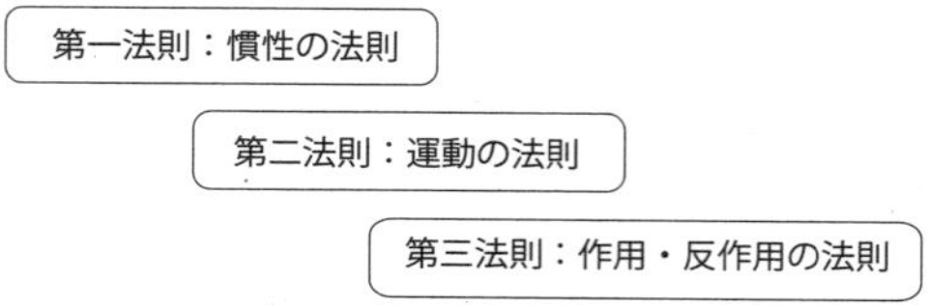

```
┌─────────────────────┐
│ 第一法則：慣性の法則 │
└─────────────────────┘
      ┌─────────────────────┐
      │ 第二法則：運動の法則 │
      └─────────────────────┘
            ┌─────────────────────────────┐
            │ 第三法則：作用・反作用の法則 │
            └─────────────────────────────┘
```

図 **1.1** ニュートンの運動の 3 法則

入する。それらは本質的に重要ではあるが、導入部での長々とした約束事などで諸君がしびれを切らすのを避けるため、本書では単刀直入にはじめから「ニュートンの運動方程式」に入る。大学に入ったのだから、微分方程式を解いて「力学」というものを早くマスターしたい、と想っているだろうから。方程式を解くばかりが本質ではないのだが、学生のあいだは自分で解を導き出すことができれば分かったような気になるものだ。物理量の定義や意味などの説明は第 3 章、第 4 章に設けたが、本章においても基本的事項は学べるように構成した。

逸る心を抑えて、はじめに「ニュートンの運動の 3 法則」をおさらいしよう。その後に次章で、最も簡単な質点の落下運動を扱い、その応用として砲弾の軌道計算をしてみよう。つぎに、質点を考える上では無視した物体の大きさに伴う空気抵抗を考慮して、落下運動を再度解析する。この過程で運動の解析法、微分・積分など代数的解析の武器などの基礎を学ぶ。

1-1　第 2 法則（運動の法則）

名前と順番が前後するが説明の都合上、**ニュートンの運動の第 2 法則** (Newton's second law of motion) （**運動の法則** (law of motion)）からはじめよう。ニュートンの第 2 法則は

$$\frac{d(\text{運動量})}{dt} = 力 \qquad \left(\frac{dp}{dt} = F\right) \tag{1.1}$$

である。法則の意味は、**力** (force, F で表示) を受けると物体の**運動の勢い**は時間的に変化する、ということである。「勢い」と書くと漠然としているが、物体の運動の勢いを**運動量** (momentum, p で表示) という。あるいは、運動量が時間的に変化する物体は力を受けている、ということである。

これが自然界が定めた物体の運動規則、いま流にいう「力学」マニュアルである。単に、1 行で表せるごく簡潔な微分方程式である。大変抽象的である。だから、一般性がある。手から離れた物体の自由落下 (free fall) 運動も、太陽のまわりを回る地球

の公転 (revolution) 運動も、この運動方程式にしたがう。このマニュアルの個々の具体的な運動についての活用のしかたをこれから学ぶわけである。

　運動とは物体の動き、すなわち、位置や速度といった力学的な量が時間が経つとともにどのように変化するか、である。変化は時間による微分形式で表現できる。よって、変化のマニュアルである運動方程式は「微分方程式」となる。ある瞬間の物体の状態が分かっていれば、マニュアルにしたがって時間変化させればつぎの瞬間の状態を知ることができる。その過程を継続的に繰り返せば、任意の時間が経った後の物体の状態を知ることが可能となる。これが積分であり、「微分方程式を解く」ということである。この事情を丁寧に、付録 D-3 節「力学と微積分」(p. 504) に記してあるので参照のこと。

1-1-1　ニュートンの第 2 法則

　上式左辺は、微小時間 dt での運動量の変化 dp の割合を示す。それが運動量の時間微分 dp/dt である。重い物体ほど、つまり質量の大きい物体ほど運動の勢いが大きい。2 倍重い物体は 2 倍大きい運動の勢いをもつことは感性的に分かる。同じように、速度が大きい物体ほど運動の勢いが大きい。2 倍の速さの物体は 2 倍大きい運動の勢いをもつことも分かる。したがって、運動量は物体の**質量** (mass, m) と**速度** (velocity, v) の積

$$p = mv \tag{1.2}$$

と表現する。

　よって、式 (1.1) は

$$\frac{dp}{dt} = \frac{d(mv)}{dt} = F \tag{1.3}$$

と書ける。ニュートンのオリジナルな運動方程式である。

　質量 m が時間とともに変化せず一定であるとき ($m = $ 一定, $dm/dt = 0$) [2]、式 (1.3) の左辺は

$$\frac{dp}{dt} = \frac{d(mv)}{dt} = \frac{dm}{dt}v + m\frac{dv}{dt} = m\frac{dv}{dt} \tag{1.4}$$

であり、質量 m を微分の外に出せて、式 (1.3) は

---

[2] 本書では以下 m は時間によらず一定として扱うが、燃料を消費して推進するロケットなどの場合、m が時間の関数となる場合もある。

$$m \frac{\mathrm{d}v(t)}{\mathrm{d}t} = F \tag{1.5}$$

となる。$v(t)$ は関数 v が t を変数とすることを意味する。

一般に、速度や力は大きさとともに方向をもつ 3 次元の**ベクトル量** (vector) であるので (ベクトルについては付録 C「ベクトルと座標系」(p. 463) を参照のこと)、式 (1.5) を太文字のベクトル表示をすると、ニュートンの運動方程式は

$$m \frac{\mathrm{d}\boldsymbol{v}(t)}{\mathrm{d}t} = \boldsymbol{F} \tag{1.6}$$

と書ける。ここで速度 $\boldsymbol{v}(t)$ を位置 $\boldsymbol{r}(t)$[3] の時間微分で表示すれば ($\boldsymbol{v}(t) = \mathrm{d}\boldsymbol{r}(t)/\mathrm{d}t$)、上式は

$$m \frac{\mathrm{d}^2 \boldsymbol{r}(t)}{\mathrm{d}t^2} = \boldsymbol{F} \tag{1.7}$$

となり、力 $\boldsymbol{F}$ を受ける物体は $\boldsymbol{F}/m$ の**加速度** (acceleration) $\boldsymbol{\alpha}(t) = \mathrm{d}\boldsymbol{v}(t)/\mathrm{d}t = \mathrm{d}^2\boldsymbol{r}(t)/\mathrm{d}t^2$ で運動することを意味する (速度 $\boldsymbol{v}(t)$、加速度 $\boldsymbol{\alpha}(t)$ については 3-1-2 小節「速度と加速度」(p.52) で議論する)。あるいは、加速度 $\boldsymbol{\alpha}(t)$ でもって運動する物体は力 $\boldsymbol{F} = m\boldsymbol{\alpha}(t)$ を受けていることを意味する。質量 m とはこのときの加速度 $\boldsymbol{\alpha}$ と力 $\boldsymbol{F}$ を結ぶ比例係数であり、物体の**慣性** (inertia) の大きさを意味するので**慣性質量**とよぶ (3-1-4 小節の「重力質量と慣性質量」(p. 64) を参照)。

式 (1.7) が諸君がこれまでに学んできた、多くの場合に登場する**ニュートンの運動方程式** である。物体の運動を位置 $\boldsymbol{r}(t)$、速度 $\boldsymbol{v}(t)$ でもって記述する。

では、なぜ式 (1.1)、あるいは式 (1.7) という関係になるのか？

それを導く原理は分からない。自然界がそうなっているのであり、それをニュートンが発見したのである。

1-1-2　最小作用の原理

しかし、そういってしまえば、諸君の勉学の探求心が失われる。そこで諸君が 2 年次になって学ぶであろう解析力学を少し先取りして、誤解を恐れず自然界の法則に言及しておこう。

「フェルマの原理」を聞いたことがあるだろうか。光の経路は 2 点間を最短時間で通過する軌道である、というものである。たとえば、屈折率の異なる 2 つの媒質中を光が

---

[3] 本書では多くの教科書と同様に、位置ベクトルを $\boldsymbol{r}$ で表示する。成分展開すると、$\boldsymbol{r} = x\boldsymbol{e}_x + y\boldsymbol{e}_y + z\boldsymbol{e}_z$ であって、x は x 成分の大きさ、y は y 成分の大きさ、z は z 成分の大きさである。$\boldsymbol{e}_i$ ($i = x, y, z$) は i 軸方向の単位ベクトルである。ベクトル表記や単位ベクトルについては付録 C に記述した。

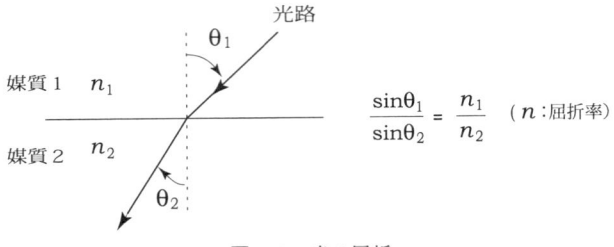

図 1.2　光の屈折

進むとき、その経路は時間的に光路長を最小にする条件を満たすものとなる。これが屈折・反射の法則の現れである。物体の運動も「最小作用の原理（変分原理）(principle of least action)」として定式化される。作用量として定義される量を最小にする物体の運動が実現するという原理である。粗っぽくいえば、はじめと終わりの運動状態が決まっていれば、その中間過程ではもっともエネルギーの節約された運動状態が自然現象として現れるということである。モーペルチュイの原理、ラグランジュ方程式と変分原理、ハミルトンの最小作用の原理などとして、諸君は次年次には出会すであろう。これらの原理からニュートンの運動方程式が説明できる。

原理 (principle) とは、他の法則や理論から導出できない最も基本的な法則のことをいう。が、そうすると、原理と宣言してしまえば、形而上的なことがらとして原理に対して「なぜ？」という疑問を抱かせず棚上げしてしまう危険性がある。つねに「どうして？」の姿勢を、あらゆるものに対してもち続けることが重要である。

物理学では原理から理論体系を構築し、理論で得られる帰結を実験で検証してのち、理論の正当性を確認する。物理学には約 50 の原理があるとのこと（物理学辞典から）。

1-1-3　(物体固有の量)×(運動表示の量) という形

式 (1.7) の左辺は、(質量)×(加速度) の積の形である。質量 m は個々の物体固有の量であり、運動状態によらない。物体が静止していようが、運動していようが質量は変化しない。一方、加速度 $\boldsymbol{a}$ はまさに運動を表現する量である。運動方程式は、物体固有の量と運動を表現する量の 2 因子の積と、物体にはたらく力という量とを結びつけている。

$$
\begin{array}{ccccc}
m & \times & \dfrac{\mathrm{d}^2 \boldsymbol{r}}{\mathrm{d}t^2} & = & F \\
(質量) & \times & (加速度) & = & 力 \quad (1.8)
\end{array}
$$

(運動に依存しない物体固有の量)　　(運動を表現する量)

以降、同様な自然に関する人類の把握構成が登場するので、留意して学べ。

1-1-4　ニュートンとライプニッツの時間微分の記法

先へ進むと、時間微分を関数にドット˙を付けて表記する。ニュートンの記法である。すなわち、ニュートンの運動方程式は簡潔に

$$m\ddot{\boldsymbol{r}} = \boldsymbol{F} \tag{1.9}$$

と記せる。しかし、当面、物理的意味を明確に示すために微分記号 d/dt をあらわに記す。さらに、位置や速度などの力学量が時間 t の関数であるということを意識するために、しばらくは略さずに、あらわに $\boldsymbol{r}(t)$, $\boldsymbol{v}(t)$ と変数も記す。このため、方程式が一見複雑にみえ、諸君の方程式に対する抵抗感を無くそうとする著者の目論見とは逆にはなるが、諸君の基礎体力養成のためである。

式を書きやすく、かつ見通しよくするために、数式記号はできるだけ簡潔に工夫されてきた。たとえば、ある量 $x(t)$ の時間微分は、記号 $dx(t)/dt$、あるいは $\dot{x}(t)$ で記す。前者の記法はドイツの数学者**ライプニッツ** (Gottfried Wilhelm Leibniz, 1646-1716) によるもので、積分記号の S を引き延ばしたもの $\int$ も彼により考案された。微積分は 17 世紀後半にニュートンとライプニッツが独立に研究し、発展させたものである。

> ライプニッツは質量と速度の 2 乗との積を活力とよび、それは保存される量であると主張し、物理学で重要なエネルギー保存則への発展につながった。ライプニッツの業績は数学の分野にも及び、1700 年頃数字の位取り表記の研究をも行ない、2 進法の有用性を指摘した。これは 0 と 1 の 2 つの記号のみで数字を表記できる利点があり、現在のコンピュータの原理を構成している。

1-2　第 1 法則　（慣性の法則）

物体は力がはたらかなければ、あるいは、はたらく力の合力がゼロであれば、その運動状態を維持し続ける。つまり、静止した物体は静止をし続け、動いている物体は同じ速度で動き続ける。これをニュートンの**第 1 法則** (Newton's first law of motion) という。

1-1 節ですでに活用した第 2 法則、いわゆる運動の法則を適用すれば、以下のように上の事項を導き出せるのに、なぜわざわざこの第 1 法則が必要なのか。物体にはたらく力（の総和）がゼロであれば、第 2 法則は

$$m\frac{d\boldsymbol{v}}{dt} = 0 \quad \Rightarrow \quad \frac{d\boldsymbol{v}}{dt} = 0 \tag{1.10}$$

これを時刻 t_0 から T まで時間積分すると、

$$\begin{aligned}
\text{左辺} &= \int_{t_0}^{T} \frac{d\boldsymbol{v}(t)}{dt}\, dt = \int_{t_0}^{T} d\boldsymbol{v}(t) = \boldsymbol{v}(T) - \boldsymbol{v}(t_0) \\
\text{右辺} &= \int_{t_0}^{T} 0\, dt = 0
\end{aligned} \tag{1.11}$$

任意の時刻 T での速度 $\boldsymbol{v}(T)$ は

$$\boldsymbol{v}(T) = \boldsymbol{v}(t_0) \tag{1.12}$$

であり、右辺は初期速度である。力がはたらかない場合は、物体の速度は初期値と同じ値をとり、はじめに静止していれば静止を続け、$\boldsymbol{v}(T) = 0$ である。あるいは、はじめに運動していれば ($\boldsymbol{v}(t_0) \neq 0$)、同じ速度で運動を続ける ($\boldsymbol{v}(T) = \boldsymbol{v}(t_0)$)。

この式 (1.12) をさらに時間積分すると物体の位置が求まる。

$$\begin{aligned}
\text{左辺} &= \int_{t_0}^{T} \boldsymbol{v}(t)\, dt = \int_{t_0}^{T} \frac{d\boldsymbol{r}}{dt}\, dt = \int_{t_0}^{T} d\boldsymbol{r} = \boldsymbol{r}(T) - \boldsymbol{r}(t_0) \\
\text{右辺} &= \int_{t_0}^{T} \boldsymbol{v}(t_0)\, dt = \boldsymbol{v}(t_0)(T - t_0)
\end{aligned} \tag{1.13}$$

したがって、

$$\boldsymbol{r}(T) = \boldsymbol{r}(t_0) + \boldsymbol{v}(t_0)(T - t_0) \tag{1.14}$$

はじめに静止していれば $\boldsymbol{v}(t_0) = 0$ のため、$\boldsymbol{r}(T) = \boldsymbol{r}(t_0)$ であって、物体は確かに動かない。はじめに速度 $\boldsymbol{v}(t_0) \neq 0$ であれば時間 $(T - t_0)$ に比例して運動距離は伸びることが分かる。

さて、もとに戻ろう。以上のように、第 1 法則は第 2 法則から導けるのだから、第 2 法則があれば第 1 法則は不要に思う。しかし、第 1 法則の意味はそうではなく、以下のようにもっと基本的なところにある。つまり、第 1 法則が成り立つ座標系で第 2 法則を考えるのだ、という座標系を定める宣言の役割を果たしている。

運動を記述するには座標系 (coordinate system) が必要である。物体の位置や速度を表現する基準が座標系である。力がはたらかなければ物体の力学的運動状態が変わらない座標系を**慣性系** (inertial coordinate system) というが、第 1 法則は、慣性系においてニュートンの運動法則を記述することを宣言したものである。すなわち、加速度がはたらいていない座標系を採用する、ということである。加速度がはたらいている座標系では、力がはたらいていないのに物体は動く。たとえば、電車に固定された座

標系をとり、ボールを置く。電車がブレーキをかけるとボールは前方へ動きはじめる。メリーゴーランドに固定した座標系を考え、床にボールを置く。力がはたらいていないのに、ボールはひとりでに外方向へと動く。このように加速度がはたらいている座標系では、物体は力がはたらかなくとも運動状態を変化させる（加速度がはたらいている座標系の運動については第8章で詳しく議論する）。

第1法則では、このような加速度がはたらいていない座標系（これが慣性系であるが）に基づいて運動を考える、と宣言している。

1-2-1 慣性系と非慣性系

慣性系 O に対して等速度運動 v ($dv/dt = 0$) する座標系 O′ は、また慣性系である。これを以下で確認する。慣性系 O での物体の位置ベクトルを r、これに対して速度 $v =$ 一定 で運動する座標系 O′ でみた物体の位置ベクトルを r' とすれば、$t = 0$ の時刻に両座標系の原点が一致していたと考えると、

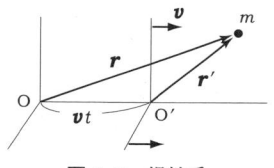

図 **1.3** 慣性系

$$r = r' + vt \tag{1.15}$$

の関係が成立する。このとき、ニュートンの運動の法則は、慣性座標系 O では

$$m\frac{d^2 r}{dt^2} = F \tag{1.7}$$

である。式 (1.15) の両辺を微分すると、

$$\frac{d^2 r}{dt^2} = \frac{d^2 r'}{dt^2} + \frac{d^2(vt)}{dt^2} \quad \Rightarrow \quad \frac{d^2(vt)}{dt^2} = \frac{dv}{dt} = 0 \tag{1.16}$$

であって、式 (1.7) に代入すると座標系 O′ での運動方程式は

$$m\frac{d^2 r'}{dt^2} = F \tag{1.17}$$

となり、両座標系で運動法則は同一になる。つまり、物体の運動の様子は両座標系で同じである。これは座標系 O′ でも加速度がはたらいていない ($dv/dt = 0$) ためである。したがって、慣性系 O に対して等速度運動 ($dv/dt = 0$) する座標系も、また慣性系である。速度は大きさと方向をもつ連続量であるので、無数の慣性系が存在する。

一方、慣性系 O に対して加速度運動している非慣性系 O′ (non-inertial system of coordinate) では物体の位置 r は一般的に

$$r = r' + (C_0 + C_1 t + C_2 t^2 + \dots) \tag{1.18}$$

と表せる。このとき、C_i は時間に依存しない定数とする。O′ 系の運動方程式は

$$\frac{\mathrm{d}^2 \boldsymbol{r}}{\mathrm{d}t^2} = \frac{\mathrm{d}^2 \boldsymbol{r}'}{\mathrm{d}t^2} + (2\boldsymbol{C}_2 + \ldots) \quad \Rightarrow \quad m\frac{\mathrm{d}^2 \boldsymbol{r}'}{\mathrm{d}t^2} = \boldsymbol{F} - m(2\boldsymbol{C}_2 + \ldots) \quad (1.19)$$

となり、右辺の括弧で表示された力に対応する第 2 項が登場する。非慣性系 O′ の運動方程式は、慣性系 O の運動方程式と異なるものとなる。すなわち、物体の運動は、慣性系からみる場合と非慣性系からみる場合で異なってみえる。

ここで、式 (1.18) の右辺括弧内の時間についての 2 次以上の項 ($\boldsymbol{C}_2 t^2 + \ldots$) は O′ 系の O 系に対する加速度の存在を示し、1 次の係数 $\boldsymbol{C}_1$ は初速度であり、$\boldsymbol{C}_0$ は $t = 0$ のときの O′ 系の原点の（O 系座標で表現した）位置である。これら $\boldsymbol{C}_0$ や $\boldsymbol{C}_1$ はどのような値であろうと、定数のため、加速度を得るための 2 階微分で消えてしまう。

第 1 法則は**慣性の法則** (law of inertia) ともよばれる。力がはたらかないとき、静止している物体は静止状態を続け、運動している物体はその状態を続ける。物体は力学的には、現在の運動状態を連続して維持しようとする傾向がある。この特性を**慣性**という。

物体のこの慣性の程度を表すものが質量であり、第 2 法則ではその**慣性質量**の評価を行なっている。力がはたらけば、物体の力学的状態が変化する。つまり、加速度が生じる。力が大きいほど加速度は大きくなり、逆に力が小さいと加速度も小さい。力と加速度は比例する。この比例係数として質量が定義されている。物体の質量が大きいと、つまり慣性が大きいと、運動の変化を起こしにくいというわけである。

1-3　第 3 法則（作用・反作用の法則）

第 1・第 2 法則では考えている物体の数に制限はなく、逆を言えば物体は 1 つでよかった。それに対し次の第 3 法則は、物体が 2 つあることを前提としている。

ある物体（物体 1）が他の物体（物体 2）に力を及ぼすときはいつでも、物体 2 は物体 1 に大きさが等しく、逆向きの力を及ぼしている。物体 1 が物体 2 に及ぼす力を $\boldsymbol{F}_{21}$、物体 2 が物体 1 に及ぼす力を $\boldsymbol{F}_{12}$ と記すと、

$$\boldsymbol{F}_{12} = -\boldsymbol{F}_{21} \quad (1.20)$$

である。これがニュートンの運動の第 3 法則 (Newton's third law of motion)、いわゆる**作用・反作用の法則** (law of action and reaction) である。一方にはたらく力を**作用** (action) といい、他方にはたらく力を**反作用** (reaction) という。このとき、作用と反作用は同一直線上にあり、大きさが等しく向きは逆である。

作用が先にあり、それに対して反作用が起こるのではない。作用と反作用は同時に

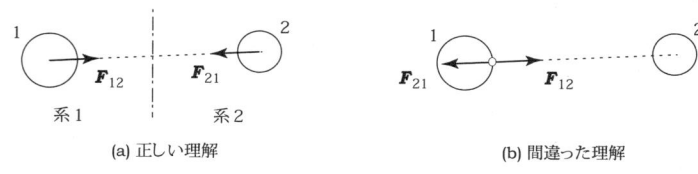

(a) 正しい理解　　　　　　　(b) 間違った理解

図 1.4　物体間の作用・反作用の力

生じているものであり、どちらも作用であり、どちらも反作用である。

このとき、混乱してならないのは、これらの力は各々異なる物体、異なる力学系にはたらくものであり、同じ物体、同じ系に作用力と反作用力としてはたらくものでない、ということである（図 1.4）。F_{12} は物体 1 にはたらき、F_{21} は物体 2 にはたらくものである。図 1.4(b) のように同一物体にはたらき、作用力と反作用力の合力がゼロになることを意味しているのではない。第 2 法則で物体 1 の運動を扱うとき、はたらく力は F_{12} であって、同様に F_{21} は物体 2 の運動方程式にあらわれる。

綱で引き合う池の上の 2 つのボートがよく例に挙げられる（図 1.5(a)）。このとき、おのおののボートが独自の系を構成している。系 1 のボートから綱を引くと、系 2 の相手のボートに力 F_{21} がはたらく。このとき同時に、綱を介して相手のボートからこちらのボートに力 $F_{12} = -F_{21}$ がはたらく。おのおののボートは同じ大きさで反対方向の力を受けるため、互いに近づくこととなる。相手のボートに綱を引く人が乗っていることが本質ではない。人が直接綱を引かなくとも、綱をボートに固定するだけでよく、ボートは互いに近づくことは経験で理解できる。

いま、2 つのボート全体を 1 つの系として扱えば、系の内部で綱引きが起こっているわけである。系内に F_{21} と F_{12} の力が生じる。この力を系の内部の力という意味で**内力** (internal force) という。力の名称がどうであれ、ボートは互いに引き合い近づ

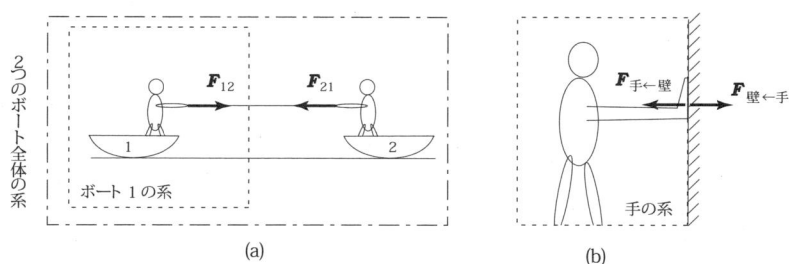

図 1.5　物体間の作用・反作用の例。(a) 2 隻のボート、(b) 手と壁

く。内力の合力がゼロであるので、この綱引きの効果は系外に現れない。また、系には外から力（外力 (external force)）がはたらいていないので、運動の第 1 法則から系は運動状態が変化しない。ボートが互いに近づいているのに、運動状態が変化しないとはどういうことか？　それは、2 つのボートが構成する系の運動は後から学ぶように重心運動として現れ、このとき重心の運動に変化はないということである。ボートの移動は重心に対する相対運動である（重心運動と相対運動については 9-1-3 小節で学ぶ）。

　手でもって壁を押す場合を例にとろう（図 1.5(b)）。壁は力 $\bm{F}_{壁\leftarrow手}$ でもって手から押され、手は壁からの力 $\bm{F}_{手\leftarrow壁}$ を受けるのである。作用点が接触しているので、手は 2 つの力を受けるように考えるがそうではなく、手の系と壁の系を別に考える必要がある。

第 2 章

落下運動は語る

さて、以下では、具体的に落下運動について、ニュートンの運動方程式の適用のしかたや、その結果、物体がどのように運動するかを学ぶ。

2-1 落下運動と初期条件

物体の質量 m が変化しないとき、運動する物体の軌道は式 (1.7) から導出できる。

$$m \frac{\mathrm{d}^2 \boldsymbol{r}(t)}{\mathrm{d}t^2} = \boldsymbol{F} \tag{1.7}$$

質量 m の物体にはたらく力 $\boldsymbol{F}$ が分かれば、**加速度** $\mathrm{d}^2\boldsymbol{r}(t)/\mathrm{d}t^2 = \mathrm{d}\boldsymbol{v}/\mathrm{d}t = \boldsymbol{F}/m$ の時間依存性が分かる。加速度は速度の時間変化（時間微分）であるため、時間積分すれば速度が得られる。

$$\boldsymbol{v}(t) = \int \frac{\mathrm{d}\boldsymbol{v}(t)}{\mathrm{d}t}\mathrm{d}t = \int \frac{\mathrm{d}^2\boldsymbol{r}(t)}{\mathrm{d}t^2}\mathrm{d}t = \int \frac{\boldsymbol{F}}{m}\mathrm{d}t \tag{2.1}$$

さらに、速度は位置の時間変化であるので、もう 1 度積分することにより位置 $\boldsymbol{r}(t)$ が得られる。

$$\boldsymbol{r}(t) = \int \frac{\mathrm{d}\boldsymbol{r}}{\mathrm{d}t}\mathrm{d}t = \int \boldsymbol{v}(t)\mathrm{d}t \tag{2.2}$$

このように運動方程式 (1.7) が書き下せれば、物体の運動の様子を記述する速度 $\boldsymbol{v}(t)$ と位置 $\boldsymbol{r}(t)$ を計算できるわけである。極端にいえば、運動方程式さえ分かれば、あとは積分を繰り返すだけで運動を解析できるわけだ。

2-1-1 ニュートンの運動方程式で落下運動をみる

重力がはたらく地上での物体の**落下運動**を考える（図 2.1）。
簡単のため、鉛直方向の 1 次元運動を考える。

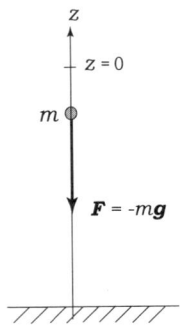

図 2.1 重力の作用のもとでの 1 次元の落下運動

 鉛直上方を z 軸の正の向きとする。1 次元なので $+, -$ でベクトルの向きが指定できるので、以下スカラー表示で書き下す（「スカラー」については付録 C-1-1 小節 (p.463) を参照）。
 質量 m の物体にはたらく重力を F と記す。この力の向きは鉛直下方であるので、負値である。運動方程式は

$$m\frac{\mathrm{d}^2 z(t)}{\mathrm{d}t^2} = F \tag{2.3}$$

である。両辺を質量 m で割ると、

$$\frac{\mathrm{d}^2 z(t)}{\mathrm{d}t^2} = \frac{F}{m} \tag{2.4}$$

加速度は一般的には時間に依存して変化するので、上式の左辺はそれを明示して $\mathrm{d}^2 z(t)/\mathrm{d}t^2$ と記した。しかし、地上では物体は質量 m によらず、同一の加速度をもって落下する。このことを示したガリレオ (Galileo Galilei, 1564-1642) によるピサの斜塔での物体の落下運動の実験は有名である。すなわち、上式右辺の F/m は一定値をもつ。この一定値を $-g$ と記すと（負値は力 F の負符号からくる）、

$$\frac{\mathrm{d}^2 z(t)}{\mathrm{d}t^2} = -g \tag{2.5}$$

であり、質量の異なるどんな物体も、どの瞬間においても、一定の加速度 $-g$ で落下することを図示すると図 2.2 となる。ここで g は地上の**重力加速度** (gravitational acceleration) であり、$g = 9.8 \mathrm{~m/s}^2$ である（9-2 節「万有引力とポテンシャル」(p. 213) を参照）。
 また、はたらく重力 F は

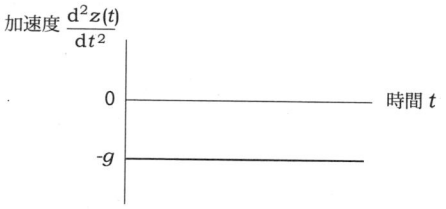

図 **2.2** 落下物体の加速度

$$F = -mg \tag{2.6}$$

である。式 (1.7)（ここでは式 (2.3)）では m を慣性質量とよんだ。式 (2.6) では、m は重力 F がはたらくもとで物体の受ける加速度 $-g$ についての比例係数である。これを**重力質量**という。アインシュタインの一般相対性理論のもとでは、慣性質量と重力質量は等しくなる。両質量が等しいことは現在までの実験研究により、ほぼ 1 兆分の 1 の精度 (9×10^{-13}) で確かめられている。したがって、以下では両質量を区別せず、単に**質量** (mass) とよぶ。

2-1-2　速度の初期条件

つぎに、物体の速度を求めるために式 (2.5) を時間積分すると、

$$\begin{aligned}
\text{左辺} &= \int \alpha(t) \mathrm{d}t = \int \frac{\mathrm{d}^2 z(t)}{\mathrm{d}t^2} \mathrm{d}t = \int \frac{\mathrm{d}v(t)}{\mathrm{d}t} \mathrm{d}t = v(t) + C_1 (\text{積分定数}) \\
\text{右辺} &= \int (-g) \mathrm{d}t = -gt + C_2 (\text{積分定数})
\end{aligned} \tag{2.7}$$

であるので、両辺が等しいことから任意の時刻 t において

$$v(t) = \frac{\mathrm{d}z(t)}{\mathrm{d}t} = -gt + C_0 \tag{2.8}$$

を得る。$C_0 = C_2 - C_1$ は**積分定数**である。速度 $v(t)$ は時間に比例して速くなる。右辺第 1 項の負符号は z 軸の負方向に速度をもつ、つまり、落下していることを意味している。落下をはじめる初期の時刻を時間の原点 $(t = 0)$ とすると、そのときの速度は式 (2.8) に $t = 0$ を代入すれば求められ、

$$v(0) = C_0 \tag{2.9}$$

である。運動をはじめる初期時刻でのこの速度を**初速度** (initial velocity) という。C_0 は初速度（$v_0 \equiv v(0)$ と記すことにする）[1]) で置き換えればよいことが分かる。

式 (2.8) を逆に微分すれば、当然、式 (2.5) を得る。

$$\alpha(t) = \frac{dv(t)}{dt} = \frac{d}{dt}(-gt) + \frac{d}{dt}C_0 = -g + 0 = -g \tag{2.10}$$

時間微分することにより速度の変化率、つまり、加速度を知ることができるが、速度の定数 C_0 部分の情報を失った ($dC_0/dt = 0$)。これは微分の定義（付録 D-1-1 小節 (p. 484)）をみれば、つぎのように明らかである。

$$\begin{aligned}\alpha(t) &= \frac{dv(t)}{dt} = \lim_{\Delta t \to 0} \frac{\Delta v(t)}{\Delta t} = \lim_{\Delta t \to 0} \frac{v(t+\Delta t) - v(t)}{\Delta t} \\ &= \lim_{\Delta t \to 0} \frac{\{-g(t+\Delta t) + C_0\} - \{-gt + C_0\}}{\Delta t} = \lim_{\Delta t \to 0} \frac{-g\Delta t}{\Delta t} \\ &= -g \end{aligned} \tag{2.11}$$

つまり、微分とは勾配を求めることであって、定数部分 C_0 の勾配はゼロであり、式 (2.5) には跡形も残らない。

一定の重力のもとでの落下運動について成り立つ速度の一般形は、任意の定数 C_0 を含んだ式 (2.8) である。そして、個々の具体的事象としての落下運動はこの任意定数 C_0 によって表現、区別され、指定する必要があって、それが**初期条件** (initial condition) としての初速度である。

積分定数を指定するには、原則的には、$t = 0$ の速度でなくともよい。任意の時刻 t における速度 v が分かれば、式 (2.8) で C_0 が一意的に決まる。たとえば、落下途中の時刻 $t = T$ での速度 v_T が分かっていれば、それでも充分である。このとき、式 (2.8) から $C_0 = v_T + gT$ と求まり、任意の時間での速度は

$$v(t) = -gt + (gT + v_T) = -g(t - T) + v_T \tag{2.12}$$

と表せる。

図 2.3 に t-v の様子を示す。横軸は時間であり、落下物体の横方向の距離ではない。$C_0 = 0$ は初速度＝ゼロの自由落下 (free fall) であり、(a) にみるように原点を通る直線である。この直線の傾きが加速度 $-g$ であり、g が一定であるため直線となっている。(b) は初速度として正の速度をもつ場合、つまり、放り投げた場合に相当する。縦軸との切片がその初速度であり、正値 $v(0) = v_0 > 0$ である。投げ上げられた場合で

---

[1]) 記号 $\equiv$ を説明しておこう。左辺と右辺が等しい、つまり、等式を意味する＝と異なって、つねに等号が成立する恒等式や定義を意味する場合に使う。上の $v_0 \equiv v(0)$ は、「$v(0)$ を v_0 と書く（と定義する）」ものである。普通、厳密に区別されず、＝を使ってもよい。

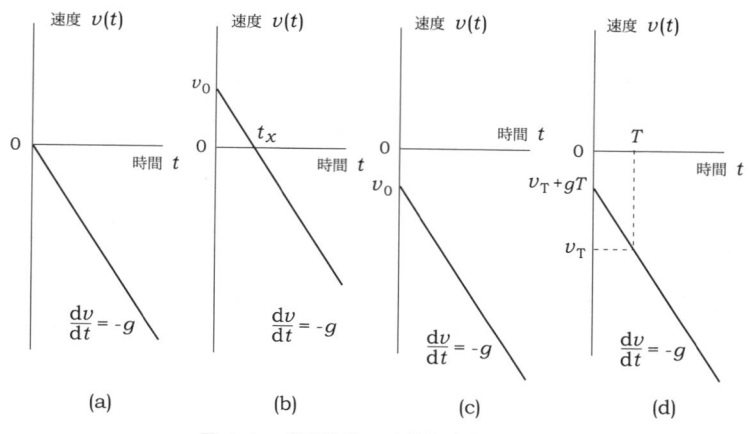

図 2.3 落下物体の時間と速度の関係

も、物体の加速度は自由落下と同じ $-g$ であり、したがって、物体の速度は (a) と同じ傾きをもつ直線を示す。それが式 (2.5) の意味するものである。物体の速度 $v(t)$ は当然、投げ上げられてしばらくは正値をもつが、徐々に減速し、時刻 t_x で速度ゼロとなり、その時刻は

$$v(t_x) = -gt_x + v_0 = 0 \quad \Rightarrow \quad t_x = \frac{v_0}{g} \tag{2.13}$$

である。その後は落下に転じ負値を示すことを図 (b) は示す。(c) は (b) の反対で投げ下げられた場合を示し、$v_0 < 0$ で、切片は負値をもつ。ここでも、直線は $-g$ の傾きをもつことに変わりはない。投げ下げられたから、物体の加速度が大きくなるわけではない！ さらに、時刻 $t = T$ での速度が初期条件の代わりに使われる場合の様子を、投げ下げのときを想定して図 (d) に示した。1 次式の不定定数 C_0 は、任意の時刻 T での値 v_T が分かれば $v_T + gT$ と判明することが図からも読める。

2-1-3　z 位置の初期条件

つぎに、同様にして、式 (2.8) を時間積分し、物体の位置 $z(t)$ を求めよう。

$$z(t) = \int v(t)\mathrm{d}t = \int (-gt + C_0)\,\mathrm{d}t = -\frac{1}{2}gt^2 + C_0 t + C_1 \tag{2.14}$$

ここでもう 1 つ**積分定数** C_1 が生じる。初期条件として $t = 0$ での物体の位置を $z_0 \equiv z(0)$ と記せば、

$$z_0 = z(0) = C_1 \tag{2.15}$$

を得る。C_1 は初期位置 z_0 である。したがって、C_0、C_1 を初期条件で置き換えれば、物体の落下位置は

$$z(t) = -\frac{1}{2}gt^2 + v_0 t + z_0 \tag{2.16}$$

と求まる。

　図 2.3 に対応した時間と物体位置の関係 t-z (式 (2.16)) を図 2.4 に示す。(a) は初速度 $v_0 = 0$ の自由落下運動である。z 軸原点をここでは自由落下での初期位置 $z_0 = 0$ にとった。したがって、式 (2.16) は

$$z(t) = -\frac{1}{2}gt^2 \tag{2.17}$$

となり、(a) は原点を通る上に凸の放物線である。時間 t の 2 乗に比例して落下距離 $|z|$ [2]が大きくなる。初期位置 $z_0 = 0$ として、(b) 投げ上げ ($v_0 > 0$)、ならびに、(c) 投げ下げ ($v_0 < 0$) を同時に扱おう。このとき、式 (2.16) は

$$z(t) = -\frac{1}{2}gt^2 + v_0 t = -\frac{1}{2}g\left(t - \frac{v_0}{g}\right)^2 + \frac{v_0{}^2}{2g} \tag{2.18}$$

と書ける。この 2 次曲線は、頂点を $(t_m, z_m) = (v_0/g, \ v_0{}^2/2g)$ にもつ上に凸の放物線である。つまり、頂点はもっとも高い位置 z_m 点とそこへ到達する時刻 t_m である。

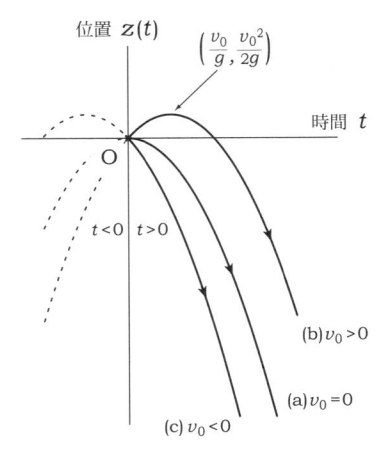

図 **2.4**　物体の時間と落下位置の関係

---

[2] $|z|$ は z の絶対値を示す記号である。

ここで図 2.4 は放物線を示すが、横軸は時刻 t を表しているのであって、あくまでも鉛直方向の 1 次元運動 (t-z) を示している。物体を斜め方向に放出した場合の放物運動ではない、ことに注意。投げ上げの場合は $v_0 > 0$ であって、頂点は正の時刻に存在する。頂点では速度ゼロであり、時刻 t_m は式 (2.13) の時刻 t_x と同一である。一方、投げ下げの場合は $v_0 < 0$ のため、頂点の時刻は負の時刻、つまり、初期時刻よりも過去の時刻に対応し、現実の解としてはあり得ない。(a) の初速度 $v_0 = 0$ の場合は頂点が $(0,0)$ の放物線であって、式 (2.18) で表現できる。つまり、初速度の如何にかかわらず、式 (2.18) が物体の $z(t)$ 位置を示し得る。

さらに、初期の位置を原点からずれた $z_0 \neq 0$ の一般的な場合に展開しよう。初期状態として初速度 v_0、初期位置 z_0 とすると、式 (2.16) を変形し

$$z(t) = -\frac{1}{2}g\left(t - \frac{v_0}{g}\right)^2 + \left(\frac{v_0{}^2}{2g} + z_0\right) \tag{2.19}$$

となる。頂点が $(v_0/g, (v_0{}^2/2g)+z_0)$ の放物線である。頂点の高さが初期位置の分だけ増えただけであることは、式 (2.18) と比べれば分かる。このとき、式 (2.8) に $t_m = v_0/g$ を代入することにより、確かに

$$v(t_m) = -gt_m + v_0 = -v_0 + v_0 = 0 \tag{2.20}$$

で、頂点では速度ゼロである。ただし、$v_0 > 0$ の投げ上げのときのみが、この解をもつ。

初期条件でなく、時刻 $t = T$ での状態が v_T ならびに z_T と指定されている場合、落下速度は式 (2.12) であり、この式を積分することで

$$z_T = -\frac{1}{2}gT^2 + (v_T + gT)T + C_1 \quad \Rightarrow \quad C_1 = \frac{1}{2}gT^2 - (v_T + gT)T + z_T \tag{2.21}$$

と積分定数 C_1 が決まり、

$$\begin{aligned} z(t) &= -\frac{1}{2}gt^2 + (v_T + gT)t + \left\{\frac{1}{2}gT^2 - (v_T + gT)T + z_T\right\} \\ &= -\frac{1}{2}g(t-T)^2 + v_T(t-T) + z_T \end{aligned} \tag{2.22}$$

と表せる。あるいは

$$z(t) = -\frac{1}{2}g\left\{(t-T) - \frac{v_T}{g}\right\}^2 + \left(z_T + \frac{v_T{}^2}{2g}\right) \tag{2.23}$$

とまとめてもよい。

このように運動方程式は 2 階時間微分であるため、速度と位置を求める積分を繰り返すたびに積分定数として不定な定数が現れる。任意の時刻での速度と位置の情報を

与えることによってこれらの積分定数が決まり、はじめて具体的な運動の軌道が定まるわけである。これは逆にいえば、運動方程式は2つの不定定数の組合せで指定できるあらゆる種類の運動を扱っているということである。

2-2　砲弾の軌道

前節で学んだ落下運動を大砲から射出された砲弾の軌道計算に応用してみよう。教科書の簡潔なポイントのみの記述で終わるのではなく、本節では学んだ事項を一層展開し、諸君が物理的な思考法に慣れるよう試みる。自由落下運動であっても、単に運動方程式から速度や落下位置を求めるだけでなく、いろいろな条件下で、いろいろな予測や計算を試して、遊んでみるのがよい。

砲弾とは物騒な例だと思うかもしれないが、ガリレオが活躍した近世のヨーロッパでは、「動力学」による戦争での砲弾の着弾位置の計算や、「静力学」による築城計算などの実利的要望のもとに「力学」発展の原動力があった、と著者は推測する。

ここでは、砲弾の大きさやそれに伴う空気抵抗など複雑な要素を無視し（抵抗については次節で議論する）、砲弾を質点として取り扱う。まず、直交座標系の z 軸を前節同様に、重力に反して鉛直上向きにとる。大砲を地上に備え付けると考え、大砲位置を座標原点 O にとる。したがって、地面は x-y 平面を構成する（ここでは地球が球であることを無視する）。砲弾の質量を m、初速度を $\bm{v}_0$（その大きさを $v_0 = |\bm{v}_0|$）とする。簡単のために、砲弾は x-z 平面に打ち出されると考える。同じことであるが、砲弾の打ち出される方向を含むように x 軸を決めるといってもよい（地球の回転運動による y 方向の力は無視する。これについては 8-2 節「ナイルの放物線」(p. 171) で扱う）。砲弾にはたらく力は z 方向の重力のみであり、x-z 平面に垂直な力が存在しないため、砲弾の継続する運動は x-z 平面内に限られることは分かる。初速度 $\bm{v}$ は出射角 θ を使うと、x、z 成分に分解でき

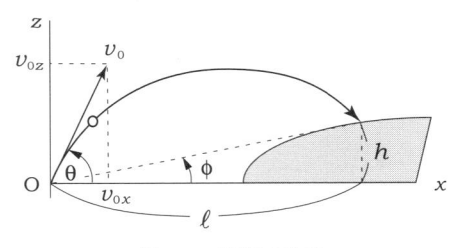

図 2.5　砲弾の軌道

$$\boldsymbol{v}_0 = v_{0x}\boldsymbol{e}_x + v_{0z}\boldsymbol{e}_z, \qquad v_{0x} = v_0 \cos\theta, \quad v_{0z} = v_0 \sin\theta \tag{2.24}$$

である。$\boldsymbol{e}_i$ ($i=x,y,z$) は i 軸方向の単位ベクトルである。θ は x 軸方向から測る。一方、大砲がねらう城塞位置は必ずしも出射位置と同じ高さではなく、小高い丘の上、あるいは窪地かもしれないので、その位置を $(x_F, z_F) = (\ell, h)$ と記す。あるいは、原点からその位置を見込む角度を ϕ と記すと

$$\tan\phi = \frac{h}{\ell} \tag{2.25}$$

2-2-1 城塞が地表にあるとき ($h=0$)

(a) 運動方程式を書き下す

z 方向の運動方程式は前節に与えられている。

$$m\frac{dv_z}{dt} = m\frac{d^2z}{dt^2} = -mg \quad\Rightarrow\quad \frac{dv_z}{dt} = \frac{d^2z}{dt^2} = -g \tag{2.26}$$

である。x 方向の運動方程式は、x 方向にはたらく力が存在しないため

$$m\frac{dv_x}{dt} = m\frac{d^2x}{dt^2} = 0 \quad\Rightarrow\quad \frac{dv_x}{dt} = \frac{d^2x}{dt^2} = 0 \tag{2.27}$$

となる。これらの 2 つの微分方程式を解くことにより、砲弾の速度と位置が、すなわち、軌道が求まる。

ここで重要なことは、上 2 式をみれば分かるように、x 方向の運動と z 方向の運動は混じり合わずお互いに独立である。一方の成分の運動が他方の成分の運動に影響を及ぼさない、ということである。当然、時刻 t は初期時刻 t_0 を介して共有している。

式 (2.26) の解は、速度は式 (2.8) から、位置は式 (2.16) から

$$v_z(t) = -gt + v_{0z} \tag{2.28}$$

$$z(t) = -\frac{1}{2}gt^2 + v_{0z}t \tag{2.29}$$

と求まる。初期位置は原点 O にとったため、$z(0) = z_0 = 0$ であって z 位置の定数項はゼロである。

一方、式 (2.27) は x 方向の力がゼロであるので、その解は上式において $g=0$ とした場合の解に相当する。したがって、

$$v_x(t) = v_{0x} \tag{2.30}$$

$$x(t) = v_{0x}t \tag{2.31}$$

を得る。z 方向の運動の様子は前節で理解した。x 方向については、もっと簡単であ

る。式 (2.30) は、x 方向の速度はその初速度成分 v_{0x} のままで一定であること、したがって、式 (2.31) はその x 位置は時間に比例して増加することを教える。

(b) 砲弾の速度と位置

式 (2.28) から時刻 t を書き下し、

$$t = \frac{v_{0z} - v_z(t)}{g} \tag{2.32}$$

式 (2.29) に代入して時刻 t を消去すると、

$$z(t) = -\frac{1}{2g}(v_z(t) - v_{0z})(v_z(t) + v_{0z}) \tag{2.33}$$

を得る。これを図示したのが、図 2.6 である。横軸に z 方向の速度、縦軸に z 位置（砲弾の高さ）をとった。式 (2.33) は $v_z(t)$ の 2 次式、放物線であり、$v_z(t) = v_{0z}$ と $v_z(t) = -v_{0z}$ の 2 点で $z = 0$ と交わる。$(v_z(t) = v_{0z}, z = 0)$ の点はまさに砲弾の出射点であり、砲弾は時間とともに高く上がってゆくが、z 方向の速度は減衰してゆく。そして、$t_m = v_{0z}/g$ の時刻で最高の高さ $(z(t_m) = v_{0z}{}^2/2g)$ に達し、そこでは $v_z(t_m) = 0$ である。その後、砲弾は落下するわけで、v_{0z} の速さで地上に達する。ただし、速度は負符号をもつ（$v_{0z} < 0$）。

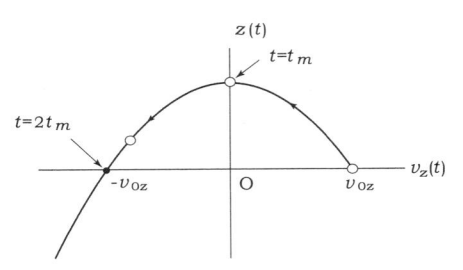

図 2.6 砲弾の z 方向の速度と高さ

(c) 砲弾の軌道

$z(t)$ と $x(t)$ から時刻 t を消去すれば、軌道が求まる。式 (2.31) から

$$t = \frac{x(t)}{v_{0x}} \tag{2.34}$$

を得て、これを式 (2.29) に代入すると、

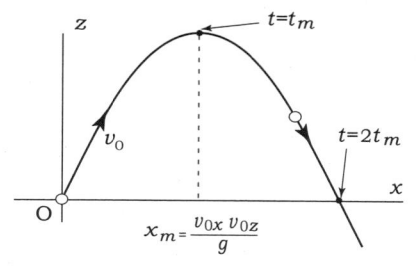

図 2.7 砲弾の x-z 軌道

$$z = -\frac{g}{2v_{0x}^2}\left(x - \frac{v_{0x}v_{0z}}{g}\right)^2 + \frac{v_{0z}^2}{2g} \tag{2.35}$$

を得る。上式は x-z に関する正真正銘の放物線軌道であり、$(x_m, z_m) = (v_{0x}v_{0z}/g, v_{0z}^2/2g)$ を頂点とし、原点 O ならびに $(2v_{0x}v_{0z}/g, 0)$ を通る。

(d) 城塞を砲撃するための初速度と出射角

砲弾が城塞にとどくためには、上記放物線が座標 $(x, z) = (\ell, h)$ を通る必要がある。式 (2.35) にこの座標を代入すると、

$$h = -\frac{g}{2v_{0x}^2}\left(\ell - \frac{v_{0x}v_{0z}}{g}\right)^2 + \frac{v_{0z}^2}{2g} \tag{2.36}$$

これを書き直すと、

$$2(\tan\theta - \tan\phi)v_0^2 = g\ell(1 + \tan^2\theta) \tag{2.37}$$

となる。

問 式 (2.37) を導け。

ここで、式 (2.24) を用いて、初速度成分を初速度の大きさ v_0 と角 θ で表示した。さらに、$\tan\phi = h/\ell$、$\cos^2\theta = 1/(1 + \tan^2\theta)$ を用いた。v_0^2、$1 + \tan^2\theta$、$g\ell$ は正値をもつので、左辺の括弧 ( ) 内は常に正値をもたねばならない。つまり、

$$\tan\theta > \tan\phi \tag{2.38}$$

である。これは、角 θ が正値、負値をもつことにかかわらず成立しなければならない。城塞が高いところにあるのに、大砲がそれよりも低い角を設定して砲撃しても絶対当

たらないことをいう。この条件を満足するもとで、式 (2.37) は初速度 v_0 と出射角 θ の関係を示す。大砲の出射速度 v_0 は普通決まっているだろうから、標的位置が分かれば (ℓ と ϕ が分かれば) 実際的には出射角 θ を決めることになる。そこで、式 (2.37) は $\zeta \equiv \tan\theta$ とおくと (ζ はツェータまたはゼータと読む)、

$$\zeta^2 - 2\left(\frac{v_0^2}{g\ell}\right)\zeta + \left\{1 + 2\left(\frac{v_0^2}{g\ell}\right)\tan\phi\right\} = 0 \tag{2.39}$$

となる。この 2 次方程式を解いて出射角は

$$\zeta = \left(\frac{v_0^2}{g\ell}\right) \pm \sqrt{\left(\frac{v_0^2}{g\ell}\right)^2 - \left\{1 + 2\left(\frac{v_0^2}{g\ell}\right)\tan\phi\right\}} \tag{2.40}$$

と求まる。

(e) 砲弾の最小出射速度 $v_0{}^{\min}$

式 (2.40) にもとづいて出射角や砲弾の軌道などを考えてみよう。

まず、簡単のために標的が地上にあるとき ($\phi = 0$) を考える。式 (2.40) は

$$\zeta = \left(\frac{v_0^2}{g\ell}\right) \pm \sqrt{\left(\frac{v_0^2}{g\ell}\right)^2 - 1} \tag{2.41}$$

となる。式 (2.40) も式 (2.41) も 2 つの解をもつ。解が物理的に意味をもつためには、平方根の中は正値またはゼロでなければならないので

$$\left(\frac{v_0^2}{g\ell}\right)^2 \geq 1 \quad \Rightarrow \quad v_0 \geq \sqrt{g\ell} \tag{2.42}$$

となる。ただし、g ならびに ℓ は正値である。$v_0^2/(g\ell) = 1$ の条件は、$\zeta = \tan\theta = 1$、つまり、$\theta = \pi/4$ (ラジアン)= 45° を意味し、重根である。初速度が標的までの距離 ℓ と落下の加速度 g で決まる値 $v_0{}^{\min} = \sqrt{g\ell}$ 以上でないと、根号内は負値となり、実数解は存在しない。つまり、砲弾はとどかない！

角の単位はラジアン (radian, rad と略記) であり、180° は $\pi(= 3.14)$ ラジアン、1° = $\pi/180 = 0.01745$ ラジアン。1 ラジアンは、円周上 $2\pi r$ で半径 r に等しい弧を見込む角である。図 2.8 を参照。無次元の単位であって、国際単位系 (SI) のなかの SI 補助単位の 1 つである。1° = 0.01745 rad は覚えておこう。

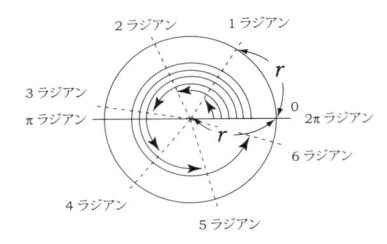

図 2.8 角の単位ラジアン (radian)

問 出射速度 v_0 を決めたとき、砲弾がもっとも遠くまで達する出射角は $\theta = 45°$ であることを示せ。

必要な最小の初速度 $v_0^{\min}$ は距離の平方根に比例する。具体的に数値評価をしてみよう。

$$v_0^{\min} = 3.13\sqrt{\ell} \quad \text{m/s} \tag{2.43}$$

$\ell = 1$ km 離れた標的には

$$v_0^{\min} \approx 100 \quad \text{m/s} \tag{2.44}$$

の初速度が必要であり[3]、$\ell = 4$ km では $v_0^{\min} \approx \sqrt{4} \times 100 = 200$ m/s となる。

　　大砲はどれほど飛ぶのか。
　　幕末の四斤野砲は砲弾が 4 kg、これは英国流では 10 ポンド砲といい（1 ポンドは 0.454 kg）、飛距離は $\ell = 1$-2 km であったが、アームストロング砲は 2 倍の飛距離で $\ell = 3$-4 km とのことである。$v_0^{\min} = \sqrt{g\ell}$ を適用すると、初速度は $v_0^{\min} = 170$-200 m/s 程度となる。現在では、たとえば、榴弾砲の飛距離は $\ell = 20$-30 km とのことである。

(f) 2つの出射角 θ

引き続き、標的を地上に設定した条件のもとで、$v_0^2/(g\ell) > 1$ のときの出射角 θ に関する 2 つの解を考察する。

式 (2.41) とつぎの三角関数 (trigonometric function) の加法定理を比べてみるとよい。

$$\tan\left(\frac{\pi}{4} \pm \omega\right) = \sec 2\omega \pm \tan 2\omega \qquad \left(\sec 2\omega = \frac{1}{\cos 2\omega}\right) \tag{2.45}$$

図 2.9(a) の直角三角形をみて

$$\sec 2\omega = \frac{v_0^2}{g\ell} \tag{2.46}$$

ととれば、

$$\tan 2\omega = \sqrt{\left(\frac{v_0^2}{g\ell}\right)^2 - 1} \tag{2.47}$$

---

[3] $\approx$ は「近似的に等しい」という意味であり、本書では $\approx$ と $\simeq$ を統一して $\approx$ 記号で記す。$\sim$ は「桁数がほぼ等しい」という意味であって、$\approx$ よりは大づかみな評価である。

図 2.9 θ と ω

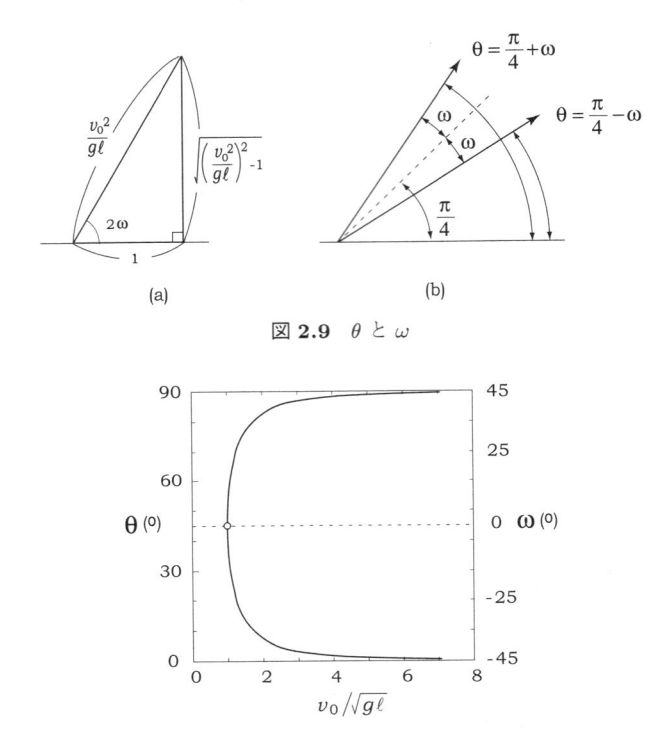

図 2.10 $v_0/\sqrt{g\ell}$ vs $\theta(\omega)$

となる。したがって、θ と ω は

$$(\zeta =)\ \tan\theta = \tan\left(\frac{\pi}{4} \pm \omega\right) \quad \Rightarrow \quad \omega = \pm\left(\theta - \frac{\pi}{4}\right) \tag{2.48}$$

の関係にある。つまり、$v_0{}^2 > g\ell$ を満たすとき、砲弾を命中させるための出射角 θ は式 (2.41) で与えられ、それは $\pi/4\,(= 45°)$ を軸として対称な 2 値をもつ（図 2.9(b)）。式 (2.41) の解をプロットしたものが図 2.10 であって、横軸に $v_0/\sqrt{g\ell}$、左縦軸に θ、右縦軸に ω を示した。$v_0/\sqrt{g\ell} = 1$ の場合が白丸で示した $\theta = \pi/4$ の重根である。砲弾の初速度 v_0 が増加するか、標的との距離 ℓ が減少するかして $v_0/\sqrt{g\ell}$ が増加すれば、出射角 θ は急激に $\pi/2\,(= 90°)$ または $0\,(= 0°)$ に近づく。ただし、$\theta = \pi/2$ に漸近的に近づくだけで、$\pi/2$（真上への出射）になることはないし、同様に $\theta = 0$ となることもない。距離 ℓ を固定したとき、標的に達する最小初速度は $v_0{}^{\min} = \sqrt{g\ell}$ であり、その何倍の速度で出射するかを横軸は示している。初速度が $v_0{}^{\min}$ から少し増加するだけで出射角 θ は大きく変わり、$v_0 = 2v_0{}^{\min}$ になるだけで $\omega \sim 40°$ となる。

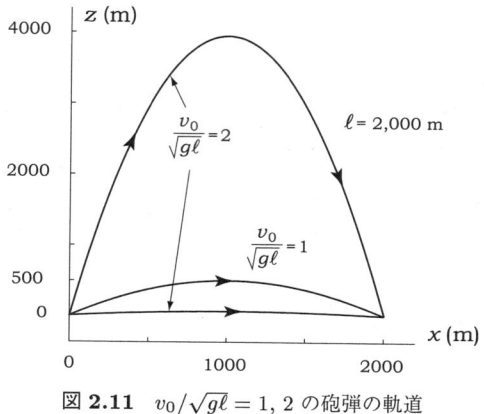

図 2.11 $v_0/\sqrt{g\ell} = 1, 2$ の砲弾の軌道

図 2.11 に $v_0/\sqrt{g\ell} = 1$ ($\theta = \pi/4 = 45°$) と $= 2$ ($\theta = 1.444 = 82.76°$ と $= 0.126 = 7.24°$) の軌道をプロットしておく。$\ell = 2,000$ m とすれば、$v_0^{\min} = 140$ m/s。v_0 が 2 倍になると、角の大きな解は最高高度が式 (2.36) で計算できるように $2\ell \sin^2\theta \sim 4,000$ m、到達距離のほぼ 2 倍まで上がってから標的に達する。一方、角の小さい解は最高高度が 63.5 m に達するだけである。角の小さい解は、初速度が増加するほど地上を這うように飛ぶ。標的に達する時間は前者では 56.7 秒かかるのに対し、後者ではわずか 7.2 秒である。

2-2-2 城塞が地表より高いとき ($h > 0$)

(a) 砲弾の最小出射速度 $v_0^{\min}$

つぎに、城塞が大砲位置から上向きに位置している場合 ($h > 0$) を考える。$h = 0$ の場合と何か違いがあるだろうか？

先ほどと順番を変えて、まず、標的に達する最小の初速度 $v_0^{\min}$ を求める。式 (2.40) の根号内がゼロの場合がそれに対応する。$\zeta (= \tan\theta)$ が実根をもつためには根号内はゼロあるいは正値をもたねばならない。

$$\kappa \equiv v_0^2/(g\ell) \tag{2.49}$$

と置き換えて見やすくすると、その条件は

$$\kappa^2 - 2\kappa \tan\phi - 1 \geq 0 \tag{2.50}$$

である。城塞が地上にあるときと比べ、第 2 項が登場した。式 (2.50) の左辺を $f(\kappa)$ と

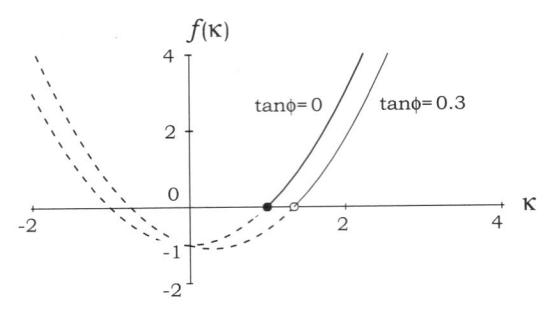

図 2.12 式 (2.51) の放物線とその解。左の曲線は $\tan\phi = 0$ の場合（城塞が $h = 0$ にあるとき）で $\kappa^{\min} = 1$、右の曲線は $\tan\phi = 0.3$ の場合を示したもので白丸が解、$\kappa^{\min} = 1.344$、である。意味のある κ の領域は実線で示した曲線に対応する $\kappa > \kappa^{\min}$ である。

書けば、

$$f(\kappa) = (\kappa - \tan\phi)^2 - (1 + \tan^2\phi) \tag{2.51}$$

と変形でき、$(\kappa, f(\kappa)) = (\tan\phi, -(1 + \tan^2\phi))$ に頂点、$f(0) = -1$ に切片をもつ放物線を描く（図 2.12）。$f(\kappa) = 0$ の解はこの放物線と横軸の交点、すなわち

$$\kappa = \tan\phi \pm \sqrt{\tan^2\phi + 1} \tag{2.52}$$

であって、解の1つは常に負値であり、物理的に意味がない。もう一方の解が常に正値をもち、$f(\kappa) = 0$ には常に1つの解が存在する。この解を与える初速度が $v_0^{\min}$ であり、

$$\kappa^{\min} = \frac{(v_0^{\min})^2}{g\ell} = \tan\phi + \sqrt{\tan^2\phi + 1} \tag{2.53}$$

である。$\phi = 0$ の場合（城塞が $h = 0$ にあるとき）は $\kappa^{\min} = 1$、つまり $v_0^{\min} = \sqrt{g\ell}$ となり、先で求めた結果と一致する。

(b) 砲弾の出射角 θ

つぎに、初速度 $v_0 (> v_0^{\min})$ を決めたとき（$=\kappa$ を固定したとき）の出射角 θ（$\zeta = \tan\theta$）を考える。式 (2.39) の左辺を $s(\zeta)$ とおいて、この放物線を図示すると図 2.13 となる。この放物線と横軸との交点の ζ の値が求める解である。解はすでに式 (2.39) を解いて式 (2.40) で与えられ、

$$\zeta = \tan\theta = \kappa \pm \sqrt{\kappa^2 - 2\kappa\tan\phi - 1} \tag{2.54}$$

である。根号内は、上でみたように、常に正値をもち得るので、ζ には2根が存在する。

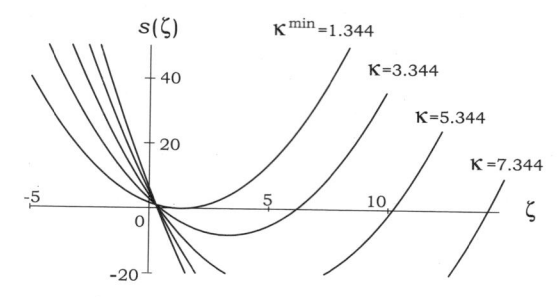

図 2.13 $\tan\phi = 0.3$ ($\kappa^{\min} = 1.344$) のときの式 (2.39) の放物線。各々の曲線は図中に示した κ 値をもつ。最小速度 $\kappa^{\min} = 1.344$ では重根をもつのが分かる。

$\kappa = \kappa^{\min}$ のときに重根

$$\zeta_0 = \tan\theta_0 = \kappa^{\min} \tag{2.55}$$

が存在する。式 (2.45) と同じように、式 (2.53) を書き換えると（三角関数の基本公式）

$$\tan\theta_0 = \kappa^{\min} = \tan\phi + \sec\phi = \tan\left(\frac{\pi}{4} + \frac{\phi}{2}\right) \tag{2.56}$$

となり、初速度 $v_0^{\min}$ のときの出射角 θ_0 は $\pi/4$ に標的の見込む角 ϕ の半分を加えた

$$\theta_0 = \frac{\pi}{4} + \frac{\phi}{2} \tag{2.57}$$

であることが分かる。標的位置が地上から離れるにつれて、式 (2.53) から分かるように最小速度 $v_0^{\min}$ は増し、上式から出射角 θ_0 は当然 $\pi/4$ よりも大きくなる。

(c) 砲弾の軌道

軌道は式 (2.35) で与えられている。

$$z = -\frac{g}{2v_{0x}^2}\left(x - \frac{v_{0x}v_{0z}}{g}\right)^2 + \frac{v_{0z}^2}{2g} \tag{2.35}$$

これを書き換えると、

$$z = -\frac{g}{2v_0^2\cos^2\theta}\left(x - \frac{v_0^2\sin 2\theta}{2g}\right)^2 + \frac{v_0^2\sin^2\theta}{2g}$$

$$= -\frac{\zeta}{2\chi}(x - \chi)^2 + \frac{\zeta\chi}{2} = -\frac{\zeta}{2\chi}x(x - 2\chi) \tag{2.58}$$

$$\chi \equiv \frac{v_0^2\sin 2\theta}{2g} \tag{2.59}$$

となり、頂点 $(x, z) = (v_0^2 \sin\theta\cos\theta/g, v_0^2 \sin^2\theta/2g) = (\chi, \zeta\chi/2)$ の放物線を描く。κ の任意の値に対応して、式 (2.54) で決まる $\zeta = \tan\theta$ の 2 つの解をもつので、2 つの軌道が描けるのは標的が地上にある場合と同じである。

よく考えてみよう。標的が高さをもっているために、地上の場合とは少し異なる。まず、地上の場合と同じく、θ_0(式 (2.57)) よりも高い出射角をもつ解と低い角の解の 2 つが考えられる。任意の初速度 $(v_0 > v_0^{\min})$ に対しては 2 つの解しかないが、初速度が違うごとに出射角が変わる。標的が地上にある場合の砲弾の軌道は図 2.11 でみたように、中間地点 $x = \ell/2$ で最高の高さをもつ対称な放物線軌道であったが、いまの場合はこの制約はない。軌道はあくまでも式 (2.58) にみるように、$x = 0$ と $x = 2\chi$ で x 軸と交わり、最高点は $x = \chi$ で $z = \zeta\chi/2$ の放物線である。つまり、$\phi \neq 0$ のため、$2\chi > \ell$ であって中間地点 $\ell/2 (<\chi)$ に最高点はない。さらには、初速度が充分大きいと、標的の下から打ち上げる弾道軌道が存在する。それは同じ放物線軌道ではあるが、放物線の最高地点が標的の後ろに位置する軌道である。したがって、このとき砲弾は標的よりも高くなることはない。これら 2 種類の軌道を分ける基準は、最高度地点が標的位置の前方か後方かであり、その最高地点が標的位置である条件は

$$\ell = v_0^2 \sin\theta\cos\theta/g \quad\Rightarrow\quad v_0^s \equiv v_0 = \sqrt{\frac{g\ell}{\sin\theta\cos\theta}} \tag{2.60}$$

である。

図 2.14 にこの様子をプロットした。城塞までの距離を $\ell = 2{,}000$ m、見込む角を $\tan\phi = 0.3$ ($\phi = 0.29$ rad $= 16.7°$) とする。このとき、$\kappa^{\min} = 1.34$ であり、最小速度 $v_0^{\min} = \sqrt{\kappa^{\min} g\ell} = 162$ m/s、そのときの出射角度は $\theta_0 = (\pi/4) + (\phi/2) = 0.932$ rad $= 53.4°$ である。この出射角で打ち上げたとすると、放物線の頂点が標的位置にくるには、式 (2.60) から初速度 $v_0^s = 202.4$ m/s が必要であり、$\kappa^s = 2.09$ である(図中の太線)。この κ^s を境として、$\kappa^{\min} < \kappa < \kappa^s$ の場合は破線で示した軌道頂点を大砲と標的の間にもつ 2 つの放物線軌道を描く。図では 1 例として $\kappa = 0.7 \times \kappa^s$ とした。このときの出射角は $\theta = 0.759$ rad $= 43.5°$ と 1.10 rad $= 63.1°$ である。$\kappa > \kappa^s$ の場合の 1 例 (図では $\kappa = 2.0 \times \kappa^s$ とした) を実線で示す。出射角は $\theta = 0.417$ rad $= 23.9°$ と 1.44 rad $= 82.8°$ であり、前者が標的の下から打ち上げる砲弾軌道を生ずるものであって、初速度は $v_0 = 286.2$ m/s である。後者は同じ速い初速度をもつため、標的に的中させるには頂点を標的までの途中にもつ高い放物線軌道を描くものとなる。図 2.14 には 3 つの初速度の場合について軌道を描いたが、城塞への弾道には $\kappa > \kappa^{\min}$ を満たす無数の解が存在する。

問 では、標的が大砲よりも低い位置 $(h < 0)$ にある場合はどうか?

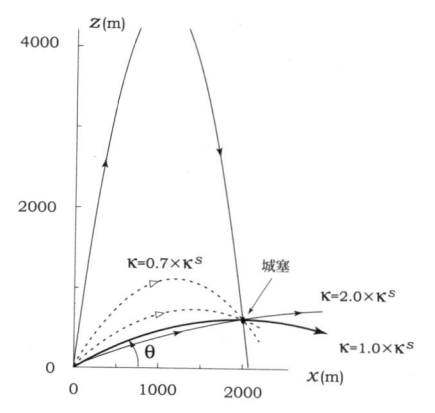

図 2.14 $\ell = 2,000$ m, $\tan\phi = 0.3$ のとき、$\kappa = 1.0 \times \kappa^s$（太い実線）、$0.7 \times \kappa^s$（破線）、$2.0 \times \kappa^s$（実線）の砲弾軌道。

上の議論にならって、つぎは諸君がいろいろと検討してみよう。

問 標的として戦車を想定しよう。

戦車が地上を、速度 v^T で一直線に大砲位置に向かってくる。標的が時間とともに移動することを考えに入れなければならない。はじめの戦車位置を原点から ℓ_0^T として、砲弾を標的に当てるための出射角度 θ を求めよ。戦車が移動していないときと比較して違いを論ぜよ。

長距離の砲弾は北半球では必ず右へずれることが昔から実体験として知られていた。これは地球の自転による効果であり、第 8 章でコリオリ力のはたらきとして議論する。

どうだ？ いろいろと考えを展開すれば、微分積分にも慣れてくるし、力学的取り扱いにも慣れる。つぎの節では、空気の抵抗という現実の効果を取り入れて、少し落下運動を複雑にして楽しんでみよう。

2-3　空気の抵抗を考える

空気抵抗の効果を考えよう。空気中を物体が落下するとき、当初は時間とともに落下速度が増加する。落下速度の増加につれて空気の抵抗力も増える。この空気抵抗は落下方向（一般的には運動の方向）と逆向きにはたらき（図 2.15）、重力に逆らって

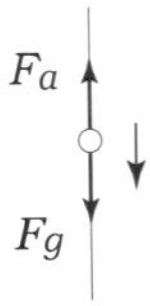

物体の落下を減速する効果を生じる。この抵抗力 $\boldsymbol{F}_a$ が重力 $\boldsymbol{F}_g$ とつり合うと、物体にはたらく合力 $\boldsymbol{F}$ は消滅し、加速度がゼロとなって

$$m\frac{\mathrm{d}\boldsymbol{v}}{\mathrm{d}t} = \boldsymbol{F}_g + \boldsymbol{F}_a = 0 \tag{2.61}$$

落下速度は一定

$$\frac{\mathrm{d}\boldsymbol{v}}{\mathrm{d}t} = 0 \quad \Rightarrow \quad \boldsymbol{v}(t) = 一定 \tag{2.62}$$

図 2.15 重力 $\boldsymbol{F}_g$ と空気抵抗力 $\boldsymbol{F}_a$

となる。この速度を**終速度** (terminal velocity)、あるいは終端速度という。

一般に落下速度が小さいときには、速度に比例した**粘性抵抗** (viscous resistance) がはたらく。これは物体の表面にはたらく媒質（空気）の粘性の抵抗であって、運動する物体表面の接線方向に作用する。摩擦抵抗ともよぶ。速度が大きくなると、さらに、物体表面に空気分子が衝突して生ずる速度の 2 乗に比例する抵抗が主要な働きをする。これを**慣性抵抗** (inertial resistance) という。

2-3-1 粘性抵抗がはたらく落下運動

(a) 運動方程式を書き下す

物体にはたらく力は重力 $\boldsymbol{F}_g$ と粘性抵抗力 $\boldsymbol{F}_a$ であって

$$\begin{aligned} m\frac{\mathrm{d}\boldsymbol{v}}{\mathrm{d}t} &= \boldsymbol{F}_g + \boldsymbol{F}_a \\ &= m\boldsymbol{g} - \eta_0 \boldsymbol{v} \end{aligned} \tag{2.63}$$

と書ける。ここで、運動を 3 次元空間におけるものとして扱うために、速度をベクトル $\boldsymbol{v}\ (= v_x \boldsymbol{e}_x + v_z \boldsymbol{e}_z)$ で表示した。$\boldsymbol{e}_x, \boldsymbol{e}_z$ は x 方向、z 方向の単位ベクトルである。前節と同様に、鉛直上方（重力の方向と逆）に z 軸をとる。物体の初期位置を原点 O とし、運動が x-z 平面内に起こるように x 軸を定める。したがって、初速度は $\boldsymbol{v}_0 = v_{0x}\boldsymbol{e}_x + v_{0z}\boldsymbol{e}_z$ である。$\eta_0\ (>0)$ は粘性の係数（定数とする）である。抵抗は速度と逆向きに作用するため、第 2 項には負符号がつく。第 1 項の重力加速度は $\boldsymbol{g} = -g\boldsymbol{e}_z$ $(g>0)$ で $-z$ 方向を向く。式 (2.63) を x, z 成分ごとに表示すると、

$$\frac{\mathrm{d}v_x}{\mathrm{d}t} = -\eta v_x \tag{2.64}$$

$$\frac{\mathrm{d}v_z}{\mathrm{d}t} = -g - \eta v_z \tag{2.65}$$

となる。ここで見やすくするために

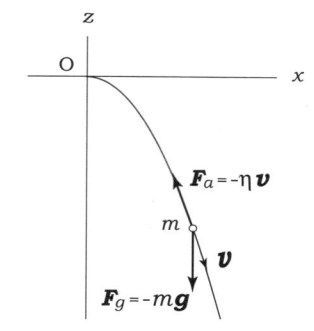

図 **2.16** 空気抵抗がはたらくときの落下運動

$$\eta \equiv \frac{\eta_0}{m} \tag{2.66}$$

とおいた。

(b) x 方向の運動方程式を解く-1

これらの運動方程式を解いて、微積分の計算に慣れていこう。前節の式 (2.26)、(2.27) と比較して、両式の右辺に速度に比例する項があらたに付いたことが異なる。はじめに、式 (2.64) を解く。ここで、2-1 節で説明した積分定数の説明を定積分、不定積分と関連させて再度、繰り返しておく。

式 (2.64) を v_x で割り、時刻 t_0 から t まで時間で定積分すると、

$$\text{左辺} = \int_{t_0}^{t} \frac{1}{v_x} \frac{\mathrm{d}v_x}{\mathrm{d}t} \, \mathrm{d}t = \int_{v_x(t_0)}^{v_x(t)} \frac{1}{v_x} \mathrm{d}v_x = \Big[\ln v_x \Big]_{v_x(t_0)}^{v_x(t)} = \ln v_x(t) - \ln v_x(t_0) \tag{2.67}$$

$$\text{右辺} = -\eta \int_{t_0}^{t} \mathrm{d}t = -\eta \Big[t \Big]_{t_0}^{t} = -\eta(t - t_0) \tag{2.68}$$

$1/v_x$ の積分が $\ln v_x$ になることについては、付録 D-1-4 小節の「対数の定義」(p. 491) をみよ。なお、本書では**自然対数**を ln と表記する。底が e である対数 $\log_e$ のことである。工学分野では常用対数 $\log_{10}$ を log と表記する。ln と log を混同しないように。付録 D および E で対数について記したので、参照のこと。したがって、積分結果は

$$\ln v_x(t) = -\eta t + \Big(\ln v_x(t_0) + \eta t_0 \Big) = -\eta t + C_0 \tag{2.69}$$

であって $(C_0 = \ln v_x(t_0) + \eta t_0)$、この関係は積分範囲の任意の下限値 t_0 と任意の上限値 t に対して一般的に成り立つ。

上の定積分を不定積分で表せば、

$$\text{左辺} = \int \frac{1}{v_x}\frac{dv_x}{dt}\,dt = \int \frac{1}{v_x}dv_x = \ln v_x + C_2 (\text{積分定数}) \qquad (2.70)$$

$$\text{右辺} = -\eta \int dt = -\eta t + C_3 (\text{積分定数}) \qquad (2.71)$$

であって

$$\ln v_x(t) = -\eta t + (C_3 - C_2) = -\eta t + C_4 \qquad (2.72)$$

を得る。不定積分の積分定数 C_2, C_3 は定積分での下限時刻 t_0 での積分値 $-\ln v_x(t_0)$, ηt_0 であって、$C_4 = C_0$ である。

物理での積分計算においては物理量の時間変化 (上では $v_x(t)$) を知りたいため、積分範囲をあからさまに書かずに不定積分を行ない、左辺に求めたい物理量 ($v_x(t)$) を表示して、左辺の積分定数 (C_2) は右辺の積分定数に取り込み、1つの積分定数 ($C_4 = C_3 - C_2$) として表示する。教科書では、この手続きを「積分を行なうと $\cdots$ 」といって一気に実行しているわけである。

この積分は

$$\ln v_x(t) + \eta t = \ln v_x(t_0) + \eta t_0 = \text{一定}\,(C_0) \qquad (2.73)$$

の形にもまとめることができる。これは式 (2.64) を v_x で割って移項して

$$\frac{1}{v_x}\frac{dv_x}{dt} + \eta = 0 \quad \Rightarrow \quad \left(\frac{1}{v_x}dv_x + \eta dt = 0\right) \qquad (2.74)$$

を積分したものである。任意の時刻 t (定積分の上限時刻) での $\ln v_x(t) + \eta t$ という量はつねに一定値 C_0 をもち、保存されることを示す。上式の積分において、右辺のゼロをどのように積分してもゼロはゼロであるのに、定数 C_0 がでるのはおかしい、と考えるのではなく、左辺の定積分の初期時刻 t_0 での値が右辺に移ってきた結果である。

速度 v_x を指数関数で表示すると、

$$\ln v_x(t) = -\eta t + C_0 \quad \Rightarrow \quad v_x(t) = e^{-\eta t}e^{C_0} = C_1 e^{-\eta t} \qquad (2.75)$$

となる。$C_1 = e^{C_0}$ は定数である。あるいは、書き換えて

$$e^{\ln v_x(t) + \eta t} = e^{C_0} \quad \Rightarrow \quad v_x(t)e^{\eta t} = \text{一定}\,(C_1) \qquad (2.76)$$

の形でもよい。

(c) x 方向の運動方程式を解く-2

$$\frac{dv_x}{dt} = -\eta v_x \tag{2.64}$$

の解は $t = 0$ の初期条件 (初速度 $v_x(t=0) = v_{0x}$) から、$C_1 = v_{0x}$ となる。したがって、

$$v_x = v_{0x} e^{-\eta t} \tag{2.77}$$

である。

上式をさらに時間積分すると (上で議論したことを忘れずに)、

$$\begin{aligned} 左辺 &= \int v_x(t) dt = \int \frac{dx}{dt} dt = \int dx = x \\ 右辺 &= v_{0x} \int e^{-\eta t} dt = -\frac{v_{0x}}{\eta} e^{-\eta t} + C_5 \end{aligned} \tag{2.78}$$

よって

$$x = -\frac{v_{0x}}{\eta} e^{-\eta t} + C_5 \tag{2.79}$$

初期条件 ($x(t=0) = x_0 = 0$) を代入すると、$C_5 = v_{0x}/\eta$ が求まり、物体の x 位置は

$$x = \frac{v_{0x}}{\eta} \left(1 - e^{-\eta t}\right) \tag{2.80}$$

と求まる。

ここで**指数関数** (exponential function) の振る舞いを視覚的に知っておこう。

一般的に関数 $f(t) = Ae^{\alpha t}$ を指数関数という ($e^{\alpha t}$ を指すこともある)。底 e を exp とも書き、$f(t) = A \exp(\alpha t)$ とも表記する。t は任意の変数である。底 e は無限級数

$$e = 1 + \frac{1}{1!} + \frac{1}{2!} + \frac{1}{3!} + \cdots + \frac{1}{n!} + \ldots \tag{2.81}$$

を表したものであって、$e = 2.7182\ 81828\ 45904\ 52354\ldots$ (理科年表) である。図 2.17 に x-e^x を示し、表 2.1 に数値を載せた。指数 x が負値の場合は正値の値の逆数をとれば良い ($e^{-x} = 1/e^x$)。指数 x の増加に対して、e^x は急激に増加する。このような振る舞いを**指数関数的増加**とよぶ (指数関数については付録 E の「三角関数と指数関数」(p. 523) を参照のこと)。

さて、指数関数の振る舞いが分かったところで、$v_x(t)$ (式 (2.77)) と $x(t)$ (式 (2.80)) を図 2.18 (a)、(b) に示す。x 方向の速度と位置は時間の経過とともにそれぞれの一定値 $v_x \to 0$、$x \to v_{0x}/\eta$ に指数関数的に漸近してゆく。表 2.1 から $\eta t \approx 3$ で指数関数部はゼロに漸近したと判断してよく、それぞれ漸近値に達したといえる。速度ならび

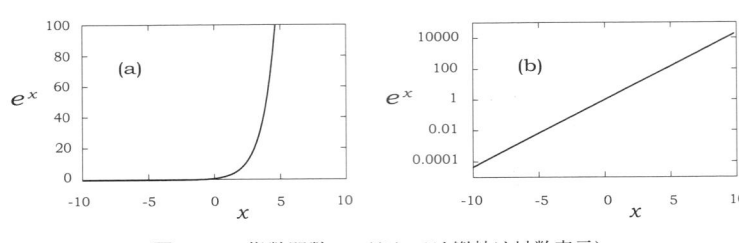

図 2.17 指数関数 e^x ((b) では縦軸は対数表示)

表 2.1 指数関数 e^x

$|x|$	0	0.1	0.5	1	3	5	10
$e^{+|x|}$	1.0	1.105	1.649	2.718	20.086	148.41	22,026.5
$e^{-|x|}$	1.0	0.905	0.607	0.368	0.049,8	0.006,74	0.000,045

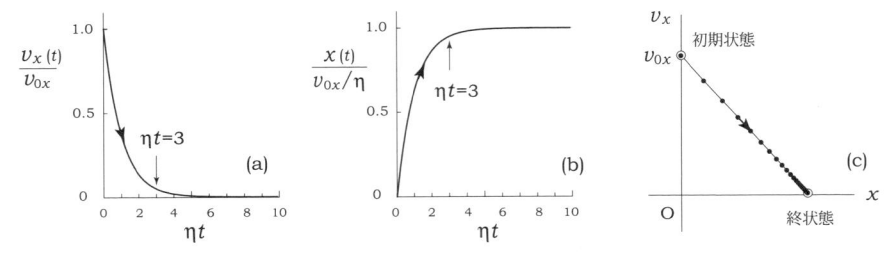

図 2.18 x 方向の速度 (a) と位置 (b) の変化、ならびに x-v_x の相関図 (c)

に位置の漸近値に達する時間 t_T、さらには、位置 x_T は、粘性抵抗の大きさ η に反比例することが両式から読みとれる。

$$\eta t_T \approx 3 \quad \Rightarrow \quad t_T \approx \frac{3}{\eta} \tag{2.82}$$

$$x_T = x(t_T) = \frac{v_{0x}}{\eta} \tag{2.83}$$

式 (2.77)、(2.80) から時間 t を消去して、速度と位置の関係を求める。式 (2.77) から $e^{-\eta t} = v_x/v_{0x}$ を得、式 (2.80) に代入すると、

$$v_x = -\eta x + v_{0x} \tag{2.84}$$

を得る。図 2.18(c) に示すように速度と位置は 1 次の関係にある。物理的に意味のある領域は $v_{0x} \geq v_x \geq 0$ である。$t = 0$ の初期には図中の左丸 ($x = 0$, $v_x = v_{0x}$) にあり、時間とともに直線上を右下に降り、最終的には右丸 ($v_x = 0$, $x = v_{0x}/\eta$) に漸近的に

達する．軌道上の小さな黒丸は等時間間隔での物体の (x, v_x) 座標位置を示す．

(d) z 方向の運動方程式を解く

つぎに，z 方向の運動方程式 (2.65) を解こう．

$$\frac{dv_z}{dt} = -g - \eta v_z \tag{2.65}$$

v_z をつぎのように変数変換すると，

$$v_z' \equiv v_z + \frac{g}{\eta} \tag{2.85}$$

$dv_z'/dt = dv_z/dt$ であることに注意すれば，運動方程式は

$$\frac{dv_z'}{dt} = -\eta v_z' \tag{2.86}$$

となる．これは x 方向の運動方程式 (2.64) とまったく同じ形であり，v_x を v_z' に置き換えただけのものである．したがって，z 方向の速度は式 (2.77) を得たのと同様にして

$$v_z = -\frac{g}{\eta} + \left(v_{0z} + \frac{g}{\eta}\right) e^{-\eta t} \tag{2.87}$$

z 方向の位置は式 (2.80) と同様にして

$$z = -\frac{g}{\eta} t + \frac{1}{\eta} \left(v_{0z} + \frac{g}{\eta}\right) (1 - e^{-\eta t}) \tag{2.88}$$

と求めることができる．

問 式 (2.87), (2.88) を導け．

---

x 方向の解と z 方向の解を比較して，両者から運動を読みとろう．

指数関数の指数は $-\eta t$ と共通であり，x, z 両方向とも漸近的な時間的振る舞いは同じである．x 方向との本質的な違いは重力加速度がはたらいていることである．上の両式で $g = 0$ と置けば x 方向の対応する関係式が得られることで確かめられる．重力の作用のため，z 方向の速度は有限な漸近値

$$v_z(t \geq t_T) = -\frac{g}{\eta} \left(= -\frac{mg}{\eta_0}\right) \tag{2.89}$$

をとる．これが終速度である．終速度に達してしまうと，z 位置は時間に比例して変化する．

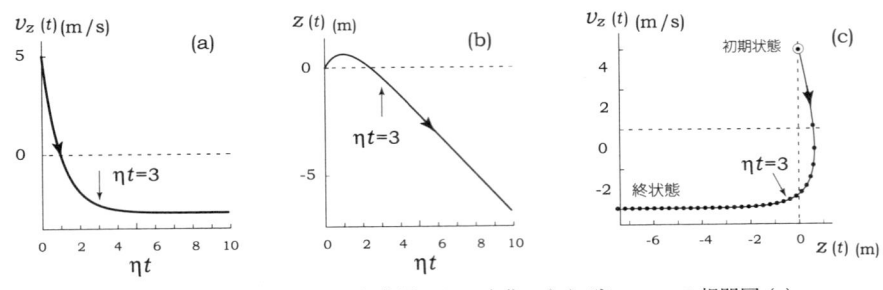

図 2.19 z 方向の速度 (a) と位置 (b) の変化、ならびに z-v_z の相関図 (c)

$$z(t \geq t_T) = -\frac{g}{\eta}t + \frac{1}{\eta}\left(v_{0z} + \frac{g}{\eta}\right) \tag{2.90}$$

図 2.19 に z 方向の速度 $v_z(t)$、位置 $z(t)$ の変化と両者の相関図をプロットした。ここでは、初速度 $v_{0z} = +5$ m/s、$g/\eta = 3.0$ m/s と適当に想定した。初速度に正値を設けたため、初期の段階では速度 v_z は正値をもつが重力に引かれて徐々に減速され、最高度に達した後は負値をもつ。$\eta t \approx 3$ の時刻以降には、速度は漸近的に一定値に近づいていく。したがって、同時刻領域では z 位置は時間に比例して変化する。この様子は図 (c) の時間を消去した z-v_z 相関図にみて取れる。

ここまで落下運動に関連していろいろと図示してきた。数式をいじりまわして、力学的なイメージを描く努力をするとともに、諸君も自分で計算、作図してほしい。作図の結果を眺め、それらを理解することにより、さらに対象の把握が深くなる。この機会にぜひ、パソコンでの計算や作図法を身につけるべきである。そのための例題を以下に与える。

問 図 2.19 では、初速度 $v_{0z} = +5$ m/s、$g/\eta = 3.0$ m/s と適当に想定した。では、$v_{0z} = -1, -3, -5$ m/s とした場合を計算し、作図してみよ。また、z と v_z の相関図を式 (2.87) と式 (2.88) から時間 t を消去して求めてみよう。

$$z = \frac{g}{\eta^2}\ln\left(\frac{v_z + g/\eta}{v_{0z} + g/\eta}\right) + \frac{1}{\eta}(v_{0z} - v_z) \tag{2.91}$$

となる。また、x-z ならびに v_x-v_z の相関を求め、作図してみよ。

(e) 自由落下運動との比較

簡単のため、初期速度 $v_{0z} = 0$ とする。速度 v_z ならびに落下位置 z は、自由落下では式 (2.8), (2.16) から

$$v_z = -gt, \quad z = -\frac{1}{2}gt^2 \tag{2.92}$$

粘性抵抗がはたらく場合は、式 (2.87), (2.88) から

$$v_z = -\frac{g}{\eta}(1 - e^{-\eta t}), \quad z = -\frac{g}{\eta}\left[t - \frac{1}{\eta}(1 - e^{-\eta t})\right] \tag{2.93}$$

後者では、終速度 v_{zT} に達したところ ($t \gg 1/\eta$) では

$$v_{zT} = -\frac{g}{\eta}, \quad z(t \gg \frac{1}{\eta}) = -\frac{g}{\eta}\left(t - \frac{1}{\eta}\right) \approx -\frac{g}{\eta}t \tag{2.94}$$

である。両者の比をとれば、

$$\frac{v_{zT}(\text{粘性抵抗})}{v_z(\text{自由落下})} = \frac{1}{\eta t}, \quad \frac{z(\text{粘性抵抗})}{z(\text{自由落下})} = \frac{2}{\eta t} \tag{2.95}$$

となる。$v_z(t)$ ならびに $z(t)$ の時間 t への依存性は、粘性抵抗がはたらく場合は時間 t の次数があらわには 1 次元下がってみえる。これは、η が時間の逆数 [T^{-1}] の次元をもっていて、因子 g/η に時間 t の 1 次元分を隠していることによる。終速度に達した後では、落下速度ならびに落下距離は自由落下の場合と比較して、$1/(\eta t)$ 倍小さい。

問 粘性抵抗が作用する場合と自由落下する場合の上記の違いを、落下速度、落下距離を図示して検討してみよ。

2-3-2 慣性抵抗がはたらく落下運動

慣性抵抗とは、空気分子が物体表面に垂直に衝突してつくり出す抵抗である。図 2.20 に示すように、物体が速度 $-v$ で落下していれば物体からみると空気分子が速度 v で衝突してくるわけである。物体表面に z 軸に垂直に単位面積をとると、表面から v だけの距離内にある空気分子が単位時間に衝突してくる。このとき、空気の密度を ρ と記せば、単位体積あたりの空気は $p = \rho v$ の運動量を持って物体に衝突する。空気分子は衝突してもっているすべての運動量を物体に渡すと考えると、単位時間に単位面積に受ける運動量は pv である。したがって、微小時間 Δt の間に落下物体が受ける運動量 Δp は、$\Delta p = pv\Delta t$ であり、時間あたりの運動量変化率は

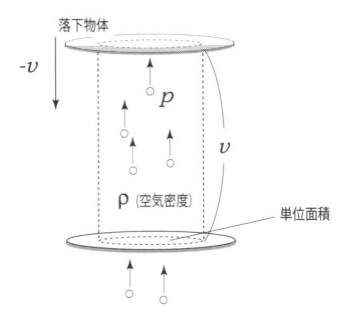

図 2.20 落下物体（円盤状に図示）にはたらく慣性抵抗

$$\frac{dp}{dt} = pv = \rho v^2 \tag{2.96}$$

となる。これはニュートンの運動方程式から分かるように力 F である。落下方向とは逆方向に、速度の2乗に比例した力が作用することを意味する。抵抗力がはたらくということである。単位面積あたりの力を一般に圧力 (pressure) とよぶので、この場合の抵抗を**圧力抵抗** (pressure drag) ともいう（諸君に理解しやすくシンプルにみえるように、上文ではベクトル表記を控えた）。

運動方程式は式 (2.63) の右辺第2項を速度の2乗に比例した慣性抵抗に置き換えたものとなる。

$$m\frac{d\boldsymbol{v}}{dt} = m\boldsymbol{g} - \zeta_0 \boldsymbol{v}^2 \left(\frac{\boldsymbol{v}}{|\boldsymbol{v}|}\right) \tag{2.97}$$

ここで $\zeta_0 > 0$ は慣性抵抗力の比例係数である。抵抗力は運動の向きと逆方向に作用するので、右辺第2項の $-\boldsymbol{v}/|\boldsymbol{v}|$ はそのことを表している。運動を解析するにはこの方程式を解かなければならないが、一見複雑そうである。

(a) z 方向の運動方程式を解く

粘性抵抗のところで学んだように、x, z 両方向を扱う必要はなく、一方を理解すれば他方も自動的に分かる。したがって、以下では z 方向のみを扱う。また、簡単のため、投げ上げの場合を含めず、鉛直下方への落下 ($v_z < 0$) のみを考える。

このとき、運動方程式 (2.97) は

$$m\frac{dv_z}{dt} = -mg + \zeta_0 v_z^2 \tag{2.98}$$

となる。$v_z < 0$ のため、右辺第2項の抵抗力は z の正方向を向く。式 (2.65) では粘性抵抗力の右辺第2項が負符号をもつので混乱しないように。そこでは v_z が掛かってい

て、両者とも速度と逆の向きに抵抗力がはたらくように構成されている。

ここでは解法を得る技巧を学ぼう。

まず、式 (2.98) の両辺を m で割る。

$$\begin{aligned}\frac{\mathrm{d}v_z}{\mathrm{d}t} &= -g + \left(\frac{\zeta_0}{m}\right)v_z{}^2 = -g + \zeta v_z{}^2 = \zeta\left(v_z{}^2 - \frac{g}{\zeta}\right) \\ &= \zeta(v_z{}^2 - v_c{}^2)\end{aligned} \quad (2.99)$$

ここで

$$\zeta \equiv \frac{\zeta_0}{m} > 0 \text{ (定数)}, \quad v_c{}^2 \equiv \frac{g}{\zeta} \text{ (定数)} \left(v_c = \sqrt{\frac{g}{\zeta}}\right) \quad (2.100)$$

とおいた。v_c を正値にとったが、負値 $(-\sqrt{g/\zeta})$ にとっても方程式の解法に影響はない。単なる正負値割り当ての選択である。ζ は $[\mathrm{L}^{-1}]$ の次元をもつ。ζ_0 もくも正値である。

運動方程式を解く前に、その振る舞いを少し図解してみよう。これは加速度 $\mathrm{d}v_z/\mathrm{d}t$ は速度 v_z の 2 次関数であることを示している (図 2.21)。後ほど分かるが、v_c は終速度の大きさであって、速度は終速度を超えることはなく ($|v_z| < v_c$)、落下運動は放物線の実線領域にある。物体の初速度 v_{0z} が負値あるいはゼロ値にかかわらず加速度が常に負値をもつため物体は鉛直下方へと加速されるが、その度合いは徐々に減少し最終的にはゼロ加速となる。終速度 ($v_z = -v_c$) に達するということである。

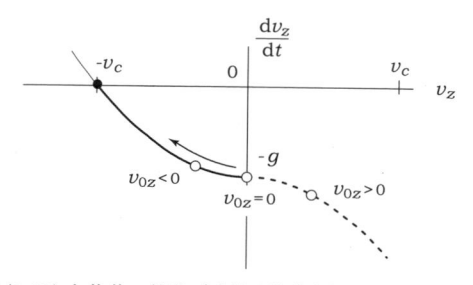

図 2.21 運動方程式 (2.99) と物体の軌跡 (破線は物体を投げ上げたときの最高点に到達するまでの軌跡を示す)

問 初期条件として投げ上げの場合 ($v_{0z} > 0$) を考えてみよ。式 (2.98) に対応する運動方程式を書き出し、図解してみよ。

初速度が正値 ($v_{0z} > 0$) のとき、投げ上げられた瞬間の減速の勢いは

大きく、それが徐々に減少し、その結果速度はゼロとなる（図 2.21 の破線で示した放物線である）。そこが最高点であり、そこから落下に反転する。その後は本文で扱う落下運動になる。

(b) $v_z(t)$ を求める (非線形方程式)

では、運動方程式 (2.99) を解こう。

$$\frac{dv_z}{dt} = \zeta(v_z^2 - v_c^2) \tag{2.99}$$

左辺は dv_z/dt の 1 次、右辺は v_z の 2 次で両辺で次数が異なる。このような方程式を**非線形**という。一般的に非線形方程式は複雑であるが、この運動方程式は容易に解ける。

ここで両辺を $(v_z^2 - v_c^2)$ で割って時間積分する。すなわち、いわゆる変数分離をすると、左辺は v_z のみの関数、右辺は時間 t のみの関数となる。

$$\int \frac{1}{v_z^2 - v_c^2} \frac{dv_z}{dt} dt = \int \zeta dt \tag{2.101}$$

$(v_z^2 - v_c^2) = (v_z - v_c) \cdot (v_z + v_c)$ であるので、その逆数を 2 つの項の差で表示すると、式 (2.101) は

$$\int \left(\frac{1}{v_z + v_c} - \frac{1}{v_z - v_c} \right) dv_z = -\int 2v_c \zeta \, dt \tag{2.102}$$

となる。ここで

$$\int \frac{1}{v_z \pm v_c} dv_z = \ln|v_z \pm v_c| \tag{2.103}$$

を用いて、式 (2.102) は

$$\begin{aligned}
\text{左辺} &= \ln|v_z + v_c| - \ln|v_z - v_c| = \ln\left|\frac{v_z + v_c}{v_z - v_c}\right| \\
\text{右辺} &= -2v_c \zeta t + C_1
\end{aligned} \tag{2.104}$$

となる。式 (2.103) の積分については付録 D-1-4 小節の「対数の定義」(p. 491) を参照せよ。対数の真数は常に正値でなければならないので、絶対値をとってある。両辺を指数とする指数関数で書き換えると、上の方程式は

$$\left|\frac{v_z(t) + v_c}{v_z(t) - v_c}\right| = C_2 e^{-2v_c \zeta t} \tag{2.105}$$

となる。C_1、$C_2 = e^{C_1}$ は積分定数である。

図 2.22　$v_z(t) + v_c$ の正負値領域

いま、初期条件として簡単のため、初速度 $v_z(0) = v_{0z} = 0$ とおくと、$C_2 = 1$ と決まる。

式 (2.105) を書き直して $v_z(t)$ を求めればよいが、左辺が正値であることに注意がいる。$v_c > 0$, $v_z < 0$ であるため分母 $(v_z(t) - v_c)$ は常に負値をもつが、分子は v_z と v_c の関係で正負値が決まる（図 2.22）。運動は初期条件 $v_{0z} = 0$ から連続して起こるものだから、$0 > v_z > -v_c$ の領域を考える。このとき、分子は正値をもつ。よって、左辺の絶対値をとるためには、左辺に負符号を掛ければよい。その結果、

$$v_z(t) = -v_c \left(\frac{1 - e^{-2v_c\zeta t}}{1 + e^{-2v_c\zeta t}} \right) \tag{2.106}$$

$$= -v_c \tanh(v_c\zeta t) \tag{2.107}$$

を得る。分母分子に $e^{v_c\zeta t}$ を掛けて、2 行目では双曲線正接関数[4]で表示した。終速度 v_{zT} は $t \gg 1/(2v_c\zeta)$ の時刻の速度であって、指数関数部は無視でき

$$v_{zT} = -v_c = -\sqrt{\frac{mg}{\zeta_0}} \tag{2.108}$$

を得る。ここで負符号が付いているのは、落下方向は z 軸方向とは逆方向だからである。横軸に $2v_c\zeta t$ をとって、図 2.23 に速度の時間変化の様子をプロットした。

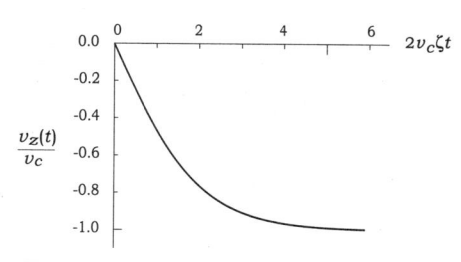

図 2.23　$v_z(t)$(式 (2.106)) の時間変化の様子

---

[4] 以下の関数を双曲線関数 (hyperbolic function) という。$\cosh x = \frac{e^x + e^{-x}}{2}$、$\sinh x = \frac{e^x - e^{-x}}{2}$、$\tanh x = \frac{\sinh x}{\cosh x}$ であり、それぞれ hyperbolic cosine x、hyperbolic sine x、hyperbolic tangent x と読む。h は英語表記の hyperbolic の h である。

(c) $z(t)$ を求める

落下位置 $z(t)$ は上式 (2.106) を時間積分して求める。ここで、つぎの対数の微分関係を逆にとって、積分の関係を導く。

$$\frac{d}{dt}\left[\ln(1+e^{-\alpha t})\right] = -\alpha\,\frac{e^{-\alpha t}}{1+e^{-\alpha t}}$$
$$\Rightarrow \quad \int \frac{e^{-\alpha t}}{1+e^{-\alpha t}}\,dt = -\frac{1}{\alpha}\ln(1+e^{-\alpha t}) \tag{2.109}$$

ただし、α は定数であって、いまの場合

$$\alpha = 2v_c\zeta \tag{2.110}$$

である。さあ、式 (2.106) を時間積分しよう。

$$z = \int v_z(t)dt = -v_c\int\left(\frac{1-e^{-\alpha t}}{1+e^{-\alpha t}}\right)dt = -v_c\int\left(1-\frac{2e^{-\alpha t}}{1+e^{-\alpha t}}\right)dt$$
$$= -v_c t - \frac{2v_c}{\alpha}\ln(1+e^{-\alpha t}) + C_1 \tag{2.111}$$

初期条件を $z(0)=0$ とすれば、$C_1 = (2v_c/\alpha)\ln 2$ を得る。したがって、

$$z(t) = -v_c t + \frac{1}{\zeta}\ln\left(\frac{2}{1+e^{-2v_c\zeta t}}\right) \tag{2.112}$$

である。$t \gg 1/(2v_c\zeta) = \sqrt{m/(g\zeta_0)}/2$ では第2項は定数となり

$$z(t \gg \frac{1}{2v_c\zeta}) \approx -v_c t + \frac{1}{\zeta}\ln 2 \tag{2.113}$$

が求まる。横軸に $\alpha t = 2v_c\zeta t$、縦軸に $\zeta z(t)$ をとって、図 2.24 に、落下位置 $z(t)$ の時間変化の様子をプロットした。

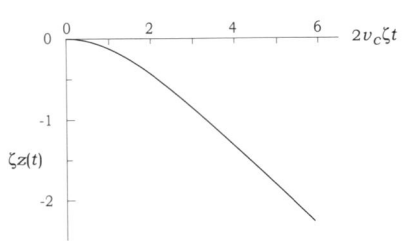

図 **2.24** $z(t)$(式 (2.112)) の時間変化の様子

問 式 (2.106), (2.112) は初期条件を $v_{0z}=0$、$z(0)=z_0=0$ としたが、

初速度ならびに初期位置がゼロと異なる（ただし、$0 > v_{0z} > -v_c$ とする）とき、速度 $v_z(t)$ と位置 $z(t)$ を求めよ。計算の練習だ。答えは

$$v_z(t) = -v_c \left(\frac{1 - C_2 e^{-\alpha t}}{1 + C_2 e^{-\alpha t}} \right) \tag{2.114}$$

$$z(t) = z_0 - v_c t - \frac{1}{\zeta} \ln \left(\frac{1 + C_2 e^{-\alpha t}}{1 + C_2} \right) \tag{2.115}$$

であり、

$$C_2 = \left| \frac{v_{0z} + v_c}{v_{0z} - v_c} \right| = \frac{v_c + v_{0z}}{v_c - v_{0z}}$$

である。

問 プログラミングの練習に初期値を適当に与えて、慣性抵抗力がはたらくときの速度 $v_z(t)$ ならびに位置 $z(t)$ を図 2.19 に倣って図示してみよ。また、両者の相関図を描いてみよ。

2-3-3　粘性抵抗ならびに慣性抵抗がはたらく場合の落下運動

ここまで解析したのだから、初期条件 $v_{0z} = 0$ のままで、もう少し続けてみよう。実際には、粘性抵抗と慣性抵抗の両者がはたらくので、運動方程式は

$$m \frac{dv_z}{dt} = -mg - \eta_0 v_z + \zeta_0 v_z^2 \tag{2.116}$$

である。これまで同様、$v_z < 0$ を考えている。ここで

$$\eta = \frac{\eta_0}{m} \text{（定数）}, \quad \zeta = \frac{\zeta_0}{m} \text{（定数）}$$
$$q = v_z - \omega ; \quad \omega = \frac{\eta}{2\zeta} \text{（定数）}, \quad \kappa^2 = \frac{g}{\zeta} + \omega^2 \text{（定数）} \tag{2.117}$$

とおくと、運動方程式は実に簡単になり、式 (2.99) と同じ形である。

$$\frac{dq}{dt} = \zeta(q^2 - \kappa^2) \tag{2.118}$$

上の手法は理解できるであろう。式 (2.116) の右辺は v_z の 2 次式であるが、式 (2.99) と同様な形に変形するわけである。つまり、式 (2.116) を両辺 m で割る。右辺は v_z の 1 次項を含むので、

$$\text{右辺} = \zeta\left(v_z^2 - \frac{\eta}{\zeta}v_z - \frac{g}{\zeta}\right) = \zeta\left[\left(v_z - \frac{\eta}{2\zeta}\right)^2 - \left\{\frac{g}{\zeta} + \left(\frac{\eta}{2\zeta}\right)^2\right\}\right] \quad (2.119)$$

と変形すれば、式 (2.118) が得られるわけだ。

このため、再度、積分作業を行なわなくとも注意しながら式 (2.114) の各係数を置き換えることによって落下速度はつぎのように求まる。

$$v_z(t) = \omega - \kappa \frac{1 - C_3 e^{-\beta t}}{1 + C_3 e^{-\beta t}} \quad (2.120)$$

ここで $\beta = 2\kappa\zeta$ であり、初速度 $v_{0z} = 0$ とすると $C_3 = (\kappa - \omega)/(\kappa + \omega)$ である。

(a) ストークスの法則

ここまでは粘性抵抗力、慣性抵抗力の係数を単に η_0、ζ_0 とおいて、主に微分方程式の解き方を学んだ。これらの抵抗は速度に比例、あるいは 2 乗に比例するだけでなく、媒質ならびに落下物体の形状や密度に依存する。以下、落下物体を密度 ρ で半径 a の球であると想定して、媒質ならびに落下物体の特性の効果を考えよう。

粘性抵抗と比べ慣性抵抗が無視できるとき、前者は

$$\boldsymbol{F}_v = -6\pi\mu a \boldsymbol{v} \qquad (\eta_0 = 6\pi\mu a) \quad (2.121)$$

である。これを**ストークスの法則** (Stokes law) という。μ を粘性率という。

一方、慣性抵抗は

$$\boldsymbol{F}_I = \frac{\pi}{4}\rho_0 a^2 \boldsymbol{v}^2 \qquad \left(\zeta_0 = \frac{\pi}{4}\rho_0 a^2\right) \quad (2.122)$$

と書ける。ρ_0 は媒質の密度である。

慣性抵抗力 F_I と粘性抵抗力 F_v の比 (F_I/F_v) を**レイノルズ数** (Reynolds number) といい、流体力学での代表的なパラメータ (無次元量) である。大変小さな球が空気中を自由落下するときは、レイノルズ数が小さくストークスの法則が成り立つ (以降の「雨滴の落下運動」、「アリの落下運動」を参照)。

> これらの抵抗力の物理的意味はすでに述べたが、再度、概念的に考えてみよう。
> 粘性抵抗は物体表面の接線方向にはたらく力であって、落下してくる物体を媒質からみると半径 a の円板の円周 $2\pi a$ に沿って作用するものと考えてよい。したがって、抵抗力は、落下物体の特性を表す $2\pi a$ 因子と媒質の粘性度を表す因子 μ (粘性率) と落下速度 $\boldsymbol{v}$ の積 ($2\pi a\mu\boldsymbol{v}$) で構成される。詳細な計算は係数値が 2 でなく 6 であることを示す。
> 同様に、慣性抵抗は物体表面に垂直にはたらく力であって、媒質からみると半径 a の円板の面積 πa^2 に作用するものと考えてよい。つまり、物体の特性を示す πa^2 と既述したように媒質の密度 ρ_0 と落下速度の自乗 $\boldsymbol{v}^2$ の積 ($\pi a^2 \rho_0 \boldsymbol{v}^2$) で構成される。詳細な

計算との違いは 1/4 因子がかかることである。

単位を確認しておこう。粘性率 μ の単位は $N \cdot s/m^2 = kg/(s \cdot m)$ であり、したがって粘性抵抗力、式 (2.121) の右辺の単位は $m \cdot (N \cdot s/m^2) \cdot (m/s) = N$ となり、確かに、左辺の力の単位に一致する。同様に、慣性抵抗についても、式 (2.122) の右辺は $m^2 \cdot (kg/m^3) \cdot (m/s)^2 = kg \cdot m/s^2 = N$ で、力の単位となっている。

(b) 終速度

ここまでは、積分計算に慣れるため、方程式を解いて落下物体の速度ならびに落下位置を求めた。しかし、終速度 v_{zT} のみを求めるためには、運動方程式を解かなくとも、本節のはじめに議論した式 (2.61)

$$m\frac{d\boldsymbol{v}}{dt} = \boldsymbol{F}_g + \boldsymbol{F}_a = 0 \tag{2.61}$$

で示したように、重力 $\boldsymbol{F}_g = -m\boldsymbol{g}$ と空気抵抗 $\boldsymbol{F}_a$ がつり合った状況から知ることができる。

落下物体を半径 a の球とすると、その質量 $m = (4/3)\pi a^3 \rho$ である。

粘性抵抗のみがはたらく場合、終速度 v_{vT} は $\boldsymbol{F}_g = \boldsymbol{F}_v$ から

$$v_{vT} = \frac{2\rho a^2}{9\mu} g \tag{2.123}$$

であり、慣性抵抗のみがはたらく場合、$\boldsymbol{F}_g = \boldsymbol{F}_I$ から

$$v_{IT} = \frac{4}{\sqrt{3}}\sqrt{\frac{\rho}{\rho_0}a}\sqrt{g} \tag{2.124}$$

である。両抵抗力が等しくなる臨界速度 v_{critical} (critical velocity) は $F_v = F_I$ から

$$v_{\text{critical}} = \frac{24\mu}{\rho_0}\frac{1}{a} \tag{2.125}$$

と求まる。

両抵抗がはたらく場合は、式 (2.120) から

$$v_T = \omega - \kappa = \frac{\eta}{2\zeta} - \sqrt{\frac{g}{\zeta} + \left(\frac{\eta}{2\zeta}\right)^2} \tag{2.126}$$

ただし、上式は落下方向を反映して v_T は負値をもつ。したがって、終端の速さは絶対値 $|v_T| = |\omega - \kappa|$ をとればよい。

2-3-4 雨滴の落下運動

式 (2.121) ならびに (2.122) で得た η_0、ζ_0 を、粘性抵抗では式 (2.87), (2.88) に、慣性抵抗では式 (2.106), (2.112) に代入すると、落下物体の半径 a、密度 ρ、媒質の粘性率 μ、密度 ρ_0 から速度 v_z と位置 z が時間の関数として計算できる。ここでは初期条件として、$v_{0z} = 0$, $z_0 = 0$ とする。

図 2.25 は空気中を自由落下する半径 a の雨滴について、終速度 v_T をプロットしたものである。空気の粘性率、密度ならびに水の密度は

$$\mu\,(20°C, 1\,\text{気圧での空気の粘性率}) = 1.8 \times 10^{-5} \quad \text{kg/m·s} \tag{2.127}$$

$$\rho_0\,(20°C\,\text{での空気の密度}) = 1.2 \quad \text{kg/m}^3 \tag{2.128}$$

$$\rho\,(\text{水の密度}) = 1 \times 10^3 \quad \text{kg/m}^3 \tag{2.129}$$

である。

終速度は、粘性抵抗では a^2 に比例して半径とともに急激に大きくなり、慣性抵抗では $\sqrt{a}$ に比例してその変化率は小さい。雨滴の場合、$a \approx 0.1$ mm 程度を境に抵抗力の特性が変化することが分かる。半径が小さい場合は粘性抵抗が、半径が 0.1 mm 以上になると慣性抵抗が終速度を決定するようになる。両抵抗がはたらく場合の終速度 (式 (2.126)) を太線で示した。雨滴は半径が $a = 1$ mm であれば、終速度は 6-7 m/s である。半径が数 mm であっても、精々 $v_T < 15$ m/s である。人間が 100 m を全力疾走する程度の速さである。これに対し、抵抗力のはたらかない自由落下の場合は、初速度＝ゼロとして (落下距離 $|z| = (1/2)gt^2$、落下速度 $v = gt = \sqrt{2|z|g}$)、高度 1,000 m あるいは 2,000 m から雨滴が落下してくると、その速度は 140 m/s あるいは 200 m/s となる。これらは時速に直すと、504 km/h、706 km/h であり、新幹線 (250-300 km/h)

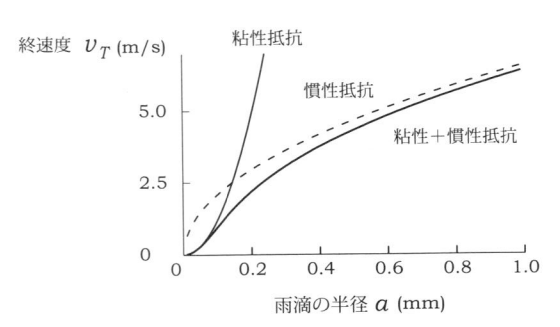

図 2.25 空気中を落下する半径 a の雨滴の終速度。粘性抵抗のみ、慣性抵抗のみがはたらく場合と、その両者が作用する場合について示した。

よりも遙かに速い。後でみるように運動エネルギーは速度の 2 乗に比例するので、自由落下では 200 倍程度エネルギーが大きく、まさに雨に叩かれる状態になるであろう。空気抵抗がわれわれを守ってくれているわけだ。

2-3-5 アリの落下運動

アリの質量をほぼ $m = 4$ mg $= 4 \times 10^{-6}$ kg と推測する。日本でよくみられるクロヤマアリは体長 1 cm 弱であるので、球として扱うと $a = $ 数 mm 程度であろう。半径 1 mm の球として、このとき密度はほぼ 1 g/cm^3 となる。このとき、粘性抵抗、慣性抵抗がはたらく場合の終速度は

$$v_{vT} = \frac{mg}{6\pi a \mu} = 228 \text{ m/s} = 820 \text{ km/h} \tag{2.130}$$

$$v_{IT} = \frac{2}{a}\sqrt{\frac{mg}{\pi \rho_0}} = 1.3 \text{ m/s} = 4.7 \text{ km/h} \tag{2.131}$$

である。慣性抵抗 $\boldsymbol{F}_I$ が大きくて、落下運動を決めることが分かる。このときの落下速度 $v_z(t)$、落下位置 $z(t)$ (距離 $|z|$)、時間 t の関係を式 (2.106), (2.112) から計算し、図 2.26 に示した。アリが半径 $a = $ 数 mm の球と等価と考えると (これは図 2.25 の右領域に対応)、終速度は $v_T \approx 2$ m/s であり、その終速度に達するのに 1 秒もかからない。また、その間に落下する距離は精々 1 m である。したがって、数 m からアリを落とそうと、数 10 m, 数 100 m、数 1,000 m から落とそうとアリにとっては変化がない。

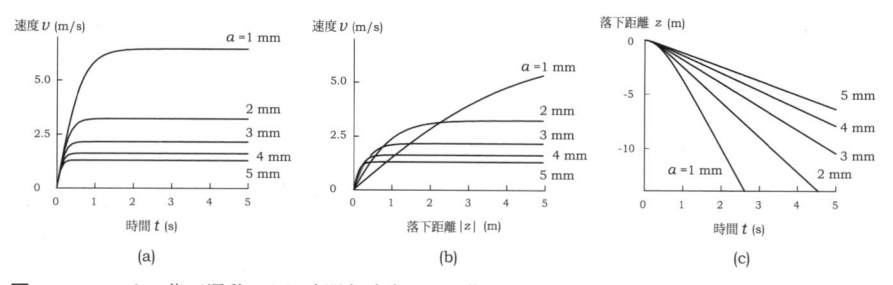

図 2.26 アリの落下運動。(a) 時間と速度、(b) 落下距離と速度、(c) 時間と落下位置の関係。アリの質量を 4 mg と想定し、半径 a の球として扱った。$a = 1, 2, 3, 4, 5$ mm の場合を示す。

問 慣性抵抗のみがはたらくとき、時間 t を消去して、図 2.26(b) に示した落下速度 v_z と落下位置 z の以下の関係式を導け。

$$v_z = -v_c\sqrt{1-e^{2\zeta z}} \qquad (2.132)$$

z は負値をもつことに注意。また、$v_c = \sqrt{g/\zeta}$ である。

第 3 章

力学量と単位

力学を記述する基本の量（言葉）と、その次元と単位について記す。

3-1 力学量

3-1-1 位置と時間

ここまできて改めて、位置 (position) と時間 (time)、さらに、速度と加速度について何を記述するのか？ ここでは、これらの量に関する力学的背景を、「読本」の利点を生かして述べてみる。

ニュートンの運動方程式は、力がはたらくもとでの物体の運動を記述する。時間の推移につれての物体の移動、つまり、位置の変化についての法則である。

$$m\frac{\mathrm{d}^2 r(t)}{\mathrm{d}t^2} = F \tag{1.7}$$

を解けば、過去ならびに未来の時刻 t における物体の速度 $\dot{r}(t)$ ならびに位置 $r(t)$ を知ることができるわけだ。速度 $\dot{r}$ は位置の時間変化であるから、時間の関数としての位置 $r(t)$ が分かれば、物体の運動すべてを知ることができる。運動は、質量 m の質点が時間 t と空間 x, y, z という 4 次元の座標系に描く 1 つの曲線である。ただし、時間と空間をまとめて 4 次元といったが、時間成分は空間成分とは本質的に異なるため空間の 3 次元座標をそのまま拡張したものではない。しかし、ここではそのことは議論の対象でないので触れない。運動は、3 次元の空間座標系内を時間とともに動く質点 m の軌跡であるという方が日常的表現であろう。

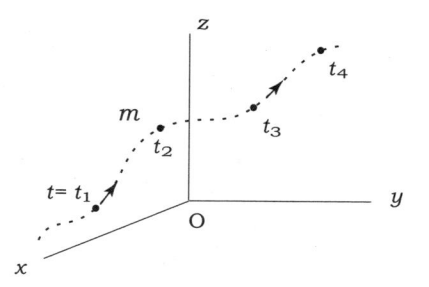

図 **3.1** 物体の運動と空間、時間

質点の力学特性は質量 m であり、時間ならびに空間にはこの特性は現れない。個々の物体が個別な時間と空間を有しているのでもない。時間・空間は、すべての物体が共有し、「運動」というものが生起し、「運動」が定義される背景である。質点 m という役者が演舞する舞台装置であり、時間・空間は物体の運動とは独立に存在する運動が生起する容れ物である[1]。

　よって、力学量は空間と時間の変数である。前章でみたように、力学量の変化は空間座標成分や時間成分での微分になるのも理解できる。したがって、次章から学ぶような質点の基本的な力学量である運動量 (momentum) $\boldsymbol{p} = m\dot{\boldsymbol{r}}$、角運動量 (angular momentum) $\boldsymbol{\ell} = \boldsymbol{r} \times \boldsymbol{p}$、運動エネルギー [2](kinetic energy) $T = (1/2)m\dot{\boldsymbol{r}}^2$ なども、すべて質量 m の質点の運動特性を示すものであって、空間 x, y, z と時間 t の関数である。大きさのある物体は複数あるいは無数の質点から構成された系であると考えるので、それらについても本質的に違いはない。

3-1-2　速度と加速度

　運動する質点を考える。つまり、ある座標系で質点の位置が時間とともに変化するとき、質点の**変位** (位置の変化分) (displacement) $\Delta \boldsymbol{r}$ の時間的変化 Δt に対する割合を**速度** (velocity) という。

$$\boldsymbol{v}(t) = \lim_{\Delta t \to 0} \frac{\Delta \boldsymbol{r}(t)}{\Delta t} \tag{3.1}$$

一般には上式のように $\Delta t \to 0$ の極限で考える。自由ベクトルである (付録 C-1-3 小節「自由ベクトルと束縛ベクトル」(p. 466) を参照)。

$$\boldsymbol{v}(t) = \dot{\boldsymbol{r}}(t) = \dot{x}(t)\boldsymbol{e}_x + \dot{y}(t)\boldsymbol{e}_y + \dot{z}(t)\boldsymbol{e}_z \tag{3.2}$$

である。右辺は x, y, z 直交座標系において成分展開したものである。したがって、速さ $v(t) = |\boldsymbol{v}(t)|$ は

$$v(t) = \sqrt{\dot{x}(t)^2 + \dot{y}(t)^2 + \dot{z}(t)^2} \tag{3.3}$$

である。

　加速度 (acceleration) は時間変化に対する速度変化分の割合で

---

[1] 本書で扱う対象外であるが、アインシュタインによる「相対性理論」では、質量の存在自体が時空間に影響を及ぼす。空間、時間は単なる容れ物ではなく、物体そのものの存在が容れ物をも規定し、物体と時間、空間は不可分なものである。

[2] 混乱することはないと考えるが、多くの教科書同様に、本書でも運動エネルギーの表記のみならず、張力にも、時間の次元表記にも T を用いる。

$$\boldsymbol{\alpha}(t) = \lim_{\Delta t \to 0} \frac{\Delta \boldsymbol{v}(t)}{\Delta t} = \dot{\boldsymbol{v}}(t) = \ddot{\boldsymbol{r}}(t) = \ddot{x}(t)\boldsymbol{e}_x + \ddot{y}(t)\boldsymbol{e}_y + \ddot{z}(t)\boldsymbol{e}_z \tag{3.4}$$

2 次元極座標では (付録 C-2-2 小節 「2 次元極座標系」(式 (C.62)) を参照)

$$\ddot{\boldsymbol{r}}(t) = (\ddot{r} - r\dot{\theta}^2)\boldsymbol{e}_r + (2\dot{r}\dot{\theta} + r\ddot{\theta})\boldsymbol{e}_\theta \tag{3.5}$$

となる。

(a) 加速度とガリレオ

ニュートンの運動方程式

$$m\ddot{\boldsymbol{r}}(t) = \boldsymbol{F} \tag{1.7}$$

を構成する3つの力学量のひとつが加速度 $\ddot{\boldsymbol{r}}$ である。速度が位置の時間変化の割合であれば、つぎに当然考えるのは、速度の時間変化の割合、加速度、であろう、とわれわれは思う。しかし、人類が**加速度**という概念に気づき、それを定量的に導入・把握したのは、われわれが思うほど（多分、多くの諸君はそれさえ推測しないであろうが）自然かつ簡単ではなく、**ガリレオ** (Galileo Galilei, 1564-1642) の登場を待つ必要があった。以下、著者の推量を交えてその間の様子を議論する。

○ 時代背景

15 世紀に始まる西欧での科学革命以前においては、アリストテレスの自然観が主流を占めていた。たとえば、物体の落下運動については重いものほど速く落下し、落下するうちに一定の速度に達し、その速度は物体の重さに比例する、と考えられた。また、物体が運動を続けるためには絶えず力がはたらいていなければならない、とも考えた。物体の運動を観測し、そこから自然界を支配する原因を思索した結果である。

アリストテレス (Aristotle, 384-322 B.C.) はプラトン (Plato, 427 頃-347 B.C. 頃) の弟子であり、若きアレクサンドロス (Alexander the Great, 356-336 B.C.) の個人教師を務めたこともある古代の偉大な哲学者の1人である。プラトンがアカデメイアとよばれる学校を紀元前 387 年 (387 B.C.) にアテネ郊外に創設したことに倣い、アリストテレスは 335 B.C. にアテネに自分の学校（リュケイオンとよばれた）をつくった。講義を行ない、それらは約 150 巻にも及ぶ著作集となった。そこには独創的な思想がまとめられているらしいが、現存するのは約 50 巻とのことである。アリストテレスは地上のあらゆるものは土、水、空気、火の4元素からつくられ、天上界はエーテルとよぶ5番目の元素でできていると唱え、月、太陽、諸惑星は地球を中心とし、それぞれの天球とともに回転運動をしていると考えた。この天動説もアリストテレスの多くの活動成果のひとつである。

11 世紀、イスラム世界に受け継がれていた古代ギリシアの学問が西欧に流入して、

ルネッサンスが始まる。このとき、アリストテレスの哲学が体系として導入され、12,13世紀にキリスト教神学と結合する。その結果、アリストテレスの考えは自然科学のみでなく哲学や思想的にも堅固な構築物として不動の地位を確立した。

ニュートン力学構築への重要な一歩はこのアリストテレスの自然観の克服であった。だが、いまからほぼ2300年以前にひとつの哲学的論理体系を作り上げた偉大さをまず驚嘆とともに評価すべきであろう。精度のよい定量的測定が可能でなかった当時の技術力、ならびに解析的数学力が未発達であったことを想えば、物体の運動についての理解には、現代人でも力学を習わないと観念的には同じような考えに至ることもあろう。たとえば、落下運動をみると、落下の速い遅いにまず注意が惹かれ、実際的には落下距離が短くあるいは落下が速く、落下速度の変化（加速度）までみて取れない。また、重い物体ほど速く落下すると感性的に捉える。すなわち、はじめに記したようなアリストテレスの考えに導かれるであろう。

○ 落下運動の探求

アリストテレスの考えに疑問を抱いたガリレオがピサの斜塔から重さの違う2つの物体を落下させ、それらが同時に地面に着地するのを確認した話は有名である。これは本当ではなく、つくり話ということらしいが、ビザンツの学者ヨアネス・フィロポヌスはすでに6世紀に、重さの違う物体を同時に落下させても時間差は感知できないと記している。また、オランダの数学者ステヴィン (Simon Stevin, 1548-1620) は1586年に、10倍も重さの違う物体を落下させてもほぼ同時に着地すると報告している。ガリレオ以降のニュートンの時代になるが、1657年にイギリスの物理学者フック (Robert Hooke, 1635-1701) は性能のいい空気ポンプを考案し、びんの中を真空にして硬貨と羽毛を同時に放し、同時に落下してゆくのを観測している。

アリストテレスの物体の落下論が正しくないことが証明されたことにより、直ちに「加速度」という概念が自動的に導入されることにはならない。それにはガリレオによる質的に新しい飛躍が必要であった。

○ ガリレオの斜面の実験

落下物体が重さによらずに同時に着地するとしても、速度はなめらかに増加してゆくのか？ あるいは、アリストテレスのいう一定の速度に到達するのか？ 落下運動では物体があまりにも速いため、その運動を目で追うことはできない。そこで登場するのが、ガリレオが1600年頃に考案した斜面の実験である[3] (図 3.2)。

ガリレオは落下速度を小さくするために、斜面に球を転がし重力の影響を弱める方法を考えた。斜面の傾きをゆるくすれば、球の速度は遅くなり、速度変化を測定する

---

[3] ガリレオの斜塔の実験、斜面の実験などについては『世界でもっとも美しい１０の科学実験』（ロバート・P・クリース著、青木薫訳）で大変面白く、かつ詳細な調査にもとづき書かれている。一読するとよい。

図 3.2 鈴を取り付けた斜面。ガリレオの斜面の実験にはこのような装置が使われたのではないかと考えられる。イタリアのフィレンツェ科学史博物館所蔵。ロバート・P・クリース著、青木薫訳『世界でもっとも美しい１０の科学実験』日経 BP 社　から。

ことが可能となるわけである。ただし、空気抵抗を無視できるくらい球を重くし、球と斜面の摩擦を無視できるくらいに斜面をなめらかにする。斜面の上から球をころがり落とす。斜面の複数の地点に鈴を設け、球が通過すると鈴が鳴るようにし、球のころがり落ちる時間（鈴が鳴る時間）の測定は振り子あるいは水時計（時計がなかった時代なので）を利用した（ここでは振り子と想定しよう）。一定の時間間隔で鈴が鳴るように、球のころがりにもとづき鈴の位置を調節する。つまり、いま流にいうと、時間の関数としてころがる距離を求めるわけである。

　斜面の実験の結果、ガリレオは一定の時間内でころがる距離は、1で始まる奇数の数列を構成することを見出した。つまり、いま、一定時間間隔を Δt 秒間とおいてみる。振り子で決める時間単位である。ころがりはじめた最初の Δt 秒後にころがり落ちた距離を ℓ と記せば、つぎの Δt 秒後には 3ℓ、そのつぎの Δt 秒後には 5ℓ、そのつぎは 7ℓ、そのつぎは 9ℓ となるわけである。速度は1ではじまる奇数数列（1，3，5，7，9，…）を構成している！　この様子を図3.3に示す。Δt 秒間にころがる距離とは（速度）× Δt であって、速度（Δt 秒間の速度の平均値）の測定を実施していることになる。

　しかし、実際は、書物に書いてあるように、測定結果はきれいに奇数数列（1，3，5，7，9，…）を構成していたはずがないと確信する。このときのガリレオとその測定の様子を想像してみよう。

　　　測定結果が切りよく整数値であるはずもないし、きれいな関係をみせていたとは想えない。測定精度とはそういうものである。振り子を読む精度や物体と斜面の摩擦など不要な効果がはたらき、測定値は当初はきれいな関係を示さなかったであろう。幾度も測

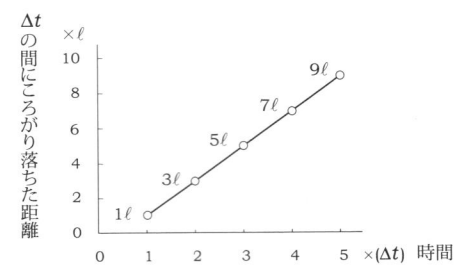

図 3.3 斜面をころがり落ちる球の距離と時間の関係

定を繰り返し、不要な影響を除くため改良を重ね、測定値の再現性を確かめたに違いない。測定値のバラツキができる限り小さくなり、かつほぼ落ち着いた状態を確認して、やっと評価できるものとしたはずだ。測定結果の数値はある値のまわりにばらついていたであろう。そのデータから系統的な振る舞いを読みとるのが、実験家の勘と能力である。改良を重ねながらも、データの振る舞いをみながらガリレオは考えたであろう。ガリレオが読みとったものが、上記の奇数数列で表現できる結果である。

　この時点では、ガリレオはすでにアリストテレスの考えが正しくないことは確信していたであろうから、落下速度が一定ではないことを見出しても驚きもしなかった。速度は時間とともに増加する。しかし、その増加の程度が奇数数列（1，3，5，7，9，⋯）を構成しているという結果を得たときは、ガリレオはニッとわらい、小さく「やった」と叫んだに違いない。それを確認するため、幾度も幾度も測定を繰り返したであろう。振り子の周期を速くし、あるいは遅くして測定間隔をいろいろと変えたであろうし、傾斜角度をきつくしたり、あるいはゆるくしたりして、測定結果の一般性を確かめたにちがいない。測定を続けながら、奇数数列を現す自然の不思議な振る舞いを思い巡らしたであろう。

　時間とともに速度は増加する。しかも、奇数倍ごとに増加する。自然が奇数数列で速度を表す不思議に胸躍らせたには違いない。

　しかし、アリストテレスがいうように、速度がある一定の値に達するという事項についてはどうか？　ガリレオの装置ではころがる距離が短すぎ、検出することができないのではないか、と推測したかもしれない。しかし、奇数数列 1，3，5，7，9，⋯ は 2 の等差数列である。ころがり落ちはじめてから Δt 秒ごとの球の速度は $1\ell, 3\ell, 5\ell, 7\ell, 9\ell, \ldots$ であるので、速度の Δt 秒ごとの増加分は $2\ell, 2\ell, 2\ell, 2\ell, \ldots$ である。どの瞬間をとっても速度の変化率は 2ℓ と一定値をもつ (図 3.4)！　球の材質を変え、球の重さを変え、確かめたであろう。それでも、時間についての速度の変化率は、一定の割合である！　ガリレオはからだの震えを覚えた。体が何物かで満ちあふれてくる感触を感じたに違いない。

アリストテレスのいうように速度が一定値に達する、ことはないという推論ができ

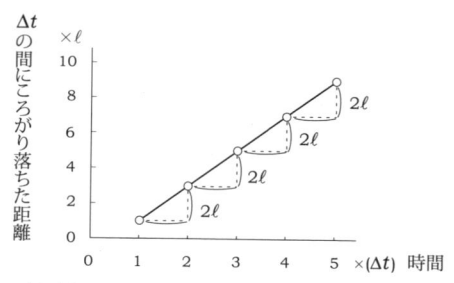

図 3.4 斜面をころがり落ちる球の距離の変化量と時間の関係

る。測定範囲内では速度の変化率は一定であるが、いつかの時点でそれが変わりゼロになる、というのは自然でない。速度の変化率が一定であるということは、それは永遠に一定値を維持すると推測するのが、妥当である。変化率が変わらないということは、落下物体の速度はその一定の割合で永遠に増加するということだ。

ガリレオが着目した速度の時間変化の割合を「加」速度とよべば、加速度は一定値をもつ。ガリレオは、さらに、速度ところがり落ちる距離の関係にも気づいたであろう。加速度が時間あたりの速度の変化率であれば、その逆に、速度は単位時間毎に加速度を足し合わせて得られるものであると。

$$(加速度) = \frac{速度}{単位時間} \quad (= 一定) \quad \Rightarrow$$
$$(速度) = (\Delta t \text{ 時間前の速度}) + (加速度) \times (単位時間)$$

速度は時間に比例し、比例係数が加速度である。同様に、速度が時間あたりのころがり落ちる距離の変化率であれば、その逆に、ころがり落ちる距離は単位時間毎に速度を足し合わせて得られるものである、と。

$$(速度) = \frac{ころがり落ちる距離}{単位時間} \quad \Rightarrow$$
$$(ころがり落ちる距離) = (\Delta t \text{ 時間前のころがり落ちた距離}) + (速度) \times (単位時間)$$

むずかしく考えなくとも、ころがり落ちる距離は直接、測定できる。その結果は図 3.5 に示すように、$1^2\ell, 2^2\ell, 3^2\ell, 4^2\ell, 5^2\ell, \ldots$ となる。代数的には、時間の平方の数列を示す！

加速度は一定値を示し、速度は時間に比例し、距離は時間の平方に比例する。いま流にいえば、$\alpha \propto 2$、$v \propto 2t$、$x \propto t^2$ である。単純で美しい、まさに、自然の神秘である。このときのガリレオの驚きとうれしさは如何ばかりであったろうか。飛び上がり、踊り狂ったに違いない。

彼はこの法則性を確かめるべく、加速度は球の重さに関係なく一定値をもつこと、も確認した。斜面の傾斜角を変えるとそれにつれて加速度の大きさは変化したが、加速度

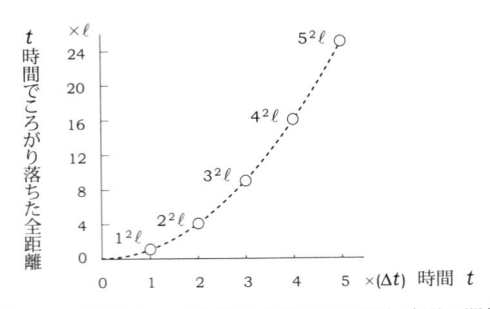

```
      t ×ℓ
   時 25              5²ℓ ○
   間
   で 20
   こ
   ろ
   が 16          4²ℓ ○
   り
   落
   ち 12
   た
   全  8      3²ℓ ○
   距
   離  4   2²ℓ ○
      1²ℓ ○
      0
       0   1   2   3   4   5  ×(Δt) 時間 t
```

図 3.5 斜面をころがり落ちる球の全距離と時間の関係

が一定値をもつことには変わりがない。傾斜角を 90 度にした場合が物体の自由落下であり、加速度は最大値をもつ。

　以上、斜面の実験を行なうガリレオを想像した。だが、彼の本当のすごさはこの実験に至る発想にある。ガリレオは実験以上に「ものを考える」ことに人生の一層のよろこびを覚えたに違いない。研究者とはそういうものだ。物体の落下運動を斜面をころがり落ちる運動に結びつける発想に至った経緯は、彼の数多くの観測やそれらからの推測、論理体系などなどガリレオの頭の中のできごとであり、残念ながらわれわれには知る由もない。自由落下する物体にはたらく重力は斜面（傾斜角 θ）を使うことにより $\sin\theta$ 倍（< 1）でき、落下運動の本質を変えることなく調べることができる。このことは現在のわれわれなら誰もが知っている。しかし、ガリレオの当時、これは常識ではない。落下運動の成因についての解釈にも哲学的議論があり、当然、力という概念も明確に規定されていない時代である。その時代の中で、何もない空間の中を物体が落下する現象を、落下運動を遮るような斜面を設け、運動の本質を追求しようとしたわけである。この実験以前にガリレオは落下運動の本質をすでに掴んでいたであろう。いろいろな状態を想定し、自己の思考の正しさを実証する方法を思索したはずだ。斜面の実験がその 1 つの答えであり、測定以前に思考実験として頭の中で実験結

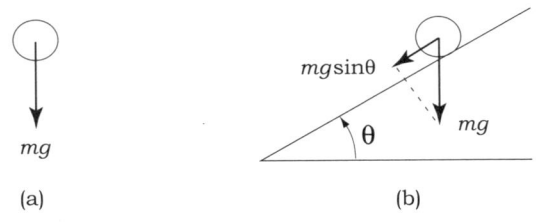

図 3.6 自由落下（a）と斜面をころがり落ちる運動（b）

果を想定したはずである。ある意味で実験は思考の正しさの確認作業である。

　ガリレオの偉大さは、物体の落下運動のみでなく科学全体にわたり「加速度」という概念の重要性、必要性に気づいたところである。

　そのときまでは、物体の運動は空間の視点から把握され、どれだけの距離を移動したかが運動の指標であった。これに対しガリレオは、重要なのは空間ではなく、独立変数としての時間である、ことに気づいた。これにより、われわれが学ぶ力学では、物体の運動はその位置座標を時間 t の関数 $r(t)$ として表現しているわけだ。

　歴史的には、ガリレオが大きな一歩を踏み出し、「加速度」という概念を導入した。つぎは、その数学的定式化が必要であった。それにはニュートンによる微分法の考案を待つことになる。

3-1-3　力

　力は日常生活に伴うものであり、わざわざと説明するまでもない。では、力学量としてどう定義するか。

　物理学辞典では、**力** (force) とは、「物体の運動状態を変化させる原因となる作用をさす …」、とある。物体の動きを変え、形を変え、摩擦力 (frictional force) に逆らって物体を移動させる。ニュートンの運動方程式の右辺

$$m\ddot{r} = F \qquad (1.7)$$

である。上式から、力とは物体に加速度を与えるものであって、その加速度の方向は作用した力の方向である。

　この定義だと、重力や他の力の作用に対してバランスをとって物体を支えたりする力が漏れてしまうように思う読者もいようか。強いていえば、上記の力は動力学的なはたらきをし、ここでいう力は静力学的なはたらきをするといえる。しかし、2種類の力があるわけではなく、バランスが壊れれば静力学的な力は動力学的な力としてはたらき、物体の運動状態を変化させる。静力学的とは式 (1.7) においてゼロ加速度の場合であり、上の定義で尽くされている。

(a)　力の生成因について

　力は、物理学的には4種類しかないとされている。1つは本書で頻繁に登場する万有引力で表現される**重力** (gravitational force) であって、2つの質量の間にはたらく力である。2つ目は、「力学」とともに基礎物理学として学ぶ「電磁気学」で登場する**電磁気力**である。2つの電荷の間ではたらく電気力（クーロン力）と2つの磁荷（磁石）の間ではたらく磁気力については、諸君はすでに学んでいよう。電荷の運動と磁気は

相互に作用し合い絡み合っているので、電磁気力とよぶ。3つ目の力は、「**強い力**」とよばれるものである。多くの陽子と中性子で構成される原子核を陽子の電気的反発力に逆らって $10^{-14} \sim 10^{-15}$ m の極微のサイズに保持するもので、電磁気力よりも充分に強いためこのよび名がある。最後のものは、「**弱い力**」とよばれ、原子核の放射性崩壊を引き起こすものである。4つの力は素粒子物理学では、素粒子間で力を媒介する量子を交互にやり取りすることで生じるものと考え、力の種類の違いは量子のもつ「電荷」の種類の違いにもとづくものとする。

日常生活で出くわす力は、重力と電磁気力である。しかし、他の2つの力も実はわれわれの生活に大きく関係しているのであって、たとえば、原子力発電は強い力の最たる利用である。また、地上に生命が誕生し、われわれの生存を可能にしている太陽のエネルギーの源は弱い力のはたらきに負っている。

(b) 力の平行四辺形の原理

諸君はすでに高校で「力の平行四辺形」を学んだであろう。

1点に作用する2つの力 $\boldsymbol{F}_1$、$\boldsymbol{F}_2$ は、その大きさと方向をそれぞれの辺とする平行四辺形の対角線により表される1つの力 $\boldsymbol{F}$ で置き換えられる（図 3.7(a)）。力の合成である。逆に、力 $\boldsymbol{F}$ は、それを対角線とする平行四辺形の辺で表される2つの力 $\boldsymbol{F}_1$ と $\boldsymbol{F}_2$ に分解できる。分解に関しては、与えられた力 $\boldsymbol{F}$ を対角線とする平行四辺形は任意にどのようなものでも構成できるため、$\boldsymbol{F}_1$ と $\boldsymbol{F}_2$ は一義的に定まらない（図 3.7(b)）。ここで、$\boldsymbol{F}_1$、$\boldsymbol{F}_2$ を**分力**といい、$\boldsymbol{F}$ を**合力**という。

力が自由ベクトル (付録 C-1-3 小節「自由ベクトルと束縛ベクトル」(p. 466)) として扱えるとき、力の作用点からはじまる $\boldsymbol{F}_1$ あるいは $\boldsymbol{F}_2$ のベクトルの先端に、もう一方のベクトルをつなぎ三角形を構成すれば、残りの辺が合成ベクトル $\boldsymbol{F}$ として求まる (図 3.8(a))。同様のことを分解についても適用できる。

力の合成、分解は2つの力に限ったものでなく、複数の力についても同様である。n 個のベクトル $\boldsymbol{F}_i$ $(i = 1, \ldots, n)$ の場合、平行四辺形の原理を $n-1$ 回繰り返し適用すれば合力 $\boldsymbol{F}$ を得ることができるが、もっと簡単にはベクトルの多角形を構成すればよ

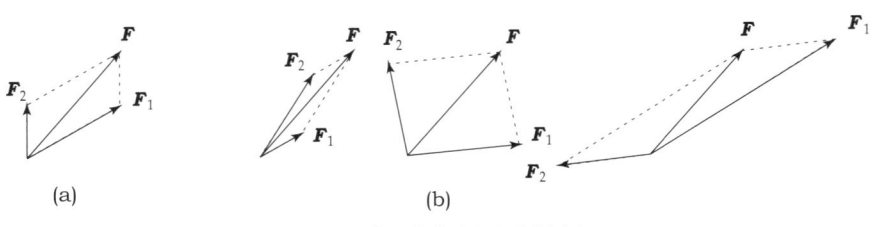

図 **3.7** 力の合成 (a) と分解 (b)

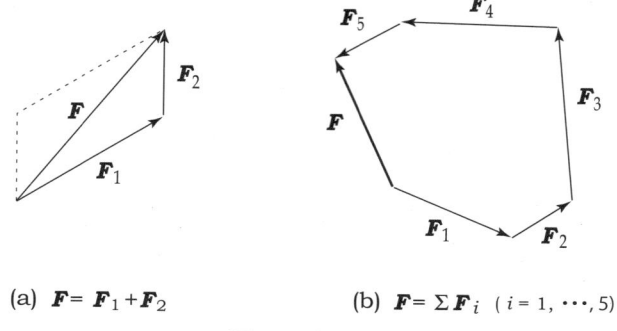

(a) $\bm{F} = \bm{F}_1 + \bm{F}_2$ (b) $\bm{F} = \Sigma \bm{F}_i$ ($i = 1, \cdots, 5$)

図 3.8 力の合成

い。ベクトルの先端に次々とベクトルを継ぎ足してゆき、最後のベクトルの先端と作用点を結んだものが合力 $\bm{F}$ である (図 3.8(b))。

平行四辺形の原理は力のみでなく、ベクトル量の分解や合成に関して適用できる。

力の平行四辺形の原理を人類がどのように把握してきたか、著者の知識の範囲内で概括してみる。

力を分解、合成して理解することは、運動を分解、合成して解析できるまでに人類の思考様式が発展したことを意味する。たとえば、2-2 節では砲弾の運動を、水平方向の等速直線運動と鉛直方向の落下運動に分解し解析した。現代人においては当たり前のことのようであるが、これは自然界の注意深い観察、測定の結果であって、古代においては2つの運動様式が同時に生じるとの考えはなく、1つ1つが順番に連続的に起こっていると考えた。たとえば、砲弾の運動は、最初に斜め上方への直線運動であり、つぎは当初の勢いがなくなった後の落下運動で構成されると理解されていた。

どこから力の分解や合成の考えが得られたのか？　多分、てこや滑車など道具の利用過程における経験から生まれたのであろう。重量物を複数の人間で運搬するときなどはその典型である。力のつり合いが対象となり、静力学的思考が力の分解を導入したに違いない。

エルンスト・マッハ著『マッハ力学史　古典力学の発展と批判』にもとづけば、この静力学はアルキメデス（Archimedes, 287 頃-212 B.C.）によるてこの腕の長さと重さの積がつり合いに果たす関係を定めた「てこの原理」の導入にはじまる。近世においては、イタリアの画家であり科学者であるレオナルド・ダ・ヴィンチ（Leonardo da Vinci, 1452-1519）は重さと支点から力のかかる方向への垂直距離の積、いわゆる、力のモーメントの重要性を知った。つぎに、オランダの数学者ステヴィン（Simon Stevin, 1548-1620）は斜面における力のつり合いを研究し、力の合成と分解の原理を見出し、力

の平行四辺形の原理を用いたが、明瞭には定式化しなかった。一方、ガリレオ (Galileo Galilei, 1564-1642) は重さと変位量、つまり、仕事に注目し、てこの原理から斜面での力のつり合いの原理について認識を発展させた。

ニュートン (Isaac Newton, 1642-1727) は、力の平行四辺形の原理を明確に経験事実として述べている。フランスの数学者ヴァリニョン (Pierre Varignon, 1654-1722) もニュートンとは独立に力の平行四辺形の原理を報告している。ヴァリニョンは、重さと支点に関する力の方向について注目し、力は同時にそれによって生じる運動に比例するとした。これによってつり合いの規則が形成され、運動の合成から力の合成へ達した。2つの力が作用する物体は、力に比例する加速度をもって2つの互いに独立な運動をする、とまさに力の分解・合成、運動の分解・合成の理解を行なっている。静力学の定理と考察法の大部分はヴァリニョンに由来する、とマッハは強調する。

これらの静力学のつり合いの研究はさらに質的に発展して、「解析力学」として学ぶ仮想変位の原理 (principle of virtual displacement) へと続く。以上、歴史の一断面である。

3-1-4 質量と重さ

高校で習ったように「重さ」(weight) とは kg・重 の単位を用いたことから明らかなように、物体が重力の作用のもとで受ける「力」である。重力にさからって物体が落下しないように保持するのに力がいる。これが「重さ」として表現されるものである。運動方程式

$$m\boldsymbol{g} = \boldsymbol{F} \tag{3.6}$$

を用いると、「重さ」とは $m\boldsymbol{g}$ である。したがって、「重さ」と「質量」m とは違うことが分かる。$\boldsymbol{g}$ は重力加速度であって、地上では $g = 9.8 \text{ m/s}^2$ 。

「質量」= 60 kg の物体の重さは 60 kg 重=588 kg・m/s^2 である。同じ物体であっても、「重さ」は地上と月面上で異なる。重力加速度 $\boldsymbol{g}$ が異なるからだ。「重さ」の違いは $\boldsymbol{g}$ の違いのためであるが、「質量」m は地上であっても月面であっても変化しない。

$\boldsymbol{g}$ と「質量」とは独立である。ガリレオの「ピサの斜塔での実験」で明らかにされたように、「質量」の大小に拘わらず、地上では物体は同じ重力加速度 $\boldsymbol{g}$ で自由落下する。これは実験的事実である。したがって、$\boldsymbol{g}$ は「質量」とは独立に、物体の自由落下の加速度を測定することによって知ることができる。

物体にはたらく重力の実体は万有引力であって

$$\boldsymbol{F} = -G\frac{mM}{R^2}\left(\frac{\boldsymbol{R}}{R}\right) \tag{3.7}$$

G は万有引力定数であって、6.7×10^{-11} N·m²·kg⁻² である。ここで M は地球の質量であり、R は地球の中心から物体までの距離である。引力という意味で負符号をつけた。これを式 (3.6) に代入すると、

$$m\boldsymbol{g} = -G\frac{mM}{R^2}\left(\frac{\boldsymbol{R}}{R}\right) \tag{3.8}$$

つまり、

$$\boldsymbol{g} = -\frac{GM}{R^2}\left(\frac{\boldsymbol{R}}{R}\right) \tag{3.9}$$

重力加速度 g は物体 m とは無関係に決まる様子が分かる。また、M や R が変われば g が変わることも分かる。

通常われわれが重力を考える範囲は地表近くであり、地表からのその距離は地球の半径 $R(=6.378 \times 10^6$ m$)$ と比べると非常に小さい。ちなみに、1万メートル上空 $(\Delta R = 1 \times 10^4)$ m での重力加速度 g' と地上の重力加速度 g の大きさを比べてみよう。

$$\begin{aligned}\frac{g'}{g} &= \left(-G\frac{M}{(R+\Delta R)^2}\right) \bigg/ \left(-G\frac{M}{R^2}\right) = \left(\frac{R}{R+\Delta R}\right)^2 \approx 1 - 2\frac{\Delta R}{R} \\ &= 1 - 0.0031\end{aligned} \tag{3.10}$$

1万メートル上空でさえ 0.3% 小さいだけである。100 m では、0.003% のみ小さいだけであって、地上の g 値と比べほぼ 32,000 分の 1 小さいだけである。よって、地球の中心と物体間の距離として R は充分な近似である。重力加速度の大きさは

$$\begin{aligned}g &= G\frac{M}{R^2} \\ &= \{6.67 \times 10^{-11} \quad \text{m}^3/(\text{kg}\cdot\text{s}^2)\} \cdot \left\{\frac{5.974 \times 10^{24} \quad \text{kg}}{(6.378 \times 10^6)^2 \quad \text{m}^2}\right\} \\ &= 9.798 \quad \text{m/s}^2\end{aligned} \tag{3.11}$$

となる。理科年表をみると、標準の g の値として 9.806 65 m/s² (定義、1901 年国際度量衡総会) が与えられ、また、京都大学地質学鉱物学教室重力室 (国際基準点) における g の値 = 9.797 072 7 m/s² が載っている。$g = 9.8$ m/s² は充分精度のある数値だと分かる。地球は完全な球体ではなく、また完全に均質でもないため、測定する地点で異なる g 値を示すことを付録 A「物理定数表」(p. 460) でふれた。

問 月での重力が 6 分の 1 であることを計算せよ。地球ならびに月の赤道半径、質量を表 3.1 に示しておく。

表 3.1 地球と月の赤道半径と質量

	地球	月	比 (月/地球)
赤道半径 (km)	6,378	1,738	0.272
質量 (kg)	5.97×10^{24}	7.35×10^{22}	0.0123

(a) 重力質量と慣性質量

物体にはたらく重力 (gravitational force) $\boldsymbol{F}$ から物体の「質量」を決められる。この質量を「**重力**」**質量** (gravitational mass) という。重力のない宇宙空間では $\boldsymbol{g}=0$ のため、物体には「重さ」がない。

$$\boldsymbol{F} = m\boldsymbol{g} = 0 \tag{3.12}$$

である。したがって、物体に他の外力がはたらいていなければ、

$$m\ddot{\boldsymbol{r}} = 0 \tag{3.13}$$

すなわち、物体の加速度はゼロ ($\ddot{\boldsymbol{r}} = \dot{\boldsymbol{v}} = 0$) であり、物体の速度は一定 ($\boldsymbol{v} = $ 一定) である。静止している物体は静止を続け、動いている物体は同じ速度で運動を続ける。等速直線運動である。しかし、重力でなくとも何らかの力が物体にはたらけば、

$$m\ddot{\boldsymbol{r}} = \boldsymbol{F} \neq 0 \tag{3.14}$$

$\ddot{\boldsymbol{r}} \neq 0$ のため、速度 $\boldsymbol{v}$ は

$$\boldsymbol{v} = \boldsymbol{v}_0 + \left(\frac{\boldsymbol{F}}{m}\right) t \tag{3.15}$$

となり、時間とともに力がはたらいた方向に増加する。ここでは時間に依存しない一定の大きさの力 $\boldsymbol{F}$ がはたらくものとした。この増加の割合は「質量」に反比例する。「質量」が大きな物体はゆっくりと速度を増すが、「質量」が小さな物体は速く速度が増す。「質量」の大きさは、物体の運動の変化のしにくさを表す。これが「慣性」といわれるもので、この質量を「**慣性**」**質量** (inertial mass) ということはすでに述べた。

摩擦の無い面上（たとえば、氷上）で、物体に力を水平にはたらかせる場合を想定しよう。垂直にはたらく重力は、摩擦が存在しないため物体の水平移動に関しては何ら影響を及ぼさない。したがって、水平運動に関しては重力質量は関連がない。水平運動に関しては、重い物体（物体の重さは重力質量で測定する）ほど動かすのは難しく（加速度が小さい）、軽い物体ほど動かしやすい（加速度が大きい）。水

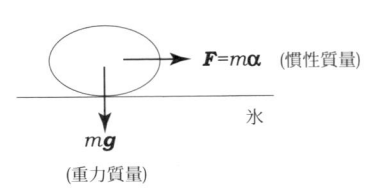

図 **3.9** 重力質量と慣性質量

平方向に力を及ぼしたとき、容易に動かない（加速度が小さい）物体は慣性質量が大きく、容易に動く（加速度が大きい）物体は慣性質量が小さい。

慣性（inert-ia）とは、英和辞典をみると、慣性、惰性、ものぐさ、などとある。inert とは物質が自動力のない、とある。Inert gas（不活性ガス）などがよく知られた使い方である。-ia はギリシア・ラテン語系の名詞語尾で、たとえば、mania, sepia と使う。

慣性質量と重力質量が同じもの、等価、であると見出したのがアインシュタインであることはすでに述べた。これら2つの質量を区別せず、「質量 m」と扱う。

3-1-5 角と角速度

(a) 角速度はベクトル

簡単のために、2次元平面上を等速円運動する質点を考える（図 3.10(a)）。

運動する質点 m と原点 O を結ぶ線分が x 軸となす角を θ と記す。θ は時間の関数として変化する。図のように反時計回りへ θ が増加する回転方向を正方向ととる。つまり、右ネジを θ に合わせて回転させると、進む方向（紙面に垂直に裏から表へ）が右手系での z 方向と一致する。等速円運動では、質点は一定の速さで円運動をするわけであるが、それは角 θ が時間とともに一定の大きさで増加することである。そこで、位置の時間変化量を速度といったのと同様に、角 θ の時間変化量を**角速度**（angular velocity）という。通常、ω（ダブリューでなく、ギリシア文字オメガである）で記す。

$$\omega = \frac{d\theta}{dt} = \lim_{\Delta t \to 0} \frac{\theta(t + \Delta t) - \theta(t)}{\Delta t} \tag{3.16}$$

である。

角速度は速度と同じくベクトルである。その方向は上に記したように、回転方向に右ネジを回したときに、ネジの進む方向にとる。図 3.10(a) では紙面上を反時計回りに、図 (b) では時計回りに回転しているので、前者では紙面に垂直に読者の方向へ、後

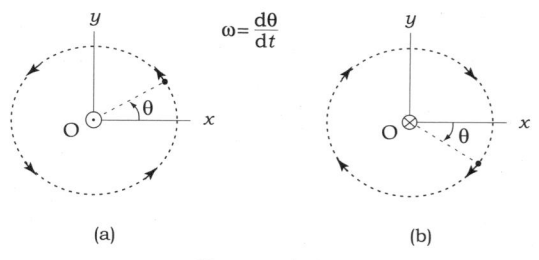

図 3.10 角速度

者では紙面に垂直に読者から遠ざかる方向への方向性をもつ。これによって、回転の方向を表示・識別する。仮に、図 3.10(a) ならびに (b) に矢印で示したように θ の変化方向に角速度の方向を定義すると、回転とともに方向が連続的に変化し、等角速度運動という運動特性をひとつのベクトルが表現できないことになる。

角速度はこのように大きさと方向をもった量であり、ベクトルである。回転の中心、いまの場合は原点 O、を通るベクトルと考えてよく、それはまさに回転軸 (rotation axis) に一致する。

○ 法線ベクトル

等速円運動を例にとったが、一般には、質点が運動するとき定点 G からみた角 θ の時間的微小変化 $d\theta/dt$ として角速度 ω を定義する（図 3.11）。このとき、Δt の時間内に定点 G を中心として質点が掃く微小平面に垂直に定点を貫く軸が回転軸であり、右ネジを回転軸に置いたとき質点の運動とともに右ネジが進む方向が角速度ベクトルの方向である。微小平面に垂直な角速度ベクトルの方向に単位ベクトル（**法線ベクトル** (normal vector) という）$\bm{n}$ をとると、角速度は

$$\bm{\omega} = \frac{d\theta}{dt}\bm{n} \tag{3.17}$$

である。

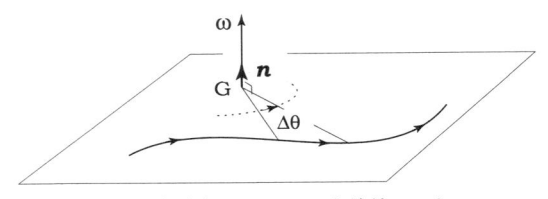

図 3.11 角速度ベクトル $\bm{\omega}$ と法線ベクトル $\bm{n}$

(b) 有限角はベクトルではない

角 θ は大きさをもつので、回転面に垂直な法線ベクトル $\bm{n}$ の向きにその方向を定義するならば、付録 C-1-1 小節で「ベクトルの定義」(p. 463) で記したベクトルの条件（スカラー倍とベクトル和の演算則）を満足するように思う。が、本当に角がこのベクトルの定義を満たすものかどうか、みてみよう。

いま、角 θ をベクトル量と想定して、$\bm{\theta} = \theta\bm{n}$ と書こう。$\bm{\theta}$ がベクトルならば、実数 c 倍された $c\bm{\theta} = (c\theta)\bm{n}$ もベクトルである。スカラー倍の演算則は満足できる。ところが、ベクトル和の交換則が角では満たされない、すなわち、2 つの角 $\bm{\theta}$ と $\bm{\phi}$ の交換則 ($\bm{\theta} + \bm{\phi} = \bm{\phi} + \bm{\theta}$) が成り立たない。それをみよう。

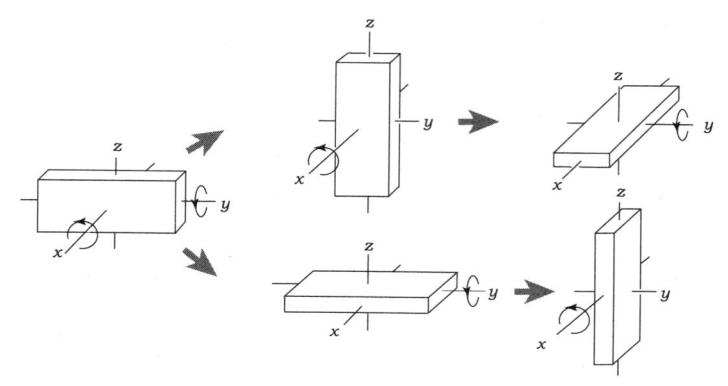

図 3.12 直方体の 2 回の回転

いま、図 3.12 に示すような 3 面の配置方向が明らかに分かる直方体を考える。直方体の中心を原点 O にとり、図に示すように x 軸、y 軸、z 軸を定める。2 つの回転角として x 軸のまわりに $90° = \pi/2$ と y 軸のまわりに $90° = \pi/2$ の回転を行なう。$\boldsymbol{\theta} = (\pi/2)\boldsymbol{e}_x$、$\boldsymbol{\phi} = (\pi/2)\boldsymbol{e}_y$ である。図 3.12 の上部はまず x 軸まわりの回転、つぎに y 軸まわりの回転を行なった様子であり、下部の図はまず y 軸まわりの回転、つぎに x 軸まわりの回転を行なった様子である。2 つの回転を行なった結果を比べてみよう。一致しない！ 交換則が成り立たないのだ。

これは図 3.12 が特別なケースを選んだからではない。一般に角が有限な大きさの場合はこの状況となる。したがって、角はベクトルの定義を満足しない。

(c) しかし、微小角はベクトルである

有限な角と異なり、微小角では話が異なってくる。結果を先にいえば、微小角は交換則を満たし、ベクトルである。

いま、図 3.13 のように原点 O から $\boldsymbol{r}_0$ にある質点を考える。この質点を回転軸 $\boldsymbol{n}_1$（単位ベクトル）のまわりに微小角 $d\phi_1$ だけ回転させる。質点の位置ベクトルは $d\boldsymbol{r}_1$ だけ変位して、$\boldsymbol{r}_1$ となる。変位の大きさは

$$dr_1 = d\phi_1 (r_0 \sin\theta) \tag{3.18}$$

であり、その方向は $\boldsymbol{r}_0$ と $\boldsymbol{n}_1$ のつくる平面に垂直であって、変位ベクトル $d\boldsymbol{r}_1$ は外積とその大きさの関係（付録 C-2-1 小節の「ベクトルの外積」(p. 471) 参照）より

$$d\boldsymbol{r}_1 = d\phi_1 (\boldsymbol{n}_1 \times \boldsymbol{r}_0) \tag{3.19}$$

68　第 3 章　力学量と単位

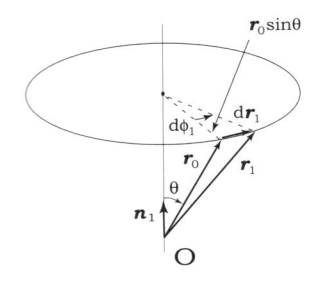

図 3.13　回転軸 $\boldsymbol{n}_1$ のまわりの微小回転 $d\phi_1 \boldsymbol{n}_1$

と書ける。よって、$\boldsymbol{r}_1$ は

$$\boldsymbol{r}_1 = \boldsymbol{r}_0 + d\boldsymbol{r}_1 = \boldsymbol{r}_0 + d\phi_1(\boldsymbol{n}_1 \times \boldsymbol{r}_0) \tag{3.20}$$

である。引き続き、質点を任意の回転軸 $\boldsymbol{n}_2$ のまわりに微小角 $d\phi_2$ だけ回転させる。このときの変位 $d\boldsymbol{r}_2$ と回転後の位置ベクトル $\boldsymbol{r}_2$ は

$$d\boldsymbol{r}_2 = d\phi_2(\boldsymbol{n}_2 \times \boldsymbol{r}_1) \tag{3.21}$$

$$\boldsymbol{r}_2 = \boldsymbol{r}_1 + d\boldsymbol{r}_2 = \boldsymbol{r}_1 + d\phi_2(\boldsymbol{n}_2 \times \boldsymbol{r}_1) \tag{3.22}$$

である。式 (3.22) に式 (3.20) を代入すると、最終の質点位置 $\boldsymbol{r}_2$ は最初の質点位置 $\boldsymbol{r}_0$ と回転 $d\phi_1 \boldsymbol{n}_1$ および $d\phi_2 \boldsymbol{n}_2$ によって

$$\begin{aligned}\boldsymbol{r}_2 &= [\boldsymbol{r}_0 + d\phi_1(\boldsymbol{n}_1 \times \boldsymbol{r}_0)] + d\phi_2 \boldsymbol{n}_2 \times [\boldsymbol{r}_0 + d\phi_1(\boldsymbol{n}_1 \times \boldsymbol{r}_0)] \\ &= \boldsymbol{r}_0 + d\phi_1(\boldsymbol{n}_1 \times \boldsymbol{r}_0) + d\phi_2(\boldsymbol{n}_2 \times \boldsymbol{r}_0) + d\phi_2 d\phi_1(\boldsymbol{n}_2 \times (\boldsymbol{n}_1 \times \boldsymbol{r}_0)) \quad (3.23) \\ &\approx \boldsymbol{r}_0 + (d\phi_1 \boldsymbol{n}_1 + d\phi_2 \boldsymbol{n}_2) \times \boldsymbol{r}_0 \tag{3.24}\end{aligned}$$

となる。第 2 式の右辺第 4 項が最終式では消えている。回転角が微少量であり、第 4 項は微少量の 2 次であるため第 2 項、第 3 項と比べ小さいためである。

こんどは、回転の順序を入れ替えてみる。一々記すまでもなく、式 (3.24) において添え数字を入れ替えればよく（$1 \leftrightarrow 2$）、最終の質点位置 $\boldsymbol{r}'_2$ は

$$\begin{aligned}\boldsymbol{r}'_2 &= \boldsymbol{r}_0 + d\phi_2(\boldsymbol{n}_2 \times \boldsymbol{r}_0) + d\phi_1(\boldsymbol{n}_1 \times \boldsymbol{r}_0) + d\phi_1 d\phi_2(\boldsymbol{n}_1 \times (\boldsymbol{n}_2 \times \boldsymbol{r}_0)) \quad (3.25) \\ &\approx \boldsymbol{r}_0 + (d\phi_2 \boldsymbol{n}_2 + d\phi_1 \boldsymbol{n}_1) \times \boldsymbol{r}_0 \tag{3.26} \\ &= \boldsymbol{r}_0 + (d\phi_1 \boldsymbol{n}_1 + d\phi_2 \boldsymbol{n}_2) \times \boldsymbol{r}_0 \\ &= \boldsymbol{r}_2 \tag{3.27}\end{aligned}$$

となる。2 つの微小回転の順序を入れ替えても結果は同じである。この 2 つの微小回

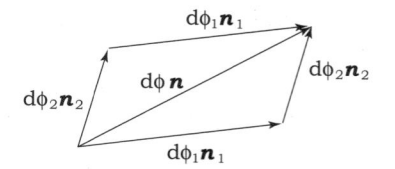

図 **3.14** 微小回転ベクトルの和

転はベクトル和によって 1 つの等価な回転角ベクトル $d\phi\boldsymbol{n}$

$$d\phi\boldsymbol{n} = d\phi_1\boldsymbol{n}_1 + d\phi_2\boldsymbol{n}_2 = d\phi_2\boldsymbol{n}_2 + d\phi_1\boldsymbol{n}_1 \tag{3.28}$$

で表現できる（図 3.14）。このように微小角はベクトルで表示できるのだ。

角速度は微小時間 dt あたりの角の変化率 $\boldsymbol{\omega} = d\phi\boldsymbol{n}/dt$ であるので、上式 (3.28) を Δt で割り、$\Delta t \to 0$ の極限操作を行なうと（上式の d を Δ と書きかえた）、

$$\lim_{\Delta t \to 0}\frac{\Delta\phi}{\Delta t}\boldsymbol{n} = \lim_{\Delta t \to 0}\frac{\Delta\phi_1}{\Delta t}\boldsymbol{n}_1 + \lim_{\Delta t \to 0}\frac{\Delta\phi_2}{\Delta t}\boldsymbol{n}_2 = \lim_{\Delta t \to 0}\frac{\Delta\phi_2}{\Delta t}\boldsymbol{n}_2 + \lim_{\Delta t \to 0}\frac{\Delta\phi_1}{\Delta t}\boldsymbol{n}_1$$

$$\Rightarrow \quad \boldsymbol{\omega} = \boldsymbol{\omega}_1 + \boldsymbol{\omega}_2 = \boldsymbol{\omega}_2 + \boldsymbol{\omega}_1 \tag{3.29}$$

であって、角速度は交換則を満たす。

角速度がベクトルになるトリック（取り扱い）に気づいたか。

$d\phi_i$ $(i=1,2)$ が微小角であるということから、弧の長さと直線の長さを同一視する近似式 (3.19), (3.21) が適用でき、さらに、式 (3.24), (3.26) では 2 次の微少量を無視できる。これがためにベクトルとして扱える。したがって、逆にいえば、有限角ではこの扱いが通用しないためにベクトルにならないわけである。

3-2 次元と単位

物理学、ここでは力学、について定量的に議論するための共通言語に関するルールをまとめておく。なお、物理定数 (付録 A「物理定数表」(p. 460)) については本書では有効数字を 2 桁で充分としたので覚えてしまおう。

3-2-1 次元

すべての物理量は**次元**をもつ。物体は空間的拡がりという長さの次元、重量という質量の次元、移り変わりを表現する時間の次元がある。この 3 種が力学的運動を記述

する基本的な次元を構成する。これらは相手を使って自分を表現することができないという意味で、まったく独立な物理的次元を構成している。**長さ** (length) を L、**質量** (mass) を M、**時間** (time) を T で表記し、[ ] で囲み、次元表示を意味する。空間が 3 次元であるというときの次元は、ここでいう物理学的意味の次元でなく、数学的意味の次元である。すなわち、空間は縦横高さの長さの次元の**立方**であり、$[L^n]$ の指数 $n = 3$ を指す。

他の物理量はこれら 3 つの次元の組み合わせで表すことができる。たとえば、速度は微小時間 dt あたりの物体位置の変化量 dx から

$$\text{速度} = \frac{dx}{dt} = \frac{[L]}{[T]} = [LT^{-1}] \tag{3.30}$$

同様に、加速度は微小時間 dt あたりの物体の速度 v の変化量 dv から

$$\begin{aligned}\text{加速度} &= \frac{dv}{dt} = \frac{[LT^{-1}]}{[T]} = [LT^{-2}] \\ &= \frac{d^2x}{dt^2} = \frac{[L]}{[T^2]} = [LT^{-2}]\end{aligned} \tag{3.31}$$

である。

本書でも多くの関係式や方程式が登場するが、それらは物理量の間の関連性を数式として表現したものである。左辺の事項あるいは内容は右辺のそれと等しいとして等号で結ばれる。左辺と右辺が等価であるということは、当然両者の次元も同一である。この次元の同一性を利用して、登場する関係式が妥当なものかどうかを検討することができる。**次元解析**といわれるものである。諸君が学習するとき、自分が書き出した関係式がまともなものかどうかを判断するのにこの次元解析を行なってみるとよい。物理量の意味や方程式の各項の意味を理解するに際しても大きな助けとなる。

3-2-2 単位

単位 (unit) とは、量を測定するための基準となる尺度のことである。たとえば、長さの単位は mm, cm, m, km あるいは in (インチ)、yd (ヤード)、さらには尺、町、里等々がある。同じ長さでも、1 m (metre) = 100 cm = 0.001 km = 39.37 in = 1.094 yd = 3.30 尺 と単位の取り方によって変わる。量は単位があってはじめて意味をもつ。当たり前のことであるが、0.5 m とは 1 m の長さを単位とした場合の 0.5 倍である。いつも忘れずに、量は (数値) × (単位) で表示しないといけない。

(a) 単位系

つぎに具体的な**単位系** (system of measurement) を記する。次元的に互いに独立な基本単位の 1 組で単位系を構成する。

MKS 単位系は基本単位として、長さはメートル (m)、質量はキログラム (kg)、時間は秒 (s) をとる。よって、速度は m/s、加速度は m/s^2 の単位をもつ。MKS 単位系に電流の単位であるアンペア (A) をくわえたものを MKSA 単位系といい、電磁気学で用いる。

国際的にもっとも広い範囲で使われているのは**国際単位系** (**SI 単位系**：Système International d'Unités) である。これは MKSA 単位系の 4 つの単位を基本量として、さらに基本単位として温度にケルビン (K) を、物質量にモル (mol) を、測光の光度にカンデラ (cd) を、また補助単位として平面角にラジアン (rad) を、立体角にステラジアン (sr) を定めた単位系である。

補助単位のラジアンならびにステラジアンについては、それらが登場する箇所に説明を譲ることにする。

表 3.2 SI 単位系

	物理量	SI 単位記号	読み方
基本単位	長さ	m	メートル (meter)
	質量	kg	キログラム (kilogram)
	時間	s	秒、セコンド (second)
	電流	A	アンペア (ampere)
	温度	K	ケルビン (kelvin)
	物質量	mol	モル (mole)
	光度	cd	カンデラ (candela)
補助単位	平面角	rad	ラジアン (radian)
	立体角	sr	ステラジアン (steradian)

(b) 組立単位

力の単位はニュートン N、仕事の単位はジュール J と習った。これらは**組立単位** (derived units) とよばれるもので、上の 9 つの基本単位の代数的な乗除によって組み立てることができる。SI 国際単位系の便利なところは、組立単位を基本単位、さらには補助単位で組み立てたときに変換の係数を考える必要がないこと、つまり、係数が 1 であることにある。たとえば、力は質量と加速度の積であって、1 N = 1 kg・m・s^{-2} である。組立単位には固有の名称と記号が付いたものがある。力のニュートン N、仕事のジュール J はその代表例であり、科学の進歩に大きく貢献した人たちを記念し

72　第3章　力学量と単位

表 3.3　組立単位の例

物理量	記号	読み方	基本単位で構成
力	N	ニュートン (newton)	$kg \cdot m \cdot s^{-2}$
仕事、エネルギー	J	ジュール (joule)	$N \cdot m = m^2 \cdot kg \cdot s^{-2}$
振動数、周波数	Hz	ヘルツ (hertz)	s^{-1}
仕事率	W	ワット (watt)	$J/s = m^2 \cdot kg \cdot s^{-3}$
電荷	C	クーロン (coulomb)	$s \cdot A$
電位、電圧、起電力	V	ボルト (volt)	$W/A = kg \cdot m^2 \cdot s^{-3} \cdot A^{-1}$
電気容量	F	ファラド (farad)	$C/V = kg^{-1} \cdot m^{-2} \cdot s^4 \cdot A^2$
電気抵抗	Ω	オーム (ohm)	$V/A = kg \cdot m^2 \cdot s^{-3} \cdot A^{-2}$
磁束	Wb	ウェーバー (weber)	$V \cdot s = kg \cdot m^2 \cdot s^{-2} \cdot A^{-1}$
磁束密度	T	テスラ (tesla)	$Wb/m^2 = kg \cdot s^{-2} \cdot A^{-1}$
インダクタンス	H	ヘンリー (henry)	$Wb/A = kg \cdot m^2 \cdot s^{-2} \cdot A^{-2}$

てその名前を名称として付けてある。力学と電磁気学に主に登場するそれらのいくつかを、表 3.3 に載せる。

(c) 接頭語

数量がべらぼうに大きい、あるいは小さい場合、数量の(数値)桁数が異常に大きく、あるいは小さくなり実際の記法に不具合を生じる。さらに、測定の有効数値ならびに桁数を考慮にいれると、合理的な記法が要求される。そこで、測定量の桁数が増加するのに対応して単位量に接頭語を付け、簡略化する。通常、表 3.4 に載せるように 3 桁毎に接頭語が決められている。ただし、数値がそれほど大きくなく、日常活動の規模に対応している領域においてはその分割程度が細かく構成されている。

表 3.4　接頭語

大きさ	記号	接頭語	大きさ	記号	接頭語
10^{18}	E	exa （エクサ）	10^{-1}	d	deci （デシ）
10^{15}	P	peta （ペタ）	10^{-2}	c	centi （センチ）
10^{12}	T	tera （テラ）	10^{-3}	m	milli （ミリ）
10^{9}	G	giga （ギガ）	10^{-6}	μ	micro （マイクロ）
10^{6}	M	mega （メガ）	10^{-9}	n	nano （ナノ）
10^{3}	k	kilo （キロ）	10^{-12}	p	pico （ピコ）
10^{2}	h	hecto （ヘクト）	10^{-15}	f	femto （フェムト）
10	da	deca （デカ）	10^{-18}	a	atto （アト）

第4章

力学の概念

質量、加速度や力などの基本量については第3章「力学量と単位」で扱った。ここでは、それらにより構成される力学的運動を記述するに適した量を定義し、導入する。

次章以降で十分理解できないときは、ここに戻って物理的意味を把握して再度考えれば進展があるかもしれない。また、一方では、物理的意味にあまり囚われずに先に進み、具体的課題を学びながらそれらの意味を把握するのも現実的な方法である。

4-1 運動量と力積

4-1-1 運動量

質量 m の物体が速度 v で運動しているとき、その物体の運動の勢いを質量と速度の積で表し

$$p = mv \tag{4.1}$$

運動量 p とよぶことはすでに学んだ。運動量の原語 momentum はラテン語の「運動」という意味である。重い物体ほど、速度が速いほど、運動の勢いが大きい。しかも、勢いには方向性もある。いかにももっともな構成である、と思わないか。

4-1-2 運動方程式と運動量の保存

物体に力 F がはたらくと運動量 p が変化する。運動量の変化量もベクトルであり、その向きは力のはたらく向きである。これがニュートンの運動方程式 (1.3)

$$\frac{d\bm{p}}{dt} = \bm{F} \tag{1.3}$$

である。

力がはたらかない ($\bm{F} = 0$) とき、物体の運動量は変化しない。運動方程式は

$$\frac{d\boldsymbol{p}}{dt} = 0 \quad \Rightarrow \quad \boldsymbol{p} = \text{一定} \tag{4.2}$$

であって、$\boldsymbol{p}$ の時間変化がゼロである、つまり、$\boldsymbol{p}$ は時間的に変化しない。これを**運動量の保存** (conservation of momentum) という。

この運動量の保存則は 1 つの物体に対してのみ成立するだけでなく、複数の物体を含む孤立系についても成り立つ。つまり、運動方程式の右辺の力 $\boldsymbol{F} = 0$ とは、単に力が作用しないだけでなく、作用する力の総和がゼロであることをも意味する。

イギリスの数学者**ウォリス** (John Wallis, 1616-1703) は 1668 年に閉じた系での運動量保存則を提唱した。以下でみるように、角運動量保存則やエネルギー保存則などさまざまな保存則が登場するが、運動量保存則は最初に導入された保存則である。ニュートン力学を相対論や量子論に拡張する場合を含め、一般的に速度より運動量の方が基本的な物理量である。運動量の保存則はあるが、速度の保存則はない。

4-1-3 力積

静止している質量 m の物体に一定の力 $\boldsymbol{F}$ を連続的にはたらかすと、物体の速度、したがって、運動量も連続的に変化する。速度の変化量、ならびに運動量の変化量は、力 $\boldsymbol{F}$ と力が作用している時間間隔 t との積に比例する。この積 $\boldsymbol{F}t$ を**力積** $\boldsymbol{J}$ (impulse) という。

以下、上のことを一般的に記述する。

物体が時刻 t_1 から t_2 にわたり力 (一定である必要はない) を受けて運動すると、この間に物体にはたらく力の総和は、微小時間間隔 $\Delta t_j = (t_2 - t_1)/n$ $(j = 1, \ldots, n)$ の間にはたらく力 $\boldsymbol{F}_j$ を t_1 から t_2 にわたりベクトル的に足しあげたもの (図 4.1)、つまり、はたらく力 $\boldsymbol{F}(t)$ を t_1 から t_2 まで時間積分したものである。

$$\lim_{\substack{\Delta t_j \to 0 \\ (n \to \infty)}} \sum_{j=1}^{n} \boldsymbol{F}_j \Delta t_j = \int_{t_1}^{t_2} \boldsymbol{F}(t) dt \equiv \boldsymbol{J} \tag{4.3}$$

これが力積 $\boldsymbol{J}$ である。力積 $\boldsymbol{J}$ はベクトル量である。

これは運動方程式 (1.3) の右辺を時間積分したものであって、その左辺の時間積分は

$$\int_{t_1}^{t_2} \frac{d\boldsymbol{p}}{dt} dt = \int_{\boldsymbol{p}(t_1)}^{\boldsymbol{p}(t_2)} d\boldsymbol{p} = \boldsymbol{p}(t_2) - \boldsymbol{p}(t_1) \tag{4.4}$$

である。つまり、力積の分だけ物体の運動量は $\boldsymbol{p}(t_1)$ から $\boldsymbol{p}(t_2)$ へと変化する。

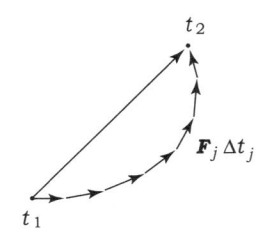

図 **4.1** 力積

$$J = \int_{t_1}^{t_2} \boldsymbol{F} dt = \boldsymbol{p}(t_2) - \boldsymbol{p}(t_1) \tag{4.5}$$

$$\boldsymbol{p}(t_2) = \boldsymbol{p}(t_1) + \boldsymbol{J} \tag{4.6}$$

(運動量の変化) = (力積) である。両辺の次元が一致することを確認しておくこと。左辺、右辺はベクトル量である。$t_2 - t_1 = \Delta t$ の微小時間間隔 Δt においては式 (4.5) は

$$\Delta \boldsymbol{p} = \boldsymbol{F} \Delta t \quad \Rightarrow \quad d\boldsymbol{p} = \boldsymbol{F} \, dt \quad \Rightarrow \quad \frac{d\boldsymbol{p}}{dt} = \boldsymbol{F} \tag{4.7}$$

であり、確かにもとの運動方程式 (1.3) そのものである。

力積がゼロならば、運動量に変化はない。**運動量の保存**である。力積がゼロになるためには必ずしも力が作用しないことが必要ではなく、力のベクトルの総和がゼロであればよいことはすでに述べた (図 4.2)。また、運動量が保存するというのは、単にその大きさが一定であるだけでなく、その方向にも変化がないことをいう。一定の速度で円運動する物体の運動量は保存するとはいわない。

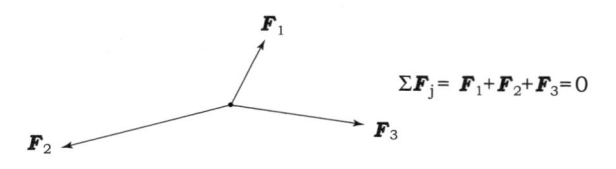

図 4.2 力の総和がゼロのとき

(a) 撃力

力積において、きわめて短時間に作用する力を**撃力** (impulsive force) という。衝撃力や瞬間力ともいう。

(15-4 節「撃力とビリヤード球」(p. 375) において撃力を扱っているので参照のこと)

4-2 角運動量と力のモーメント

4-2-1 角運動量

運動量 ($\boldsymbol{p} = m\boldsymbol{v}$) は物体の運動の勢いを示す、と述べた。同じように、物体の回転の勢いを示すものを**角運動量** (angular momentum) という。回転を示すには回転の中心 O がいる (図 4.3)。同じ運動量 $\boldsymbol{p} = m\boldsymbol{v}$ をもった物体であっても、中心からの距離 $\boldsymbol{r}$ によって回転の勢いが異なることは感性的に推測できる。距離が大きいほど回転の

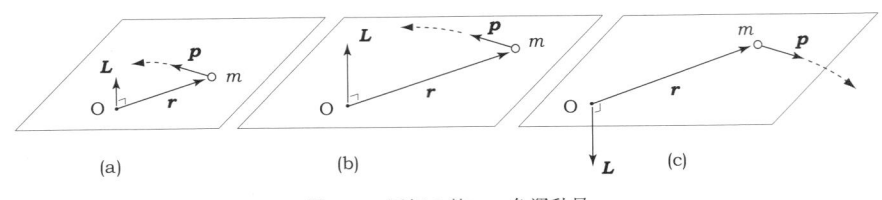

図 4.3　回転の勢い＝角運動量

勢いが大きく、逆に距離が小さいほど勢いは小さい (図 4.3(a), (b))。したがって、この回転の勢いは距離 r と運動量 p の積となる。また、回転には 2 つの回転方向がある。反時計回りの回転 (図 4.3(b)) と時計回りの回転 (図 4.3(c)) である。回転面は距離 r と運動量 p の 2 つのベクトルで構成される面であって、回転軸はこの面に垂直である。これはまさに距離と運動量のベクトルの外積で表すことができる。右手系をとっているのだから、回転軸の方向を右ネジの進行する方向と定め、角運動量 L を

$$L \equiv r \times p = m r \times v \tag{4.8}$$

と定義する。$r \times p$ であって、$p \times r$ でないことに注意。

角運動量の次元は式 (4.8) から分かるように、$[\mathrm{M\,L^2\,T^{-1}}]$ であり、単位は $\mathrm{kg \cdot m^2 \cdot s^{-1}}$ である。

4-2-2　回転の運動方程式

ニュートンの運動の第 2 法則は、力が作用すれば運動量が時間変化することを意味する。

$$\frac{d p}{d t} = F \tag{1.3}$$

では、角運動量についても同様な物理法則が成り立つかをしらべてみよう。角運動量を時間微分すると、積の微分を利用して

$$\frac{d}{d t} L = v \times (m v) + r \times \frac{d p}{d t} = r \times F \tag{4.9}$$

第 2 式の第 1 項は同じ速度ベクトル同士の外積のため、ゼロである ($v \times v = 0$)。第 2 式の第 2 項に運動の第 2 法則 (式 (1.3)) を用いた。右辺は距離 r と力 F の外積であり

$$r \times F \equiv N \tag{4.10}$$

力のモーメント N (moment of force) とよぶ。よって、回転の運動方程式は

$$\frac{d\boldsymbol{L}}{dt} = \boldsymbol{N} \tag{4.11}$$

となる。

　力のモーメントがゼロのときを考える。この場合も、力が必ずしもゼロである必要はなく、力のモーメントの総和がゼロであればよい。このとき、角運動量は

$$\frac{d\boldsymbol{L}}{dt} = 0 \quad \Rightarrow \quad \boldsymbol{L} = 一定 \tag{4.12}$$

となる。つまり、角運動量は保存 (conservation of angular momentum) する。

　運動量と力の関係 (式 (1.3)) と類似の関係 (式 (4.11)) が角運動量と力のモーメントに存在することが分かった。$\boldsymbol{r}$ と前者の外積をつくると後者が導ける。ニュートンの運動方程式がより基本的であることが分かる。しかし、前者では速度を評価する座標原点の取り方は本質的な重要性をもたず任意性があったが、後者では原点 (回転を評価する中心) の取り方が重要となる。

4-2-3　力のモーメントと偶力

　上で力のモーメント $\boldsymbol{N}$ が登場した。回転の運動方程式 (4.11) は物体に力のモーメント $\boldsymbol{N}$ がはたらけば、物体のもつ回転の勢いが変化すること、つまり、回転運動に変化が起こることを教える。この力のモーメントを**トルク** (torque) ともいう。ラテン語の「ねじる」という意味である。

　力のモーメントに関する課題に、てこの原理がある。子供の遊び道具のシーソー (図 4.4) が簡単な代表例であって、ある固定点 (支点) のまわりに自由に回転できる物体 (剛体) を考える。支点から ℓ だけ離れたシーソーの右端に力 $\boldsymbol{F}$ をはたらかせると、シーソーは時計回りに回転する (図 4.4(a))。このとき生ずる回転力である力のモーメントは ℓ と F の積であるが、単なる積ではなく外積 $\boldsymbol{N} = \boldsymbol{\ell} \times \boldsymbol{F}$ であったことを思い出そう。支点から等距離にある左端に同様に力を作用させれば、シーソーは反時計回りに回転する。左右両端に支点に対して対称に力を作用させれば、力のモーメントはつり合い (すなわち、総和がゼロとなり)、シーソーは不動である (図 4.4(b))。このような状態を**平衡** (equilibrium) 状態にあるという。シーソーにかかわらず、一般的には、多

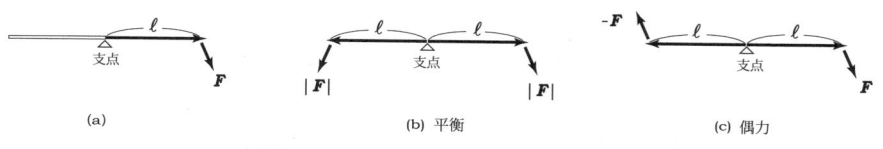

(a)　(b) 平衡　(c) 偶力

図 4.4　シーソーと力のモーメント $\boldsymbol{N}$

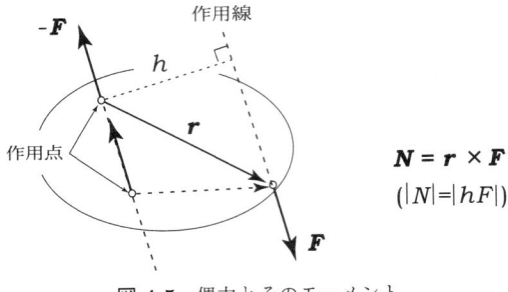

図 4.5 偶力とそのモーメント

くの力が作用していても、それらの効果が打ち消し合って力のモーメントを失うときは、平衡にあるという。

さて、左右にはたらく一方の力の向きを図 4.4(c) のように反対にすると、両端それぞれの力のモーメントは方向も含め等しくなり、力のモーメントの合計は 2 倍になる。シーソーを 1 つの力のモーメントで動かすよりもずっと容易である。

シーソーから離れて、もっと一般に支点のない自由に動ける物体を考える。図 4.5 のように大きさが等しく、向きが反対である 1 対の力 $\boldsymbol{F}$ と $-\boldsymbol{F}$ がはたらくと、物体は並進運動はせず回転をはじめる。この 1 対の力を**偶力** (couple of forces) といい、力の作用点間の位置ベクトルを $\boldsymbol{r}$ と記せば、その偶力のモーメントは

$$\boldsymbol{N} = \boldsymbol{r} \times \boldsymbol{F} \tag{4.13}$$

である。2 力の作用線は平行であるので、力の作用点が作用線上のどこであっても偶力のモーメントには変化がない。

(a) てこの原理

ギリシアの数学者**アルキメデス** (Archimedes, 287 頃-212 B.C.) は、しっかりとした足場があれば、世界 (地球) を動かしてみせようと言った、といわれる。これは紀元前において、すでにギリシア人は**てこの原理**を理解していたとしてしばしば言及される話である。アルキメデスはギリシアの都市国家シラクサに生まれ、第 2 ポエニ戦争においてローマ兵に殺されたといわれるヘレニズム時代の天才的な科学者である。アルキメデスはてこに関する研究によって、**静力学**の歴史の第 1 ページに挙げるべき名前であり、一方、**動力学**の歴史の第 1 ページに挙げるべきはガリレオであると、アシモフはいう。諸君が「アルキメデスの原理」として浮力の発見でよく知っている人物である。他にも、立体の求積問題の研究など、近代の西欧の学者に大きな影響を及ぼした。

図 4.6 にてこの原理図を示す。左端の重い物体 m、例えば、1 トン (=1,000 kg) の物

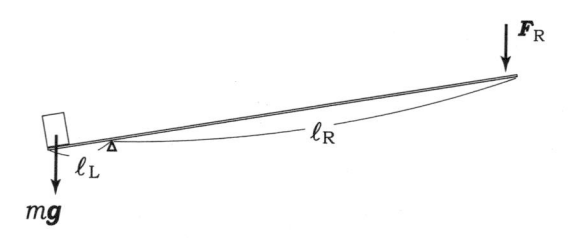

図 4.6 てこの原理

体を持ち上げることを考える。とても人力では動かせない。そこで、てこを利用する。支点から左端の物体までの距離 ℓ_L に比べ、支点と右端の距離 ℓ_R が κ 倍のてこを想定する。左端には前節で議論したように反時計回りの力のモーメント $\boldsymbol{N}_L = \boldsymbol{\ell}_L \times m\boldsymbol{g}$ がはたらいている。これに対して、てこの右端に図のように力 $\boldsymbol{F}_R$ を作用させると、時計回りに $\boldsymbol{N}_R = \boldsymbol{\ell}_R \times \boldsymbol{F}_R$ の力のモーメントが作用する。支点の両端の力のモーメントが大きさが等しく、向きが逆であれば、つまり、$\boldsymbol{N}_L = -\boldsymbol{N}_R$ であれば、てこは平衡状態にあり、物体は支点と同じ高さにまで持ち上げることができる。力のモーメントのつり合いは、右端にはたらかせるべき力が

$$\boldsymbol{\ell}_L \times \boldsymbol{F}_L = -\boldsymbol{\ell}_R \times \boldsymbol{F}_R \quad \Rightarrow \quad |F_R| = \left(\frac{\ell_L}{\ell_R}\right) F_L = \left(\frac{1}{\kappa}\right) \times F_L \qquad (4.14)$$

であることを教える。例えば、$\kappa = 20$ とすれば1トンの重量物を $F_R = 50$ (kg) $\times\, 9.8$ (m・s^{-2})$=$ 490 N で動かすことができる。50 kg の体重の人が右端にぶら下がればよいのである。

このように、てこの原理により、力の作用点を移動させることができ、さらに、力を増幅することができる。これはてこのみでなく、滑車、歯車なども同じ役割を果たす。われわれの日常生活において、これらの「てこの原理」を利用した装置が各処に活用されている。力が増幅されて随分と得をしたようであるが、つぎの節でみるように、運動に果たす「仕事」に関しては重いものを動かすにはそれ相当の仕事が必要であり、得はしない。

4-3 仕事

4-3-1 仕事

物体に外力 $\boldsymbol{F}$ を及ぼす。その結果物体が $d\boldsymbol{r}$ だけ移動したとき、物体は**仕事** (work) をなされた、あるいは、外力が仕事をしたという。このときの外力がした仕事量 W を

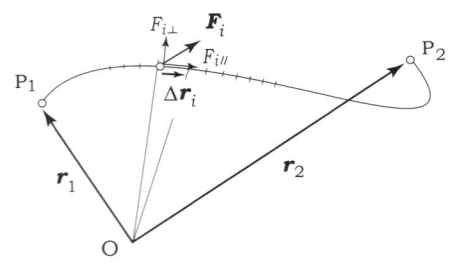

図 4.7　仕事

$$W = \bm{F} \cdot \mathrm{d}\bm{r} \tag{4.15}$$

と定める。移動した距離とそれに沿う方向に作用した力、つまり、有効にはたらいた力、との積が仕事量である。それは力と移動距離の内積 $\bm{F} \cdot \mathrm{d}\bm{r}$ であり、よって、仕事はスカラー量である。

物体をある位置 P_1 から他の位置 P_2 に移動させるには (図 4.7)、P_1 から P_2 まで物体に力 $\bm{F}$ をはたらかせる必要がある。このとき、仕事量 W は

$$W = \int_{\mathrm{P}_1}^{\mathrm{P}_2} \bm{F} \cdot \mathrm{d}\bm{r} \tag{4.16}$$

である。図 4.7 にみるように、物体を移動させる軌道に沿って、力 $\bm{F}_i$ を及ぼし微小距離 $\Delta \bm{r}_i$ だけ物体を移動させる微小仕事量は $\Delta W_i = \bm{F}_i \cdot \Delta \bm{r}_i = F_{i\|}\Delta r_i$ である。この微小な仕事の積み重ねが総体として $\mathrm{P}_1 \to \mathrm{P}_2$ への移動となる。仕事は力 $\bm{F}$ と移動経路 $\mathrm{d}\bm{r}$ の内積を構成し

$$W = \lim_{\substack{\Delta \bm{r}_i \to 0 \\ (n \to \infty)}} \sum_{i=1}^{n} \bm{F}_i \cdot \Delta \bm{r}_i = \int_{\mathrm{P}_1(\bm{r}_1)}^{\mathrm{P}_2(\bm{r}_2)} \bm{F} \cdot \mathrm{d}\bm{r} \tag{4.17}$$

となる。ここで注意すべきことは、再度繰り返すが、仕事は力を経路に沿って積分した量であるということである。この積分を**線積分** (line integral) という。

いくら力を加えても物体が動かなければ、その物体に仕事をしたことにはならない。したがって、重量のある物体を上下方向に一定の位置に支えているのは感覚的には大変な仕事ではあるが、移動距離がゼロであるため、力学的な仕事をしているとはいわない。図 4.8(a) のように質量 m の物体を支え保持するためには、重力に逆らって $\bm{F} = -m\bm{g}$ の力をかけ続ける必要がある。しかし、物体を移動させないため、結果的にはここでいう力学的な仕事はしていないことになる。また、移動経路に沿って垂直にはたらく力 $F_\perp$ は、仕事に寄与しないで無駄な力である。図 4.8(b) のように物体を重力の方向とは垂直方向へ移動させても、力 $\bm{F}$ は力学的な仕事をしたことには相当しない。日常

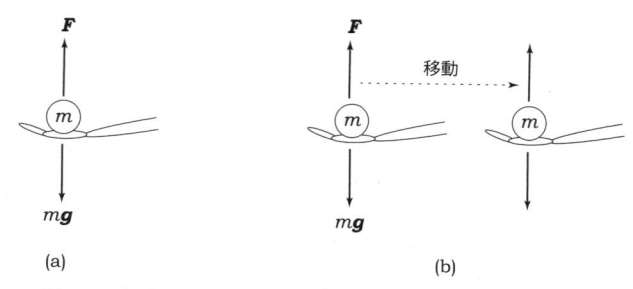

図 4.8 仕事＝ゼロ。(a) 物体を保持、(b) 物体を水平移動。

の感覚とは矛盾するようだが、力学的な仕事の定義ではそうなる。

(a) 仕事の単位と仕事率

仕事は力 × 距離であって、その次元は $[M][L^2][T^{-2}]$ であり、国際単位系 (SI) では単位は $kg \cdot m^2 \cdot s^{-2} = N \cdot m$ である。$N \cdot m$ をジュール (joule) J とよぶ。

$$1 \text{ kg} \cdot m^2 \cdot s^{-2} = 1 \text{ N} \cdot m = 1 \text{ J} \tag{4.18}$$

仕事の定義式 (4.16) には時間の因子が含まれていない。短時間でことを成そうが、長時間で同じことを果たそうが、仕事量は同じである。しかし、同じ仕事を果たすには短時間の方が効率がよく、実生活ではそれが望ましい。仕事をする速さ、つまり、単位時間あたりの仕事を**仕事率** (power) という。その単位は $kg \cdot m^2 \cdot s^{-3} = N \cdot m \cdot s^{-1} = J \cdot s^{-1}$ であり、まさに力 × 速度のかたちになっている。電気工学では**電力**ともよぶ。1 秒間に 1 ジュール (J) の仕事をする仕事率を 1 ワット (W) という。

100 W の電球の仕事率は 1 秒間に 100 J の仕事をすることと等価である。それはほぼ 10 kg の質量の物体を 1 m だけ重力に逆らって持ち上げる仕事に等しい。重力に逆らって物体を保持するための力の大きさは $F = mg = (10 \text{ kg}) \times (9.8 \text{ m/s}^2) = 98 \text{ N} \sim 100 \text{ N}$ であるので、1 秒間に 1 m だけ持ち上げる仕事率はほぼ 100 W である。100 W の電灯を灯すためには、10 kg の物体を v=1 m/s で上下させる仕事を続ける必要がある。10 kg のダンベルをこの速度でどれほどの時間にわたり運動させ得るか！ やはり、節電は大切だ。

> 馬力 (HP, horse power) も仕事率である。物理学辞典には 1 HP(仏馬力)= 0.7355 kW、1 HP(英馬力)= 0.7461 kW とある。フランスとイギリスでは馬のパワーも違っていたのか。
>
> 仕事率の単位のワットはイギリスの技師ワット (James Watt, 1736-1819) の業績にちなみ、また、仕事の単位のジュールはイギリスの物理学者ジュール (James Presott

Joule, 1818-1889) の業績にちなみ単位量として採用された。

　ワットは、従来の蒸気機関が1つの蒸気室で加熱、冷却、再加熱というサイクルを繰り返していたのを、1764年加熱室と冷却室をつくり中断せずに蒸気を生成できる効率のよいものに改良した。また、蒸気室の両側から交互にピストンで蒸気を素早く押し込む工夫や、ピストンの前後運動を回転運動に変換する独創的な装置を考えだした。この結果、蒸気機関はいろいろな作業機械として利用できるようになり、産業革命の技術的な牽引車として重要な役割を果たした。

　本書で学ぶように、運動において摩擦などが存在すると力学的エネルギーは保存しない。しかし、摩擦により生じる熱もまたエネルギーの1形態であり、このことを考慮すれば、より広い意味でエネルギーの保存則は成立する。ジュールは熱と力学的仕事の当量の考えをもち、この当量の値(換算量)を詳しく調べた。たとえば、熱1カロリー (cal) は仕事当量として、4.18 ジュール (J) に等しい。ちなみに、エネルギー保存則はドイツの物理学者マイヤー (Julius Robert von Mayer, 1814-1878) が、1842年ジュールに先立ち研究、提唱した。1847年、物理学者として評価の高かったドイツのヘルムホルツ (Hermann Ludwig Ferdinand von Helmholtz, 1821-1894) もエネルギー保存則を発表した。熱力学においては、第1法則として登場する。ジュールの業績のうち日常生活に関するものとして、ジュール-トムソン効果がある。これは冷凍機や気体の液化についての研究であり、気体を膨張させるとき、外部からエネルギーが供給されなければ気体は温度を低下させる現象を解明したものである。また、電流 I が抵抗 R を流れるとき、熱量 Q を発生する。この熱をジュール熱とよび、熱量は $Q = RI^2$ であって、ジュールの法則とよぶことはすでに諸君は学んでいるはずである。1840年にジュールにより実験的に確立された法則である。

4-3-2　つり合いと仕事

(a)　てこの原理と仕事

てこの原理に戻ろう。

　前節で議論したように、てこは力を増幅し、その作用点を移動させる。増幅率は支点から左右の力の作用点までの距離の比であって、$\kappa = F_L/F_R = \ell_R/\ell_L$ であった。図4.9にみるように、支点の左右でてこが構成する三角形 ABC と DEC は相似形であり、右側のものは左側のものの κ 倍大きい。したがって、左の物体が重力に逆らって距離 d だけ上げられるとき、右端は κd だけ押し下げる必要がある。このとき、右端でなす仕事量は

$$W_R = (\kappa d) \times F_R = (\kappa d) \times \left(\frac{F_L}{\kappa}\right) = d \times F_L = W_L \tag{4.19}$$

となって、左端でなされる仕事量と等価である。

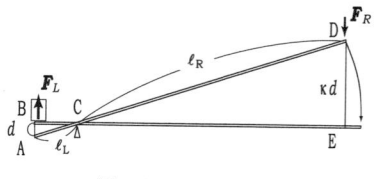

図 4.9 てこの原理

不可能であったことが、てこという道具を用いると可能となる。あるいは、仕事が楽になる。しかし、費やす仕事量に関しては、てこは何ら得をさせてくれるわけでない。

(b) 滑車のつり合いと仕事

この状況は滑車についても同様である。

滑車という装置の特徴は、綱は常に滑車の接線方向にあるため、はたらく力のモーメントは滑車の半径と力の大きさの単なる積となり、綱に加える力の大きさを変えることなく、自由にその力の方向を変えることができることである。しかも、左右の力のモーメントを構成する滑車の半径は打ち消し合うので、単に左右の力の大きさのバランスのみを考えればよいところにある。滑車には、回転軸が移動しない定滑車 (図 4.10(a)) と回転軸が移動する動滑車 (図 4.10(b)) がある。

図 4.11 に組み合わせ滑車の例を示す。滑車の回転軸は滑車の中心を通り、摩擦など抵抗のない理想的な状態を考える。もっとも単純な定滑車 (図 4.11(a)) においては、両腕の長さが等しい ($\ell_L = \ell_R =$ 滑車の半径) てこと等価であり、てこの原理を適用して考えればよい。つまり、両サイドの力のモーメントが等しいとき、つり合い状態が生じる。すなわち、$\ell_L = \ell_R$ のため、$F_L = F_R$ であり、左右の物体の重さ mg が等しいということである。左右の物体につながる綱には作用・反作用として各々張力 $\bm{T} = -m\bm{g}$ がはたらいており、綱の張力を介して滑車は $2\bm{T}$ の力で 2 つの物体 (の重さ $2mg$) を支えている。

図 4.11(b) では動滑車により、物体の重さ mg が左右に 2 分割され、一方の重量 $mg/2$ は天井に支えられ、他方では定滑車を介して $mg/2$ の重量でつり合いの状態を構成している。図 4.11(c) は (b) を繰り返した累乗滑車で、**アルキメデスの滑車**とよばれる。つり合いの条件を満たすためには、最後の滑車に $mg/8$ の重さの物体をつり下げればよい。

ここでも力は増幅され、また力の作用点も移動できる。(a) では左の重量 mg の物体を引き

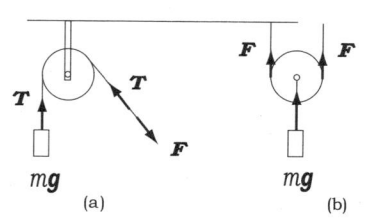

図 4.10 (a) 定滑車 と (b) 動滑車

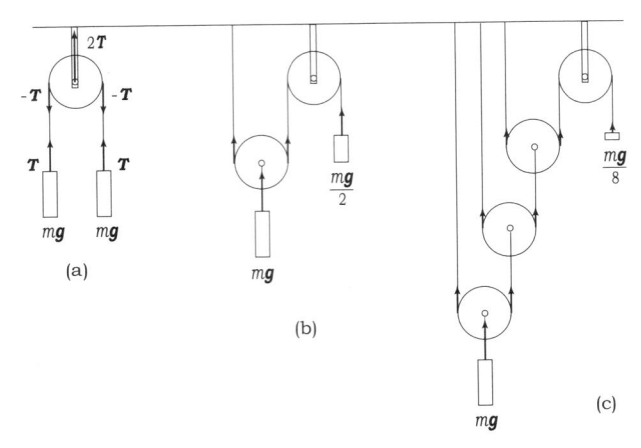

図 **4.11**　滑車の原理

上げるには、$F = mg$ の力で右端の綱を引き下げる必要がある。(b) では $F = mg/2$ の力で、(c) では $F = mg/8$ の力で右端の綱を引き下げればよい。滑車を挿入することにより小さい力で重量物を引き上げることができる。

しかし、物体を ℓ の距離だけ引き上げるとき、右端の綱は (a) では ℓ、(b) では 2 倍の 2ℓ、(c) では 8 倍の 8ℓ だけ引き下げる必要がある。引き上げの力が小さくなった分だけ、それに反比例して引き下げの距離が長くなる。ここでも仕事量に関しては、右端のなす仕事量 W_R と重量 mg の物体がなされる仕事量 W_L は等しい。

(c) 斜面上のつり合いと仕事

ガリレオは 1594 年、てこ、滑車で論じたつり合いの原理を斜面上の研究において認識している。マッハの『マッハ力学史』を参考に、つり合いの静力学をみる。

図 4.12 で斜面 AB が高さ BC の 2 倍の長さをもつとき、滑車を経由して重さ P の物体が斜面上の重さ Q の物体とつり合うには、重さの間に $P = Q/2$ の関係が成り立つ。ここで「重さ (mg)」といっても「質量 (m)」といっても論旨には違いない[1]。物体が動くとき、$P(= Q/2)$ が下がれば Q は斜面

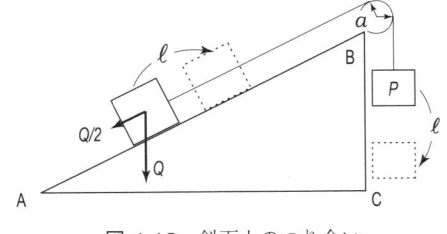

図 **4.12**　斜面上のつり合い

---

[1] マッハの記法にしたがって、$Q = m_Q g$ のように、重さ mg を 1 つの記号で記した。

AB に沿って上がる。ガリレオが注目したのはつり合いは重さだけでなく、重力方向の距離によってもこの運動が決まることである。つまり、重さ $P = Q/2$ が鉛直方向に ℓ だけ下がるあいだに、重さ Q は斜面に沿って ℓ、鉛直方向に $\ell/2$ だけ上がる。ここでも仕事量は $W_L = Q \times (\ell/2)$ と $W_R = (Q/2) \times \ell$ で等しい。仕事の節約はあり得ない、ということである。

てこ、滑車、斜面での物体のつり合い、力のつり合いについてみた。この静力学のつり合い状態を考えるとき、上では 2 つの特徴を基準にした。1 つは力のモーメントであり、もう 1 つは仕事である。ガリレオが注目したのは今日のことばで表現すれば、仕事である。

図 4.12 の斜面上のつり合いについては仕事の観点でみた。力のモーメントではどうか。滑車の半径を a とすれば、滑車の回転軸を中心とした物体 $P (= Q/2)$ が時計回りにつくる力のモーメントは $N_R = \ell_L \times F_L = a \times (Q/2)$ である。一方、物体 Q が反時計回りにつくる力のモーメント $N_R = \ell_R \times F_R$ は、物体の重さの斜面に沿っての成分が $F_R = Q \times (1/2)$ であるので、$N_R = a \times (Q/2)$ である。よって、力のモーメントの観点で考えても、つり合いの条件は $P = Q/2$ となる。

てこの原理 (図 4.9) からすでに諸君も気づいたであろうが、力のモーメントと仕事の観点は矛盾するものではない。図 4.9 の三角形の相似性は両者を同時に理解させてくれる。仕事は各々の端に作用する力と辺 AB あるいは DE の積であり、力のモーメントは各々の端に作用する力と辺 BC あるいは CE の積である。AB : BC = DE : CE であるので、力のモーメントと仕事は比例関係にあり、両物理量によるつり合いの理解は当然同一の結果を導く。

4-4　エネルギー

エネルギー (energy) とは仕事をする能力のことをいう。

力学的エネルギーには、運動エネルギーと位置エネルギーがあり、後者はポテンシャル・エネルギーともよぶ。

4-4-1　運動エネルギー

静止した物体 (質量 m) に力を及ぼすと、物体は速度 v をもって運動する (図 4.13)。このとき、物体はなされた仕事量と等価な仕事をする能力をもつ、つまり、エネルギーが物体に蓄えられる。この運動に付随するエネルギーを**運動エネルギー** (kinetic energy) といい、その大きさは $T = (1/2)mv^2$ である。運動はエネルギーの 1 形態である。この

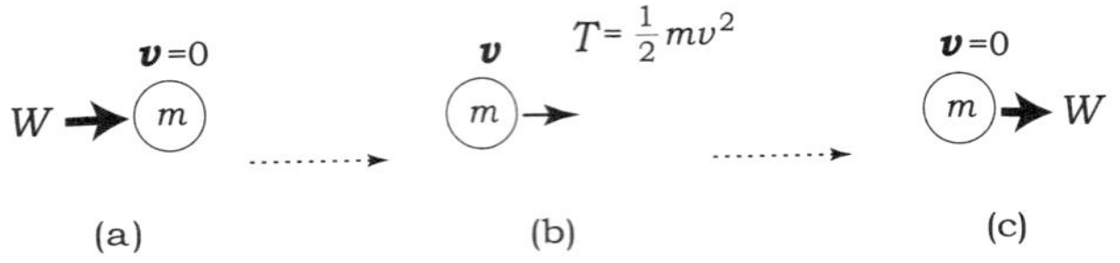

図 4.13 仕事と運動エネルギー

物体を静止させることにより、物体に蓄えられたエネルギーを取り出すことができる。つまり、静止するまでの過程で物体に W の仕事をさせることができるわけである。

上の事情を数式を使って導いてみよう。

式 (4.16) に運動の第 2 法則を適用すると、作用する仕事 W は

$$W = \int_{P_1}^{P_2} \boldsymbol{F} \cdot d\boldsymbol{r} = \int_{P_1}^{P_2} m \frac{d\boldsymbol{v}}{dt} d\boldsymbol{r} \tag{4.20}$$

であり、積分変数を時間に変えて

$$d\boldsymbol{r} = \frac{d\boldsymbol{r}}{dt} dt = \boldsymbol{v} dt \tag{4.21}$$

を式 (4.20) に代入すれば、

$$W = \int_{t_1}^{t_2} m \frac{d\boldsymbol{v}}{dt} \boldsymbol{v} dt = \int_{t_1}^{t_2} \frac{1}{2} m \frac{d}{dt} \left(\boldsymbol{v}^2\right) dt = \int_{v^2(P_1)}^{v^2(P_2)} \frac{1}{2} m \, d\left(\boldsymbol{v}^2\right) = \left[\frac{1}{2} m \boldsymbol{v}^2\right]_{v^2(P_1)}^{v^2(P_2)}$$

$$= \frac{1}{2} m \boldsymbol{v}^2(P_2) - \frac{1}{2} m \boldsymbol{v}^2(P_1) \tag{4.22}$$

を得る。右辺第 1 項も第 2 項も仕事と同質である。

$$\text{運動エネルギー}: \quad T = \frac{1}{2} m \boldsymbol{v}^2 \tag{4.23}$$

と定義すると、上式は

$$W = T(P_2) - T(P_1) \quad \Rightarrow \quad T(P_2) = T(P_1) + W \tag{4.24}$$

物体が仕事 W をなされることにより運動エネルギーが $T(P_1) \to T(P_2)$ に変化したことを意味する。また、運動する物体はその速度を落とすことによって仕事をすることは日常見なれている現象である。

式 (4.22) で理解できたと思うが、仕事の定義から運動エネルギーは常にその変化量としてあらわれる。相対値である。また、運動エネルギーは速度の 2 乗に比例するので、座標原点のとり方 ($\boldsymbol{r}_0$) にも依存しない。座標系 O に対して原点が $\boldsymbol{r}_0$ だけずれた座標系 O′ では、物体の位置ベクトルは $\boldsymbol{r}$ から $\boldsymbol{r}'$ に変化するが、両座標系における物体の速度は変化がない。

$$r' = r + r_0, \quad \frac{\mathrm{d}r}{\mathrm{d}t} = \frac{\mathrm{d}r'}{\mathrm{d}t} \ (v = v') \tag{4.25}$$

よって、どちらの座標系で測定しても運動エネルギーは同じである。

4-4-2　位置エネルギーあるいはポテンシャル・エネルギー

(a) 保存力

物体に力 F がはたらき、物体がある位置 P_1 から他の位置 P_2 へ移動したとする。つまり、力 F が物体に仕事 W をするわけである。このとき、仕事は始点 P_1 と終点 P_2 のみに依存してその途中の経路によらないような場合がある。

$$W = \int_{P_1}^{P_2} F \cdot \mathrm{d}r \tag{4.26}$$

そのような力 F を**保存力** (conservative force) という。

その典型が重力である。

たとえば、図 4.14 に示すように地上において重力の作用のもとで、物体が P_1 から P_2 へ移動する場合を考える。重力が仕事をするわけである。経路 (a) は自由落下に対応する。現実問題としては経路 (a) が実現し、(b), (c) は起こりえないが、仮想的に考える。このとき、経路は (a) であっても、(b) であっても、(c) であっても、力がなした仕事量 W は

$$\begin{aligned} W &= \int_{P_1}^{P_2} F \cdot \mathrm{d}r = \int_{P_1}^{P_2} m g \cdot \mathrm{d}r = \int_{P_1}^{P_2} -mg e_z \cdot \mathrm{d}r \\ &= \int_{z_1}^{z_2} -mg \, \mathrm{d}z = mg(z_1 - z_2) \end{aligned} \tag{4.27}$$

である。ここで、これまでのように鉛直上方に z 方向をとった。z_1, z_2 は P_1, P_2 点における z 位置である (図では $z_1 > z_2$)。どのような経路をとろうと、式 (4.26) の定義により仕事は力と距離の内積、つまり、力とその方向に沿った移動距離の積であるので、位置ベクトル r についての積分はいまの場合その z 成分についての積分になり、z に直交する方向への物体の移動は仕事量に一切影響しない。式 (4.27) の 2 つのベクトル量の内積を丁寧に書けば、

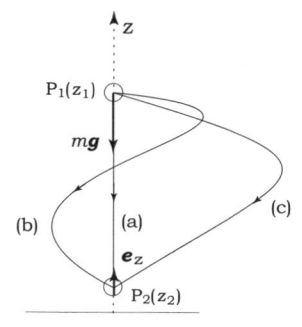

図 **4.14** 保存力：重力下での物体の移動

$$\boldsymbol{e}_z \cdot \mathrm{d}\boldsymbol{r} = \boldsymbol{e}_z \cdot (\boldsymbol{e}_x \mathrm{d}x + \boldsymbol{e}_y \mathrm{d}y + \boldsymbol{e}_z \mathrm{d}z) = \mathrm{d}z \qquad (4.28)$$

であり、説明したとおりになっている。

このような力のはたらく現象を力学では扱う。

仕事の経路に摩擦などが存在すると、直観的に分かるように保存力は構成されない。

(b) ポテンシャル・エネルギー

力が保存力である場合、仕事量 W は始点 P_1 と終点 P_2 のみに依存する。仕事量に負符号を付けた量 U、つまり、物体が力 $\boldsymbol{F}$ によってなされた仕事の量を

$$U \equiv -\int_{P_1}^{P_2} \boldsymbol{F} \cdot \mathrm{d}\boldsymbol{r} \qquad (4.29)$$

と書く。これを**ポテンシャル・エネルギー** (potential energy)、あるいは**位置エネルギー**という。P_1 をポテンシャル・エネルギーの原点 O と定めれば、U は P_2 の位置ベクトル $\boldsymbol{r}_P$ のみの関数

$$U(\boldsymbol{r}_P) \equiv -\int_{O}^{\boldsymbol{r}_P} \boldsymbol{F}(\boldsymbol{r}) \cdot \mathrm{d}\boldsymbol{r} \qquad (4.30)$$

となる。$\boldsymbol{r}$ は物体の移動経路に沿っての位置ベクトルである。ポテンシャル・エネルギー U はスカラー量である。

すでに記したように、仕事とエネルギーは言葉や感じが違うが、両者は同じ次元をもつ。U は物体がなされた仕事量であって、その結果、その仕事量は物体に蓄えられる。ポテンシャルとは「潜在的な」という意味で、ポテンシャル・エネルギーとは蓄えた仕事量でもって仕事をなすことができる潜在的な能力をいう。

ポテンシャル・エネルギーも常に、原点に対する相対的な位置の変位量、図 4.14 の場合は $\Delta z = z_2 - z_1$、に比例する形であらわれる。z 軸の原点のとり方、つまり、位置のエネルギーの基準のとり方には依存しない。原点は人間の都合で決めるものであり、当たり前の結論である。

○ $\boldsymbol{F}(\boldsymbol{r}) = -\nabla U(\boldsymbol{r})$

式 (4.30) から力 $\boldsymbol{F}(\boldsymbol{r})$ が分かれば、ポテンシャル関数 $U(\boldsymbol{r})$ が分かる。逆に、$U(\boldsymbol{r})$ が分かれば、力 $\boldsymbol{F}(\boldsymbol{r})$ が求められることが想像できる。つまり、力を積分して関数 $U(\boldsymbol{r})$ を求めたので、逆に $U(\boldsymbol{r})$ を微分すれば力 $\boldsymbol{F}(\boldsymbol{r})$ が求まるわけだ。

物体を位置 P (位置ベクトル $\boldsymbol{r}$) から P′ (位置ベクトル $\boldsymbol{r} + \mathrm{d}\boldsymbol{r}$) まで微小な距離 $\mathrm{d}\boldsymbol{r}$ だけ移動させることを考える (図 4.15)。このとき対応するポテンシャルの微小な変化 $\mathrm{d}U(\boldsymbol{r})$ は

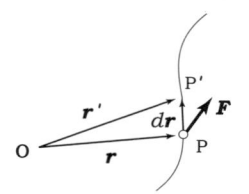

図 4.15 力 $\boldsymbol{F}$ による微小距離 $\mathrm{d}\boldsymbol{r}$ の移動とポテンシャル

$$\begin{aligned}
\mathrm{d}U(\boldsymbol{r}) &= -\int_{\mathrm{P}}^{\mathrm{P}'} \boldsymbol{F}\cdot\mathrm{d}\boldsymbol{r} \\
&= -\left\{\int_{\mathrm{P}}^{\mathrm{O}} \boldsymbol{F}\cdot\mathrm{d}\boldsymbol{r} + \int_{\mathrm{O}}^{\mathrm{P}'} \boldsymbol{F}\cdot\mathrm{d}\boldsymbol{r}\right\} = -\int_{\mathrm{O}}^{\mathrm{P}'} \boldsymbol{F}\cdot\mathrm{d}\boldsymbol{r} + \int_{\mathrm{O}}^{\mathrm{P}} \boldsymbol{F}\cdot\mathrm{d}\boldsymbol{r} \\
&= U(\boldsymbol{r}+\mathrm{d}\boldsymbol{r}) - U(\boldsymbol{r})
\end{aligned} \tag{4.31}$$

である。力が保存力であるので、移動経路は直接 $\mathrm{P}\to\mathrm{P}'$ でも、たとえば、$\mathrm{P}\to\mathrm{O}$ と一度ポテンシャル・エネルギーの原点位置 O を経て、その後 $\mathrm{O}\to\mathrm{P}'$ の経路を通ってもポテンシャル・エネルギーには変化がない。これが第 2 行目第 1 式の 2 つの線積分に相当する。第 2 行の第 1 式から第 2 式へは $\mathrm{O}\to\mathrm{P}$ への積分経路を逆転させた。これらは、まさに P' ならびに P 点でのポテンシャル・エネルギーの定義式であり、第 3 行目の式となる。移動距離 $\mathrm{d}\boldsymbol{r}$ が微小であることに注意をすると、ポテンシャル関数 $U(\boldsymbol{r})$ の微分につながる形になっている。つまり、上式の右辺を書きなおすと

$$\begin{aligned}
\mathrm{d}U(\boldsymbol{r}) &= U(\boldsymbol{r}+\mathrm{d}\boldsymbol{r}) - U(\boldsymbol{r}) = U(x+\mathrm{d}x, y+\mathrm{d}y, z+\mathrm{d}z) - U(x,y,z) \\
&= \{U(x+\mathrm{d}x, y+\mathrm{d}y, z+\mathrm{d}z) - U(x, y+\mathrm{d}y, z+\mathrm{d}z)\} \\
&\quad + \{U(x, y+\mathrm{d}y, z+\mathrm{d}z) - U(x, y, z+\mathrm{d}z)\} \\
&\quad + \{U(x, y, z+\mathrm{d}z) - U(x, y, z)\} \\
&= \frac{\partial U(x,y,z)}{\partial x}\mathrm{d}x + \frac{\partial U(x,y,z)}{\partial y}\mathrm{d}y + \frac{\partial U(x,y,z)}{\partial z}\mathrm{d}z
\end{aligned} \tag{4.32}$$

となる。関数 $U(\boldsymbol{r})$ が $U(x,y,z)$ になったことに驚いてはいけない。$\boldsymbol{r}$ は 3 次元空間の位置座標であって、個々に記せば x,y,z の 3 変数から構成されている。関数 $U(\boldsymbol{r})$ は変数がベクトル表記になっているが、3 変数をあからさまに表記すれば、関数 $U(\boldsymbol{r})$ は $U(x,y,z)$ である。それが第 1 行目である。第 2、3、4 行目は微分形式に書き直すための手続きであり、たとえば、第 2 行目は最終式の第 1 項になる。

$$U(x+\mathrm{d}x, y+\mathrm{d}y, z+\mathrm{d}z) - U(x, y+\mathrm{d}y, z+\mathrm{d}z) = \frac{\partial U(x,y,z)}{\partial x}\mathrm{d}x \tag{4.33}$$

これは、1 変数関数 $f(x)$ の微分が極限操作 $\lim_{\Delta x \to 0}$ により微小変位 Δx が無限小変位 dx へとなり

$$\frac{df(x)}{dx} = \frac{f(x+dx) - f(x)}{dx} \quad \Rightarrow \quad f(x+dx) - f(x) = \frac{df(x)}{dx}dx \quad (4.34)$$

と書けることに対応している。違いは $f(x)$ が 1 変数関数であるのに対し、$U(x,y,z)$ は 3 変数関数である。しかし、後者の x 微分においては y, z は変化していないことに注意。すなわち、実質的には $df(x)/dx$ と同様である。このような多変数関数の微分は**偏微分** (partial differentiation) とよび、$\partial U/\partial x$ のように表記する (偏微分については付録「偏微分」(p. 487) で記述したので参照のこと)。式 (4.32) の第 3、4 行目が $(\partial U/\partial y)dy + (\partial U/\partial z)dz$ であることが分かるであろう。

○ 全微分

x, y, z の関数 $U(x,y,z)$ の微小変化 dU を**全微分** (total differential) という。全微分は上式 (4.32) から分かるように、各成分方向への微小変化を足し合わせたものである。

$$dU(\boldsymbol{r}) = \frac{\partial U(x,y,z)}{\partial x}dx + \frac{\partial U(x,y,z)}{\partial y}dy + \frac{\partial U(x,y,z)}{\partial z}dz \quad (4.35)$$

すなわち、各成分方向の変化 (例えば、x 方向) は、その方向への関数の傾き (偏微分 $\partial U/\partial x$) にその成分の微小変化量 (dx) を掛けたものである。関数の傾きは関数の微分であるが、複数の変数をもつ関数に対しては偏微分をとる。図 4.16 に、2 変数 x, y の関数 $U(x,y)$ についての全微分 $dU(x,y)$ の様子を示す。

ベクトル微分演算子 (vector differential operator)、ナブラ記号 (付録 D-4 節「ベクトル微分演算子」(p. 506))

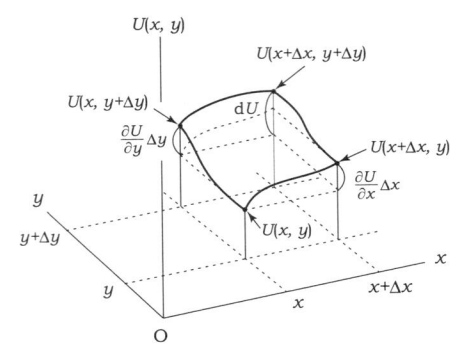

図 **4.16** 2 変数 (x, y) の関数 $U(x, y)$ の全微分 $dU(x, y)$

$$\nabla \equiv \boldsymbol{e}_x \frac{\partial}{\partial x} + \boldsymbol{e}_y \frac{\partial}{\partial y} + \boldsymbol{e}_z \frac{\partial}{\partial z} \tag{4.36}$$

を用いると、スカラー関数である $U(x,y,z)$ の全微分 $\mathrm{d}U(x,y,z)$ は

$$\begin{aligned}
\mathrm{d}U(x,y,z) &= \frac{\partial U(x,y,z)}{\partial x}\mathrm{d}x + \frac{\partial U(x,y,z)}{\partial y}\mathrm{d}y + \frac{\partial U(x,y,z)}{\partial z}\mathrm{d}z \\
&= \left\{\frac{\partial U}{\partial x}\boldsymbol{e}_x + \frac{\partial U}{\partial y}\boldsymbol{e}_y + \frac{\partial U}{\partial z}\boldsymbol{e}_z\right\} \cdot \{\mathrm{d}x\boldsymbol{e}_x + \mathrm{d}y\boldsymbol{e}_y + \mathrm{d}z\boldsymbol{e}_z\} \\
&= \nabla U(x,y,z) \cdot \mathrm{d}\boldsymbol{r}
\end{aligned} \tag{4.37}$$

となる。スカラー関数にナブラ (nabla) を演算すると結果はベクトル関数となる (付録 D-4-2 小節「勾配」(p. 511))。全微分は上式から分かるように、ベクトルとなるスカラー関数 $U(\boldsymbol{r})$ の勾配 (∇U) と、ベクトルである位置座標の微小変位 $\mathrm{d}\boldsymbol{r}$ との内積であるので、スカラー関数である。

さて、式 (4.31) の第 1 行目右辺の力と移動距離の内積についての線積分も移動距離 $\mathrm{d}\boldsymbol{r}$ が小さいので、積分は実効的に力と微小移動距離の内積 $-\boldsymbol{F}\cdot\mathrm{d}\boldsymbol{r}$ そのものである。これが上式 (4.37) と等しいということは

$$-\boldsymbol{F}\cdot\mathrm{d}\boldsymbol{r} = \nabla U(\boldsymbol{r})\cdot\mathrm{d}\boldsymbol{r} \quad \Rightarrow \quad \boldsymbol{F} = -\nabla U(\boldsymbol{r}) \tag{4.38}$$

である。両辺のベクトルを成分展開し、成分ごとに表示すると、

$$F_x = -\frac{\partial U}{\partial x}, \quad F_y = -\frac{\partial U}{\partial y}, \quad F_z = -\frac{\partial U}{\partial z} \tag{4.39}$$

関数 $U(\boldsymbol{r})$ の勾配 (gradient) が力の大きさを与え、その勾配の逆方向に力がはたらくわけである。このように任意の位置における作用する力を与える関数 $U(\boldsymbol{r})$ をポテンシャルといい、物体はその位置 $\boldsymbol{r}$ でのポテンシャル $U(\boldsymbol{r})$ に対応するポテンシャル・エネルギーをもつ[2]。

〇 簡単な 1 例

ばねの先端に固定された物体の振動運動を 5-1 節「単振動」(p. 98) で学ぶ。ばねの復元力 F はばねの伸び x が小さい間は伸びに比例して、$F = -kx$ である。これはフックの法則として諸君はすでに知っているはずだ。k はばね定数である。このとき、ばねのつくるポテンシャル $U(x)$ は

$$U(x) = \frac{1}{2}kx^2 \tag{4.40}$$

であることは、式 (4.30) から導ける。あるいは、式 (4.39) の第 1 式に式 (4.40) を代入

---

[2] 本書では、ポテンシャル・エネルギーを省略して単にポテンシャルと記す場合もある。

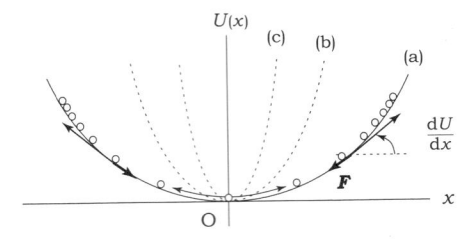

図 4.17 ばねのポテンシャル $U(x)$ のもとでの復元力 $\boldsymbol{F}$。ばね定数 k が強くなればポテンシャルは (a)→(b)→(c) と勾配が急になる。

すれば $F = -\mathrm{d}U/\mathrm{d}x = -kx$ が得られることから理解できる。

図 4.17 にこのポテンシャル $U(x)$ を示す。ポテンシャルは原点で最も低い下に凸の放物線である。ばねの強さによりばね定数 k が変化し、それはポテンシャルの勾配の違いとして現れる。力 F はポテンシャルの勾配に負符号を付けたものであって、$x > 0$ のときは勾配は正値をもつが、力は負方向であり、$x < 0$ のときは勾配は負値をもち、力の方向は正方向である。勾配に比例して押し返す力がはたらく。ばねに取り付けた物体の振動現象は、このポテンシャル井戸の中を右に左にと繰り返す往復運動である。ここで微分は偏微分でなく、普通の微分である。それは、ばねが x 方向の 1 次元振動であって、ポテンシャル $U(x)$ が x のみの関数であることによる。

(c) 中心力

ここで、**中心力** (central force) にも言及しておこう。物体に作用する力 $\boldsymbol{F}(\boldsymbol{r})$ が常に同一点 O を向き、その力の大きさが O からの距離 r だけに依存するような場合、すなわち、

$$\boldsymbol{F}(\boldsymbol{r}) = f(r) \left(\frac{\boldsymbol{r}}{r}\right) \tag{4.41}$$

であるとき、その力 $\boldsymbol{F}(r)$ を中心力とよぶ。中心力は保存力である。重力が典型である。第 9 章「2 体系の運動へひろげる」(p. 202) では万有引力 (中心力) のもとでの地球の公転運動をみる。

4-4-3　エネルギーの保存

ここまでに登場したエネルギーは、速度の 2 乗に比例する運動エネルギー T と物体の位置に依存するポテンシャル・エネルギー U である。これらの和

$$E = T + U \tag{4.42}$$

を力学的エネルギー (mechanical energy) E あるいは全エネルギーという。力学的エネルギーは運動エネルギーあるいはポテンシャル・エネルギーとして形態を変えて現れるが、摩擦がない限り、その総和は常に保存される。**エネルギー保存則** (law of conservation of mechanical energy) である。摩擦があると力学的エネルギーは一部が熱に変わり、力学的エネルギーの保存則は成立しない。しかし、熱もエネルギーの1形態であり、それを含めるとすべてのエネルギーは保存することは既述した。

仕事とはエネルギーが現れたものである。

いま、保存力による力が作用して物体が運動しているとき、運動方程式は

$$m\ddot{\boldsymbol{r}} = -\nabla U(\boldsymbol{r}) \qquad (\boldsymbol{F} = -\nabla U(\boldsymbol{r})) \tag{4.43}$$

である。仕事 (エネルギー) は 4-3-1 小節で議論したように、はたらく力を経路に沿って線積分して得た。そこで、仕事の線積分を時間積分に書き直すと、

$$\int \boldsymbol{F} \cdot \mathrm{d}\boldsymbol{r} = \int \left(m \frac{\mathrm{d}^2 \boldsymbol{r}}{\mathrm{d}t^2} \right) \cdot \frac{\mathrm{d}\boldsymbol{r}}{\mathrm{d}t} \, \mathrm{d}t = -\int (\nabla U(\boldsymbol{r})) \cdot \frac{\mathrm{d}\boldsymbol{r}}{\mathrm{d}t} \, \mathrm{d}t \tag{4.44}$$

であり、

$$第2式 = \int m\ddot{\boldsymbol{r}} \cdot \dot{\boldsymbol{r}} \mathrm{d}t = \int \frac{\mathrm{d}}{\mathrm{d}t} \left(\frac{1}{2} m \dot{\boldsymbol{r}}^2 \right) \mathrm{d}t = \frac{1}{2} m \dot{\boldsymbol{r}}^2 + C_1 (積分定数) \tag{4.45}$$

また

$$\begin{aligned}
第3式 &= -\int \left(\frac{\partial U}{\partial x} \boldsymbol{e}_x + \frac{\partial U}{\partial y} \boldsymbol{e}_y + \frac{\partial U}{\partial z} \boldsymbol{e}_z \right) \cdot \left(\frac{\mathrm{d}x}{\mathrm{d}t} \boldsymbol{e}_x + \frac{\mathrm{d}y}{\mathrm{d}t} \boldsymbol{e}_y + \frac{\mathrm{d}z}{\mathrm{d}t} \boldsymbol{e}_z \right) \mathrm{d}t \\
&= -\int \left(\frac{\partial U}{\partial x} \frac{\mathrm{d}x}{\mathrm{d}t} + \frac{\partial U}{\partial y} \frac{\mathrm{d}y}{\mathrm{d}t} + \frac{\partial U}{\partial z} \frac{\mathrm{d}z}{\mathrm{d}t} \right) \mathrm{d}t \\
&= -\int \left(\frac{\partial U}{\partial x} \mathrm{d}x + \frac{\partial U}{\partial y} \mathrm{d}y + \frac{\partial U}{\partial z} \mathrm{d}z \right) = -\int \mathrm{d}U \\
&= -U + C_2 (積分定数)
\end{aligned} \tag{4.46}$$

である。両辺が等しいので

$$\frac{1}{2} m \dot{\boldsymbol{r}}^2 + U(\boldsymbol{r}) = 一定 \tag{4.47}$$

を得る。左辺第1項は運動エネルギー、第2項はポテンシャル・エネルギーであって、その和は常に一定である、というエネルギー保存則が導けたわけである。

(a) 自由落下でのエネルギー保存

4-4-2 小節で重力加速度 $\boldsymbol{g}$ が作用するもとでのポテンシャル・エネルギーは

$$U = mgz \qquad (4.48)$$

であり、速度 $\boldsymbol{v}$ の物体の運動エネルギーは

$$T = \frac{1}{2}mv^2 \qquad (4.49)$$

であることを学んだ。いま、地上から高さ z_1 ($\boldsymbol{r} = z_1 \boldsymbol{e}_z$) のところに静止していた質量 m の物体が落下をはじめた ($t = t_1$) とする。ある時間経過後の時刻 $t = t_2$ で、物体が速度 v_2 ($\dot{\boldsymbol{r}} = -v_2 \boldsymbol{e}_z$) で高さ z_2 を通過する場合、エネルギー保存から両時刻での運動について

$$mgz_1 = mgz_2 + \frac{1}{2}mv_2^2 \qquad (4.50)$$

が成り立つ。はじめに物体がもっていた「ポテンシャルとしてのエネルギー」は落下とともに減少し、

(ポテンシャル・エネルギーの変化) = (運動エネルギーの変化)
$$mg(z_1 - z_2) = \frac{1}{2}mv_2^2 \qquad (4.51)$$

それが運動エネルギーという異なるエネルギー形態、あるいは異なる運動形態に変化するわけである。しかし、この系のもつ全エネルギーは時間の変化にかかわりなく一定の値をもって不変のままである。

4-4-4 力とエネルギー (仕事) の次元と単位

力の次元に長さの次元を掛けたものがエネルギーの次元であり、力の次元は $[\mathrm{MLT}^{-2}]$ であってエネルギーの次元は $[\mathrm{ML}^2\mathrm{T}^{-2}]$ となる。それぞれの単位は、力は $\mathrm{kg \cdot m \cdot s^{-2}}$ であり、1 kg の物体に 1 m・s^{-2} の加速度を与える力の大きさを 1 ニュートン (1 kg・m・s^{-2} = 1 N) という。エネルギーは kg・m^2・s^{-2} であり、1 N の力で物体を 1 m 移動させる仕事量 1 N・m を 1 joule (J, ジュール) ということもすでに記した。ジュール同様に、単位ニュートンもアイザック・ニュートン (Isaac Newton) の科学に対する輝かしい業績に敬意を表しつけた名称である。

> ドイツの哲学者、科学者のライプニッツ (Gottfried Wilhelm Leibniz, 1646-1716) が 1695 年にこの蓄えられた仕事をする能力のことを活力 (ラテン語で"生きている力"という意味) とよび、mv^2 のかたちで導入し、運動物体の真の力の尺度と見なした。これに対し、フランスの物理学者コリオリ (Gaspard-Gustave de Coriolis, 1792-1843) は $\frac{1}{2}mv^2$ の形がより妥当であると提唱した。
>
> 1807 年、イギリスの物理学者ヤング (Thomas Young, 1773-1829) はこの蓄えられ

た仕事をエネルギーとよぶことを提唱した。また、運動エネルギー (kinetic energy) という言葉はイギリスの物理学者ケルヴィン卿 (Lord Kelvin, 1824-1907) がいいだしたもので、"kinetic" とはギリシア語の「運動」という意味である。

位置エネルギーは運動エネルギーに転換する可能性 (potentiality) をもっている。このことから、1853年、スコットランドの工学者ランキン (William J. M. Rankine, 1820-1872) がポテンシャル・エネルギー (potential energy) と名付け、以後この名前が採用されている。

第II部
振り子の振動が語ること

第 5 章

ばねの運動は語る

　力学に限らず多くの分野で登場するのが、周期運動である。ある時間毎に同じ現象が継続して繰り返される。この繰り返しの時間間隔を周期とよぶ。**振動** (oscillation, vibration) は、周期現象ならびにそれに近い変化をする現象を含む。

5-1　単振動

　摩擦のない水平な床に図 5.1 のように、ばねの一端に質量 m の物体をつなぎ、他端は壁に固定する。物体が安定して静止する平衡位置（破線）から、物体を少しずらして手を放すと、物体は床の上で往復運動を繰り返す。ここでは、この往復距離が微小なときの運動を解析する。

　まず、床に沿って x 軸をとる。運動は 1 次元運動であり、平衡位置を原点 $\mathrm{O}(x=0)$ とし、そこからの物体の位置の変化量（変位）を x と定める。よって、物体の位置 $x(t)$ ならびにその速度 $\dot{x}(t)$ を求めることが課題となる。

　運動方程式を書き下すために、物体にはたらく力を知る必要がある。ばねの伸び x が小さい間は、ばねの復元力（伸びあるいは縮みに対し、元に戻ろうとする力、restoring force）F は変位 x に比例する。これを**フックの法則** (Hooke's law) といい、復元力の大きさに対応するばねの比例係数（**ばね定数**）(spring constant) を k と書くと

$$F = -kx \tag{5.1}$$

と表せる。負の符号は変位方向と逆向きであることを意味する。k の次元は、力 F が $[\mathrm{MLT^{-2}}]$ であり、変位 x が $[\mathrm{L}]$ であるので、$k = [\mathrm{MT^{-2}}]$ である。また、k の単位は $\mathrm{kg \cdot s^{-2}}$ あるいは $\mathrm{N \cdot m^{-1}}$ である。ばねを単位長さだけ伸ばすのにどれだけの力が必要か、ということを示す。

　外力が加えられたときに物体は変形し（歪み）、元

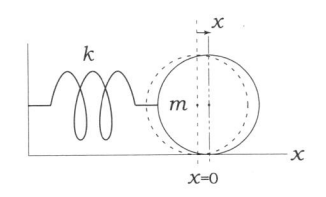

図 5.1　ばねの単振動

に戻ろうと応力を生じる。ひずみが外力の強さに比例し、外力がなくなると完全に元に戻る外力とひずみの線形関係（完全に弾性的であるという）がフックの法則である。ばねが大きく伸ばされこの線形関係が崩れる点を比例限界といい、それ以上の状態では外力とひずみとは1次の関係ではなくなりフックの法則は成り立たない。極端な場合には、塑性変形が起こりばねは元に戻らなくなることは諸君も日常経験で体験している。

運動方程式 $(m\ddot{\boldsymbol{r}} = \boldsymbol{F})$ は

$$m\ddot{x} = -kx \tag{5.2}$$

である。時間微分をニュートンの記法のドットで表記する。ここでは1次元運動を考えるため、ベクトル表示はしない。

上式の両辺を m で割ると、運動方程式は

$$\ddot{x} = -\omega_0^2 x \tag{5.3}$$

となる。ただし、ω_0^2 は

$$\omega_0^2 \equiv \frac{k}{m} \tag{5.4}$$

であり、定数である。ω_0 の次元は、$[T^{-1}]$、単位は s^{-1} である。

5-1-1 単振動の運動方程式を解く

式 (5.2) あるいは式 (5.3) を**単振動** (simple harmonic oscillation) **の運動方程式**という。この運動方程式を解いて、ばねに固定された物体の運動を解析しよう。

物体に作用する力 $-kx$ は、x の符号と逆である。図 5.2 に示すように、物体が原点 O から右 $(x > 0)$ 方向へと変位 x を拡げるとき、力は物体の運動に抵抗するようにはたらく $(F < 0)$。ばねの復元力が変位 x とともに大きくなれば、物体が右へ運動する勢いとどこかでつり合い、物体は止まる。これが振動の最大振幅である。その直後、ばねの復元力により物体は原点方向へと引き戻される。このとき、物体が $x > 0$ でありながら原点に戻る運動をするときは、ばねの力は物体の運動を加速するようにはたらく。はじめの右への運動に対するばねの抵抗で失った運動の活力をここで取り戻すようなものだ (図 5.2(a) と (b))。これは $x < 0$ の領域でも同じである。(c) で減速されて失った活力を (d) で加速されて取り戻す。瞬間瞬間には、はたらく力は変化しているが、物体にはたらく力の方向を考慮すれば、1往復にわたってはたらく力の合計は差引きゼロになるように考えられる。したがって、この振動は摩擦などによるエネルギーの拡散がないならば、永遠に繰り返し続くであろう。

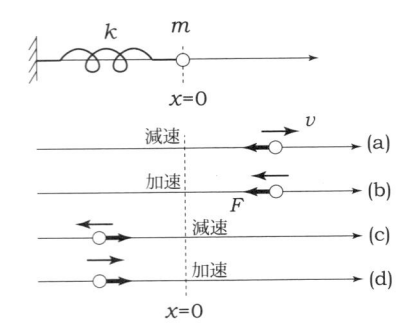

図 5.2 ばねの単振動の振る舞い。振動するばねの先端の物体を丸印で、その上の矢印は物体の速度 v を、x 軸上の太い矢印はばねによる力 F を示す。ばねは省略した。(a) は $x > 0$ で物体が平衡位置から右方向へ移動、(b) は $x > 0$ で物体が左方向へ戻る。(c) は $x < 0$ で物体が平衡位置から左方向へ移動、(d) は $x < 0$ で物体が右方向へ戻る。

(a) $\ddot{x} = -\omega_0^2 x$ の解

式 (5.3) は**線形 2 階微分方程式**である。微分方程式において最高階数の導関数の階数をその微分方程式の**階数** (order) という。つぎの運動方程式が 2 階であることは明白であろう。

$$\ddot{x} = -\omega_0^2 x \tag{5.3}$$

この形で勘のいい読者は答に気づく。つまり、時間 t で 2 階微分すればもとに戻るような関数であり、しかも t の前につく係数は 2 乗すると $-\omega_0^2$ となる。

$$\sin\omega_0 t, \quad \cos\omega_0 t \tag{5.5}$$

がそれらの関数であるのは明らかである。たとえば、$\sin\omega_0 t$ の 1 階微分は $\omega_0 \cos\omega_0 t$ であり、さらに微分すると $\omega_0(-\omega_0 \sin\omega_0 t) = -\omega_0^2 \sin\omega_0 t$ となる。また、指数関数

$$e^{\pm i\omega_0 t} \tag{5.6}$$

も解であることも分かる。複素数を指数とする指数関数は、E-2 節でオイラーの公式、式 (E.45) ($e^{i\alpha} = \cos\alpha + i\sin\alpha$) として記してある。諸君はすでに学んでいるであろうから、驚くこともないと信じる。たとえ、ここではじめて出会ったのだとしても、新しく学べばよい。p. 102 にこの指数関数 $e^{\pm i\omega t}$ について解説した。それを参考にするとともに、索引を利用して「虚数 i」、「指数関数」を引き、学べ。ここでは、この指数関数が式 (5.3) の運動方程式を満たすことを確認すればよい。

問 付録 D の式 (D.27) を用いて、指数関数 $f(t) = e^{\pm i\omega_0 t}$ を時間微分し、それが式 (5.3) の解であることを確かめよ。

$$f'(x) = \frac{\mathrm{d}e^{g(x)}}{\mathrm{d}x} = \frac{\mathrm{d}e^{g(x)}}{\mathrm{d}g(x)}\frac{\mathrm{d}g(x)}{\mathrm{d}x} = e^{g(x)}\frac{\mathrm{d}g(x)}{\mathrm{d}x} \tag{D.27}$$

i は虚数であって、-1 の平方根と定義される。

$$i = \sqrt{-1} \tag{5.7}$$

方程式を解いてみよう。式 (5.3) の両辺に $2\dot{x}$ を掛けると、時間微分の形で表せる。

$$2\dot{x}\ddot{x} = -2\omega_0^2 x\dot{x} \quad \Rightarrow \quad \frac{\mathrm{d}}{\mathrm{d}t}\dot{x}^2 = -\omega_0^2 \frac{\mathrm{d}}{\mathrm{d}t}x^2 \tag{5.8}$$

これは時間積分すると、

$$\dot{x}^2 = -\omega_0^2 x^2 \quad \Rightarrow \quad \dot{x} = \pm i\omega_0 x \quad \Rightarrow \quad \frac{1}{x}\frac{\mathrm{d}x}{\mathrm{d}t} = \pm i\omega_0 \tag{5.9}$$

である。上式をさらに時間で積分して、

$$\int \frac{1}{x}\frac{\mathrm{d}x}{\mathrm{d}t}\mathrm{d}t = \pm i\omega_0 \int \mathrm{d}t \quad \Rightarrow \quad \int \frac{1}{x}\mathrm{d}x = \pm i\omega_0 \int \mathrm{d}t \quad \Rightarrow \quad \ln x = \pm i\omega_0 t \tag{5.10}$$

を得る。これの指数関数をとると (式 (E.20) を参照)、

$$e^{\ln x} = x = e^{\pm i\omega_0 t} \tag{5.11}$$

となり指数関数表示の解を得た。ここでは、積分定数を無視して**基本解** (fundamental solution) を求めた。積分定数を取り込んだ計算は後刻示す。

(b) 重ね合わせとしての一般解

2 階の線形微分方程式の解は上のように 2 つあり、それらの**線形の重ね合わせが一般解** (general solution) である。2 階の線形微分方程式の解が 2 つであることについては、5-2-4 小節「2 階微分方程式の解は 2 つ存在する」(p. 118) で述べるのでそこを参照のこと。

「**線形** (linear)」とはいろいろな意味合いはあるが、直線のように、次数 (degree) が 1 次であると思えばよい。また、「**線形の重ね合わせ**」とは、解 x_i の 1 次結合 ($\sum_i a_i x_i$)(a_i は定数) をいう。

本書で扱う運動方程式のように、解は積分定数などの初期条件で定まる任意定数や、運動条件などを定める任意関数 (たとえば、5-3 節で扱う強制振動を起こす外力) を含む形で得られる。それらは特定した値でなく、任意の形であるため、この解を**一般解**

という。

これらの事項については、本書を学びながら徐々に理解するであろう。

○ 三角関数の解

直感的に出した式 (5.5) の 2 つの解をおのおの

$$x_1 = \sin \omega_0 t, \qquad x_2 = \cos \omega_0 t \tag{5.12}$$

とおく。x_1 および x_2 は単振動の運動方程式をみたす。

$$\ddot{x}_1 = -\omega_0^2 x_1 \tag{5.13}$$

$$\ddot{x}_2 = -\omega_0^2 x_2 \tag{5.14}$$

x_1, x_2 をそれぞれ C_1, C_2 だけ定数倍した $C_1 x_1, C_2 x_2$ も当然、運動方程式を満たし、解である。さらに、定数倍した上の両式を足すと、

$$C_1 \ddot{x}_1 + C_2 \ddot{x}_2 = -\omega_0^2 (C_1 x_1 + C_2 x_2) \tag{5.15}$$

であり、

$$X \equiv C_1 x_1 + C_2 x_2 \tag{5.16}$$

とおくと、式 (5.15) は

$$\ddot{X} = -\omega_0^2 X \tag{5.17}$$

であって、X もまた単振動の運動方程式の解である。2 つの解を重ね合わせて構成した解 X を**一般解**という。C_1, C_2 は初期条件 ($x(t=0), \dot{x}(t=0)$) により決まる。

2 階の微分方程式を 2 度積分して解を求めると、積分定数が 2 つ登場し、運動の自由度を表現することを諸君はすでに理解している (2-1 節「落下運動と初期条件」(p. 13) を参照)。ここでの C_1, C_2 はこの積分定数に対応し、運動の一般性を確保している。たとえば、初期条件として物体は位置 x_0 にあり、速度 v_0 であったとすれば、

$$X(t=0) = C_2 = x_0, \qquad \dot{X}(t=0) = \omega_0 C_1 = v_0 \tag{5.18}$$

であり、

$$X = x_0 \cos \omega_0 t + \left(\frac{v_0}{\omega_0}\right) \sin \omega_0 t \tag{5.19}$$

がこの場合の解である。

○ 指数関数の解

つぎに、式 (5.6) の指数関数の解を考えよう。ここでも 2 つの解を重ね合わせて

$$Y = C_+ e^{+i\omega_0 t} + C_- e^{-i\omega_0 t} \tag{5.20}$$

と、一般解をつくる。指数関数 $e^{i\omega_0 t} = \cos\omega_0 t \pm i\sin\omega_0 t$ は複素数 (complex number) であることはすでに諸君は知っている。したがって、係数 C_+, C_- も一般的に複素数として考えてよい。しかし、解自体は力学量としての物体の変位であって、実数である。このことから C_+ ならびに C_- に制約が生じる。

$e^{+i\omega_0 t}$ と $e^{-i\omega_0 t}$ は**複素共役** (complex conjugate)

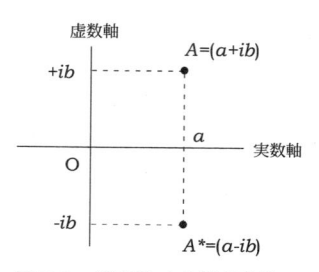

図 5.3　複素数 A と複素共役 A^*

の関係（実数部は等しく、虚数部は符号のみ異なる関係、$a+ib$ と $a-ib$ の関係）にある（図 5.3）。複素共役同士は足すと実数になる。したがって、C_+ と C_- が複素共役の関係にあれば、第1項と第2項が複素共役同士となり、その和である Y は第1項あるいは第2項の実数部の2倍となる。つまり、$C_\pm = C_r \pm iC_i$（C_r, C_i は実数）とおくと、

$$\begin{aligned}Y &= 2\mathcal{R}e\left(C_+ e^{+i\omega_0 t}\right) = 2\mathcal{R}e\left\{(C_r + iC_i)(\cos\omega_0 t + i\sin\omega_0 t)\right\} \\ &= 2\left(C_r \cos\omega_0 t - C_i \sin\omega_0 t\right)\end{aligned} \tag{5.21}$$

ここで、$\mathcal{R}e$ は実数部を指定することを示す記号である。

ここで初期条件を考慮すると、

$$Y(t=0) = 2C_r = x_0, \qquad \dot{Y}(t=0) = -2\omega_0 C_i = v_0 \tag{5.22}$$

であって、指数関数で表示した解 Y は

$$Y = \frac{1}{2}\left(x_0 - i\frac{v_0}{\omega_0}\right)e^{+i\omega_0 t} + \frac{1}{2}\left(x_0 + i\frac{v_0}{\omega_0}\right)e^{-i\omega_0 t} \tag{5.23}$$

であり、それを三角関数で表記し直すと

$$Y = x_0 \cos\omega_0 t + \left(\frac{v_0}{\omega_0}\right)\sin\omega_0 t \tag{5.24}$$

となる。三角関数の解 X と指数関数の解 Y は $Y = X$ であって、別物ではなく、同じものであることが分かる。

問　式 (5.20) の係数を複素数 $C_+ = C_+^r + iC_+^i$, $C_- = C_-^r + iC_-^i$（$C_\pm^r$, $C_\pm^i$ は実数部、虚数部の係数）とおいて、変位 x が実数であることから、C_+ と C_- のあいだに複素共役の関係

$$C_-^r = C_+^r$$
$$C_-^i = -C_+^i$$

があることを示せ。

(c) 線形常微分方程式

独立変数が1つだけの微分方程式を**常微分方程式** (ordinary differential equation) といい、独立変数が2つ以上のものを偏微分方程式 という。上では、2階の常微分方程式の2つの基本解を重ね合わせて一般解を求めた。これは運動方程式が線形であることにもとづいた。

関数 $x(t)$ は t の関数であり、t に関する n 階微分を $x^{(n)}$ ($= \mathrm{d}^n x/\mathrm{d}t^n$) と記せば、つぎの微分方程式

$$x^{(n)} + p_1(t)x^{(n-1)} + \cdots + p_{n-1}(t)x = 0 \tag{5.25}$$

を n 階の斉次常微分方程式という。$p_i(t)$ は既知の関数である。方程式が**斉次** (homogeneous) であるとは、方程式を構成する各項の次数 (degree) (階数ではない) が等しいことを意味する。**同次**であるということだ。方程式が**線形** (linear) であるとは、次数が1次の斉次方程式をいう。また、上式において、右辺がゼロでなく t の既知関数 $q(t)$

$$x^{(n)} + p_1(t)x^{(n-1)} + \cdots + p_{n-1}(t)x = q(t) \tag{5.26}$$

であるときを**非斉次** (non-homogeneous) という。

運動方程式 (5.3)

$$\ddot{x} = -\omega_0^2 x \tag{5.3}$$

は $\ddot{x}$ ならびに x について1次である。これに対し、運動方程式がたとえば、つぎのように非線形な

$$\ddot{x} = -\omega_0^2 x^2 \tag{5.27}$$

の場合、重ね合わせの解が存在しうるか、をみておこう。

x_1, x_2 が式 (5.27) の解であれば、それぞれは

$$\ddot{x}_1 = -\omega_0^2 x_1^2, \quad \ddot{x}_2 = -\omega_0^2 x_2^2 \tag{5.28}$$

を満たす。前述と同様にして、解 x_1, x_2 をそれぞれ C_1, C_2 倍して、足し合わせると、

$$C_1 \ddot{x}_1 + C_2 \ddot{x}_2 = -\omega_0^2 (C_1^2 x_1^2 + C_2^2 x_2^2) \tag{5.29}$$

となる。一方、解を重ね合わせた

$$X \equiv C_1 x_1 + C_2 x_2 \tag{5.30}$$

がさらに解であるためには

$$\ddot{X} = -\omega_0{}^2 X^2 \tag{5.31}$$

を満足しなければならない。両式 (5.29), (5.31) の左辺同士は同じものであるが、式 (5.31) の右辺は

$$-\omega_0{}^2 X^2 = -\omega_0{}^2 \left(C_1{}^2 x_1{}^2 + C_2{}^2 x_2{}^2 + 2 C_1 C_2 x_1 x_2 \right) \tag{5.32}$$

であって、式 (5.29) と比べ、右辺に新たに第 3 項が付加されている。方程式が線形でないため、重ね合わせで得られたものは解とならないことが分かる。

(d) 振動の周期と角速度

前項の一般解 (式 (5.19), (5.24)) を書き直すと

$$x = A \sin(\omega_0 t + \alpha) \tag{5.33}$$

となる (解は以下の問で諸君が導出のこと)。A を**振幅** (amplitude)、$\omega_0 t + \alpha$ を**位相** (phase) といい、α を**初期位相** (initial phase) とよぶ。解は図 5.2 で予想したように図 5.4 で示される繰り返し運動、つまり、周期運動である。

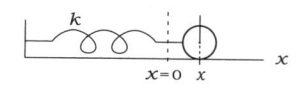

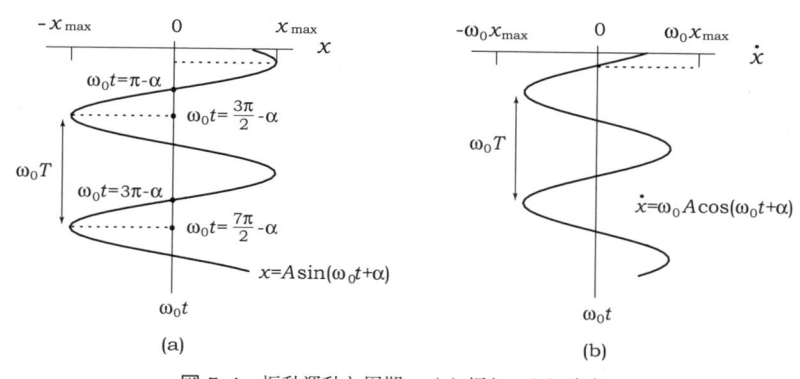

図 **5.4** 振動運動と周期。(a) 振れ、(b) 速度。

問 式 (5.19) を変形して、式 (5.33) を導出せよ。また、

$$A = \sqrt{x_0{}^2 + \left(\frac{v_0}{\omega_0}\right)^2} \tag{5.34}$$

$$\tan \alpha = \frac{\omega_0 x_0}{v_0} \tag{5.35}$$

を示せ。
ヒント）三角関数の加法定理 $\sin(\alpha \pm \beta) = \sin\alpha\cos\beta \pm \cos\alpha\sin\beta$ を利用せよ。

繰り返し運動の周期 (period) T とは、物体がもとの状態 (位置と速度) に戻るに要する時間であり、位相がちょうど 2π 変化する時間である (図 5.4)。それは $\omega_0 T = 2\pi$ であって、したがって、**周期 T** は

$$T = 2\pi \frac{1}{\omega_0} = 2\pi \sqrt{\frac{m}{k}} \tag{5.36}$$

である。周期は物体の質量の平方根に比例する。質量が 2 倍になれば周期は 1.41 倍、質量が 4 倍になれば周期は 2 倍に遅くなる。また、ばね定数の平方根に反比例し、ばね定数が 2 倍強くなれば周期は 0.71 倍に短くなり、4 倍強くなれば周期は半分の時間となり、速く振動する。質量が 2 倍になり、同時にばね定数が 2 倍になっても、周期に変化はない。物体が重くなった分だけ、強いばねを用意すれば、振動の様子には変化が生じない。ここで、ω_0 をこの系の**固有角振動数**という。質量 m とばね定数 k で決まる、対象となる系がもつ固有の角振動数 (angular frequency) という意味である。

単位時間にばねが 1 往復 ($T = 1$ s) すれば、角振動数は $\omega_0 = 2\pi$ である。もっと速く、単位時間に 2 往復 ($T = 1/2$ s) すれば $\omega_0 = 4\pi$、n 往復 ($T = 1/n$ s) すれば $\omega_0 = n(2\pi)$ となる。1 往復が角にして 2π に相当するので、2π を単位として単位時間あたりに何回往復するか、が角振動数である。これに対し、単位時間あたりの往復 (振動) する回数を単に**振動数** (frequency)、あるいは**周波数** f とよぶ。

$$f = \frac{\omega_0}{2\pi} \quad (\omega_0 = 2\pi f) \tag{5.37}$$

である。ラジオ放送の 70 MHz は放送電波の周波数が $f = 70 \times 10^6$ s^{-1}、電波が 1 秒間に 7 千万回振動することを意味する。

振動する物体の位置が式 (5.33) のとき、速度は

$$\frac{dx}{dt} = \dot{x} = \omega_0 A \cos(\omega_0 t + \alpha) = \omega_0 A \sin(\omega_0 t + \alpha + \frac{\pi}{2}) \tag{5.38}$$

図 5.4 からも分かるように速度と位置の位相はちょうど 90° ずれている。物体の振れが最大のとき ($\omega_0 t + \alpha = (n+1/2)\pi$, $n = 1, 2, 3, \ldots$)、速度はゼロとなる。一方、振れがゼロ、つまり物体が原点を通るとき ($\omega_0 t + \alpha = n\pi$)、速度 $|\dot{x}|$ は最大値をとる。

(e) 指数関数 $e^{\pm i\omega t}$ の振る舞い

付録 E-2 節「三角関数と指数関数」(p. 523) でオイラーの公式 (式 (E.45)) を記した。ここで、ばねの振動から少し脇道へ逸れるようだが、指数関数 $e^{\pm i\omega t}$ の振る舞いを複素平面上でみておこう。物理学の多くの側面で、この指数関数が本質的な役割を果たすので。

複素平面に $e^{\pm i\omega t}$ をプロットする (図 5.5)。オイラーの公式

$$e^{\pm i\omega t} = \cos \omega t \pm i \sin \omega t \tag{E.45}$$

から、この指数関数は円軌道を描くこと、その半径は 1 であり、位相 ($\pm \omega t$) が正値のときは反時計回り、負値のときは時計回りであることは分かる。位相は時間に比例して増加するので、この指数関数は継続的に回転を続ける。1 往復あるいは 1 周期では位相が 2π だけ増加する。ちょうど 1 回転する、つまり回転角が 2π 変化するのに対応している。

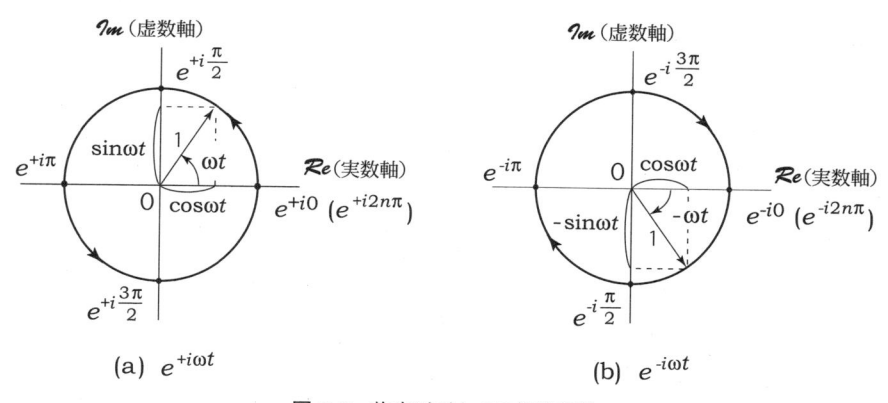

図 5.5 複素平面上での指数関数

問 指数関数 $e^{\pm i\omega t}$ は半径 1 の円軌道を描き、位相が $(+\omega t)$ のときは反時計回り、$(-\omega t)$ のときは時計回りであることを説明せよ。

回転運動をする指数関数に慣れるため、少し遊んでみよう。

$e^{+i\omega t}$ と $e^{-i\omega t}$ は実数軸に対して対称な関係にある (図 5.5)。虚数成分のみが符号が反転している複素共役の関係である。だから、$\cos\omega t = (e^{+i\omega t} + e^{-i\omega t})/2$ は両指数関数を足すことによって、あるいは $\sin\omega t = (e^{+i\omega t} - e^{-i\omega t})/2i$ は引き算をすることによって得られる。ばね振動の変位 x (式 (5.33)) は

$$x = \frac{A}{2i}\left\{e^{i(\omega_0 t+\alpha)} - e^{-i(\omega_0 t+\alpha)}\right\} = \frac{A}{2}\left\{e^{i(\omega_0 t+\alpha-\frac{\pi}{2})} - e^{-i(\omega_0 t+\alpha+\frac{\pi}{2})}\right\} \quad (5.39)$$

であり、半径が $A/2$ で角振動数が ω_0 の反時計回りで回転する円運動と、時計回りで回転する円運動の重ね合わせである。両者は実数軸に対してそれぞれ $\pm\pi/2 = \pm 90°$ ずれているため、差し引きすると実数部同士が打ち消し合い、虚数部が正弦波の形で、かつ (i で割るので) 実数成分として残る。その結果、円の半径 $A/2$ の 2 倍が物体の振動の振幅 A である。上式の右辺へは、$1/i = -i = e^{-i\pi/2}$ の関係を使った。同じように、速度 v は

$$v = \frac{\omega_0 A}{2}\left\{e^{i(\omega_0 t+\alpha)} + e^{-i(\omega_0 t+\alpha)}\right\} \quad (5.40)$$

であり、半径が $\omega_0 A/2$ で角振動数 ω_0 で反時計回りに回転する円運動と、時計回りで回転する円運動の重ね合わせであり、足し合わせると余弦波が実数成分として残る。

任意の複素数はその大きさ C(実数) と位相 β により指数関数 $Ce^{i\beta}$ で表示できる。例えば、前出 (p. 102) の C_+, C_- は

$$C_+ = Ce^{i\beta}, \quad C_- = Ce^{-i\beta} \quad (5.41)$$

となり、両者は複素共役の関係にある ($C_+ = C_-^*$. * は複素共役を示す)。

5-1-2 単振動のエネルギー

単振動のエネルギーを考える。当然、運動をしているのだから運動エネルギー T が存在し、また、ばねの復元力がもつエネルギーがある。すでに 4-4 節でやったが復習を兼ねて再度、つぎの運動方程式からはじめる。

$$m\ddot{x} = -kx \quad (5.42)$$

仕事を評価するために、両辺に $\dot{x}$ を掛け、時刻 $t = t_0$ から t' まで積分しよう。左辺の時間積分は

$$\int_{t_0}^{t'} m\dot{x}\ddot{x}\,\mathrm{d}t = \int_{t_0}^{t'} m\frac{1}{2}\frac{\mathrm{d}}{\mathrm{d}t}(\dot{x})^2\,\mathrm{d}t = \int_{t_0}^{t'} \frac{\mathrm{d}}{\mathrm{d}t}\left(\frac{1}{2}m\dot{x}^2\right)\mathrm{d}t$$

$$= \int_{T_0}^{T'} dT = T' - T_0 \tag{5.43}$$

ここで第1行の第3式から第2行へは、積分変数を T

$$T \equiv \frac{1}{2}m\dot{x}^2 \tag{5.44}$$

と置き換えた（T は周期でないことに注意）。上式 (5.43) の第1式右辺は時間 t の関数である dT/dt を t で積分するわけで、それは下に示すように微小時間 Δt に対応する関数 T の微少変化量 ΔT を時刻 t_0 から t' にわたり足し合わせたもの、式 (5.43) の第2行の式である。

$$\int_{t_0}^{t'} \frac{dT}{dt} dt = \lim_{\Delta t \to 0} \sum_i \left(\frac{\Delta T_i}{\Delta t_i}\right) \Delta t_i = \lim_{\Delta T \to 0} \sum_i \Delta T_i = \int_{T(t_0)}^{T(t')} dT \tag{5.45}$$

T' は時刻 t' での T の値であり、T_0 は t_0 での T の値である。

同様に、右辺は

$$-\int_{t_0}^{t'} kx\dot{x}\,dt = -\int_{t_0}^{t'} \frac{1}{2}k\frac{d(x^2)}{dt}dt = -\int_{t_0}^{t'} \frac{d}{dt}\left(\frac{1}{2}kx^2\right)dt$$
$$= -\int_{U_0}^{U'} dU = -(U' - U_0) \tag{5.46}$$

ここでは

$$U \equiv \frac{1}{2}kx^2 \tag{5.47}$$

と置き換え、U' は時刻 t' での U の値であり、U_0 は t_0 での U の値である。両時間積分が等しいことから、

$$T' - T_0 = -(U' - U_0) \tag{5.48}$$

を得る。T は運動エネルギーであり、U はばねの弾性がもつエネルギー U であることは諸君は式 (4.23) ならびに式 (4.40) からすでに気づいているであろう。式 (5.48) は、時刻 t_0 から時刻 t' での運動エネルギーの増減量はそのときのばねの弾性エネルギーの減増量である、ことをいう。

時刻 t' と t_0 毎にまとめると、

$$T' + U' = T_0 + U_0 \quad (= E = \text{一定}) \tag{5.49}$$

となる。積分の時間範囲は任意である。初期の時刻 t_0 を定めると、そのときの位置 x と速度 $\dot{x}$ で $T_0 + U_0$ 値が決まる。積分上限 t' を自由に変化させても $T' + U'$ 値は変

化せず、$T_0 + U_0$ に等しい値のままであることを式 (5.49) は意味する。すなわち、力学的な全エネルギー $T + U$ が保存する。

たとえば、前小節の場合は物体の変位が式 (5.33)

$$x = A\sin(\omega_0 t + \alpha) \tag{5.33}$$

であるので、エネルギー総和 E は

$$E = \frac{1}{2}m\omega_0^2 A^2 \cos^2(\omega_0 t + \alpha) + \frac{1}{2}kA^2 \sin^2(\omega_0 t + \alpha) = \frac{1}{2}kA^2 = \frac{1}{2}m\omega_0^2 A^2 \tag{5.50}$$

となり、エネルギーは時刻に依存せず一定値をもつ。ここで、固有角振動数 $\omega_0^2 = k/m$ を第1式に代入して、最右辺を導出した。エネルギー E は振幅 A ならびに角振動数 ω_0 が大きいほど大きく、感性的によく理解できるが、それらは2乗の形で現れてくるということを数式の取り扱いは教えてくれる。

エネルギー保存

$$\frac{1}{2}m\dot{x}^2 + \frac{1}{2}kx^2 = E \tag{5.51}$$

から物体の運動の様子を考える。図 5.6 に物体の位置 x の関数として弾性エネルギー U を示す。縦軸はエネルギーである。全エネルギー E を破線で示す。弾性エネルギー U も運動エネルギー T もそれぞれ変位 x と速度 $\dot{x}$ の2乗に比例するため、正値をもつ。ばねの変位が大きくなり、弾性エネルギー値が全エネルギー値に等しくなればそれ以上変位は大きくなれない。そこでは物体の速度はゼロであり、運動エネルギーはすべて弾性エネルギーに転嫁してばねに蓄えられている。一方、物体が原点 O に戻ると弾性エネルギーはすべて放出され運動エネルギーへと変わり、物体の速度は最高値に達する。

ここではばねの特徴である弾性を強調するために弾性エネルギーと呼んだが、復元力は位置にのみ依存する保存力であり、ポテンシャル・エネルギーである。ばねの振動は図 5.6 で示された $U = (1/2)kx^2$ のポテンシャルの中で物体が周期運動するものである。ポテンシャルを考えれば実体としてのばねを頭から消し去ってもよい。

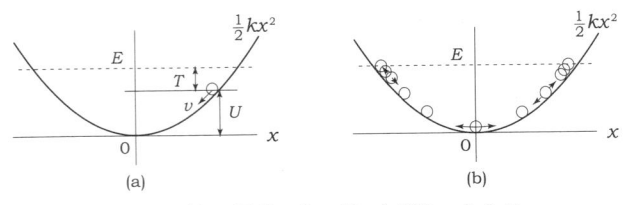

図 **5.6** ばねの運動エネルギーと弾性エネルギー

(a) 位相空間

この振動運動を変位 x と速度 $\dot{x}$ の 2 次元空間で眺めてみよう。式 (5.51) は変形すると、

$$\frac{x^2}{2E/k} + \frac{\dot{x}^2}{2E/m} = 1 \tag{5.52}$$

これは $a = \sqrt{2E/k}$ と $b = \sqrt{2E/m}$ をそれぞれ x 軸、y 軸方向の半径 (短径、長径) とした楕円式

$$\frac{x^2}{a^2} + \frac{y^2}{b^2} = 1 \tag{5.53}$$

であることに気づく。つまり、x-$\dot{x}$ 空間において図 5.7 に示したような楕円軌道を描くということである。ただし、a と b は、横軸 (x) と縦軸 ($\dot{x}$) の次元が異なるのと同じように、異なる次元をもつことに注意。この空間を**位相空間** (phase space) とよび、ある瞬間での物体の運動の様子は位相空間内の座標点で表示できる。よって、物体の一連の運動は、位相空間での軌跡として描ける。

いまは 1 次元のばねの振動運動を扱っているので位相空間は 2 次元であり、直感的に描像が描きやすい。

図 5.7(a) には $m/k = 2\ (= a^2/b^2)$ (次元は $[\mathrm{T}^{-1}]$) のとき、エネルギー E を任意に E_0 ととり、それが 1, 2, 4, 10, 20 倍と変化したときの位相空間での軌道を描いた (①〜⑤)。ばねの 1 次元振動を扱っているので、物体は楕円軌道上を時計回りに回転する。たとえば、物体が右へ最大に変位したときは速度はゼロ (α)。その後は、変位は減少し、速さは徐々に増えてゆくがその方向は負方向 (左) を向く (β)。変位がゼロのとき、速度は負の最大値に到達する (γ)。引き続き物体は左へ移動するが、速度は遅

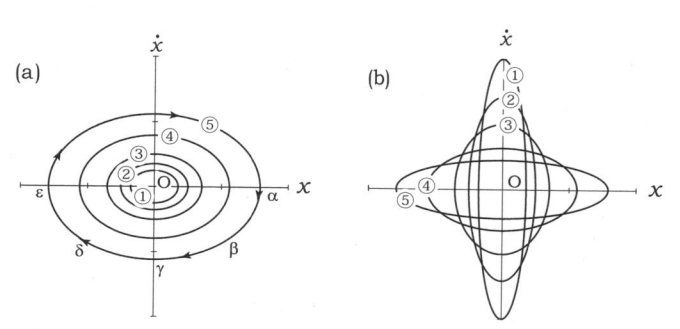

図 5.7 位相空間でのばねの運動軌跡。(a) 質量 m、ばね定数 k を固定し、全エネルギー E を変化させたとき。(b) 全エネルギー E を固定し、$mk = 8$ のもとで質量 m (あるいはばね定数 k) を変化させたとき。

くなる (δ)。左へ最大に変位した位置では速度はゼロ (ε)。そして、... と続く。この様子は時計回りにたどる楕円軌道として表示されるわけで、図中に $\alpha, \beta, \ldots$ を付した。振動の繰り返しは、この同じ楕円軌道を繰り返し回転することである。

図 (b) はエネルギー値を一定に固定し、$mk = 8$ (次元は [M^{2}T^{-2}]) としたときの軌道を描いた。a が小さい方から $m = 0.5, 1.0, 2.0, 5.0, 10$ (①〜⑤) (次元は [M]) である。

5-2　減衰振動

落下運動において速度に比例する粘性抵抗のはたらきを 2-3 節で学んだ。ここでも同様に、速度に比例した抵抗が作用するときのばねに結ばれた物体の運動をしらべよう。

運動方程式は

$$m\ddot{x} = -kx - \eta_0 \dot{x} \tag{5.54}$$

である。右辺第 2 項が抵抗力であり、η_0 は粘性抵抗の比例係数である。この運動方程式は 2 階の斉次線形方程式であることは 5-1-1 小節で学んだ。基本解は 2 つあり、その線形結合が一般解である。

解を求める前に運動の様子を単振動の場合と比較しながら、運動方程式から推測しよう。単振動では物体が原点 O から変位している限りは原点方向への力、つまり復元力、がはたらいた。その結果、原点から遠ざかるとき失った運動エネルギーを原点に戻るときに復元力を介して取り戻し、永遠の繰り返し振動をした (図 5.2 を参照)。今回は、原点から遠ざかるときも原点に戻るときも抵抗力がはたらき、運動エネルギーを連続して失っている状況である (図 5.8)。よって、最終的にはすべてのエネルギーを失い物体は静止する。このとき、運動エネルギーと位置エネルギーの和である力学的な全エネルギーは保存しないことは明らかである。もう少し考えると、抵抗力が弱いときは物体は振動を繰り返しながら減衰して止まり、一方、抵抗力が強いと振動を繰り返しもせず減衰して静止するであろうことが予測できる。これはばねの復元力と抵抗力の強弱関係で決まる。

計算時の表示が見やすくなるように、式 (5.54) の係数をつぎのように置き換える。

$$\ddot{x} = -\omega_0^2 x - 2\eta \dot{x} \tag{5.55}$$

$$\omega_0 = \sqrt{\frac{k}{m}}, \quad \eta = \frac{\eta_0}{2m} \tag{5.56}$$

この方程式を解くために $x = Ae^{qt}$ とおく。A, q は定数である。なぜ、解をこの形

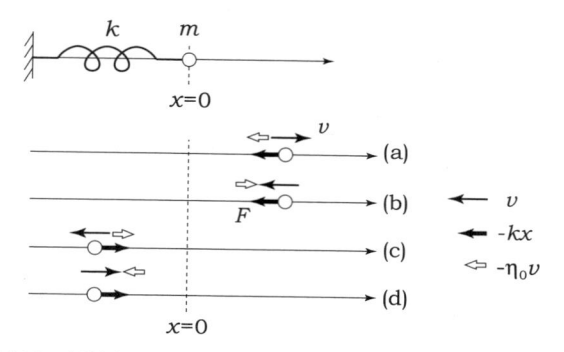

図 5.8 速度に比例する抵抗力がはたらくときのばねの振動。物体の速度方向、ばねの復元力方向、抵抗力方向を各々の矢印で示す。

として取り扱うかは後ほど 5-2-4 小節「2 階微分方程式の解は 2 つ存在する」(p. 118) で説明する。$\dot{x} = qAe^{qt} = qx$、$\ddot{x} = q^2 Ae^{qt} = q^2 x$ であって式 (5.55) は

$$q^2 + 2\eta q + \omega_0^2 = 0 \tag{5.57}$$

となる。A は消去されて現れてこない。q の根は諸君のよく知る 2 次方程式の解で

$$q = -\eta \pm \sqrt{\eta^2 - \omega_0^2} \tag{5.58}$$

である。指数関数の肩はいつも無次元量であるから、q の次元は時間の逆数 $[\mathrm{T}^{-1}]$ であり、η の次元も、ω_0 の次元も $[\mathrm{T}^{-1}]$ である。さて、ここでばねの復元力と抵抗力の関係が運動様式を決める。η ならびに ω_0 は実数であるが、平方根の中の値が常に正であるとは限らない。

5-2-1 $\omega_0^2 > \eta^2$ の場合

これはばねの復元力 $(-kx)$ が抵抗力 $(-\eta_0 \dot{x})$ に勝る場合に対応する。平方根の中は負となるので虚数が登場し、

$$q = -\eta \pm i\gamma, \quad \gamma \equiv \sqrt{\omega_0^2 - \eta^2} \tag{5.59}$$

と書け (γ は正値)、つぎに示すように 2 つの基本解の線形結合が一般解である。

$$x = A_1 e^{-\eta t + i\gamma t} + A_2 e^{-\eta t - i\gamma t} = e^{-\eta t} \left(A_1 e^{i\gamma t} + A_2 e^{-i\gamma t} \right) \tag{5.60}$$

指数関数 $e^{\pm i\gamma t}$ は複素数であるので、係数 A_1、A_2 も実数である必要はなく複素数であってよい。しかし、変位 x は実数であるので、この要件を科すと A_1 と A_2 の間に

つぎの関係が必要となる。

まず、η は実数であるので $e^{-\eta t}$ は実数である。$e^{i\gamma}$ と $e^{-i\gamma}$ は 5-1-1 小節で議論したように複素共役の関係にあり、実数部は等しく虚数部は反対の符号をもつ。x が実数であるためには A_1 と A_2 も同様に複素共役の関係 ($A_1 = A_2^*$) にあればよく、5-1-1 小節の「指数関数の解」(p. 102) での議論と同じである。その結果は $A_1 e^{i\gamma t}$ と $A_2 e^{-i\gamma t}$ が複素共役の関係となり、虚数部が消え実数部のみが残る。$A_1 = Ae^{i\delta}$ (A は実数) と書けば、$A_2 = Ae^{-i\delta}$ であり、

$$x = e^{-\eta t}\left(Ae^{i\delta}e^{i\gamma t} + Ae^{-i\delta}e^{-i\gamma t}\right) = 2Ae^{-\eta t}\cos(\gamma t + \delta) \tag{5.61}$$

である。振幅 A と初期位相 δ は初期条件により決まる。

これは図 5.9 にみるように物体が $\cos(\gamma t + \delta)$ で周期運動をしながら、その振幅の大きさが指数関数 $e^{-\eta t}$ で減少することを示す。指数関数での減衰曲線は、2-3 節の「x 方向の運動方程式を解く-2」(p. 35) ですでに学んだ。あるいは、付録 F「原子核の崩壊」(p. 525) の図 F.1 を参照にすればよい。$e^{-\eta t}$ の減衰の速さは η に比例し、$1/e$ に減衰するに要する時間は $\tau = 1/\eta$ である。抵抗力が大きければ大きいほど、減衰が速い。一方、振動の周期 T は $1/\gamma$ に比例し、$\omega_0^2 \gg \eta^2$ ならば減衰する間にも多くの振動を繰り返すが、$\omega_0^2 \approx \eta^2$ ならばほとんど振動することなく減衰する。これらはばねの復元力と抵抗力の力関係で決まる。

図 5.9 には ω_0 を単位 ($\omega_0 = 1\,\text{s}^{-1}$) とし、$\eta$ は ω_0 の n 分の 1 として $n = 10, 5, 3, 1.5$ のときの振動の様子をプロットした (いまの場合、$n > 1$ である)。簡単のため、初期位相は $\delta = 0$ とおいた。振動は $\pm 2Ae^{-\eta t}$(破線) を包絡線とする減衰であり、振動の周

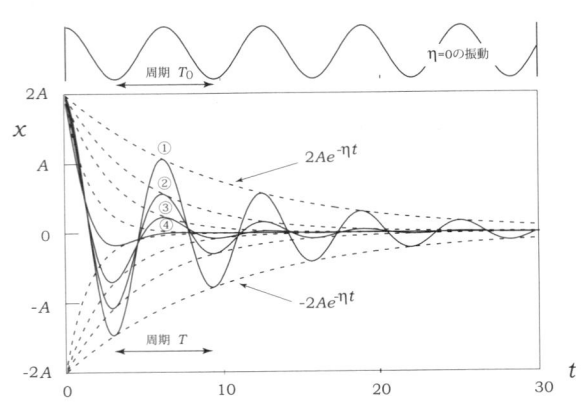

図 5.9 $\omega_0^2 > \eta^2$ のときの減衰振動。ここでは $\omega_0 = 1\,\text{s}^{-1}$、$\eta = \omega_0/n\,\text{s}^{-1}$ と設定し、n 値を変化させた。①、②、③、④ では $n = 10, 5, 3, 1.5$ である。

期 T は抵抗力がはたらかないときの周期 $T_0 = 2\pi/\omega_0$ と比べると、

$$\gamma T = 2\pi \quad \Rightarrow \quad T = \frac{2\pi}{\gamma} = T_0 \frac{1}{\sqrt{1-(1/n)^2}} \tag{5.62}$$

となる。すなわち、周期は抵抗力がないときと比べ長くなる。図の上部に抵抗力がはたらかないときの振動を示した（縦軸は適当に縮めてある）。しかし、上下の図を見比べると周期にほとんど変化がない。これは上式から分かるように、$1 \gg (1/n)^2$ であるため $T \approx T_0$ となるからである。$n = 2, 3, 4$ でさえ、$T = 1.15T_0, 1.06T_0, 1.03T_0$ である。周期が大きく変わるのは n がほとんど 1 に近い場合のみであり、T_0 よりも随分と大きくなる。$n = 1.1, 1.05$ のとき、$T = 2.4T_0, 3.3T_0$ である。しかし、$n = 1.5$ のときの振動をみれば分かるように、減衰因子 $e^{-\eta t}$ が大きくはたらき早期に減衰し、複数の振動がすでにみえない。n がさらに 1 に近づけば、この状態がさらに進行して振動はみえなくなる。

5-2-2 $\omega_0^2 < \eta^2$ の場合

この場合、式 (5.58) の平方根内は正値であり、q は実数であって、方程式 (5.55) の 2 つの基本解は $B\exp(-\eta t \pm \sqrt{\eta^2-\omega_0^2}\,t)$ であり、実数である。一般解は 2 つの解の線形結合で

$$x = B_1 e^{-(\eta-\sqrt{\eta^2-\omega_0^2})t} + B_2 e^{-(\eta+\sqrt{\eta^2-\omega_0^2})t} \tag{5.63}$$

と書ける。係数 B_1, B_2 も複素数である必要はなく、はじめから実数と考えてよく、初期条件で決まる。

問 初期条件として $t = 0$ で物体は $x = 2A$ の振幅をもち、$\dot{x} = 0$ の初速度をもつとし、係数 B_1, B_2 を決め、変位 x は

$$x = Ae^{-\eta t}\left\{\left(\frac{\eta}{\zeta}+1\right)e^{\zeta t} - \left(\frac{\eta}{\zeta}-1\right)e^{-\zeta t}\right\} \tag{5.64}$$

となることを導け。ここで $\zeta = \sqrt{\eta^2-\omega_0^2}$ である。

上記の問の初期条件のもとでの減衰振動を図示する。ここでの条件では抵抗力が復元力よりも強いため、振動できず、指数関数的に減衰する。第 1 項は第 2 項より大きく、また、第 1 項の成分はゆっくりと減衰し第 2 項の成分は速く減衰する。図 5.10 にこの様子をプロットした。ここでは ω_0 を単位 ($\omega_0 = 1$) とし、$\eta = n\omega_0$ とおいて①、

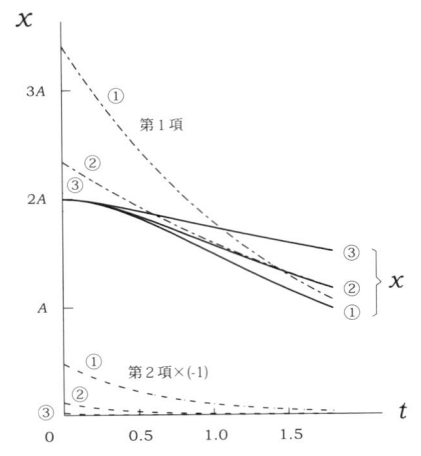

図 5.10 $\omega_0{}^2 < \eta^2$ の場合の減衰振動。$\omega_0 = 1$ と規格化し、$\eta = n\omega_0$ とおいたとき①、②、③は $n = 1.1, 1.5, 3.0$ の減衰曲線である。太い実線は x（式 (5.64)）を、一点鎖線は第 1 項（上）、破線は第 2 項 ×(−1)（下）の寄与を示す。

②、③は $n = 1.1, 1.5, 3.0$ での減衰曲線である。第 1 項と第 2 項の違いが顕著にみえる。

5-2-3　$\omega_0{}^2 = \eta^2$ の場合

この場合、式 (5.58) の平方根内がゼロとなり、q は $q = -\eta$ の重根をもつ。2 階の微分方程式は 2 つの解をもつのに、たった 1 つのつぎの形の解しかでてこない。

$$x = Ge^{-\eta t} \tag{5.65}$$

詳しくはつぎの小節で議論するのでそこにゆずるとして、ここではもう 1 つの解を求めるために、係数 G を t の関数であると考える。それには、上式 (5.65) を運動方程式 (5.55) に代入する。$G(t)$ が時間の関数であるので x の時間微分は

$$\begin{aligned}\dot{x} &= -\eta G e^{-\eta t} + \dot{G} e^{-\eta t} \\ \ddot{x} &= \eta^2 G e^{-\eta t} - 2\eta \dot{G} e^{-\eta t} + \ddot{G} e^{-\eta t}\end{aligned} \tag{5.66}$$

であって、運動方程式 $\ddot{x} + 2\eta\dot{x} + \omega_0{}^2 x = 0$ は

$$\ddot{G} - (\eta^2 - \omega_0{}^2)G = 0 \tag{5.67}$$

である。いま、$\eta^2 = \omega_0^2$ としているので、$\ddot{G} = 0$ がいえる。関数 $G(t)$ の 2 階の時間微分がゼロということは、$G(t)$ は時間に関して 2 次以上の項をもたないこと、つまり、$G(t) = C_0 + C_1 t$ と 1 次の関数であること、を教えている。これで必要な 2 つの定数 C_0、C_1 も揃い、よって、

$$x = C_0 e^{-\eta t} + C_1 t e^{-\eta t} \tag{5.68}$$

が一般解として求まる。第 2 項も解であることは運動方程式に代入して確かめるとよい。

問 式 (5.68) において第 2 項も解であることを運動方程式に代入して確かめよ。

問 $t = 0$ で $x = 2A$、$\dot{x} = 0$ の初期条件を想定して C_0、C_1 を決めよ。

上の問の初期条件のもとでは変位 x は

$$x = 2A e^{-\eta t}(1 + \eta t) \tag{5.69}$$

となる。$\omega_0 = \eta = 1$ とおいて、図 5.11 にこの減衰の様子を示す。式 (5.69) は ηt がワンセットとなって現れているので、η が n 倍大きくなれば図の時間軸を $1/n$ 倍縮めれば、そのときの減衰振動の様子が得られる。第 1 項が指数関数的に減衰するのに対して、第 2 項はピークをもち指数関数よりもゆっくりした速度で減衰する。このピーク値 t_{peak} は時間微分値がゼロであるとの条件 (極値の条件) から

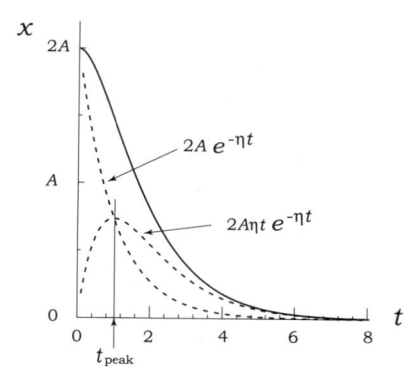

図 5.11 $\omega_0^2 = \eta^2$ の場合の減衰振動。$\omega_0 = 1$ とした。

$$\frac{d}{dt}\left(2A\eta t e^{-\eta t}\right) = 2A\eta e^{-\eta t}(1-\eta t) = 0 \quad \Rightarrow \quad t_{\text{peak}} = \frac{1}{\eta} \tag{5.70}$$

と求まる。そして、第1項と第2項の寄与が等しくなる時刻がまた t_{peak} でもある。また、第2項は時間の1次と指数関数の積 $(te^{-\eta t})$ であるので、時間が大きくなると発散するのではなくゼロに収束する。

問 $te^{-\eta t}$ は時間が大きくなれば、ゼロに収束することを示せ。
　式 (D.25) で学んだ指数関数 e^x の無限級数展開を利用して (ここでは、$x=\eta t$ と置き換えればよい)、t と $e^{\eta t}$ の比をとることにより、その $t\to\infty$ での振る舞いを調べればよい。

$\omega_0{}^2 > \eta^2$ のとき、あるいは $\omega_0{}^2 < \eta^2$ のとき、η が ω_0 に無限に近づくことによって解 (式 (5.60)、あるいは式 (5.63)) が上で求めた $\omega_0{}^2 = \eta^2$ のときの解 (式 (5.68)) に近づくことをみておこう。たとえば、$\omega_0{}^2 > \eta^2$ のとき、$\eta \to \omega_0$ に接近するとは $\gamma \to 0$ となることである。このとき解 (式 (5.60)) は指数関数因子をマクローリン展開して (マクローリン展開については 6-2-1 小節 (p. 131) を参照)

$$\begin{aligned} x &= \lim_{\gamma \to 0} \left(A_1 e^{i\gamma t} + A_2 e^{-i\gamma t}\right) e^{-\eta t} \approx \{A_1(1+i\gamma t) + A_2(1-i\gamma t)\} e^{-\eta t} \\ &= \{(A_1+A_2) + i\gamma t(A_1-A_2)\} e^{-\eta t} = \left(2A^r - 2\gamma A^i t\right) e^{-\eta t} \end{aligned} \tag{5.71}$$

となり、定数部を $C_0 = 2A^r$, $C_1 = -2\gamma A^i$ と書き換えれば、解 (式 (5.68)) を得る。ここで A_1 と A_2 は複素共役の関係にあることを使った ($A_1 = A_2^* = A^r + iA^i$)。

問 $\omega_0{}^2 < \eta^2$ のとき、η が ω_0 に無限に接近することによって解 (式 (5.63)) が上で求めた $\omega_0{}^2 = \eta^2$ のときの解 (式 (5.68)) に近づくことを確認せよ。

5-2-4　2階微分方程式の解は2つ存在する

運動方程式 (5.55) を解くときに、なぜはじめから $x = Ae^{qt}$ の形を前提としたか？ 2階の線形斉次微分方程式は、なぜ解が2つなのか？ をここで考える。

2階の斉次線形微分方程式 の一般的な形として式 (5.55) の運動方程式を採用する。

$$\ddot{x} + 2\eta\dot{x} + \omega_0^2 x = 0 \tag{5.55}$$

時間微分の演算を $\mathcal{D} = \mathrm{d}/\mathrm{d}t$ と表示すれば、上式は $\mathcal{D}$ の2次方程式に帰着する。

$$(\mathcal{D}^2 + 2\eta\mathcal{D} + \omega_0^2)x(t) = 0 \tag{5.72}$$

ベクトル微分演算子 ∇ と同様に、$\mathcal{D}$ を時間微分を施す**演算子**と考える。この微分方程式の解は実数である必要はなく、虚数あるいは複素数であってもよいことはすでにみた。この2次方程式は因数分解して

$$(\mathcal{D} - b)(\mathcal{D} - a)\,x(t) = 0 \quad \text{あるいは} \quad (\mathcal{D} - a)(\mathcal{D} - b)\,x(t) = 0 \tag{5.73}$$

の形に書け、

$$(\mathcal{D} - a)\,x(t) = 0 \quad \text{と} \quad (\mathcal{D} - b)\,x(t) = 0 \tag{5.74}$$

を満たす $x(t)$ が基本解である。$\mathrm{d}/\mathrm{d}t$ の形で書けば、

$$\frac{\mathrm{d}x(t)}{\mathrm{d}t} = ax(t) \quad \text{と} \quad \frac{\mathrm{d}x(t)}{\mathrm{d}t} = bx(t) \tag{5.75}$$

である。第1式を解く。時間積分すると、

$$\int \frac{1}{x(t)}\mathrm{d}x(t) = a\int \mathrm{d}t \quad \Rightarrow \quad \ln x(t) = at + C_1\text{(積分定数)} \quad \Rightarrow$$

$$x(t) = C_2 e^{at} \qquad (C_2\text{は積分定数、}C_2 = e^{C_1}) \tag{5.76}$$

が得られる。同様に、式 (5.75) の第2式は

$$x(t) = C_3 e^{bt} \tag{5.77}$$

の解を与える。確かに、解は2つであり、Ae^{qt} の形をしている。

根 a、b は、つまり、q 値は式 (5.72) $\mathcal{D}^2 + 2\eta\mathcal{D} + \omega_0^2 = 0$ から $\mathcal{D}$ の根として

$$q = -\eta \pm \sqrt{\eta^2 - \omega_0^2} \tag{5.78}$$

であり、まさに式 (5.58) が得られた。これでどうして解が Ae^{qt} の形をし、2つの解があるかが分かった。

〇 $\omega_0^2 = \eta^2$ のとき、なぜ解が式 (5.68) の形になるのか？

上と同じ流儀で考えよう。この場合、式 (5.72) は重根をもつことに対応している。

$$(\mathcal{D} - c)^2\,x(t) = 0 \quad \Rightarrow \quad (\mathcal{D} - c)(\mathcal{D} - c)\,x(t) = 0 \tag{5.79}$$

である。上の右式は、1回の微分の結果を

$$(\mathcal{D} - c)\,x(t) = g(t) \tag{5.80}$$

とおくと、2回目の微分で

$$(\mathcal{D} - c)\,g(t) = 0 \tag{5.81}$$

になるものを意味する。われわれはすでに式 (5.76) によってこの解を知っていて、それは

$$g(t) = C_1 e^{ct} \tag{5.82}$$

である。ここで式 (5.68) と同じ積分定数の記号にするため、C_1 ならびにつぎに記す C_0 を用いる。この $g(t)$ を用いて $x(t)$ を求めるため、式 (5.80) に式 (5.82) を代入すると、

$$(\mathcal{D} - c)\,x(t) = \frac{\mathrm{d}x(t)}{\mathrm{d}t} - cx(t) = C_1 e^{ct} \tag{5.83}$$

となり、さらに、両辺に e^{-ct} を掛けると、

$$e^{-ct}\frac{\mathrm{d}x(t)}{\mathrm{d}t} - ce^{-ct}x(t) = C_1 \tag{5.84}$$

となる。これはよくみると

$$\frac{\mathrm{d}}{\mathrm{d}t}\left(e^{-ct}x(t)\right) = C_1 \tag{5.85}$$

とまとめられるので、時間積分すると、

$$e^{-ct}x(t) = C_1 t + C_0 (積分定数) \quad \Rightarrow \quad x(t) = (C_1 t + C_0)\,e^{ct} \tag{5.86}$$

いま、$\omega_0{}^2 = \eta^2$ であるので $c = -\eta$ であって、よって、式 (5.68) が確かに求められた。

5-3　強制振動

つぎに、抵抗力に加えて強制的に外力 $F(x)$ がはたらく場合を扱おう。

運動方程式は

$$m\ddot{x} = -kx - \eta_0 \dot{x} + F(t) \tag{5.87}$$

である。書き直すと ($G(t) \equiv F(t)/m, 2\eta = \eta_0/m$)、

$$\ddot{x} + 2\eta\dot{x} + \omega_0^2 x = G(t) \tag{5.88}$$

であり、これは線形であるが右辺がゼロでない。これを**非斉次微分方程式** (non-homogeneous differential equation) という。非斉次微分方程式

$$\left(\frac{d^n}{dt^n} + p_1(t)\frac{d^{n-1}}{dt^{n-1}} + \cdots + p_{n-1}\right)x(t) = G(t) \tag{5.89}$$

の解 $x(t)$ は、右辺がゼロである線形斉次微分方程式の一般解 $f(t)$ と右辺に非斉次項 (いまの場合は $G(t)$) が存在する場合の特殊な解 $g(t)$ (**特解** (particular solution) という)

$$\left(\frac{d^n}{dt^n} + p_1(t)\frac{d^{n-1}}{dt^{n-1}} + \cdots + p_{n-1}\right)f(t) = 0 \tag{5.90}$$

$$\left(\frac{d^n}{dt^n} + p_1(t)\frac{d^{n-1}}{dt^{n-1}} + \cdots + p_{n-1}\right)g(t) = G(t) \tag{5.91}$$

の和

$$x(t) = f(t) + g(t) \quad (\text{解} = (\text{一般解}) + (\text{特解})) \tag{5.92}$$

で表される。上式では微分操作と被微分関数 $x(t)$ を分離して見やすく書いた。式 (5.89) は式 (5.90) と式 (5.91) の和であるので、その解 $x(t)$ も各々の解 $f(t), g(t)$ の和になることは分かる。

5-3-1 非斉次微分方程式を解く

ここまでの複数の節で線形斉次微分方程式の一般解を求めてきた。2 階の微分方程式の一般解には 2 つの積分定数が自由度として登場した。それらは一般解を満足する任意の運動の中から具体的な初期条件で指定される 1 つの運動状態を特定するものである。式 (5.88) でも自由度は 2 つあって、それらは初期条件により決められる一般解の定数である。この 2 つの自由度は一般解により使われるため、特解には自由度は残されていない。特解は非斉次方程式を満足する解であればどんなものでもよく、自由度の任意性を考慮する必要はない(その意味では「特殊」という表現は誤解を与えるかもしれない)。別の表現をすれば、斉次方程式の 2 つの定数が特解を含む解の任意性を保つ役割を果たす。

つぎの項の方が具体性があってよく理解できると思うので、以下へ進もう。

(a) 自由落下を例に

運動方程式は

$$m\ddot{z} = -mg \quad \Rightarrow \quad \ddot{z} = -g \tag{5.93}$$

であった (鉛直方向上向きに z 軸をとった)。

この解は、斉次微分方程式

$$\ddot{z} = 0 \tag{5.94}$$

の一般解 $f(t)$ と式 (5.93) の特解 $g(t)$ の和であるので、まず一般解 $f(t)$ を求めよう。上式は力がはたらかないときの物体の運動方程式である。暗算で 2 回の時間積分ができる。答は

$$f(t) = C_1 t + C_0 \tag{5.95}$$

であって、積分定数 C_1、C_0 は初速度 v_0 と初期位置 z_0 であることはすでに理解できる。一般解は、静止している物体は静止し続け、動いている物体は同じ速度で等速直線運動するという慣性系を表すニュートンの運動の第 1 法則を示す。

一方、特解 $g(t)$ は式 (5.93) を簡単に時間積分して求まる。あるいは、$g(t) = at^2 + bt + c$ とおいて両辺が等しくなるように係数 a、b、c を決めればよい。その結果は

$$g(t) = \frac{1}{2} g t^2 \tag{5.96}$$

である。関数 $g(t)$ と重力加速度 g を混乱しないように。このとき、b と c は不定であり、一般解 $f(t)$ の C_1, C_0 が同じ役割を果たし、吸収できる。したがって、特解には自由度は必要ない。初期条件とは無縁であることが分かる。重力という力がはたらいてはじめて存在する解であり、一義的に決まる解である。

よって、一般解と特解を足した解は

$$x(t) = \frac{1}{2} g t^2 + v_0 t + z_0 \tag{5.97}$$

となり、馴染みのある解を得る。第 1 項は重力の効果であり、第 2 項+第 3 項は重力のないときの自由運動の結果であって、自由落下運動はこの 2 つの運動の重ね合わさった現象である。

この視点からは、ニュートンの運動の第 1 法則は斉次方程式、第 2 法則は非斉次項に対するものといえる。

(b) 外力 $F(t) = F_0 \cos \omega t$ のとき

さて、振動の話に戻ろう。ここでは周期的に変動する外力 $F(t) = F_0 \cos \omega t$ を想定して話を進めよう。

運動方程式は

$$\ddot{x} + 2\eta\dot{x} + \omega_0^2 x = \frac{F_0}{m}\cos\omega t \tag{5.98}$$

となる。一般解は前節 5-2 で詳しく学んだ。特に、減衰振動の場合は時間とともに減衰し、充分時間が経過した段階では一般解はゼロになる (式 (5.61), (5.63), (5.68) から時間が充分経ったとき ($t \gg 1/\eta$) の減衰振動の様子を求めてみよ)。したがって、充分な時間経過後には特解だけが残ることになる。そこで特解について考える。

非斉次項が cos 関数であるので、特解を

$$g(t) = a\sin\omega t + b\cos\omega t \tag{5.99}$$

とおこう。この特解を上式に代入し、左辺と右辺が等しくなるように a、b を決めればよい。代入すると、

$$\{a(\omega_0^2 - \omega^2) - 2\eta\omega b\}\sin\omega t + \{b(\omega_0^2 - \omega^2) + 2\eta\omega a\}\cos\omega t = \frac{F_0}{m}\cos\omega t \tag{5.100}$$

sin、cos の各項の係数が両辺で等しいので、つぎの関係が成り立つ。

$$\left.\begin{array}{l} a(\omega_0^2 - \omega^2) - 2\eta\omega b = 0 \\ b(\omega_0^2 - \omega^2) + 2\eta\omega a = \dfrac{F_0}{m} \end{array}\right\} \tag{5.101}$$

未知数が 2 つに方程式が 2 つ。この連立方程式を解くと、

$$\left.\begin{array}{l} a = \dfrac{2\eta\omega}{(\omega_0^2 - \omega^2)^2 + (2\eta\omega)^2}\dfrac{F_0}{m} \\ b = \dfrac{(\omega_0^2 - \omega^2)}{(\omega_0^2 - \omega^2)^2 + (2\eta\omega)^2}\dfrac{F_0}{m} \end{array}\right\} \tag{5.102}$$

を得る。したがって、特解は

$$g(t) = \frac{F_0/m}{\sqrt{(\omega_0^2 - \omega^2)^2 + (2\eta\omega)^2}} \times$$

$$\left\{\frac{2\eta\omega}{\sqrt{(\omega_0^2 - \omega^2)^2 + (2\eta\omega)^2}}\sin\omega t + \frac{(\omega_0^2 - \omega^2)}{\sqrt{(\omega_0^2 - \omega^2)^2 + (2\eta\omega)^2}}\cos\omega t\right\}$$

$$= A_s \cos(\omega t - \beta) \tag{5.103}$$

$$A_s = \frac{F_0/m}{\sqrt{(\omega_0^2 - \omega^2)^2 + (2\eta\omega)^2}}, \qquad \beta = \tan^{-1}\left(\frac{2\eta\omega}{\omega_0^2 - \omega^2}\right) \tag{5.104}$$

式 (5.103) の第 1 式から第 2 式への書き換えは 5-1-1 小節の問 (p. 105) ですでに学んだ[1]。

---

[1] 式 (5.104) で出てくる $\tan^{-1} x$ は、$\tan x$ の逆関数という意味で、$x = \tan\theta$ のとき $\theta = \tan^{-1} x$ と

124　第 5 章　ばねの運動は語る

5-3-2　強制振動の振る舞い

いつものように、上式 (5.103) を読んで物体の振動の様子を考えてみよう。

1. 式 (5.103) − (5.104) にみるように、特解 $g(t)$ には確かに自由度はない。5-3-1 小節「非斉次微分方程式を解く」のはじめに述べたように一義的に解の形が決まる。
2. β は初期位相ではなく、外力と特解である変位との位相のずれを示す位相角である。初期位相は一般解の初期条件で決まる自由度である。
3. 充分時間が経過したときの解、つまり特解は、角振動数 ω による周期振動以外には時間的変化がなく、変位の振幅 A_s、位相のずれ β は時間的に変化のない一定値をもつ。
4. 位相のずれ β を ω の関数として図 5.12(b) に示す。外力の角振動数 ω が小さいときは $\beta \approx 0$ であり、ω の増加とともに β も増え（位相が遅れ）、$\omega^2 = \omega_0{}^2$ で $\beta = \pi/2$ rad $= 90°$ となる。さらに、ω が大きくなると $\pi/2$ を越えて大きくなるが、$\beta = \pi$ を超えることはない。

　　つまり、変位 $x(t) \propto \cos(\omega t - \beta)$ は常に外力 $F \propto \cos\omega t$ に遅れる。抵抗力がはたらくため物体の運動がひと呼吸遅れるわけだ（図 5.13）。式 (5.104) において抵抗力が無くなれば ($\eta = 0$)、当然位相の遅れがなくなる ($\beta = 0$) ことで分かる。

　　　ここで少し蛇足であるかもしれないが、老婆心で位相の「進み」と「遅れ」について諸君が正しく理解しているか確認しておく。著者も時折、混乱するので。
　　　図 5.13 を利用する。①は余弦関数 $\cos\omega t$ である。②, ③, ④は $\cos(\omega t + \alpha)$ の余弦関数である。$\alpha = -\pi/4$ ならば、②となる。位相は「遅れ」ている。しかし、図では②の方が①よりも進んでいるようにみえる。どうしても振動曲線を左右にずらし

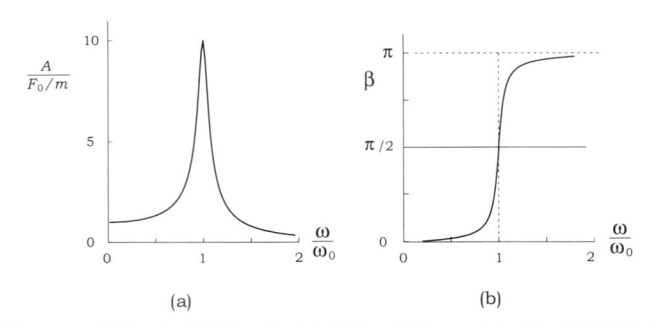

図 5.12　外力の角振動数 ω と (a) 振動の振幅 A_s ならびに (b) 位相 β

なる。$1/\tan x$ という意味ではない。$\sin^{-1} x$、$\cos^{-1} x$ なども同様である。atan x、arctan x などと表記することもある。

図 **5.13** 位相の遅れと進み

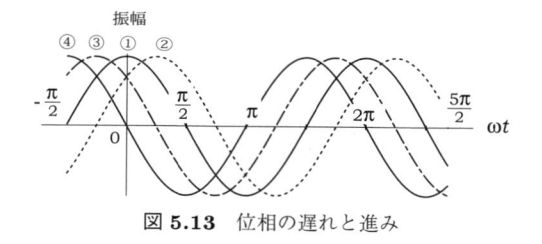

て比較してしまう。だが、進む、遅れるは同じ時刻 t で判別するものである。同一時刻では②の位相は①の位相と比べ、$\pi/4$ だけ小さい、つまり、遅れている。同様に、③, ④は①に対して $\pi/4$ ならびに $\pi/2$ だけ進んでいる、のは分かるだろう。

振動曲線をずらして比較するならば、右にずれている場合は遅れている、左にずれている場合は進んでいると、判断すればよい。

5. 運動方程式 (5.87) ではたらく力の各項の相対的な振る舞いをみよう。

$$m\ddot{x} = -kx - 2m\eta\dot{x} + F_0 \cos\omega t \tag{5.105}$$

これに解 (5.103) を代入すると、

$$\text{復元力}: -kx = -kA_s \cos(\omega t - \beta) \;\to\; -\cos(\omega t - \beta) \tag{5.106}$$

$$\text{抵抗力}: -2m\eta\dot{x} = 2m\eta\omega A_s \sin(\omega t - \beta) \;\to\; \sin(\omega t - \beta) \tag{5.107}$$

$$\text{外力}: F = F_0 \cos\omega t \;\to\; \cos(\omega t) \tag{5.108}$$

$$\text{変位}: x(t) = A_s \cos(\omega t - \beta) \;\to\; \cos(\omega t - \beta) \tag{5.109}$$

矢印で示した右端は振動部の関数のみを抽出したものである。いま、1 例として $\beta = \pi/6 = 30°$ のとき一定の角振動数 ω のもとで、上の 4 つの振幅を 1 に規格化して時間的変動のみをみる。ただし、はじめの 3 つは力であるが、残りの 1 つは変位であり、物理的な次元は異なる。図 5.14 に縦軸には変動を、横軸には充分時間が経過して一般解が減衰し消えてからの時間をプロットする。①は外力 F を示す。変位 $x(t)$ は④であり、外力に対してちょうど β だけ位相が遅れている。復元力 $(-kx)$ ②は変位と逆符号であり、抵抗力 $(-2m\eta\dot{x})$ ③は変位に対して位相が $90°$ 遅れている。

運動方程式の左辺は

$$m\ddot{x} = -m\omega^2 A \cos(\omega t - \beta) \;\to\; -\cos(\omega t - \beta) \tag{5.110}$$

であって、復元力と同じ振る舞いをする。特徴的に面白いのは外力の角振動数が

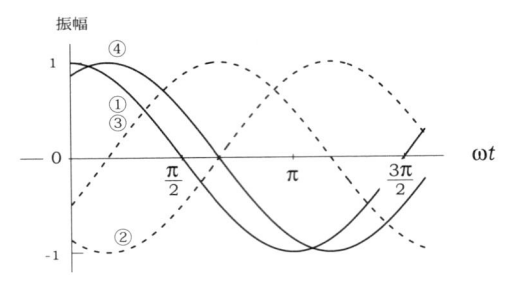

図 5.14 変位と各力の時間相関。① 強制振動時の外力 (F)、② 復元力 ($-kx$)、③ 抵抗力 ($-2m\eta\dot{x}$)、ならびに④変位 (x) の相対関係をプロットした。ここでは $\beta = \pi/6 = 30°$ とした。

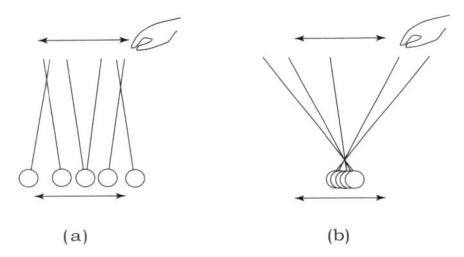

図 5.15 外力の角振動数が (a) 低いときと (b) 高いときの物体の振動

充分に高い ($\omega^2 \gg \omega_0^2$) とき、$\beta \sim \pi$ であり、物体の振動は外力の方向とまったく正反対の動きをする。さらに、図 5.12 (a) から分かるように振幅 A は大きく減衰する。物体を右に振る力を加えたのにかかわらず物体はわずかに左に移動し、逆に物体を左に振ったのにかかわらず物体はわずかに右に移動するわけだ。ひもに吊した物体を図 5.15 のように、手の左右運動により物体を左右に振動させることは日常活動でよくある。手をすばやく動かすと、手の動きと物体の動きがまったく逆位相になり、かつ物体は手の動き巾と比べほとんど動かないことを経験しているはずである。

6. 図 5.12 (a) に示したように、振幅は角振動数に依存して変わる。通常、抵抗力がない場合あるいは非常に小さい場合、ばねの固有角振動数 ω_0 と外力の角振動数 ω が等しいとき振幅が最大になる。これを**共鳴**あるいは**共振** (resonance) といい、そのときの外力の角振動数を**共振角振動数**という。このとき、位相のずれもほとんど $\beta = \pi/2 = 90°$ となる。

このときの各力ならびに変位の関係をみる (図 5.16 (a))。外力 $F \propto \cos\omega t$ に対して、変位は $x \propto \cos(\omega t - 90°) = \sin\omega t$ であり、抵抗力は $-2m\eta\dot{x} \propto \sin(\omega t - 90°) = -\cos\omega t$ となる。外力と抵抗力は、変位に対して両者とも位相が 90° 異なる。ただし、逆方向に異なる。したがって、外力と抵抗力は反対符号をもち、打ち消し

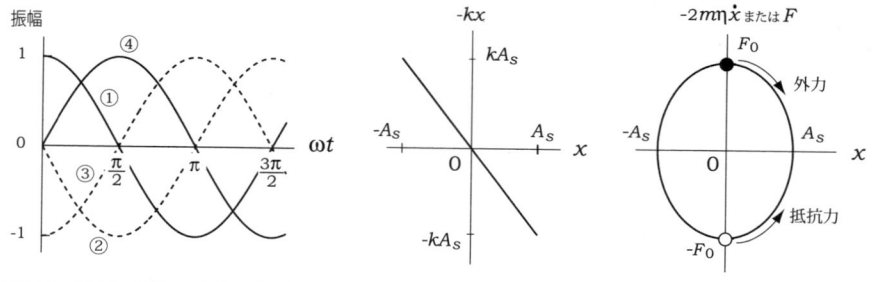

(a) 外力、復元力、抵抗力、変位の時間相関　　(b) 変位 vs 復元力　　(c) 変位 vs 抵抗力と外力

図 5.16 $\omega = \omega_0$ のときの各力と変位の相関関係。(a) 強制振動時の①外力 (F)、②復元力 ($-kx$)、③抵抗力 ($-2m\eta\dot{x}$)、ならびに④変位 (x) である。(b) 変位 (横軸) とばねの復元力 (縦軸)、(c) 変位 (横軸) と抵抗力と外力 (縦軸) を示す。

合う方向に作用する。実際に力の大きさを計算すると、

$$\text{復元力} : -kx = -\frac{\omega F_0}{2\eta}\sin\omega t = -kA_s\sin\omega t \tag{5.111}$$

$$\text{抵抗力} : -2m\eta\dot{x} = -F_0\cos\omega t \tag{5.112}$$

$$\text{外力} : F = F_0\cos\omega t \tag{5.113}$$

$$\text{変位} : x(t) = \frac{F_0}{2\eta\omega m}\sin\omega t = A_s\sin\omega t \tag{5.114}$$

であり、確かに位相だけでなく、大きさも打ち消し合っている。この結果残るのは復元力だけであり、このときの運動方程式は

$$m\ddot{x} = -kx \tag{5.115}$$

と、単振動の形と同等になる。解は

$$x(t) = A_s\sin\omega t \tag{5.116}$$

である。ただし、この場合は何度もいうように自由度はなく、振幅は一義的に決まり

$$A_s = \frac{F_0}{2\eta\omega m} \quad \left(\frac{k}{m} = \omega_0^2 = \omega^2\right) \tag{5.117}$$

である。

図 5.16 (b) には変位と復元力の相関を 2 次元で示す。変位は横軸上を振幅 A_s でもって時間とともに左右に振動する。このとき、復元力は振幅 $-kA_s$ でもって

時間とともに上下する。この2つは原点を通り第2象限と第4象限を貫く一定の角度 ($= \tan^{-1}(-k)$) をもつ直線上を往き来する相関を示す。また、変位と抵抗力ならびに外力は図 (c) に示すように、変位軸方向 (横軸) に振幅 A_s、抵抗力あるいは外力軸方向 (縦軸) には振幅 $2\eta\omega m A_s$ をもつ楕円を描く相関を示す。ただし、抵抗力は反時計回りに、外力は時計回りにお互いを打ち消す関係を構成し、楕円を回転する。

7. ここでは厳密に、振幅が最大になるときの角振動数を共振角振動数ということにしよう。

そうすると抵抗力がある場合、振幅 A_s が最大とは式 (5.104) の分母が最小であること。つまり、分母の微分係数がゼロとなる ω が共振角振動数 ω_{res} である。

$$\frac{d}{d\omega^2}\left((\omega_0{}^2 - \omega^2)^2 + (2\eta\omega)^2\right) = 0 \quad \Rightarrow \quad \omega_{\text{res}}{}^2 = \omega_0{}^2 - 2\eta^2$$

$$\omega_{\text{res}} = \sqrt{\omega_0{}^2 - 2\eta^2} \tag{5.118}$$

共振角振動数は固有角振動数と比べ低いことが分かる ($\omega_{\text{res}} < \omega_0$)。振幅 A_s が最大値をもつためには、上式の平方根内が正値である必要があり、

$$\omega_0{}^2 > 2\eta^2 \quad \Rightarrow \quad \eta_0 < \sqrt{2mk} \tag{5.119}$$

$$\left(\omega_0 = \sqrt{\frac{k}{m}}, \quad \eta = \frac{\eta_0}{2m}\right) \tag{5.56}$$

となり、抵抗係数 η_0 とばね定数 k に関係がある。

抵抗力のため、共振角振動数 ω_{res} は固有角振動数 ω_0 からずれるが、このとき、位相のずれ β_{res} は

$$\tan\beta_{\text{res}} = \frac{2\eta\omega_{\text{res}}}{\omega_0{}^2 - \omega_{\text{res}}{}^2} = \frac{\omega_{\text{res}}}{\eta} \tag{5.120}$$

となる。η が ω_0 あるいは ω_{res} と比べ充分小さいときは、$\beta_{\text{res}} \approx \pi/2 (= 90°)$ である。このときの振幅 $A_s(\omega = \omega_{\text{res}})$ は

$$A_s(\omega = \omega_{\text{res}}) = \frac{F_0/m}{2\eta\omega_0\sqrt{1 - (\eta/\omega_0)^2}} \approx \frac{F_0/m}{2\eta\omega_0}\left\{1 + \frac{1}{2}\left(\frac{\eta}{\omega_0}\right)^2\right\} \tag{5.121}$$

である。最後の式では $\eta \ll \omega_0$ と想定した。$\omega = \omega_0$ のときの振幅

$$A_s(\omega = \omega_0) = \frac{F_0/m}{2\eta\omega_0} \tag{5.122}$$

よりも第2項の分だけ若干大きいことが分かる。

第6章

単振り子は語る

図 6.1 のように、質量の無視できる長さ ℓ の棒の一端に質量 m の質点を結び、他端は点 O に固定した振り子、単振り子 (simple pendulum)、を考える。鉛直下向き方向に z 軸をとり（今までとは逆向きであることに注意）、棒が鉛直方向となす角を θ と記す。振り子が原点 O を通る鉛直面内で運動するものを扱う。このとき、振れ角が微小であれば、振り子は前章 5-1 のばねの単振動と同じ単振動運動をすることをみよう。

6-1 単振り子の運動方程式

ここでは、直交座標表示よりも適した極座標表示を採用する。

まず、運動方程式を書き下そう。2次元極座標表示の加速度ベクトルは式 (C.62) で与えられ、

$$\ddot{\bm{r}} = (\ddot{r} - r\dot{\theta}^2)\bm{e}_r + (2\dot{r}\dot{\theta} + r\ddot{\theta})\bm{e}_\theta \tag{C.62}$$

である。いま、棒の長さには変化がないので物体の動径成分は $r = \ell$ で一定である。したがって、$\dot{r} = 0$、$\ddot{r} = 0$ であるので、加速度ベクトルは

$$\ddot{\bm{r}} = -\ell\dot{\theta}^2 \bm{e}_r + \ell\ddot{\theta}\bm{e}_\theta \tag{6.1}$$

となる。一方、物体にはたらく重力は成分分解すると、

$$m\bm{g} = mg\cos\theta \bm{e}_r - mg\sin\theta \bm{e}_\theta \tag{6.2}$$

である。両成分の符号の付き方を理解せよ。原点 O から外へ向かう方向が正の動径方向であり、z 軸からの反時計回りが振れ角 θ の正方向とした。棒の張力は

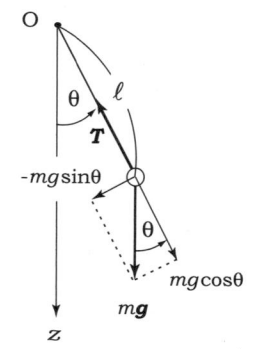

図 **6.1** 重力が作用するもとでの単振り子

$$\boldsymbol{T} = T\boldsymbol{e}_r \tag{6.3}$$

であり、重力の動径方向成分に対抗して負の大きさ ($T < 0$) をもつ。よって、運動方程式

$$m\ddot{\boldsymbol{r}} = m\boldsymbol{g} + \boldsymbol{T} \tag{6.4}$$

を r 方向、θ 方向の各成分に展開すると、

$$r \text{方向}: \quad -m\ell\dot{\theta}^2 = mg\cos\theta + T \tag{6.5}$$

$$\theta \text{方向}: \quad m\ell\ddot{\theta} = -mg\sin\theta \tag{6.6}$$

を得る。

6-2　振り子の微小振動

振れ角が小さい場合 ($|\theta| \approx 0$) をはじめに扱おう。

このとき、$\sin\theta \approx \theta$ と近似できる。したがって、θ 方向の運動方程式 (6.6) は

$$m\ell\ddot{\theta} = -mg\theta \tag{6.7}$$

であり、

$$\omega_0{}^2 \equiv \frac{g}{\ell} \tag{6.8}$$

と記せば、

$$\ddot{\theta} = -\omega_0{}^2\theta \tag{6.9}$$

となる。これはまさに前章で学んだ固有角振動数が ω_0 のばねの**単振動の式** (5.3) と同じ形であり、角 θ は単振動することを教える。方程式の解は式 (5.33) と同様に

$$\theta = \theta_A \sin(\omega_0 t + \alpha) \tag{6.10}$$

である。振幅 θ_A と初期位相 α は初期条件で決まる。

微小な角の場合は θ が単振動するわけであるが、質点の x 方向（水平方向）の変位は近似的に $x = \ell\theta$ であるので（図 6.2 参照）、式 (6.9) の両辺に ℓ を掛けると、

$$\ddot{x} = -\omega_0{}^2 x \tag{6.11}$$

となり、変位 $x(t)$ も単振動すると見なせて式 (5.33) と同一の解

$$x(t) = A\sin(\omega_0 t + \alpha) \tag{5.33}$$

を得る。

ばねの単振動の運動方程式は $m\ddot{x} = -kx$ であって、固有角振動数 $\omega_0 = \sqrt{k/m}$ で単振動する方程式 $\ddot{x} = -\omega_0^2 x$ となった。ばねの振動特性を決めるものは、質量 m とばね定数 k の比であった。一方、ここでは式 (6.7) をみて分かるように質量 m は両辺から消去でき、振り子の固有角振動数 ω_0 は質量の大きさに依存せず、重力加速度 g と振り子の長さ ℓ の比で決まる。しかも、鉛直方向にはたらく重力が水平方向 (正確には θ 方向であるが、微小振動のため水平方向と見なせる) への単振動を生起させるとは、なかなか面白いではないか。フックの法則同様に、x 方向の変位に比例する復元力を重力がつくりだしているわけである。

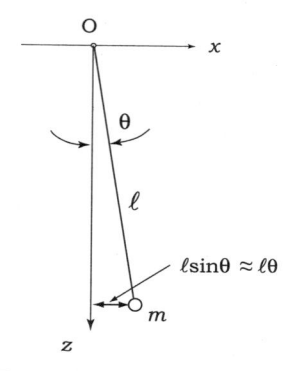

図 6.2 微小振れ角 θ と微小変位 x

6-2-1 テイラー展開、マクローリン展開

ここで少し寄り道をして、$\theta \approx 0$ の場合に $\sin\theta \approx \theta$ と近似できることを議論しておこう。

関数 $f(x)$ が $x = a$ ならびにその周辺において微分可能であるとすると、$x = a$ 周辺の $f(x)$ はべき級数

$$f(x) = f(a) + \frac{df}{dx}(x-a) + \frac{1}{2!}\frac{d^2f}{dx^2}(x-a)^2 + \frac{1}{3!}\frac{d^3f}{dx^3}(x-a)^3 + \cdots \tag{6.12}$$
$$= \sum_{n=0}^{\infty} \frac{f^{(n)}(a)}{n!}(x-a)^n$$

と展開できる。これを $x = a$ での $f(x)$ の**テイラー展開** (Taylor expansion) という。特に、$a = 0$ のときを**マクローリン展開** (Maclaurin expansion) という。

(a) マクローリン展開

これは直観的につぎのように考えて理解できる。一般に、関数 $f(x)$ は x のべき級数

$$f(x) = \sum_{n=0}^{\infty} a_n x^n \tag{6.13}$$

に展開できる。a_n の値を考えよう。$x = 0$ の周辺では、一般的にいって、次数 n が上がるとともに右辺は $f(x)$ に収斂していく。そこで、係数 a_n は式 (6.13) を n 階微分し、$x = 0$ でのその値として得ることができる。n 階微分を被微分関数 $f(x)$ の右肩に微分階数 n を記して、$f^{(n)}(x)$ と表示すると、

$$f(x) = a_0 + a_1 x + a_2 x^2 + \ldots + a_n x^n + \ldots$$

$$f^{(1)}(x) = a_1 + 2a_2 x + 3a_3 x^2 + \ldots + na_n x^{n-1} + \ldots$$

$$f^{(2)}(x) = 2a_2 + 3 \cdot 2 a_3 x + \ldots + n \cdot (n-1) a_n x^{n-2} + \ldots$$

$$\ldots$$

$$\ldots$$

$$f^{(n)}(x) = a_n \cdot n(n-1)(n-2) \cdots 2 \cdot 1 \quad + \quad (x \text{ の高次の項}) \tag{6.14}$$

$$= a_n \cdot n! \quad + \quad (x \text{ の高次の項})$$

となる。n 次の項は n 階微分によって $a_n \cdot n!$ の項として現れ、第 2 項以降の高次の項は $x = 0$ ではゼロとなり消える。よって、

$$a_n = \frac{f^{(n)}(0)}{n!} \tag{6.15}$$

であり、この係数 a_n を式 (6.13) に代入すれば、マクローリン展開

$$f(x) = \sum_{n=0}^{\infty} \frac{f^{(n)}(0)}{n!} x^n \tag{6.16}$$

を得る。

$n!$ は「n の階乗 (factorial)」とよび、1 から n までの自然数を掛け合わせた総乗である。

$$n! = 1 \times 2 \times 3 \times \cdots \times (n-1) \times n \quad \left(= \Pi_{k=0}^{n} k \right) \tag{6.17}$$

$0! = 1$ と定める。$1! = 1, 2! = 2, 3! = 6, \ldots$ である。

(b) テイラー展開

テイラー展開はマクローリン展開をより一般的に $x = a$ に適用したものである。上の記述を $x = 0$ から $x = a$ に置き換えると以下のようになる。一般に、関数 $f(x)$ は $(x - a)$ のべき級数

$$f(x) = \sum_{n=0}^{\infty} a_n (x-a)^n \tag{6.18}$$

に展開される、と考えてよい。そうすると、n 階微分によって

$$f^{(n)}(x) = \frac{d^n f(x)}{dt^n} = a_n \cdot n(n-1)(n-2)\cdots 2 \cdot 1 + [(x-a) \text{ の高次の項}] \tag{6.19}$$

となる。式 (6.18) の n 次の項は n 階微分によって上式の第 1 項 $a_n \cdot n!$ となる。また、第 2 項以降の高次の項は $x = a$ ではゼロとなり消える。よって、

$$a_n = \frac{f^{(n)}(a)}{n!} \tag{6.20}$$

となり、この係数 a_n を式 (6.18) に代入すれば、式 (6.12) のテイラー展開

$$f(x) = \sum_{n=0}^{\infty} \left(\frac{1}{n!}\right) \frac{d^n f(a)}{dt^n} (x-a)^n = \sum_{n=0}^{\infty} \frac{f^{(n)}(a)}{n!} (x-a)^n \tag{6.21}$$

が得られる。

マクローリン展開 (式 (6.16))、テイラー展開 (式 (6.21)) により関数 $f(x)$ を多項式 (polynomial) で展開し関数 $f(x)$ を近似するわけであるが、そのポイントは展開変数 x あるいは $x - a$ が 1 よりも小さい状況を設けるところにある。$|x| < 1$ あるいは $|x - a| < 1$ であれば、高次の項は次数が上がるにつれて急激に減少し、無視して差し支えなくなる。展開変数が 1 よりも小さければ小さいほど、少ない低次項の数で近似精度は良い。

(c) $\sin\theta$ をマクローリン展開する

関数 $\sin\theta$ に $\theta = 0$ でのマクローリン展開を適用してみよう。$\sin\theta$ の微分は

$$\begin{aligned}
\sin\theta\Big|_{\theta=0} &= 0, & \frac{d\sin\theta}{d\theta}\Big|_{\theta=0} &= \cos\theta\Big|_{\theta=0} = 1 \\
\frac{d^2\sin\theta}{d\theta^2}\Big|_{\theta=0} &= -\sin\theta\Big|_{\theta=0} = 0, & \frac{d^3\sin\theta}{d\theta^3}\Big|_{\theta=0} &= -\cos\theta\Big|_{\theta=0} = -1 \\
\frac{d^4\sin\theta}{d\theta^4}\Big|_{\theta=0} &= \sin\theta\Big|_{\theta=0} = 0, & \frac{d^5\sin\theta}{d\theta^5}\Big|_{\theta=0} &= \cos\theta\Big|_{\theta=0} = 1
\end{aligned} \tag{6.22}$$

であるので、

$$\sin\theta = \theta - \frac{\theta^3}{3!} + \frac{\theta^5}{5!} - \cdots + (-1)^n \frac{\theta^{(2n+1)}}{(2n+1)!} + \cdots \tag{6.23}$$

と展開できる。θ が微少量であるので、もっとも大きな 1 次の項のみを残すと、

$$\sin\theta \approx \theta \tag{6.24}$$

図 6.3 $\sin\theta$ をマクローリン展開で近似

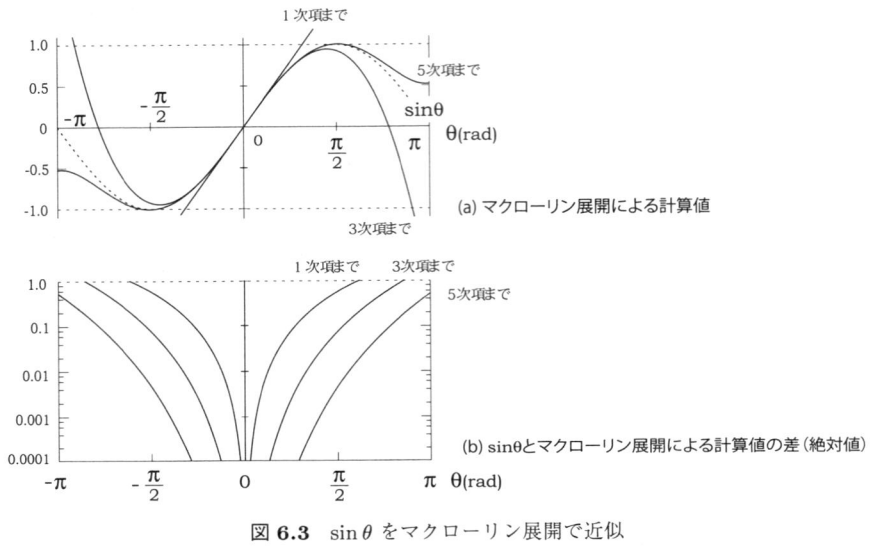

となるわけだ。

図 6.3 に展開次数を上げていったとき、どれ程近似精度が上がるかを示す。(a) には $\sin\theta$ を破線で、1 次、3 次、5 次の項までを採用した場合の計算結果を実線で示した。また、(b) には近似計算値と $\sin\theta$ の差を絶対値で示してある (差を $\sin\theta$ で割って相対比を計算した)。$\sin\theta \approx \theta$ の 1 次の項だけでも θ が小さいところでは充分な精度で近似できていることが分かる。具体的には、$|\theta| < 0.24$ rad $(= 14°)$ [1] の範囲内では差 1% 以下の精度で近似できている。3 次までに上げると $|\theta| < 0.99$ rad $(= 57°)$ の領域まで 1% 以下の精度である。

(d) $\cos\theta$ をマクローリン展開する

関数 $\cos\theta$ をマクローリン展開すると、

$$\cos\theta = 1 - \frac{\theta^2}{2!} + \frac{\theta^4}{4!} - \cdots + (-1)^n \frac{\theta^{2n}}{(2n)!} + \cdots \tag{6.25}$$

であり、図示すると図 6.4 となる。2 次の項までとると、$|\theta| < 0.66$ rad $(= 38°)$ の領域まで差 1% 以下の精度で近似できる。これらのことから

---

[1] rad は radian のこと。角度は度 (°) でなく、radian を使用することに慣れよ。$\pi = 3.14$ rad、$1° = 0.01745$ rad である。

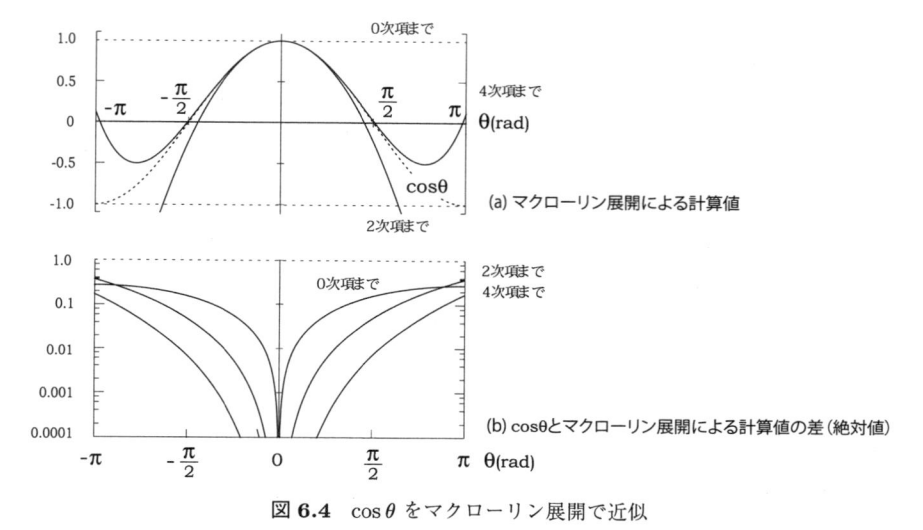

図 6.4　$\cos\theta$ をマクローリン展開で近似

$$\sin\theta \approx \theta, \quad \cos\theta \approx 1 - \frac{\theta^2}{2} \tag{6.26}$$

の近似で大概の場合は充分であろうことが分かる。

6-2-2　張力と振動角の関係

さて、元の単振り子の運動方程式 (6.5), (6.6) に戻ろう。微小振動のときの θ 方向の運動を学んだので、つぎは r 方向の運動はどうなるのか？を考える。

r 方向の運動方程式を解くまでもなく、振り子の棒は伸び縮みしないので、質点は r 方向には変位しない。当たり前である。したがって、解は

$$r = \ell \tag{6.27}$$

である。

(a) r 方向の運動方程式

運動方程式 (6.5) には未知の量、張力 (tension) T、が含まれている。

$$-m\ell\dot{\theta}^2 = mg\cos\theta + T \tag{6.5}$$

この運動方程式が意味するものを読みとろう。

物体が運動するときは外力がはたらいている。運動方程式の左辺は (質量) × (加速度) で表現でき、それは外力に等しいものであった。上式は r 方向の運動方程式で、左辺は (質量) × (加速度) を $r = \ell =$ 一定 のもとで極座標の言葉で表したものであり、右辺はそのはたらく外力は重力の r 方向成分と張力の総和であると書いたものである。ℓ が一定のため、極座標表示の加速度は

$$\ddot{\boldsymbol{r}} = -\ell\dot{\theta}^2 \boldsymbol{e}_r + \ell\ddot{\theta}\boldsymbol{e}_\theta \tag{6.1}$$

であり、右辺第 1 項が加速度の r 成分である。しかも、$-r$ 方向へ、つまり、円の中心へ向いた加速度である。これに質量のかかったもの、運動方程式 (6.5) の左辺 ($= -m\ell\dot{\theta}^2$)、が力であって、この力は中心を向く力、**向心力** (centripetal force) であることを意味する。したがって、向心力を生ずるためには、右辺においては張力 T は重力の r 成分 $mg\cos\theta$ よりも強くなければならない（$T < 0$ であったことを思い出そう）。

視点を変える。

原点 O を共有し振り子とともに同期して振れる座標系からこの運動をみると事態は変わる。このとき θ は振り子の座標系がもとの静止した座標系に対してなす角である。この座標にいる観測者には振り子はまったく運動していない。したがって、力がはたらいていないようにみえる。運動していない物体は加速度＝ゼロであり、向心力もはたらかない。このとき、運動方程式 ($m\ddot{\boldsymbol{r}} = \boldsymbol{F}$) の左辺の (質量) × (加速度) はゼロである。しかし、物体には外力として重力と張力が作用している。力がはたらいていないのではなくて、総力がゼロなのである。右辺=0 となるためには、左辺にあった向心力が右辺に移動する。

$$0 = mg\cos\theta + T + m\ell\dot{\theta}^2 \tag{6.28}$$

である。回転する座標系には諸君がよく知っている**遠心力**という力がはたらく。これは観測する座標系、つまり、運動を記述する座標系が変わることによって、向心力が左辺から右辺に移項してきて遠心力となったわけで、両者の力は大きさは等しいが向きは逆である。そして、ここでは、張力 T と重力の r 成分と遠心力の 3 者がつり合い、作用する力の総和はゼロになっているわけだ。遠心力については 7-2 節「回転する座標系」(p. 152) で詳しく議論する。

(b) 張力 T を計算する

2 つの連立方程式 (simultaneous equation) から、未知数 θ と T を求めることができる。式 (6.5) にせよ、式 (6.28) にせよ、θ の解を代入することにより張力を得る。

$$T = -mg\cos\theta - m\ell\dot{\theta}^2 \tag{6.29}$$

の $\cos\theta$ をマクローリン展開 $\cos\theta \approx 1 - (\theta^2/2)$ して、解 (6.10)

$$\theta = \theta_A \sin(\omega_0 t + \alpha) \qquad \left(\omega_0^2 = \frac{g}{\ell}\right) \qquad (6.10)$$

を代入すると、

$$\begin{aligned}
T &= -mg\cos\theta - m\ell\dot{\theta}^2 \approx -mg\left(1 - \frac{\theta^2}{2}\right) - m\ell\dot{\theta}^2 \\
&= -mg\left[1 - \frac{1}{2}\theta_A^2 \sin^2(\omega_0 t + \alpha) + \theta_A^2 \cos^2(\omega_0 t + \alpha)\right] \\
&= -mg\left[1 + \theta_A^2 \left\{1 - \frac{3}{2}\sin^2(\omega_0 t + \alpha)\right\}\right] \\
&= -mg\left[1 + \frac{\theta_A^2}{4}\left\{1 + 3\cos(2(\omega_0 t + \alpha))\right\}\right] \qquad (6.30)
\end{aligned}$$

となる。第 3 行から第 4 行へは倍角の関係、$\sin^2\phi = (1 - \cos 2\phi)/2$ を使った。2 次の項を無視すると、近似的には重力と等価な一定の張力 T が作用していることになる。2 次の項まで近似精度を上げると、図 6.5 にみるように、単振動とともに張力 T も変化していることが分かる。

縦軸には $-T/mg$ を、横軸には時間 $\omega_0 t$ をとった。対応する振れ角 θ をその下に示す。どの領域でも、当然張力の大きさ T は負値、つまり振り子の支点方向を向いている ($\boldsymbol{T} = T\boldsymbol{e}_r, T < 0$)。最下点 ($\theta = 0$) で張力は最大値をもち、$T(\theta = 0) = -mg(1 + \theta_A^2)$ である。重力 r 成分を超える力

$$T + mg\cos\theta = -m\ell\dot{\theta}^2 \qquad (6.31)$$

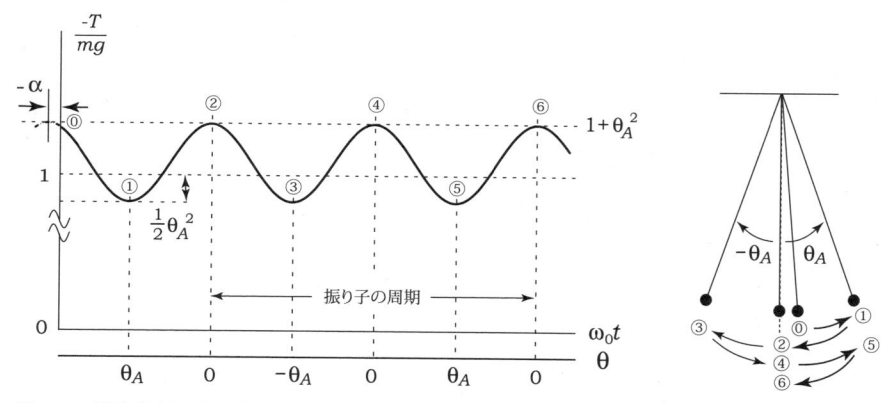

図 **6.5** 張力と振れ角。横軸 $\omega_0 t$ は単調に増加するが、θ 値は $0 \to \theta_A \to 0 \to -\theta_A \to 0$ の往復を繰り返す。

は向心力であって、最下点で重力 r 成分が最大となると同時に、振り子は最速 $|\ell\dot{\theta}| = \ell\omega_0\theta_A$ となる。向心力も最大値をとり、その大きさは $m\ell\dot{\theta}^2 = m\ell\omega_0^2\theta_A^2 = mg\theta_A^2$ である。

一方、振れが最大の両端 $|\theta| = \theta_A$ では速度 $\ell\dot{\theta} = 0$ となり、向心力は消え、張力は最小値をとる。張力の最大値と最小値の差は $3mg\theta_A^2/2$ となる。また、張力が重力と同じ大きさ $(T = -mg)$ をもつ角度は

$$\theta = \sqrt{\frac{2}{3}}\theta_A \tag{6.32}$$

であることも分かる。

図 6.5 には、振り子の最下点に偶数番号を、最大角地点には奇数番号を付けた。振り子の振れとともに張力が振動する様子が分かる。ここで気づいたであろうか。張力の振動周期と振り子の振動周期が 2 倍違うことを。張力の強さは振れ角によるが、正負に振れる方向性には依存しないためである。考えてみれば当たり前であるが、式 (6.30) においては、三角関数の倍角公式を適用したときに明確にあらわれている。

図 6.5 では張力の振動の様子を見やすく大きく示したが、たとえば、微小振動として振れ角 $\theta_A = 0.052(0.087)$ rad $(= 3°(5°))$ であるとき $\theta_A^2 = 0.0027(0.0076)$ rad^2 であり、振動する張力の振幅は $3\theta_A^2/4 = 0.0021(0.0057)$ であって、mg の 487 (175) 分の 1。つまり、無視できるほど小さな張力の振動である。したがって、$|$ 張力 $| \approx$ 重力と近似できるわけだ。

振り子の水平方向の変位は $x = \ell\sin\theta \approx \ell\theta$ であるが、鉛直方向の変位は $z = \ell - \ell\cos\theta \approx \ell\theta^2/2$ であって、前者が微小振動角の 1 次の量であるのに対して後者は 2 次量である。つまり、鉛直変位は水平変位と比べ充分小さいわけである。ちなみに、このとき振り子の長さを 1 m とすれば、x 方向の振幅はほぼ 5.2 (8.7) cm である。また、z 方向への振り子の上下差は 0.13 (0.38) cm であって、振り子は x 方向にのみ振動していると近似できる。

6-3　仕事、エネルギー、束縛運動

振り子が微小運動に限らず、鉛直面内で回転運動をする様子を扱う。

回転運動をするためには振り子は充分なエネルギーをもっていなければならない。さもないと、途中で運動の勢いが尽き、もと来た軌道を戻る往復運動にとどまることは経験上分かる。したがって、充分なエネルギーをもっているかどうか、まずエネルギーを検討しよう。それは、4-3-1 小節でみたように仕事 W を評価することである。

6-3-1 仕事とエネルギー

外力が振り子になした仕事 W とは式 (4.26) で学んだように、軌道に沿って力を積分したもの

$$W = \int \boldsymbol{F} \cdot \mathrm{d}\boldsymbol{r} \qquad (4.26)$$

である。そこで振り子の運動方程式 $m\ddot{\boldsymbol{r}} = \boldsymbol{F} = m\boldsymbol{g} + \boldsymbol{T}$ を軌道に沿って積分しよう（図 6.6）。これはすでに 4-4-3 小節 (p.92) で学んだエネルギーの保存を導く手法である。

軌道の微小変化量 $\mathrm{d}\boldsymbol{r}$ は、棒の長さが変化しない ($\dot{r} = 0, r = \ell$) ので付録 C の式 (C.56) より

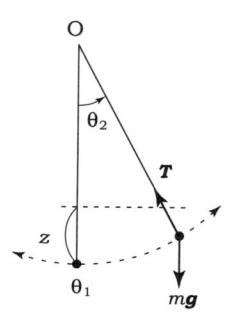

図 6.6 振り子のエネルギー

$$\mathrm{d}\boldsymbol{r} = \frac{\mathrm{d}\boldsymbol{r}}{\mathrm{d}t}\mathrm{d}t = \left(\dot{r}\boldsymbol{e}_r + r\dot{\theta}\boldsymbol{e}_\theta\right)\mathrm{d}t = r\dot{\theta}\boldsymbol{e}_\theta \mathrm{d}t = r\boldsymbol{e}_\theta \mathrm{d}\theta \qquad (6.33)$$

θ 方向にのみ変化する。したがって、運動方程式の θ 方向成分のみ考えればよく、式 (6.6)

$$m\ell\ddot{\theta}\boldsymbol{e}_\theta = -mg\sin\theta\boldsymbol{e}_\theta \qquad (6.6)$$

を軌道に沿って積分する。積分範囲は $\theta_1 \sim \theta_2$ とする。

$$m\ell\int_{\theta_1}^{\theta_2}\ddot{\theta}\boldsymbol{e}_\theta \cdot \mathrm{d}\boldsymbol{r} = -mg\int_{\theta_1}^{\theta_2}\sin\theta\boldsymbol{e}_\theta \cdot \mathrm{d}\boldsymbol{r} \qquad (6.34)$$

であり、$\boldsymbol{e}_\theta \cdot \mathrm{d}\boldsymbol{r} = \boldsymbol{e}_\theta \cdot r\boldsymbol{e}_\theta \mathrm{d}\theta = r\mathrm{d}\theta = \ell\mathrm{d}\theta$ であるので、上式は

$$m\ell^2\int_{\theta_1}^{\theta_2}\ddot{\theta}\mathrm{d}\theta = -mg\ell\int_{\theta_1}^{\theta_2}\sin\theta\mathrm{d}\theta \qquad (6.35)$$

となる。$\mathrm{d}\theta = \dot{\theta}\mathrm{d}t$ と書けば、上式の左辺は

$$\text{左辺} = m\ell^2\int_{t_1}^{t_2}\dot{\theta}\ddot{\theta}\mathrm{d}t = \frac{1}{2}m\ell^2\int_{t_1}^{t_2}\frac{\mathrm{d}}{\mathrm{d}t}\left\{\left(\dot{\theta}\right)^2\right\}\mathrm{d}t = \frac{1}{2}m\ell^2\int_{\dot{\theta}_1}^{\dot{\theta}_2}\mathrm{d}\left(\dot{\theta}^2\right)$$

$$= \frac{1}{2}m\ell^2\dot{\theta}_2^{\,2} - \frac{1}{2}m\ell^2\dot{\theta}_1^{\,2} = \frac{1}{2}mv_2^{\,2} - \frac{1}{2}mv_1^{\,2} \qquad (6.36)$$

となる。t_1、t_2 は振れ角が θ_1、θ_2 となるときの時刻であり、$\dot{\theta}_1$、$\dot{\theta}_2$ ならびに v_1、v_2 はそれぞれの時刻での角速度 $\dot{\theta}$ と速度 v を下付の添え字で区別した。最後の式は振り子の速度 v

$$v = \ell\dot{\theta} \qquad (6.37)$$

で表示した。一方、式 (6.35) の右辺は

$$右辺 = -mg\ell \int_{\theta_1}^{\theta_2} \sin\theta \, d\theta = mg\ell\cos\theta_2 - mg\ell\cos\theta_1 \tag{6.38}$$

である。得られた左辺と右辺を等号で結ぶと、

$$\frac{1}{2}mv_2^2 - \frac{1}{2}mv_1^2 = mg\ell\cos\theta_2 - mg\ell\cos\theta_1 \tag{6.39}$$

となる。左辺の $(1/2)mv^2$ は速度 v で運動する物体の運動エネルギーであって、右辺の $mg\ell\cos\theta$ にマイナス符号を付けたものは原点 O を基準点とした振り子の重力下での位置エネルギーである。そこで、θ_1 から θ_2 へ振り子が振動することによる運動エネルギーの変化量（左辺）を ΔT と記し、同じく位置エネルギーの変化量（右辺）を $-\Delta U$ と記せば、

$$\Delta T = -\Delta U \tag{6.40}$$

と書ける。$-\Delta U$ は外力が振り子になした仕事 W である。外力がなした仕事の分だけ運動エネルギーが変化する。運動エネルギーも位置エネルギーも運動に伴い変化するが、それらが絶対値でなく、変化量としてあらわれると 4-4 節で説明した。それである。

上式の右辺を左辺に移項すると、

$$\Delta T + \Delta U = 0 \tag{6.41}$$

であり、

$$\Delta E = \Delta(T+U) = \left(\frac{1}{2}mv_2^2 - mg\ell\cos\theta_2\right) - \left(\frac{1}{2}mv_1^2 - mg\ell\cos\theta_1\right) = 0 \tag{6.42}$$

である。全エネルギー $(E = T + U)$ は変化せず

$$E = \frac{1}{2}mv_2^2 - mg\ell\cos\theta_2 = \frac{1}{2}mv_1^2 - mg\ell\cos\theta_1 = 一定 \tag{6.43}$$

一定であって保存する。

運動エネルギー、位置エネルギーの変化量は相対値であるため、運動は原点Oのとり方に依存しないと 4-4 節で記した。その様子をみよう。上では原点 O を位置エネルギーの基準にとった。最下点 $\theta_1 = 0$ において振り子の速さを $v_1 = v_0$ とすると全エネルギーは

$$E = \frac{1}{2}mv_0^2 - mg\ell \tag{6.44}$$

となって、任意の角度 $\theta_2 = \theta$ での運動エネルギー（速度 $v_2 = v$）は式 (6.39) から

$$\frac{1}{2}mv^2 = \frac{1}{2}mv_0^2 - mg\ell(1-\cos\theta)$$
$$= \frac{1}{2}mv_0^2 - mgz \tag{6.45}$$

と書ける。z は最下点の振り子の位置を基準点にしたときの振り子の鉛直方向の変位 $z = \ell(1-\cos\theta)$ である（図 6.6 参照）。位置エネルギーの基準を最下点にとり直すと、全エネルギーは上式 (6.45) を変形して

$$\frac{1}{2}mv_0^2 = \frac{1}{2}mv^2 + mgz \tag{6.46}$$

となる。右辺は任意の位置での振り子の運動エネルギーとポテンシャル・エネルギー（位置のエネルギー）の和、つまり、全力学的エネルギーであり、この全エネルギーは左辺の最下点（そこでは位置エネルギーはゼロ）の運動エネルギーによって具体的に定められる。基準点のとり方を変えると当然表示は変化するが、運動は運動エネルギーと位置エネルギーが常に全エネルギーを保存するように振る舞う。

6-3-2 束縛運動

振り子の運動は長さが変化しない棒に拘束された束縛運動 (constrainted motion) である。このときはたらく力は、重力 $m\boldsymbol{g}$ と張力 $\boldsymbol{T}$ であり、**束縛力** (constraining force) は張力である。束縛されるため、運動の自由度が少なくなる。振り子の場合は r 方向の自由度がなくなり、そのため運動は回転角 θ のみで記述できたわけだ。

滑る物体の運動も束縛運動の典型例である（図 6.7）。斜面に垂直にはたらく重力成分 $(-mg\cos\alpha)$ に抗して反作用力として生じる垂直抗力 (normal component of reaction) $(N = mg\cos\theta)$ がこの場合の束縛力である。この力のおかげで物体は斜面に沈みこむことなく、かつ斜面から浮き上がることなく、斜面上を滑るわけである。摩擦があるときは、この垂直抗力は滑る方向とは逆方向に動摩擦力 $(F' = \mu'N)$ をつくる。摩擦がないときは、束縛力は運動方向に垂直にのみ作用する。

振り子に戻る（図 6.6）。

張力は常に振り子の軌道に垂直に作用し、その仕事は

$$W(\text{張力}) = \int \boldsymbol{T}\cdot d\boldsymbol{r} = \int T\boldsymbol{e}_r \cdot \ell\boldsymbol{e}_\theta\, d\theta = 0 \quad (6.47)$$

となり、確かに仕事に関与しない。束縛力が作用していても物体は仕事をされないので、エネルギー変化はない。よって、振り子のもつエネルギーにも

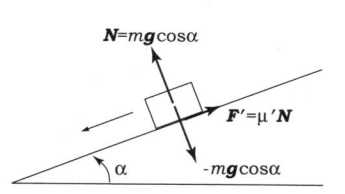

図 **6.7** 束縛力としてはたらく垂直抗力

張力は表れてこない。張力は、振り子を円軌道に保つ束縛を果たす役割をするのみである。棒を忘れ、振り子物体は目にみえない円軌道上のみを自由に運動できると考えればよい。この束縛条件のもとでは、作用する力は重力のみである。重力のなす仕事は、重力が鉛直方向にはたらくので、2次元直交座標を用いて

$$W(\text{重力}) = \int m\boldsymbol{g} \cdot d\boldsymbol{r} = mg \int dz = mgz \tag{6.48}$$

と書ける。これは鉛直方向に距離 z だけ自由落下するときの重力が行なう仕事である。

6-4　振り子の回転運動

では、振り子が回転運動をする様子を扱おう。

6-4-1　棒の場合

もとに戻り、大きい振れ角の振り子の運動、さらには回転運動を考える。運動方程式は式 (6.5), (6.6)

$$r \text{ 方向}: \quad -m\ell\dot{\theta}^2 = mg\cos\theta + T \tag{6.5}$$

$$\theta \text{ 方向}: \quad m\ell\ddot{\theta} = -mg\sin\theta \tag{6.6}$$

である。最下点 ($\theta = 0$, $z = 0$) での振り子の速度を v_0 と記すと、その後は振れ角とともに位置エネルギーが増加し、それに反して運動エネルギーが減少する。運動エネルギーがなくなったところで振り子は止まる。そのあとは、重力により再度もと来た軌道を戻る。運動エネルギーが減少してもゼロにならないときは、振り子は同じ方向に運動、つまり、回転運動を続ける。この様子をエネルギーの保存則から解析する。

まず、最大振幅 (そのときの振れ角を θ_X、高さを z_X と記す) で振り子の運動エネルギーがゼロになる往復運動をみる (図 6.8 (a))。このとき、エネルギー保存 (式 (6.46)) は

$$\frac{1}{2}mv_0^2 = mgz_X = mg\ell(1 - \cos\theta_X) \tag{6.49}$$

となる。これから最大の振れ角 θ_X は

$$\cos\theta_X = 1 - \frac{v_0^2}{2g\ell} \tag{6.50}$$

と求まり、倍角の公式を用いて変換すると、

6-4 棒振り子の回転運動

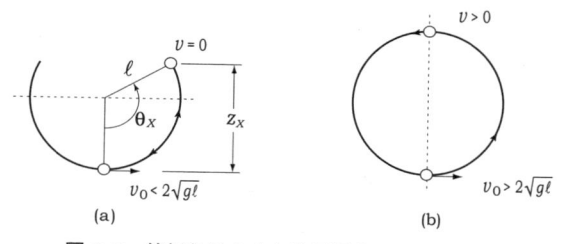

図 6.8 棒振り子の (a) 往復運動と (b) 回転運動

$$\sin \frac{\theta_X}{2} = \frac{v_0}{2\sqrt{g\ell}} \tag{6.51}$$

と書ける（図 6.8(a) のように $0 \leq \theta_X < \pi$ で考えているので、$\sin(\theta_X/2) = +v_0/(2\sqrt{g\ell})$ の解をとった。最下点で振り子が逆方向に $-v_0$ で振れるときは $\sin(\theta_X/2) = -v_0/(2\sqrt{g\ell})$ の解をとればよい）。余弦関数の大きさは常に 1 よりも小さい（$|\cos\theta_X| < 1$）ことから、速度 v_0 あるいは運動エネルギーはつぎの関係を満足する。

$$0 < \frac{v_0^2}{2g\ell} < 2 \quad \Rightarrow \quad 0 < \frac{1}{2}mv_0^2 < 2mg\ell \quad \Rightarrow \quad 0 < v_0 < 2\sqrt{g\ell} \tag{6.52}$$

不等式の左辺は振り子にゼロでない速度 v_0 があればよいということで、右辺は振り子が最大角 ($\theta = \pi, z = 2\ell$) にあるときの位置エネルギー ($2mg\ell$) よりも最下点での運動エネルギー（最下点では位置エネルギーがゼロであり、全エネルギーは運動エネルギーに等しい）が小さいということである。

逆にいえば、全エネルギーが最高点での位置エネルギー以上であれば、どの振れ角においても振り子の速度はゼロになることはなく、運動を続ける、つまり、回転運動をするということである。そのためには、最下点での速度 v_0 は

$$v_0 > 2\sqrt{g\ell} \tag{6.53}$$

である。この速度 v_0 は振り子の質量に依存しないことを再度知ろう。具体的に数値を評価すれば、$\ell = 1, 3, 5$ m では、$v_0 > 6.3, 10.8, 14$ (m/s) である。

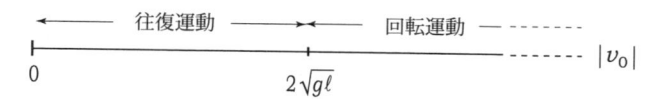

図 6.9 棒振り子の最下点での速度 v_0 と運動

(a) 張力 T

張力 $\boldsymbol{T}(=T\boldsymbol{e}_r)$ の様子をみておく。張力は式 (6.29) にみるように

$$T = -(mg\cos\theta + m\ell\dot\theta^2) \tag{6.29}$$

重力の r 方向成分と遠心力の和の大きさをもつ。遠心力は常に外向きであるが、重力の r 成分は $\theta = \pi/2$ でゼロとなり、さらに振れ角が大きくなる ($\theta = \pi/2 \sim \pi$) と内向きに変わる。そのため、張力は $\theta = \pi/2 \sim \pi$ のどこかで引力 ($T < 0$) から抗力 ($T > 0$) に変化する。

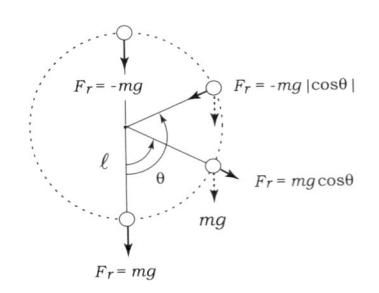

図 6.10 重力の r 方向成分 F_r の変化

張力がゼロとなる振れ角 θ_T を求めてみよう。

重力の r 方向成分は $\theta < \pi/2$ において負値をとることはなく、T は常に負値をもちゼロになることはない。よって、$\pi/2$ 以下に θ_T の解がないことは推測できる。

このことを考慮しながら、式 (6.29) にエネルギー保存の式 (6.46) を代入し、$\cos\theta_T$ を求めよう。$v = \ell\dot\theta$ を用いて、

$$T = -\frac{mv_0^2}{\ell} + 2mg\left(1 - \frac{3}{2}\cos\theta\right) \tag{6.54}$$

を得る。$T = 0$ になる振れ角 θ_T は上式から

$$\cos\theta_T = \frac{2}{3}\left(1 - \frac{v_0^2}{2g\ell}\right) \tag{6.55}$$

となる。最大の振れ角 θ_X は式 (6.50) で求めたので、θ_T と θ_X にはつぎの関係が成り立つことが分かる。

$$\cos\theta_T = \frac{2}{3}\cos\theta_X \tag{6.56}$$

振れ角 θ_T は当然最大の振れ角 θ_X より内側にあるべきであるが、$\theta_X < \pi/2$ では上式は満足されない。したがって、$\theta_X > \pi/2$ においてのみ、解が求められる。この様子を図 6.11 に載せる。最下点の速度 v_0 を $\sqrt{2g\ell}$ を単位として横軸に、θ_X ならびに θ_T を縦軸にとった。$v_0/\sqrt{2g\ell} = 1$ が $\theta_X = \pi/2$ に対応し、ここでは $\theta_X = \theta_T = \pi/2$ となる。細い実線は θ_X であり、太線は θ_T である。最高点に達する $\theta_X \approx \pi$ のとき、$\theta_T \approx 2.3$ rad ($=132°$) で張力はゼロとなる。

繰り返すが、振り子が最高点 ($\theta = \pi, z = 2\ell$) を通り過ぎるためには、その最高点での運動エネルギーが正である必要があって、

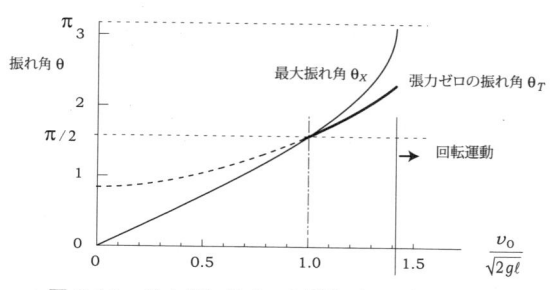

図 6.11 最大振れ角 θ_X と張力ゼロの振れ角 θ_T

$$\frac{1}{2}mv^2 = \frac{1}{2}mv_0{}^2 - 2mg\ell > 0 \tag{6.57}$$

である。それは最下点の速度 $v_0 > 2\sqrt{g\ell}$ であればよい。このとき ($\dot\theta \approx 0, \theta = \pi$)、棒にはたらく張力は

$$T = -(mg\cos\theta + m\ell\dot\theta^2) \tag{6.29}$$

であって、振り子の角速度が小さいときは遠心力(第2項)は重力(第1項)よりも小さく、張力 T ($T > 0$) は中心から外へ向かう方向をとって抗力となる。これは棒であるから起こり得ることで、ひもの振り子であれば、ひもはたるみ回転運動ができない。

(b) 振り子の角速度

振り子の運動の大枠は理解できた。では、式 (6.6) を解いて、振れ角の時間変化、つまり、角速度を求めよう。

$$\ddot\theta = -\omega_0{}^2 \sin\theta \qquad (\omega_0{}^2 = \frac{g}{\ell}) \tag{6.58}$$

を解くわけであるが、微小振動のときほど簡単ではない。$2\dot\theta$ を掛けて時間積分すると、

$$\int \frac{\mathrm{d}(\dot\theta^2)}{\mathrm{d}t}\mathrm{d}t = -2\omega_0{}^2 \int \sin\theta \frac{\mathrm{d}\theta}{\mathrm{d}t}\mathrm{d}t \;\Rightarrow\; \dot\theta^2 = 2\omega_0{}^2 \cos\theta + C \;\text{(積分定数)} \tag{6.59}$$

となる。初期条件として $t=0$ で振り子は最下点 ($\theta = 0$) で角速度 $\dot\theta_0$ ($\dot\theta_0 = v_0/\ell$) であることを代入すると $C = \dot\theta_0{}^2 - 2\omega_0{}^2$ となり

$$\dot\theta^2 = \dot\theta_0{}^2 - 2\omega_0{}^2(1-\cos\theta) = 4\omega_0{}^2\left(\kappa^2 - \sin^2\frac{\theta}{2}\right) \tag{6.60}$$

$$\kappa \equiv \frac{v_0}{2\sqrt{g\ell}} = \frac{\sqrt{\ell}}{2\sqrt{g}}\dot\theta_0 \tag{6.61}$$

を得る。第1式では倍角の公式、$1-\cos\theta = 2\sin^2(\theta/2)$、を用いた。上でみたように、振り子が回転運動でなく往復運動であるのは $v_0 < 2\sqrt{g\ell}$、つまり、$\kappa < 1$ のときである。第1式の左辺はつねに正値をもつため、κ は $\kappa^2 - \sin^2(\theta/2) > 0$ を満足しなければならない。確認する。κ は式 (6.51) から

$$\kappa = \sin\frac{\theta_X}{2} \tag{6.62}$$

であり、θ_X が最大の振れ角だから当然 $\theta < \theta_X$ であり

$$\kappa = \sin\frac{\theta_X}{2} > \sin\frac{\theta}{2} \tag{6.63}$$

であって、$0 \leq \theta_X < \pi$、すなわち $0 \leq \theta_X/2 < \pi/2$ の範囲では $\kappa^2 - \sin^2(\theta/2) > 0$ は満たされている。回転運動 ($v_0 > 2\sqrt{g\ell}$) のときは $\kappa > 1$ である。

往復運動 ($\kappa < 1$) のとき、微分方程式 (6.60) を解こう。

$$\frac{\mathrm{d}\theta}{\mathrm{d}t} = 2\omega_0\kappa\sqrt{1 - \frac{1}{\kappa^2}\sin^2\frac{\theta}{2}} = \dot{\theta}_0\sqrt{1 - \eta^2\sin^2\frac{\theta}{2}} \tag{6.64}$$

$\eta = 1/\kappa$ と記した。平方根内は1よりも小さい正値をもつことは分かる。時間積分すると、

$$\int_0^t \mathrm{d}t = t$$
$$= \frac{1}{\dot{\theta}_0}\int_0^\theta \frac{1}{\sqrt{1 - \eta^2\sin^2(\theta/2)}}\mathrm{d}\theta \tag{6.65}$$

$\dot{\theta}_0$ は変数ではなく、$t=0$ での角速度の値である。これで時間 t と振れ角 θ の関係が求まった。上式右辺は第1種楕円積分 (elliptic integral of the first kind) とよばれるもので、一般的な標準形として

$$F(\varphi, k) = \int_0^x \frac{\mathrm{d}u}{\sqrt{(1-u^2)(1-k^2u^2)}} = \int_0^\varphi \frac{\mathrm{d}\phi}{\sqrt{1-k^2\sin^2\phi}} \tag{6.66}$$

で定義される。式 (6.65) は $\theta/2 = \phi$ と変数変換すれば、楕円積分の形になる。図 6.12 に数値計算の1例を示す。横軸には振れ角 $\theta/2$ を、縦軸には時間 $t\dot{\theta}_0/2 = t(v_0/2\ell)$ をプロットした。往復運動については $\kappa =$ ① 0.999, ② 0.9, ③ 0.7, ④ 0.5 の4ケースについて計算した。②, ③, ④ に関しては往復運動を続けているが、図が煩雑になるのでプロットは 1+3/4 周期で終えてある。回転運動についても同じ式 (6.65) を用いればよい。往復運動では限られた領域での振れ角の変化であったが、回転運動では振れ角 θ は連続的に増加する。両運動とも被積分関数は正値をもつので、θ の増加とともに楕円積分の結果が増加するのは往復運動と変わりはない。回転運動については番号に

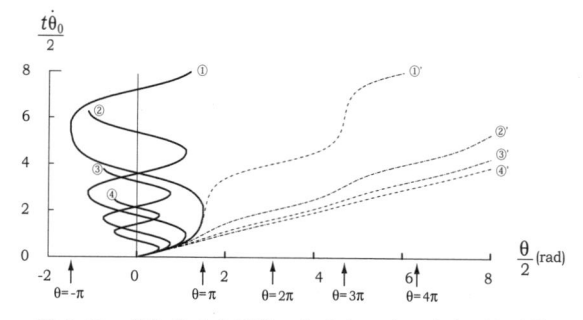

図 6.12 振れ角 θ と時間 t を式 (6.65) にもとづき計算

ダッシュをつけて、$1/\kappa =$ ① 0.999、② 0.9、③ 0.7、④ 0.5 ($\kappa =$ ① 1.001、② 1.111、③ 1.429、④ 2.0) の場合を示した。少し時間をかけて図を読みとって欲しい。

往復運動では κ 値の増加 (④ → ①) とともに振れ角の振幅（横軸方向の振幅）が大きくなり、かつ周期（縦方向に $\theta = 0$ 軸を横切る時刻点）も長くなる。κ が 1 を横切ってさらに増えると、振動軌跡は①（往復運動）から①'（回転運動）へと移る。2つの軌跡は $\theta = \pi$ で分離している。κ 値がさらに大きくなる (①' → ④') と、$\theta \sim \pi$ での減速の度合いが小さくなり、遠心力が重力を大きく上回って、ついにはほぼ一定の角速度で回転する。この回転の角速度は κ につれて増加し、軌跡は原点を通る横軸に一層近づいた傾きの浅い直線を構成する。

6-4-2 ひもの場合

ひもの先端に物体が固定された振り子の場合を考える。

棒の場合と本質的に違うのは、棒は伸び縮みしないが、ひもは内向きの力がかかると抗力を発揮できずにゆるむことである。このとき、振り子はもはや円弧を描かないことは日常経験でよく知っている。したがって、往復運動あるいは回転運動を行なうためには、振り子にはつねに外向きに力

$$F_r \equiv mg\cos\theta + m\ell\dot{\theta}^2 \quad (= -T) \quad > 0 \tag{6.67}$$

がはたらいていなければならない。最大の振れ角が $\theta_X \leq \pi/2$ である限りは、重力も遠心力も外向きでこの条件は満足される。しかし、$\theta_X = \pi/2 \sim \pi$ の場合は θ（振れ角）$> \theta_T$（$F_r = 0$ となる振れ角）以降においては、$F_r < 0$ となり振り子は円弧を描かない。往復運動ならびに回転運動の様子をみる。

(a) 往復運動

まず、最大の振れ角が $\theta_X = \pi/2$ である往復運動を考える。
$\theta_X = \pi/2$ であるための速度 v_0 はエネルギー保存から

$$\frac{1}{2}mv_0^2 = mg\ell \quad \Rightarrow \quad v_0 = \sqrt{2g\ell} \tag{6.68}$$

と求まる。棒振り子の場合と同じである。速度が $v_0 < \sqrt{2g\ell}$ であれば、最大の振れ角は $\theta_X < \pi/2$ である。このとき重力成分 $mg\cos\theta$ も遠心力 $m\ell\dot\theta^2$ も正値をもち、$F_r > 0$ ($T < 0$) を満足する。最大の振れ角ののち、戻ってくる場合においても当然 $T < 0$ である。よって、ひもはゆるむことなく棒の場合と同様に往復運動をもたらす。

(b) 回転運動

つぎに、回転運動をみる。

$\pi/2 < \theta < \pi$ の領域では重力成分 $mg\cos\theta$ が内向きとなるが、$F_r > 0$ とするためには、大きな角速度の勢いでもって遠心力 $m\ell\dot\theta^2$ を (常に外向きに) 高める必要がある。前者が最大の負値をとるのは $\theta = \pi$ の真上位置であり、ここで $F_r > 0$ が満足できればよい。真上を通り越したあとはさらに大きな正値をもつので、あらゆる振れ角でひもはゆるむことなく回転運動する。これを満足する速度 v_0 は、ひもの場合でも式 (6.54) は成り立つので、$\theta = \pi$ で $F_r > 0$ を科すと、

$$F_r = \frac{mv_0^2}{\ell} - 5mg > 0 \quad \Rightarrow \quad v_0 > \sqrt{5g\ell} \tag{6.69}$$

を得る。このとき、真上位置での速度 $v(\theta = \pi)$ はエネルギー保存の式から

$$v^2 = v_0^2 - 4g\ell > 5g\ell - 4g\ell = g\ell \quad \Rightarrow \quad v > \sqrt{g\ell} \tag{6.70}$$

であって、対応する遠心力は

$$m\ell\dot\theta^2 = \frac{mv^2}{\ell} > mg \tag{6.71}$$

である。確かに、遠心力は重力を上回っている。ここで、真上位置にほとんどゼロ速度で到達する描像を描いてはいけない。たとえば、$\ell = 1$ m のひもの場合、速度 $v(\theta = \pi)$ は 3.1 m/s 以上である。この速度のため、ひもは真上位置でも張りつめており円運動となる。

式 (6.54) を用いて、図 6.13 に張力 T と振れ角 ($\cos\theta$) の関係、往復運動ならびに回転運動が許される v_0 領域を示した。T と $\cos\theta$ は 1 次の関係にある。往復運動は①で示した直線よりも左下の領域に、回転運動は②で示した直線よりも右上の領域にある。ひも振り子の場合はその間の領域では次にみるようにひもがゆるみ (図 6.13(c))、

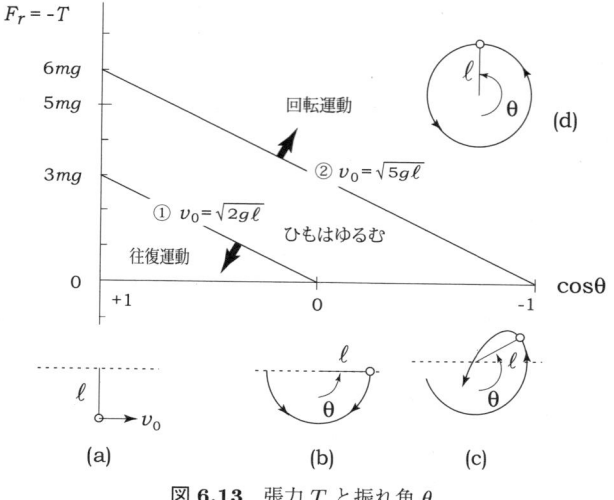

図 6.13 張力 T と振れ角 θ

周期的な振動現象はみられない。

(c) ゆるみ領域

$\sqrt{2g\ell} < v_0 < \sqrt{5g\ell}$ では運動はどうなるか。

棒の場合、回転運動する条件は $v_0 > 2\sqrt{g\ell}$ であった。$v_0 = 2\sqrt{g\ell}$ のとき、$T = 0 (F_r = 0)$ となる振れ角 θ_T は式 (6.55) あるいは式 (6.56) から求められ、$\theta_T = 2\pi/3 \approx 2.3$ rad $(=132°)$ である。つまり、この振れ角以降 $F_r < 0$ となる。棒の場合はゆるむことがないため、張力の正負は気にしなくて済んだが、ひもの場合は $\sqrt{2g\ell} < v_0 < \sqrt{5g\ell}$ の領域では真上位置にとどく前にゆるんでしまい回転運動にならない。$F_r = 0$ のときの位置 (ℓ, θ_T) ならびに速度 $v(\theta = \theta_T)e_\theta$ を初期状態とする落下運動となる。棒振り子の場合には図 6.14(a) のような往復運動が起こるが、ひも振り子の場合は図 6.14(b) のようになることは日常経験で知っている。

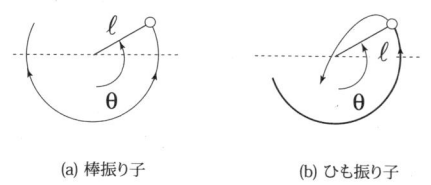

図 6.14 $\sqrt{2g\ell} < v_0 < \sqrt{5g\ell}$ $(\pi/2 < \theta_T < \pi)$ における (a) 棒振り子と (b) ひも振り子の違い

第 7 章

慣性系と慣性力をつかう

位置、速度、加速度などの力学量を用いて物体の運動を記述するためには、基準となる座標系を定めなければならない。

ニュートンの運動の第 1 法則（慣性の法則）が成り立つ座標系を**慣性系**といい、第 1 法則は慣性系を定義したものである、と 1-2 節 (p. 7) ですでに記した。

また、慣性系でない系、**非慣性系**では、外力がはたらかなくとも物体の運動状態が変化することも、1-2-1 小節「慣性系と非慣性系」(p. 9) で学んだ。よって、本章は重複をできるだけ少なくし簡潔に述べる。

7-1 平行移動する座標系

いま、慣性系 (O 系) に対して平行移動する座標系 (translational coordinate system)(O′ 系) を考える (図 7.1)。このとき、O′ 系での運動方程式はどうなるか、をみよう。

O 系からみた O′ 系の原点の位置ベクトルを r_0 で表す。運動する質量 m の物体 P の位置ベクトルを、O 系では r、O′ 系では r' と書くと、

$$r = r' + r_0 \tag{7.1}$$

である。さて、式 (7.1) を時間で 2 階微分すれば、

$$\ddot{r} = \ddot{r}' + \ddot{r}_0 \tag{7.2}$$

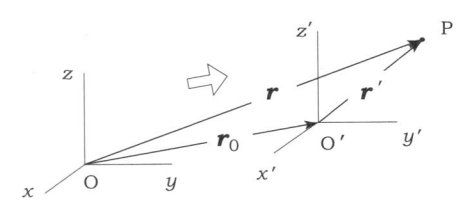

図 **7.1** 慣性系 (O 系) と平行移動する座標系 (O′ 系)

であり、加速度の関係を示す。O系からみた物体の加速度 $\ddot{\boldsymbol{r}}$ は、O′系からみた加速度 $\ddot{\boldsymbol{r}}'$ に O′系が O 系に対して運動している加速度 $\ddot{\boldsymbol{r}}_0$ を加えたものに等しい、ということである。両辺に質量 m を掛ける。左辺は慣性系での (質量)×(加速度) であって、作用する外力 $\boldsymbol{F}$ に等しく上式は

$$m\ddot{\boldsymbol{r}} = m\ddot{\boldsymbol{r}}' + m\ddot{\boldsymbol{r}}_0 \quad \Rightarrow \quad \boldsymbol{F} = m\ddot{\boldsymbol{r}}' + m\ddot{\boldsymbol{r}}_0 \tag{7.3}$$

となる。適当に各項を移項すると、

$$m\ddot{\boldsymbol{r}}' = \boldsymbol{F} - m\ddot{\boldsymbol{r}}_0 \tag{7.4}$$

となる。O′系での運動方程式をニュートンの運動の法則と同じ形、(質量)×(加速度) = 力、をとるようにすると、当然左辺は $m\ddot{\boldsymbol{r}}'$ である。これに等しい右辺の力は、外力 $\boldsymbol{F}$ から O 系に対する O′系の加速度にもとづく力 $m\ddot{\boldsymbol{r}}_0$ を差し引いたものとなる。

ここで、O′系ではたらく力を $\boldsymbol{F}'$ と表示すれば、

$$m\ddot{\boldsymbol{r}}' = \boldsymbol{F}' \tag{7.5}$$

であって、慣性系でのニュートンの運動方程式と同じ形式をもち、運動方程式に普遍性があるように表示できる。しかし、どの教科書にもこのようには書いていない。なぜなら、上式は単に右辺すべてを $\boldsymbol{F}'$ と記しただけであり、重要な力学的意味を明確にした結果ではないからだ。式 (7.4) の右辺第 1 項の $\boldsymbol{F}$ は位置 $\boldsymbol{r}$ にある物体に作用する外力であるのに対し、第 2 項は対象とする物体の運動には関係せず、O′系の加速度 $\ddot{\boldsymbol{r}}_0$ に依存する力、したがって、O′で観測されるどの物体に対してもはたらく力である。前者の外力は力のみなもとがあり、作用・反作用の法則がはたらく力である。一方、後者、つまり、式 (7.4) の第 2 項の力は慣性系 O に対して O′系が加速度運動 ($\ddot{\boldsymbol{r}}_0 \neq \boldsymbol{0}$) していることから生じるものである。その大きさは加速度の度合によって変化する。作用・反作用の法則がはたらく前者の実際の力は観測する座標系に依存しないが、この後者の力は座標系 O′ の運動にもとづく。この力を**見かけの力**、あるいは**慣性力** (inertial force) とよぶ。

7-1-1 慣性系

座標系 O′ が慣性系 O に対して等速度で運動しているとき、つまり、加速度運動していないとき ($\ddot{\boldsymbol{r}}_0 = \boldsymbol{0}$) は、見かけの力が消え O′系での運動方程式 (7.4) は

$$m\ddot{\boldsymbol{r}}' = \boldsymbol{F} \tag{7.6}$$

となり、慣性系の運動方程式 (1.1) と同じ形式をもつ。したがって、O′ 系も慣性系である。

ある慣性系に対して任意の速さで任意の方向へ等速度運動する座標系の数は無数に存在する。よって、唯一絶対の慣性系は存在せず、無限の数の区別のできない慣性系がある。そして、相対速度が一定である慣性系の間では力学の法則は同じであり、これを**ガリレオの相対性原理** (Galilean principle of relativity) という。

7-2　回転する座標系

つぎは、慣性系 (O 系) に対して原点を共有しながら回転する座標系 (O′ 系) を考える。回転系は慣性系に対して等速度運動していないので、当然、非慣性系である。そこではどのような慣性力がはたらくかを学ぶ。そして、回転座標系 (rotatory coordinate system) にいる観測者に対して物体の運動はどのようにみえるのか、つまり、回転座標系での運動方程式は慣性力を考慮すればどうなるのか、ということを導出する。

慣性系では物体の運動はニュートンの運動方程式 (1.1)

$$m\ddot{\boldsymbol{r}} = \boldsymbol{F} \tag{1.1}$$

で記述できる。これが出発点であって、これにもとづいて回転座標系における運動方程式を求めるわけだが、回転座標系での力学量にダッシュをつけて表すとすれば、求める運動方程式は

$$m\ddot{\boldsymbol{r}}' = ? \tag{7.7}$$

という形のものである。前節で登場した平行移動する座標系での運動方程式 (7.4)

$$m\ddot{\boldsymbol{r}}' = \boldsymbol{F} - m\ddot{\boldsymbol{r}}_0 \tag{7.4}$$

の回転座標系版を求めることである。

これでやるべきことが想像つく。具体的には、慣性系の位置ベクトル $\boldsymbol{r}$ を回転系の位置ベクトル $\boldsymbol{r}'$ で (式 (7.1) のように) 表示して、時間の 2 階微分を (式 (7.2) のように) 計算することであり、そして式 (7.4) のように回転座標系での運動方程式に変形することである。

7-2-1　回転座標系表示の速度と加速度

物体の位置は慣性系の単位ベクトル $\boldsymbol{e}_i$ ($i = x, y, z$) を用いて

$$\boldsymbol{r} = x\boldsymbol{e}_x + y\boldsymbol{e}_y + z\boldsymbol{e}_z \tag{7.8}$$

と表示しても、回転系の単位ベクトル $\boldsymbol{e}_{i'}$ を用いて

$$\boldsymbol{r}' = x'\boldsymbol{e}_{x'} + y'\boldsymbol{e}_{y'} + z'\boldsymbol{e}_{z'} \tag{7.9}$$

と表示しても両者は

$$\boldsymbol{r} = \boldsymbol{r}' \tag{7.10}$$

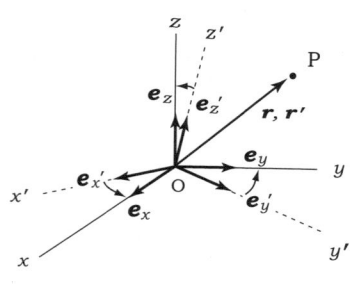

図 **7.2** 慣性系と回転系の単位ベクトル

であって、同じ物体の位置を示す。ある観測者に対してはどの座標系を表示の基準にしようと、客観的に存在する物体の位置ベクトルは基準表示のとり方によって変わるものではない。

式の表記を簡潔にするため、式 (7.9) を以降

$$\boldsymbol{r}' = \sum_{i=1}^{3} x_i' \boldsymbol{e}_i' \tag{7.11}$$

と記す[1]。x_1', x_2', x_3' は x', y', z' であり、$\boldsymbol{e}_1', \boldsymbol{e}_2', \boldsymbol{e}_3'$ は $\boldsymbol{e}_{x'}, \boldsymbol{e}_{y'}, \boldsymbol{e}_{z'}$ である。

観測者は慣性系にいると考える。

われわれが依って立つところは、繰り返すがニュートンの運動方程式であって、それは観測者が慣性系にいることを前提としているからである。式 (1.1) からスタートするために、$\boldsymbol{r} = \boldsymbol{r}'$ を時間で2階微分する。まず、1階微分する。x_i' ならびに $\boldsymbol{e}_i'$ も時間変化するので、

$$\frac{\mathrm{d}\boldsymbol{r}}{\mathrm{d}t} = \frac{\mathrm{d}\boldsymbol{r}'}{\mathrm{d}t} = \sum_{i=1}^{3} \left(\frac{\mathrm{d}x_i'}{\mathrm{d}t} \boldsymbol{e}_i' + x_i' \frac{\mathrm{d}\boldsymbol{e}_i'}{\mathrm{d}t} \right) \tag{7.12}$$

$$\left(\dot{\boldsymbol{r}} = \dot{\boldsymbol{r}}' = \sum_{i=1}^{3} \left(\dot{x}_i' \boldsymbol{e}_i' + x_i' \dot{\boldsymbol{e}}_i' \right) \right)$$

となる。これは速度である。慣性系の観測者がみる速度である。第1式の最左辺 $\mathrm{d}\boldsymbol{r}/\mathrm{d}t$ は慣性系の座標系表示による速度であり、真ん中の $\mathrm{d}\boldsymbol{r}'/\mathrm{d}t$ は回転座標系表示による速度である。両者とも慣性系の観測者がみる速度である。

しばらくはライプニッツの記法を用いて、時間微分 $\mathrm{d}/\mathrm{d}t$ を明確に表示し、理解の助けとする。右辺第1項は回転座標系の単位ベクトル $\boldsymbol{e}_i'$ で展開した位置ベクトルの時間変化であって、すなわち、回転系の観測者がみる運動する物体の速度である。それ

---

[1] O′ 系の量は添え字が小さく見づらいので、O 系の表示にダッシュを付けて記すことにする。たとえば、単位ベクトルならば、$\boldsymbol{e}_{i'}$ と記すべきだが、$\boldsymbol{e}_i'$ と記す。

を $d'\bm{r}/dt \equiv \bm{v}'$ と微分記号にダッシュを付けて表記することにする。一方、慣性系の観測者がみる運動する物体の速度は式 (7.12) そのものであり、右辺第 2 項は慣性系に対する回転系の回転運動にもとづくものである。両観測者のみる速度の違いはこの第 2 項による。

さらに時間微分を施すと、

$$\frac{d^2\bm{r}}{dt^2} = \frac{d^2\bm{r}'}{dt^2} = \sum_{i=1}^{3}\left(\frac{d^2 x_i'}{dt^2}\bm{e}_i' + 2\frac{dx_i'}{dt}\frac{d\bm{e}_i'}{dt} + x_i'\frac{d^2\bm{e}_i'}{dt^2}\right) \tag{7.13}$$

$$\left(\ddot{\bm{r}} = \ddot{\bm{r}}' = \sum_{i=1}^{3}\left(\ddot{x}_i'\bm{e}_i' + 2\dot{x}_i'\dot{\bm{e}}_i' + x_i'\ddot{\bm{e}}_i'\right)\right)$$

となる。ここでも、第 1 式の最左辺 $d^2\bm{r}/dt^2$ は慣性系の座標系表示による加速度であり、真ん中の $d^2\bm{r}'/dt^2$ は回転座標系表示による加速度である。両者とも慣性系の観測者がみる加速度である。右辺第 1 項は回転系の観測者からみた物体の加速度 ($d'\bm{v}/dt = \bm{\alpha}'$) であり、慣性系からみた物体の加速度（左辺）とは異なる。第 2 項、第 3 項は回転系の回転運動により生ずる見かけの加速度である。

求める運動方程式は、上式両辺に質量 m を掛ければ得られることが推測できる。ここで必要なのは、慣性系からみた回転系の単位ベクトルの時間微分 $d\bm{e}_i'/dt$, $d^2\bm{e}_i'/dt^2$ (右辺第 2 項、第 3 項) を回転系の量で表示することである。これをつぎにみよう。

7-2-2　回転系の単位ベクトルとその時間変化

$d\bm{e}_i'/dt$ を回転座標系の変数で表す。$\bm{e}_i'$ は単位ベクトルであるので、大きさは不変である。したがって、求めるものは慣性系に対して回転していることにより生じる時間変化である。

回転の速さは、回転軸の方向を含め角速度ベクトル量 $\bm{\omega}$ で表す。単位ベクトル $\bm{e}_i'$ ($i = 1, 2, 3$) はこの $\bm{\omega}$ を回転軸として回っているわけである。$i = 1$ であっても、$i = 2$ であっても、$i = 3$ であっても議論は同じなので、任意の単位ベクトルを考える。説明が明確になるように図 7.3 には議論に不要なものは省いた。したがって、読者がいま慣性系にいて回転する系を眺めているとして、慣性系の 3 軸を省略する。回転系が回転軸 $\bm{\omega}$ を中心として回転しているので、$\bm{\omega}$ を書いて回転の中心軸を表す。また、$\bm{\omega}$ を中心として回転する任意の単位ベクトルの

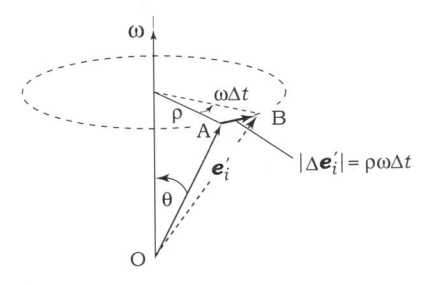

図 **7.3**　回転軸 $\bm{\omega}$ と単位ベクトル $\bm{e}_i'$

ひとつ e_i' を記入したが、他の 2 つの単位ベクトルは略す。$\boldsymbol{\omega}$ と e_i' のなす角度を θ とする。

O' 系の回転にともないベクトル e_i' (の先端) は回転軸 $\boldsymbol{\omega}$ に垂直な面内を半径 $\rho = |e_i'| \sin \theta$ で円運動する。微小時間 Δt 後には e_i' は $\overline{\text{OA}}$ から $\overline{\text{OB}}$ に移動する。この e_i' の変化量は $\Delta e_i' = \overline{\text{AB}}$ であり、大きさは $|\Delta e_i'| = \rho \omega \Delta t = |e_i'| \sin \theta \omega \Delta t$ である。変化の方向は、円に接し $\boldsymbol{\omega}$ の回転方向をもつ。よって、変化量は極限操作 $(\lim \Delta t \to 0)$ により微少量表示は $\Delta \to d$ と変わり、外積の形で

$$d\boldsymbol{e}_i' = \boldsymbol{\omega} \times \boldsymbol{e}_i' dt \tag{7.14}$$

と書け、求める単位ベクトルの時間変化は

$$\frac{d\boldsymbol{e}_i'}{dt} = \boldsymbol{\omega} \times \boldsymbol{e}_i' \tag{7.15}$$

となる。

(a) $d\boldsymbol{A}'/dt = \boldsymbol{\omega} \times \boldsymbol{A}'$ $(|\boldsymbol{A}| = 一定)$

さらに、この関係は単位ベクトルのみでなく、回転系に固定された大きさが時間的に変化しない任意のベクトル $\boldsymbol{A}'$ についても成り立つ。ベクトル $\boldsymbol{A}'$ は

$$\boldsymbol{A}' = A_1' \boldsymbol{e}_1' + A_2' \boldsymbol{e}_2' + A_3' \boldsymbol{e}_3' \tag{7.16}$$

と表示でき、慣性系からみるベクトル $\boldsymbol{A}'$ の時間微分は式 (7.15) を用いて

$$\begin{aligned}
\frac{d\boldsymbol{A}'}{dt} &= A_1' \frac{d\boldsymbol{e}_1'}{dt} + A_2' \frac{d\boldsymbol{e}_2'}{dt} + A_3' \frac{d\boldsymbol{e}_3'}{dt} \\
&= A_1' \boldsymbol{\omega} \times \boldsymbol{e}_1' + A_2' \boldsymbol{\omega} \times \boldsymbol{e}_2' + A_3' \boldsymbol{\omega} \times \boldsymbol{e}_3' \\
&= \boldsymbol{\omega} \times (A_1' \boldsymbol{e}_1' + A_2' \boldsymbol{e}_2' + A_3' \boldsymbol{e}_3') \\
&= \boldsymbol{\omega} \times \boldsymbol{A}'
\end{aligned} \tag{7.17}$$

となる。

7-2-3 回転系の運動方程式

式 (7.15) を式 (7.13) に代入して、回転系の観測者がみる運動方程式に書き直してゆこう。

まず、式 (7.13) の第 2 項は

$$2\sum_{i=1}^{3}\frac{\mathrm{d}x_i{}'}{\mathrm{d}t}\frac{\mathrm{d}\boldsymbol{e}_i{}'}{\mathrm{d}t} = 2\sum_{i=1}^{3}\frac{\mathrm{d}x_i{}'}{\mathrm{d}t}(\boldsymbol{\omega}\times\boldsymbol{e}_i{}') = 2\boldsymbol{\omega}\times\sum_{i=1}^{3}\frac{\mathrm{d}x_i{}'}{\mathrm{d}t}\boldsymbol{e}_i{}' = 2\boldsymbol{\omega}\times\boldsymbol{v}' \quad (7.18)$$

と書ける。式 (7.13) の第3項には単位ベクトルの時間の2階微分がでているので、はじめにそれを計算しておくと、

$$\begin{aligned}\frac{\mathrm{d}^2\boldsymbol{e}_i{}'}{\mathrm{d}t^2} &= \frac{\mathrm{d}}{\mathrm{d}t}(\boldsymbol{\omega}\times\boldsymbol{e}_i{}') = \frac{\mathrm{d}\boldsymbol{\omega}}{\mathrm{d}t}\times\boldsymbol{e}_i{}' + \boldsymbol{\omega}\times\frac{\mathrm{d}\boldsymbol{e}_i{}'}{\mathrm{d}t} \\ &= \frac{\mathrm{d}\boldsymbol{\omega}}{\mathrm{d}t}\times\boldsymbol{e}_i{}' + \boldsymbol{\omega}\times(\boldsymbol{\omega}\times\boldsymbol{e}_i{}')\end{aligned} \quad (7.19)$$

となる。よって、第3項は

$$\begin{aligned}\sum_{i=1}^{3}x_i{}'\frac{\mathrm{d}^2\boldsymbol{e}_i{}'}{\mathrm{d}t^2} &= \frac{\mathrm{d}\boldsymbol{\omega}}{\mathrm{d}t}\times\left(\sum_{i=1}^{3}x_i{}'\boldsymbol{e}_i{}'\right) + \boldsymbol{\omega}\times\left\{\boldsymbol{\omega}\times\left(\sum_{i=1}^{3}x_i{}'\boldsymbol{e}_i{}'\right)\right\} \\ &= \frac{\mathrm{d}\boldsymbol{\omega}}{\mathrm{d}t}\times\boldsymbol{r}' + \boldsymbol{\omega}\times(\boldsymbol{\omega}\times\boldsymbol{r}')\end{aligned} \quad (7.20)$$

となる。つぎに、式 (7.18), (7.20) を式 (7.13) に代入し、両辺に質量 m を掛けると、

$$\begin{aligned}m\frac{\mathrm{d}^2\boldsymbol{r}}{\mathrm{d}t^2} &= m\boldsymbol{\alpha}' + 2m\boldsymbol{\omega}\times\boldsymbol{v}' + m\frac{\mathrm{d}\boldsymbol{\omega}}{\mathrm{d}t}\times\boldsymbol{r}' + m\boldsymbol{\omega}\times(\boldsymbol{\omega}\times\boldsymbol{r}') \quad &(7.21) \\ &= \boldsymbol{F} &(7.22)\end{aligned}$$

となる。これは慣性系の観測者がみる (質量)×(加速度) を回転系の座標表示を用いて表したものであり (式 (7.21))、またそれは慣性系ではたらく外力に等しい (式 (7.22)) というニュートンの運動の法則である。

(a) 角速度ベクトル $\boldsymbol{\omega}$

式 (7.21) の右辺は回転系の座標で表示されている。$\boldsymbol{\omega}$ は慣性系からみた回転系の回転ベクトルである[2]。前節 7-1 において平行移動する座標系をみたが、その座標系を特徴づける力学量は慣性系に対する相対速度 $\boldsymbol{v}_0$ であった。ここでの回転系に関しては、慣性系に対する角速度 $\boldsymbol{\omega}$ が回転系を特徴づける力学量である。

回転系にいる観測者からみると、自分は回転系とともに回転しているのだから回転は感じない、みえない、したがって、$\boldsymbol{\omega}=0$ である、と考えるのではない。われわれの基点は慣性系であって、その慣性系に対して系は回転しており、角速度 $\boldsymbol{\omega}$ は3次元空間に確固として存在する独自のベクトルである。回転系を外から（つまり、慣性系に対して）規定する力学量である。

しかし、この回転ベクトル、つまり、角速度 $\boldsymbol{\omega}$ を慣性系座標により表示することも

---

[2] 力学的描像を明確にするため、本書では角速度ベクトルを回転ベクトルとも書く。

$$\boldsymbol{\omega} = \omega_x \boldsymbol{e}_x + \omega_y \boldsymbol{e}_y + \omega_z \boldsymbol{e}_z \tag{7.23}$$

回転系座標により表示することも

$$\boldsymbol{\omega}' = \omega_1' \boldsymbol{e}_1' + \omega_2' \boldsymbol{e}_2' + \omega_3' \boldsymbol{e}_3' \tag{7.24}$$

原理的には許される。繰り返すが、両者 $\boldsymbol{\omega}$ も $\boldsymbol{\omega}'$ も、慣性系からみた回転系の角速度である。

$$\boldsymbol{\omega} = \boldsymbol{\omega}' \tag{7.25}$$

このとき、単位ベクトル $\boldsymbol{e}_i'$ は慣性系に対して時間とともに回転している。

(b) 運動方程式と慣性力

さて、本題に戻る。

先に述べたように、求める回転系の観測者がみる運動方程式 (7.7) は式 (7.21) を書き換えて

$$m\boldsymbol{\alpha}' = \boldsymbol{F} - 2m\boldsymbol{\omega} \times \boldsymbol{v}' - m\frac{d\boldsymbol{\omega}}{dt} \times \boldsymbol{r}' - m\boldsymbol{\omega} \times (\boldsymbol{\omega} \times \boldsymbol{r}') \tag{7.26}$$

となる。すべての力学量は回転系で表示された (回転座標系の力学量にはダッシュを付けたことを思いだせ)[3]。単位ベクトル $\boldsymbol{e}_i'$ を基準にする回転系で運動方程式を記述したわけである。

上式を平行移動する系でみた運動方程式 (式 (7.4))

$$m\ddot{\boldsymbol{r}}' = \boldsymbol{F} - m\ddot{\boldsymbol{r}}_0 \tag{7.4}$$

と比べてみるのは面白い。式 (7.4) ならびに式 (7.26) とも左辺は、慣性系に対して平行移動する、あるいは回転する座標系での (質量)×(加速度) であり、右辺第 1 項は外力である。右辺第 2 項以降は平行移動系と回転系で当然異なるが、両者は**見かけの力**を表すものであり、慣性系に対して運動する座標系の特性を示す力学量が登場する。一方は慣性系に対する平行移動の加速度 $\ddot{\boldsymbol{r}}_0$、他方は慣性系に対する回転ベクトル $\boldsymbol{\omega}$ に依存する。

式 (7.26) から回転系では 3 種類の見かけの力が存在する。右辺第 2 項の力 $\boldsymbol{F}_K$ を**コリオリ力**という。

$$\begin{aligned} \boldsymbol{F}_K &= -2m\boldsymbol{\omega} \times \boldsymbol{v}' \\ &= 2m\boldsymbol{v}' \times \boldsymbol{\omega} \end{aligned} \tag{7.27}$$

---

[3] 外力 $\boldsymbol{F}$ も $\boldsymbol{\omega}$ 同様、$\boldsymbol{F}$(慣性系表示)= $\boldsymbol{F}'$(回転系表示) である。

前につく負符号を忘れてもいいように2行目では外積の順番を入れ換えて負符号をなくした。この力は物体の速度に比例するもので、つぎにみる遠心力とは異なる。

右辺第4項の力 $\boldsymbol{F}_C$ は日常的によく知っている**遠心力** (centrifugal force) である。

$$\begin{aligned}\boldsymbol{F}_C &= -m\boldsymbol{\omega}\times(\boldsymbol{\omega}\times\boldsymbol{r}') \\ &= m(\boldsymbol{\omega}\times\boldsymbol{r}')\times\boldsymbol{\omega}\end{aligned} \quad (7.28)$$

この力は物体の位置ベクトル、角速度の2乗に依存する。

右辺第3項の力 $\boldsymbol{F}_V$ は

$$\begin{aligned}\boldsymbol{F}_V &= -m\frac{d\boldsymbol{\omega}}{dt}\times\boldsymbol{r}' \\ &= m\boldsymbol{r}'\times\frac{d\boldsymbol{\omega}}{dt}\end{aligned} \quad (7.29)$$

であって、角速度ベクトルの時間変化に依存する。単に、角速度の大きさの変化のみでなく、角速度の大きさが一定でもその方向が変化すると $d\boldsymbol{\omega}/dt \neq 0$ であり、それが位置ベクトルと同一方向でない限りはゼロでない見かけの力が生じる。多くの教科書に従って、本章でも回転ベクトルはひとまず不変 ($d\boldsymbol{\omega}/dt = 0$) であるとする。

7-2-4 慣性系と回転系におけるベクトルの時間微分

回転系に固定された時間的に変化しないベクトルは、慣性系では時間変化してみえる。式 (7.17) がその様子を教える。

$$\frac{d\boldsymbol{A}'}{dt} = \boldsymbol{\omega}\times\boldsymbol{A}' \quad (7.17)$$

そして、回転系で時間変化するベクトル $\boldsymbol{B}$ の、慣性系でのその時間微分は

$$\frac{d\boldsymbol{B}}{dt} = \frac{d'\boldsymbol{B}}{dt} + \boldsymbol{\omega}\times\boldsymbol{B}' \quad (7.30)$$

である。右辺第1項が式 (7.17) と比較して新たに付いた。これは 7-2-1 小節「回転座標系表示の速度と加速度」(p. 152) で取り決めたダッシュの記法で記した回転系からみたベクトル $\boldsymbol{B}'$ の時間変化を意味する。上式を導いておこう。

式 (7.12) からスタートする。

$$\frac{d\boldsymbol{r}}{dt} = \frac{d\boldsymbol{r}'}{dt} = \sum_{i=1}^{3}\left(\frac{dx_i'}{dt}\boldsymbol{e}_i' + x_i'\frac{d\boldsymbol{e}_i'}{dt}\right) \quad (7.12)$$

位置ベクトルも時間的に変化する量であるので、$\boldsymbol{r}$ や $\boldsymbol{r}'$ を任意のベクトル $\boldsymbol{B}$ と $\boldsymbol{B}'$ に置き換えても式 (7.12) は成り立つ。式 (7.8), (7.9), (7.10) と同様に

$$\boldsymbol{B} = \sum_{i=1}^{3} B_i \boldsymbol{e}_i, \quad \boldsymbol{B}' = \sum_{i=1}^{3} B_i' \boldsymbol{e}_i', \quad \boldsymbol{B} = \boldsymbol{B}' \tag{7.31}$$

と表記する。そうすると式 (7.12) に対応して

$$\begin{aligned}\frac{\mathrm{d}\boldsymbol{B}}{\mathrm{d}t} = \frac{\mathrm{d}\boldsymbol{B}'}{\mathrm{d}t} &= \sum_{i=1}^{3}\left(\frac{\mathrm{d}B_i'}{\mathrm{d}t}\boldsymbol{e}_i' + B_i'\frac{\mathrm{d}\boldsymbol{e}_i'}{\mathrm{d}t}\right) \\ &= \sum_{i=1}^{3}\left(\frac{\mathrm{d}B_i'}{\mathrm{d}t}\boldsymbol{e}_i' + B_i'\boldsymbol{\omega}\times\boldsymbol{e}_i'\right) = \sum_{i=1}^{3}\left(\frac{\mathrm{d}B_i'}{\mathrm{d}t}\boldsymbol{e}_i' + \boldsymbol{\omega}\times(B_i'\boldsymbol{e}_i')\right) \\ &= \frac{\mathrm{d}'\boldsymbol{B}}{\mathrm{d}t} + \boldsymbol{\omega}\times\boldsymbol{B}'\end{aligned} \tag{7.32}$$

となる。2 行目の第 2 項には式 (7.15) を用いた。最終式の第 1 項は、回転系の観測者がみたベクトル $\boldsymbol{B}'$ の時間変化で、$\sum_{i=1}^{3}(\mathrm{d}B_i'/\mathrm{d}t)\boldsymbol{e}_i'$ を $\mathrm{d}'\boldsymbol{B}/\mathrm{d}t$ と表記した。

したがって、速度ベクトルの式 (7.12) は上式の表示を用いると、

$$\frac{\mathrm{d}\boldsymbol{r}}{\mathrm{d}t} = \frac{\mathrm{d}\boldsymbol{r}'}{\mathrm{d}t} = \frac{\mathrm{d}'\boldsymbol{r}}{\mathrm{d}t} + \boldsymbol{\omega}\times\boldsymbol{r} = \boldsymbol{v}' + \boldsymbol{\omega}\times\boldsymbol{r}' \tag{7.33}$$

と書ける。

角速度ベクトル $\boldsymbol{\omega}$ についても式 (7.32) は成り立ち、

$$\frac{\mathrm{d}\boldsymbol{\omega}}{\mathrm{d}t} = \frac{\mathrm{d}\boldsymbol{\omega}'}{\mathrm{d}t} = \frac{\mathrm{d}'\boldsymbol{\omega}}{\mathrm{d}t} + \boldsymbol{\omega}\times\boldsymbol{\omega} = \frac{\mathrm{d}'\boldsymbol{\omega}}{\mathrm{d}t} \tag{7.34}$$

となる。角速度ベクトルの時間変化は慣性系からみようと、回転系からみようと同じで、座標系には依存しないことを教えてくれる。これをさらに一般化すると、$\boldsymbol{\omega}$ に平行な任意のベクトル $\boldsymbol{C}$ は

$$\boldsymbol{\omega} \parallel \boldsymbol{C} \quad \Rightarrow \quad \boldsymbol{\omega}\times\boldsymbol{C} = 0 \tag{7.35}$$

のため、その時間変化は慣性系からみようと、回転系からみようと同じ

$$\frac{\mathrm{d}\boldsymbol{C}}{\mathrm{d}t} = \frac{\mathrm{d}'\boldsymbol{C}}{\mathrm{d}t} \tag{7.36}$$

であることが分かる。

7-2-5 遠心力とコリオリ力と向心力

7-2-3 小節「回転系の運動方程式」でみた 3 つの力を簡単な例をとって考えてみる。慣性系 O に対して一定の角速度 $\boldsymbol{\omega}$ ($\dot{\boldsymbol{\omega}} = 0$) で回転する 2 次元平面 ($x$-$y$ 平面、したがって z 軸は回転軸) を想定し、質量 m の物体の運動を議論しよう。

(a) 回転系 O′ で物体を静止させておくのに必要な力

回転系の観測者に対する運動方程式は、式 (7.26) から

$$m\ddot{\boldsymbol{r}}' = \boldsymbol{F} + 2m\dot{\boldsymbol{r}}' \times \boldsymbol{\omega} + m(\boldsymbol{\omega} \times \boldsymbol{r}') \times \boldsymbol{\omega} \tag{7.37}$$

と書ける。右辺の総力がゼロであれば ($\ddot{\boldsymbol{r}}' = 0$)、静止していた物体は静止しつづける ($\dot{\boldsymbol{r}}' = 0$) ことになる。このとき、物体は回転系で静止しているのでコリオリ力ははたらかない。よって、総力がゼロになるために必要な外力 $\boldsymbol{F}$ は

$$\boldsymbol{F} = -m(\boldsymbol{\omega} \times \boldsymbol{r}') \times \boldsymbol{\omega} \tag{7.38}$$

である。遠心力と同じ大きさで反対方向を向く力、つまり、向心力が必要である。物体をひもでつなぐなりして、この力を作り出さないと物体は静止し得ない。

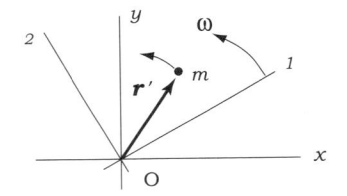

図 **7.4** 回転系で静止する物体 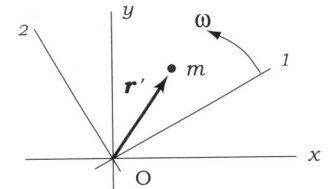　　図 **7.5** 慣性系で静止する物体

(b) 慣性系 O で静止している物体を回転系 O′ からみると

物体は回転系とは反対方向に角速度 $-\boldsymbol{\omega}$ の円運動をするようにみえる。したがって、物体には遠心力がはたらいているはずと思われる。そうすると物体は外方向へ移動してゆくはずであるが、半径一定で円運動するのみである。しかし、上の場合のように向心力が作用するひもで引かれているわけでもない。では、なぜ、円運動 ($\dot{r} = 0$) となるのか？

回転系での運動方程式は式 (7.37) で、いま、外力は存在しない ($\boldsymbol{F} = 0$) ので

$$m\ddot{\boldsymbol{r}}' = 2m\dot{\boldsymbol{r}}' \times \boldsymbol{\omega} + m(\boldsymbol{\omega} \times \boldsymbol{r}') \times \boldsymbol{\omega} \tag{7.39}$$

である。回転軸は $z'(z)$ 軸であって、$\boldsymbol{\omega} = \omega \boldsymbol{e}_{z'}$。物体は角速度 $\dot{\theta} = -\omega$ で z' 軸のまわりを回る。左辺の加速度は成分展開すると、

$$\ddot{\boldsymbol{r}}' = (\ddot{r}' - r'\dot{\theta}^2)\boldsymbol{e}_{r'} + (2\dot{r}'\dot{\theta} + r'\ddot{\theta})\boldsymbol{e}_{\theta}' \tag{C.60}$$

である。一方、式 (7.39) の右辺第 1 項のコリオリ力は $\dot{\boldsymbol{r}}' = \dot{r}'\boldsymbol{e}_{r'} + r'\dot{\theta}\boldsymbol{e}_{\theta}'$ (式 (C.56))

を用いて書き直すと、

$$2m\dot{\bm{r}}' \times \bm{\omega} = 2m\left(\dot{r}'\bm{e}_r' + r'\dot{\theta}\bm{e}_\theta'\right) \times \omega\bm{e}_z' = -2m\dot{r}'\omega\bm{e}_\theta' + 2mr'\dot{\theta}\omega\bm{e}_r' \quad (7.40)$$

である。第2式から第3式へは、2次元極座標系の基本ベクトル間の外積

$$\bm{e}_r' \times \bm{e}_z' = -\bm{e}_\theta' \quad (\text{C.49})$$
$$\bm{e}_\theta' \times \bm{e}_z' = \bm{e}_r' \quad (\text{C.50})$$

の関係を使った（付録 C-2-2 小節を参照）。同様に、式 (7.39) の右辺第2項の遠心力も

$$m\left(\bm{\omega} \times \bm{r}'\right) \times \bm{\omega} = m\left(\omega\bm{e}_z' \times r'\bm{e}_r'\right) \times \omega\bm{e}_z' = m\omega^2 r'\bm{e}_r' \quad (7.41)$$

と書ける。これで、運動方程式 (7.39) を r 方向と θ 方向に分離展開する準備ができた。

物体の角速度は $\dot{\theta} = -\omega$ であることを用いると、r 方向の運動方程式は

$$m(\ddot{r}' - r'\dot{\theta}^2) = 2mr'\dot{\theta}\omega + mr'\omega^2 \quad \Rightarrow$$
$$m(\ddot{r}' - r'\omega^2) = -2mr'\omega^2 + mr'\omega^2 \quad (7.42)$$

である。上式の左辺第2項は向心力であり、右辺第1項はコリオリ力であって第2項は遠心力である。左辺第2項を右辺に移項すると、

$$m\ddot{r}' = -2mr'\omega^2 + 2mr'\omega^2 = 0 \quad (7.43)$$

となり、$\ddot{r}' = 0$ である。よって、物体の r 方向の速度 $\dot{r}' = $ 一定。回転系からみて、$t=0$ のはじめに静止していた物体は $\dot{r}'(t=0) = 0$ であり、$\dot{r}(t) = 0$ となる。これは $r = r_0 = $ 一定を意味し、物体は r 方向に動かない。

θ 方向に関しては

$$m(2\dot{r}'\dot{\theta} + r'\ddot{\theta}) = -2m\dot{r}'\omega \quad (7.44)$$

である。これは

$$mr'\ddot{\theta} = -2m\dot{r}'\omega - 2m\dot{r}'\dot{\theta} = -2m\dot{r}'\omega + 2m\dot{r}'\omega = 0 \quad (7.45)$$

を導く。つまり、$\ddot{\theta} = 0$ であり、$\dot{\theta} = -\omega = $ 一定。これは問題の設定条件であり、当たり前の結果が出たわけである。

以上から、遠心力とコリオリ力がつり合って r 方向には力がはたらかず、物体は回転系からみると確かに円運動することになっている。また、θ 方向についても、コリオリ力と θ 方向の力 $2m\dot{r}'\dot{\theta}$ がつり合っているので一定の角速度 $-\omega$ で回転すると言える。

問 上では両成分方向に遠心力とコリオリ力がつり合って、慣性系で静止する物体の運動を回転系からも論理的に説明できる力学構成になっていることを示すため、記述がもって回ることとなった。速度が

$$\dot{r}' = \omega \times r' \tag{7.46}$$

であることからスタートして、個々に成分展開することなくベクトル的に扱えば簡潔に済む。試みよ。

第8章

地球自転の効果を地上でみる

　運動を観測する人間がいつも慣性系にいるとは限らない。たとえば、われわれは自転する地球上にいる。したがって、地上の座標系は厳密には慣性系でない。この自転が運動にあきらかに影響を及ぼす課題を対象に取り上げて、落下物体や振り子の運動が慣性系でみるときと比べてどのように異なる様相を呈するかをみる。

8-1　気象現象

8-1-1　台風の渦の回転方向

　地球は自転している。したがって、回転座標系である地上からみて運動する物体はコリオリ力を受ける。

　コリオリ力のため、台風の渦は北半球では左巻きであり南半球では右巻きとなる。以下では、北半球での台風を想定する。

　　赤道に近い低緯度領域では、海面温度の高いところでは海水の蒸発により上昇気流が発生する。局部的に上昇気流が集まり膨大な気流が下から上への大気の流れを構成し、そのため海面近くでは気圧の低下が起こり、上層部では積乱雲が生じ渦を形成する。これが成長したものが熱帯性低気圧であって、中心近くの（最大）風速が 17.2 m/s $= 62$ km/h を超えたものを**台風**とよぶ。強さの分類では、「強い」台風とは最大風速が $33\text{-}44$ m/s 未満のもの、「非常に強い」台風とは $44\text{-}54$ m/s 未満、「猛烈な」台風とは 54 m/s $= 194$ km/h 以上のものをいう。「猛烈な」ものは新幹線に近い速度の最大風速である。

　　もう少し詳しくみると、上昇した大気は高度とともに圧力が下がり保持できる水蒸気量が少なくなって、凝結した水滴として水蒸気を放出する。このとき潜熱がでる。この潜熱が周囲の大気を温め、大気はさらに上昇する。この繰り返しで激しい上昇気流が生まれるわけだ。海面近くの上昇した大気を補うため、周辺から大気が流れ込んでくる。この流れは以下でみるように、コリオリ力のはたらきによって北半球では上空からみて反時計回り、南半球では時計回りとなる。

台風の中心に吸い込まれる大気の回転方向をコリオリ力のはたらきとして理解する。そのために、以下のことを知っておこう。まず、台風の拡がりについて。

「大型」台風とは風速 15 m/s 以上の半径が 500-800 km 未満のもの、「超大型」とはそれ以上のものをいう。札幌–鹿児島間の直線距離はほぼ 1,600 km 程度である。したがって、「超大型」は直径 1,600 km 以上ということであり、北海道から九州までを被う規模の大きさである。一方、台風の上昇気流は 5-10 km 上空に達する。したがって、「大型」の場合を含めても、台風はほぼ縦 1 に対し、拡がりは 100-200 程度の大きさである。拡がりに比べ、厚さは大変薄い。身近なもので対応させると、CD ディスク (厚み 1.2 mm, 直径 120 mm) の超大型のものを連想すればよい。雑誌やテレビでみる台風のメカニズム説明用の図は全く現実の縦横比を無視したものであることが分かる。しかし、こんな大規模な台風の拡がりも地球の円周 $\approx$ 40,000 km と比べれば、僅か数%である。

何をいいたいか？ 台風は図 8.1 に例示するように地表面に、小さなディスクが球に、へばり付いているようなものだ、ということである。図 8.1(a) では地球半径 6,400 km に対して、台風の拡がり（太線）を 1,600 km 程度に示した。

さて、台風の渦巻き方向を決めるはたらきをするコリオリ力を考える。

地球は地軸を中心に自転している。この回転運動が台風に渦を巻かせるわけであり、自転の角速度を $\boldsymbol{\omega}$ と記す（図 8.1(a)）。また、台風の緯度を α と記す。地球に固定した回転座標系として、地球中心 O′ を原点に、台風の中心を通る鉛直上方に z' 軸をとる。x'-y' 平面は当然 z' 軸に垂直である。

大気流には地球の自転にともなった遠心力も作用するが、それは 8-1-4 小節 (p. 169) でみるような「実効的な重力」として重力 $m\boldsymbol{g}$ に含めて扱うことができ、かつその効果はここでは本質的でないので無視する。一方、コリオリ力は式 (7.37) の右辺第 2 項

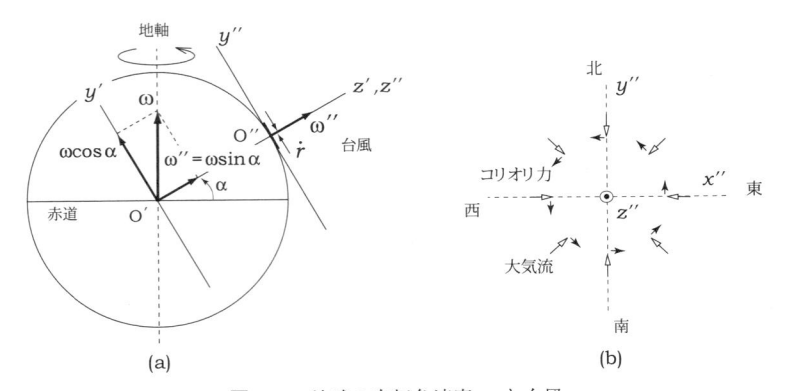

図 **8.1** 地球の自転角速度 $\boldsymbol{\omega}$ と台風

$$\boldsymbol{F}_K = 2m\dot{\boldsymbol{r}}' \times \boldsymbol{\omega} \tag{8.1}$$

であって速度 $\dot{\boldsymbol{r}}'$ に依存し、遠心力 ($\boldsymbol{F}_C = m(\boldsymbol{\omega} \times \boldsymbol{r}') \times \boldsymbol{\omega}$) のように回転軸（地軸）からの距離にはよらない。いま、原点 O' から台風中心 O'' の地表までの地球半径を r_0 と記せば、

$$\boldsymbol{r}' = r_0 \boldsymbol{e}_z{}' + \boldsymbol{r}'' \tag{8.2}$$

$\boldsymbol{r}''$ は O'' から地表に沿っての対象とする大気流への距離である。したがって、大気流の速度 $\dot{\boldsymbol{r}}'$ は

$$\dot{\boldsymbol{r}}' = \dot{\boldsymbol{r}}'' \tag{8.3}$$

であり、大気流の運動は座標系 O' でなく、台風中心 O'' を原点とし台風面を x''-y'' 平面とする座標系 O'' で考えてもよい。その方が考えやすい。ディスク状態の台風大気の流れは x''-y'' 平面内にあり、これと外積を形成して平面内で大気流に渦を巻かせるのは角速度ベクトルの z'' 成分である。すなわち、$\omega_z'' = \omega \sin \alpha$ である。よって、コリオリ力の大きさは

$$|\boldsymbol{F}_K| = 2m\dot{r}''\omega \sin \alpha \tag{8.4}$$

であり、その方向は大気の流れに対して左から右へとはたらく（図 8.1(b)）。

この結果が北半球の台風は反時計回りということになるが、作図できるか。

図 8.2(a) のように、大気流がコリオリ力によって右に偏向され、さらに進行方向に向かって右へ、右へと … と考えてはいけない。台風は熱帯性低気圧であって、大気流は台風中心へと吸い込まれていく。常に、中心へと吸引力を受けている。式 (7.37) の右辺第 1 項 $\boldsymbol{F}$ に相当する。したがって、右へ偏向するコリオリ力と吸引力の合力が繰り返し作用するわけで、図 8.2 (b) のような軌道を描くことになる（図 8.3 (a)）。

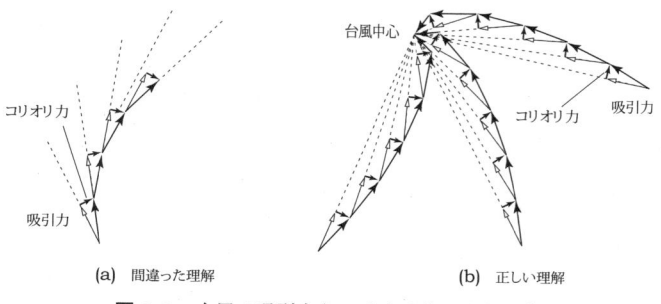

図 8.2 台風の吸引力とコリオリ力のはたらき

図 **8.3** (a) 平成 14 年台風第 4 号（気象庁のホームページ http://www.jma.go.jp/jma/kishou/know/typhoon/1-2.html から）の衛星画像、(b) 南半球の台風を想像するために (a) を空間反転させたもの。

台風が南半球にあるときは、渦の巻き方が逆になるのは理解できるであろう。図 8.4 に示すように、地球の自転自体は変化しないため、角速度の z'' 軸成分はマイナス符号をもつ。したがって、南半球では大気流に対して、いつも右から左へとコリオリ力が作用することになり、図 8.3 (b) でみるような渦を構成する。

コリオリ力がどれぐらい強いか、計算してみよう。角速度 ω は地球は 1 日で 1 回転するので、

$$\omega = \frac{2\pi}{1\text{日} = 8.6 \times 10^4 \text{ s}} = 7.3 \times 10^{-5} \text{ s}^{-1} \quad (8.5)$$

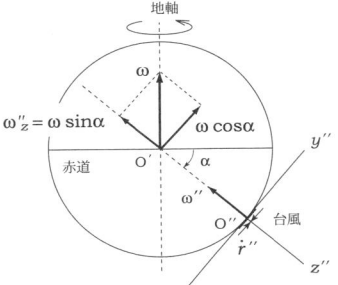

図 **8.4** 南半球の台風と角速度

緯度を $\alpha = 30°$ と想定すると、$\omega_z'' = \omega \sin\alpha = 3.7 \times 10^{-5} \text{ s}^{-1}$。大気流の風速を、たとえば、$\sim 40 \text{ m/s}$ ととれば、大気流の受けるコリオリ力による加速度 α_K は

$$\alpha_K = 2\,\dot{r}''\omega_z'' \sim 0.003 \text{ m/s}^2 \quad (8.6)$$

となる。重力加速度 $g = 9.8 \text{ m/s}^2$ のわずか $\sim 1/3{,}300$ 倍である。

このような小さな効果が感知されるためには、小さな力の連続した積み重ねが効果を生ずるほどの大規模なスケールが必要であり、台風がそのよい 1 例である。

　　　　低緯度で発生した台風は、季節によって、すなわち、地球規模の大気状態の違いによって、その北上進路が変わり、夏から秋には太平洋高気圧のまわりを回って日本にくる。ごく乱暴にいって、赤道から極地方への大気の流れ（暖 → 冷）が上層にあって、台風は北上する。この北上の流れの過程で、低緯度では貿易風が東から西へと吹いており、中高緯度では偏西風（ジェット気流）が西から東へと吹いているため、台風は低緯度では

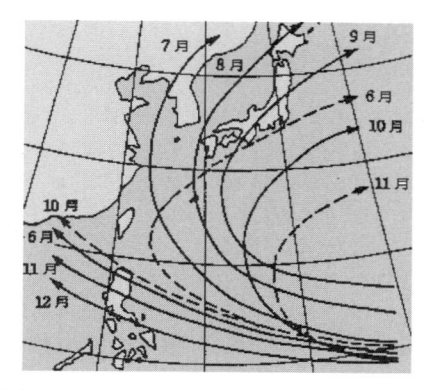

図 8.5 台風の進路 (気象庁のホームページ http://www.jma.go.jp/jma/kishou/know/typhoon/1-2.html から)

西へ流され中高緯度では東へ流される。北上しながら海面から供給される水蒸気を熱源（エネルギー源）として発達し、さらに中心気圧を下げ、また風速を増す。

台風は移動するに際して、海面や地上との摩擦によりエネルギーを失い、エネルギーや水蒸気の補給がなくなれば 2-3 日で消滅する。このため、台風は上陸すると水蒸気の供給が絶たれ、急速に衰えることになる。台風は緯度の高い日本などにくると、海からのエネルギーの供給が少なくなって、熱帯性低気圧や温帯性低気圧になることはよく知られている。さらに、北からの寒冷な気圧の影響などを受けると、勢力を失う。

8-1-2 偏西風と貿易風

偏西風や貿易風はコリオリ力のはたらきによると、著者は理解している。つまり、台風にかかわらず熱帯地方の上昇気流は 5,000-10,000 m 上空にまでとどく。暖かい大気はそこから寒冷な極地方へと、熱（温度）が熱い（高い）ところから冷たい（低い）ところへ流れるように、流れてゆく。北半球を想定すると、このとき、コリオリ力 $\boldsymbol{F}_K = 2m\dot{\boldsymbol{r}}' \times \boldsymbol{\omega}$ ($\dot{\boldsymbol{r}}'$ は地球表面に沿って北向き、$\boldsymbol{\omega}$ は地球の自転角速度で地軸を通る) がはたらき東向きの力が作用する。その結果、緯度 30° 付近で西風としての大気の流れができ、偏西風となる。

偏西風が東へと流れるにつれて、こんどはコリオリ力は南方向にはたらく。$\dot{\boldsymbol{r}}' \times \boldsymbol{\omega}$ の外積を図 8.1(a) を参考に考えてみよ。さらに、上空の低温度のため大気流は冷やされ、下降する。上昇する気流がコリオリ力のために東向きの流れとなったと同様に、下降する気流はコリオリ力のために西向きの流れとなる。つまり、下降しながら、南西方向への大気流ができる。これが貿易風であって、北半球では北東貿易風とよばれ

るものになる。以上は、北半球で考えたものである。南半球でも偏西風であり偏東風でないが、貿易風は南東貿易風となる。

> 昔の帆船時代にはこの決まった経路を吹く風を利用して貿易を行なったので貿易風 (trade wind) とよぶと聞いたが、どうもそうでないらしい。廣田勇著『気象の遠近法』（成山堂書店）によると、trade の本来の意味は「恒常的」ということで、trade wind とはいつも同じ方向に吹く風を意味するとのこと。
>
> このように大気の流れは循環している。
>
> 以下は、著者の理解であるが、現実のメカニズムはずっと複雑である。
>
> 世界地図をみると、太平洋ならびに大西洋、さらにはインド洋の主な海流の流れには一定の規則がみえる。北半球では時計回り、南半球では反時計回りである。われわれになじみ深い黒潮は日本列島に沿って北上し、途中から東向きの北太平洋海流となり、北中米大陸にぶつかり南下後、北赤道海流として西向きに偏向し、環流する。先に議論した偏西風、貿易風の応力に引きずられ、環流するわけである。実際のメカニズムはそう簡単でなく、多くの要因が作用しているわけであるが、ここでもコリオリ力が重要なはたらきをしている。
>
> なかなか興味深く、面白い。諸君も自分で調べ、学んでみることをすすめる。

8-1-3　気圧と風の流れ

テレビで天気予報をみる。そのとき、いつも不思議に思うのは予報官が当日の気流の流れを説明するが、高気圧から低気圧へと、つまり気圧の高い方から低い方へと、等圧線に垂直には流れない。気流は等圧線にほぼ沿って気圧を回るように流れる。

コリオリ力がはたらいているのだろうと推測はできる。熱帯低気圧の台風と普通の低気圧とはどこが違うのか。中心気圧が違う。低気圧は台風ほど気圧が低くはない。以下、気象の専門家でない著者の理解である。

低気圧においても台風と同じように、気圧差により周辺の大気を中心部に吸引する力がはたらく。離れた周辺の大気はコリオリ力によって反時計回りに回転はするが、吸引力が弱いものだから中心部に吸い込まれる以前に、気流に垂直に作用するコリオリ力の作用が積み重なって、気流の流れの方向が徐々に変化し等圧線に沿うようになる。そうするとコリオリ力は遠心力と同様に外向きに作用する。その結果、気圧差による吸引力とコリオリ力がつり合い、等圧線に沿って円運動するような流れをつくりだす。これを**地衡風**とよぶ。

高気圧ではこの事情が逆になるが、吹き出す力とコリオリ力がバランスし、等圧線に沿って気流が流れることは同様である。ただし、ここでは時計回りであることが異なる。

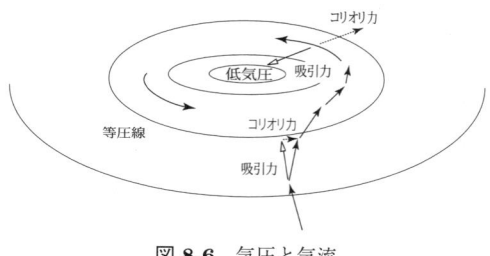

図 8.6 気圧と気流

　実際は大気流の粘性摩擦が重要なはたらきをし、流れは等圧線に完全には平行にならず、低気圧の中心方向に少し曲げられる。
　これで、テレビでの天気予報図の見方も少しは変わっただろう。

8-1-4　実効的な重力

　8-1-1 小節「台風の渦の回転方向」(p. 163) では重力に遠心力を加味した「実効的な重力」という言葉を使用した。ここでは、その「実効的な重力」の説明をする。

　運動する物体の位置 $\bm{r}' = \bm{r}_0 + \bm{r}''$ が地表に近いならば（物体の地表からの距離が地球半径 $\bm{r}_0$ と比べ充分に小さいならば）、はたらく遠心力は

$$\bm{F}_C = m\left(\bm{\omega} \times \bm{r}'\right) \times \bm{\omega} \approx m(\bm{\omega} \times \bm{r}_0) \times \bm{\omega} \qquad \left(|\bm{F}_C| = m\omega^2 r_0 \cos\alpha\right) \qquad (8.7)$$

と近似できる。地球半径は $r_0 \approx 6.4 \times 10^6$ m であるので、物体の地表からの距離が $|\bm{r}''| =$ 数 100-数 1,000 m 程度である限りは、$\bm{r}''$ にもとづく遠心力 $m(\bm{\omega} \times \bm{r}'') \times \bm{\omega}$ は $\bm{F}_C$ の 0.1% よりも小さく、無視できる。物体が存在する地表点を以下、O と記す。

　$\bm{F}_C$ は回転軸 $\bm{\omega}$（地軸）と O 点を通る面内にあり、回転軸に垂直なベクトルを構成する（図 8.7）。重力も同じ面内にある。これらの 2 つの力を合成して、「実効的な重力」

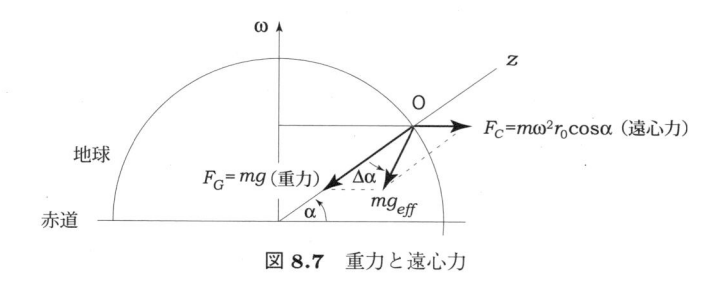

図 8.7　重力と遠心力

$$-m\boldsymbol{g}_{\text{eff}} = -m\boldsymbol{g} + \boldsymbol{F}_C \tag{8.8}$$

として扱う。2つの力とも同一面内にあるため、「実効的な重力」も同じ面内にある。以下にみるように、遠心力の大きさ F_C は重力 F_G に比べて随分と小さいため、この合力を「実効的な重力」とよんだ。

遠心力と重力の大きさを定量的に計算してみよう。まず、角速度 ω はすでに計算した。

$$\omega = \frac{2\pi}{1\,\text{日} = 8.6 \times 10^4\,\text{s}} = 7.3 \times 10^{-5}\,\text{s}^{-1} \tag{8.5}$$

である。地球半径はおおよそ $r_0 \sim 6.38 \times 10^6$ m であるので、

$$\begin{aligned}
\left|\frac{F_C}{F_G}\right| &= \frac{m\omega^2 r_0 \cos\alpha}{mg} \\
&= \frac{(7.3 \times 10^{-5})^2 \times (6.38 \times 10^6) \times \cos\alpha}{9.8} = 3.5 \times 10^{-3} \cos\alpha \\
&\approx \frac{\cos\alpha}{289} \sim \frac{\cos\alpha}{300}
\end{aligned} \tag{8.9}$$

となる。ここで α は緯度であった。日本の緯度は $\alpha \approx 37°$ ($\cos 37° = 0.80$) であるので、

$$\left|\frac{F_C}{F_G}\right| = 0.0028 \approx \frac{1}{360} \tag{8.10}$$

であって、遠心力の寄与はずいぶんと小さい。赤道上では $\cos\alpha = 1$ で最大の遠心力をもち、重力に対しほぼ300分の1であり、極では $\cos\alpha = 0$ となって遠心力はない。

この遠心力のため、合成された力の方向は地球中心へ向かう方向から若干ずれる。このずれの角度 $\Delta\alpha$ を計算しよう。図 8.7 から分かるように、重力に垂直な遠心力の成分は $F_C \sin\alpha$ であり、重力方向の成分は $-F_C \cos\alpha$ であるので、

$$\tan(\Delta\alpha) = \frac{F_C \sin\alpha}{F_G - F_C \cos\alpha} \approx \frac{F_C}{F_G}\sin\alpha \approx \frac{\sin\alpha \cos\alpha}{300} = \frac{\sin 2\alpha}{600} \tag{8.11}$$

と扱って良い。ここでは $F_G \gg F_C$、ならびに $\sin 2\alpha = 2\sin\alpha\cos\alpha$ を用いた。$\alpha = 37°$ の場合、重力の方向は地球中心 O から赤道方向に $\Delta\alpha = 0.09°$ だけずれる。このずれの角 $\Delta\alpha$ を緯度 α の関数としてプロットしたものが図 8.8 である。面白いことに緯度 $\alpha = 45°$ で最大値を示し、その両側では対称な振る舞いをする。これは緯度に依存する遠心力の性質 ($\propto r_0 \cos\alpha$) と遠心力の重力に垂直な成分 ($\propto \sin\alpha$) の振る舞いの結果である。自分で考えてみるとよい。

重力と遠心力を「実効的な重力」にまとめることにより、地上（回転座標系 O''）での落下物体の運動方程式は式 (7.37) を書き直すことにより

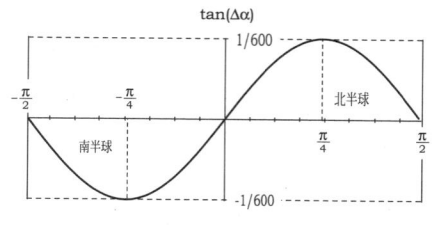

図 8.8 重力のずれ角 $\tan \Delta \alpha$

$$m\boldsymbol{\alpha}'' = -m\boldsymbol{g}_{\text{eff}} + 2m\boldsymbol{v}'' \times \boldsymbol{\omega} \tag{8.12}$$

と簡単になる。地球中心を原点にとった回転座標系 O' での運動方程式も上式と同じで、$''$ を $'$ に書き換えるだけでよい。右辺第 1 項は「実効的な重力」であって、$\boldsymbol{g}_{\text{eff}}$ は実効的な重力加速度である。上でみたように遠心力の効果は非常に小さく、ほとんどの場合は重力に対して無視できる。

8-2 ナイルの放物線

ここでは、コリオリ力の効果が現れるような充分な高さから投げ出された物体の落下運動を扱ってみよう。

8-2-1 落下物体の運動方程式

地表のある高さ $(z = h)$ から落下する物体の運動方程式はすでに式 (8.12) で与えられた。これからの議論はすべて O'' 系のみに限られるので、煩雑なので、以下 $''$ を省く。また、遠心力の効果は無視できるので重力加速度 $\boldsymbol{g}_{\text{eff}}$ から下付き添字 eff を除く。

運動方程式を各成分に分解するために、方程式の各項を成分展開しておく。

$$m\boldsymbol{\alpha} = m\left(\ddot{x}\boldsymbol{e}_x + \ddot{y}\boldsymbol{e}_y + \ddot{z}\boldsymbol{e}_z\right) \tag{8.13}$$

$$-m\boldsymbol{g} = -mg\boldsymbol{e}_z \tag{8.14}$$

$$2m\boldsymbol{v} \times \boldsymbol{\omega} = 2m\left(\dot{x}\boldsymbol{e}_x + \dot{y}\boldsymbol{e}_y + \dot{z}\boldsymbol{e}_z\right) \times \left(\omega_x\boldsymbol{e}_x + \omega_y\boldsymbol{e}_y + \omega_z\boldsymbol{e}_z\right)$$
$$= 2m\left\{\left(\dot{y}\omega_z - \dot{z}\omega_y\right)\boldsymbol{e}_x + \left(\dot{z}\omega_x - \dot{x}\omega_z\right)\boldsymbol{e}_y + \left(\dot{x}\omega_y - \dot{y}\omega_x\right)\boldsymbol{e}_z\right\} \tag{8.15}$$

である。したがって、各成分の運動方程式は

$$m\ddot{x} = 2m\left(\dot{y}\omega_z - \dot{z}\omega_y\right) \tag{8.16}$$

$$m\ddot{y} = 2m(\dot{z}\omega_x - \dot{x}\omega_z) \tag{8.17}$$

$$m\ddot{z} = -mg + 2m(\dot{x}\omega_y - \dot{y}\omega_x) \tag{8.18}$$

となる。

座標系の z 軸を重力方向に沿って鉛直上向きに定める。地球中心を通る自転軸 $\boldsymbol{\omega}$ とこの z 軸でつくる面は経度面に一致し、南北の両極を貫く。そこで、地表面上の原点から南方向に x 軸を定める。自動的に y 軸は東方向を向く。この結果、角速度ベクトルは

$$\boldsymbol{\omega} = \omega_x \boldsymbol{e}_x + \omega_z \boldsymbol{e}_z \tag{8.19}$$

$$\omega_x = -\omega\cos\alpha, \quad \omega_z = \omega\sin\alpha \tag{8.20}$$

となり、y 成分をもたない ($\omega_y = 0$)。運動方程式はさらに簡単になり、両辺の質量 m を相殺すれば、

$$\ddot{x} = 2\dot{y}\omega_z = 2\omega\sin\alpha\,\dot{y} \tag{8.21}$$

$$\ddot{y} = 2(\dot{z}\omega_x - \dot{x}\omega_z) = -2\omega(\cos\alpha\,\dot{z} + \sin\alpha\,\dot{x}) \tag{8.22}$$

$$\ddot{z} = -g - 2\dot{y}\omega_x = -g + 2\omega\cos\alpha\,\dot{y} \tag{8.23}$$

である。見やすくするために

$$\omega_c = \omega\cos\alpha, \quad \omega_s = \omega\sin\alpha \tag{8.24}$$

と記すと上式は

$$\ddot{x} = 2\omega_s \dot{y} \tag{8.25}$$

$$\ddot{y} = -2(\omega_c \dot{z} + \omega_s \dot{x}) \tag{8.26}$$

$$\ddot{z} = -g + 2\omega_c \dot{y} \tag{8.27}$$

と書ける (ω_z は ω に正弦関数 $\sin\alpha$ が掛かった成分である、ことを明示するために ω_s と記した)。

上の方程式は各成分が互いに入り混じり一筋縄では解けない。しかし、コリオリ力が重力に比べてはるかに小さいので**逐次近似**の方法 (method of succesive approximation) でもって解くことができる。

その前に、確かにコリオリ力は重力と比べて充分小さいことを確認しておこう。両者の比は

$$\left|\frac{2m\boldsymbol{v}\times\boldsymbol{\omega}}{m\boldsymbol{g}}\right| = \frac{2v\omega\sin\theta}{g} < \frac{2v\omega}{g} \tag{8.28}$$

である。θ は $\boldsymbol{v}$ と $\boldsymbol{\omega}$ のなす角である。コリオリ力が重力と同程度になる物体の速度 v は、上式を ~ 1 とおくことによって

$$v \sim \frac{g}{2\omega} = \frac{9.8 \text{ (m/s}^2)}{2 \times (7.3 \times 10^{-5}) \text{ (1/s)}} \sim 7 \times 10^4 \text{ m/s}$$
$$= 70 \text{ km/s} = 25 \text{ 万 km/h} \tag{8.29}$$

となる。この速度は、ジャンボジェットの飛行速度 ($v \sim 1{,}000$ km/h $= 280$ m/s) の 250 倍であり、音速 ~ 334 m/s の 200 倍である。地球の重力を振り切って物体を宇宙空間に放出するに必要な速度 (脱出速度 $= 11.2$ km/s) よりも 6 倍も速い速度である。したがって、日常に出合う物体の速度 (たとえば、新幹線の速度が $v \sim 70\text{-}80$ m/s) ではコリオリ力は重力の 0.001 倍 (1,000 分の 1) 程度かそれ以下であり、コリオリ力の成分は重力に比べてはるかに小さい。

一方、上の脱出速度の計算から速度が km/s 程度になれば、重力に対してコリオリ力は無視できなくなる。

8-2-2　逐次近似計算

運動方程式 (8.25) $-$ (8.27) には何ら近似の取り扱いは行なわれておらず、厳密なものである。

まず、第 0 近似として、運動方程式 (8.25) $-$ (8.27) の右辺のコリオリ力の成分項を重力に対して無視する。つまり、ゼロとする。運動方程式は

$$\ddot{x} = 0, \quad \ddot{y} = 0, \quad \ddot{z} = -g \tag{8.30}$$

となり、これは重力下での落下の運動方程式である。初期条件を勘案して、これを解けば第 0 近似として物体の速度ならびに位置、つまり軌跡が求まる。当然、これではコリオリ力の効果が考慮されていない。しかし、概略として悪くない。

式 (8.27) の z 成分では重力とコリオリ力の合力が存在し重力が主要な作用をしてコリオリ力の影響を無視したわけであるが、式 (8.25), (8.26) の x, y 方向についてはコリオリ力のみだけで重力の作用は存在しない。したがって、重力に対して無視できたコリオリ力の影響もここでは、小さいが有限な効果として現れてくる。

そこで、第 0 近似で求めた解を運動方程式 (8.25) $-$ (8.27) の右辺に代入して再度計算すれば、第 1 近似としての解が求まる。このとき、速度ならびに位置は単に時間のみの関数であるため、実に簡単に計算できることが分かる。

求まった解を再度運動方程式の右辺に代入し、同じ手続きを繰り返して近似の精度を上げていける。これが逐次近似法である。近似の回数が増えるにつれて、ω の次数

が1つずつ増えた項が新たに付加されることになる。

次小節では、具体的な初期条件を設定して運動を解析してみよう。

8-2-3 具体的な運動の例

以下、初速度を $\bm{v}_0 = v_x^0 \bm{e}_x + v_y^0 \bm{e}_y + v_z^0 \bm{e}_z$、初期座標を $\bm{r}_0 = x^0 \bm{e}_x + y^0 \bm{e}_y + z^0 \bm{e}_z$ と書く。

(a) 自由落下のとき

もっとも簡単な例として、地上 $z = h$ のところから物体を自由落下させる場合を扱う。$v_x^0 = 0,\ v_y^0 = 0,\ v_z^0 = 0$ である。

まず、第0近似としてコリオリ力の項を無視した運動方程式 (8.30) を解く。初期条件を考えて

$$\dot{x} = 0, \quad x = 0 \tag{8.31}$$

$$\dot{y} = 0, \quad y = 0 \tag{8.32}$$

$$\dot{z} = -gt, \quad z = -\frac{1}{2}gt^2 + h \tag{8.33}$$

を得る。地上に到達する時刻 T は式 (8.33) において、$z(T) = 0$ から

$$T = \sqrt{\frac{2h}{g}} \tag{8.34}$$

と求まる。

つぎに、上で求めた近似式を式 (8.25) – (8.27) に代入する。x, z 成分の運動方程式は変化せず、y 成分のみが

$$\ddot{y} = 2\omega_c g t \tag{8.35}$$

とコリオリ力の影響が現れる。これを解くと、

$$\dot{x} = 0, \quad x = 0 \tag{8.36}$$

$$\dot{y} = \omega_c g t^2, \quad y = \frac{1}{3}\omega_c g t^3 \tag{8.37}$$

$$\dot{z} = -gt, \quad z = -\frac{1}{2}gt^2 + h \tag{8.38}$$

となる。初期条件 $v_y^0 = 0, y_0 = 0$ を考慮した。第0近似で無視したコリオリ力の項が y 成分に現れた。y 方向と z 方向への落下距離の比をとって、この効果の大きさをみ

てみると、

$$\left|\frac{y}{z-h}\right| = \frac{1}{3}\omega_c g t^3 \Big/ \frac{1}{2}gt^2 = \frac{2}{3}\omega_c t \sim \omega_c t \tag{8.39}$$

となり、時間と共にコリオリ力の影響が大きくなることが分かる。y 成分は速度ならびに位置座標とも z 成分と比べ、コリオリ力を象徴する因子 $\omega_c t$ が掛かっている。ω_c に時間 t が掛かっていてはじめて次元が合うことに気づけ。

さらに、近似を上げてみよう。式 (8.36)–(8.38) の速度を式 (8.25) − (8.27) に代入する。

$$\ddot{x} = 2\omega_s\omega_c g t^2 \tag{8.40}$$

$$\ddot{y} = 2\omega_c g t \tag{8.41}$$

$$\ddot{z} = -g + 2\omega_c{}^2 g t^2 \tag{8.42}$$

となり、これを解くと、

$$\dot{x} = \frac{2}{3}\omega_s\omega_c g t^3, \quad x = \frac{1}{6}\omega_s\omega_c g t^4 \tag{8.43}$$

$$\dot{y} = \omega_c g t^2, \quad y = \frac{1}{3}\omega_c g t^3 \tag{8.44}$$

$$\dot{z} = -gt + \frac{2}{3}\omega_c{}^2 g t^3, \quad z = -\frac{1}{2}gt^2 + \frac{1}{6}\omega_c{}^2 g t^4 + h \tag{8.45}$$

となる。z 方向の速度ならびに位置座標に新しく加わった項の大きさを重力による主要項と比較すると、

$$\left|\frac{2}{3}\omega_c{}^2 g t^3 \Big/ gt\right| \text{ あるいは } \left|\frac{1}{6}\omega_c{}^2 g t^4 \Big/ \frac{1}{2}gt^2\right| \sim (\omega_c t)^2 \tag{8.46}$$

である。$\omega_c \leq \omega = 7 \times 10^{-5}$ であるので、落下時間が数 1,000 秒程度あるいはそれ以上にならない限り新しく登場した項の寄与は小さい。例えば、$t = 60$ s ならば、その寄与は重力の効果の 5-6 万分の 1 であり、無視してよい。

一方、y 方向には式 (8.26), (8.44) から分かるように、重力の効果がコリオリ力を通して $\omega_c t$ 倍となって現れている。この効果は z 方向の重力効果と比べると $\omega_c t$ 倍で確かに小さいが、y 方向についてはこの効果が主成分を構成する。

つぎに、x 方向をみる。式 (8.25), (8.27) にみるように、x 方向の大きさ $2\omega_s\dot{y}$ は上で無視できるとした z 方向のコリオリ力の効果 $2\omega_c\dot{y}$ と同程度である（$\cos\alpha$ と $\sin\alpha$ の違いはあるが程度問題としては大差はない）。x 方向の速度ならびに位置座標へのコリオリ力の効果を y 方向への効果との比較でみてみよう。式 (8.43) と (8.44) の速度ならびに位置座標の比を構成すると、

である。x 方向への効果は y 方向への効果の $\omega_s t$ 倍であり、落下時間が数 1,000 秒程度あるいはそれ以上にならない限り寄与は小さい。y 方向へのコリオリ力の効果は z 方向への重力の効果の $\omega_c t$ 倍であったのだから、x 方向へのコリオリ力の効果は z 方向への重力の効果の $\omega_c \omega_s t^2$ 倍であり、x 方向についてはこの効果が主成分を構成するが、はるかに小さい。

以上のことから、ω の 2 次以上の項は無視しても充分問題はない。落下物体の座標は、したがって

$$x = 0, \quad y = \frac{1}{3}\omega_c g t^3, \quad z = -\frac{1}{2}g t^2 + h \tag{8.48}$$

と近似できる。y-z 平面で軌跡を描く。上式から t を消去すると軌道は

$$y = \frac{1}{3}\omega_c g \left\{\frac{2(h-z)}{g}\right\}^{3/2} \tag{8.49}$$

と求まる。これを**ナイルの放物線** (Neil's parabola)[1] という。地上での y 方向へのずれは上式に $z = 0$ を代入することにより得られ

$$y = \frac{1}{3}\omega_c \sqrt{2hg}\left(\frac{2h}{g}\right) \tag{8.50}$$

である。

(b) 東京スカイツリーからの物体の落下

具体的な数値を代入して、上の効果を感じよう。2012 年に完成した日本最高の高さを誇る東京墨田区のタワー、東京スカイツリー ($h = 634$ m) から物体を初速度ゼロで落下させる場合を想定する。以下で [ ] 内の数値は東京タワー ($h = 333$ m) からの場合である。緯度 $\alpha = 37°$ では $\cos\alpha = 0.8$, $\sin\alpha = 0.6$ なので、$\omega_c = 5.8 \times 10^{-5}$, $\omega_s = 4.4 \times 10^{-5}$ s^{-1} である。

落下に要する時刻 T は式 (8.45) において $z(T) = 0$ を解いて得られる。先に議論したように、右辺第 2 項の ω^2 の項は無視でき

$$-\frac{1}{2}g T^2 + h = 0 \quad \Rightarrow \quad T = \sqrt{\frac{2h}{g}} = 11.4\ [8.2]\ \text{s} \tag{8.51}$$

---

[1] 「物を放ったときの線」という意味での放物線であって、2 次曲線を意味するものでない。また、エジプトのナイル川 (The Nile) とは関連はなく、人名である。

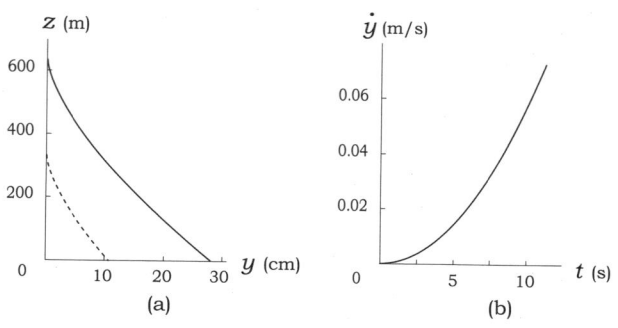

図 8.9 東京スカイツリーから初速度ゼロで落下する物体。(a) 軌道（ナイルの放物線）、(b)y 方向の速度。破線は東京タワー ($h = 333$ m) からの落下を示す。

を得る。

　地上に落下したとき、物体は原点からずれている。どちらにどれだけずれているのか？ 数値計算しよう。まず、$y(T) > 0$ ということは、東へ物体はずれて落下したということである。これはコリオリ力が $\bm{F}_K = 2m\bm{v} \times \bm{\omega}$ であって、落下速度の方向が $-z$ 方向であり、角速度 $\bm{\omega} = \omega_x \bm{e}_x + \omega_z \bm{e}_z = -\omega_c \bm{e}_x + \omega_s \bm{e}_z$ であることから、$\bm{F}_K$ は $+y$ 方向、つまり、東方向にはたらくことによる。式 (8.44) に数値を代入すれば、

$$y(T) = 0.279 \, [0.105] \text{ m} = 27.9 \, [10.5] \text{ cm} \tag{8.52}$$

であり、式 (8.43) は

$$x(T) = 7.0 \, [1.8] \times 10^{-5} \text{ m} = 70 \, [18] \, \mu\text{m} \tag{8.53}$$

であって、x 方向のずれは確かに無視できることが分かる。

　図 8.9 にこの落下物体の軌道、ナイルの放物線、をプロットした。

(c) 直感的把握

　つぎに、単に運動方程式を解くだけでなく、上記の落下物体の運動を直感的に理解してみよう。

　図 8.10(a) でみるように、物体は地球に固定された座標系の z 軸上 h の高さから落下するわけである。これを慣性系から眺めると、座標系も地球とともに回転している。物体は $t = 0$ で y 方向の速度

$$v_y = \omega \times (r_0 + h) \cos \alpha \tag{8.54}$$

をもつ。y 方向には力がはたらいていないので、物体はそのままの速度で y 方向に運

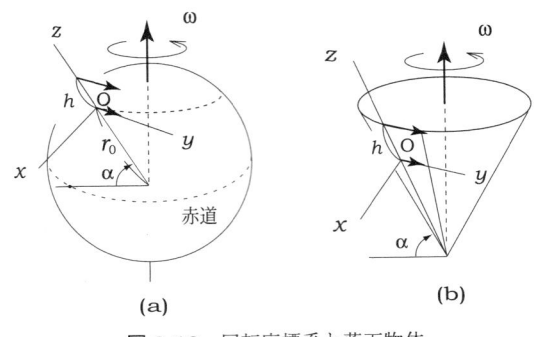

178　第 8 章　地球自転の効果を地上でみる

図 8.10　回転座標系と落下物体

動するが、重力の作用が同一緯度を横切る円錐面 (図 8.10(b)) の界隈に物体を拘束する。地上に達する時刻 T は式 (8.51) で求まっているので、その間に物体が円錐面に沿って横方向に移動する距離は $v_y T$ である。

座標原点 O は、当然円錐面上を横へ移動するが、その速度は

$$v_{y0} = \omega \times r_0 \cos\alpha \tag{8.55}$$

であって、移動距離は $v_{y0} T$ である。

この差が地上に落下したときの物体の（そのときの回転座標系での）y 位置であり

$$\Delta y = (v_y - v_{y0}) \times T = h\omega \cos\alpha T = h\omega_c T \tag{8.56}$$

である。差が正値をもつとは、東へずれることである。ここで式 (8.51) を用いて、h を代入すると Δy は

$$\Delta y = \frac{1}{2}\omega_c g T^3 \tag{8.57}$$

を得る。正しくは、座標系は円錐面に束縛されて地球の自転とともに回転するが、物体は円錐面の接線方向に放出されるので、そのことを考慮する必要がある。しかしながら、この粗っぽい評価においても、分母の係数が 2 と 3 の違いはあるがこれで y 方向の式 (8.44) が直感的に説明できる。

(d) 投げ上げのとき

つぎに、落下運動の逆をやってみよう。つまり、投げ上げる場合である。投げ上げて最高点 $z = h$ に達すると考える。つまり、$z = h$ で z 方向の速度成分がゼロである。初期条件を $t = 0$ で $v_x^0 = 0$, $v_y^0 = 0$, $v_z^0 > 0$, $x^0 = 0$, $y^0 = 0$, $z^0 = 0$ とする。このと

き、最高点ではどちらへどれだけずれているだろうか？

第 0 近似の運動方程式は、再度式 (8.30) である。初期条件を考慮して解くと

$$\dot{x} = 0, \quad x = 0 \tag{8.58}$$

$$\dot{y} = 0, \quad y = 0 \tag{8.59}$$

$$\dot{z} = -gt + v_z^0, \quad z = -\frac{1}{2}gt^2 + v_z^0 t \tag{8.60}$$

となる。

この近似解を運動方程式 (8.25) – (8.27) に代入し、解くと

$$\left.\begin{array}{l} \ddot{x} = 0 \\ \ddot{y} = 2\omega_c gt - 2\omega_c v_z^0 \\ \ddot{z} = -g \end{array}\right\} \Rightarrow \left\{\begin{array}{ll} \dot{x} = 0, & x = 0 \\ \dot{y} = \omega_c gt^2 - 2\omega_c v_z^0 t, & y = \dfrac{1}{3}\omega_c gt^3 - \omega_c v_z^0 t^2 \\ \dot{z} = -gt + v_z^0, & z = -\dfrac{1}{2}gt^2 + v_z^0 t \end{array}\right. \tag{8.61}$$

となる。これまでにみたように、この近似で充分である。

$z = h$ に達する時刻 T は、式 (8.61) で $\dot{z}(T) = 0$ から

$$T = \frac{v_z^0}{g} \tag{8.62}$$

と求まる。最高点では $z(T) = h$ であるので、

$$-\frac{1}{2}gT^2 + v_z^0 T = h \tag{8.63}$$

の関係式が成り立つ。これ以上物体が上昇しないとは、この 2 次方程式は $t = T$ で重解をもつということである。つまり、この 2 次方程式の解

$$T = \frac{v_z^0}{g} \pm \sqrt{\left(\frac{v_z^0}{g}\right)^2 - \frac{2h}{g}} \tag{8.64}$$

の平方根の中がゼロである。よって、

$$v_z^0 = \sqrt{2hg} \tag{8.65}$$

を得る。式 (8.62) の T も書き直すと、

$$T = \sqrt{\frac{2h}{g}} \tag{8.66}$$

である。投げ上げの初速度を $v_z^0 = \sqrt{2hg}$ とすれば、前問の落下のときと同じ時間 T を要して、最高点 $z = h$ に達する。

以下、初速度を $v_z^0 = \sqrt{2hg}$ とする。

(e) 最高点での y 方向のずれ

最高点に達したときの y 位置は式 (8.61) に時刻 T (式 (8.66)) を代入して

$$y = \frac{1}{3}\omega_c g \left(\frac{2h}{g}\right)\sqrt{\frac{2h}{g}} - \omega_c \sqrt{2hg}\left(\frac{2h}{g}\right) = -\frac{2}{3}\omega_c \sqrt{2hg}\left(\frac{2h}{g}\right) \tag{8.67}$$

を得る。

y がマイナスということは、西へずれることである。

落下させた場合とは逆方向にずれた。このことは、コリオリ力は速度と角速度の外積 ($\boldsymbol{F}_K = 2m\boldsymbol{v}\times\boldsymbol{\omega}$) により構成され、投げ上げの場合は当然落下と反対方向の速度ベクトルをもち、よって、作用する力は反対方向にはたらく、ということから容易に理解できる。

投げ上げは落下運動を時間の流れを逆にしたようなものであり、物体は同じ軌道を辿り、ずれの大きさは同じであると推測しがちである。しかし、計算してみると、前出の初速度ゼロでの落下 (式 (8.50)) と比較して、ずれの大きさは同じでない。2 倍になっている。

式 (8.67) を落下の場合のずれ (式 (8.50)) と比べれば、投げ上げの場合には新しく第 2 項が追加されている。この項は初速度 v_z^0 に依存する。落下の場合は $v_z^0 = 0$ であったので、この項は存在しなかった。式 (8.61) と式 (8.36)–(8.38) の段階でこの違いが明らかである。つまり、投げ上げとは落下運動 ($\dot{z} = -gt$) に逆向きの等速運動 ($\dot{z} = v_z^0$) を重ね合わせたものであると言える。この前者の寄与は前問で解析した東へのずれであり、後者の寄与は式 (8.67) の第 2 項で表示された西へのずれであって、ずれの大きさは前者の 3 倍となる。したがって、全体で西へ 2 倍のずれとなったわけだ。

また、投げ上げの場合、最高点での y 方向の速度は式 (8.61) から

$$\dot{y}(T) = \omega_c g T^2 - 2\omega_c v_z^0 T = 2\omega_c h - 4\omega_c h = -2\omega_c h \tag{8.68}$$

となり、最高点でゼロではなく、コリオリ力の効果で西向きの速度をもつこととなる。ここでも上式で分かるように、第 1 項は落下運動に対応する項で、東向きの速度 $2\omega_c h$ をもつ。第 2 項が上昇する等速運動に対応する項で、西向きに 2 倍の速度をもつ。

図 8.11 に落下運動の場合と投げ上げの場合の y 変位ならびに y 方向の速度を時間の関数として示す。これが上で議論した様子である。また、落下運動の場合と投げ上げの場合の様子を表 8.1 に比較する。

高さ $z = h$ に達するように初速度 $v_z^0 = \sqrt{2hg}$ で単に物体を真上に投げ上げても落下運動を逆に辿るように運動し、同じ大きさの y 方向のずれが生ずるわけではないこ

図 8.11

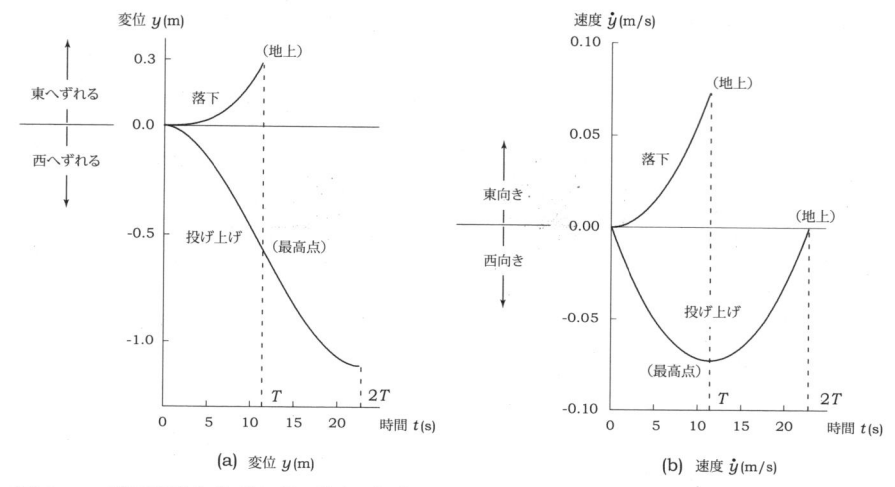

落下運動と投げ上げの場合の比較。(a) 変位 $y(t)$、(b) 速度 $\dot{y}(t)$。$h = 634$ m (東京スカイツリー) を設定した。

表 8.1 落下運動と投げ上げの場合の比較

落下運動	投げ上げ運動
初期条件	初期条件
$x^0 = y^0 = 0,\ z^0 = h$	$x^0 = y^0 = z^0 = 0$
$v_x^0 = v_y^0 = v_z^0 = 0$	$v_x^0 = v_y^0 = 0,\ v_z^0 = \sqrt{2hg}$
地上での状態	最高点 ($z = h$) での状態
$t(=T) = \sqrt{\dfrac{2h}{g}}$	$t(=T) = \sqrt{\dfrac{2h}{g}}$
$x(T) = 0,\ y(T) = \dfrac{1}{3}\omega_c \sqrt{2hg}\left(\dfrac{2h}{g}\right),$	$x(T) = 0,\ y(T) = -\dfrac{2}{3}\omega_c \sqrt{2hg}\left(\dfrac{2h}{g}\right),$
$z(T) = 0$	$z(T) = h$
$v_x(T) = 0,\ v_y(T) = 2\omega_c h,\ v_z(T) = \sqrt{2hg}$	$v_x(T) = 0,\ v_y(T) = -2\omega_c h,\ v_z(T) = 0$

とが分かる。

(f) 地上での y 方向のずれ

落下運動の際の y 方向のずれを、先には地球の自転による地表の回転速度と物体のあった高さでの回転速度の違いの観点から説明した。投げ上げられた物体は最高点に達した後、当然地上に戻ってくる。経路はどうあれ始めと終わりは地表であって、地表の回転速度は変わらないので、y 方向のずれはないように考えてしまう。慣性系に対して物体は自転の回転運動のため y 方向に速度 $v_y = \omega r_0 \cos\alpha$ をもっており、投げ

上げから落下までの時間 T の間に物体は y 方向に $v_y T$ だけ移動する。一方、回転座標系の原点 O も同様に v_y の速度で回転しており、T 時間後には $v_y T$ だけ移動する。よって、物体も座標原点 O も同じだけ移動することになり、物体が地上に戻ってきたときには回転系では両者の移動距離には差がなく、結局物体はもとの位置に戻ると考えてしまう。しかし、投げ上げの場合に気づいたように、z 方向の投げ上げ初速度 v_z^0 が自由落下運動に存在しない効果を生み出し、y 方向の速度成分を作り出す。これと同じ理由で上の予測が正しくはない、とすでに読者は気づいているであろう。

それを確かめてみよう。

この場合の運動方程式は式 (8.61) にすでに解いてあり、

$$\left.\begin{array}{l}\ddot{x}=0\\ \ddot{y}=2\omega_c gt-2\omega_c v_z^0\\ \ddot{z}=-g\end{array}\right\} \Rightarrow \begin{cases}\dot{x}=0, & x=0\\ \dot{y}=\omega_c gt^2-2\omega_c v_z^0 t, & y=\frac{1}{3}\omega_c gt^3-\omega_c v_z^0 t^2\\ \dot{z}=-gt+v_z^0, & z=-\frac{1}{2}gt^2+v_z^0 t\end{cases} \quad (8.61)$$

である。z 位置は

$$\begin{aligned}z(t) &= -\frac{1}{2}gt^2+v_z^0 t \\ &= -\frac{1}{2}gt\left(t-\frac{2v_z^0}{g}\right)=-\frac{1}{2}g\left(t-\frac{v_z^0}{g}\right)^2+\frac{(v_z^0)^2}{2g} \\ &= -\frac{1}{2}g\tilde{t}^2+h\end{aligned} \quad (8.69)$$

と書け、2 次曲線を構成している。ただし、

$$\tilde{t}=t-\frac{v_z^0}{g}=t-T \quad (8.70)$$

と置いた。最高点は $z=(v_z^0)^2/(2g)=h$ ($v_z^0=\sqrt{2hg}$) であり、最高点に到達する時間は $T=v_z^0/g$ ($=\sqrt{2h/g}$) である。$z=0$ は $t=0$（つまり、投げ上げ始め）と $t=2v_z^0/g=2\sqrt{2h/g}=2T$（地上に落下したとき）である。したがって、投げ上げから最高点までの時間は最高点から地上までの時間に等しい。また、z 方向の速度も式 (8.61) を書き直すと、

$$\dot{z}=-gt+v_z^0=-g\left(t-\frac{v_z^0}{g}\right)=-g\tilde{t} \quad (8.71)$$

であって、z 位置とともに時間原点を v_z^0/g (頂点に達する時間 T) だけずらせば、落下運動と同じ振る舞いをする。同じことは y 方向の速度についてもいえ、式 (8.61) を書き直すと、

$$\dot{y}=\omega_c gt^2-2\omega_c v_z^0 t=\omega_c g(t-T)^2-\omega_c gT^2=\omega_c g\tilde{t}^2-2h\omega_c \quad (8.72)$$

であって、y 方向の初速度 $= -2h\omega_c$ のときの落下速度に等しい。図 8.11(b) からこの様子を読み取れる。

以上のことから、地上に戻ったときの y 位置は

$$y(2T) = \frac{1}{3}\omega_c g(2T)^3 - \omega_c v_z^0 (2T)^2$$
$$= \omega_c \sqrt{2hg}\left(\frac{2h}{g}\right)\left(\frac{8}{3}-4\right) = -\frac{4}{3}\omega_c \sqrt{2hg}\left(\frac{2h}{g}\right) \tag{8.73}$$

である。最高点から地上までの落下過程での y 位置のずれは、z 方向への落下に伴うコリオリ力により $+y$ 方向に $1/3 \times \omega_c\sqrt{2hg}(2h/g)$ だけずれる分に、最高点での y 方向の速度 $v_y(T) = -2\omega_c h$ で物体が y 方向に水平運動する距離 $-2\omega_c hT = -\omega_c\sqrt{2hg}(2h/g)$ を足したものである。図 8.11(a) に y 位置の時間変化を示す。投げ上げから最高点に達するまでは西へずれる。最高点から落下がはじまるとコリオリ力が東にはたらきはじめて、西向きの速度は徐々に減少はする（図 8.11(b)）が、西向きであることには変わりがない。地上に達する時刻ではじめて y 方向の速度がゼロになる。このため、y 位置は継続的に西へずれている。

地上では上の計算のようにいまだ原点から西へずれているが、式 (8.61) を以下のように変形すれば分かるように

$$y(t) = \frac{1}{3}\omega_c g t^3 - \omega_c v_z^0 t^2$$
$$= \frac{1}{3}\omega_c g t^2\left(t - 3\sqrt{\frac{2h}{g}}\right) = \frac{1}{3}\omega_c g t^2 (t - 3T) \tag{8.74}$$

となって、地表下にも落下できると想定すれば $t = 3T$ の時刻に y 位置のずれはゼロとなり、さらに落下すれば東へずれる。y 方向の速度についても同様にみてみよう。式 (8.61) を変形すれば、

$$\dot{y} = \omega_c g t^2 - 2\omega_c v_z^0 t$$
$$= \omega_c g t\left(t - 2\sqrt{\frac{2h}{g}}\right) = \omega_c g t (t - 2T) \tag{8.75}$$

であり、図 8.11(b) に示すように地上で y 方向の速度はゼロとなり、$\dot{y}(2T) = 0$。それ以降落下できるとすると、速度は西向きから東向きに変化する。

8-3　フーコーの振り子

夜空を眺めると、地軸が天空と交わる点、天の北極を中心とし星々が回転している。これは地球が自転しているからである。星の運行をみることなく、地球の自転を知ることができないのか。空を見上げなくとも、地上でのフーコーの振り子の振る舞いが地球は自転していることを教えてくれる。

通常、振り子の周期運動は同一平面内で生じる。これは摩擦のため短時間で振り子が止まるためであって、長時間に亘って周期運動を観測できないための現象である。摩擦を少なくするため振り子の振れ角を小さくし、しかし、振れ巾が充分大きく、かつ長時間に亘り継続して動くように、充分重量のある重りが長いひもで吊るされた振り子が多くの科学館に設けられている。これが**フーコーの振り子** (Foucault pendulum) である。数時間の単位で振り子の振動面を観測すると、時間とともに振動面は振り子の支点を通過する鉛直軸を中心として回転する。

この振り子は巨大なサイズのものであるが、特別なものではない。フランスの物理学者**フーコー** (Jean-Bernard-Lèon Foucault, 1819-1868) が 1851 年に地球の自転を実証するために使ったのでフーコーの名を冠してよばれる。

図 8.13(a) には北極に設置した振り子を上空からみたところを描いた。振り子の支点は地軸上に固定されているとする。極で南北を云々するのは意味がないので、いま振り子の振動面がある経度面（破線）にあるとする。この運動を慣性系から眺めると、振り子にはたらく外力は重力のみであり、振動面に影響を及ぼすような力はない。し

図 **8.12**　フーコーの振り子。ロバート・P・クリース著、青木薫訳『世界でもっとも美しい１０の科学実験』 日経 BP 社　から。

8-3 フーコーの振り子

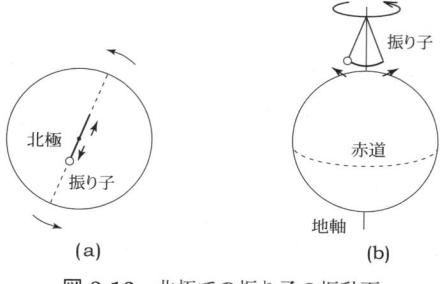

図 8.13 北極での振り子の振動面

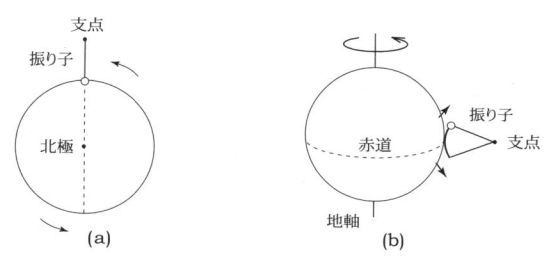

図 8.14 赤道での振り子の振動面

たがって、振り子は永遠に同一面内を振動する。しかし、地上の観測者は地球とともに1日に1回転する。観測者を基準にすると、振り子の振動面は地球の自転とは逆方向に1日に1回転する。地球が自転していなければ、振動面は回転しない。

図 8.14 では振り子を赤道上に設置し、南北方向に振動面をもって振動しているとする。ここでは振り子の支点は地球の自転とともに回転する。振り子自体も自転とともに回る。よって、地上の観測者には振動面は常に南北方向にあり、回転しない。

両極端の例として、北極ならびに赤道での振り子の様子を描いた。この振動面の回転は、地上（回転系）の観測者にはコリオリ力の効果として現れ、以下にみるように緯度によって回転周期が異なる。

　　　フーコーは直径 60 cm、重さ 28 kg の鉄球を長さ 60 m 以上の鋼鉄線で教会のドームから吊るし振り子を作った。鉄球の先に釘をつけ、床に撒いた砂に振り子の振動の様子を描かせた。実験を行なったパリの緯度では振動面が1周するのに 31 時間 47 分かかった。

8-3-1　座標系と運動方程式

地球の角速度は一定 ($d\boldsymbol{\omega}/dt=0$) とし、前節同様に地上に回転座標系をとる。慣性系を登場させないので、回転系表示のダッシュを前節同様に省くことにする。

「実効的な重力」のところでみたように、遠心力の効果は重力ベクトル $\boldsymbol{g}$ にごく僅かの影響を与えるだけであるので、フーコーの振り子の解析には無視してよい。重力に沿って鉛直上方に z 軸をとる。振り子のひもの長さを ℓ、質量を m と記し、振り子の緯度を α とする。振り子が z 軸を横切る点、つまり最下点を原点 O とする。x-y 平面は当然 z 軸に垂直であり、東向きに y 軸をとる。x 軸はそうすると南を向くことになる (図 8.15)。ひもには張力 $\boldsymbol{T}$ がはたらく。振り子が z 軸となす角を θ と記す。

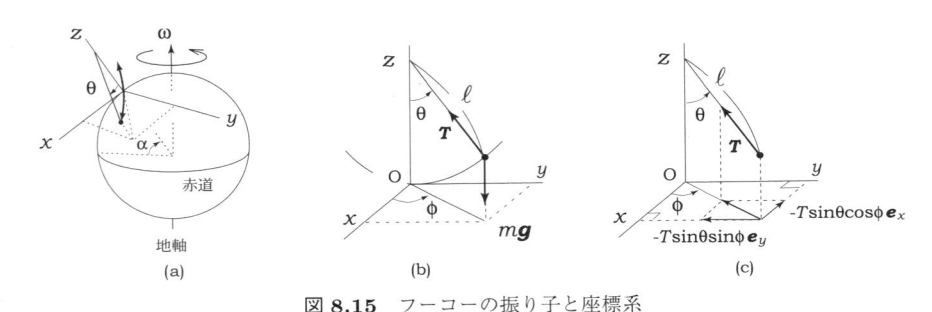

図 8.15　フーコーの振り子と座標系

(a)　振り子の運動方程式

運動方程式は

$$m\ddot{\boldsymbol{r}} = \boldsymbol{F} + 2m\dot{\boldsymbol{r}} \times \boldsymbol{\omega} \tag{8.76}$$

である。右辺第 1 項の力 $\boldsymbol{F}$ は重力とひもにはたらく張力 $\boldsymbol{T}$ の和

$$\boldsymbol{F} = \boldsymbol{T} + m\boldsymbol{g} \tag{8.77}$$

であり、

$$m\boldsymbol{g} = -mg\boldsymbol{e}_z \tag{8.78}$$

$$\boldsymbol{T} = -T\left(\frac{x}{\ell}\boldsymbol{e}_x + \frac{y}{\ell}\boldsymbol{e}_y - \cos\theta\boldsymbol{e}_z\right) \tag{8.79}$$

である[2])。ここで T は正値 ($T > 0$) をとるようにしたので、式 (8.79) の右辺は負符号をもつ。式 (8.76) の第 2 項はコリオリ力である。地球の自転角速度 $\boldsymbol{\omega}$ は x-z 平面内にあり、x-y 平面に対して角 α をもつので

$$\boldsymbol{\omega} = -\omega \cos \alpha \boldsymbol{e}_x + \omega \sin \alpha \boldsymbol{e}_z = -\omega_c \boldsymbol{e}_x + \omega_s \boldsymbol{e}_z \tag{8.80}$$

と展開でき (前節同様に $\omega_c = \omega \cos \alpha$, $\omega_s = \omega \sin \alpha$ と記す)、コリオリ力 $\boldsymbol{F}_K$ は

$$\begin{aligned}\boldsymbol{F}_K &= 2m \left(\dot{x} \boldsymbol{e}_x + \dot{y} \boldsymbol{e}_y + \dot{z} \boldsymbol{e}_z \right) \times \left(-\omega_c \boldsymbol{e}_x + \omega_s \boldsymbol{e}_z \right) \\ &= 2m \{ \dot{y} \omega_s \boldsymbol{e}_x - (\dot{x} \omega_s + \dot{z} \omega_c) \boldsymbol{e}_y + \dot{y} \omega_c \boldsymbol{e}_z \}\end{aligned} \tag{8.81}$$

と書ける。したがって、運動方程式を成分に分離すると、

$$m\ddot{x} = -T \frac{x}{\ell} + 2m\omega_s \dot{y} \tag{8.82}$$

$$m\ddot{y} = -T \frac{y}{\ell} - 2m(\dot{x}\omega_s + \dot{z}\omega_c) \tag{8.83}$$

$$m\ddot{z} = T \cos\theta - mg + 2m\omega_c \dot{y} \tag{8.84}$$

となる。

ここで振れの角 θ が小さいことから、つぎのように微少量を扱う。

x-y 方向の振れは $\ell\theta$ である。これに対し、z 方向の振れは $\ell - \ell\cos\theta = \ell(1-\cos\theta)$ であり、θ が微少量であるので $\cos\theta \approx 1 - \theta^2/2$ と近似して、(z 方向の振れ) $\approx \ell\theta^2/2$ である。前者は微少量 θ の 1 次であり、後者は 2 次であるので、z 方向の振れは x-y 方向の振れと比べ無視し得る。したがって、振り子は x-y 平面で振動運動していると考える。

z 方向の振れが小さいとともにその速度成分も 2 次の微少量であることを確認しておく。x-y 方向の速度は往復運動する距離を周期 t_0 で割った程度のものであり、$v_{xy} \approx 4(\ell\theta)/t_0$ である (このとき θ を最大の振れ角と解釈すればよい)。z 方向の速度も同様に、$v_z \approx 4(\ell\theta^2/2)/t_0$ である。ここでも、v_{xy} は微少量 θ の 1 次であり、v_z は 2 次の微少量であり、無視できる。同じように考えると、z 方向の加速度も 2 次の微少量であり、無視できる。つまり、ゼロと近似できる。

---

[2]) 張力 $\boldsymbol{T}$ の成分展開 (式 (8.79)) で、特に、x, y 成分について混乱しているかもしれないので、少し説明しておこう。難しく考えなくてよい。$\boldsymbol{T}$ の大きさが ℓ であると思えば、x ならびに y 方向成分の大きさは x, y そのものである。大きさが T とするためには単にそれらを T/ℓ 倍すればよく、結局 x, y 成分は方向性をも考慮すると $-T(x/\ell)\boldsymbol{e}_x$, $-T(y/\ell)\boldsymbol{e}_y$ となる。いつもやっているように計算したければ (図 8.15(c) 参照)、$\boldsymbol{T}$ を x-y 平面に投影したものは $-T\sin\theta$ の大きさをもつ。$\sin\theta = \sqrt{x^2+y^2}/\ell$ である。これを x, y に展開すればよい。$\cos\phi = x/\sqrt{x^2+y^2}$, $\sin\phi = y/\sqrt{x^2+y^2}$ である。z 成分は説明しなくともいいはず。

$\cos\theta$ も 2 次の微少量を無視すれば、$\cos\theta \approx 1$ である。

これだけの理解をして運動方程式に戻ろう。z 方向の加速度はゼロと扱えたので、運動方程式 (8.84) から張力 T に関し

$$T = mg - 2m\omega_c \dot{y} \tag{8.85}$$

を得る。これを式 (8.83) に代入すれば、y 方向の運動方程式は

$$m\ddot{y} = -(mg - 2m\omega_c \dot{y})\frac{y}{\ell} - 2m\omega_s \dot{x} \tag{8.86}$$

となる。ここで、式 (8.83) の第 3 項 $-2m\omega_c \dot{z}$ の項は 2 次の微少量であり、無視した。同様に、上式の右辺第 2 項も $\dot{y} \times \frac{y}{\ell}$ の 2 次の微少量であるので無視し得る。その結果、両辺を m で割り

$$\ddot{y} = -\omega_0^2 y - 2\omega_s \dot{x} \tag{8.87}$$

を得る。ここで

$$\omega_0^2 = \frac{g}{\ell} \tag{8.88}$$

とおいた。これは重力加速度 g がはたらくもとでの長さ ℓ の振り子の固有角振動数 ω_0 であることはすでに学んだ。x 方向についても式 (8.82) から同様に導けば、

$$\ddot{x} = -\omega_0^2 x + 2\omega_s \dot{y} \tag{8.89}$$

を得る。

(b) 微少量の評価

先に挙げたフーコーが使用した振り子 ($\ell = 60$ m, $m = 28$ kg) にもとづいて、上記微少量を評価しておく。振り子の固有角振動数 ω_0 は

$$\omega_0 = \sqrt{\frac{g}{\ell}} \approx \sqrt{\frac{9.8 \text{ m/s}^2}{60 \text{ m}}} = 0.40 \text{ s}^{-1} \tag{8.90}$$

であり、したがって、対応する周期 t_0 は

$$t_0 = \frac{2\pi}{\omega_0} = 15.6 \text{ s} \tag{8.91}$$

であって、1 分間に 3.9 往復、およそ 4 往復する。これに対し地球の自転角速度 ω は

$$\omega = \frac{2\pi}{24 \text{ 時間} \times 60 \text{ 分} \times 60 \text{ 秒}} = 7.27 \times 10^{-5} \text{ s}^{-1} \tag{8.92}$$

となり、

$$\frac{\omega}{\omega_0} = 1.8 \times 10^{-4} \tag{8.93}$$

である。振れの角は $\theta = 1° = 0.017$ (rad) 程度と考える。その場合、x-y 平面の振れ巾は 1.05 m、これに対し z 方向の振れ巾は 0.009 m であり、その比は 0.009≈ 1/113 である。同様に、速度については x-y 平面では平均 ∼0.27 m/s、z 方向には ∼0.0024 m/s である。確かに、z 方向の振れや速度は x-y 平面の振れや速度に対して充分小さく無視できることが分かる。

また、遠心力の加速度の大きさは地表 $|r| = 6.38 \times 10^6$ m、緯度 $\alpha = 37°$ では

$$|\boldsymbol{\omega} \times (\boldsymbol{\omega} \times \boldsymbol{r})| = \omega^2 r \cos 37° = 0.027 \text{ m/s}^2 \tag{8.94}$$

である。一方、張力 T に関与する z 方向のコリオリ力 (式 (8.85) の右辺第 2 項) に関しては、上記の評価から $\dot{y} \sim 0.27$ m/s の値を用いると、その加速度の大きさは

$$2\omega_c \dot{y} \sim 3 \times 10^{-5} \text{ m/s}^2 \tag{8.95}$$

であり、重力加速度 $g = 9.8$ m/s^2 の 30 万分の 1 より小さい。よって、この成分は無視でき、張力 T はほとんど重力 mg によって決まるわけである。

最後に、式 (8.87), (8.89) の右辺第 1 項と第 2 項の大きさを比較しておく。

第 1 項 $\sim \omega_0^2 \times$ (x-y 平面の振れ巾) $\approx (0.40)^2 \times 1.05 = 0.17$ m/s^2 (8.96)

第 2 項 $\sim 2\omega_s$(x-y 平面の速度) $\approx 2 \times (4.4 \times 10^{-5}) \times 0.27 = 2.2 \times 10^{-5}$ m/s^2 (8.97)

となり、第 2 項のコリオリ力の効果は第 1 項の約 7,700 分の 1 である。ちなみに、無視した式 (8.86) の右辺第 2 項の加速度の大きさは $2\omega_c \dot{y}(y/\ell) \approx 2 \times (5.8 \times 10^{-5}) \times 0.27 \times 0.017 = 5.3 \times 10^{-7}$ m/s^2 である。

8-3-2　運動方程式を解く-1

これで解くべき運動方程式は

$$\ddot{x} = -\omega_0^2 x + 2\omega_s \dot{y} \tag{8.98}$$

$$\ddot{y} = -\omega_0^2 y - 2\omega_s \dot{x} \tag{8.99}$$

と得られた。

(a) 運動方程式を読む

微少量の 2 次以上の項を無視して上の連立微分方程式に達したのであるが、その結果、z 方向の変化は無視でき、運動は x-y 2 次元平面で取り扱えることになった。上

の第1式に e_x を、第2式に e_y を掛け、足し合わせて、ベクトル表記すると、運動方程式は

$$m\ddot{r} = -m\omega_0^2 r + 2m\dot{r} \times \omega_s \tag{8.100}$$

となる。これは2次以上の微小項を無視したもとの運動方程式 (8.76) に戻ったものである。振り子は2次元運動となり、その位置座標は $r = xe_x + ye_y$ であるが、地球の角速度ベクトル ω そのものは微少量の取り扱いには影響を受けない。振り子の運動とともにコリオリ力を生ずるのが z 成分 ($\omega_z = \omega_s$) であるために、右辺第2項の形で残ったものである。

$$\begin{aligned} 2m\dot{r} \times (\omega_z e_z) &= 2m\left(\dot{x}e_x + \dot{y}e_y\right) \times \omega_s e_z \\ &= 2m\omega_s \left(\dot{y}e_x - \dot{x}e_y\right) \end{aligned} \tag{8.101}$$

コリオリ力は x-y 平面で速度に直角に、つまり、振動面に対して直角にはたらく。このはたらく力は $\dot{r} \times \omega_z e_z$ の方向であり、図 8.16(a) に示すように北半球では振動面の左から右へ向かう方向に作用する。ただし、先にみたようにコリオリ力は重力よりも 7,700 倍も小さいため、振動面を回転させる効果は非常に微小なものであることを知る必要がある。

つぎに、重力による単振動の力 $-m\omega_0^2 r$ とコリオリ力の合力が振れの巾とともに変わる様子を調べ、振り子の運動を予測する。

図 8.16(a) は振り子の支点から振り子を見下ろしたものとし、x-y 平面上を振り子が x 軸に対して 45° の角度をもって振れているとする。最初の最大振幅の①点では、重力は最大の値をもち原点方向に作用する。ところが、最大振幅点では振り子の速度はゼロのため、コリオリ力ははたらかない。原点に向かう地点②では、重力の作用は原点からの距離の減少とともに少なくなるが、振り子の x 方向の速度も y 方向の速度も増加し、したがって、コリオリ力は大きくなる。図では見やすくするためにコリオリ力を拡大し強調してあるが、原点に近づくとともにコリオリ力のため単振動からのずれが大きくなる。原点③ではコリオリ力が最大となり、かつ重力作用は消える。④点では重力のはたらく方向は逆転するが原点から遠ざかるにつれて強くなり、一方、コリオリ力の方向は変化しないが振り子の速度が減少するにつれて小さくなる。このように単振動面からのずれを生じる力は速度を介して現れるため、原点から離れるほど小さくなるが、ずれは振動端からの積分効果であるので振れとともにずれの増加は続く。そして、⑤点の最大振幅点では①と同様の事態が生じる。つぎに、振り子が反対の振れ運動をする場合 (⑤→①) は、コリオリ力の方向が反転する。しかし、振り子に対しては左から右に作用することは変わらない (図 8.16(b))。

論理的には台風の渦の構成と同じであるが、台風の場合は低気圧の中心に近いほど

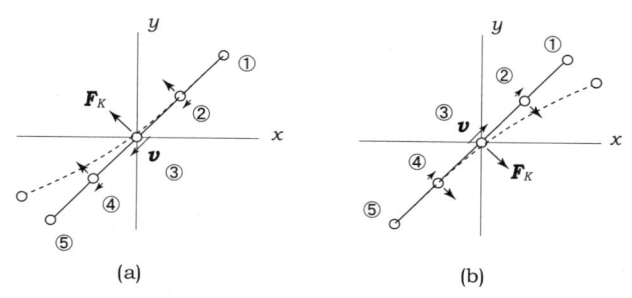

図 8.16 フーコーの振り子にはたらくコリオリ力 $\boldsymbol{F}_K$。北半球では振動面の左側から右側にコリオリ力は作用し、振り子の振動面を時計回りに回す働きをする。

吸引力が強くなることに反して、振り子の場合は原点に近いほど重力効果が減少し、逆にコリオリ力が増加する違いがある。この結果、台風は左巻きの渦を構成し、フーコーの振り子は時計回りに回転することになる。

(b) 変数の置換

ここで、新しい変数として

$$p \equiv x + iy \tag{8.102}$$

ととる。i は虚数、$i^2 = -1$ である。式 (8.99) に虚数 i を掛け、式 (8.98) を足し合わせると、

$$\ddot{p} = -\omega_0^2 p - i2\omega_s \dot{p} \tag{8.103}$$

を得る。2つの運動方程式が1つの複素数を変数とする運動方程式に変換できた。これは式 (5.55)

$$\ddot{x} = -\omega_0^2 x - 2\eta \dot{x} \tag{5.55}$$

と同じ2階の斉次線形微分方程式 であり、式 (8.103) の右辺第2項の係数を

$$\eta = i\omega_s \tag{8.104}$$

と置き換えることにより、式 (5.55) の解をそのまま利用できる。ただし、$x = e^{qt}$ の形の解である q 値についての式 (5.58)

$$q = -\eta \pm \sqrt{\eta^2 - \omega_0^2} \tag{5.58}$$

の平方根の中はここでは常に負符号をとるため、式 (5.59), (5.60) の一般解を採用する。したがって、一般解は

$$q = -i\omega_s \pm i\gamma , \quad \gamma \equiv \sqrt{\omega_0{}^2 + \omega_s{}^2} \tag{8.105}$$

$$p = A_1 e^{-i(\omega_s - \gamma)t} + A_2 e^{-i(\omega_s + \gamma)t} = e^{-i\omega_s t}\left(A_1 e^{i\gamma t} + A_2 e^{-i\gamma t}\right) \tag{8.106}$$

となる。係数 A_1、A_2 は一般的に複素数である。

$A_1 = A_1{}^r + iA_1{}^i$, $A_2 = A_2{}^r + iA_2{}^i$ と右肩上の添え字 r, i で実数部と虚数部を区別すると、上式 (8.106) 右辺の括弧内は

$$\begin{aligned} A_1 e^{i\gamma t} + A_2 e^{-i\gamma t} &= \left\{A_+^r \cos\gamma t + A_-^i \sin\gamma t\right\} + i\left\{A_+^i \cos\gamma t - A_-^r \sin\gamma t\right\} \\ &= C\cos(\gamma t + \phi_C) + iD\cos(\gamma t + \phi_D) \end{aligned} \tag{8.107}$$

であり、$A_+^{r(i)} = A_1{}^{r(i)} + A_2{}^{r(i)}$, $A_-^{r(i)} = A_1{}^{r(i)} - A_2{}^{r(i)}$ と略記した。また、

$$\begin{aligned} C &= \sqrt{(A_+^r)^2 + (A_-^i)^2} , \quad D = \sqrt{(A_+^i)^2 + (A_-^r)^2} \\ \tan\phi_C &= -(A_-^i/A_+^r) , \quad \tan\phi_D = (A_-^r/A_+^i) \end{aligned} \tag{8.108}$$

である。指数関数

$$e^{-i\omega_s t} = \cos\omega_s t - i\sin\omega_s t \tag{8.109}$$

と式 (8.107) を式 (8.106) に代入し x, y を求めると、

$$x = C\cos\omega_s t \cos(\gamma t + \phi_C) + D\sin\omega_s t \cos(\gamma t + \phi_D) \tag{8.110}$$

$$y = -C\sin\omega_s t \cos(\gamma t + \phi_C) + D\cos\omega_s t \cos(\gamma t + \phi_D) \tag{8.111}$$

となる。これが一般解である。振幅 C, D, 初期位相 ϕ_C, ϕ_D は初期条件から定まる。

(c) 初期条件 (a)

初期条件として $t = 0$ で振り子が原点を x 方向に速度 v_x^0 で運動している

$$x(t=0) = 0, \quad y(t=0) = 0, \quad \dot{x}(t=0) = v_x^0, \quad \dot{y}(t=0) = 0 \tag{8.112}$$

とする。式 (8.110), (8.111) から

$$\begin{aligned} x(t=0) &= C\cos\phi_C = 0, \quad y(t=0) = D\cos\phi_D = 0 \\ \dot{x}(t=0) &= -\gamma C\sin\phi_C + \omega_s D\cos\phi_D = v_x^0 \\ \dot{y}(t=0) &= -\omega_s C\cos\phi_C - \gamma D\sin\phi_D = 0 \end{aligned} \tag{8.113}$$

の関係が得られ

$$C = -\frac{v_x^0}{\gamma}, \quad D = 0, \quad \phi_C = \frac{\pi}{2} \tag{8.114}$$

と決まる。この結果

$$\left.\begin{array}{l} x = \dfrac{v_x^0}{\gamma}\cos\omega_s t \sin\gamma t \\[2mm] y = -\dfrac{v_x^0}{\gamma}\sin\omega_s t \sin\gamma t \end{array}\right\} \quad (8.115)$$

と定まる。ϕ_D は不定となるが、上式で分かるように不要である。$\cos(\gamma t+\pi/2) = -\sin\gamma t$ を使った。

振り子がどのような軌跡を描くのか、上式から推測してみよう。

x, y 方向とも角振動数が ω_s と γ の 2 つの振動の積になっている。$\omega_s \approx (1/9,140)\times\omega_0$ であるため、$\gamma = \sqrt{\omega_0{}^2+\omega_s{}^2} \approx \omega_0$ であって両者の角振動数には $\gamma \gg \omega_s$ の関係がある。したがって、$\sin\gamma t$ の振動周期ははるかに速い。これは振り子の固有振動に対応するものである。一方、ω_s の振動周期は非常に遅く、地球の自転に対応するものである。よって、この振り子の振動はゆっくりと変化する $(v_x^0/\gamma)\cos\omega_s t$ あるいは $(v_x^0/\gamma)\sin\omega_s t$ を振幅とする固有角振動数 ω_0 の単振動と見なして良い（γ と ω_s の両者ともに角振動数であるが、以下では振り子の固有振動から来る速い γ を角振動数、地球の自転から来る遅い ω_s を角速度という言葉で使い分ける）。

いま、x, y を再度 p で複素数表示すると、

$$\begin{aligned} p = x + iy &= \dfrac{v_x^0}{\gamma}\sin\gamma t\,(\cos\omega_s t - i\sin\omega_s t) \\ &= \left(\dfrac{v_x^0}{\gamma}\right)\sin\gamma t \times e^{-i\omega_s t} \end{aligned} \quad (8.116)$$

となる。実際に力学的意味をもつのは x, y であり、複素数 p は計算手法として形成したものであるが便利である。指数関数 $e^{-i\omega_s t}$ は、すでに学んだように複素平面上で原点を中心として非常に遅い角速度 ω_s で時計回りに半径 1 の円を描くものである。

$$e^{-i\omega_s t} = \cos\omega_s t - i\sin\omega_s t \quad (8.117)$$

を作図してみればよく分かる。上式 (8.116) は、この回転する円の半径が時間 t とともに $(v_x^0/\gamma)\sin\gamma t$ で変動することを意味する。変動するこの半径は、振幅 v_x^0/γ で、速い角振動数 $\gamma \approx \omega_0$ の単振動を示す。総体としては、振り子の単振動（角振動数 ω_0）がゆっくりと ω_s の角速度で時計回りに回転する。この様子を x 軸ならびに y 軸に投影したものが、解（式 (8.115)）である。わざわざ x, y に分けるよりは、p 表示で 1 体として考える方がイメージしやすい。

具体的な数値を求めてみよう。

前小節で計算したように、フーコーの使用した長さ $\ell = 60$ m の振り子では、固有角振

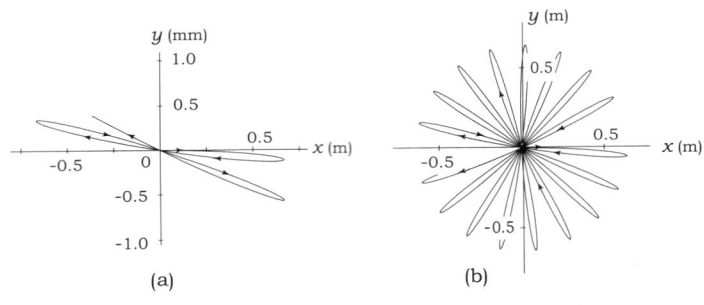

図 8.17 フーコーの振り子の軌跡（条件は本文に）

動数は $\omega_0 = 0.40\,\text{s}^{-1}$ で、その周期は $t_0 = 15.6\,\text{s}$ である。一方、コリオリ力のために回転する角速度は名古屋での緯度 $\alpha = 37°$ を採用すると、$\omega_s = (7.27\times 10^{-5})\times(\sin(37°)) = 4.4\times 10^{-5}\,\text{s}^{-1}$ で、その周期は $2\pi/\omega_s = 1.44\times 10^5\,\text{s} = 39.89\,\text{h} \approx 1$ 日 16 時間である。振り子が時計方向に 1 周する間に、その往復運動の回数は $1.44\times 10^5/15.6 \approx 9{,}230$ 回である。1 度の往復運動で、わずか $360°/9{,}230 = 0.039° = 6.8\times 10^{-4}$ (rad) だけ振動面が時計方向に回転する。これではほとんど回転に気づけないわけであって、充分な往復運動の回数を待たなければならない。

前小節で評価した大凡の振り子の速度値 $v_x \approx 4\ell\theta/t_0$ を求めると、$v_x \approx 4\times 60\,\text{m}\times 0.017\,(\text{rad})/15.6\,\text{s} = 0.26\,\text{m/s}$ となる。この速度を x 方向の初速度とすると、振り子の振幅 v_x^0/γ は $0.26\,\text{m/s}/0.40\,\text{s}^{-1} = 0.65\,\text{m}$ である（2 倍ぐらいに振幅を大きくしないと、迫力がないかな？　初速度を変化させても、振り子の往復運動の周期ならびに回転運動の周期は変化しないことは理解できるね）。

図 8.17(a) に上の初速度のもとで、初期の往復運動の軌跡を描いた。変化がみえるように、縦軸は横軸の 500 倍に拡大されていることに注意。図 8.17(b) は軌道が見やすいように自転の速さを 500 倍にした。実際の自転の角速度を採用すると、往復運動ごとの変化がみえず、真っ黒になった丸が図示されるだけである。

繰り返すが、振り子は図 8.17 のように、単振動の振り子の振動面が ω_s の角速度でゆっくりと時計回りに回転する。$\omega_s = \omega \times \sin\alpha$ であり、ω は地球の自転角速度で 1 日に 1 周するが緯度の効果の分だけ振り子を回転させる角速度が遅くなり、1 周に 1 日以上を要することになる。本節のはじめに議論したように、赤道上 ($\alpha = 0°$) では振動面が回転せず、北極 ($\alpha = 90°$) では 1 日に 1 回転する。

(d) 初期条件 (b)

初期条件をフーコーの実験のようにとると、得られる解は複雑になるが面白い形になるので記しておこう。$t = 0$ で振り子を x 軸上の $x = x_0$ の地点で、初速度ゼロで放

す初期条件 (b)

$$x(t=0) = x_0, \quad y(t=0) = 0, \quad \dot{x}(t=0) = 0, \quad \dot{y}(t=0) = 0 \tag{8.118}$$

を考える。式 (8.110), (8.111) から

$$\begin{aligned} x(t=0) &= C\cos\phi_C = x_0, \quad y(t=0) = D\cos\phi_D = 0 \\ \dot{x}(t=0) &= -\gamma C\sin\phi_C + \omega_s D\cos\phi_D = 0 \\ \dot{y}(t=0) &= -\omega_s C\cos\phi_C - \gamma D\sin\phi_D = 0 \end{aligned} \tag{8.119}$$

の関係が得られ

$$C = x_0, \quad D = -\frac{\omega_s}{\gamma}x_0, \quad \phi_C = 0, \quad \phi_D = \frac{\pi}{2} \tag{8.120}$$

と決まる。この結果、

$$\left.\begin{aligned} x &= x_0\cos\omega_s t\cos\gamma t + \left(\frac{\omega_s}{\gamma}\right)x_0\sin\omega_s t\sin\gamma t \\ y &= -x_0\sin\omega_s t\cos\gamma t + \left(\frac{\omega_s}{\gamma}\right)x_0\cos\omega_s t\sin\gamma t \end{aligned}\right\} \tag{8.121}$$

と定まる。初期条件の違いで式 (8.115) と比べ、余分な第 2 項が現れた。$p = x + iy$ の複素数表示で表すと、

$$\begin{aligned} p = x + iy &= x_0\cos\gamma t\,(\cos\omega_s t - i\sin\omega_s t) + \left(\frac{\omega_s}{\gamma}\right)x_0\sin\gamma t\,(\sin\omega_s t + i\cos\omega_s t) \\ &= x_0\left\{\cos\gamma t + i\left(\frac{\omega_s}{\gamma}\right)\sin\gamma t\right\} \times e^{-i\omega_s t} \end{aligned} \tag{8.122}$$

となる。

第 1 項は初期条件 (a) の場合と同じ振動項である。式 (8.116) の v_x^0/γ がここでは x_0 に対応している。$\sin\gamma t$ が $\cos\gamma t$ に変わっているのは、初期条件の違いにより初期位相が変化したためである。

ここでは新たに第 2 項が登場した。第 1 項と同じ角振動数で振動する単振動を示す。しかし、振動の振幅は $\omega_s/\gamma \approx \omega_s/\omega_0 \approx 1/9{,}140$ と大変小さい。$x_0 = 1$ m の振幅の振り子の場合、ほぼ 0.1 mm のサイズの振動である。この第 2 項には虚数 i が掛かっている。この部分が第 1 項と本質的に異なるのだ。虚数 i は実数に垂直な方向であり、第 1 項の主要な振動に対して垂直な方向の微小振動を意味する。

時間を経過させて、式 (8.122) の { } 内の振る舞いを図 8.18(a) に示す。楕円状の軌道であり、時間とともに反時計回りに γ の角速度でもって回転し続ける。図の縦軸と横軸の単位のちがいに注意のこと。振り子の軌跡は、この楕円状軌道がさらに原点

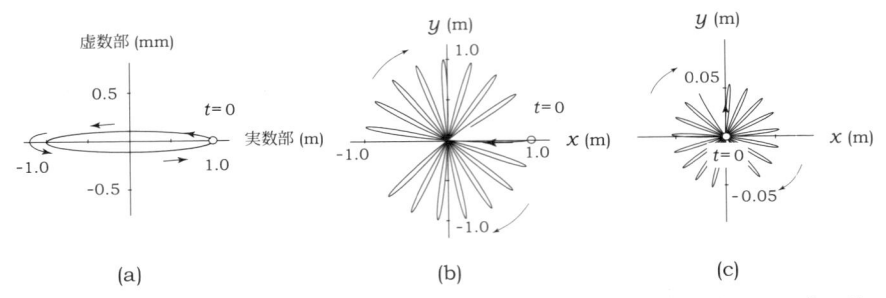

図 8.18 初期条件 (b) のもとでの、式 (8.122) の (a) {　} 内の、(b) 第 1 項の、(c) 第 2 項の振る舞い

を中心にして、時計回りにゆっくりと角速度 ω_s で回転 ($e^{-i\omega_s t}$) するものである。

つぎに、式 (8.122) の第 1 項と第 2 項を別々に描いてみよう。それらは図 8.18(b) と (c) であるが、ただし、図 8.17 と同様に見やすくするために自転の角速度 ω を 500 倍速くした（そのため、第 2 項の振幅も 500 倍大きく現れているが、本来は 500 倍小さいものであることに留意して欲しい。）指数関数部 $e^{-i\omega_s t}$ のはたらきのため両項とも時計回りに回転するが、第 2 項の虚数 i 因子 ($i = e^{i\pi/2}$) のため両者には 90°の位相のずれがある。第 1 項は $t = 0$ で $x = x_0$, $y = 0$ から始まり x 軸に沿って $-x$ 方向へ進む。第 2 項は $t = 0$ で原点から出発し、y 軸に沿って移動し始める。

この様子はまさに図 8.16 の破線で示したものである。図 8.19(a) で時間とともに変化を追おう。$t = 0$ で最大振幅 $\cos\gamma t = 1$ をもち実数軸 (x 軸) 上を振れはじめる（図 8.19(a) の①）。時間の経過とともに振り子の x 位置は原点に近付いてくるが、垂直方向 (y 軸) へのコリオリ力が最大となり、$\cos\gamma t = 0$ のときには y 方向の変位振幅は最大値 $+\omega_s/\gamma$ をもつ（③）。さらに、時間が経過すると振り子は逆方向 ($-x$) に振れ、x 方向の最大振幅 $\cos\gamma t = -1$ をもつときには、指数関数部 $e^{-i\omega_s t}$ の回転効果のため y 変位も最大になる（⑤）。振り子が揺れ戻るとき、y 方向の変位はマイナス方向へ向かい、y 方向の最大変位はこのとき $-\omega_s/\gamma$ である。

図 8.17 と同じように、ただし、初期条件 (b) のもとで振り子の軌跡を図 8.19 に描いた。図 (a) は振れはじめを y 軸をほぼ 1,000 倍に延ばし、図 (b) は地球の自転角速度 ω を 500 倍に速めてある。

コリオリ力は振り子をごく僅かであるが、北半球では進行方向に向かって右へずらすことを諸君はすでに理解している。ここでは、初期条件の違いのため振り子が原点を通過しない。この初期条件の違いによる僅かの効果を示したのが、この第 2 項である。全体としてのコリオリ力による振動面の回転は、ここでも指数関数 $e^{-i\omega_s t}$ として現れている。

8-3 フーコーの振り子 197

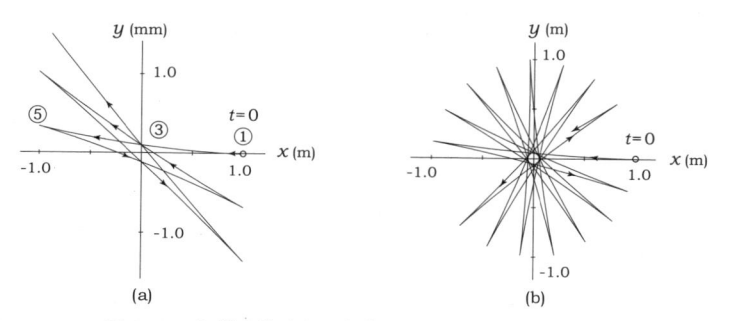

図 8.19 初期条件 (b) のときのフーコーの振り子の軌跡

(e) エネルギーの保存

5-2 節で求めた減衰振動の一般解を利用してフーコーの振り子の運動方程式を解いたが、減衰振動の場合と本質的な違いがある。

それは式 (8.105) にみるように、振り子には減衰がなく q は純虚数である。運動方程式には両者とも速度に比例する力がはたらいているが、減衰振動では振動の逆方向に抵抗力としてはたらくのに対し、振り子では振動の方向に直角に作用し減衰効果を及ぼさない。別の言い方をすれば、コリオリ力は運動方向に垂直であって、仕事をしない。抵抗力としてはたらきエネルギーを減少させ

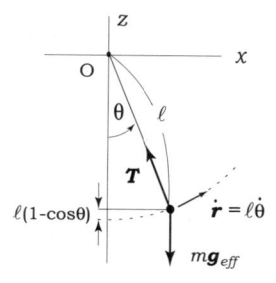

図 8.20 振り子と座標系

たり、逆にエネルギーを補充して運動をより活発にするわけでもない。

張力 T も束縛力として振り子の軌道に垂直に作用する力であって、仕事をしない。したがって、振り子のエネルギーは保存する。これをみておこう。

運動を解析するために z 方向の成分を微少量として無視してきたが、ここではそのような取り扱いはせず、もとの運動方程式 (8.76) からスタートする。

$$m\ddot{\bm{r}} = \bm{F} + 2m\dot{\bm{r}} \times \bm{\omega} \tag{8.76}$$

$$\bm{F} = \bm{T} + m\bm{g}_{\text{eff}} \tag{8.77}$$

座標系は図 8.15(b) で与えてあるが、若干変更し図 8.20 のようにとる。また、遠心力も無視せず、実効的な重力として重力に加味する。そして、実効的な重力に沿って鉛直上方に z 軸をとり、振り子の支点を原点 O とする。いまの瞬間の振り子の振動面内に x 軸をとる。

エネルギーを扱うために例によって、運動方程式 (8.76) を振り子の軌道に沿って積

分し、仕事 W を計算する。

$$\int m\ddot{\boldsymbol{r}} \cdot \mathrm{d}\boldsymbol{r} = \int (\boldsymbol{T} + m\boldsymbol{g}_{\mathrm{eff}}) \cdot \mathrm{d}\boldsymbol{r} + \int 2m\left(\dot{\boldsymbol{r}} \times \boldsymbol{\omega}\right) \cdot \mathrm{d}\boldsymbol{r} \tag{8.123}$$

左辺は

$$\int m\ddot{\boldsymbol{r}} \cdot \mathrm{d}\boldsymbol{r} = \int m\ddot{\boldsymbol{r}} \cdot \dot{\boldsymbol{r}}\,\mathrm{d}t = \int \frac{\mathrm{d}}{\mathrm{d}t}\left\{\frac{1}{2}m\dot{\boldsymbol{r}}^2\right\}\mathrm{d}t = \int \mathrm{d}\left\{\frac{1}{2}m\dot{\boldsymbol{r}}^2\right\} = \frac{1}{2}m\dot{\boldsymbol{r}}^2$$
$$= \frac{1}{2}m\ell^2\dot{\theta}^2 \tag{8.124}$$

である。振り子の運動エネルギーであって、最終式では速度は $\dot{\boldsymbol{r}} = \ell\dot{\theta}\boldsymbol{e}_\theta$ で書き換えた。右辺の実効的な重力項は

$$\int m\boldsymbol{g}_{\mathrm{eff}} \cdot \mathrm{d}\boldsymbol{r} = \int -mg_{\mathrm{eff}}\boldsymbol{e}_z \cdot \mathrm{d}\boldsymbol{r} = -mg_{\mathrm{eff}}\int r\dot{\theta}\sin\theta\,\mathrm{d}t = -mg_{\mathrm{eff}}r\int \sin\theta\,\mathrm{d}\theta$$
$$= mg_{\mathrm{eff}}r\int \mathrm{d}(\cos\theta) = mg_{\mathrm{eff}}r\cos\theta = mg_{\mathrm{eff}}\ell\cos\theta \tag{8.125}$$

となる。第1行第2式から第3式へは $\mathrm{d}\boldsymbol{r} = \dot{\boldsymbol{r}}\mathrm{d}t = (r\dot{\theta}\boldsymbol{e}_\theta)\mathrm{d}t$ と、$\boldsymbol{e}_z \cdot \boldsymbol{e}_\theta = \boldsymbol{e}_z \cdot (\cos\theta\boldsymbol{e}_x + \sin\theta\boldsymbol{e}_z) = \sin\theta$ と計算する。最終行においては $r = \ell$ と書き直した。繰り返すが、式 (8.123) の右辺第1項の張力についての積分ならびに第2項のコリオリ力についての積分は、それらの力が振り子の軌道と直交しているので仕事には現れない。

よって、式 (8.123) は、積分範囲の下限量に添え字1を付け、上限量に添え字2を付けて記すと、

$$\left[\frac{1}{2}m\ell^2\dot{\theta}^2 - mg_{\mathrm{eff}}\ell\cos\theta\right]_{z_1}^{z_2} = 0 \tag{8.126}$$

であり、

$$\frac{1}{2}m(\ell\dot{\theta}_2)^2 + mg_{\mathrm{eff}}\ell(1-\cos\theta_2) = \frac{1}{2}m(\ell\dot{\theta}_1)^2 + mg_{\mathrm{eff}}\ell(1-\cos\theta_1) \tag{8.127}$$

と書ける。両辺に $mg_{\mathrm{eff}}\ell$ を足した。$\ell(1-\cos\theta)$ は振り子の最下点を基準にとったときの振り子の高さ h であって、よって、$mg_{\mathrm{eff}}\ell(1-\cos\theta) = mg_{\mathrm{eff}}h$ は最下点を基準とする振り子のポテンシャル・エネルギー（位置のエネルギー）である。上式は、θ_2 での運動エネルギーとポテンシャル・エネルギーの和、つまり、力学的全エネルギー E_2 は、θ_1 での全エネルギー E_1 に等しい（$E_2 = E_1$）こと、すなわち全エネルギー E が保存（一定）することを意味する。

$$E = \frac{1}{2}m(\ell\dot{\theta})^2 + mg_{\mathrm{eff}}\ell(1-\cos\theta) = \text{一定} \tag{8.128}$$

遠心力の効果は実効的な重力に含まれ、結局は、実効的な重力がはたらくもとでの

単純なエネルギー保存則である。

8-3-3　運動方程式を解く-2

運動方程式 (8.103) を前小節よりももっとスマートに理解してみよう。

$$\ddot{p} = -\omega_0{}^2 p - i2\omega_s \dot{p} \tag{8.103}$$

p は複素数 $p = x + iy$ であった。ここで、

$$p = e^{-i\omega_s t} p' \qquad (p' = e^{i\omega_s t} p) \tag{8.129}$$

と、p を p' に変数変換して式 (8.103) を計算する。それには上式を時間で1階微分、2階微分して

$$\dot{p} = \left(-i\omega_s p' + \dot{p}'\right) e^{-i\omega_s t} \tag{8.130}$$

$$\ddot{p} = \left(-\omega_s{}^2 p' - i2\omega_s \dot{p}' + \ddot{p}'\right) e^{-i\omega_s t} \tag{8.131}$$

式 (8.103) に代入する。その結果、

$$\ddot{p}' = -\left(\omega_0{}^2 + \omega_s{}^2\right) p' = -\gamma^2 p' \tag{8.132}$$

を得る。γ は前小節の式 (8.105) で定義した

$$\gamma \equiv \sqrt{\omega_0{}^2 + \omega_s{}^2} \tag{8.105}$$

である。上式 (8.132) は固有角振動数 γ の単振動の運動方程式である。

この単振動の基本解は $\exp(+i\gamma t)$、$\exp(-i\gamma t)$ であり、その一般解はこれらの線形結合の形で表され

$$p' = A_1 e^{i\gamma t} + A_2 e^{-i\gamma t} \tag{8.133}$$

である。さらに、式 (8.129) にしたがって p に戻ると、

$$p = e^{-i\omega_s t} \left(A_1 e^{i\gamma t} + A_2 e^{-i\gamma t}\right) \tag{8.134}$$

を得る。A_1、A_2 は初期条件によって決まる複素数であり、定数が4つある。この式は前小節で求めた解、式 (8.106) とまったく同じものである。これで式 (8.103) の解法は充分であろう。

上の変数変換や得られた単振動の意味を考えてみよう。

指数関数 $e^{\pm i\omega t}$ は複素平面上で実数軸に対し角 (位相) $\pm \omega t$ をもち、原点から1の距離にある座標点を指定することをすでに学んだ (5-1-1 小節の「指数関数 $e^{\pm i\omega t}$ の振

る舞い」(p.107))。角が時間とともに ωt で変化するということは、その角速度は d(回転角)/d$t = \omega$ である。したがって、指数関数 $e^{\pm i\omega t}$ は角速度 ω の回転を意味すると考えればよい。式 (8.129) において複素変数 $p = x + iy$ に $e^{i\omega_s t}$ を掛けることは、p を反時計回りへ $\omega_s t$ だけ回転させると考えてよい。あるいは、逆に言えば、複素平面の軸を $\omega_s t$ だけ時計回りに回転する新しい複素軸上で p をみる (その結果が p') 演算子と考えてもよい。

諸君はすでに気づいたと思う。p (振り子) はコリオリ力の効果のため、ω_s の角速度で時計回りに回転する。それを反時計回りへ ω_s の角速度で回す、あるいは時計回りに ω_s の角速度で回転する系から眺めるわけである。振り子の回転は消え、その単振動のみがみえる。これが $p \to p'$ に変数変換する意味であり、その後の運動方程式は

$$\ddot{p}' = -\left(\omega_0^2 + \omega_s^2\right) p' = -\gamma^2 p' \qquad (8.132)$$

つまり、単振動の運動方程式である。

コリオリ力がなくなって単振動のみがみえる。しかし、その振動の角速度は ω_0 ではなく、$\gamma (= \sqrt{\omega_0^2 + \omega_s^2})$ である。なぜ？

回転座標系に移ると 7-2-4 小節で学んだように、遠心力が現れる。いま、慣性系から地球の自転する回転系に移動して、フーコーの振り子の運動を解析している。このとき生じる遠心力は自転軸（地軸）に対して垂直外向きであって、「実効的な重力」に取り込んだ。

ここでコリオリ力の効果を消すために、振り子の系を z 軸を中心に ω_s の角速度で時計回りに回転する系から眺める。これが $e^{i\omega_s t}$ の演算であり、$-\omega_s$ で回転している回転成分を消すわけである。その結果、回転座標系ではたらいていた ω_s による遠心力が消えてみえ（$-m\omega_s^2 p'$ が現れ）、その分だけ振り子の往復運動を生ずる重力効果 (mg_eff) が大きくなる。したがって、振り子の運動は p' 系でみると、

$$\begin{aligned}m\ddot{p}' &= -\left(mg_\text{eff}\frac{p'}{\ell} + m\omega_s^2 p'\right) \\ &= -m\gamma^2 p'\end{aligned} \qquad (8.135)$$

となる。z 方向の振れは微小であるので振れ角も小さく、右辺第 1 項では $\theta = p'/\ell$ と書ける。

繰り返すが、最後に触れた地球の自転の効果は大変小さい。フーコーの振り子の固有角振動数 ω_0 と比べ、北緯 $\alpha = 37°$ では $\omega_s (= \omega_z)/\omega_0 = 1.1 \times 10^{-4} \approx 1/9{,}140$ であり、γ への寄与は $(1/9{,}140)^2 \approx 1.2 \times 10^{-8}$、ほぼ 8,400 万分の 1 である。フーコーの振り子で重要な役割をするのは、この効果ではない。重力に対して $\approx 7{,}700$ 分の 1 であるコリオリ力の効果である。

第III部
惑星運動と原子核散乱が語ること

第 9 章

2 体系の運動へひろげる

　ここまでは 1 つの物体あるいは 1 つの質点の運動に焦点をあてた。ここからは、すこし複雑にして物体を 2 つにし、新たに登場する力学的な概念やそれらの保存則、その複合系の運動の解析法について学ぶ。太陽を巡る惑星を 2 体系[1])の例として扱い、次章で本格的に解析する。

9-1　2 体系の運動方程式

　例によって運動方程式を立てるわけであるが、多体系を取り扱うに適した座標の視点、重心と相対座標、をまず 9-1-3 小節で導入する。その結果、2 体系の運動は重心の運動と重心に対する相対運動に分離でき、両者とも 1 体系の運動として扱うことができて前章までに学んだことが役にたつ。つぎに、9-1-5 小節では、太陽と各惑星で構成される 2 体系について具体的に数値評価をし、系の概念的なイメージを把握する。ここでは、それらに進む前に、そこで重要な役割を果たす 2 体系での運動量ならびに角運動量の方程式とそれらの保存則をまず押さえておこう。

　図 9.1 のように質量 m_1, m_2 の 2 つの物体（質点）が互いに力 $\boldsymbol{F}_{ij} (i \neq j; i, j = 1, 2)$ を及ぼしあって相互に作用している 2 体の系を考える。以下、m_1, m_2 はこれまで通り時間的に変化しないとする。この $\boldsymbol{F}_{ij}$ のように系内ではたらく力を**内力**といい、他方、系の外から系に対して作用する力を**外力**という。いま、簡単のために、外力は存在しないとする。

　運動を解析するには、まず物体の運動方程式を立てる必要がある。物体 1、物体 2 の運動方

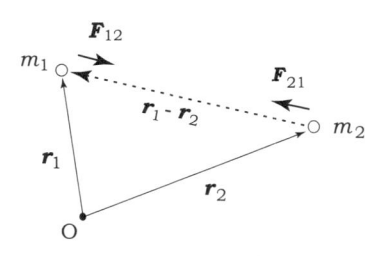

図 **9.1**　2 体系での内力

---

[1]) 日本語ではいろいろな意味の「系」があるが、ここでいう「系」(system) とは力学的に相互に影響を及ぼしあう複数の物体がつくる組織を指す。本書ではこの意味を拡張して 1 つの物体にも適用し、1 体系とも使う。

程式は

$$m_1\ddot{\boldsymbol{r}}_1 = \boldsymbol{F}_{12}, \qquad m_2\ddot{\boldsymbol{r}}_2 = \boldsymbol{F}_{21} \tag{9.1}$$

であり、物体1が物体2に及ぼす力を $\boldsymbol{F}_{21}$ と書き、物体2が物体1に及ぼす力を $\boldsymbol{F}_{12}$ と書いた。ニュートンの運動の第3法則、つまり、作用・反作用の法則から内力には

$$\boldsymbol{F}_{12} = -\boldsymbol{F}_{21} \ (= \boldsymbol{F}) \tag{9.2}$$

が成り立つ。よって、運動方程式 (9.1) は

$$m_1\ddot{\boldsymbol{r}}_1 = \boldsymbol{F}, \qquad m_2\ddot{\boldsymbol{r}}_2 = -\boldsymbol{F} \tag{9.3}$$

となる。より一般的に書くと、上式は

$$\dot{\boldsymbol{p}}_1 = \boldsymbol{F}, \qquad \dot{\boldsymbol{p}}_2 = -\boldsymbol{F} \tag{9.4}$$

となる。$\boldsymbol{p}_1, \boldsymbol{p}_2$ はそれぞれ物体1と物体2の運動量である。

9-1-1 全運動量の保存

両者の運動量の和、つまり、全運動量 (total momentum) を $\boldsymbol{P}(= \boldsymbol{p}_1 + \boldsymbol{p}_2)$ と大文字で書くと、式 (9.4) の和は

$$\dot{\boldsymbol{p}}_1 + \dot{\boldsymbol{p}}_2 = \dot{\boldsymbol{P}} = 0 \tag{9.5}$$

であり、それを時間積分することにより

$$\boldsymbol{P} = \boldsymbol{p}_1 + \boldsymbol{p}_2 = m_1\dot{\boldsymbol{r}}_1 + m_2\dot{\boldsymbol{r}}_2 = 一定 \tag{9.6}$$

を得る。**全運動量が保存**する。質点系の外部から力が作用せず、質点系の内力が互いに打ち消し合うため、系は全体としてみると1つの質点の運動と同様に等速度運動をする。

9-1-2 全角運動量の保存

運動量の保存則がでたので、全角運動量の保存則をみておこう。

4-2節に従って角運動量の時間変化をしらべる。全角運動量 (total angular momentum) $\boldsymbol{L}$ は個々の角運動量 $\boldsymbol{l}_1, \boldsymbol{l}_2$ のベクトル和であって

$$\boldsymbol{L} = \boldsymbol{l}_1 + \boldsymbol{l}_2, \qquad \boldsymbol{l}_1 = \boldsymbol{r}_1 \times \boldsymbol{p}_1, \quad \boldsymbol{l}_2 = \boldsymbol{r}_2 \times \boldsymbol{p}_2 \tag{9.7}$$

である。それぞれの物体の角運動量 $l_i(i=1,2)$ の時間変化は

$$\begin{aligned}\dot{l}_i &= \frac{d}{dt}(r_i \times m_i \dot{r}_i) \\ &= \dot{r}_i \times m_i \dot{r}_i + r_i \times m_i \ddot{r}_i = r_i \times F_{ij} = N_i\end{aligned} \quad (9.8)$$

である。2行目の右辺第1項は速度ベクトル同士の外積であるので、ゼロとなり消える ($\dot{r}_i \times \dot{r}_i = 0$)。$N_i$ は物体 i にはたらく力のモーメントである。そこで、全角運動量 L の時間変化は式 (9.7) を時間微分し、式 (9.8) により力のモーメントで表示すると、

$$\dot{L} = \dot{l}_1 + \dot{l}_2 = N_1 + N_2 = N \quad (9.9)$$

となる。ここで N は力のモーメントの和である。2体系においても全角運動量と全力のモーメントの間に、1質点の角運動量の運動方程式と同じ形の運動方程式 ($\dot{L} = N$) が成り立つ。

$N = 0$ のとき

$$\dot{L} = 0 \quad \Rightarrow \quad L = 一定 \quad (9.10)$$

であり、**全角運動量は保存する**。$N = 0$ は必ずしも力がはたらかないことを意味するのではなく、力が作用していてもその力のモーメントの和がゼロであればよい。たとえば、内力が万有引力のように、物体1と2を結ぶ線上に作用するものであれば

$$N = N_1 + N_2 = r_1 \times F_{12} + r_2 \times F_{21} = (r_1 - r_2) \times F_{12} = 0 \quad (9.11)$$

となる。図 9.1 の示すように、$r_1 - r_2$（破線）と力 F_{ij} は同一（あるいは逆）方向を向くベクトル（$(r_1 - r_2) \parallel F_{ij}$）であるため、それらの外積は当然ゼロとなり、力のモーメントの和は消える、というのが上式である。

9-1-3 重心と相対座標

(a) 重心

重心とは、日常しばしば用いる言葉である。これを物理的にきちんと定義しておこう。2つの質点からなる系の重心 R (center of gravity) を

$$R = \frac{m_1 r_1 + m_2 r_2}{m_1 + m_2} = \frac{m_1}{m_1 + m_2} r_1 + \frac{m_2}{m_1 + m_2} r_2 \quad (9.12)$$

と定める (図 9.2) [2]。これは上式右辺をみれば分かるように、質量の重み付き位置平

---

[2] 本章では万有引力定数 G と混同しないように、重心には R 記号を使う。

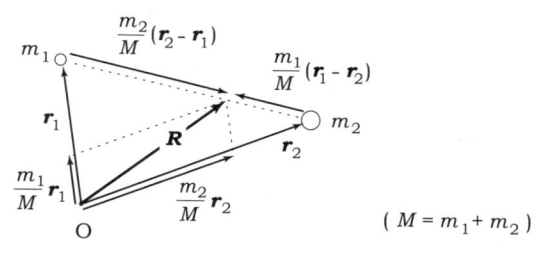

図 9.2 2質点系の重心

均 (p.313 を参照) である。$\boldsymbol{R}$ を**質量中心**ともよぶ。

$\boldsymbol{R}$ の時間微分は

$$\dot{\boldsymbol{R}} = \frac{1}{M}(m_1\dot{\boldsymbol{r}}_1 + m_2\dot{\boldsymbol{r}}_2) = \frac{1}{M}(\boldsymbol{p}_1 + \boldsymbol{p}_2) = \frac{1}{M}\boldsymbol{P} \qquad (9.13)$$

であり、さらに時間微分すると、

$$\ddot{\boldsymbol{R}} = \frac{1}{M}\dot{\boldsymbol{P}} = 0 \qquad (9.14)$$

となる。M は 2 つの質点の質量の和である ($M = m_1 + m_2$)。上式の右辺は外力がはたらいていないので ($\dot{\boldsymbol{P}} = \boldsymbol{F}_{外力} = 0$)、ゼロである。つまり、重心 $\boldsymbol{R}$ は外力が作用していない質量 M の 1 質点として運動する。重心のその運動方程式は

$$M\ddot{\boldsymbol{R}} = 0 \qquad (9.15)$$

である。よって、重心は等速度運動をする。

(b) 相対座標

重心の運動が分かれば、両質点の運動は重心に対する相対運動として求められることが、日常感覚で理解できる。そこで、重心に対する両質点の位置座標を $\boldsymbol{r}_1{}^R, \boldsymbol{r}_2{}^R$ と書くと、

$$\boldsymbol{r}_1 = \boldsymbol{R} + \boldsymbol{r}_1{}^R, \qquad \boldsymbol{r}_2 = \boldsymbol{R} + \boldsymbol{r}_2{}^R \qquad (9.16)$$

である (図 9.3)。式 (9.12) を上式に代入して、$\boldsymbol{r}_1{}^R, \boldsymbol{r}_2{}^R$ を求めると、

$$\left.\begin{aligned} \boldsymbol{r}_1{}^R &= \boldsymbol{r}_1 - \boldsymbol{R} = \frac{m_2}{M}(\boldsymbol{r}_1 - \boldsymbol{r}_2) = \frac{m_2}{M}\boldsymbol{r} \\ \boldsymbol{r}_2{}^R &= \boldsymbol{r}_2 - \boldsymbol{R} = -\frac{m_1}{M}(\boldsymbol{r}_1 - \boldsymbol{r}_2) = -\frac{m_1}{M}\boldsymbol{r} \end{aligned}\right\} \qquad (9.17)$$

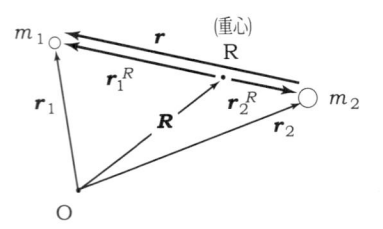

図 9.3 2 質点系の相対座標 $r = r_1 - r_2 = r_1^R - r_2^R$

となる。ここで、$r_1 - r_2$ は物体 2 から物体 1 へ引いたベクトルで、両物体の**相対座標ベクトル**

$$r = r_1 - r_2 \tag{9.18}$$

である。

相対座標を時間で 2 階微分し、相対座標に関する運動方程式を求めよう。式 (9.3) を利用して

$$\ddot{r} = \ddot{r}_1 - \ddot{r}_2 = \frac{F}{m_1} + \frac{F}{m_2} = \frac{1}{\mu} F \tag{9.19}$$

を得る (式 (9.2) から、$F_{12} = -F_{21} = F$)。μ は**換算質量** (reduced mass) といい

$$\frac{1}{\mu} = \frac{1}{m_1} + \frac{1}{m_2} \quad \Rightarrow \quad \mu = \frac{m_1 m_2}{m_1 + m_2} \tag{9.20}$$

と定義される質量である。そうすると相対座標に関する運動方程式は

$$\mu \ddot{r} = F \tag{9.21}$$

となる。換算質量という量を導入することにより、相対座標の運動は一度にシンプルになった。

(c) 重心系

重心とともに等速度運動する座標系を**重心系**という。重心系での質点 1，2 の運動方程式は、式 (9.17) を時間で 2 階微分して

$$\left.\begin{array}{l} m_1 \ddot{r}_1^R = m_1(\ddot{r}_1 - \ddot{R}) = F \\ m_2 \ddot{r}_2^R = m_2(\ddot{r}_2 - \ddot{R}) = -F \end{array}\right\} \tag{9.22}$$

と求まる。繰り返すが、F は 2 物体間にはたらく内力である。

9-1-4　2体系における回転運動

重心 $\boldsymbol{R}$ と相対座標 $\boldsymbol{r}$ がそれぞれ式 (9.12) と式 (9.18) で与えられ、全質量は M であり、換算質量 μ が式 (9.20) で定められるとき、内力ならびに外力に依存せず、系の全角運動量 $\boldsymbol{L}$ は重心の角運動量 $\boldsymbol{L}_R$ と重心に対する相対運動による角運動量 $\boldsymbol{L}_r$ の和によって表すことができる。これを導こう。

慣性系 (O系) の全角運動量 $\boldsymbol{L}$ は、2物体個々のもつ角運動量の和であって、それらは重心座標と相対座標を用いてつぎのように表示できる。

$$\begin{aligned}
\boldsymbol{L} &= \boldsymbol{l}_1 + \boldsymbol{l}_2 \\
&= \boldsymbol{r}_1 \times \boldsymbol{p}_1 + \boldsymbol{r}_2 \times \boldsymbol{p}_2 = \boldsymbol{r}_1 \times m_1 \dot{\boldsymbol{r}}_1 + \boldsymbol{r}_2 \times m_2 \dot{\boldsymbol{r}}_2 \\
&= \left(\boldsymbol{R} + \frac{m_2}{M}\boldsymbol{r}\right) \times m_1 \left(\dot{\boldsymbol{R}} + \frac{m_2}{M}\dot{\boldsymbol{r}}\right) + \left(\boldsymbol{R} - \frac{m_1}{M}\boldsymbol{r}\right) \times m_2 \left(\dot{\boldsymbol{R}} - \frac{m_1}{M}\dot{\boldsymbol{r}}\right) \\
&= \left(m_1 \boldsymbol{R} \times \dot{\boldsymbol{R}} + \frac{m_1 m_2}{M} \boldsymbol{r} \times \dot{\boldsymbol{R}} + \frac{m_1 m_2}{M} \boldsymbol{R} \times \dot{\boldsymbol{r}} + \frac{m_1 m_2^2}{M^2} \boldsymbol{r} \times \dot{\boldsymbol{r}}\right) \\
&\quad + \left(m_2 \boldsymbol{R} \times \dot{\boldsymbol{R}} - \frac{m_1 m_2}{M} \boldsymbol{r} \times \dot{\boldsymbol{R}} - \frac{m_1 m_2}{M} \boldsymbol{R} \times \dot{\boldsymbol{r}} + \frac{m_1^2 m_2}{M^2} \boldsymbol{r} \times \dot{\boldsymbol{r}}\right) \\
&= M \boldsymbol{R} \times \dot{\boldsymbol{R}} + \mu \boldsymbol{r} \times \dot{\boldsymbol{r}} \\
&= \boldsymbol{R} \times (M \dot{\boldsymbol{R}}) + \boldsymbol{r} \times (\mu \dot{\boldsymbol{r}}) = \boldsymbol{R} \times \boldsymbol{P}_R + \boldsymbol{r} \times \boldsymbol{p}_r \\
&= \boldsymbol{L}_R + \boldsymbol{L}_r
\end{aligned} \tag{9.23}$$

である。ここで、$\boldsymbol{P}_R = M\dot{\boldsymbol{R}}$ は (質量 M の) 重心の運動量であり、$\boldsymbol{p}_r = \mu \dot{\boldsymbol{r}}$ は重心系における (質量 μ の) 相対座標の運動量である。最終行の角運動量 $\boldsymbol{L}_R = \boldsymbol{R} \times \boldsymbol{P}_R$ は原点 O に対する重心の角運動量であって、$\boldsymbol{L}_r$ は重心に対する質量 m_1 の角運動量と質量 m_2 の角運動量の和である。後者に関しては

$$\boldsymbol{L}_r = \boldsymbol{r}_1^R \times (m_1 \dot{\boldsymbol{r}}_1^R) + \boldsymbol{r}_2^R \times (m_2 \dot{\boldsymbol{r}}_2^R) \tag{9.24}$$

を式 (9.17) を代入して計算すれば分かるように、$\boldsymbol{L}_r = \boldsymbol{r} \times \boldsymbol{p}_r$ を得る。また、おもしろいことに式 (9.23) の第4式において見事に重心と相対座標の相互作用項 ($\propto \boldsymbol{r} \times \dot{\boldsymbol{R}}$ 項と $\propto \boldsymbol{R} \times \dot{\boldsymbol{r}}$ 項)[3]、具体的には、第4式の第2項と第6項が、第3項と第7項) が打ち消し合っていることが分かる。

問　式 (9.24) に式 (9.17) を代入して $\boldsymbol{L}_r = \boldsymbol{r} \times \boldsymbol{p}_r$ であることを示せ。

---

[3] $\propto$ は「比例する」という意味を示す。

同じことが系の力のモーメントについても成り立つ。全力のモーメント $\boldsymbol{N}$ は、2物体個々のもつ力のモーメントの和であって、それらは重心座標と相対座標を用いてつぎのように表示できる。

$$\begin{aligned}
\boldsymbol{N} &= \boldsymbol{N}_1 + \boldsymbol{N}_2 \\
&= \boldsymbol{r}_1 \times m_1 \ddot{\boldsymbol{r}}_1 + \boldsymbol{r}_2 \times m_2 \ddot{\boldsymbol{r}}_2 \\
&= \left(\boldsymbol{R} + \frac{m_2}{M}\boldsymbol{r}\right) \times m_1 \left(\ddot{\boldsymbol{R}} + \frac{m_2}{M}\ddot{\boldsymbol{r}}\right) + \left(\boldsymbol{R} - \frac{m_1}{M}\boldsymbol{r}\right) \times m_2 \left(\ddot{\boldsymbol{R}} - \frac{m_1}{M}\ddot{\boldsymbol{r}}\right) \\
&= \boldsymbol{R} \times (M\ddot{\boldsymbol{R}}) + \boldsymbol{r} \times (\mu \ddot{\boldsymbol{r}}) = \boldsymbol{R} \times \boldsymbol{F}_R + \boldsymbol{r} \times \boldsymbol{F}_r \\
&= \boldsymbol{N}_R + \boldsymbol{N}_r
\end{aligned} \tag{9.25}$$

上式で式 (9.23) の第 4-6 行目に対応するところは、$\dot{\boldsymbol{r}} \to \ddot{\boldsymbol{r}}$、$\dot{\boldsymbol{R}} \to \ddot{\boldsymbol{R}}$ に置き換えた同じような計算なので省略した。そこでも、見事に重心と相対座標の相互作用項 ($\propto \boldsymbol{r} \times \ddot{\boldsymbol{R}}$ 項と $\propto \boldsymbol{R} \times \ddot{\boldsymbol{r}}$ 項) が打ち消し合っている。ここで、$\boldsymbol{N}_R$ は原点 O に対する (質量 M の) 重心の力のモーメントであり、$\boldsymbol{N}_r$ は重心に対する質量 m_1 の力のモーメントと質量 m_2 の力のモーメントの和である。ここでは、後者に関しては式 (9.17) を利用して

$$\boldsymbol{N}_r = \boldsymbol{r}_1^{\,R} \times (m_1 \ddot{\boldsymbol{r}}_1^{\,R}) + \boldsymbol{r}_2^{\,R} \times (m_2 \ddot{\boldsymbol{r}}_2^{\,R}) \tag{9.26}$$

を計算すれば分かるように、$\boldsymbol{N}_r = \boldsymbol{r} \times \boldsymbol{F}_r$ を得る。

問 式 (9.26) に式 (9.17) を代入して $\boldsymbol{N}_r = \boldsymbol{r} \times \boldsymbol{F}_r$ であることを示せ。

以上のことから、2 体系の回転運動は以下のように、質量 M の重心の回転運動と相対座標をもつ質量 μ の回転運動の重ね合わせとして扱えることが分かる。重心ならびに相対座標での運動方程式は各々

$$\dot{\boldsymbol{L}}_R \left(= \frac{\mathrm{d}}{\mathrm{d}t}(\boldsymbol{R} \times \boldsymbol{P}_R) = \boldsymbol{R} \times \boldsymbol{F}_R\right) = \boldsymbol{N}_R \tag{9.27}$$

$$\dot{\boldsymbol{L}}_r \left(= \frac{\mathrm{d}}{\mathrm{d}t}(\boldsymbol{r} \times \boldsymbol{p}_r) = \boldsymbol{r} \times \boldsymbol{F}_r\right) = \boldsymbol{N}_r \tag{9.28}$$

であって、それぞれ 1 質点の回転の運動方程式と同じ形式である。そして、系全体の回転の運動方程式は全角運動量と全力のモーメントを用いて表示すると、

$$\dot{\boldsymbol{L}} \left(= \dot{\boldsymbol{L}}_R + \dot{\boldsymbol{L}}_r = \boldsymbol{N}_R + \boldsymbol{N}_r\right) = \boldsymbol{N} \tag{9.29}$$

であり、個々の系の運動方程式と同じ形式をもつ。

9-1-5　簡単な例としての太陽と地球の2体系

2体系の例として、太陽と地球で構成される系を取り上げ、その重心や相対運動を考えよう。ここで、両者を質点として扱う。太陽の半径は 696,000 km, 地球の半径は 6,400 km であって、太陽-地球間の距離はほぼ 150,000,000 km である。2体間距離と比べれば太陽半径でも 0.5%(1/200) 程度であり、両者の大きさを無視して良さそうだ。質点として扱えるもっと大きな妥当性は、一様な球体がつくる重力は全質量が球体の中心に集中した質点のつくる重力と等価である（このことについては紙数不足のため触れない）ことによる。

太陽の質量を m_S、地球の質量を m_E と記し、慣性系の原点 O を空間のどこかに定めたとして、それぞれの位置を $\boldsymbol{r}_S, \boldsymbol{r}_E$ と記す。太陽と地球の間には万有引力が作用する。これは2体系における内力である。万有引力 $\boldsymbol{F}$ は両物体間の距離 $\boldsymbol{r} = \boldsymbol{r}_E - \boldsymbol{r}_S$ の大きさの逆2乗に比例し、また、両質量の積 $m_S m_E$ に比例する。その力の方向は両物体を結ぶ線上にはたらく。

$$\boldsymbol{F} = -G \frac{m_S m_E}{r^2} \frac{\boldsymbol{r}}{|\boldsymbol{r}|} \tag{9.30}$$

であり、G は**万有引力定数**であることも諸君はすでに知っている。

繰り返す。太陽と地球のみの系を考えている。この系に外部から作用する力（外力）はないとする。したがって、重心の運動方程式は

$$M\ddot{\boldsymbol{R}} = 0 \tag{9.15}$$

$$\left(\boldsymbol{R} = \frac{m_S \boldsymbol{r}_S + m_E \boldsymbol{r}_E}{m_S + m_E}, \quad M = m_S + m_E \right)$$

である。重心は等速直線運動をする。しかし、系に太陽と地球の2物体しかないとき、重心の移動は全く意味をもたない。つまり、静止していようが、移動していようが、それを検出する第3の物体が存在しないため重心運動は力学的意味がない。

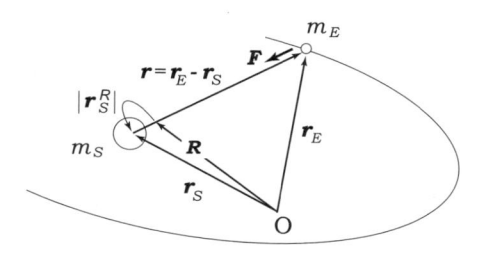

図 **9.4**　太陽と地球の2体系

(a) 重心は太陽と地球を結ぶ直線上のどこにあるのか

具体的な数値を使って計算してみよう。式 (9.17) において物体 1 を地球、物体 2 を太陽とすれば、重心と太陽の距離 $|\boldsymbol{r}_S^R| = |\boldsymbol{r}_2^R|$ はすでに記したように

$$|\boldsymbol{r}_S^R| \; (= |\boldsymbol{r}_S - \boldsymbol{R}|) = \frac{m_E}{M}|\boldsymbol{r}| = 3.0 \times 10^{-6}\,|\boldsymbol{r}| \tag{9.31}$$

であり、$\boldsymbol{r} = \boldsymbol{r}_1 - \boldsymbol{r}_2 = \boldsymbol{r}_E - \boldsymbol{r}_S$ は太陽から地球への位置ベクトルである。$m_S = 1.99 \times 10^{30}$ kg, $m_E = 5.97 \times 10^{24}$ kg, $m_E/M = 3.0 \times 10^{-6}$ であり、太陽と地球間の距離 (地球の公転半径) は $r = |\boldsymbol{r}_E - \boldsymbol{r}_S| = 1.50 \times 10^{11}$ m であるので、太陽 (の中心) から重心までの距離は

$$|\boldsymbol{r}_S^R| = 4.5 \times 10^5 \text{ m} \tag{9.32}$$

である。太陽の半径は 6.96×10^8 m であるので、重心は充分太陽の中にある (重心位置は太陽の中心から半径の 1/1,550 倍のところに位置する)。

問 重心が太陽と地球を結ぶ直線上に位置することを示せ。

太陽系の 9 つの惑星[4] が太陽と個々に 2 体系を構成すると想定する。そのとき、それらの重心がどの程度太陽の中心からずれているか (「離れているか」、というのがより正しい表現だろうが) を数値評価してみよう。惑星 (planet) の質量を m_P、太陽からの距離を r_P で表示する[5]。

直観的に考えると、もっとも重い惑星がもっとも大きなずれを生ずる。また、太陽からの距離が大きいほどずれの距離が拡大もされる。したがって、ずれは惑星の質量と距離によると想像がつく。ずれは式 (9.31) から、太陽半径 R_S を単位にとると、

$$\text{ずれ} = \left(\frac{m_P}{M}\right)\left(\frac{r_P}{R_S}\right) \tag{9.33}$$

である。惑星の質量、公転半径、ずれを表 9.1 に示す。

> 惑星の質量は太陽質量 m_S に比べはるかに小さい。よって、上式の分母の全質量 M は太陽質量にほぼ等しいと置ける ($M \approx m_S$)。もっとも重い木星でも太陽質量のほぼ 1/1,000 であるので、この近似をしても 0.1%程度の影響しかない。表 9.1 では惑星の

---

[4] 近年惑星の定義から、冥王星が太陽系の第 9 惑星からはずされた。しかし、本書では他の惑星との比較のために第 9 惑星として加えてある。
[5] ちなみに、天文学では太陽を示す記号として ⊙ を、地球には ⊕ を使うようだ。地球の横線は赤道を、縦線は子午線を表す。

表 9.1 太陽と惑星がつくる系での太陽中心からの重心距離。m_P は太陽質量を基準値とし、r_P は地球の公転半径を基準値とした。ずれは太陽半径 R_S を基準値とした。

惑星	質量 (m_P/m_S)	公転半径 (r_P/r_E)	ずれ
水星	1.66×10^{-7}	0.387	0.000014
金星	2.45×10^{-6}	0.723	0.00038
地球	3.04×10^{-6}	1.00	0.00066
火星	3.23×10^{-7}	1.52	0.00011
木星	9.55×10^{-4}	5.20	1.07
土星	2.86×10^{-4}	9.55	0.59
天王星	4.37×10^{-5}	19.2	0.18
海王星	5.15×10^{-5}	30.1	0.33
冥王星	7.4×10^{-9}	39.5	0.000063

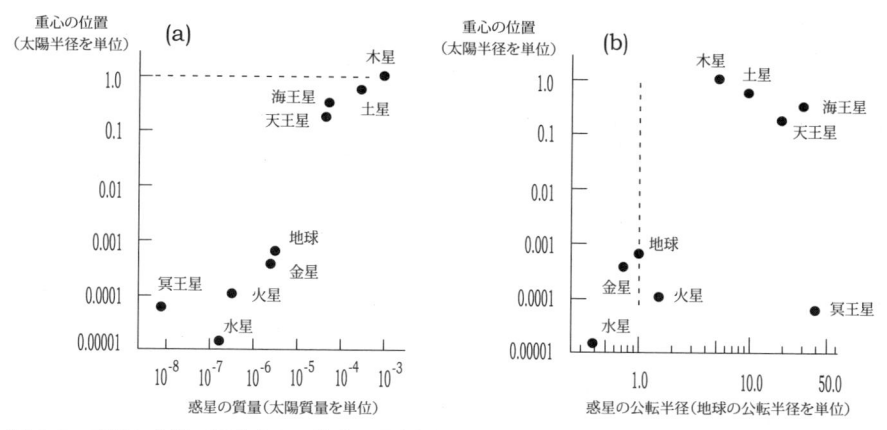

図 9.5 惑星と太陽で構成する 2 体系の重心を太陽半径を単位として、太陽中心からの距離でプロットした。

公転半径 r_P を地球の公転半径 r_E、いわゆる天文単位 $(= 1.50 \times 10^{11}$ m$)$ を基準にとってある。太陽半径 $R_S = 6.96 \times 10^8$ m であり、

$$\text{ずれ} = (\text{表 9.1 の第 2 列}) \times (\text{表 9.1 の第 3 列}) \times \left(\frac{r_E}{R_S}\right) \tag{9.34}$$

となる。$r_E/R_S = 215.5$ である。数値計算の結果を図 9.5 に示す。両軸が常用対数表示になっていることに注意せよ。やはり、最重量の木星が最大のずれをもち、重心はほぼ太陽表面にある。つぎに質量が大きい土星も、重心は太陽半径の 60% あたりにある。逆に、木星に比べて軽い水星、金星、地球、火星はほぼ太陽中心に重心がきている。また、惑星の公転半径が大きい天王星、海王星もずれは 20 〜 30% と大きい。しかし、最

大の公転半径をもつ冥王星はその質量が俄然軽いため、ずれは最小の水星について小さい。9つの惑星は2つのグループを構成している。結局は木星、土星、天王星、海王星の4つの惑星は公転半径が大きいのみならず、質量が地球よりも2桁以上大きいことが重心が大きくずれる主要因であることが分かる。

(b) 相対座標 r の運動をみる

運動方程式は式 (9.21) であって、はたらく力 F は式 (9.30) の万有引力である。つまり、

$$\mu \ddot{\boldsymbol{r}} = -G\frac{m_S m_E}{r^2}\frac{\boldsymbol{r}}{|\boldsymbol{r}|} \tag{9.35}$$

$$\left(\mu = \frac{m_S m_E}{M} \approx m_E\right)$$

である。詳しくは第10章で議論するのでそちらに譲るが、読者はこの相対運動は楕円運動であることをすでに知っているであろう。

現実には太陽は9惑星と多体系を構成するが、ここでの2体系に関していえば、厳密には惑星は太陽を中心にして回転しているのではない。重心を中心に回転しているのである。図 9.6 に示すように、惑星のみでなく、太陽も重心のまわりを回っているのである。重心を座標原点 R とすれば、惑星ならびに太陽は式 (9.17) の $\boldsymbol{r}_1^R, \boldsymbol{r}_2^R$ で与えられた座標

$$\left.\begin{array}{l}\boldsymbol{r}_P^R = \left(\dfrac{m_S}{M}\right)\boldsymbol{r} \\[6pt] \boldsymbol{r}_S^R = -\left(\dfrac{m_P}{M}\right)\boldsymbol{r} = -\left(\dfrac{m_P}{m_S}\right)\cdot \boldsymbol{r}_P^R\end{array}\right\} \tag{9.36}$$

でもって運動する (上式でどちらにマイナス符号を付けるかは重要でない)。相対座標 r は式 (9.35) を解いて得られるものである。太陽は原点（重心）を挟み惑星の反対側を、原点から惑星までの距離の m_P/m_S 倍のところに位置する。地球のように惑星の

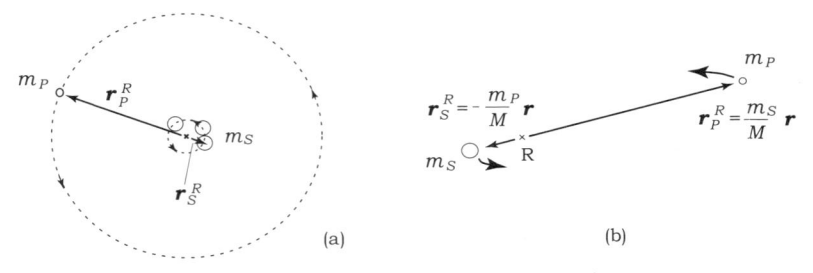

図 9.6　惑星と太陽の重心のまわりの運動

質量が太陽質量に比べ無視できる場合には

$$M = m_S + m_P \approx m_S \tag{9.37}$$

となり、式 (9.36) は

$$\bm{r}_P^{\,R} = \left(\frac{m_S}{M}\right)\bm{r} \approx \bm{r}, \quad \bm{r}_S^{\,R} = -\left(\frac{m_P}{M}\right)\bm{r} \approx 0 \tag{9.38}$$

となり、太陽は原点に位置し、惑星は相対座標 $\bm{r}$ で与えられる位置ベクトルをもって原点を中心として回転する、ということになるわけだ。

9-2　万有引力とポテンシャル

　太陽と惑星の 2 体系は重力によって構成されている。前節で得た運動方程式を直ちに解きにかかるのではなく、ここでは方程式の右辺である重力（万有引力）について少し考えてみる。
　9-2-1 小節では読本の利点を活かして、重力がなぜ r の逆 2 乗の形なのか？、電気力と比べてなぜ途方もなく弱いのか？など、教科書では扱わない事項をも議論する。9-2-2 小節では重力のポテンシャルを扱う。ポテンシャルの導入はラグランジュの解析力学によるが、力学での、一般的には物理学での概念的な革命である。ポテンシャルは空間に展開する重力の場のエネルギー分布であって、物体の運動はよりポテンシャル・エネルギーの低い状態へと移行する。すなわち、ポテンシャルの勾配がもっとも急な方向へと物体は運動する。これがベクトル量である力 $\bm{F}$ をスカラー量であるポテンシャル分布の勾配 $-\nabla U(\bm{r})$ として扱うことである。万有引力のポテンシャルを見、惑星の軌道計算をする以前に、それが保存力であり、中心力である特性を理解しよう。

9-2-1　万有引力の特性

　ニュートンは、質量をもつ物体は互いに引き合う力を及ぼすとし、地上での落下物体の運動、天空の惑星の運動などを見事に説明した。質量をもつあらゆる物体は重力 (gravitational force) とよぶこの力を有し、この意味でこの力を**万有引力** (universal gravitation) という。
　では、なぜ、万有引力がこのような形

$$\bm{F} = -G\frac{m_1 m_2}{r^2} \cdot \left(\frac{\bm{r}}{|\bm{r}|}\right) \tag{9.39}$$

(a) 同符号電荷　　　　　　　　(b) 異符号電荷

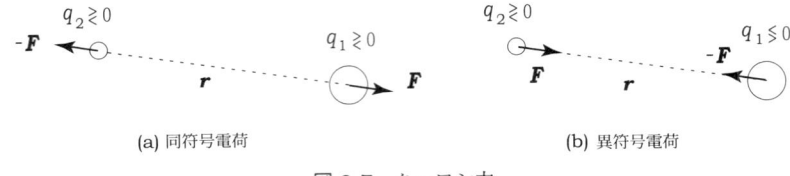

図 9.7　クーロン力

なのか、は分からない。そっくりな形をもつものにクーロン力 $\boldsymbol{F}_C$ がある。

$$\boldsymbol{F}_C = k_e \frac{q_1 q_2}{r^2} \cdot \left(\frac{\boldsymbol{r}}{|\boldsymbol{r}|}\right), \qquad k_e = \frac{1}{4\pi\varepsilon_0} \tag{9.40}$$

ε_0 は真空の誘電率であり、k_e は万有引力定数 G に対応するクーロン力の定数である。諸君もよく知っているように、これは電荷 q_1 と q_2 の間にはたらく電気的な力であり、万有引力と同じく距離の逆2乗の形をもち、はたらく力の方向も両電荷を結ぶ線上にある。万有引力との大きな違いは、電荷には正と負の電荷があるためにクーロン力は同種電荷の間では斥力としてはたらき、異種の電荷間では引力としてはたらくことにある。

物体には負値の質量はない。この課題は本書の範囲を超えるので、ここでは触れない。本節の以下の部分は教科書や授業で登場しない。著者の観点を記したものである。

(a)　なぜ、力が逆2乗則なのか

それは空間が3次元であるからと記したものをどこかでみた記憶がある。空間が n 次元であれば、力は r の $(n-1)$ 乗に反比例するという。これは電磁気学の教科書には、ガウスの法則として現れる。ここでは、それを万有引力に適用して遊んでみよう。紙数をいくらか費やすが、場の考えやガウスの法則をここで学んでおくのも悪くない。

　○ 重力場

　質量 m をもった物体があるとその周りにその質量に比例した重力の場ができる。この重力の場 $\boldsymbol{G}_g(\boldsymbol{r})$ は、相手の物体があってはじめて万有引力として現れ、検出でき、その存在を知ることができる。しかし、場は相手の物体がなくとも存在する。場 $\boldsymbol{G}_g(\boldsymbol{r})$ は、質量の小さい物体 (質量 $= \delta m$) を用意して、それにはたらく万有引力を測定することにより知ることができる。このとき、δm にはたらく万有引力 $\boldsymbol{F}$ と場 $\boldsymbol{G}_g(\boldsymbol{r})$ の関係は

$$\boldsymbol{F} = G\frac{\delta m \cdot m}{r^2} \cdot \left(\frac{-\boldsymbol{r}}{|\boldsymbol{r}|}\right) = \delta m \cdot \boldsymbol{G}_g(\boldsymbol{r}) \tag{9.41}$$

$$\boldsymbol{G}_g(\boldsymbol{r}) = G\frac{m}{r^2} \cdot \left(\frac{-\boldsymbol{r}}{|\boldsymbol{r}|}\right), \qquad G = \frac{1}{4\pi\varepsilon_g} \tag{9.42}$$

である。式 (9.41) は万有引力の成因を2つの因子に分解しただけであって、δm は万有

図 **9.8** 万有引力

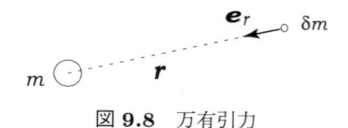

引力がはたらく物体の属性（つまり、質量）を表現し、$G_g(r)$ は質量 m がつくりだす重力の場（それは物体 δm とはまったく独立なもの）である。また、式 (9.42) の右式は万有引力定数 G をクーロン力定数 k_e（式 (9.40)）に倣って書いたものである。重力は、2つの物体間の空間を飛び越えて直接に作用（**遠隔作用**）するのではなく、空間を連続的に伝わる**近接作用力** であって、その伝搬の程度を示すのが ε_g（透重力率とでもいおう）であり、その様子を表現するものが空間に連続的に分布する場 $G_g(r)$ である。

◯ ガウスの法則

質量 m を中心とした半径 $r = a$ の球面上の場の強さ $G_g(a)$ は、$G_g(a) = Gm/a^2 = m/(4\pi\varepsilon_g a^2)$ であり、全球面にわたる場の強さは

$$\oint_S \boldsymbol{G}_g(\boldsymbol{r}) \cdot \mathrm{d}\boldsymbol{S} = \oint_S \frac{m}{4\pi\varepsilon_g a^2}\,\mathrm{d}S = \frac{m}{4\pi\varepsilon_g a^2}(4\pi a^2) = \frac{m}{\varepsilon_g} \tag{9.43}$$

である[6]。ここで、$\mathrm{d}S$ は球面上の微小面積を意味し、積分は球表面にわたる面積分である[7]。両辺に ε_g を掛けると、

$$\varepsilon_g \oint_S \boldsymbol{G}_g(\boldsymbol{r}) \cdot \mathrm{d}\boldsymbol{S} = m \tag{9.44}$$

を得る。これは静電荷 Q がつくる電気の場（電界）$\boldsymbol{E}(\boldsymbol{r})$ に関する**ガウスの法則**に対して、質量 m がつくる重力の場 $\boldsymbol{G}_g$ に関するガウスの法則となる。

　場の強さが距離の逆2乗の形のため、面積という距離の2乗の次元が掛け合わさるとちょうど打ち消し合って、重力の場の積分は半径に依存せず一定値をもち、それは内部に存在する質量値を表す。場の強さが距離の逆2乗でなく、距離の1乗や3乗などに反比例するならば、積分は球面の半径に依存し、重力の場が質量のない空間から生まれたり消えたりすることになって、r に依存する不自然な法則となってしまう。そうでないためには、空間が2次元ならば重力は距離の1乗に反比例し、空間が4次元ならば重力は距離の3乗に反比例することになったであろうと推測する。

　このような法則性が成り立つためには、n 次元世界のガウスの法則が成り立つ必要がある。n 次元空間で半径 $r(=$ 一定$)$ の球面を扱う (ε_g はこの空間でも定数とする)

---

[6] この議論は球面でなく、一般的に任意の閉曲面についても成立する。
[7] 閉曲面ならびに閉曲線についての面積分や線積分の表示に、積分経路が閉じているという意味で $\oint$ を用いる。

と、n 次元球面上では場の強さ $|G_g(r)|$ は一定であり、積分の外に出せ、式 (9.44) を n 次元空間に書き直すと、

$$G_g(r) = m \Big/ \left(\varepsilon_g \oint_S dS \right) = \frac{m}{\varepsilon_g C_n r^{(n-1)}} \tag{9.45}$$

となる。ここで、$\oint_S dS = C_n r^{(n-1)}$ は n 次元球面 (半径 = r) の表面積であって、$C_2 = 2\pi, C_3 = 4\pi, C_4 = 2\pi^2, \ldots$ である。よって、n 次元世界では万有引力は

$$G_g(r) \propto \frac{1}{r^{n-1}} \tag{9.46}$$

すなわち、$r^{-(n-1)}$ に比例する振る舞いをすると考える。

(b) なぜ、重力は電磁力と比べて弱いのか

日常生活において電気的な力は余程注意しないと気づかないが、重力は常に感じる。本当に重力は弱いのであろうか？

物体を構成する微小な要素は正の電荷と負の電荷をもつが、物体は全般的に電気的には中性であり、電気力としての引力と斥力が打ち消し合う。目的をもって電荷を貯めない限りは、日常生活の規模においては電気力はほとんど現れない。これは電荷の正負に依存する電気力の特性によるものであって、強さの問題でない。プラスチックの下敷に摩擦電気を起こし髪の毛を逆立てることは簡単にでき、電気力を知ることができる。一方、ボールを 2 つ近付けても互いに引き合わない。重力の効果は感じない。ところが、手を放すと落下する。ここではじめて重力の効果をみる。地球程度の大量の質量がないとわれわれは重力を感じない。確かに、重力は電気力よりも弱そうである。

定量的に大きさを比較しよう。式 (9.39)(次式の左)、式 (9.40) (次式の右) は重力と電気力を示す。

$$\boldsymbol{F} = -G \frac{m_1 m_2}{r^2} \cdot \left(\frac{\boldsymbol{r}}{|\boldsymbol{r}|} \right) \quad \Leftrightarrow \quad \boldsymbol{F}_C = k_e \frac{q_1 q_2}{r^2} \cdot \left(\frac{\boldsymbol{r}}{|\boldsymbol{r}|} \right), \quad k_e = \frac{1}{4\pi\varepsilon_0} \tag{9.47}$$

それぞれの定数 G、k_e が力の強さを表現すればいいが、両者は異なる次元をもつため対等に比較できない。$G = 6.7 \times 10^{-11}$ N·m²/kg² であり、$k_e = 9.0 \times 10^9$ N·m²/C² である。N(ニュートン) = kg·m/s² であり、C は電荷の単位クーロンであって最小電荷である電子の電荷は

$$q_e = -(1.6021773 \pm 0.0000005) \times 10^{-19} \text{ C} \tag{9.48}$$

である。ちなみに、この電荷の最小単位の量を「電気素量 (elementary electric charge)」といい、e で表す ($e = |q_e|$)。電気力は多量の電荷があっても引力と斥力で打ち消し合い、一方重力は質量の増加につれて強くなるので、巨視的な規模での比較はむずかし

い。本来の力をみるには、最小電荷や最小質量単位で比較するのが妥当であろう。両者とも同じ距離依存性をもつので、電荷間の距離と質量間の距離が同じである限りはどのような距離であっても力の比較に支障はない。

　この典型例として、原子核と電子で構成される水素原子が取り上げられる。水素原子の原子核は正の電荷をもつ陽子であり、そのまわりを負の電荷をもつ電子が円軌道を描き回転している[8]。陽子ならびに電子の電荷は符号は異なるが大きさは同じで($|q_p| = |q_e|$)、式 (9.48) に記してある。陽子 m_p ならびに電子 m_e の質量は

$$m_p = 1.67 \times 10^{-27} \text{ kg}, \quad m_e = 9.11 \times 10^{-31} \text{ kg} \tag{9.49}$$

であり、電子の軌道半径 r_e は

$$r_e = 5.29 \times 10^{-11} \text{ m} \tag{9.50}$$

である。陽子と電子の間にはたらく重力と電気力の比 R は

$$\begin{aligned} R &= G\frac{m_p m_e}{r_e^2} \bigg/ k_e \frac{q_p q_e}{r_e^2} \\ &= 3.63 \times 10^{-47} \text{ (N)} \bigg/ 8.25 \times 10^{-8} \text{ (N)} \\ &= 4.4 \times 10^{-40} \end{aligned} \tag{9.51}$$

となる。重力は電気力と比べ無視できるほど弱い！　この無視できるほど弱い力が無限の量ほど集まってわれわれが感じる力となっている訳だ。

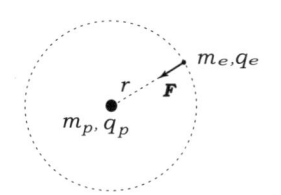

図 **9.9**　水素原子の重力と電気力

　では、なぜ万有引力定数 G はこれほど小さいのか？　それは分からない。しかし、近年の素粒子物理学研究は信じられない進展を遂げており、この重力の弱さをも説明しようとする。物質の究極の構成要素である素粒子は、長さが 10^{-33} cm の 1 次元のひもであり、ひもの振動様式の違いが電子やニュートリノやクォークなどとして知られる素粒子であるという。この理論は超弦理論とよばれるもので、そこではひもが振動する空間

---

[8] 水素原子のような極微の世界の力学は量子力学で記述しなければならない。ここでの描像は古典力学的なものといわれるが、本課題には充分適切である。

は 3 次元ではなくて、空間は実は 10 次元なのである。3 次元以外の余分な次元は極微に小さく巻かれた状態にあるので、われわれの測定にかからないことになる。重力は 3 次元空間のみでなく、他の次元の空間にもその効果を及ぼし得る特性をもち、重力が他の次元にも洩れているため、われわれの世界の重力は電気力と比べ弱いのである。これは実験で検証されていないので、それが正しいかどうかはいまのところは分からない。

このような影響が現れる世界では、先に説明した距離の逆 2 乗則が正しくなくなる。万有引力の距離の逆 2 乗則が、無限小から無限大までの任意の距離で成立しているのかどうかは判明していない。測定で確認されているのは、小さい距離では $r =$ 数 10 ミクロンまでである。万有引力の法則

$$F = G\frac{m_1 m_2}{r^2} \tag{9.52}$$

が成立しているかどうかを調べることは、質量 m_1、m_2 ならびに距離 r を知って、そのときの力 F を測定することである。いろいろな距離で測定することにより、万有引力定数 G の普遍性を検証する。未知の物理世界の探索を目指して、世界各地でこの普遍性の検証実験が行なわれている。

9-2-2　万有引力のポテンシャル

4-4-2 小節で保存力、中心力ならびにポテンシャルを導入した。ここでは、その典型例である万有引力を具体的にみる。

(a) 保存力と仕事

太陽の質量がつくり出す重力の場のなかに物体があるとき、その物体をある位置から他の位置へ移動させるには重力に逆らって力を加えて、あるいは重力の引力に引かれて物体を移動させる。このとき必要な仕事量は始点と終点の位置にのみ依存してその移動経路によらない。そのような力（この場合の重力）を**保存力**といった。また、保存力であって作用する力の方向が常に同一点を向くものを**中心力**ということを学んだ。万有引力は 2 つの物体間を結ぶ線上で作用し、常に相手の位置方向を向くので中心力である。

ここで仕事が経路に依存しない様子をみておこう。

図 9.10 のように太陽の位置を座標原点 O にとる。太陽（質量 m_S）の重力の場のなかで質量 m の物体を $P_1 \to P_2$ へ移動させる仕事量 W を考える。万有引力

$$\boldsymbol{F} = F(r)(-\boldsymbol{e}_r), \quad F(r) = G\frac{mm_S}{r^2} \tag{9.53}$$

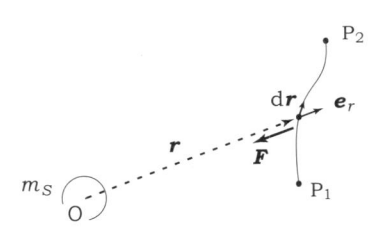

図 **9.10**　保存力場での仕事

は原点からの距離 r の関数であり、方向は引力のため原点に向かう $(-e_r)$。力 F に逆らって物体を移動させるので、その仕事量 W は

$$W = \int_{P_1}^{P_2} (-F) \cdot dr = \int_{P_1}^{P_2} F(r) e_r \cdot dr \tag{9.54}$$

である (式 (4.26) は力がする仕事量であり、符号が逆となる点に注意)。右辺の内積 $e_r \cdot dr$ は物体の変位 dr の動径方向 (r 方向) の成分を意味する。位置ベクトルの微小変化 dr の極座標表示は、式 (C.75) の両辺に dt を掛けて、

$$\frac{dr}{dt} = \dot{r} e_r + r\dot{\theta} e_\theta + r\sin\theta \dot{\phi} e_\phi \Rightarrow dr = dr e_r + r d\theta e_\theta + r\sin\theta d\phi e_\phi \tag{9.55}$$

を得る。したがって、$e_r \cdot dr = dr$ である。よって、必要とする仕事量 W は

$$W = \int_{r_1}^{r_2} F(r) \, dr \tag{9.56}$$

であって、始点 P_1 と終点 P_2 の r 値 (原点からの距離) のみに依存する。図 9.11 に示す経路 A, B, C のように、r 方向に行き来する経路があっても積分内で打ち消し合い、仕事量は同じである。始点と終点が同一の D のような閉曲線の場合、仕事量はゼロとなる。

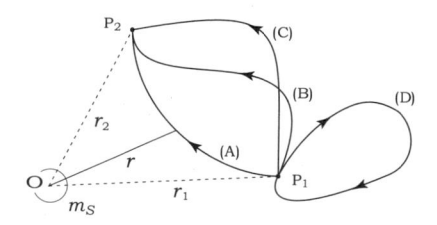

図 9.11 仕事と経路

(b) 保存力とポテンシャル

4-4-2 小節「位置エネルギーあるいはポテンシャル・エネルギー」(p. 87) で説明したように仕事もポテンシャル・エネルギーも位置の相対的な変化量に依存するので、基準点のとり方は本質的でない。ポテンシャルの基準点 O は、通常無限遠 ($r \to \infty$) をとる。無限遠を基準点にとるのは、$r \to \infty$ で $F \to 0$ となり考えやすいためである。上式に式 (9.53) を代入して

$$U(r_P) = -\int_O^{r_P} F \cdot dr = -\int_\infty^{r_P} \left(-G\frac{mm_S}{r^2}\right) dr$$

$$= -G\frac{mm_S}{r_P} \tag{9.57}$$

となる。

　万有引力は物体間の距離 r の 2 乗に反比例する引力であり、その力は無限遠にまで及ぶ。したがって、惑星はどこにあっても太陽の重力の場に捕らわれており、引き付けられている。引力の強さは太陽に近いほど強い。つまり、他の何らかの力がはたらかないかぎり惑星は太陽の引力を受けて、太陽に向かって落下する。4-4-2 小節でみたように、このとき引力は正の仕事をし（$W > 0$）、惑星はその分だけ仕事をする能力が少なくなる（$\Delta U < 0$）。落下にともなって仕事をする潜在能力、ポテンシャル・エネルギーは少なくなるが、失くしたポテンシャル・エネルギーは惑星の落下の運動エネルギーとして異なった形で惑星運動に現れる。

　ポテンシャルの中に存在する惑星は太陽の束縛力のため、それ以上の遠く離れた軌道へ移行するためには束縛力に打ち勝つエネルギーが何らかの形で必要である。惑星が太陽の重力の場に束縛されている強さが式 (9.57) のポテンシャルである。図 9.12 にポテンシャル分布を示す。

　太陽から距離 r にある惑星は引力を受けるが、その力はポテンシャルが分かれば、4-4-2 小節の「$\boldsymbol{F}(\boldsymbol{r}) = -\nabla U(\boldsymbol{r})$」(p. 88) と「全微分」(p. 90) で学んだように、上式を逆に解いて

$$\boldsymbol{F} = -G\frac{mm_S}{r^2}\left(\frac{\boldsymbol{r}}{r}\right) \tag{9.58}$$

として求めることができる。

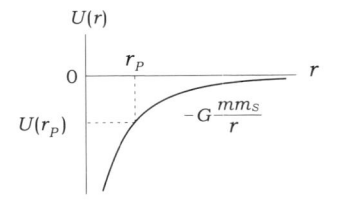

図 9.12　重力のポテンシャル

(c)　$\boldsymbol{F} = -\nabla U(\boldsymbol{r})$ の計算法

　ここで上式での $\boldsymbol{F} = -\nabla U(\boldsymbol{r})$ の計算法について議論しておく。

　ベクトル微分演算子 ∇ は 3 次元直交座標表示をとって

$$\nabla \equiv \boldsymbol{e}_x \frac{\partial}{\partial x} + \boldsymbol{e}_y \frac{\partial}{\partial y} + \boldsymbol{e}_z \frac{\partial}{\partial z} \tag{D.84}$$

と表すことを付録 D-4-1 小節で学ぶ。この座標系では

$$r = \sqrt{x^2 + y^2 + z^2} \quad \Rightarrow \quad U = -G\frac{mm_S}{\sqrt{x^2 + y^2 + z^2}} \tag{9.59}$$

であるため、

$$\boldsymbol{F} = -\nabla U = -\boldsymbol{e}_x \frac{\partial U}{\partial x} - \boldsymbol{e}_y \frac{\partial U}{\partial y} - \boldsymbol{e}_z \frac{\partial U}{\partial z}$$

$$
\begin{aligned}
&= Gmm_S \left(\bm{e}_x \frac{\partial}{\partial x} + \bm{e}_y \frac{\partial}{\partial y} + \bm{e}_z \frac{\partial}{\partial z} \right) \left\{ \frac{1}{\sqrt{x^2 + y^2 + z^2}} \right\} \\
&= Gmm_S \left(-x\bm{e}_x - y\bm{e}_y - z\bm{e}_z \right) \left\{ \frac{1}{(x^2 + y^2 + z^2)^{3/2}} \right\} \\
&= Gmm_S \left(-\frac{\bm{r}}{r^3} \right) \\
&= -G\frac{mm_S}{r^2} \left(\frac{\bm{r}}{r} \right) = -G\frac{mm_S}{r^2} \bm{e}_r \quad\quad\quad (9.60)
\end{aligned}
$$

と得られる。しかし、ポテンシャルが r のみに依存するため3次元極座標（球座標）表示をとる方が簡単である。ベクトル微分演算子は、3次元極座標で表示すると、式 (D.98)

$$
\nabla U = \left(\frac{\partial U}{\partial r} \right) \bm{e}_r + \frac{1}{r} \left(\frac{\partial U}{\partial \theta} \right) \bm{e}_\theta + \frac{1}{r\sin\theta} \left(\frac{\partial U}{\partial \phi} \right) \bm{e}_\phi \quad (D.98)
$$

となる。$U(\bm{r})$ は r のみの関数であるため、上式右辺の第2項ならびに第3項の偏微分はゼロであり、

$$
\nabla U = \left(\frac{\partial U}{\partial r} \right) \bm{e}_r = \left(\frac{\mathrm{d}U}{\mathrm{d}r} \right) \bm{e}_r \quad\quad\quad (9.61)
$$

となり、単に r の関数である U(式 (9.57)) を r で微分すればよく

$$
\begin{aligned}
\bm{F} &= -\nabla U = -\frac{\mathrm{d}}{\mathrm{d}r} \left(-G\frac{mm_S}{r} \right) \bm{e}_r \\
&= -G\frac{mm_S}{r^2} \bm{e}_r \quad\quad\quad (9.62)
\end{aligned}
$$

と簡単に計算できる。

(d) 太陽はポテンシャルが無限大の原点にあるのか

上ではポテンシャルは太陽が作るもの、その中で惑星が運動するものという雰囲気の表現になっているが、それは太陽が惑星に比べてべらぼうに重く、重心を太陽位置に見なす近似が成り立つことによる。では、太陽は図9.12の原点にあるのか？　原点ではポテンシャルの勾配が無限大であって、太陽は無限の力を受ける？

そうではない。太陽も惑星と同じ強さの力を受ける。ポテンシャルはあくまでも太陽と惑星の相互作用を表すもので、両者がつくり出すものである。両者は相対距離 r に応じた同じ強さの引力を受ける。太陽も惑星も図9.12では相対距離 r_P にあり、同じ強さのポテンシャル位置に存在する。

このことを重心に対する相対座標に関する運動方程式 (9.21) でいえば、換算質量 μ

の物体が受ける力 $\boldsymbol{F}$ はポテンシャル上の $\boldsymbol{r}$ 点のものである。

$$\mu\ddot{\boldsymbol{r}} = \boldsymbol{F} \tag{9.21}$$

問 質量 m_X の等しい2つの惑星が重心のまわりを回転しているのを想像しよう。$m_X^2 = m \times m_S$ であるとする。
2惑星の構成するポテンシャルは図9.12である。この系と太陽 m_S − 惑星 $m(\ll m_S)$ 系の運動の相違を論ぜよ。

第 10 章

惑星の運動は語る

「力学」のどの教科書でも質点系の運動では、必ず太陽を回る惑星の運動が取り上げられる。われわれが住む地球の運動を自分で解析し、理解できるという意味で非常に興味がもて面白い。これらは、ケプラーの 3 法則 (Kepler's laws of planetary motion) やニュートンの万有引力による惑星運動の力学的解明であって、自然科学の歴史的発展に大きな役割を果たした重要な対象である。

惑星の運動はそれのみでなく、同じ解析手法がクーロン力で相互作用する電荷粒子の散乱の理解にも通用する。そして、今後学習する「量子力学」をはじめとする多くの物理学においても、ここでの力学的取り扱い方が基本形を提供する。

10-1 歴史的背景

10-1-1 コペルニクスからニュートンへ

はじめに、惑星の運動に関連する歴史的事項をみておこう。

16 世紀半ばに、ポーランドの天文学者コペルニクス (Nicolaus Copernicus, 1473-1545) が天動説に対し地動説を唱えた。これは、惑星と太陽が地球を中心にして回っている (天動説) と考えるよりも、地球も含めた惑星が太陽を中心として回転運動している (地動説) と考える方が天球上での惑星の運行をより簡明に説明できるというものである。

地動説については、すでに紀元前 280 年ごろ古代ギリシアの天文学者アリスタルコス (Aristarchus, 270 B.C. 頃) が、太陽が地球よりも大きいことから地球を含む惑星は太陽を中心にして回っていると考えた。しかし、これは哲学的な推論であって科学的な根拠のあるものではなく、逆に、ヒッパルコス (Hipparchus, 前 2 世紀に活躍) やプトレマイオス (Claudius Ptolemaeus, 2 世紀) の天動説の方が受け入れられた。

> アリスタルコスやヒッパルコスやプトレマイオスの業績を調べてみるとなかなか面白い。
>
> ギリシア文明の発展のなかで、アリスタルコスは天体の大きさをはじめて決定する試

みを行なった。それ以前のギリシア世界では、天体は太陽でさえ、巨大な地球に比べるとはるかに小さいものと信じられていた。月食のとき、月に写る地球の影の大きさを測り、月の大きさは地球の 3 分の 1 とした。これは月の直径 = 3,476 km、地球の直径 = 12,756 km であり、その比が 1/3.67 であることを考えると少し月を大きく見積もったことになる。影を正確に測定できる装置がなかったため仕方ない。が、2300 年以前のことと思えばすばらしい結果ではないか。

また、月が半月になるのは月と太陽と地球が直角三角形を構成するときであることに気づき、月と太陽の相対的な大きさも算出し、太陽-地球間は月-地球間の 20 倍であり、太陽の直径は地球の 7 倍とした。太陽-地球間 = 1.5×10^8 km、月-地球間 = 3.8×10^5 km、太陽の直径 = 1,392,400 km、地球の直径 = 12,756 km であり、これらはそれぞれ 390 倍と 109 倍であって残念ながら大きくずれた。これも三角形の角度を正確に測定できる装置がなかったためである。しかし、数量的な間違いよりもこの測定の意義は、科学的な論理によってはじめて、太陽や月が小さな天体ではなく地球と同じ程度、あるいは、それ以上の大きさをもつことを知り、自然についての新たな視点を導入したことにある。

ヒッパルコスは紀元前 2 世紀に活躍した小アジア (ニカイア生まれ) のギリシアの天文学者。正弦 (sin)、余弦 (cos)、正接 (tan) の三角関数表を作り、天文計算に活用した。このため、三角法の創始者と見なされている。三角法を用いて、たとえば、月までの距離を測定し、地球の直径の 30 倍と結論した。この値は現在の測定値 30.13 倍と比べ非常に正確な値である。

プトレマイオスもギリシアの天文学者、地理学者であり、2 世紀にアレクサンドリアで活躍した。古代天文学の集大成を行ない、「アルマゲスト (Almagest)」(偉大なる書) とよばれることになる書物を著す。アリストテレス (Aristotle, 384-322 B.C.) の宇宙論では惑星の逆行運動などを充分説明できない欠点があったが、プトレマイオスはすべての惑星は複数の円運動を複雑に組み合わせた軌道運動をするという宇宙体系を作り、天体の運行を説明し予測する数学の方法を確立した。その後、古代・中世からルネッサンス頃までのほぼ 1400 年間にわたり西洋の宇宙論を支配した。

よく知られているようにコペルニクスは、教会の教えに反する自説を提唱することに躊躇し、その成果を『天体の回転について』として書物として出版したのは亡くなる日であった。アリスタルコスは科学的な根拠はなく論理的思考として地動説を唱えたが、コペルニクスは惑星の運動を実際に計算して、要求される円の数を半数以下に減らし地動説の有利さを示した。これが 1400 年続いたギリシア天文学からここで学ぶ「力学」へと発展する科学革命の 1 つの幕開けである。

本章での惑星の運動の解析にあたって関連する代表的な 3 人の業績を少し眺めてみる。

- ティコ・ブラーエ (Tycho Brahe, 1546-1601)
  デンマークの天文学者であって、望遠鏡の発明以前の時代に天体観測を行なう。

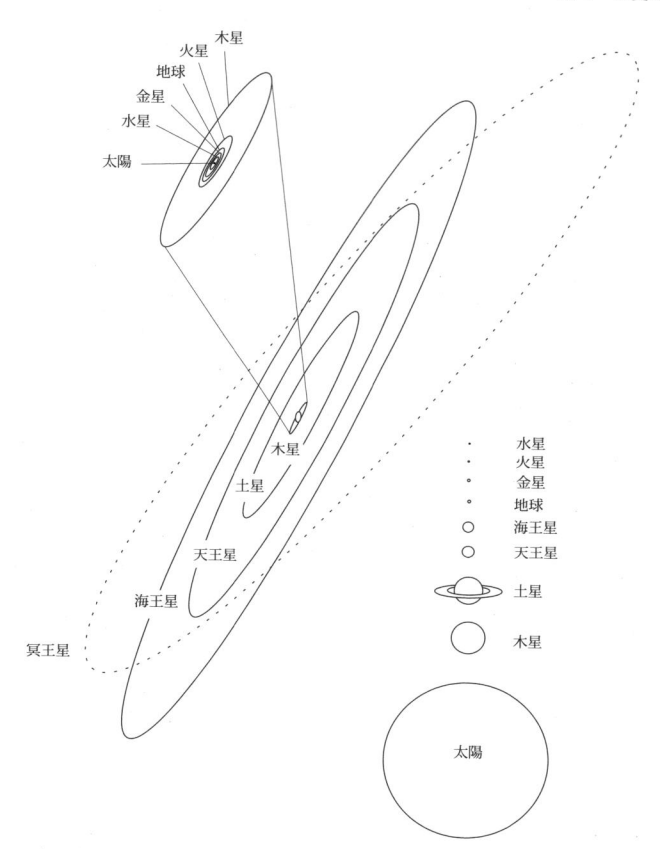

図 10.1 太陽系の惑星たち。太陽と 8 惑星＋準惑星の冥王星の大きさならびに軌道。冥王星の軌道傾斜角は 17.0° と 8 惑星と比べて大変大きい。

1572 年にはカシオペア座に超新星を見出し、1574 年出版の書物『新星について』で超新星をノヴァ（新しいという意味）と名付ける。デンマーク王の援助のもと、フヴェン島に設備の整った天文台をはじめて設立し、ケプラーやニュートンの研究へと発展するもととなる一連の精度高い天文観測データを収集し、科学の進展に偉大な足跡を残す。

- ケプラー (Johannes Kepler, 1571-1630)

  ドイツの天文学者で、ティコ・ブラーエの助手を務める。ティコ・ブラーエの死後、彼の観測データ、特に、火星軌道を解析し、当時信じられていた円軌道でなく、それは楕円軌道であることを見出す。惑星は太陽のまわりを楕円軌道を描いて回るという、本章で学ぶケプラーの第 1 法則を 1609 年出版の『新しい

天文学』にまとめる。それにもとづき惑星の運行を計算し、改訂した惑星運行表（ルドルフ表）を出版する。また、レンズの研究で近代光学の基礎を築く。

- ニュートン (Isaac Newton, 1642-1727)
  イギリスの科学者。力学では当初からお馴染みの人物である。主な業績を挙げると、2項定理の一般化を発見、微積分の考案、色収差や干渉など光学の研究、反射望遠鏡の製作、遠心力の法則や重力の逆2乗則を発見、などがある。有名な『自然哲学の数学的原理』（プリンキピア）は1687年の出版である。

上記3名の活躍した時代は、16世紀後半から18世紀初めに及ぶ。このとき、背景としての世の中はどのような状況であったかを知っておくのも意義がある。そこで、特に、17世紀における世界の様子を少し覗いてみる。

> ヨーロッパにおいては、神聖ローマ帝国を舞台に1618-1648年に亘る30年戦争が続いた。これはプロテスタントとカトリック間の宗教戦争であり、また、ヨーロッパの覇権を競う国家間の権力闘争であった。17世紀はオランダの黄金時代であって、東インド会社を設立(1602年)しアジアに躍進、また西インド会社も設けアメリカ沖合にも進出する。長期に亘る戦争後、1648年スペインから独立し、1650年オランダ連邦共和国となる。イギリスでは清教徒革命においてクロムウェル (Oliver Cromwell, 1599-1658) がアイルランド全土を征服、1649年共和国を成立させ、重商主義政策を実施した。シェイクスピア (William Shakespeare, 1564-1616) の晩年に当たるが、『ハムレット』『オセロ』等々、傑作が発表された時期である。中国では、明朝が滅び(1644年)、満洲人が清朝を建国する。
>
> わが国では1600年に関ヶ原の戦いがあり、1603年には江戸幕府が開かれる。1637年島原の乱が起こり、1641年鎖国体制を作り上げる。また、1685年徳川綱吉(徳川氏五代将軍、1646-1709)による生類憐れみの令の発布などの時代である。

10-1-2　ケプラーの3法則

ケプラーは太陽系の惑星の観測データを解析し、それらの共通する運動形式を3つの法則としてまとめた。これらは

第1法則：
　惑星は太陽のまわりを楕円軌道を描いて回転しており、太陽はその楕円軌道の1つの焦点に位置する。

第2法則：
　惑星と太陽を結ぶ線は同じ時間内であれば等しい面積を掃く。これは、**面積速度一定の法則**ともよばれる。

第 3 法則：
　　惑星の公転周期の 2 乗は太陽からの平均距離の 3 乗に比例する。

というものである。

10-2　惑星の運動を解く

すでに解くべき運動方程式は式 (9.35) であることを知っている。

$$\mu \ddot{\boldsymbol{r}} = \boldsymbol{F}, \qquad \boldsymbol{F} = -G\frac{m_S m_P}{r^2}\frac{\boldsymbol{r}}{|\boldsymbol{r}|} \tag{9.35}$$

ここでも地球を含めた一般の惑星 (planet) の質量を m_P と記す。

式 (9.35) は換算質量 μ の物体の万有引力 $\boldsymbol{F}$ が作用するもとでの運動を記述するものである (図 10.2(a))。が、ここでは観点を少しずらして理解する方がよい。つまり、太陽と惑星の相対座標 $\boldsymbol{r}$ が式 (9.35) によって求められると。当然、そこには換算質量 μ が登場はするが。意識的に相対座標 $\boldsymbol{r}$ に重点を置くことである。太陽位置を始点とし、惑星の位置を終点とする相対座標 $\boldsymbol{r}$ である。運動方程式という意味で (質量)×(加速度) = (力) の形の表示であるが、式 (9.35) を

$$\ddot{\boldsymbol{r}} = -G\frac{m_S m_P}{\mu r^2}\frac{\boldsymbol{r}}{|\boldsymbol{r}|} = -G\frac{M}{r^2}\boldsymbol{e}_r \tag{10.1}$$

と書いた方がより明確にこの意味が伝わるであろう。本書を多くの教科書の副読本とするために、ここでも式 (9.35) の形ではじめるが。

すでに前章 (p. 212) で記したが、重心 R を原点とする太陽ならびに惑星の位置座標 $\boldsymbol{r}_S^R$、$\boldsymbol{r}_P^R$ は

$$\boldsymbol{r}_P^R = \frac{m_S}{M}\boldsymbol{r}, \qquad \boldsymbol{r}_S^R = -\frac{m_P}{M}\boldsymbol{r} \tag{10.2}$$

である。この位置ベクトルを使って運動方程式 (9.35) の左辺を書き直すと、

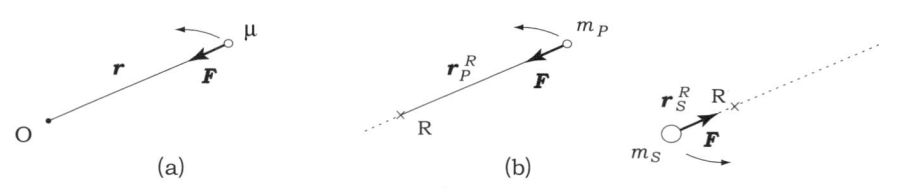

図 10.2　力 $\boldsymbol{F}$ を受ける質量 μ の物体の 1 体運動

$$\mu\ddot{\boldsymbol{r}} = \frac{m_P m_S}{M}\ddot{\boldsymbol{r}} = m_P\left(\frac{m_S}{M}\ddot{\boldsymbol{r}}\right) = m_P\ddot{\boldsymbol{r}}_P^R \tag{10.3}$$

であり、したがって、運動方程式は

$$\mu\ddot{\boldsymbol{r}} = \boldsymbol{F} \quad \Rightarrow \quad m_P\ddot{\boldsymbol{r}}_P^R = \boldsymbol{F} \tag{10.4}$$

と表示できる。これは重心を原点とする「惑星」の運動方程式である。左辺は惑星の質量とその加速度の積であり、右辺は惑星の受ける力である。$\mu\ddot{\boldsymbol{r}} = \boldsymbol{F}$ は厳密に重心を原点とする惑星の運動方程式でもあるわけだ（図 10.2(b)）。同様に、太陽質量が表面に出るように置き換えると、

$$\mu\ddot{\boldsymbol{r}} = \frac{m_P m_S}{M}\ddot{\boldsymbol{r}} = m_S\left(\frac{m_P}{M}\ddot{\boldsymbol{r}}\right) = m_S\left(-\ddot{\boldsymbol{r}}_S^R\right) \tag{10.5}$$

$$\mu\ddot{\boldsymbol{r}} = \boldsymbol{F} \quad \Rightarrow \quad m_S\ddot{\boldsymbol{r}}_S^R = -\boldsymbol{F} \tag{10.6}$$

である。ここで、$\boldsymbol{r}_S^R = -(m_P/M)\boldsymbol{r}$ と採ったため、右辺の力にマイナス符号が付いている。惑星の受ける力とは逆符号をもつのは、作用・反作用の法則から当然の帰結である。$\mu\ddot{\boldsymbol{r}} = \boldsymbol{F}$ は厳密に重心を原点とする「太陽」の運動方程式でもあるわけだ（図 10.2(c)）。

力 $\boldsymbol{F}$ は式 (9.35) でみるように、相対座標の関数であって、$\boldsymbol{r}_P^R$ と $\boldsymbol{r}_S^R$ の関数である。これ以上進めると 9-1-5 小節「簡単な例としての太陽と地球の 2 体系」での議論を単に逆行するだけに終わるので、ここで止めるのが妥当であろう。

10-2-1　角運動量に着目する

(a)　角運動量の保存

運動方程式を解く準備として、相対運動は 2 次元平面で生じていることを知ろう。このことにより 3 次元の運動を解析するのではなく、簡単な 2 次元運動に帰着できる（3 次元空間での 2 次元平面に限られた運動という意味である）。

相対運動の角運動量の方程式は 9-1-3 小節「重心と相対座標」(p. 204) で学んだように

$$\dot{\boldsymbol{L}}_r = \boldsymbol{N}_r \tag{9.28}$$

であって、角運動量 $\boldsymbol{L}_r$ ならびに力のモーメント $\boldsymbol{N}_r$ は

$$\boldsymbol{L}_r = \boldsymbol{r} \times \boldsymbol{p}_r \tag{10.7}$$

$$\boldsymbol{N}_r = \boldsymbol{r} \times \boldsymbol{F}_r \tag{10.8}$$

である。相対運動に関する力学量には下付添え字 r を付した。万有引力 $\boldsymbol{F}_r$ が**中心力**であって、その作用線は物体を結ぶ線上にある ($\boldsymbol{F}_r \parallel \boldsymbol{r}$) ため、力のモーメントはゼロ ($\boldsymbol{N}_r = 0$)。よって、

$$\dot{\boldsymbol{L}}_r = 0 \quad \Rightarrow \quad \boldsymbol{L}_r = \text{一定} \quad (10.9)$$

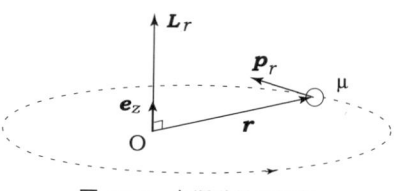

図 **10.3** 角運動量の保存

であり、角運動量 $\boldsymbol{L}_r$ は保存する。

　角運動量とは回転の勢いを示す量であった。そのベクトルが保存するとは、勢いが一定であるだけでなく、その方向も不変であるということだ。瞬間、瞬間の角運動量ベクトル $\boldsymbol{L}_r$ の方向は $\boldsymbol{r}$ と $\boldsymbol{p}_r$ のつくる面に垂直であり、その方向が変化しないとは $\boldsymbol{r}$ と $\boldsymbol{p}_r$ は常に同一平面内に存在するということである。

(b) 角運動量の大きさを計算する

運動が一平面に限定されるので、惑星の速度はその 2 次元平面での表示でよく

$$\dot{\boldsymbol{r}} = \dot{r}\boldsymbol{e}_r + r\dot{\theta}\boldsymbol{e}_\theta \quad (\text{C.56})$$

である。これを角運動量 (式 (10.9)) に代入すると、式 (C.48) より

$$\boldsymbol{L}_r = \boldsymbol{r} \times (\mu\dot{\boldsymbol{r}}) = r\boldsymbol{e}_r \times \mu(\dot{r}\boldsymbol{e}_r + r\dot{\theta}\boldsymbol{e}_\theta) = \mu r^2 \dot{\theta} \boldsymbol{e}_z = \text{一定} \quad (10.10)$$

である。$\boldsymbol{e}_z$ は 2 次元平面に垂直な方向である。よって、3 次元の惑星の運動は式 (9.35) の運動方程式を 2 次元世界で解けばよいことが理解できる。

(c) 面積速度一定の法則

相対運動の角運動量が保存するので、式 (10.10) から

$$r^2 \dot{\theta} = \text{一定} = c_s \quad (10.11)$$

を得る。これが面積速度一定を意味する**ケプラーの第 2 法則**を導く。

　太陽のまわりを回る運動は一平面内にある。その様子を紙面上に、図 10.4 として表す。微小時間 Δt の間に惑星が P 点から P′ 点に移動したとする。このときの対応する位置ベクトルの回転角度を $\Delta\theta$ と記した。この微小時間の間に位置ベクトル $\boldsymbol{r}$ が掃く面積 ΔS(三角形 OPP′) は

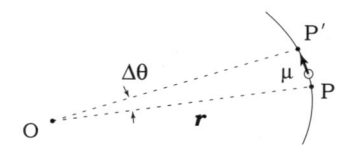

図 **10.4** 面積速度

$$\Delta S = \frac{1}{2} r \cdot r \Delta \theta \tag{10.12}$$

であり、面積の時間変化は

$$\frac{dS}{dt} = \lim_{\Delta t \to 0} \frac{\Delta S}{\Delta t} = \lim_{\Delta t \to 0} \frac{1}{2} r \cdot r \frac{\Delta \theta}{\Delta t} = \frac{1}{2} r^2 \dot{\theta} = \frac{1}{2} c_s = 一定 \tag{10.13}$$

となる。面積の時間変化、つまり、面積速度は一定である。これがケプラーの第2法則である。

10-2-2 運動方程式を解く

(a) θ 方向の運動方程式からケプラーの第2法則を導く

さて、運動方程式 (9.35) を解く。

運動は1つの平面に限られるのだから、2次元の極座標表示を採用する。加速度は

$$\ddot{\boldsymbol{r}} = (\ddot{r} - r\dot{\theta}^2)\boldsymbol{e}_r + (2\dot{r}\dot{\theta} + r\ddot{\theta})\boldsymbol{e}_\theta \tag{C.60}$$

であり、力は

$$\boldsymbol{F} = -G\frac{m_S m_P}{r^2} \boldsymbol{e}_r \tag{9.35}$$

である。よって、運動方程式を r 成分と θ 成分に分離でき

$$r\,方向成分\ :\quad \mu(\ddot{r} - r\dot{\theta}^2) = -G\frac{m_S m_P}{r^2} \tag{10.14}$$

$$\theta\,方向成分\ :\quad \mu(2\dot{r}\dot{\theta} + r\ddot{\theta}) = 0 \tag{10.15}$$

を得る。式 (10.15) の左辺は

$$\mu(2\dot{r}\dot{\theta} + r\ddot{\theta}) = \mu \frac{1}{r}\frac{d}{dt}(r^2\dot{\theta}) \tag{10.16}$$

と変形でき、その結果、θ 方向の運動方程式は

$$\mu \frac{1}{r}\frac{d}{dt}(r^2\dot{\theta}) = 0 \tag{10.17}$$

と書ける。μ はゼロでなく、r もゼロでない値をもつので、この等式を満足するには

$$\frac{d(r^2\dot{\theta})}{dt} = 0 \tag{10.18}$$

でなければならない。つまり、

$$r^2\dot{\theta} = 一定\ (=c_s) \quad \Rightarrow \quad \dot{\theta} = \frac{c_s}{r^2} \tag{10.19}$$

が成り立つ必要がある。この関係はケプラーの**第2法則**として先に導いたものである。

(b) r 方向の運動方程式を解く

つぎに、式 (10.14) を解くため、式 (10.19) を代入して $\dot{\theta}$ を消去し、r の微分方程式

$$\frac{d^2 r}{dt^2} - \frac{c_s{}^2}{r^3} = -G\frac{M}{r^2} \tag{10.20}$$

を得る。これを解いて時間の関数としての $r(t)$ と $\theta(t)$ を求める。それらから時間 t を消去すれば r と θ で記された惑星の軌道を得ることができる。しかし、線形微分方程式でもなく、難しそうな方程式である。そこで、まず解き方を学ぶ。

式 (10.19) の関係を利用して時間微分を θ 微分に換算する。つまり、時間微分は

$$\frac{d}{dt} = \frac{d}{d\theta}\frac{d\theta}{dt} = \dot{\theta}\frac{d}{d\theta} = \left(\frac{c_s}{r^2}\right)\frac{d}{d\theta} \tag{10.21}$$

と書き直せる。解くべき運動方程式は時間の 2 階微分であるので同じことを繰り返し

$$\frac{d^2}{dt^2} = \frac{d}{dt}\left(\frac{d}{dt}\right) = \left(\frac{c_s}{r^2}\frac{d}{d\theta}\right)\left(\frac{c_s}{r^2}\frac{d}{d\theta}\right) = \left(\frac{c_s{}^2}{r^2}\right)\frac{d}{d\theta}\left(\frac{1}{r^2}\frac{d}{d\theta}\right) \tag{10.22}$$

を得る。時間微分あるいは θ 微分が 2 つ並んでいるが、自分よりも右側にあるすべての関数に微分を演算するのである。最右辺へは c_s は定数のため微分操作の外へ出したが、$r(\theta)$ は θ の関数であるため θ の微分操作の対象であることに注意せよ。これにより式 (10.20) は

$$\frac{c_s{}^2}{r^2}\frac{d}{d\theta}\left(\frac{1}{r^2}\frac{dr}{d\theta}\right) - \frac{c_s{}^2}{r^3} = -G\frac{M}{r^2} \tag{10.23}$$

となる。ますます複雑になったようであるが、よくみると $1/r$ の形の共通性がみえる。$u(\theta) = 1/r(\theta)$ と変数変換をすると、θ の微分は

$$\frac{dr}{d\theta} = \frac{dr}{du} \cdot \frac{du}{d\theta} = -\frac{1}{u^2}\frac{du}{d\theta} \tag{10.24}$$

と書ける。右辺へは

$$\frac{dr}{du} = -\frac{1}{u^2} \quad \Leftarrow \quad dr = -\frac{1}{u^2}du \quad \Leftarrow \quad r = \frac{1}{u} \tag{10.25}$$

を用いた。したがって、式 (10.23) は

$$c_s{}^2 u^2 \frac{d}{d\theta}\left(-u^2 \frac{1}{u^2}\frac{du}{d\theta}\right) - c_s{}^2 u^3 = -GMu^2 \quad \Rightarrow \quad \frac{d^2 u}{d\theta^2} = -u + G\frac{M}{c_s{}^2} \tag{10.26}$$

と簡単になった。右辺第 2 項は定数である。もっと見やすくするために、変数をつぎ

のように

$$u' = u - G\frac{M}{c_s^2} \tag{10.27}$$

書き換えると、$u(\theta)$ の微分方程式は

$$\frac{\mathrm{d}^2 u'}{\mathrm{d}\theta^2} = -u' \tag{10.28}$$

となる。これは、単振動の運動方程式だ。この一般解は

$$u' = A\cos(\theta + \alpha) \tag{10.29}$$

であることは何度もやったので諸君には自明である。右辺の変数は時間でなく、回転角 θ である。ここで、A ならびに α は初期条件できまる振幅と初期位相である。簡単のため、ここでは $A > 0$ ならびに $\alpha = 0$ となるように初期条件をとる。

10-2-3 $u' = A\cos\theta$ を読む

以上で運動方程式が解けた。最後は、逆にたどって $r(\theta)$ を求めればよい。しかし、方程式を解くだけでは面白くもない。そこで、さらに数式を操作する前に、上式を作図を利用して直観的に読む試みをしよう。

式 (10.27) の右辺第 2 項を $GM/c_s^2 = C_0$ と記す。これは万有引力定数 G、質量 M、面積速度（の 2 倍）の 2 乗 c_s^2 で構成され、正の定数である。r の逆数である u は式 (10.27) から

$$u = u' + C_0 = A\cos\theta + C_0 = A\left(\cos\theta + \frac{C_0}{A}\right) \tag{10.30}$$

であり、第 1 項は $+A \sim -A$ の範囲内を変動し得る。よって、$C_0 = A$ を境として、あるゆる角度 θ において u が物理的に意味のある正値をもつ（$C_0 > A$ の場合）か、あるいは特別な領域で負値を生ずる（$C_0 < A$ の場合）か、が分かれる。

簡単のため、振幅を $A = 1$ とする。式 (10.30) を

$$u = \cos\theta + C_0 \tag{10.31}$$

と単純化するが、一般性は損なわれない。

(a) $C_0 > 1$ の場合

説明しやすい $C_0 > 1$ の場合から、はじめよう。たとえば、$C_0 = 1.5$ とする。

図 10.5(a) に横軸に θ、縦軸に u をとって、単振動の様子をプロットした。図 (b) に

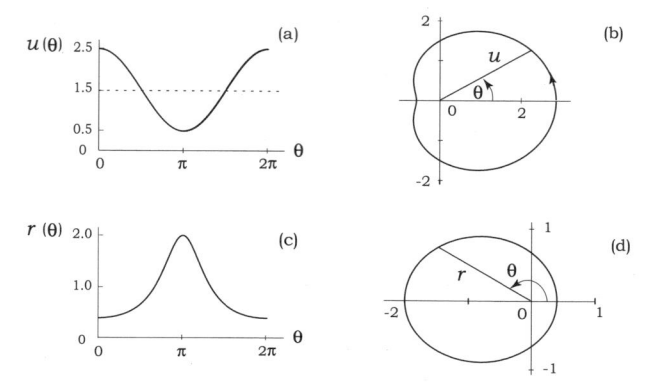

図 10.5 $C_0 = 1.5$ のときの、(a) 直交座標表示の θ-u, (b) 極座標表示の θ-u, (c) 直交座標表示の θ-r, (d) 極座標表示の θ-r。

は2次元平面での θ-u 相関図を示す。θ は横軸となす角度として表現してあり、u は原点 O からの距離である。(a)、(b) で分かるように、u はすべての θ に対して正値をもち、したがって閉曲線を構成し、$\theta = \pi (= 180°)$ を軸として (a) では左右対称、(b) では上下対称である。r はこれの逆数をとればよいわけで、その結果を図 (c)、(d) に示す。θ-r の相関は楕円形をつくる。(b) とその逆数である (d) を比べてみよう。逆数をとるため、軌跡は原点に対して右方にずれていたのが、左方へのずれと変わる。おもしろいのは、(b) で $\theta \sim 180°$ 辺りのへこみ構造をもった振る舞いが (d) では消えてしまっている。いかにも惑星の軌道を示すような答が得られたわけである。

(b) $0 < C_0 < 1$ の場合

つぎに、$0 < C_0 < 1$ として $C_0 = 0.5$ とする。

図 10.6(a) にみるように、この場合

$$\cos\theta + 0.5 < 0 \quad \Rightarrow \quad \theta = 120° \sim 240° \tag{10.32}$$

の領域で u、したがって、r は負値をもつ。r は距離であり、物理的には正値でなければならない。負値の部分は破線で表示した。図 (a) は、破線部分も含めて考えると、ちょうど1周期に対応する単振動の振動を示すのに対して、相関図 (b) では2周りの軌跡となって表れる。この C_0 値の場合は、$u < 0$ の領域は小さなループを形成している。対応する逆数図 (c) が示すように、$u = 0$ の角度で $r = \infty$(惑星は無限遠に位置する) となる。その角度の両側から $+\infty$ あるいは $-\infty$ に漸近する。この様子を2次元平面にプロットすると、(d) の双曲線様の軌道が得られた。(c) と (d) の各点を対応づ

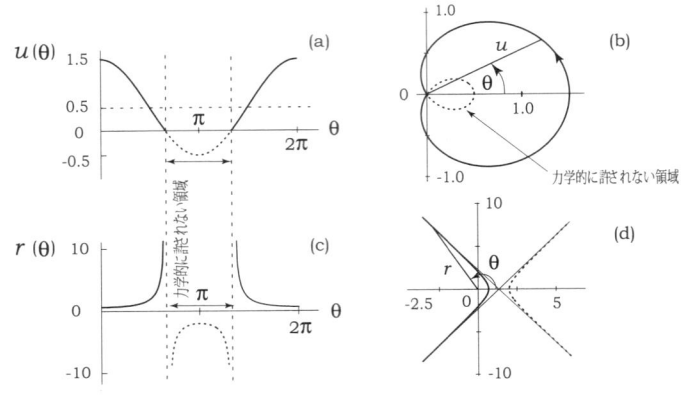

図 10.6 $C_0 = 0.5$ のときの、(a) 直交座標表示の $\theta\text{-}u$, (b) 極座標表示の $\theta\text{-}u$, (c) 直交座標表示の $\theta\text{-}r$, (d) 極座標表示の $\theta\text{-}r$。

けてみると、(c) で $r > 0$ の領域 ($\theta = 0° \sim 120°, 240° \sim 360°$) は (d) では左側の曲線に対応する。原点 O は左側の曲線の内側にある。この部分は θ にしては $240°$ の広い角領域を占有し、逆の $r < 0$ の領域 ($\theta = 120° \sim 240°$) はその半分の角 $120°$ を占めるだけであるが、(d) では左右の曲線とも全く対称である。(c) の $r = \infty$ は (d) の両曲線の漸近線に対応する。(b) における大きな輪と小さな輪は、(d) ではそれぞれ左と右の双曲線となっている。(b) では原点に 4 つの線が入っているが、これらは (d) では異なる 4 方向の無限遠での惑星位置に対応する。

(c) $C_0 = 0$ の場合

最後に、$C_0 = 0$ をみる。

図 10.7(a)-(d) は上の 2 つの場合と同じ意味である。$C_0 = 0$ のため、(a) ならびに (c) はそれぞれ $\theta = \pi$ を軸として左右対称な振る舞いである。ここで面白いのは、(a) では、破線部分も含めて、1 周期の u 振動を示すのに対して、重なってみえないが (b) は実は 2 回の回転を形成しているのである。$\theta = 0° \sim 90°$ で $1/2$ 回転をし、$\theta = 90° \sim 180°$ では残りの $1/2$ 回転するのだが、u が負値の力学的に許されない値をもつ。$\theta = 180° \sim 270°$ も u 値が負の $1/2$ 回転である。$\theta = 270° \sim 360°$ で u 値が正に戻り、残された正値の $1/2$ 回転を行なう。実線の 1 回転と破線の 1 回転を構成する。(a) から (c) への変換は何も驚くものはない。(d) は直線を構成する！ 図 10.6(d) の双曲線の開きが C_0 値が小さくなるとともに大きくなり、$C_0 = 0$ にて最大の開き角 $180°$ になるためである。つまり、惑星が $+\infty$(あるいは $-\infty$) から $-\infty$(あるいは $+\infty$) に直線状に運動することを示している。この直線も 2 本が重なっているのだ。(b) の楕円

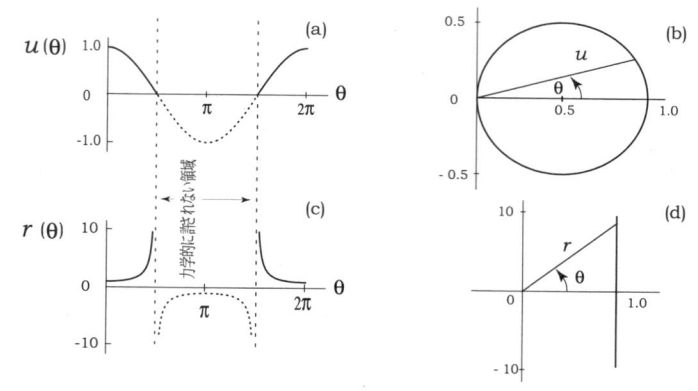

図 10.7　$C_0 = 0$ のときの、(a) 直交座標表示の θ-u, (b) 極座標表示の θ-u, (c) 直交座標表示の θ-r, (d) 極座標表示の θ-r。

の逆数をとれば、(d) の直線となるわけだ。

(d) C_0 について連続的にみる

3通りの場合の様子をみた。全体を流して連続的にみてみよう。

$C_0 \gg A$ の場合（$A = 1$ と限定せず一般的に扱う）、図 10.8(a) に模式的に示すように振動の効果は相対的に小さくなり、すべての角で u、したがってその逆数の r もほぼ一定の大きさをもつ。つまり、u も r も半径一定の円形に近い軌跡となる。C_0 が大きい程、円形度は高くなり、r は半径が小さくなる。C_0 が大きいとは、たとえば、太陽質量が大きくなって重力が非常に強い、あるいは角運動量が大変小さいと思えばよく、したがって惑星は引き付けられ半径が小さくなる。

C_0 の大きさが徐々に減少して A に近づいてくると、振動成分 $A\cos\theta$ が無視できなくなる。$C_0 > A$ である限りはあらゆる角に対して u は正値をもつが、$\theta = 180°$ で最

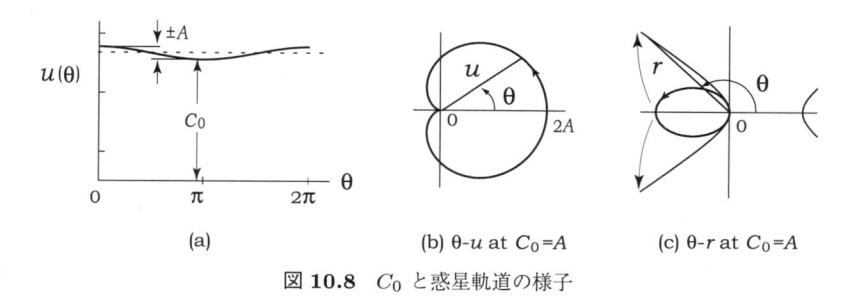

図 10.8　C_0 と惑星軌道の様子

も u 距離が短く、また振動は $\theta = 0°$ と $180°$ 軸を中心に対称である。このため、u-θ 2次元軌跡は上下対称で、$\theta = 180°$ の位置が最も原点に近い閉曲線となる (図 10.5(b) を参考)。

$C_0 = A$ のところで状況は一転する。図 10.8(b) に示すように $\theta = 180°$ で $u = 0$ となり、u-θ 軌跡は原点を通る。これは $C_0 \to A$ で θ-r 2次元平面閉曲線が $\theta = 180°$ の点が徐々に原点から遠ざかっていたのが、$C_0 = A$ になった瞬間に $\theta = 180°$ のところで切れて $\pm\infty$ に跳ね上がり、左側の開いた曲線をつくることになる (図 10.8(c))。C_0 がすこしでも減少すると、力学的には許されない u の負値の領域も表れ (図 10.6(a))、θ-u 2次元平面軌跡は小さなループを生みはじめる (図 10.6(b))。これは r については負値の下に開いた振る舞いとして表れ (図 10.6(c))、θ-r 2次元平面軌跡については双曲線の右側の開いた部分が新たに顔を出すことになる (図 10.6(d))。

C_0 の減少分が微小な限りは、双曲線の開き角は小さい。

これから先は説明の要はないであろう。

(e) α のはたらきと $A < 0$ のとき

なお、上では初期位相をゼロ ($\alpha = 0$) とした。α がゼロでなければ、惑星の軌跡はどのような影響を受けるか。

少し考えれば分かる。

図 10.9 に示すように、軌道全体が傾くだけである。幾度も繰り返すが、2体系においては第3の基準点がないため空間は回転に対して何ら変化を生まない。したがって、初期位相をゼロと設定していても何ら問題はないわけだ。

上では振幅を正値 $A > 0$ と設定した。では、負値 $A < 0$ の場合はどうなるか。これも少し考えれば分かる。

式 (10.30) において A を負値 $A = -|A|$ ととれば、

$$u = -|A|\cos\theta + C_0 = |A|\cos(\pi + \theta) + C_0 \tag{10.33}$$

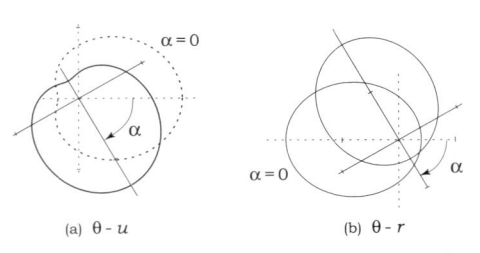

図 10.9 初期位相 ($\alpha = 0°$(破線) と $60°$(実線)) と惑星軌道

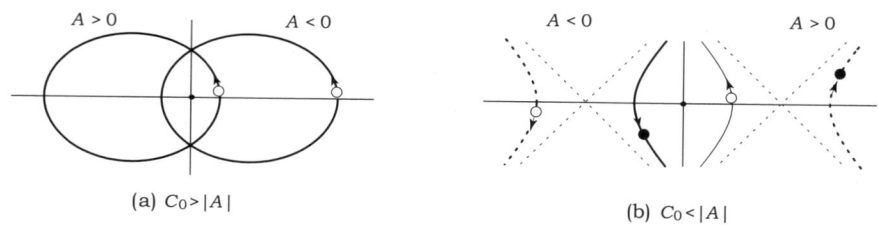

図 10.10 振幅が正値 ($A > 0$) あるいは負値 ($A < 0$) の時の惑星軌道

であって、初期位相が $\alpha = \pi$ の $A > 0$ のときの軌道と一致する。楕円軌道の場合は図 10.10(a) に示したように、もう 1 つの焦点を中心とした回転をする。A が負値をもつときは、焦点が軌道中心に対して対称点にあるもう 1 つの焦点に移ることとなる。一方、双曲線軌道の場合は図 10.10(b) にみえるように、$A > 0$ のときの実の軌道は実線で示した左側の曲線であるが、それに対応する軌道は $A < 0$ のときは虚の軌道となり破線で示したものである。$A < 0$ のときの実の軌道は実線で示したもので、$A > 0$ と $A < 0$ では位相が逆になった軌道が実現する。

A の符号にかかわらず、惑星軌道は反時計回りである。これは極座標系で θ の方向をそのように決めたから、角速度が正方向 ($\dot{\theta} > 0$) を自然と採用したためである。では、惑星が逆回転する解はどうなるのか。

同じ角速度の大きさで逆回転 ($\dot{\theta} = -|\dot{\theta}|$) しても、角運動量の方向が反転するだけで大きさは等しい。

$$\bm{L}_r = \mu r^2 \dot{\theta} \bm{e}_z = 一定 \quad \Rightarrow \quad \bm{L}_r = -\mu r^2 \dot{\theta} \bm{e}_z \quad (10.10)$$

また、定数 c_s も符号を変えるのみである。

$$r^2 \dot{\theta} = 一定 = c_s \quad \Rightarrow \quad -r^2 \dot{\theta} = 一定 = -c_s \quad (10.11)$$

次節で登場する軌道パラメータの離心率 ε や λ は、c_s の自乗に依存するため、回転方向の違いは軌道式には現れてこない。つまり、反時計回りか時計回りかの違いはあるが、惑星軌道は同一である。

10-2-4 ケプラーの第 1 法則

では、$u(\theta)$ から $r(\theta)$ を求めよう。それがケプラーの第 1 法則でいうような楕円軌道になっているかどうかを調べよう。

式 (10.27) を変換して

$$u = G\frac{M}{c_s^2} + A\cos\theta \quad \Rightarrow \quad r = \frac{1}{G\frac{M}{c_s^2} + A\cos\theta} = \frac{c_s^2}{GM}\frac{1}{1 + \frac{Ac_s^2}{GM}\cos\theta} \quad \Rightarrow$$

$$r = \frac{\lambda}{1 + \varepsilon\cos\theta} \tag{10.34}$$

を得る。ここで

$$\varepsilon = \frac{Ac_s^2}{GM} \left(= \frac{A}{C_0}\right), \quad \lambda = \frac{c_s^2}{GM} \left(= \frac{1}{C_0}\right) \tag{10.35}$$

である。λ は先に用いた C_0 の逆数で定数である。次元は [L](長さ) である。ε は A/C_0 であり、先の説明からすでに $\varepsilon = 1$ $(C_0 = A)$ を境として軌道が異なることが分かる。ε は正数である ($A > 0$ として考えているので)。特に、$\varepsilon < 1$ $(C_0 > A)$ であれば軌道は閉曲線であり、ε が小さければ小さい $(C_0 \gg A)$ ほど円状軌道に近づくこと、$\varepsilon = 0$ $(C_0 \to \infty)$ ならば軌道は円軌道であることはすでに理解した。したがって、ε を円軌道からのずれを示す指標という意味で**離心率** (eccentricity, 常軌を逸した具合) という。次元は無次元である。

(a) 楕円と双曲線

式 (10.34) が先にみたような楕円あるいは双曲線を示す関数であることを示す前に、少しおさらいをする。

諸君がよく知っている楕円の式は

$$\frac{x^2}{a^2} + \frac{y^2}{b^2} = 1 \tag{10.36}$$

であろう。2次元の x-y 直交座標系において長軸と短軸の交点（中心）を座標原点 O にとったものである (図 10.11)。楕円は 2 点からの長さの和が一定の軌道である。一定の長さの糸の両端にピンを結びつけ、2 本のピンを固定して鉛筆で糸を張りきった状態にして、鉛筆を移動させ描いた軌跡が楕円であると学んだはずである。このときのピンの位置を**焦点** (focus) という。焦点の座標は $(\sqrt{a^2 - b^2}, 0)$、$(-\sqrt{a^2 - b^2}, 0)$ となる。

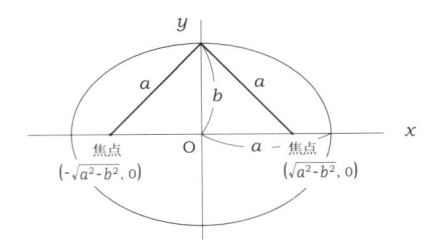

図 **10.11** 楕円とパラメータ：$a > b$ として長軸（x 軸）の径が a、短軸（y 軸）の径が b である。

もっと一般的な形で示せば、

$$\frac{(x-x_0)^2}{a^2} + \frac{(y-y_0)^2}{b^2} = 1 \tag{10.37}$$

であり、中心が (x_0, y_0) にある。

問 2点からの長さの和 $2a$ が一定の軌道は楕円である、ことを示せ。

図 10.12 に示すように、2点 A, B の中間位置を座標原点 O とし、軌道上に任意の点 P (x, y) をとる。a を定数とし、AP+PB=$2a$ が楕円式 (10.36) であることを導けばよい。ただし、焦点 A, B 位置をそれぞれ $(f, 0)$, $(-f, 0)$ とすると、x 軸の径 $= a$, y 軸の径 $= b = \sqrt{a^2 - f^2}$ となる。

計算は多少煩雑になるので間違わないように注意のこと。

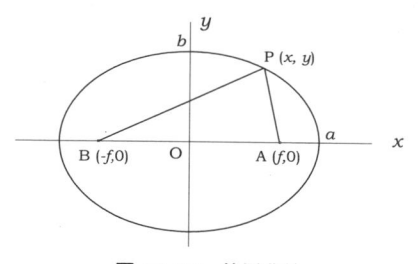

図 10.12 楕円曲線

同様に、2つの焦点からの距離の差が一定である軌道が双曲線である、とも学んだ。直交座標表示での $(0, 0)$ を中心とする双曲線の式は

$$\frac{x^2}{a^2} - \frac{y^2}{b^2} = 1 \tag{10.38}$$

である (図 10.13)。

問 2点からの長さの差 $2a$ が一定の軌道は双曲線である、ことを示せ。

図 10.13 に示すように、2点 A, B の中間位置を座標原点 O とし、軌道上に任意の点 P (x, y) をとる。a を定数とし、BP $-$ AP $= 2a$ が双曲線 (10.38) であることを導けばよい。ただし、焦点 A, B の位置をそれぞ

れ $(f, 0)$, $(-f, 0)$ とすると、頂点は $(\pm a, 0)$ にあり、$f = \sqrt{a^2 + b^2}$、また、漸近線は $y = \pm(b/a)x$ となる。

計算は多少煩雑になるので間違わないように注意のこと。

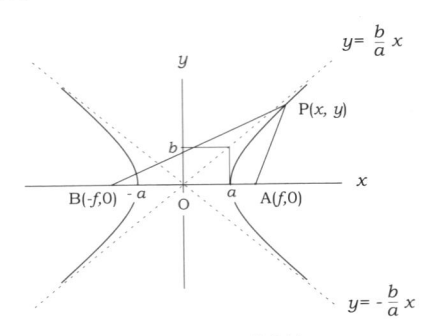

図 10.13 双曲線

(b) $r = \lambda/(1 + \varepsilon \cos\theta)$ は楕円、双曲線を示す

では、式 (10.34) に戻る。

$$r = \frac{\lambda}{1 + \varepsilon \cos\theta} \tag{10.34}$$

極座標表示を直交座標表示に移行する。

$$x = r\cos\theta, \quad y = r\sin\theta \quad \Rightarrow \quad r = \sqrt{x^2 + y^2}, \quad \tan\theta = \frac{y}{x} \tag{10.39}$$

である。式 (10.34) を少し変形して

$$r(1 + \varepsilon\cos\theta) = r + \varepsilon r \cos\theta = \lambda \tag{10.40}$$

とし、直交座標で表示すると、

$$\sqrt{x^2 + y^2} = \lambda - \varepsilon x \tag{10.41}$$

と書ける。両辺を2乗して、整理すると、

$$\frac{(1-\varepsilon^2)^2}{\lambda^2}\left(x + \frac{\varepsilon\lambda}{1-\varepsilon^2}\right)^2 + \frac{1-\varepsilon^2}{\lambda^2}y^2 = 1 \tag{10.42}$$

と書ける。式 (10.42) において、x の係数 $(1-\varepsilon^2)^2/\lambda^2$ は常に正値をもつが、y の係数 $(1-\varepsilon^2)/\lambda^2$ は $|\varepsilon| < 1$ あるいは $|\varepsilon| > 1$ によって正値をもったり、負値をもったりする。

(1) $|\varepsilon| < 1$ の場合

a、b をそれぞれつぎのように定義する。

$$a = \frac{\lambda}{1-\varepsilon^2}, \quad b = \frac{\lambda}{\sqrt{1-\varepsilon^2}} \tag{10.43}$$

$a, b > 0$ であり、$a > b$ である。逆に、ε, λ を a, b で表すと、

$$\varepsilon = \sqrt{1-\left(\frac{b}{a}\right)^2}, \quad \lambda = a(1-\varepsilon^2) = a\left(\frac{b}{a}\right)^2 \tag{10.44}$$

であって、上式 (10.42) は

$$\left(\frac{x+\varepsilon a}{a}\right)^2 + \left(\frac{y}{b}\right)^2 = 1 \tag{10.45}$$

となり、楕円を構成する。楕円の中心は

$$(x_0, y_0) = (-\varepsilon a, 0) \tag{10.46}$$

である（図 10.14）。軌道の原点（座標系の原点 O）は楕円の中心からみれば x 軸上で $+\varepsilon a = +\sqrt{a^2-b^2}$ だけ離れたところにあって、これが焦点の 1 つでもある。もう 1 つの焦点は x 軸上で中心 (x_0, y_0) に対して原点 O と逆方向に εa だけ離れたところにある。この楕円軌道は運動方程式 (9.35) から得られたもので、それは換算質量 μ、位置ベクトルが太陽と惑星の相対座標 $\boldsymbol{r}$ に相当する物体の軌道である。相対座標 $\boldsymbol{r}$ の始点（それは座標原点 O であり、焦点の 1 つであるが）を太陽に定めると、この楕円軌道は惑星の軌道である。これが**ケプラーの第 1 法則**であって、惑星は太陽のまわりを楕円軌道を描いて回転しており、太陽は楕円の 1 つの焦点に位置する、となる。このとき重心は太陽から $(m_P/M)\boldsymbol{r}$ の位置にあり、小さな楕円軌道を描いている。重心を基準にとれば、太陽ならびに惑星は式 (9.36) で求まる $\boldsymbol{r}_S^R$ と $\boldsymbol{r}_P^R$ で構成される楕円軌道を描く。幾度も繰り返したように、$m_S \gg m_p$ のため $\mu \approx m_P$ であって、はじめの運動方程式 (9.35) の段階から近似的には太陽を回る惑星の軌道を求めていると考えてよい。

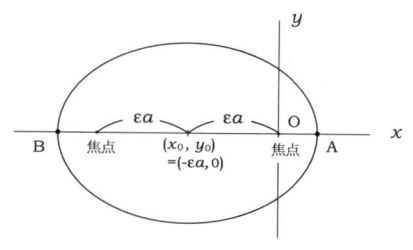

図 **10.14** $|\varepsilon| < 1$ のときの惑星の楕円軌道

(2) $|\varepsilon| > 1$ の場合

式 (10.42) を書き直して

$$\frac{(\varepsilon^2-1)^2}{\lambda^2}\left(x-\frac{\varepsilon\lambda}{\varepsilon^2-1}\right)^2 - \frac{\varepsilon^2-1}{\lambda^2}y^2 = 1 \tag{10.47}$$

それにつれて

$$a = \frac{\lambda}{\varepsilon^2-1}, \qquad b = \frac{\lambda}{\sqrt{\varepsilon^2-1}} \tag{10.48}$$

$$\varepsilon = \sqrt{1+\left(\frac{b}{a}\right)^2}, \quad \lambda = a(\varepsilon^2-1) = a\left(\frac{b}{a}\right)^2 \tag{10.49}$$

である。$a, b > 0$ であり、軌道は

$$\left(\frac{x-\varepsilon a}{a}\right)^2 - \left(\frac{y}{b}\right)^2 = 1 \tag{10.50}$$

であり、これは双曲線を構成する。また、双曲線の中心は

$$(x_0, y_0) = (\varepsilon a, 0) \tag{10.51}$$

であって、ε が正であるか負であるかによって x 軸上で正あるいは負の値をとる。そして、焦点の1つが原点になっている。

$|\varepsilon| > 1$ のときは楕円軌道ではなく、双曲線軌道をとるので無限遠から飛来し無限遠へと去ってゆく。太陽系の惑星軌道ではない。これについては惑星軌道を解析したあとに次章で議論する。

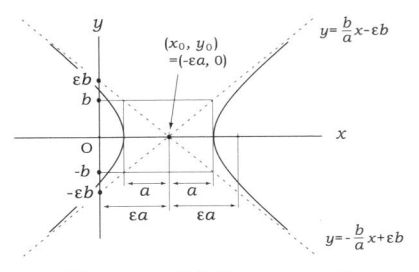

図 10.15 双曲線とパラメータ

(3) $|\varepsilon| = 1$ の場合

式 (10.41) に戻り、$|\varepsilon| = 1$ を代入して計算する。

$$x^2 + y^2 = \lambda^2 - 2\lambda x + x^2 \quad \Rightarrow \quad x = -\frac{1}{2\lambda}\left(y^2-\lambda^2\right) \tag{10.52}$$

となり、$x < 0$ の方向に開いた放物線を構成する。頂点は $(\lambda/2, 0)$ であり、焦点は原点に位置する (図 10.16(a))。楕円 ($|\varepsilon| < 1$) の一端が切れ、その部分が跳ね上がり双曲線 ($|\varepsilon| > 1$) に転化する過渡的状態である。

問 定点(焦点)からの距離と定点を通らない定直線(準線)からの距離が等しい軌道が放物線である。図 10.16(b) のように焦点 F($f, 0$)、準線 $x = -f$ として、放物線の式が

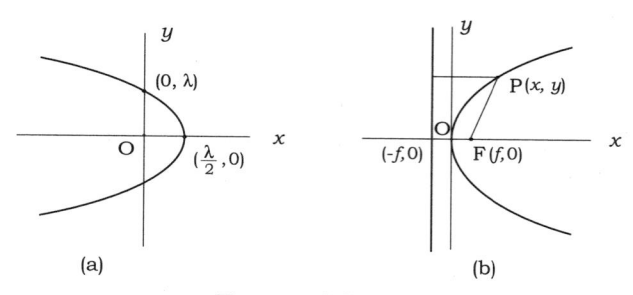

図 **10.16** 放物線軌道

$$x = \frac{1}{4f}y^2 \tag{10.53}$$

となることを求めよ。

(c) 円錐曲線

上でみた円、楕円、放物線、双曲線は、式 (10.34) が一括して記述し、それらを区別するのは離心率 ε の大きさであった。

$$r = \frac{\lambda}{1 + \varepsilon \cos\theta} \tag{10.34}$$

これらの曲線群は**円錐曲線** (conic sections) とよばれる。図 10.17 にみるように、直円錐の面を平面で切断したときに、2 つの面が交わってつくる曲線が円錐曲線である。図のように平面と円錐面のなす角によって円錐曲線の様子が異なり、楕円 (ellipse)（円 (circle) は楕円に含まれて分類）、放物線 (parabola)、双曲線 (hyperbola) となる。

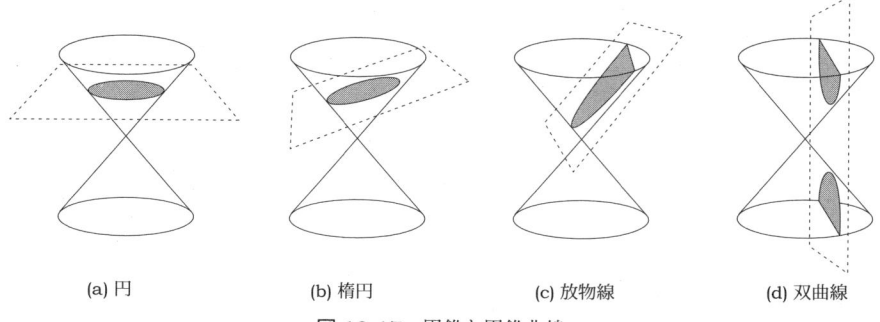

(a) 円　　(b) 楕円　　(c) 放物線　　(d) 双曲線

図 **10.17** 円錐と円錐曲線

また、円錐曲線は、ある固定点（焦点 F(focus)）からの距離 FP と固定線（準線 (directrix)）からの距離 GP（G 点は準線上を移動する）の比率がある決まった値（これが離心率 ε (eccentricity)）をもつような点 P が描く曲線である、と定義できる。

$$FP : GP = \varepsilon : 1 \quad (10.54)$$

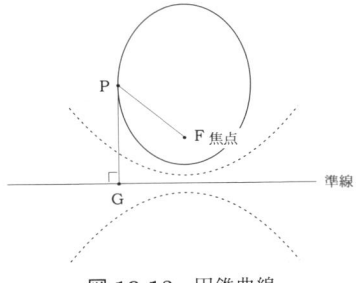

図 10.18 円錐曲線

円錐曲線は、すでに紀元前 2–3 世紀のギリシアの数学者アポロニウス (Apollonius) により研究され『円錐曲線論』として著された。人類史に充分長い歴史をもつ。

(d) 円錐曲線と光の経路

円錐曲線の焦点の意味を知っておこう。円錐曲線の形状をもつ光の反射面を考える。以下のような特性がある。

楕円の 1 つの焦点 F から放出されたあらゆる光は、曲線で反射され、もう 1 つの焦点 F′ に収束する。また、双曲線の 1 つの焦点 F から放出されたあらゆる光は、あたかももう 1 つの焦点 F′ から放出されたかのような反射経路をとる。放物線においては、軸に平行に入射するあらゆる光は焦点 F に収束する。

問　上の事項を自分で証明してみよ。

上は知識の 1 つである。特に、光学において重要である。

いろいろな知識を学び、記憶しておけ。乱読し、雑学も含めて、多くの知識、情報を

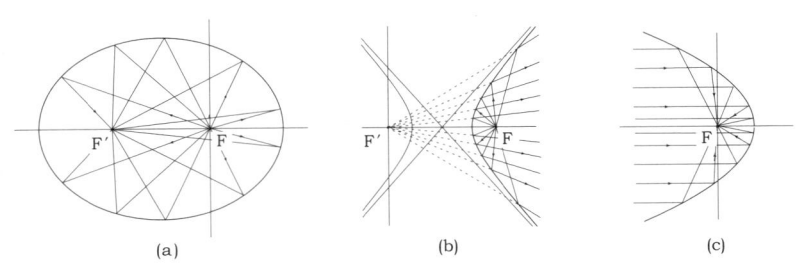

図 10.19 円錐曲線と光の反射経路

頭に入れておくことがいまの諸君には重要である。知識、情報量が増え、勉学が進んでくると、一見関連性のない雑多な知識と見えたものが相互連関をもち、あるいは類似性をもち、それらが雑知識から体系立った知識へと変化しはじめる。頭の中の神経系がネットワークを張りはじめる。勉学のレベルアップがはじまる。発想力のもとを形成する。残念ながら、一朝一夕にはこのレベルには達しない。日常の不断の蓄積があってこそ到達できる。いまの諸君は知識、情報をどん欲に吸収するときである。基礎になる充分な情報量の蓄積がなくては、ネットワークを張ろうにも対象がなくてはね。千里の途も一歩からである。努力せよ。

10-2-5　ケプラーの第3法則

　ε の大きさによって、軌道が楕円や双曲線や放物線になる。その議論の続きはひとまず置いて、つぎに**ケプラーの第3法則**を導く。これは惑星の周期運動に関する法則である。つまり、$|\varepsilon| < 1$ の場合を扱う。

　惑星は式 (10.45) の楕円軌道を描く。楕円の面積 S は

$$S = \pi a b \tag{10.55}$$

であり、すでに導出した関係

$$a = \frac{\lambda}{1-\varepsilon^2}, \qquad b = \frac{\lambda}{\sqrt{1-\varepsilon^2}} \tag{10.43}$$

$$\varepsilon = \sqrt{1 - \left(\frac{b}{a}\right)^2}, \quad \lambda = a(1-\varepsilon^2) = a\left(\frac{b}{a}\right)^2 \tag{10.44}$$

を代入すれば面積が求まる。また、式 (10.13) で求めたように単位時間あたりの面積速度は $dS/dt = (1/2)c_s$ であり、式 (10.35) から $c_s = \sqrt{\lambda GM}$ である。したがって、惑星が軌道を1周するに要する時間、つまり周期 T は

$$\begin{aligned} T &= \frac{S}{dS/dt} = \frac{\pi(\lambda/(1-\varepsilon^2))(\lambda/\sqrt{1-\varepsilon^2})}{\sqrt{\lambda GM}/2} = \frac{2\pi}{\sqrt{GM}}\left(\frac{\lambda}{1-\varepsilon^2}\right)^{3/2} \\ &= \left(\frac{2\pi}{\sqrt{GM}}\right) a^{3/2} \end{aligned} \tag{10.56}$$

となる。確かに、惑星の公転周期 T の2乗は長径 a の3乗に比例する

$$T^2 = \left(\frac{2\pi}{\sqrt{GM}}\right)^2 a^3 \quad \Rightarrow \quad T^2 \propto a^3 \tag{10.57}$$

というケプラーの第3法則が得られる。

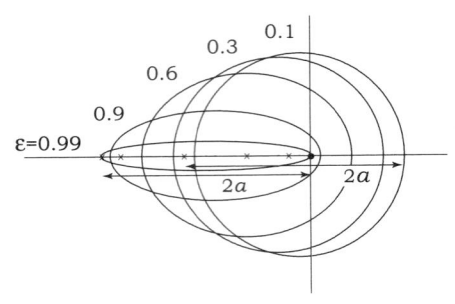

246　第 10 章　惑星の運動は語る

図 10.20　周期 T、長径 a が等しい惑星軌道。離心率は円に近い軌道から薄い扁平な軌道へ $\varepsilon = 0.1, 0.3, 0.6, 0.9, 0.99$ と変化する。太陽の位置（焦点）を黒丸で、もう一方の焦点を×で示した。

円軌道 ($a = b$) の場合は惑星に作用する万有引力と遠心力がつり合っていると考えて、力のバランスの式

$$G\frac{m_1 m_2}{a^2} = \mu a \omega^2 \tag{10.58}$$

を解けば求めることができる。ここで、ω は惑星の重心に対する角速度である。上式から ω を求め、周期 T に換算すると、

$$T = \frac{2\pi}{\omega} = \frac{2\pi a^{3/2}}{\sqrt{G(m_1 + m_2)}} = \frac{2\pi}{\sqrt{GM}} a^{3/2} \tag{10.59}$$

を得る。これは式 (10.56) に同じである。

長径 a が同じであるならば、すべての楕円軌道は同じ周期をもつ。図 10.20 に示すように、長径 a が同じで、しかし離心率 ε と短径 b が異なる、周期が等しい一群の楕円軌道が存在し得る。太陽は楕円群の焦点に位置する。

10-2-6　実際の惑星の離心率と軌道

惑星の軌道がどれだけ円に近いかを視覚的にみておこう。

表 10.1 に離心率 ε を示す（理科年表 2001 版から）。水星および冥王星がもっとも円から大きくずれている。その次が火星と続く。他の惑星は円軌道に近い。すべての惑星軌道の長径を等しくなるように $a = 1$ と規格化し、軌道を

$$(x + \varepsilon)^2 + \left(\frac{y}{\sqrt{1 - \varepsilon^2}}\right)^2 = 1 \tag{10.60}$$

と縮尺して書いたのが図 10.21(a) である。さもないと、惑星ごとに軌道の大きさが大

表 10.1　惑星軌道のパラメータ

惑星	離心率 (ε)	b/a	面積速度 ($c_s/2$) (m^2/s)	角速度[†] (1/day)	周期[♯] (day)
水星	0.2056	0.9786	3.34×10^{14}	0.070	88
金星	0.0068	0.99998	1.17×10^{15}	0.028	225
地球	0.0167	0.99986	2.23×10^{15}	0.017	365
火星	0.0934	0.99562	5.20×10^{15}	0.0091	687
木星	0.0485	0.99882	6.05×10^{16}	0.0014	4,333
土星	0.0555	0.99846	2.04×10^{17}	0.00058	10,759
天王星	0.0463	0.99893	8.25×10^{17}	0.00020	30,688
海王星	0.0090	0.99996	2.03×10^{18}	0.00010	60,182
冥王星	0.2490	0.9685	3.50×10^{18}	0.000068	90,506

[†] 理科年表から軌道平均速度を軌道長半径 a で割り求めた数値である。角速度（1秒での角度変化）は小さ過ぎるので1日での角度変化を示した。単位はラジアンである。
[♯] 理科年表から対恒星平均周期を載せる。

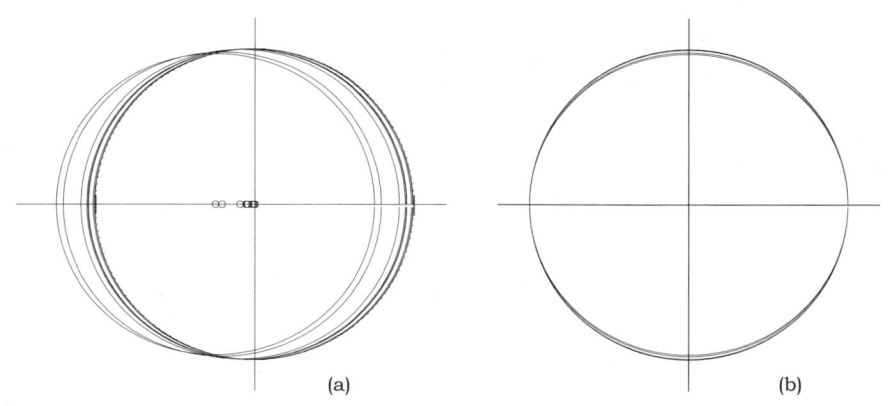

図 10.21　惑星軌道の比較。(a) 長径 $a = 1$ と規格化、(b) $a = 1$ とし、さらに軌道中心を一致させた。

きく異なり、離心の程度が適当に比較できない。図 10.21(a) では、2つの軌道が大きく左へずれている。これらが水星と冥王星である。他の7つの惑星はほぼ円軌道を描き、かたまっている。中央の小さな丸印は惑星たちの軌道中心である。図 10.21(b) はさらに軌道中心を一致させて

$$(x)^2 + \left(\frac{y}{\sqrt{1-\varepsilon^2}}\right)^2 = 1 \tag{10.61}$$

として描いた。軌道中心の焦点 (太陽) からのずれは図 10.21(a) から明らかであるが、

図 10.21(b) から軌道の円形からのひずみは非常に小さいことに気づく。これは $a = 1$ としたので、短径 b の違いを縦方向に読みとればよい。これは上で議論した短径と長径の違いは

$$\frac{b}{a} = \sqrt{1-\varepsilon^2} \approx 1 - \frac{1}{2}\varepsilon^2 \qquad (10.62)$$

であって、ε ではなくその 2 乗に依存しているためである。水星でも離心率は 0.21 であるが、b/a は 0.979 $(1 - b/a = 0.021)$ ととても円形に近い。地球では離心率は 0.017 で、b/a は 0.9999 $(1 - b/a = 0.00014)$ で、円形であるといってよいほどである。

表 10.1 には面積速度と角速度も載せた。但し、角速度は小さ過ぎるので 1 日にわたる角変化値を計算した。太陽から大きく離れた惑星は角変化は非常に小さいが、面積速度は大変大きいことが分かる。角速度が小さいということは当然、公転周期 T が長いということである。理科年表から対恒星平均周期を太陽年 = 365.24 日と計算して載せた。

運動方程式を解き、ここまでは惑星の軌道を幾何学的にみてきた。

つぎは、万有引力のポテンシャルのはたらく場を強調しながら、より力学的に惑星運動を理解しよう。

10-3　惑星の運動とポテンシャル

9-2-2 小節で太陽と惑星系がつくる万有引力のポテンシャルをみた。惑星は太陽に引き付けられてポテンシャルを転げ落ちるのではなく、安定した軌道を維持しながら永遠の周回運動をしている。運動方程式を前節で解き、その惑星軌道を幾何学的に理解したが、ここではポテンシャルを通して運動を解析しよう。

10-3-1　遠心力のポテンシャル

いつものように運動方程式 (9.35) からスタートする。

$$\mu \ddot{\boldsymbol{r}} = -G\frac{m_P m_S}{r^2}\boldsymbol{e}_r \qquad (10.63)$$

を積分しよう。右辺を $\boldsymbol{r}$ で積分すればポテンシャル $U(\boldsymbol{r})$ を得ることはすでに知っている $(U = -\int \boldsymbol{F} \cdot \mathrm{d}\boldsymbol{r})$。前章同様、$r \to \infty$ をポテンシャルの基準にとる。また、惑星の運動は 2 次元平面に限られることもすでに学んで知っている。2 次元極座標表示を採用する。

10-3 惑星の運動とポテンシャル

右辺を左辺に移項してまとめておいて不定積分すると、

$$\mu \int \ddot{\boldsymbol{r}} \mathrm{d}\boldsymbol{r} + \int G \frac{m_P m_S}{r^2} \boldsymbol{e}_r \mathrm{d}\boldsymbol{r} = 積分定数 \tag{10.64}$$

左辺第1項は

$$\mu \int \frac{\mathrm{d}\dot{\boldsymbol{r}}}{\mathrm{d}t} \frac{\mathrm{d}\boldsymbol{r}}{\mathrm{d}t} \mathrm{d}t = \mu \int \frac{\mathrm{d}\dot{\boldsymbol{r}}}{\mathrm{d}t} \dot{\boldsymbol{r}} \, \mathrm{d}t = \mu \int \frac{\mathrm{d}}{\mathrm{d}t}\left(\frac{\dot{\boldsymbol{r}}^2}{2}\right) \mathrm{d}t = \frac{1}{2}\mu \dot{\boldsymbol{r}}^2 \tag{10.65}$$

となり、第2項は

$$U(\boldsymbol{r}) = -G\frac{m_P m_S}{r} \tag{10.66}$$

であって、積分結果は

$$\frac{1}{2}\mu \dot{\boldsymbol{r}}^2 + U(\boldsymbol{r}) = 一定 = E \tag{10.67}$$

となる。積分定数を E と記した。左辺第1項は運動エネルギーである。上式は重力に束縛された質量 μ の物体の運動エネルギーとポテンシャル・エネルギーの和が定数であること、つまり、エネルギーの保存を意味する。

速度ベクトル $\dot{\boldsymbol{r}}$ は r 方向と θ 方向の成分をもつので、速度の2乗に依存する運動エネルギーは当然両成分からの寄与をもつ。速度は式 (C.56) で学んだように

$$\dot{\boldsymbol{r}} = \dot{r}\boldsymbol{e}_r + r\omega \boldsymbol{e}_\theta \tag{C.56}$$

だから、運動エネルギーは

$$\frac{1}{2}\mu \dot{\boldsymbol{r}}^2 = \frac{1}{2}\mu(\dot{r}^2 + r^2\dot{\theta}^2) \tag{10.68}$$

であり、右辺第1項が r 方向の運動エネルギーであって、第2項が θ 方向の運動エネルギーとなる。ここでケプラーの第2法則、面積速度一定の法則 (式 (10.10)) を利用する。

$$\boldsymbol{L}_r = \mu r^2 \dot{\theta} \boldsymbol{e}_z = 一定 \tag{10.10}$$

であって、惑星の角運動量は軌道面に垂直であって保存されている。いま、この角運動量の大きさを

$$\ell \equiv \mu r^2 \dot{\theta} \quad (= \mu c_s) \tag{10.69}$$

と記し、式 (10.67) から変数 $\dot{\theta}$ を消去して運動を r のみの関数として取り扱う。

$$E = \frac{1}{2}\mu \dot{r}^2 + \frac{\ell^2}{2\mu r^2} - G\frac{m_P m_S}{r} \tag{10.70}$$

となる。運動を r のみで表現するとは、r 方向の 1 次元運動として扱うことである。第 1 項が r 方向の運動エネルギーであるので、必然的に残りの項はポテンシャル・エネルギーに対応する。第 3 項は万有引力のポテンシャル・エネルギーということはすでに理解した。$\boldsymbol{F} = -\nabla U(\boldsymbol{r})$ の関係を用いて、第 2 項はどのような力のポテンシャル・エネルギーかをみるためベクトル微分演算子 $(-\nabla)$ で演算してみよう。D-4 節でも示したように被微分関数は r のみに依存するので、極座標表示のナブラ (式 (D.101)) は $\partial/\partial r$ の偏微分成分のみを考えればよい。

$$-\nabla\left(\frac{\ell^2}{2\mu r^2}\right) = -\boldsymbol{e}_r\frac{\partial}{\partial r}\left(\frac{\ell^2}{2\mu r^2}\right) = \boldsymbol{e}_r\left(\frac{\ell^2}{\mu r^3}\right) = \mu r\dot{\theta}^2\boldsymbol{e}_r = \mu r\omega^2\boldsymbol{e}_r \quad (10.71)$$

である。最後の式では $\omega = \dot{\theta}$ と書き直しただけである。そうすると上式は 7-2-3 小節 (式 (7.28)) で学んだようにまさに遠心力であることが分かる。当然、その力の方向も r 方向を向いている。$-\nabla$ を演算した結果が力であり、また演算されるものは距離 r のみの関数であるということは、それはポテンシャル・エネルギーである。つまり、θ 方向の運動によって生じた運動エネルギーとは遠心力のポテンシャル・エネルギーである。

惑星は楕円軌道を描いて運動しているので遠心力をもつことは至極当然なことであるが、万有引力が中心力であるため角運動量が保存し、それは面積速度一定の関係を生み、その結果遠心力は位置のみの関数として、ポテンシャルが導けたわけである。$U_G(r)$ (万有引力のポテンシャル・エネルギー) $+ U_C(r)$ (遠心力のポテンシャル・エネルギー) を $U_{\text{eff}}(r)$

$$U_{\text{eff}}(r) \equiv \frac{\ell^2}{2\mu r^2} - G\frac{m_P m_S}{r} \quad (10.72)$$

と記してまとめる。$U_{\text{eff}}(r)$ を**有効ポテンシャル**とよぶ。全エネルギーは運動エネルギーと有効ポテンシャル・エネルギーの和

$$E = \frac{1}{2}\mu\dot{r}^2 + U_{\text{eff}}(r) \quad (10.73)$$

である。惑星は太陽の重力ポテンシャルのなかで運動エネルギーとポテンシャル・エネルギーを変化させながら、但し、全エネルギーを一定に保って運動するわけである。

遠心力が作用するので、惑星は重力のポテンシャルによって太陽へと引き込まれることなく安定した楕円軌道をたどるわけである。

10-3-2　2 つのポテンシャルの振る舞い

ポテンシャルを図 10.22 に示した。重力のポテンシャルは負値をもって、力は原点に

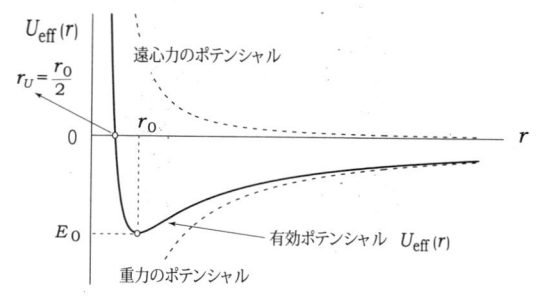

図 **10.22** 遠心力と万有引力のポテンシャル

向かう。一方、遠心力のポテンシャルは正値をもち、力は外へ向かう。両ポテンシャルの和は図 10.22 の実線でみるように r が小さいところでは斥力を、大きいところでは引力を生じ、中間で最小値をもつ。両ポテンシャルの大きさの比をとってみよう。

$$\left|\frac{U_G(r)}{U_C(r)}\right| = G\frac{m_P m_S}{r} \bigg/ \frac{\ell^2}{2\mu r^2} = 2\left(\frac{r}{r_0}\right) \tag{10.74}$$

であり、つぎに説明するが r_0 は万有引力と遠心力が等しくなる r 値であって

$$r_0 = \frac{\ell^2}{G\mu m_P m_S} \tag{10.75}$$

である(後でみるように、ポテンシャルが等しくなるのは $r = r_0/2$ である)。

力の様子をみる。$U_{\text{eff}}(r)$(式 (10.72)) から力を求める。

$$-\frac{dU_{\text{eff}}(r)}{dr} = \frac{\ell^2}{\mu r^3} - G\frac{m_P m_S}{r^2} \tag{10.76}$$

遠心力と重力の和である。右辺をゼロとおけば、遠心力と万有引力が等しくなって打ち消し合う r 値、r_0 を得る。

$$r_0 = \frac{\ell^2}{G\mu m_P m_S} = \frac{c_s{}^2}{GM} = \lambda = \frac{\varepsilon}{A} \tag{10.77}$$

ここで $\ell = \mu r^2 \dot\theta = \mu c_s$ を用いた。

上式から分かるように、r_0 は惑星の面積速度 c_s に依存する。$\partial U_{\text{eff}}(r)/\partial r \big|_{r=r_0} = 0$ ということは r_0 はポテンシャル $U_{\text{eff}}(r)$ の極小値(ここでは最小値)を示す。また、式 (10.74) から、遠心力のポテンシャルと万有引力のポテンシャルの強さが等しくなり、ポテンシャル U_{eff} がゼロになるところ $(r = r_U)$ は、r_0 のちょうど半分 $(r_U = r_0/2)$ である(図 10.22)。その位置での合力 $\boldsymbol{F}(r_U) = F(r_U)\boldsymbol{e}_r$ は

$$F(r_U) = \frac{\ell^2}{\mu r_U^3} - G\frac{m_P m_S}{r_U^2} = G\frac{m_P m_S}{r_U^2}\left(\frac{r_0}{r_U} - 1\right) = G\frac{m_P m_S}{r_U^2} \quad (10.78)$$

であって、遠心力は万有引力の 2 倍の強さをもつ斥力である。

以上のことから、$r < r_0$ の領域では惑星には斥力がはたらき、$r > r_0$ の領域では引力がはたらくことが分かる（図 10.22）。$r \to \infty$ においては r^{-2} の方が r^{-1} よりも速くゼロに収束するので、遠心力ポテンシャルよりも重力ポテンシャルの方がいつまでも残る。したがって、$r \to \infty$ ではポテンシャル U_{eff} は負側からゼロに収束してゆく。よって、無限遠でもポテンシャルは $U_{\text{eff}} < 0$ であって、惑星は太陽の引力の束縛を逃れられない。

振幅 A がゼロであるとき、惑星は以下に示すように $r_0 = \lambda$ を半径とした円軌道を描く。式 (10.75) と (10.77) から分母 A がゼロになるため、r_0 が無限値をもつのではない。振幅 A は r の逆関数 u について式 (10.30) で導入した。

$$u = u' + C_0 = A\cos\theta + C_0 \quad (10.30)$$

$A = 0$ ならば、$u(= 1/r) = C_0(= 1/\lambda) =$ 定数 となり、半径 λ の円軌道である。このとき、離心率 ε も当然ゼロとなる。惑星は r 方向の運動成分をもたず、ポテンシャルの最小点 r_0 を安定位置として動かない（図 10.23）。惑星は r 方向には運動しないが、θ 方向には

$$r^2\dot\theta = c_s = \text{一定} \quad \Rightarrow \quad \dot\theta = \frac{c_s}{r_0^2} \quad (10.19)$$

と分かるように、一様な角速度で回転する。ポテンシャルの谷底に位置しながら円軌道を描くわけである。

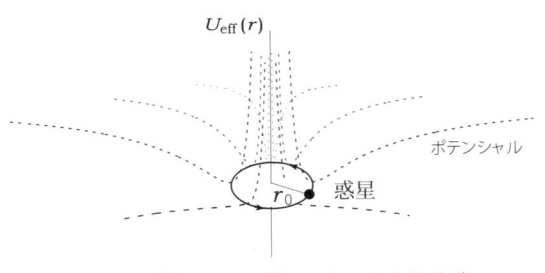

図 10.23　ポテンシャルと円軌道

10-3-3 エネルギーと運動

円軌道の場合、動径方向の速度はゼロ（$\dot{r}=0$）、つまり、動径方向の運動エネルギー（式 (10.73) の右辺第 1 項）はゼロであり、そのときの全エネルギー E_0 はポテンシャル・エネルギー $U_{\text{eff}}(r_0)$ のみで占められる。

$$E_0 = U_{\text{eff}}(r_0) = \frac{\ell^2}{2\mu r_0^2} - G\frac{m_P m_S}{r_0} = -\frac{1}{2}G\frac{m_P m_S}{r_0}$$
$$= \frac{1}{2}U_G(r_0) = -|E_0| \tag{10.79}$$

であり、円運動を行なうポテンシャル・エネルギー $U_{\text{eff}}(r_0)$ はその軌道での万有引力のポテンシャル $U_G(r_0)$ のちょうど半分の強さをもつ。$U_G < 0$ であって、この場合全エネルギーも $E_0 < 0$ であるので、$E = -|E_0|$ と絶対値表示を採用した。上式から軌道半径 r_0 はエネルギー $|E_0|$ を使って、

$$r_0 = \frac{Gm_P m_S}{2|E_0|} \tag{10.80}$$

と表せる。

全エネルギーがポテンシャルの最小値 E_0 よりも小さい場合は、エネルギーのバランスがとれずそのような惑星軌道はありえない。

全エネルギー E が最小値 E_0 よりも大きいが負値である場合は、惑星はポテンシャル $U_{\text{eff}}(r)$ に束縛され続け、式 (10.73) から分かるようにポテンシャル以上のエネルギーは運動エネルギー

$$E - U_{\text{eff}}(r) > 0$$
$$= \frac{1}{2}\mu\dot{r}^2 \tag{10.81}$$

として惑星の動径方向の運動に費やされる（図 10.24）。

全エネルギー E とポテンシャル・エネルギー U_{eff} が等しくなる r 地点では運動エネルギーがゼロであって、動径方向の速度は当然ゼロ（$\dot{r}=0$）である。ポテンシャル図から分かるように、この r 地点は r_0 を挟んで 2 点存在する（図 10.24 中の A, B 点）。惑星は r 方向に、この 2 点間を往復運動するわけである。したがって、軌道はもはや円ではなく楕円となる。この 2 点は図 10.14 中の A, B 点であり、楕円軌道の長径 a と離心率 ε を用いると、$r = a(1-\varepsilon)$ と $a(1+\varepsilon)$ である。離心率の意味を考えるため、上式からこの 2 点を出してみる。それには

$$E - U_{\text{eff}}(r) = 0 \quad \Rightarrow \quad E - \frac{\ell^2}{2\mu r^2} + G\frac{m_P m_S}{r} = 0 \tag{10.82}$$

双曲線軌道 $E\,(\varepsilon>1)$
放物線軌道 $E\,(\varepsilon=1)$
楕円軌道 $E\,(\varepsilon<1)$
円軌道 E_0

運動エネルギー $(= E - U_{\rm eff})$
ポテンシャル・エネルギー $(U_{\rm eff})$
運動エネルギー $(= E - U_{\rm eff})$

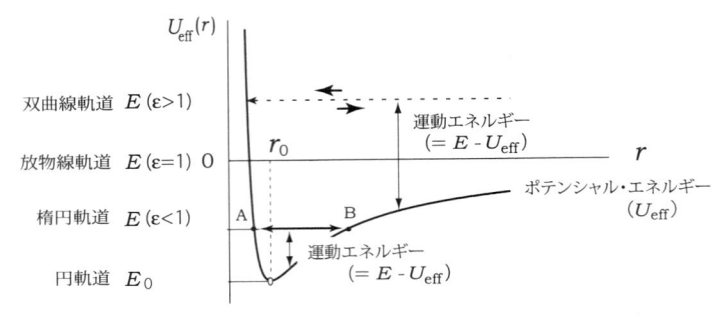

図 10.24 全エネルギー E とポテンシャル $U_{\rm eff}$ と惑星軌道

を解けばよい。$r_0 = \ell^2/G\mu m_P m_S = Gm_P m_S/2|E_0|$ を利用し、$\kappa = |E_0|/|E|$ と記すと、今は $E < 0$ であることに注意して、上式は

$$r^2 - 2(\kappa r_0)r + \kappa r_0^2 = 0 \tag{10.83}$$

となり、

$$r = \kappa r_0 \left(1 \pm \sqrt{1 - \frac{1}{\kappa}}\right) \tag{10.84}$$

を得る。この解が

$$r = a\,(1 \pm \varepsilon) \tag{10.85}$$

に等しいのであるから、

$$a = \kappa r_0 = \left|\frac{E_0}{E}\right| r_0 \tag{10.86}$$

$$\varepsilon^2 = 1 - \left|\frac{E}{E_0}\right| \tag{10.87}$$

を得る。離心率の 2 乗 ε^2 は惑星のエネルギー E が最小ポテンシャル・エネルギー E_0（円軌道に対応）よりもどれだけ大きいかを相対的に示していることが分かる。図 10.24 をみよう。$U_{\rm eff} < 0$ のポテンシャル内にあるため $E > E_0$ であるが、$|E| < |E_0|$ なので混乱しないように。惑星のエネルギー E が E_0 よりも大きいと、その分だけの余ったエネルギーは動径方向の運動エネルギー $\mu\dot{r}^2/2$ として費やされる。ポテンシャルの斜面を上がったり下がったりころがるわけだ。θ 方向には一定の角速度で運動しているので、ポテンシャルを上がりきって最も r 値の小さなところが近日点（惑星が太陽に最も近い位置、$r = a(1-\varepsilon)$）であり、大きなところが遠日点（惑星が太陽に最も

遠い位置、$r = a(1+\varepsilon)$) である。

10-3-4 エネルギー E と離心率 ε

惑星の軌道は式 (10.19)、式 (10.34)

$$r^2 \dot\theta = c_s \tag{10.19}$$

$$r = \frac{\lambda}{1 + \varepsilon \cos\theta} \tag{10.34}$$

である。式 (10.34) を時間微分して、

$$\dot r = -\frac{\lambda}{(1+\varepsilon\cos\theta)^2}\left(-\varepsilon\sin\theta\,\dot\theta\right) = \frac{r^2}{\lambda}\varepsilon\dot\theta\sin\theta = \frac{\varepsilon c_s}{\lambda}\sin\theta \tag{10.88}$$

を得る。最後の式では式 (10.19) を使った。これを用いて式 (10.70) を変形するとエネルギー E は

$$\begin{aligned}
E &= \frac{1}{2}\mu\left(\frac{\varepsilon c_s}{\lambda}\sin\theta\right)^2 + \frac{1}{2}\mu\left(\frac{c_s}{r}\right)^2 - G\frac{m_P m_S}{r} \\
&= \frac{1}{2}\mu\left(\frac{c_s}{\lambda}\right)^2\left\{\varepsilon^2\sin^2\theta + (1+\varepsilon\cos\theta)^2\right\} - G\frac{m_P m_S(1+\varepsilon\cos\theta)}{\lambda} \\
&= G^2\frac{m_P m_S(m_P + m_S)}{c_s^2}\left\{\frac{1+\varepsilon^2}{2} + \varepsilon\cos\theta - (1+\varepsilon\cos\theta)\right\} \\
&= G^2\frac{m_P m_S(m_P + m_S)}{2c_s^2}\left(\varepsilon^2 - 1\right)
\end{aligned} \tag{10.89}$$

となる。第 2 式から第 3 式へは

$$\lambda = \frac{c_s^2}{GM} = \frac{c_s^2}{G(m_P + m_S)} \tag{10.90}$$

を代入した。離心率 $\varepsilon = 0$ のときのエネルギーは $E_0 = -|E_0|$ と記したので、式 (10.89) に $\varepsilon = 0$ を代入すれば、

$$E_0 = -G^2\frac{m_P m_S(m_P + m_S)}{2c_s^2} \tag{10.91}$$

を得る。これを用いて式 (10.89) を書き直すと式 (10.87) を、つまり、

$$E = -E_0\left(\varepsilon^2 - 1\right) \tag{10.92}$$

を得る。$\varepsilon = 0$ は円運動で万有引力と遠心力がつり合った状態であり、前者はシンボル的には質量で、後者は c_s^2 で表され、したがって、E_0 は式 (10.91) でみるようにこれ

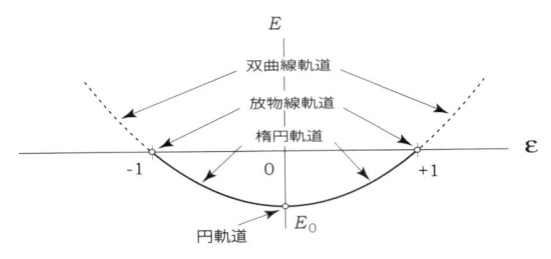

図 10.25 エネルギーと離心率

らのパラメータのみによって決まる。円運動では遠心力は r 方向のみの成分をもつが、θ 方向にも加速度を受ける場合は軌道は円運動から歪み、楕円運動となる。$E_0 < 0$ であるので離心率が $|\varepsilon| < 1$ であれば、式 (10.92) からエネルギーは $E < 0$ であり、惑星はポテンシャル $U_{\text{eff}}(r)$ の中に束縛され楕円運動をする。図 10.25 に離心率 ε とエネルギー E の関係をプロットする。$|\varepsilon| > 1$ であれば $E > 0$ となり、惑星はポテンシャルの束縛を逃れるに充分なエネルギーをもち、無限遠に遠ざかる。これが双曲線軌道を描く場合である。$|\varepsilon| = 1$ ならば $E = 0$ であり、放物線軌道だ。

> **問** ケプラーの第 3 法則の小節で、長径 a が等しい惑星の楕円軌道は同じ回転周期 T をもつことをみた (図 10.20)。これらの楕円運動群はまた同じ全エネルギー E をもつことを示せ。

この節の最後として、太陽と惑星が構成するポテンシャル $U_{\text{eff}}(r)$ (式 (10.72)) を図示しておく。図 10.26 はあくまで 2 体系が構成するポテンシャルであって、9 つの惑星が太陽とつくる多体系のポテンシャルではない。縦軸は $U_{\text{eff}}(r)$ を地球の $r = r_0$ でのポテンシャルの大きさ $|U_{\text{eff}}(r_0^E)|$ で規格化した。横軸の太陽からの距離 r は r_0^E で規格化した ($R = r/r_0^E$)。

$$\frac{U_{\text{eff}}(r)}{|U_{\text{eff}}(r_0^E)|} = -\left(\frac{m_P}{m_E}\right)\frac{1}{R}\left\{\left(\frac{r_0^P}{r_0^E}\right)\frac{1}{R} - 2\right\} \tag{10.93}$$

である。添え字 P は惑星を意味する。r_0^P/r_0^E には表 9.1 の公転半径比 (r_P/r_E) を、$R = r/r_0^E$ の分母には地球の公転半径を使った。惑星のエネルギー E と $U_{\text{eff}}(r)$ の最下点 E_0 の違いは、この図ではみえない。離心率 ε が小さく、かつその 2 乗で $E = E_0(1-\varepsilon^2)$ に表れるため、影響が図中では小さすぎてみえないからである。一方、離心率が大きい水星や冥王星では、ポテンシャル分布が浅くて違いが図示できない。しかし、惑星がポテンシャル $U_{\text{eff}}(r)$ 内を r 方向に往復運動する領域は $a(1-\varepsilon) \leftrightarrow a(1+\varepsilon)$ であっ

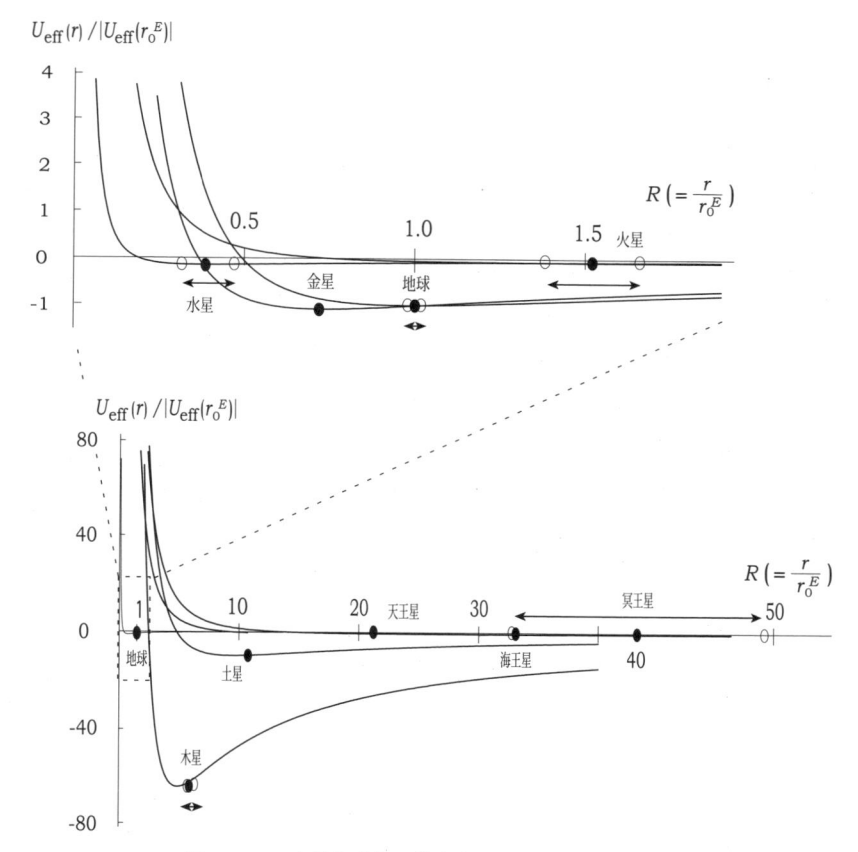

図 **10.26** 太陽と惑星が構成するポテンシャル $U_{\text{eff}}(r)$

て、図示できる。離心率の大きい水星 ($\varepsilon = 0.206$) と冥王星 ($\varepsilon = 0.249$)、ならびに地球 ($\varepsilon = 0.017$) と火星 ($\varepsilon = 0.093$) と木星 ($\varepsilon = 0.049$) については可動領域の両端に白丸と矢印をつけた。

　頭で想い描いていたポテンシャル分布と随分とちがったのではないか？　木星のポテンシャルのみが想像していたようなものであり、地球も含め他の惑星のポテンシャルがこれほど凹みの浅いものと思わなかったであろう。しかも、この浅いポテンシャル内で r 方向にはごく限られた領域のみに束縛された運動をする。感覚的には、浅いため、広い領域を往き来しそうに感じてしまわないか。このように図示してみるといろいろなことを考えるであろう。それが勉学であり、本書のねらいである。

問 式 (10.93) を導け。

ここまでは、主に $|\varepsilon| < 1$ の運動を学んだ。$|\varepsilon| > 1$ の場合については、次章で学ぶ。

10-4 潮汐効果

重力がはたらくもとでの惑星の運動をみた。本節では、衛星である月が地球に及ぼす重力作用の結果である潮汐効果 (tidal effect) をみる。

10-4-1 地球と月と太陽と

月は地球のまわりを回る。まず、月の定数を表 10.2 にまとめた。

潮の満ち引きは 1 日に 2 度起こる。ガリレオが説明を試みたが、2 度の干満は理解できなかったとのこと。月との重力作用がその理由であることを計算し解明したのが、ニュートンである。

月の引力を地球上の異なる地点で考える（図 10.27）。地球を構成する土壌、あるいは海水などにより地球の質量密度は異なるので、この物質密度の違いによる不定性を除くため月の引力（重力）加速度の形で議論を進める。

月の質量を m_0、月と地球間の距離を R（表 10.2 の a 値）、地球の半径を r と記す。G は万有引力定数である。図 10.27 のように、地球中心 O と月を結ぶ直線を x 軸、そ

表 10.2 月の定数

	質量†	密度 (g/cm³)	赤道半径 (km)	自転周期 (日)
月	0.0123	3.34	1,700	27.3
地球	1.0	5.52	6,400	1.0
太陽	3.3×10^5	1.41	7.0×10^5	25.4

† 地球の値を 1 とした。地球質量は 6.0×10^{24} (kg)。

月の軌道長半径	$a = 60.3 \times$ 地球の赤道半径 $= 3.8 \times 10^8$ (m)
月の平均離心率	$\varepsilon = 0.055$
月の視半径	15'59"64
（太陽の視半径）	(15'32"58)

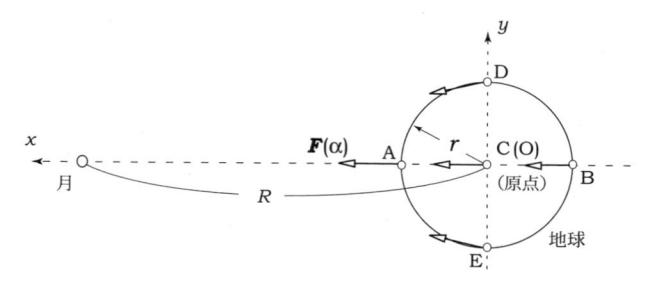

図 **10.27** 月と地球の潮汐力（1）

れに垂直に y 軸をとる。A, B, C(=O) 点で物体が受ける加速度 α_i ($i =$A, B, C) は

$$\alpha_i = \frac{\boldsymbol{F}_i}{m_i}$$

$$\alpha_\mathrm{A} = \frac{Gm_0}{(R-r)^2}, \quad \alpha_\mathrm{C} = \frac{Gm_0}{R^2}, \quad \alpha_\mathrm{B} = \frac{Gm_0}{(R+r)^2} \tag{10.94}$$

$R \approx 60 \times r$ ($r/R \approx 0.017$) であるので

$$\frac{1}{(R\pm r)^2} = \frac{1}{R^2}\left(1 \mp 2\frac{r}{R} + 3\left(\frac{r}{R}\right)^2 \mp 4\left(\frac{r}{R}\right)^3 + \ldots\right) \approx \frac{1}{R^2}\left(1 \mp 2\frac{r}{R}\right) \tag{10.95}$$

と近似できる。2 次以上の高次項を落としたが、2 次項は 1 次項のわずか 2.6% である。地球中心 C を基準にした A, B 点の加速度の違いをみると、

$$\alpha_\mathrm{A} - \alpha_\mathrm{C} = 2Gm_0\frac{r}{R^3}, \quad \alpha_\mathrm{B} - \alpha_\mathrm{C} = -2Gm_0\frac{r}{R^3} \tag{10.96}$$

であって、月に面した側 A と反対側 B は地球中心に対して等しい大きさの加速度を受ける。両側とも地球中心 C に対して加速度は外向きにはたらく。同じ質量の物体には両側とも同じ大きさの力が外向きにはたらくわけである。引力による海面の上昇は、月に面した側と反対側とに原理的には同時に等しい大きさで、しかも地球中心に対して同じ外向き方向で加速度が生じることによる。月に面した側の海面は月の方向に盛り上がり、月の反対側の海面は月に引かれているのに月の逆方向へ盛り上がる。

つぎに、D と E 点での加速度をみる。個々に計算していては面倒なので、図 10.28 のように任意の点 P での加速度を求める。x 軸となす角 θ で P 点を記述する。月と P 点の距離 ℓ は余弦定理より $\ell^2 = R^2 + r^2 - 2rR\cos\theta$ であり、作用する加速度ベクトルは

$$\boldsymbol{\alpha}_\mathrm{P} = \frac{Gm_0}{\ell^2}\left(\frac{R - r\cos\theta}{\ell}\boldsymbol{e}_x - \frac{r\sin\theta}{\ell}\boldsymbol{e}_y\right)$$

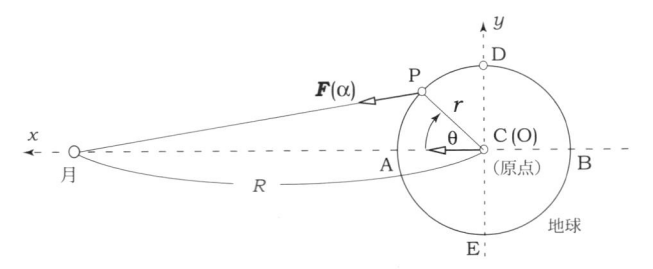

図 10.28 月と地球の潮汐力（2）

$$= \frac{Gm_0 R}{\ell^3} \{(1 - \delta\cos\theta)\bm{e}_x - \delta\sin\theta \bm{e}_y\} \tag{10.97}$$

である。ここで、$\delta = r/R$ である。$1/\ell^3$ を δ でマクローリン展開 (6-2 節) すると、

$$\frac{1}{\ell^3} = \frac{1}{R^3}\left\{1 + 3\cos\theta\delta + \frac{3}{2}(5\cos^2\theta - 1)\delta^2\right\} \tag{10.98}$$

であり、式 (10.97) に代入し、さらに中心にはたらく加速度 $\bm{\alpha}_C = Gm_0\bm{e}_x/R^2$ に対する値を求めると、

$$\begin{aligned}
\bm{\alpha}_P - \bm{\alpha}_C &= \frac{Gm_0}{R^2}\left[\left\{2\cos\theta\delta + \frac{3}{2}(3\cos^2\theta - 1)\delta^2\right\}\bm{e}_x - (\sin\theta\delta + 3\cos\theta\sin\theta\delta^2)\bm{e}_y\right] \\
&= \frac{Gm_0}{R^2}(2\cos\theta\bm{e}_x - \sin\theta\bm{e}_y) \times \delta \\
&\quad + \frac{Gm_0}{R^2}\left\{\frac{3}{2}(3\cos^2\theta - 1)\bm{e}_x - 3\sin\theta\cos\theta\bm{e}_y\right\} \times \delta^2
\end{aligned} \tag{10.99}$$

を得る。δ^3 以上の項は無視した。図 10.29 に $\bm{\alpha}_P - \bm{\alpha}_C$ をプロットする。月に向かう2次の小さな効果（上式の最終行）を無視でき、D, E 点においては中心に向かう力が作用する。その加速度は $\theta = \pi/2$ から、

$$\begin{aligned}
\bm{\alpha}_D - \bm{\alpha}_C &= -\frac{Gm_0 r}{R^3}\bm{e}_y = -(\bm{\alpha}_E - \bm{\alpha}_C) \\
2|\bm{\alpha}_D - \bm{\alpha}_C| &= |\bm{\alpha}_A - \bm{\alpha}_C|
\end{aligned} \tag{10.100}$$

で、A, B 点にはたらく加速度の半分の大きさである。図から分かるように、月に面した側とともに反対側も地球中心に対して相対的に外向きの力を受ける。さらに、それらに垂直な両側面は中心に向かう（内向きの）力を受ける。A, B では海面が上昇し満潮となり、D, E では下降し干潮となる。地球は1日に1回転するので、A, E, B, D 点を1日に1度ずつ通過して2度の干満を受けることになる。海水の粘度が低いため海面の干満現象が顕著であるが、地球自体もこの潮汐力 (tidal force) を受けて楕円形に

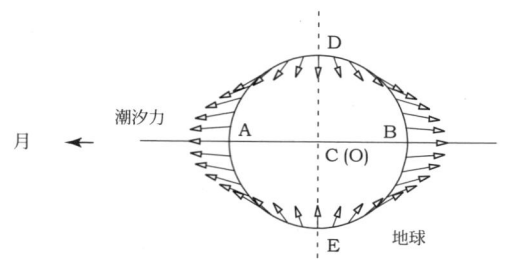

図 10.29　月の潮汐力（地球中心に対する引力差）

変形を繰り返しているのである。

10-4-2　太陽による潮汐力

月が潮汐作用を生ずるならば、質量がほぼ 3,000 万倍の太陽はもっと大きな効果を生ずるのではないかと考える。月の代わりに太陽を置き換えて計算してみよう。地球中心に生ずる加速度 α_C は

$$\alpha_C\Big|_{\text{月}} = G\frac{m_0}{R_{0E}^2} = 3.4 \times 10^{-5} \quad \text{m/s}^2 \tag{10.101}$$

$$\alpha_C\Big|_{\text{太陽}} = G\frac{m_S}{R_{SE}^2} = 5.9 \times 10^{-3} \quad \text{m/s}^2 \tag{10.102}$$

である。m_i, R_{iE} は質量、地球との距離であり、$i = 0$ は月、$i = S$ は太陽を指す（r は地球半径）。太陽の重力の方が月の重力より、172 倍も強い！　だから、地球は太陽のまわりを回るのだ。ところが、潮汐力の加速度（式 (10.96)）は

$$\alpha_A - \alpha_C\Big|_{\text{月}} = 2Gr\frac{m_0}{R_{0E}^3} = 11.5 \times 10^{-7} \quad \text{m/s}^2 \tag{10.103}$$

$$\alpha_A - \alpha_C\Big|_{\text{太陽}} = 2Gr\frac{m_S}{R_{SE}^3} = 5.0 \times 10^{-7} \quad \text{m/s}^2 \tag{10.104}$$

であり、月の方が 2.3 倍ほど大きい！　重力の小さな月が大きな潮汐力を生ずるのは、$\alpha_A - \alpha_C$ の形で示されるように潮汐に効くのは重力の大きさ以上に、地球中心に対する重力（あるいは加速度）の差、つまり、**差分**のためである。簡単な表示にするため、月あるいは太陽と地球中心を結ぶ直線上で考える（図 10.30）。その線上での任意の位置（k 点）での加速度の差分は、重力源から k 点の距離 R_k が地球半径 r と比べてはるかに大きいため

$$\Delta\alpha_k = \alpha_k - \alpha_C = \frac{d\alpha}{dR}\Big|_k \Delta R = \frac{d}{dR}\left(\frac{Gm_i}{R_{iE}^2}\right)(-\Delta r)$$

図中:
$\alpha_A = G\dfrac{m_0}{(R_{0E}-r)^2}$　$\alpha_C = G\dfrac{m_0}{R_{0E}^2}$　$\alpha_B = G\dfrac{m_0}{(R_{0E}+r)^2}$　重力加速度の大きさ

A点の潮汐力の加速度

月による重力加速度

← 月/太陽　　A　k　Δr　C(O)　B　　地球

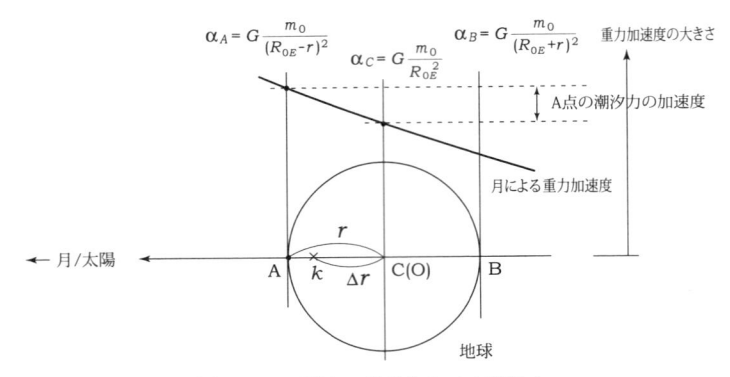

図 10.30 引力の差分としての潮汐力

$$= 2\frac{Gm_i}{R_{iE}^2}\left(\frac{\Delta r}{R_{iE}}\right) \tag{10.105}$$

である。ここで、Δr は地球中心 C から k 点への距離である。万有引力の形から差分は上のように、中心の加速度の $2\Delta r/R_{iE}$ 倍となる。

　潮汐力は物体（ここでは地球）が大きさをもつために生じることが以上で分かった。原理的には地上で落下する物体も地球の潮汐力を受けている。しかし、その効果はまったく小さなものである。たとえば、地表付近で鉛直方向に ℓ m の大きさの物体が落下しているとすると、その潮汐力の加速度、つまり、一端での加速度と中央での加速度の差分は

$$\Delta\alpha = \frac{GM}{r^2} - \frac{GM}{(r+(\ell/2))^2} \approx \frac{GM}{r^2}\frac{\ell}{r} = g\frac{\ell}{r} \tag{10.106}$$

であり、M は地球質量、r は地球半径 (6.4×10^6 m)、g は地表での重力加速度 (9.8 m/s^2) である。$\ell = 1$ m で潮汐力の加速度は重力加速度の $0.000,000,74$ 倍、$\ell = 100$ m で $0.000,074$ 倍であって、通常まったく考慮の対象にはならない。

　太陽の潮汐力は月のほぼ 42%(= 1/2.3) で無視できない。太陽と月が地球に対して重なるとき、両者の潮汐力はベクトル的に強め合い潮の干満効果が大きくなる。これが大潮である。一方、両者の潮汐力のベクトル和が小さくなるとき、それは太陽と月が地球に対して 90° の角を構成するときであって、小潮である。

10-4-3　潮汐作用と衛星イオの火山活動

　潮汐作用はなにも海水のみに起こるのではない。ただ、粘度の低い液体に顕著に生ずるだけである。地球も月も潮汐力により楕円体に変形はしている。月が常に同じ面

表 10.3　地表にはたらく加速度

	加速度 $(\mathrm{m \cdot s^{-2}})$
地表の重力加速度	$g = 9.8$
地球自転による遠心力加速度	0.034
太陽の重力加速度	5.9×10^{-3}
月の重力加速度	3.4×10^{-5}
(月－地球)系の公転による遠心力加速度 [†]	4.7×10^{-5}
月からの潮汐加速度	1.2×10^{-6}
太陽からの潮汐加速度	5.0×10^{-7}

[†] 月－地球の系を考えて、その重心に対する公転による遠心力加速度を考える。その地球中心の加速度に対する地表の加速度を評価したもの。

を地球にみせ、一公転周期で一自転するのは潮汐力の結果である。車のディスクブレーキのように、自転する物体（月）が地球の潮汐作用により自転にブレーキがかかり、最終的には自転と公転が同期し回転が止まったようになる。この現象は月だけでなく、たとえば、火星の衛星であるフォボス、ダイモスにも起こり、木星の4つのガリレオ衛星にもみられる。さらに、ガリレオ衛星の最も内側にある衛星イオでは、潮汐作用による摩擦熱のため火山活動まで起こり、火山噴出物が噴き上げられている状況が惑星探査機ボイジャー1号によって観測されている。

現実の潮汐作用は幾多の効果が複雑にはたらいているが、ここでは以上で説明した原理を知るだけで充分である。最後に、地表にはたらく力（加速度）を表10.3にまとめてみる。

潮の干満を引き起こす潮汐力は重力加速度 g のほぼ 800 万分の 1 である。このごく微小な力が海面を大きく上下させるのである。面白いではないか。実際にはこれらの力の他に、海水と海底の複雑な摩擦の効果や地質の違いによる潮汐効果の現れの違い、地球の球体からのずれ等々がさらに潮汐現象を複雑に、かつ面白くする。諸君もいろいろ調べてみよ。

第11章
原子核の散乱は語る

　多くの教科書の構成にしたがい、前章の「惑星の運動」に引き続いて、本章では電荷 (electric charge) をもつ粒子（原子核）間にはたらくクーロン力 (Coulomb's force) の作用のもとでの粒子の散乱運動をみる[1]。

　万有引力もクーロン力も両者とも、その力の強さは両物体間の距離の2乗に反比例し、前者は両者の質量の積に、後者は電荷の積に比例した中心力である。したがって、質量を電荷に置き換えることにより、前章で学んだ事項がそのまま通用する。

　両者間の大きな違いは、万有引力では質量積は常に正値であり引力 (attractive force) として作用するのに対して、クーロン力では電荷の積は個々の電荷の符号によって正値あるいは負値をもち、斥力 (repulsive force) あるいは引力としてはたらくことである。前章での解析においてははたらく力が引力であることが本質的であるとの取り扱いはしていないので、解は質量→電荷の置き換えで、斥力ならびに引力の作用のもとでの荷電粒子の両運動を扱える。特に、前章では $|\varepsilon| < 1$ の楕円運動を主として学んだので、ここでは $|\varepsilon| > 1$ の双曲線運動に焦点を合わせる。具体的には、両電荷が同符号を有する場合、つまり、斥力が作用するときの運動である。

11-1　クーロン力による散乱

　9-2-1小節「万有引力の特性」(p. 213) ですでに記したが、おさらいである。電荷が q_1、質量が m_1 の質点と、電荷が q_2、質量が m_2 の質点を考える。電荷間距離が r のとき、粒子間にはたらくクーロン力 $\bm{F}_C$ は

$$\bm{F}_C = k_e \frac{q_1 q_2}{r^2} \bm{e}_r \quad \left(k_e = \frac{1}{4\pi\varepsilon_0}, \quad \bm{e}_r = \frac{\bm{r}}{|\bm{r}|} \right) \tag{11.1}$$

であり、$\varepsilon_0 = 8.9 \times 10^{-12}$ C^2 N^{-1} m^{-2} であって、真空の**誘電率** (permittivity) という。電気力が真空中を伝わる割合を示し、近接作用の概念である。

---

[1] 荷電粒子間にも当然万有引力が作用するが、クーロン力と比べ大変小さいため無視できる。

11-1-1 運動方程式と有効ポテンシャル

運動を記述する方程式はすでに前章の式 (10.14) と式 (10.15) で与えられている。単に、作用する力を万有引力 $\boldsymbol{F}$ からクーロン力 $\boldsymbol{F}_C$ に置き換えればよい。すなわち、運動方程式の各成分は

$$r \text{ 方向成分}: \quad \mu(\ddot{r} - r\dot{\theta}^2) = k_e \frac{q_1 q_2}{r^2} \tag{11.2}$$

$$\theta \text{ 方向成分}: \quad \mu(2\dot{r}\dot{\theta} + r\ddot{\theta}) = 0 \tag{11.3}$$

である。後者の方程式からはケプラーの第 2 法則として角運動量の保存則に相当する面積速度一定の法則が得られることは、式 (10.19) でみた。

$$r^2 \dot{\theta} = \text{一定} = c_s \quad \Rightarrow \quad \dot{\theta} = \frac{c_s}{r^2} \tag{10.19}$$

この関係と方程式 (11.2) を解いて運動軌道を求める。

11-1-2 斥力がはたらくときの特殊性

すぐに、方程式を解く作業にかかるのでなく、斥力がはたらくときの特殊性を少し考察してみよう。そのためには、10-3 節「惑星の運動とポテンシャル」と同様に、有効ポテンシャル (effective potential) $U_{\text{eff}}(r)$ にもとづき運動を推測するのがよい。惑星運動（引力が作用）においては、$U_{\text{eff}}(r)$ は遠心力のポテンシャルと重力のポテンシャルとで構成され

$$U_{\text{eff}}(r) \equiv \frac{\ell^2}{2\mu r^2} - G\frac{m_p m_S}{r} \tag{10.72}$$

であった。ここで、ℓ は角運動量 $\boldsymbol{L}_r$ の大きさであり

$$\ell \equiv \mu r^2 \dot{\theta} \quad (= \mu c_s) \tag{10.69}$$

である。また、全エネルギー E は r 方向の運動エネルギーと有効ポテンシャルの和

$$E = \frac{1}{2}\mu \dot{r}^2 + U_{\text{eff}}(r) \tag{10.73}$$

で表現できた。

いま、クーロン力のポテンシャル $U_C(r)$ は

$$U_C(r) = k_e \frac{q_1 q_2}{r} \quad \Leftarrow \quad \boldsymbol{F}_C = -\nabla U_C(r) \tag{11.4}$$

であって、同符号電荷の場合（斥力が作用）は $U_C(r)$ は常に正値をもつ（図 11.1）。これに遠心力のポテンシャルを足した有効ポテンシャル $U_{\text{eff}}(r)$ は

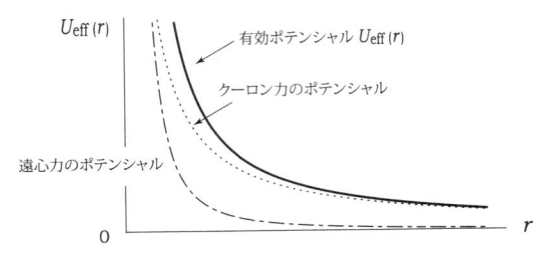

図 11.1 同符号電荷間のクーロン力ポテンシャル $U_C(r)$ と有効ポテンシャル $U_{\text{eff}}(r)$

$$U_{\text{eff}}(r) \equiv \frac{\ell^2}{2\mu r^2} + k_e \frac{q_1 q_2}{r} \tag{11.5}$$

である。これは常に正値をもち、r の単調に減少する関数であって、束縛運動を可能にするくぼみはもたない。周期運動はせず、一過性の運動となる。$r \to \infty$ で $U_{\text{eff}} \to 0$ であって、全エネルギー E(式 (10.73)) は無限遠での運動エネルギーのみによって決まる。運動エネルギーは正値量であるため、$E > 0$ である。$E > 0$ であって、はじめて上記の有効ポテンシャル内での運動が可能となるわけである。$E > 0$ は前章でみたように、$|\varepsilon| > 1$ に対応し、双曲線運動をする。引力の場合と異なり、斥力がはたらくもとでは離心率は常に $|\varepsilon| > 1$ であり、楕円運動の解は存在しないという特殊性がある。なお、ここで換算質量 μ は 2 つの電荷の質量で構成され

$$\mu = \frac{m_1 m_2}{m_1 + m_2} \tag{9.20}$$

である。

問 U_{eff}(式 (11.5)) は r の単調減少関数であることを示せ。

11-1-3 粒子の軌道

(a) 質量 → 電荷への書き直し

作用する力が重力からクーロン力に変わっただけであるので

$$\boldsymbol{F} = -G\frac{m_P m_S}{r^2}\boldsymbol{e}_r \quad \Rightarrow \quad \boldsymbol{F}_C = k_e \frac{q_1 q_2}{r^2}\boldsymbol{e}_r \tag{11.6}$$

$-Gm_P m_S \Rightarrow k_e q_1 q_2$ と置き換えれば、クーロン力にもとづく運動を解析できる。置き換えられるべき惑星の運動軌道は式 (10.34)、ならびに常数 ε, λ は式 (10.35)

$$r = \frac{\lambda}{1+\varepsilon\cos\theta} \qquad (10.34)$$

$$\varepsilon = \frac{Ac_s{}^2}{GM}, \qquad \lambda = \frac{c_s{}^2}{GM} \qquad (M = m_P + m_S) \qquad (10.35)$$

である。

$$-Gm_Pm_S = -G(m_P + m_S)\frac{m_Pm_S}{m_P + m_S} = -GM\mu \qquad (11.7)$$

と書き直せば、

$$GM \quad \Rightarrow \quad -\frac{k_eq_1q_2}{\mu} \qquad (11.8)$$

と置き換えればよく、その結果

$$\varepsilon = -\frac{Ac_s{}^2\mu}{k_eq_1q_2}, \qquad \lambda = -\frac{c_s{}^2\mu}{k_eq_1q_2} \qquad (11.9)$$

を得る。粒子の軌道は惑星軌道と同様に、円錐曲線の式

$$r = \frac{\lambda}{1+\varepsilon\cos\theta} \qquad (10.34)$$

のままである。このとき、ε も λ も負値となる。q_1, q_2 が異符号電荷 ($q_1q_2 < 0$) のときは引力であり、ε も λ も正値をもって惑星の運動の場合とまったく同様に扱える。

エネルギー E(式 (10.91), (10.92)) も書き直しておく。

$$E_0 = -(GM)^2\frac{\mu}{2c_s{}^2} \quad \Rightarrow \quad E_0 = -\frac{(k_eq_1q_2)^2}{2\mu c_s{}^2} \qquad (11.10)$$

$$E = -\frac{(k_eq_1q_2)^2}{2\mu c_s{}^2}(1-\varepsilon^2) \qquad (11.11)$$

E_0 は離心率 $\varepsilon = 0$ のときのエネルギーであり、常に負値をもった。異符号電荷の場合は惑星運動と同様に、離心率はあらゆる値が許容される。しかし、電荷が同符号のとき、式 (11.9) から分かるように $\varepsilon = 0$ の解はあり得ない（換算質量 μ はゼロでないので、$c_s = 0$ あるいは $A = 0$ でなければならない。前者では ε も λ もゼロとなり、意味のない解 $r = 0$ を得る。後者では式 (10.30) から $u = 1/r = C_0$(定数) と円軌道を意味し、それは束縛状態 ($E < 0$) であって、いま対象としている $E > 0$ 状態ではない）。電荷が同符号のときは上でみたように正値の有効ポテンシャル内で運動するためには、E は正値をとる。つまり、$\varepsilon^2 > 1$ であり、粒子の軌道は双曲線となる。

(b) 双曲線軌道

双曲線軌道はすでに 10-2 節でみた。同符号電荷の場合をおさらいしておく。

ε ならびに λ は上でみたように負値をもつので、$\varepsilon = -|\varepsilon|, \lambda = -|\lambda|$ と表記すると、軌道は

$$r = \frac{\lambda}{1 + \varepsilon \cos\theta} = \frac{-|\lambda|}{1 - |\varepsilon|\cos\theta} = \frac{|\lambda|}{|\varepsilon|\cos\theta - 1} \tag{11.12}$$

である。式 (10.39) を使って

$$x = r\cos\theta, \quad y = r\sin\theta \;\Rightarrow\; r = \sqrt{x^2 + y^2}, \quad \tan\theta = \frac{y}{x} \quad (10.39)$$

直交座標表示 (x, y) に移行する。式 (10.34), (10.41) と同様に

$$\sqrt{x^2 + y^2} = \bigl(|\varepsilon|x - |\lambda|\bigr) \tag{11.13}$$

となる。式 (10.41) は $\sqrt{x^2 + y^2} = \lambda - \varepsilon x = -(\varepsilon x - \lambda)$ であって、両辺の 2 乗をとると両者は全く同じものとなり、双曲線軌道

$$\left(\frac{x - |\varepsilon|a}{a}\right)^2 - \left(\frac{y}{b}\right)^2 = 1 \tag{11.14}$$

$$a = \frac{|\lambda|}{|\varepsilon|^2 - 1}, \qquad b = \frac{|\lambda|}{\sqrt{|\varepsilon|^2 - 1}} \tag{11.15}$$

を得る。軌道は図 11.2 である。繰り返すが、この双曲線は 2 つの電荷の相対座標 r であって、電荷間の距離である。すなわち、一方の電荷が原点 O に位置し、他方の電荷がこの双曲線軌道を描いて運動するわけである。原点 O はまた焦点であり、斥力がはたらくこの場合は、粒子は右側の双曲線軌道をとる。原点（焦点）からの斥力により反発を受けている軌道である。斥力が作用する $-\varepsilon > 1$ のとき左側の軌道は $r < 0$ となって、物理的に存在しない。では、なぜ双曲線の両軌道がでてくるのか？ 式 (11.13)

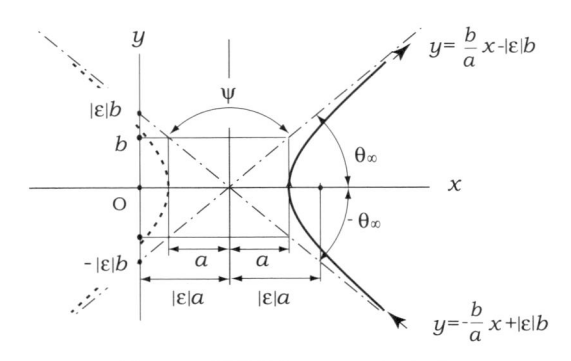

図 **11.2** 双曲線とパラメータ（2）

の2乗をとることにより、平方根が負値をもつ $\sqrt{x^2+y^2} = -(|\varepsilon|x - |\lambda|)$ を同時に取り込み計算していたことによる。引力が作用する $\varepsilon > 1$ のときは焦点に引き込まれる左側の双曲線が正しい軌道となる。

双曲線の漸近線は $y = \pm(x\sqrt{|\varepsilon|^2 - 1} - |\varepsilon|b)$ であり、その勾配は $r \to \infty$ になる角度 θ_∞ から

$$|\varepsilon|\cos\theta_\infty - 1 = 0 \quad \Rightarrow \quad \tan\theta_\infty = \sqrt{|\varepsilon|^2 - 1} \tag{11.16}$$

としても求まる。無限遠 $(-\theta_\infty)$ から粒子が接近し、斥力を受けて無限遠 (θ_∞) へ遠ざかってゆくとき、粒子の進行方向の角差 ψ は $\psi/2 + \theta_\infty = \pi/2$ の関係をもつので、

$$\tan\left(\frac{\psi}{2}\right) = \tan\left(\frac{\pi}{2} - \theta_\infty\right) = \frac{1}{\sqrt{|\varepsilon|^2 - 1}} \tag{11.17}$$

を得る。

「惑星の運動」ではそれが楕円軌道を描くことを知ることが1つの課題でもあったわけだが、ここでの粒子軌道が双曲線であることは実質的には前章ですでに学んだ。本章で学ぶことは、前章での知識をもとに原子の中心部に原子核が存在することをいかに導き出したか、ということであり、ここまではそのための準備である。

11-2 ラザフォード散乱

1911年イギリスの物理学者ラザフォード (Ernest Rutherford, 1871-1937) は荷電粒子の散乱 (scattering) 実験を行ない、その散乱の様子から原子の中心には正電荷があり、原子の質量の大半が集中していることを見出した。これが原子核である。この当時のことは後程言及するとして、ここでは上で学んだ荷電粒子の散乱軌道の知識を基礎に、この現代科学の基礎を築いた研究を理解する。

通常、ラザフォードの散乱実験としては、金の原子核を標的とし、α (アルファー) 粒子をぶつける反応を扱う。これを想定して話をすすめる。

α 粒子とは実質的にはヘリウム原子核 (記号 He) であり、陽子2個と中性子2個で構成され、電荷は $+2e$ をもち、質量は陽子質量 m_p のほぼ4倍 $m_\alpha \approx 4m_p = 6.6 \times 10^{-27}$ kg である。繰り返すが、e は電気素量で 1.60×10^{-19} C (Coulomb, クーロン) である。一方、金の原子核 (記号 Au) は陽子79個、中性子118個で構成され、電荷は $+79e$、質量はほぼ $m_{Au} \approx 197m_p$ である。原子の大きさはほぼ 10^{-10} m であり、以下、α 粒子も金原子核も電荷をもった質点として扱う。実験に用いた α 粒子の運動エネルギー

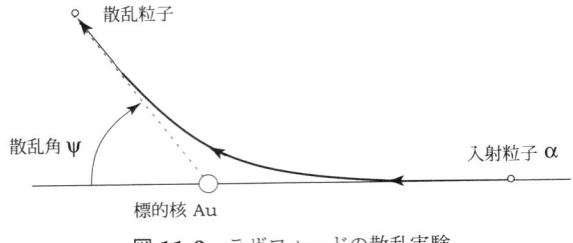

図 11.3 ラザフォードの散乱実験

は数 MeV [2] ($1\ \text{MeV} = 1.6 \times 10^{-13}\text{J}$) である。

○ 代表的な α 線源の例

諸君は学生実験で α 粒子を扱うであろう。α 線を放出する放射線源のいくつかを以下に表にした。知っておくと役にたつ。α 線とは α 粒子のことである。元素記号の左肩上は質量数 A を、左肩下には原子量 Z を示す。また、示した寿命は半減期である。元素が複数の経路を経て崩壊するため、崩壊経路により α 粒子のエネルギーならびに崩壊率は示したように異なる。

表 11.1 代表的な α 線源

名称	元素記号	寿命 (年)	α 線のエネルギー (MeV)	崩壊率 (%)
アメリシウム	$^{241}_{95}\text{Am}$	432.7	5.443	13
			5.486	85
キュリウム	$^{244}_{96}\text{Cm}$	18.11	5.763	24
			5.805	76
カリフォルニウム	$^{252}_{98}\text{Cf}$	2.645	6.076	15
			6.118	82

11-2-1 衝突係数 b

(a) 散乱角 ψ

図 11.3 でみるように、α 粒子は無限遠から飛来し、金原子核との相互作用を介して無限遠に遠ざかってゆく。軌道が急激に曲げられるのは斥力（異符号電荷のときは引

---

[2] MeV は素粒子研究の世界で用いる単位であり、$1\ \text{MeV} = 1 \times 10^6\ \text{eV}$ である。1 eV とは単位電荷 e の粒子に 1 V の電圧をかけると、粒子は加速され運動エネルギーを得るが、このときのエネルギーが 1 eV である。力学で用いるジュール (J) で表現すると、$1\ \text{eV} = 1.6 \times 10^{-19}\ \text{J}$ となる。陽子の質量は $m_p = 1.67 \times 10^{-27}\ \text{kg} = 938\ \text{MeV}/c^2 = 1.5 \times 10^{-10}\ \text{J}/c^2$ である。ここで、c は光速度 $c = 3 \times 10^8$ m/s である。

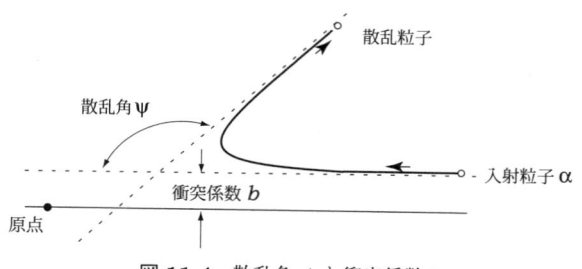

図 11.4 散乱角 ψ と衝突係数 b

力）が実効的に作用する原点 O の近傍である。荷電粒子は電荷も小さいため、クーロン力が実効的に作用し軌道を曲げる領域は局在化され、それは原子規模の空間領域であって、われわれには直接みることができない極微の世界である。観測し検出できるのは原点からはるかに離れた領域であって、漸近線に沿った粒子軌道となる。すなわち、**散乱角** (scattering angle) ψ である（図 11.4）。また、われわれが初期条件として指定できるのは、α 粒子の運動エネルギーあるいは速度 v_0 である。

(b) 衝突係数 b と離心率 ε

α 粒子を無限遠から速度 v_0 で入射する。入射粒子がそのまま直進したと考えたとき、原点 O（双曲線の焦点）との距離 b を**衝突係数** (impact parameter) という（図 11.4）。双曲線の性質として原点 O から漸近線に下ろした垂線の長さは、円錐曲線の短径であり、よって、衝突係数は短径 b に等しい（図 11.5）。

問 衝突係数は短径 b に等しい。図 11.5 は図 11.2 の関連部分を拡大したものである。図中には垂線の長さを ρ と記した。この図を参考に、$\rho = b$ を示せ。

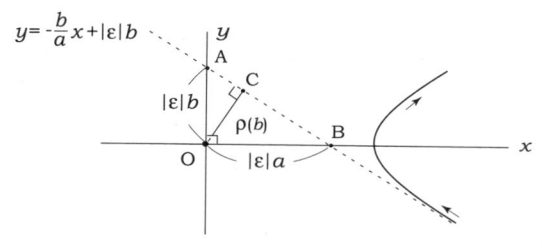

図 11.5 衝突係数と短径

この 2 つ v_0, b が初期条件に相当し、このとき粒子の原点に対する角運動量の大きさは

$$\ell = |\boldsymbol{r} \times \boldsymbol{p}| = b \times (\mu v_0) \tag{11.18}$$

であって、

$$c_s = \frac{\ell}{\mu} = b v_0 \tag{11.19}$$

である。式 (11.9) から

$$\lambda = -\frac{\mu b^2 v_0^2}{k_e q_1 q_2} = -\frac{\ell^2}{\mu k_e q_1 q_2} \tag{11.20}$$

また、式 (11.15) から

$$|\varepsilon|^2 = 1 + \left(\frac{\lambda}{b}\right)^2 = 1 + \left(\frac{\mu b v_0^2}{k_e q_1 q_2}\right)^2 \tag{11.21}$$

が得られ、$|\varepsilon|, \lambda$ が知れれば粒子軌道が求まる。

問 式 (11.21) は粒子のエネルギー (式 (11.10)) からも導出できる。導いてみよ。

(c) 衝突係数 b と散乱角 ψ

われわれが測定できる散乱角 ψ (式 (11.17)) は

$$\tan\left(\frac{\psi}{2}\right) = \frac{1}{\sqrt{|\varepsilon|^2 - 1}} = \frac{b_\perp}{b} \tag{11.22}$$

$$b_\perp = \frac{k_e q_1 q_2}{\mu v_0^2} \tag{11.23}$$

であり、衝突係数 b と散乱角 ψ の関係が求まる (図 11.6(a))。$b_\perp$ は粒子の電荷と質量、ならびに入射速度で決まる長さの次元をもつ定数である。衝突係数 b は初期状態によって任意の値をとるが、$b \gg b_\perp$ ならば散乱角は $\psi \sim 0$ であり、$b = b_\perp$ のときは $\psi = \pi/2$ となり、$b \ll b_\perp$ ならば $\psi \sim \pi$ となる。つまり、入射粒子が標的核の遠方を掠めるときは散乱角は小さく、標的核に真っ正面からぶち当たるときは粒子は後方に跳ね返される。この様子を図 11.6 に示す。なお、図 11.6(b) の横軸 (x 軸) に沿って粒子が入射する双曲線は、図 11.2 において座標軸を θ_∞ だけ回転させればよく ($\theta \to \theta - \theta_\infty$)、その軌道式は

藤波伸嘉著
オスマン帝国と立憲政
―青年トルコ革命における政治、宗教、共同体―

A5判・460頁・6600円

近代的な立憲主義のもとで、多民族多宗教の統合をいかにして果たすのか――。個人に基礎をおく憲法体制と民族的宗教的少数集団の権利主張とが鋭く対立する中での国民統合という、今なお解きがたい問題に果敢に挑戦したオスマン立憲政の試みを跡づけ、近現代の世界史像に修正を迫る力作。

ISBN 978-4-8158-0683-5

等松春夫著
日本帝国と委任統治
―南洋群島をめぐる国際政治 1914〜1947―

A5判・338頁・6000円

「文明の神聖なる使命」とは――。帝国主義と新外交の狭間で生み出された、国際連盟による委任統治制度は、列強がせめぎあう太平洋に何をもたらしたのか。「仮装された植民地」として日本が支配した「南洋群島」を軸に、二〇世紀前半の国際政治と日本の対外政策の展開を描き出す。

ISBN 978-4-8158-0686-6

中田瑞穂著
農民と労働者の民主主義
―戦間期チェコスロヴァキア政治史―

A5判・468頁・7600円

多数のネイションを抱える大衆社会で「民主制」はいかに維持されたのか――。中欧の新興国として出発し議会制民主主義体制を安定させた共和国が、経済危機と権威主義体制による競合という困難な時代を迎え、「実効力」ある独自の民主制を構想していく過程を、はじめて実証的に分析。

ISBN 978-4-8158-0693-4

井口治夫著
鮎川義介と経済的国際主義
―満洲問題から戦後日米関係へ―

A5判・460頁・6000円

日産自動車を創業し、日産財閥を満洲に移駐してその経済開発を一手に担った男の、経済的自由主義のヴィジョンとは何か。統制経済と闘い、米国資本導入による日満の開発によって日米開戦回避のために死力を尽くした稀代の経営者の活動を、日米双方の一次史料からダイナミックに描き出す。

ISBN 978-4-8158-0696-5

水野幸治著
自動車の衝突安全

B5判・320頁・5800円

自動車の衝突時に乗員や歩行者の安全を確保する衝突安全について、関連法規や傷害バイオメカニクスなども含め、多角的かつ系統的に解説した初の成書。自動車工学の研究者・技術者だけでなく、事故捜査・鑑定従事者、交通外傷を治療する医師など、自動車・交通事故に関わる全ての人に。

ISBN 978-4-8158-0691-0

中国近世の福建人
― 士大夫と出版人 ―

中砂明徳 著

A5判・592頁・6600円

東アジアの文化のハブとなった「南」の精神に測鉛を下す。朱子学の原郷にして出版文化の中心を抱え、科挙で大成功を収めながら中央の政治とは縁遠く、海外の世界へと開かれた「異域」の個性よ。官僚社会でのふるまいと歴史教科書の出版を焦点に、その歴史的境位と文化の質を見定める。

978-4-8158-0689-7

アメリカ合衆国と中国人移民
― 歴史のなかの「移民国家」アメリカ ―

貴堂嘉之 著

A5判・364頁・5700円

奴隷国家から移民国家へ。しかし、そこには「中国人問題」が存在した。南北戦争後の国家と社会の再編のなか、アメリカの帝国的拡大と人種や性や労働の問題が交錯する「アメリカ人」の境界画定の動きを、アジアからの眼差しにも多角的、重層的に読み解き、アメリカ史像の核心をうつ力作。

978-4-8158-0690-3

戦後日本の資源ビジネス
― 原料調達システムと総合商社の比較経営史 ―

田中 彰 著

A5判・338頁・5700円

資源メジャーの台頭、新興国向け需要の急拡大のもと、日本の原料資源調達はどのような方向を目指すべきか？　総合商社を軸とした戦後資源調達方式の成功を新たな視点で実証するとともに、曲がり角を迎えた戦後日本の資源調達システムの再構築へのヒントを、歴史的視野で提示する。

978-4-8158-0688-0

近世米市場の形成と展開
― 幕府司法と堂島米会所の発展 ―

高槻泰郎 著

A5判・410頁・6000円

日次データによる大坂米相場の復元により、効率的な価格形成の具体的様相と、そのダイナミックな地方への波及を解明。幕府の米切手政策を軸に世界的先駆をなす市場の成立を新たに位置づけた従来の評価を覆し、幕府の政策を失敗とのみ位置づけた従来の評価を覆し、近世市場の到達点を捉え直した画期的成果。

978-4-8158-0692-7

日本石油産業の競争力構築

橘川武郎 著

A5判・350頁・5700円

産業の創始から今日までの初の本格的通史により、外国系と国内系石油会社の対抗をダイナミックに叙述。日本の石油会社の挑戦が挫折し続けた原因を正確に掴みだすとともに、歴史的文脈と今日の変化を踏まえ、確かな視点でナショナル・フラッグ・オイル・カンパニー創設への途を指し示す。

978-4-8158-0695-8

田中秀夫著 アメリカ啓蒙の群像
─スコットランド啓蒙の影の下で 1723〜1801─

A5判・782頁・9500円

フランクリンからジェファスンにいたる「アメリカ建国の父たち」に焦点を合わせ、大西洋を越えた思想的交流を跡づけることによって、「アメリカ啓蒙」の実像を明らかにする。「スコティッシュ・モーメント」はアメリカにいかなる影響を及ぼしたのか。

ISBN 978-4-8158-0687-3

伊藤大輔著 肖像画の時代
─中世形成期における絵画の思想的深層─

A5判・782頁・9500円

肖像画とは、見たままの対象の描写なのか。院政期に変容する絵巻物との連続性から、似絵や「明恵上人樹上坐禅像」などの肖像画をとらえることで、その深層に形成される思想の言葉の次元を明らかに出す。中世へと向けて大きく転換していく社会にあって、絵画は何を語り出そうとしたのか。

ISBN 978-4-8158-0682-8

坪井秀人著 性が語る
─二〇世紀日本文学の性と身体─

A5判・450頁・6600円

性の政治性を問題化することをフェミニズム批評と共有しながら、思想の道具化を排し、二〇世紀日本文学がとらえる性のすがたを、語る主体に焦点を当てることで、個々のテクストに即して描き出す。語り書く男性そして女性の、愉悦や葛藤を内包した声や身体を〈私〉へと奪還する試み。

ISBN 978-4-8158-0694-1

堀まどか著 「二重国籍」詩人 野口米次郎

A5判・592頁・8400円

またの名をヨネ・ノグチ。沈黙の言葉を英語でつづり日本文化の紹介や諸芸術の融合を試みながら、「戦時メガフォン」として文学史から消された「世界的詩人」の生涯・思想・作品を、初めてトータルに明らかにした知的伝記。東西の文化翻訳への志はなぜ挫折しなければならなかったのか。

ISBN 978-4-8158-0697-2

箱田恵子著 外交官の誕生
─近代中国の対外態勢の変容と在外公館─

A5判・384頁・6200円

科挙官僚の帝国で、いかにして近代外交の担い手は生まれたのか─。清末の公使館や領事館の開設はゴールではない。在外公館を孵化器に職業外交官が形成されていく過程を、個々の外交交渉のみならず、人事の実態を含めて把握することで、近代中国外交の展開と特質を浮き彫りにする。

ISBN 978-4-8158-0685-9

刊行案内

* 2011.12 〜 2012.2 *

名古屋大学出版会

- アメリカ啓蒙の群像　田中秀夫著
- 肖像画の時代　伊藤大輔著
- 性が語る［二重国籍］詩人 野口米次郎　坪井秀人著
- 外交官の誕生　箱田恵子著
- 中国近世の福建人　中砂明徳著
- アメリカ合衆国と中国人移民　貴堂嘉之著
- 戦後日本の資源ビジネス　田中 彰著
- 近世米市場の形成と展開　高槻泰郎著
- 日本石油産業の競争力構築　橘川武郎著
- オスマン帝国と立憲政　藤波伸嘉著
- 日本帝国と委任統治　等松春夫著
- 農民と労働者の民主主義　中田瑞穂著
- 鮎川義介と経済的国際主義　井口治夫著
- 自動車の衝突安全　水野幸治著

堀まどか著

■■お求めの小会の出版物が書店にない場合でも、その書店に御注文くだされば お手に入ります。
■■小会に直接御注文の場合は、左記へお電話でお問い合わせ下さい。宅配もできます（代引、送料200円）。小会の刊行物は、http://www.unp.or.jp でも御案内しております。
表示価格は税別です。

- ◇第9回パピルス賞受賞　科学アカデミーと「有用な科学」（隠岐さやか著）7400円
- ◇第33回サントリー学芸賞受賞　科学アカデミーと「有用な科学」（隠岐さやか著）7400円
- ◇第33回サントリー学芸賞受賞　日中国交正常化の政治史（井上正也著）8400円
- ◇第33回角川源義賞受賞　日本中世社会の形成と王権（上島享著）9500円
- ◇第23回日本産業技術史学会賞受賞　近代製糸技術とアジア（清川雪彦著）7400円

〒464-0814　名古屋市千種区不老町一名大内　電話052（7８９）5353／FAX052（789）0697／e-mail: info@unp.nagoya-u.ac.jp

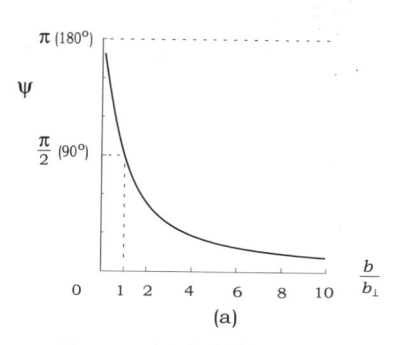

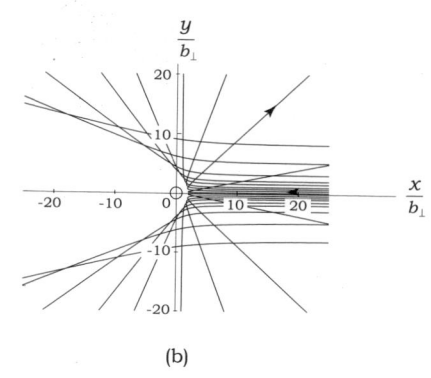

図 11.6 (a) 衝突係数 b と散乱角 ψ、(b) 粒子軌道。x, y 軸は $b_\perp$ を単位にとった。

$$r = \frac{|\lambda|}{|\varepsilon|\cos(\theta - \theta_\infty) - 1} \qquad \left(\theta_\infty = \tan^{-1}\sqrt{|\varepsilon|^2 - 1}\right) \quad (11.24)$$

である。

11-2-2 散乱と有効ポテンシャル

この散乱の様子を惑星の運動でみたように、有効ポテンシャル $U_{\text{eff}}(r)$ の観点から眺める。

ここで有効ポテンシャルを構成するのは、遠心力のポテンシャルとクーロン・ポテンシャルであり、$U_{\text{eff}}(r)$ は式 (11.5) を少し書き換えると、

$$U_{\text{eff}}(r, b) = \frac{\ell^2}{2\mu r^2} + \frac{k_e q_1 q_2}{r} = \frac{k_e q_1 q_2}{b_\perp}\left(\frac{b^2}{2r^2} + \frac{b_\perp}{r}\right) = c\left(\frac{\bar{b}^2}{2\bar{r}^2} + \frac{1}{\bar{r}}\right) \quad (11.25)$$

であり、原点からの距離 r と衝突係数 b の関数になっている。ここで、長さを $b_\perp$ で規格化して $\bar{b} = b/b_\perp$, $\bar{r} = r/b_\perp$ とし、定数 $c = k_e q_1 q_2 / b_\perp = \mu v_0^2$ である。また、全エネルギー E は

$$E = \frac{1}{2}\mu \dot{r}^2 + U_{\text{eff}}(r, b) \quad (10.73)$$

である。また、10-3 節で学んだように、遠心力のポテンシャルは θ 方向の運動エネルギーでもあることを思い出しておこう。

$$\left(\theta\text{方向の運動エネルギー}\right) = \frac{1}{2}\mu r^2 \dot{\theta}^2 = \frac{\ell^2}{2\mu r^2} = \left(\text{遠心力のポテンシャル}\right) \quad (11.26)$$

(a) 最接近点 r_m, θ_m

入射粒子は無限遠においてエネルギー $E = \mu v_0^2/2$ をもち、図 11.7(a) にみるように有効ポテンシャルを駆け上がる。動径方向には $E = U_{\text{eff}}(r_m)$ の地点 $(r = r_m)$ まで標的核に接近する。そこでは r 方向の運動エネルギーがゼロ $(\mu \dot{r}^2/2 = 0)$、つまり、r 方向の速度がゼロとなる。それ以降は、$-\nabla U_{\text{eff}}(r)$ の有効ポテンシャル力 (斥力) のため、こんどはポテンシャルをころがり落ち遠ざかってゆく。最接近する距離 r_m は $E = U_{\text{eff}}(r_m)$ を解いて r の解を求めれば、

$$\frac{1}{2}\mu v_0^2 = \mu v_0^2 \left(\frac{\bar{b}^2}{2\bar{r}_m^2} + \frac{1}{\bar{r}_m} \right) \Rightarrow$$

$$r_m = b_\perp \left\{ 1 \pm \sqrt{1 + \left(\frac{b}{b_\perp}\right)^2} \right\} \quad \left(\bar{r}_m = 1 \pm \sqrt{1 + \bar{b}^2} \right) \quad (11.27)$$

を得る。根号が負符号の解は距離が負値ということで排除する。

問 r_m は双曲線関数を解いても得ることができる。導いてみよ。

$\bar{b}$-$\bar{r}_m$ の関係を図 11.7(b) に示す。正面衝突 $b = 0$ のときは標的核に $r_m = 2b_\perp$ にまで最接近し、$\bar{b} \geq 1$ では $r_m \approx b_\perp + b$ と b に比例して最接近距離は変化する。

初期条件として b, v_0 が決まった 1 つの粒子軌道を考える (図 11.8)。ε ならびに λ 値の決まった双曲線軌道 (式 (11.24)) のことである。最接近時 $(r = r_m)$ の角は $\theta_m = \theta_\infty$ であり、許される θ 値は $|\theta| < \pi/2$ であるため、$\theta_m = \pi/2$ 以上ではあり得ない。すなわち、最接近点は標的核よりも前方へ位置しない、ということである。

有効ポテンシャル曲線は衝突係数 b によって変化し、それに合わせて最接近点が移動する。図 11.9 をみよ。入射粒子の b によってクーロン・ポテンシャルは変化しないが、遠心力のポテンシャルは b^2 に比例して変化する。全エネルギー E は入射条件に

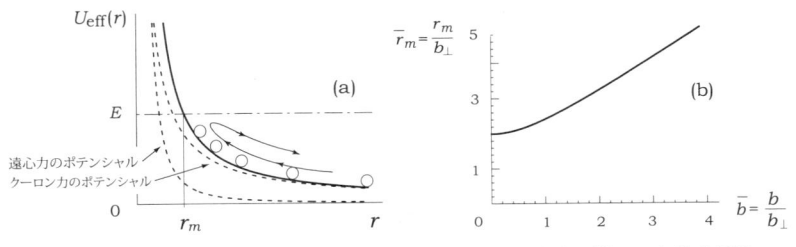

図 11.7 (a) 有効ポテンシャル $U_{\text{eff}}(r)$ と粒子、(b) 最接近距離 r_m と衝突係数 b

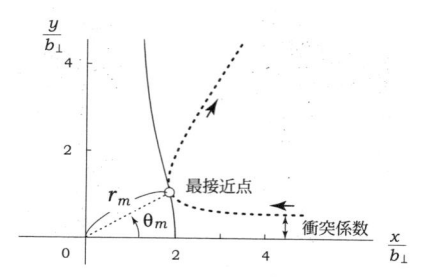

図 11.8 衝突係数 b の関数としての最接近点（実線）と粒子軌道。x, y 軸は $b_\perp$ を単位にとった。

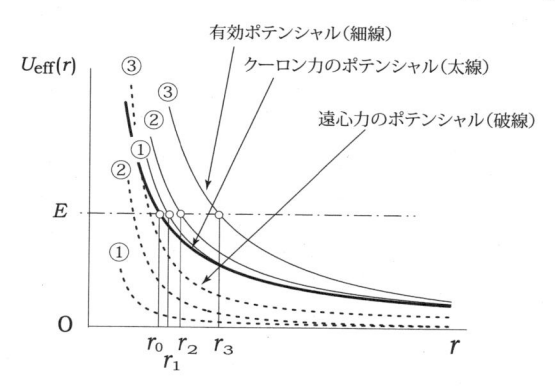

図 11.9 b と $U_{\rm eff}(r)$。②，③ の b 値は ① の b 値の 2 倍、3 倍とした。それぞれの折り返し点距離を r_i $(i=1,2,3)$ で表記する。r_0 は $b=0$ のときの折り返し点である。

よって決まる一定値をもち、$E = U_{\rm eff}(r_m)$ を満たす折り返し点 r_m は b が大きいほど、クーロン・ポテンシャルの効果が小さくなる遠方へと後退する。折り返し点では $\dot{r} = 0$ で r 方向の速度はゼロであるが、θ 方向は角運動量 ℓ 保存のため、常に b で決まった回転の勢いをもち、したがって、回転の運動エネルギー（＝遠心力のポテンシャル）を有する。この結果が図 11.6 である。

(b) 角運動量ならびに遠心力のポテンシャル

　角運動量とは回転の勢いを示す力学量であると説明した。惑星の楕円運動は回転運動であるため、その運動には角運動量が存在し、角運動量にもとづくポテンシャル (遠心力のポテンシャルと呼んだ) がはたらくことは理解し易い。これに対して双曲線運動、さらには直線運動のような非周期運動では角運動量やそのポテンシャルが存在しない、と考えてはいけない。これらのときは有効ポテンシャルに遠心力のポテンシャル（式 (11.5)）を加えるのはおかしい、と考えてはいけない。

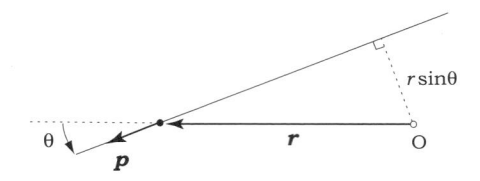

図 11.10 直線運動する物体と角運動量

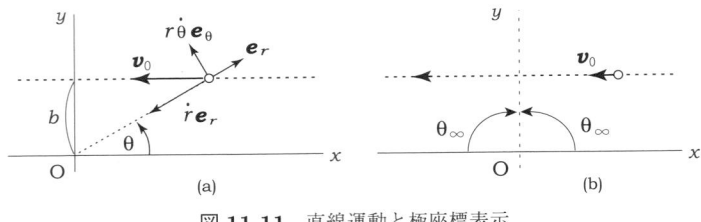

図 11.11 直線運動と極座標表示

原点 O に対して直線運動する物体でも角運動量 L を有するのである（図 11.10）。角運動量 L は

$$L \equiv r \times p \quad (|L| = rp\sin\theta) \tag{11.28}$$

と定義される。遠方から運動量 p で直線運動してくる物体は原点 O に対して、その軌道上の位置にかかわらず、つねに $rp\sin\theta$ の一定の角運動量をもつ。

物体が等速で直線運動するときを考える（図 11.11）。速度の大きさが一定であっても、速度ベクトル $\dot{r} = (\dot{r}e_r + r\dot\theta e_\theta)$ は原点 O からの位置によって、r ならびに θ の両成分は変化する。正面衝突 ($\dot\theta = 0$) 以外は θ 成分はゼロではなく、r 成分の変化に合わせて連動して変動する。衝突係数 b、速度 v_0 で $-x$ 方向に運動する直線軌道は

$$r = \frac{b}{\sin\theta} \tag{11.29}$$

であり、速度成分の関係は上式を時間微分して

$$\dot{r}\sin\theta + r\dot\theta\cos\theta = 0 \tag{11.30}$$

と得られる。速度ベクトルを直交座標表示にしてこの関係を代入すると

$$\begin{aligned}
\dot{r} &= \dot{r}e_r + r\dot\theta e_\theta = \dot{r}\left(\cos\theta e_x + \sin\theta e_y\right) + r\dot\theta\left(-\sin\theta e_x + \cos\theta e_y\right) \\
&= -\frac{r\dot\theta}{\sin\theta}e_x = -\frac{r^2\dot\theta}{b}e_x = -\frac{\mu r^2\dot\theta}{\mu b}e_x = -\frac{\mu b v_0}{\mu b}e_x \\
&= -v_0 e_x
\end{aligned} \tag{11.31}$$

となり、式 (11.30) が確かに正しいことが確認できる。式 (11.30) は y 方向の速度成分がゼロを意味し、速度の r 方向成分と θ 方向成分の比は $\dot{r} : r\dot{\theta} = \cos\theta : -\sin\theta$ であって角 θ で決まる。上式 2 行目の最右辺へは角運動量の保存 ($\ell = \mu r^2 \dot{\theta} = \mu b v_0$) を使った。

図 11.11(a) は x 軸に平行に直線運動する物体である。運動は極座標表示したため、物体の原点 O に向かう r 成分と垂直な θ 方向の成分からなる。r 成分のみでは原点に向かい、x 軸方向の運動とはならない。原点に向かう運動を逸らして x 方向に向かわせるには、θ 方向の運動が要る。エネルギーの言葉を使えば、これが θ 方向の運動エネルギーに対応し、r に垂直方向に粒子を回転させる。この θ 成分が角運動量の保存を通じて、r 表示されたものが遠心力のポテンシャルである。遠心力の方向は r 方向であり、粒子を r 方向に押し返すようにはたらく。その結果が直線運動である。

荷電粒子の散乱において、一方の粒子を電気的に中性のもの (q_1 または $q_2 = 0$) と置き換えて考えれば、粒子間のクーロン力は消え粒子は直線運動する。そして、衝突係数が $b = 0$ でない限りは上述した θ 方向の運動エネルギーが存在している。直線運動だから、遠心力のポテンシャルがないわけでない。直線運動においても図 11.9 の破線で描いた遠心力のポテンシャルのみで構成された有効ポテンシャル $U_{\text{eff}}(r)$ が存在し、その中を粒子が r_m で折り返す運動をする (図 11.11(b)) ！ ただし、この場合、$\theta_\infty = \pi/2$ である。つまり、直線運動である。

(c) 荷電粒子の有効ポテンシャルサイズ

$b_\perp$ (式 (11.23)) を粒子の入射エネルギー E に書き直すと

$$b_\perp = \frac{k_e q_1 q_2}{2E} \quad \Leftrightarrow \quad E = \frac{k_e q_1 q_2}{2 b_\perp} \tag{11.32}$$

となる。入射エネルギー E により一義的に $b_\perp$ が決まるわけだ。衝突係数が $b = b_\perp$ のとき、入射する粒子は散乱角 $\psi = \pi/2 \, (= 90°)$ で散乱する (図 11.6(a))。また、最小の $r_m (= 2b_\perp)$ をもたらす正面衝突 ($b = 0$) では遠心力のポテンシャルが 0 であって、クーロン・ポテンシャルが入射エネルギーに等しくなる。そのため $b_\perp$ は図 11.7(b) でみたように、これ以上入射粒子が標的核に接近できない距離である。入射粒子の電荷が小さいほど、また入射速度の 2 乗が大きいほど (エネルギー E が大きいほど) クーロン障壁を乗り越えて標的に近づける。したがって、$b_\perp$ は入射粒子が標的の構造を調べることができる分解能の程度を示す指標であるといえる。

ラザフォード達の実験における $b_\perp$ を推定してみよう。α 粒子の運動エネルギー E は数 MeV(前出の脚注を参照) 程度であるので、ここでは 1 MeV ($= 1.6 \times 10^{-13}$ J, 速度にして $v_0 = 6.7 \times 10^6$ m/s) としよう。

$$b_\perp = 1.2 \times 10^{-13} \quad \text{m} \tag{11.33}$$

を得る（諸君は自分で計算してみること。単位の取り扱いに慣れるために重要である）。

11-2-3　原子の構造を探る

　金原子の半径はおおよそ 1.4×10^{-10} m である。いまのわれわれは原子は原子核とそのまわりを回る複数の軌道電子で構成されていることを知っている。しかし、19 世紀末、20 世紀初頭においては原子の存在は分かっていても、その原子はどのような構造をもっているのか不明であった。上で議論したラザフォード実験で用いた入射粒子の分解能 $b_\perp$ は、標的原子のほぼ 1,000 分の 1 の大きさである。原子の構造を探るに充分なエネルギーを有していたことが分かる。

　原子が分解能の 1,000 倍の大きさであれば、入射する粒子からみれば標的原子は $(1,000)^2 = 100$ 万倍の面積の円板にみえる。そうすると、上でみたように原子を質点で扱うのは適当でなく（上では原子でなく、原子核を質点として扱ったのである）、散乱角の大きな衝突現象が頻繁に生ずると考えられる。

　ところが、ラザフォード達は金標的（0.6 μm 厚さの金箔）に粒子を照射したとき、ほとんどの粒子は素通りするように前方に散乱されることをすでに実験で知っていた。つまり、金箔は入射粒子からみれば透け透けである。金原子の半径を 1.4×10^{-10} m とすれば、この金箔では厚さ方向にほぼ 2,500 個の金原子が配列している。上で評価したように、原子核が質点で近似できる程小さく、$b_\perp$ が原子の 1,000 分の 1 程度ならば、金箔面積の $\sim (1/1,000)^2 \times 2,500 \approx 0.003$ のみが原子核電荷の影響を示して入射粒子を大きく散乱し、残りの 99.7% は何も無い空間を構成する。0.3% の入射粒子が $b \leq b_\perp$ の衝突係数をもち、散乱角 $\psi > \pi/2$ で後方（入射粒子の飛来した方向）に反跳される。この様子を実証できれば、中心に原子核をもつ原子像を確かめることができる。

　しかし、よく考えてみよう。

　ここまでは単に荷電粒子の散乱を衝突係数 b と散乱角 ψ を用いて扱っただけである。両原子核を用意し入射粒子を MeV 程度のエネルギーで当てれば、$b_\perp$ は定義から必然的に上記の値をもつ。すなわち、原子構造、たとえば、原子全体に負電荷ならびに正電荷が分布しているのか、あるいは原子の中心に正電荷核が存在しているのか、にかかわりなく $b_\perp$ 値が得られるということである。これでは結局のところ原子構造が分からない。

　また、標的核も入射粒子も小さすぎて、散乱のパラメータである衝突係数 b を決めるため、入射粒子を原子核サイズの精度で標的核にぶつけるようにコントロールする

ことはできない。上で記したように衝突係数 b を意図的に変化させて原子核の大きさを知ることは実際問題としては不可能である。

では、どうすれば原子構造を知ることができたのか。

標的核の位置が正確に分からなくとも、衝突係数 b を測定できなくとも、散乱角 ψ とその分布頻度を測定すればよいのだ。極微の対象についてのラザフォード達の実験を理解するには、もう一段の学びが必要である。

(a) 立体角

そのためには、まず立体角を学ぶ。

散乱された粒子を原点 O から巨視的に充分離れた半径 r の球面上で測定しよう。球面上の一画に粒子検出器があると考える。検出器の球面上に占める面積を S とする。**立体角** Ω (solid angle) とは球面の中心 O から任意の大きさの面積 S を覗いたときの、見込む 2 次元角であり、

$$\Omega = \frac{S}{r^2} \tag{11.34}$$

で定義される無次元量である。$r=1$ の球面上に張る見込む 2 次元角という方が簡単である ($\Omega = S$)。

注意すべきは、S は球面上の面積であるということである。たとえば、図 11.12(b) に示すように、立方体の表面に中心 O から等距離 r にある円周を構成する充分広い面積 S を考えたとき、立体角は $\Omega = S/r^2$ ではない。S を構成するそれぞれの微小領域 ΔS_i によって中心からの距離が異なるからである。このとき立体角を求めるには、S を ΔS_i ($i=1,\ldots,n$) に細分割し、分割面積領域ごとに微小立体角 $\Delta \Omega_i$ を求め、足し合わせることである。微小面積 ΔS_i は極座標表示すれば、図 11.13(a) にみるように、$\Delta S_i = (r_i \Delta \theta)(r_i \sin \theta_i \Delta \phi)$ であり、対応する微小立体角は $\Delta \Omega_i = \Delta S_i / r_i^2$ である。したがって、立体角 Ω は

$$\Omega = \lim_{n\to\infty} \sum_{i=1}^{n} \Delta \Omega_i = \lim_{n\to\infty} \sum_{i=1}^{n} \frac{\Delta S_i}{r_i^2} = \lim_{n\to\infty} \sum_{i=1}^{n} \Delta \theta \sin \theta_i \Delta \phi$$

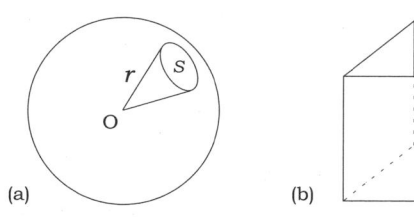

図 **11.12** 立体角

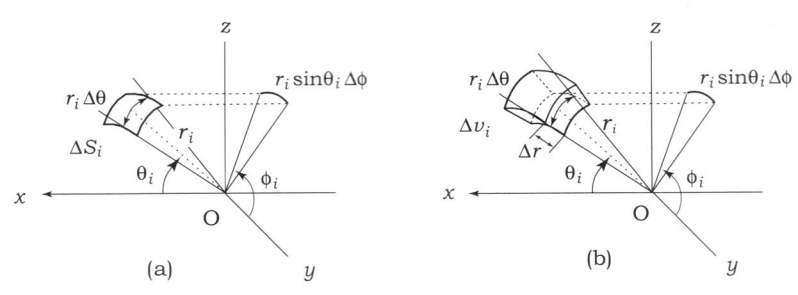

図 **11.13** (a) 微小面積 ΔS_i と (b) 微小体積 Δv_i

$$\Rightarrow \quad \Omega = \iint \sin\theta \mathrm{d}\theta \mathrm{d}\phi \tag{11.35}$$

である。

立体角が見込む 2 次元角であるからといって、単に θ 方向と ϕ 方向の見込む角の積をとるのではないことを上式は教えている。

ちなみに、1 辺が 2 m の正方形の面を、その中心に垂直に 1 m 離れた点からみた立体角を求めてみよう。θ ならびに ϕ 方向に張る角は両方向とも ± 0.785 rad である。見込む角は両者とも 1.571 rad であるので、単に積をとれば $1.57 \times 1.57 = 2.47$ sr となる。一方、式 (11.35) からは $\Omega = 2.09$ sr と得られる。

計算が少し複雑になるので、説明しておこう。1 m 離れた点を原点 O にし、面の中心 C を通る軸を基準に極角 θ と方位角 ϕ をとる。図 11.14(a) から分かるように、$\phi = 0 \to \pi/4$ の面 ABC がつくる立体角を求めて 8 倍すればよい。計算式は式 (11.35) でいいが、θ と ϕ の積分範囲の限界は辺 AB 上の点 P と C の長さを ℓ と記せば、$\ell = \tan\theta = 1/\cos\phi$ の相関をもつ (図 11.14(b))。したがって、立体角は

$$\begin{aligned}
\Omega &= 8 \int_{\phi=0}^{\pi/4} \left(\int_{\theta=0}^{\mathrm{atan}(1/\cos\phi)} \sin\theta \mathrm{d}\theta \right) \mathrm{d}\phi = 8 \int \left[\cos\theta \right]_{\theta=\mathrm{atan}(1/\cos\phi)}^{\theta=0} \mathrm{d}\phi \\
&= 8 \left\{ \int \mathrm{d}\phi - \int \frac{\cos\phi}{\sqrt{1+\cos^2\phi}} \mathrm{d}\phi \right\} = 8 \left(\frac{\pi}{4} - \frac{\pi}{6} \right) = 2.09
\end{aligned} \tag{11.36}$$

となる[3]。

---

[3] atan x は、$\tan x$ の逆関数という意味で、$x = \tan\theta$ のとき $\theta = \mathrm{atan}\, x$ となる。$\tan^{-1} x$ とも表記するが、$1/\tan x$ という意味ではない。$\sin^{-1} x$, $\cos^{-1} x$ なども同様である。

最終行の第 2 項目の積分は多少むずかしい。$k = \sin\phi$ とおいて数学公式をみると、この積分は

$$\int_0^{1/\sqrt{2}} \frac{\mathrm{d}k}{\sqrt{2-k^2}} = \left[-\sin^{-1}\left(\frac{-2k}{\sqrt{8}} \right) \right]_0^{1/\sqrt{2}} = \frac{\pi}{6} \tag{11.37}$$

である。

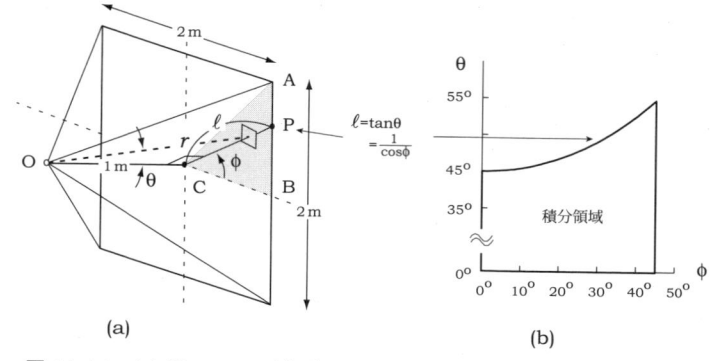

図 11.14 (a) 辺 2 m の正方形の面と座標のとり方、(b)ϕ-θ の積分領域

こんな大変な計算をせず、頭を使おう。これは辺が 2 m の立方体の中心からみる 1 つの面がつくる立体角である。6 つの面がつくる立体角は当然、全空間を覆うので 4π であるので、$\Omega = 4\pi/6 = 2.09$ を得る。

立体角の単位は角の単位が radian であるので、その 2 乗 (square) という意味でステラジアン (steradian) といい、sr と記す。しかし、この単位は補助単位であって、無次元で、そのため付けても付けなくともよい。

問 3 次元空間の全立体角 Ω は 4π であることを計算で導け。

また、球面上の微小面積は $dS = r^2 \sin\theta d\theta d\phi$ であることから、球の表面積を計算で導け。忘れたときに、自分で計算して知ることができる。

上の問がでたついでに、微小体積 dv について記しておく。図 11.13(b) に示すように、球面上にとった微小体積は

$$dv = (dr)(rd\theta)(r\sin\theta d\phi) = r^2 \sin\theta dr d\theta d\phi \tag{11.38}$$

である。よって、空間に張った任意の 3 次元拡がりのある物体の体積 V は、微小体積の和として求めることができる。

$$V = \iiint r^2 \sin\theta dr d\theta \tag{11.39}$$

問 球の体積を計算して求めよ。

(b) 散乱断面積

さて、立体角を学んだので、半径 r の球面上に配置された測定器で散乱された粒子を測定し、散乱角の分布を調べることを考える。

入射軸 (x 軸) に垂直な面上で、衝突係数が $b \sim b+\mathrm{d}b$ であり、入射軸のまわりの角が $\phi \sim \phi+\mathrm{d}\phi$ の微小面積 $\mathrm{d}\sigma$ に入射する粒子を考える (図 11.15(a))。微小面積 $\mathrm{d}\sigma$ (図 11.15(a) の灰色領域) は

$$\mathrm{d}\sigma = \mathrm{d}b \cdot (b\mathrm{d}\phi) \tag{11.40}$$

であって、この入射した粒子はクーロン散乱により、x 軸に対して散乱角 $\psi \sim \psi+\mathrm{d}\psi$ で、かつ、x 軸まわりの角が $\phi \sim \phi+\mathrm{d}\phi$ の範囲に散乱する (図 11.15(b)) (クーロン力による散乱は前章の惑星のときと同様に、入射粒子と標的核が作る 2 次元平面内での運動であるため、散乱では ϕ 方向には変化せず、$\phi \sim \phi+\mathrm{d}\phi$ は一定である)。立体角の言葉でいえば、(ψ,ϕ) 方向の $\mathrm{d}\Omega = \sin\psi \mathrm{d}\psi \mathrm{d}\phi$ だけの微小立体角内に散乱する。原子核規模である $\mathrm{d}\sigma$ は直接測定ができない (原子核がどこにあるか分からないので、b ならびに ϕ は不明) が、充分離れた距離 r での巨視的サイズの大きな面積 $r^2 \mathrm{d}\Omega$ に拡大してやれば測定できる。そこで $\mathrm{d}\sigma$ を $\mathrm{d}\Omega$ で表示してやれば、

$$\mathrm{d}\sigma = b \cdot \mathrm{d}b\mathrm{d}\phi = b \cdot \mathrm{d}b \left(\frac{1}{\sin\psi} \frac{\mathrm{d}\Omega}{\mathrm{d}\psi} \right) = \frac{b}{\sin\psi} \frac{\mathrm{d}b}{\mathrm{d}\psi} \mathrm{d}\Omega \tag{11.41}$$

である。ここで衝突係数 b と散乱角 ψ の関係、式 (11.22)、から $\mathrm{d}b/\mathrm{d}\psi$ を求め

$$b = b_\perp \cot\left(\frac{\psi}{2}\right) \quad \Rightarrow \quad \frac{\mathrm{d}b}{\mathrm{d}\psi} = -\frac{b_\perp}{2\sin^2(\psi/2)} \tag{11.42}$$

これを式 (11.41) に代入すると、

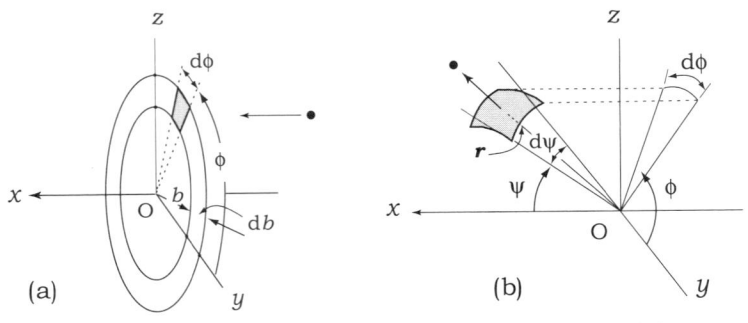

図 11.15 (a) 入射粒子の微小面積 $\mathrm{d}\sigma$ と (b) 散乱粒子の微小立体角 $\mathrm{d}\Omega$

$$d\sigma = \frac{b_\perp \cot(\psi/2)}{\sin\psi} \frac{b_\perp}{2\sin^2(\psi/2)} d\Omega = \frac{b_\perp^2}{4\sin^4(\psi/2)} d\Omega \tag{11.43}$$

を得る[4]。上式の導出過程において面積 $d\sigma$ は正値量であり、b も $\sin\psi$ も $d\Omega$ も正値量であるので、$db/d\psi$ については絶対値をとった。式 (11.42) の $db/d\psi$ のマイナス符号は、散乱角 ψ が増加するのは衝突係数 b が小さくなることに対応している。これで、巨視的な量のみ（散乱角 ψ と微小立体角 $d\Omega$。$b_\perp$ は定数）によって微視的な微小面積 $d\sigma$ が表現できた。

現実的に、測定を考える。

いま、金箔がある。原子核が1つあるわけでなく、上にみたように核半径 $\sim 1.4 \times 10^{-13}$ m で多数の核が一様に存在する。これに α 粒子の一様なビームが入射する。ビーム径が金箔の面積より小さいと、どの入射粒子も等しく標的核とクーロン散乱するチャンスをもつ。原子半径は非常に大きいので標的核同士は充分離れており、入射粒子が複数の標的核と同時に相互作用することはなく、1つの核とのみかかわりをもつ。ビーム粒子は単位時間に単位面積あたり n m$^{-2}\cdot$s^{-1} 個が金箔を叩く強度をもつとする。

個々の標的核の位置は分からないが、どの入射粒子も等しい確率で任意の衝突係数 b をもつ。微小面積 $d\sigma = b\cdot db d\phi$ には単位時間に $nd\sigma$ s^{-1} の入射粒子がやってきて、それらは式 (11.43) の右辺に相当する面積に散乱される。$d\sigma$ に一様に入射した粒子が $1/(4\sin^4(\psi/2))$ の角度分布をもって、$b_\perp^2 d\Omega$ の微小面積に散乱されるわけだ。単位時間に単位立体角あたりに散乱される入射粒子数は $nd\sigma/d\Omega$ であるので、単位時間に入射した1つの粒子が単位立体角あたりに散乱される確率は

$$\frac{d\sigma}{d\Omega} = \frac{b_\perp^2}{4\sin^4(\psi/2)} \tag{11.44}$$

である。$d\sigma$ を**散乱断面積** (scattering cross-section)、$d\sigma/d\Omega$ を**微分散乱断面積** (differential scattering cross-section) とよぶ。$d\sigma$、$d\sigma/d\Omega$ は面積の次元をもつのに、式 (11.44) を確率と説明した。それは入射粒子の強度 $n = 1$ m$^{-2}\cdot$s^{-1} を掛けているからである。この散乱確率は散乱角 ψ の関数であって、もとを糺せば粒子間のクーロン力の反映である。この散乱式を**ラザフォードの公式**という。

図 11.16(a) に式 (11.22) からの衝突係数 b と散乱角 ψ の様子をプロットした。$b/b_\perp = 1$ で $\psi = \pi/2$ である。また、図 11.16(b) に式 (11.44) の微分散乱断面積の角度分布を示す。前方に鋭い立ち上がりをもち、ほとんどの入射粒子は前方 ($\psi < \pi/2$) へ散乱される、つまり、進行方向が大きく変わることなくほとんど素通りする。逆に、$\pi/2 = 90°$ 以降の大きな角で後方に跳ね返される粒子は極度に少ない。$\psi \to 0$ の超最前方 ($b \to \infty$) では散

---

[4] $\cot x$ は $\tan x$ の逆数 $(1/\tan x)$ である。コタンジェント (cotangent) という。付録 D-1-5 小節の p. 495 を参照。

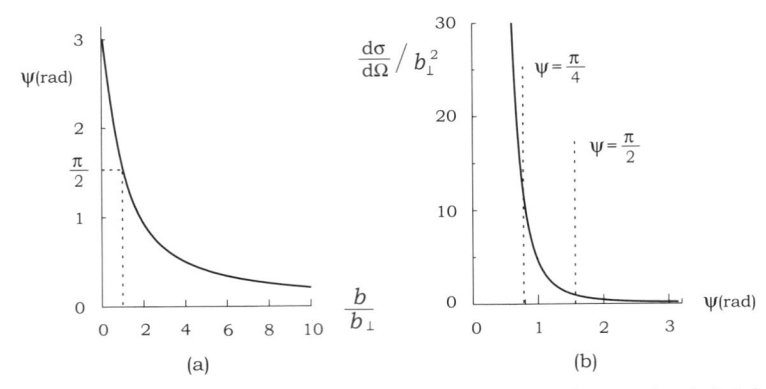

図 11.16 (a) 衝突係数 b と散乱角 ψ、(b) 散乱角 ψ と微分散乱断面積の角度分布

乱断面積は発散するほどであるので、例えば、衝突係数が $b/b_\perp = 100$ ($\psi = 0.02$ (rad) $= 1.2(°)$) あるいは $b/b_\perp = 20$ ($\psi = 0.10$ (rad) $= 5.7$ (°)) 以内の散乱に対する、$\psi = 90°$ 以降への後方散乱の比を計算すると、$0.00001 (= 1/100,000)$ と $0.0004 (= 4/10,000)$ であって、非常に小さい。

ラザフォードは α 粒子がごく稀に後方散乱されることに気づいた。上に計算したように大変稀な確率であるが、この現象に重要性を認め、追求し、現在の原子構造の理解へと至ったのである。ここでは原子の全正電荷ならびに大半の質量を有する点状の原子核を原子の中心に想定し、入射粒子がクーロン力により原子核に散乱される現象を解析したが、ラザフォードの研究論理はその逆であり、散乱分布を調べ、それが上式の $\sin(\psi/2)$ の 4 乗に反比例することから、原子の中心部に正電荷をもつ核が存在することを実験的に導き、確証したわけである。上で学んだ論理は、答えを知っている後世の教科書構成の論理である。

問 以上では、正電荷同士の間でクーロン斥力がはたらく散乱をみた。異符号電荷間で引力が作用するときの散乱を考えてみよ。はじめから順序立てて、斥力と引力の場合の違いに注意しながら、復習を兼ねて考えてみよ。

ε, λ の符号はこんどは正値をとる；$b_\perp$ は絶対値をとる必要がある；有効ポテンシャルは全く違った形となる；2 つの双曲線軌道のどちらを採用すればいいか；引力と斥力の違いが軌道にどのように現れるか；また、最接近距離はどのように異なるのか、散乱角は異なるのか、など、自分でいろいろな事項を考えてみよ。

11-3　原子、原子核の構造研究

　大半の教科書はここまでである。しかし、原子には多数の軌道電子が存在する。これら電子によるクーロン力の影響は α 粒子の散乱に影響しないのか？

　また、ラザフォードによる中心に原子核が存在する原子構造 (ラザフォードの原子モデル) に対して (図 11.17(a))、正電荷が原子内に一様に存在する中にスイカの種のように負電荷も一様に分布する構造のトムソンの原子モデル (図 11.17(b)) も提案されていた。このようなモデルでは α 粒子の散乱はどのようにみえるのか？　ラザフォード散乱の特徴を理解するために、力学からは少し離れるものの、原子や原子核の構造研究の進展を少し眺めてみよう。

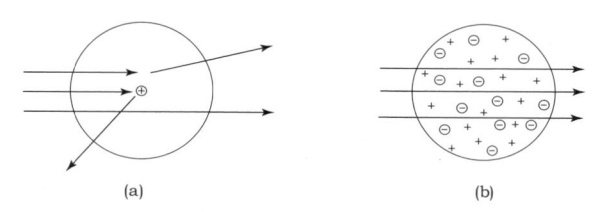

図 11.17　(a) ラザフォードの原子モデル、(b) トムソンの原子モデル

11-3-1　電子と原子

　諸君もよく知っている**電子** (electron) は、最初に見出された基本的な素粒子であり、その存在は 20 世紀に入る直前に実験的に確立された。

　1876 年、ドイツの物理学者ゴールドシュタイン (Eugen Goldstein, 1850-1931) はガラス管でつくる真空中に電極対を設け電圧をかけ、陰極から放出される放射線を観測した。それはあたかも陰極からガラス上の蛍光を示す点にまで流れていくようにみえたので、彼はこれを**陰極線**とよんだ。1880 年、イギリスの物理学者クルックス (William Crookes, 1832-1919) は自身の考案した真空度の高いクルックス管を使い、磁場のもとで陰極線が曲がることを見出し、陰極線が電磁波のような波でなく、負電荷を運ぶ粒子の流れであると結論した。1891 年アイルランドの物理学者ストーニー (George Johnstone Stoney, 1826-1911) は物質は基本粒子ででき、基本粒子はすべて同じ電荷を運んでいると提唱し、その基本粒子を電子とよぶことを提唱した。イギリスの物理学者 J.J. トムソン卿 (Sir Joseph John Thomson, 1856-1940) は 1897 年、電子の電荷と質量の比 (e/m) ならびに 1899 年には電荷量 e を測定して、電子の特性を測定した。

　原子より小さい電子が発見され、また放射性原子であるウランやトリウムが崩壊して電子や α 粒子が放出されることが分かったとき、原子に内部構造があると考えられ

たのは自然な流れであり、その正確な構造解明へと研究は進んだ。

トムソン卿は多数の電子がどのように原子 (atom) を構成しているか、そして、諸元素原子の知られた化学的性質を説明しようとする原子構造についての理論モデルをつくる。それは、原子は球状に一様に分布した正電荷の中で、電子が何重かのリング上に配列されているというものである。このモデルにより、正負イオンの存在や原子の電子放出や吸収の仕組みが理解できた。ところが、上でみたように現実は、ほとんどの α 粒子は原子を隙間だらけの球体として素通りしてしまい、正電荷で満たされた原子と衝突しない。そして、ラザフォードが注目したようなごく稀に後方に散乱さえされることが見出された。これが原子核存在の発見につながるわけである。

α 線が研究に使われだしたのは、その粒子の特性解明に取り組んだラザフォードの 1906 年における α 線の比電荷測定からである。

11-3-2　ラザフォード実験の意義

物理学古典論文叢書9『原子模型』の広重徹による「解説」(物理学史研究刊行会編) を参考に、ラザフォードの散乱実験の歴史的役割をみてみる。

ラザフォードは α 線の大角度散乱を見出したとき、すでに原子内の強いクーロン力中心の存在による効果であろうと推定していた。それをラザフォードの示唆のもとに、助手のガイガー (Geiger)[5] と学生のマースデン (Marsden) が実験で追求した。1911 年のラザフォード論文が原子核の発見を述べたものであり、トムソンの正電荷球モデルに対して有核モデルを確立したものであると解釈されているが、本来的には正確ではないらしい。ラザフォードのモデルは原子核のまわりに電子が回っている現在の描像ではなく、中心電荷を一様な分布の反対電荷が取り巻いたようなものであり、トムソンのモデルの一変形とみられる、とある。当時の研究課題は、原子に含まれる電子数を知ることに重点があった。ラザフォードが 1911 年の実験により指摘しようとしたのは、散乱は原子内での複数回の散乱による複合的な結果ではなく、原子核とのクーロン作用という単一な過程であるということである。

ラザフォードの有核モデルは、いくつかの実験事実がさらに蓄積、検討され、1914 年の論文ではじめて提唱されたもので、前年のボーア (Niels Henrik David Bohr, 1885-1962) の量子論にもとづく原子構造論がその確立に大きな影響を与えた。核の電荷あるいは電子数の実験的決定は第1次大戦のちのラザフォード・グループの研究課題であり、核の電荷が原子番号と精度よく一致することが判明するには 1920 年の中性子を発見するチャドウィック (Sir Lames Chadwick, 1891-1974) の実験を待つ必要があった。

---

[5] ドイツの物理学者で放射線計測器のガイガー・カウンターの考案者である。

科学の進展も川の流れと同じく蛇行し、逆流し、多くの支流が合流して、大河となる。原子構造の研究も例外でなく幾多の研究が流れを構成しているが、いま振り返ると、研究の進展の細部は霞の彼方にあって、本流につながる研究のみが現れてくる。そして、われわれが学ぶのは、現代の理解法にしたがって本筋を論理的に効率よく構成された形であって、歴史的な業績はその関連する事項の代表、象徴として登場する。「ラザフォードの実験」も、軌道電子が回る中心に位置する原子核の存在を確立したものとして、原子構造研究の象徴として現れる。

歴史的な進展を細部に亘り知る必要があるのは、科学史研究者ぐらいであろうか。しかし、偶には、歴史を紐解き、その時代の雰囲気を知るのも面白い。それも勉学の1つである。寄り道した感があるが、これも著者の「読本」に込める思いの1つである。

11-3-3 軌道電子の影響と散乱

原子核のまわりを電子が回っている。これらを軌道電子という。電子の数は原子番号 Z と等しい、つまり、原子核を構成する陽子数と等しく、よって、原子は原子核の正電荷と電子の負電荷がつり合って中性である。上では原子核と入射 α 粒子のクーロン力による散乱を学んだが、軌道電子とのクーロン相互作用は α 粒子の散乱に影響はないのか？　考えてみる。

(a)　電子の遮蔽効果

いま、トムソンやラザフォードと同じように、電子電荷 (負電荷) が原子球内に一様に分布していると考える。これらの電子も原子核と同じように入射 α 粒子とクーロン相互作用をする。これを理解するために、電磁気学の「ガウスの法則」に関連する以下の事項を知っておく必要がある。その導出はむずかしくはないがここでは省き、記するに留める。

半径 R の球内に一様に電荷 (ここでは負電荷) が密度 ρ で分布しているとき、中心 O から距離 r ($r < R$) にある点電荷 ze (e は電気素量) (α 粒子では $z = 2$) が受けるクーロン力は、半径 r の球内にある全電荷量 $Q(r)$ が点電荷として中心 O に集中したときに及ぼすクーロン力と等価である。一方、半径 r の球外にある電荷は全体として効果を生じない。

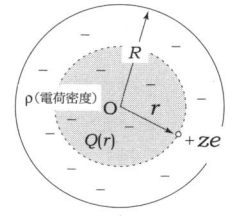

図 **11.18**　電荷分布

(b) 軌道電子の影響

ラザフォードが考えたように考える。原子 (半径 R) の中心に点電荷と見なせる電荷量 $+Ze$ の原子核が存在し、これに対して全電荷量 $-Ze$ の電子電荷が原子内に一様に分布しているとする。これに対し、中心から距離 r の地点にある点電荷 $+ze$ が受ける力を計算する。電子の電荷密度 ρ は

$$-Ze = \frac{4}{3}\pi R^3 \cdot \rho \quad \Rightarrow \quad \rho = -\frac{Ze}{\frac{4}{3}\pi R^3} \tag{11.45}$$

である。電子のみに注目すると、半径 r の球内にある全電荷量 $Q(r)$ は

$$Q(r) = \frac{4}{3}\pi r^3 \cdot \rho = -Ze\left(\frac{r}{R}\right)^3 \tag{11.46}$$

である。よって、電荷 ze の粒子が受けるクーロン力は

$$F(r) = k_e zZe^2 \left(\frac{1}{r^2} - \frac{r}{R^3}\right) \tag{11.47}$$

である。第1項は中心の原子核（電荷 $+Ze$）によるクーロン力で、第2項が $Q(r)$ によるクーロン力である。$F(r)$ に対応するポテンシャル $U_C(r)$ は

$$U_C(r) = k_e zZe^2 \left(\frac{1}{r} - \frac{3}{2R} + \frac{r^2}{2R^3}\right) \qquad @\ r \leq R \tag{11.48}$$

$$= 0 \qquad @\ r \geq R \tag{11.49}$$

である。当然、$r \geq R$ では正負電荷量がつり合って、実質ゼロ電荷である。

問 式 (11.48) ならびに式 (11.49) を導け。

金の原子半径は前述したように $R \approx 1.4 \times 10^{-10}$ m であり、核半径は $\sim 10^{-13}$ m である。式 (11.47) から、入射粒子が核に近い ($r \ll R$) ときは第2項（電子電荷の影響）は無視でき、核のクーロン力がはたらく。一方、$r < R$ のときは電子電荷が核の電荷を部分的に打ち消すように作用し (遮蔽効果)、核だけの場合よりも実質的にクーロン力は弱くなる。$r \sim R$ になれば、この遮蔽効果は大きくなる。ところが、後2者の場合は衝突係数 b は充分に大きく、入射粒子はほとんど軌道変更を受けず最前方へ素通りすることになる。電子の存在は α 粒子の核による散乱にほとんど影響を及ぼさない、ということである。

11-3-4 トムソンのモデルの場合

　後方散乱を見出したラザフォードの実験によって原子核の存在が確立された、と学ぶ。それは、トムソン・モデルでは後方散乱が説明できなかったというわけであるが、その様子を少し考察してみよう[6]。

　前掲の「解説」の記述にあったように、トムソンの研究課題は、原子内の電子数を知ることにあった。このとき、陰極線（電子線）による散乱ではほとんどが原子を素通りすることはすでに知られた事実であった。これにもとづき、トムソンは入射荷電粒子が原子により散乱されるのは、1つ1つの電子による散乱効果（散乱角）は小さいが原子内の複数の電子による散乱の複合的な結果である、と考えた。総電荷 $-Ne$ をもつ N 個の電子は原子内に一様に分布し、一方、正電荷 $+Ne$ はいくつかの一定の単位で構成されるか、あるいは、単位をもたず原子内に一様に連続的に分布するような原子モデルを想定した。これがトムソン・モデルである。

　トムソンはすでに1903-4年に一様に正電荷が分布する原子内において、電子は同心の複数のリング上に等間隔に配列し運動するものと考え、電子の配列の安定性を議論し、元素の周期性を説明しようとした。元素の化学的性質を電子配列で説明するはじまりであり、それは量子力学によってはじめて理解されることになるが、トムソンのこの考えは大きな影響を及ぼしている。

　トムソンの1910年の論文では、原子内の電子数を知るには電子配列の詳細は必要でなく、小さな散乱角の統計的総和として計算された散乱角が電子数 N のみの未知数として登場することを導いている。トムソンは従来の実験から電子数は原子量と同じ程度の数であろうと推定し、適宜な測定による確実な実験的決定を提案している。ちなみに、電子数は原子量 ($\approx A$) のほぼ半分で、原子番号 Z に等しく、トムソンの推量はそれほど的を外していない。

　教科書のラザフォード散乱のところでは、トムソン（モデル）を敗者のように諸君が感じるとしたら、それは正しくない。ラザフォードとトムソンの問題意識の違いであり、トムソンは前方散乱を利用して電子数を求めようとし、ラザフォードは後方散乱の原因を探ろうとしたわけである。当然、問題意識の違いに応じて研究アプローチに違いが生じてくる。

　原子核の発見を導いた後方散乱の稀な現象に気づき、注目したラザフォードの物理感、実験家の感性はさすがである。

　トムソンならびにラザフォードは19世紀末から20世紀初めにかけての偉大な物理学者であり、両者ともノーベル賞を受賞している。

---

[6] トムソンの論文、「高速度で運動する帯電粒子の散乱について」(On the Scattering of rapidly moving Electrified Particles, Proceedings of Cambridge Philosophical Society, **15** 1910, 464-471) から。

11-3-5 硫化亜鉛とシンチレーション

ラザフォード当時 (20 世紀前半) には放射線の検出に硫化亜鉛 (zinc sulphide) ZnS(Ag) が蛍光体として用いられ、散乱された α 粒子を硫化亜鉛を塗った蛍光板に当て、暗い中で顕微鏡で数えていた。図 11.19 にガイガーとマースデンの実験装置を載せる。これがいわゆる、ラザフォードが原子核の存在を確立したといわれる実験装置である。いまの実験装置と比べると、隔世の感がある。散乱の力学を学ぶだけでなく、測定装置についても知っておくのは価値がある。荷電粒子の検出に活用されているシンチレーション検出器について、少しだけ記してみる。

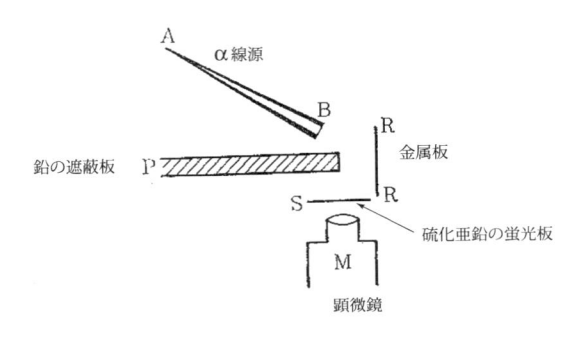

図 **11.19** ガイガーとマースデンの実験装置 (H. Geiger and E. Marsden, 「α 粒子の拡散反射について」、"On a Diffuse Reflection of the α-Particles", Proceedings of the Royal Society, Series **A 82** 1909, 495-500. 広重徹 訳、物理学古典論文叢書 9 『原子模型』 (物理学史研究刊行会編) より)

荷電粒子が物質中を通過するとき、原子や分子を電気的な力によって励起する (エネルギーを上げる)。励起された原子、分子が安定な基底状態へ戻るとき余分なエネルギーを光の形で放出する。これをシンチレーション (scintillation) という。このシンチレーション光を検出することにより、荷電粒子を検出するわけである。具体的には、放出光量により粒子のエネルギーを、あるいは放出光の時間を精度よく測定して、2 つの検出器間の飛行時間を測り粒子の種類を識別するなど、重要な情報を得ることができる。

シンチレーション光を発する蛍光体をシンチレータといい、化学組成によって無機と有機シンチレータがある。現在、もっとも手軽に、かつ頻繁に使用されるのは有機組成のプラスチック・シンチレータであり、たとえば、1 cm の厚さを光に近い速さの荷電粒子が通過すれば数 1,000 個の光子が $10^{-7}\sim^{-9}$ s 以内に放出される。これらの光を、多くの場合は、光電子増倍管により電気信号に変換し検出する。多量の光量であるようだ

が、とても肉眼でみえるものではない。

　ところが、ラザフォード達はそれを肉眼で観測したのである。彼らが用いた硫化亜鉛は、もっとも古くから利用されている無機シンチレータの1つである。プラスチック・シンチレータよりは 4-5 倍光量が多く、かつ蛍光（減衰）時間は $\sim 10^{-5}$ s と 100〜10,000 倍長く、これらが肉眼測定を可能にした。しかし、多結晶の粉末状として生成されるため、利用は薄膜状に制限され、α 粒子や重いイオンの検出に限定される。素粒子実験では減衰時間が長いなどのため通常は使われていないが、活性剤として銀 (Ag) を添加すると明るい青色、銅 (Cu) ならば緑色を発し蛍光剤など多くの用途で現在活用されている。

11-3-6　量子力学

　2体系の運動を解析するには重心運動と相対座標の運動に分離すれば、それぞれが1物体の運動と同様に扱える。第 10 章の万有引力がはたらく惑星の運動も、本章のクーロン力がはたらく荷電粒子の運動も、両者は距離の逆2乗則の力であり、解析的に解くことができた。前者は天体規模の運動であり、後者は原子核規模の現象であり、自然界の規模の両極端での現象が同一の扱いで理解でき、学生諸君にとって大変印象的かつ教育的であるため、必ずといっていいほど教科書に登場する。本書でも、充分ページ数を費やした。

　ところが、荷電粒子の、原子や原子核を扱う現象は、実際には極微の世界に適した力学、**量子力学** (quantum mechanics) を必要とする。衝突係数 b が小さくなればなるほど、α 粒子は原子内部へと侵入するわけで、素粒子世界特有の振る舞いが現れてくる。さらには、原子核は複数の陽子と中性子が束縛された状態であり、これは電磁気力でもなく、重力でもない核力とよばれる強い力のはたらきによるもので、その有効距離が原子核の大きさである。したがって、入射エネルギーが大きくなって、衝突係数 b が小さくなり核力の作用がはたらくようになる状況では点電荷によるクーロン力による散乱のみでは説明できなくなる。逆にいえば、高エネルギーの入射粒子を入射することにより核力の研究ができることになるわけだ。ラザフォードの散乱に関しては、ニュートン力学が量子力学と同じ結論に導く特殊性があったため、力学の教科書で扱えたわけである。

第12章

球の衝突は語る

　前章では2つの原子核間にはたらくクーロン力のもとでの衝突（散乱）をみた。このクーロン力の作用する実効範囲は原子核サイズの程度であって、われわれには直接感知できない極微の世界の大きさである。

　本章では運動量保存則、ならびにエネルギー保存則を基盤に「球の衝突」を解析するが、これは同時に、粒子間距離が充分に離れてクーロン力の影響が無視できる巨視的スケールでみる粒子散乱の運動学でもある。

　クーロン力の効果が無視できる巨視的なスケールでみる2粒子の散乱は、本章で議論する2つの球の衝突、たとえば、ビリヤード球の衝突と変わりがない。両者共に運動量の保存則、ならびにエネルギーの保存則あるいは非弾性衝突ならば反発係数が運動を決める。本質的な違いは散乱の角度分布（散乱断面積）に現れ、それらは前者では微視的スケールではたらく散乱を支配するクーロン力により、後者では球の形状により決まる。

　以下、球の衝突を扱う。

12-1　1次元での球の衝突

　2つの球 A, B を想定する。日常の同じような現象を想起して、理解しやすいように大きさをもつ球としたのであるが、大きさにともなう球の回転運動は考えない。本質的には質点の衝突である。

　はじめに半径の等しい2つの球（質量 m_A, m_B）の衝突を扱う。それぞれの衝突前後の速度を v_A, v_B, v'_A, v'_B と記し、衝突後の速度を求めよう。運動は1次元的に起こり、衝突は球の中心を通る線上で生じる（直衝突）。未知数は v'_A と v'_B の2つである。したがって、2つの連立方程式が必要になる。

　この系に外力が作用していない（$F=0$）ので、運動方程式は

$$\dot{P} = 0 \quad \Rightarrow \quad P = p_A + p_B = 一定 \tag{12.1}$$

図 **12.1** 球の衝突

となる。すなわち、運動量は衝突前後で保存する。よって、

$$m_A v_A + m_B v_B = m_A v'_A + m_B v'_B \tag{12.2}$$

である。

12-1-1 反発係数

弾性ならびに非弾性衝突を扱うために、もう 1 つの関係式を**反発係数** (coefficient of restitution) から得よう。反発係数とは衝突時の物体の跳ね返り度であり、物体の材質に依存するが、現象的には衝突前後の相対速度の違いとして現れる。衝突前の A の B に対する相対速度は $v_A - v_B$ であり、衝突後は $v'_A - v'_B$ であって、反発係数 κ は

$$\kappa \equiv -\frac{v'_A - v'_B}{v_A - v_B} \tag{12.3}$$

と定義する。たとえば、図 12.2 のように、球 A を動かない壁に置き換えて考えよう。壁に対して球 B は速度 v_B で衝突する。相対速度は $-v_B$ である。衝突後の球 B の速度が $-v'_B$ (跳ね返りのため負符号である) であれば、相対速度は v'_B である。このときの反発係数は $\kappa = v'_B/v_B$ である。衝突によって球 B は跳ね返されるが、エネルギーの保存から速度が増加することはないが、減少することはある。弾性的でない壁ではエネルギーが吸収されるからである。よって、

$$0 \leq \kappa \leq 1 \tag{12.4}$$

であり、$\kappa = 1$ のときを**弾性衝突** (elastic collision) とよび、$\kappa < 1$ のときを**非弾性衝突** (inelastic collision) という。

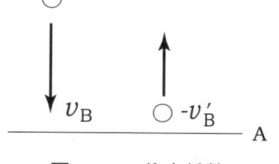

図 **12.2** 衝突係数

(a) 1 次元衝突の速度を求める

さて、衝突が弾性衝突であるとすると、

$$\kappa = -\frac{v'_A - v'_B}{v_A - v_B} = 1 \quad \Rightarrow \quad v_A - v_B = -(v'_A - v'_B) \tag{12.5}$$

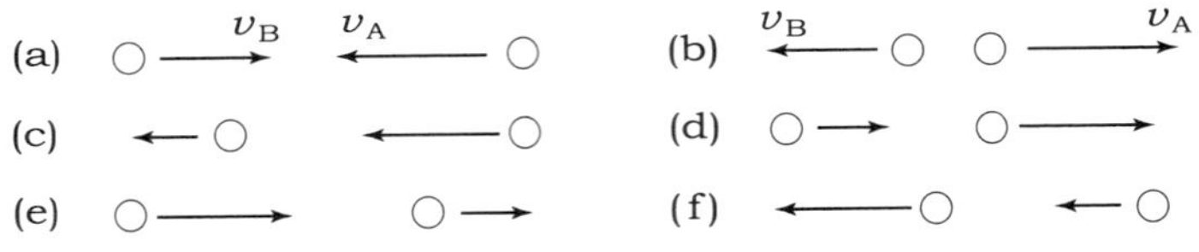

(a) ○ $\xrightarrow{v_B}$ $\xleftarrow{v_A}$ ○　　(b) $\xleftarrow{v_B}$ ○　　○ $\xrightarrow{v_A}$

(c) $\leftarrow$ ○　　$\longrightarrow$ ○　　(d) ○ $\longrightarrow$　　○ $\longrightarrow$

(e) ○ $\longrightarrow$　　○ $\longrightarrow$　　(f) $\longleftarrow$ ○　　$\longleftarrow$ ○

図 12.3 衝突する球と衝突しない球

を得る。これで方程式が 2 つ (式 (12.2), (12.5)) できた。それらを解くと、

$$\left. \begin{array}{l} v'_A = \dfrac{m_A - m_B}{m_A + m_B} v_A + \dfrac{2 m_B}{m_A + m_B} v_B \\[2mm] v'_B = \dfrac{2 m_A}{m_A + m_B} v_A - \dfrac{m_A - m_B}{m_A + m_B} v_B \end{array} \right\} \tag{12.6}$$

を得る。

問　式 (12.6) を導出せよ。

ここまで、$v_{A,B}$, $v'_{A,B}$ について正負を議論せず、単に変数として計算をすすめた。それで間違っているわけでないが、上式は速度の大きさや方向にかかわらず成立するものではない。すなわち、図 12.3(a) の場合は必ず衝突するが、(b) では絶対衝突しない。2 つの球が同一方向に運動する場合も、追いかける方が逃げる球よりも大きな速さがないと衝突しないことは分かるであろう。

(b) 簡単な事例

2 つの球が衝突するような速度関係をもつもとで、2, 3 の簡単な事例をみる。球 B が静止 ($v_B = 0$) しているとき、

$$v'_A = \frac{m_A - m_B}{m_A + m_B} v_A, \quad v'_B = \frac{2 m_A}{m_A + m_B} v_A \tag{12.7}$$

である。球 B が A より重い ($m_A < m_B$) と v'_A は v_A と逆符号をもつ、つまり、跳ね返される (図 12.4(a))。B は A がもと来た方向に運動する。この様子は m_B によって決まり、$m_A \ll m_B$ ならば、

$$v'_A = \frac{m_A - m_B}{m_A + m_B} v_A \approx -v_A, \quad v'_B = \frac{2 m_A}{m_A + m_B} v_A \approx 0 \tag{12.8}$$

となり、球 A が衝突前と同じ速さで、しかし逆方向に跳ね返され、B はほとんど動かない (図 12.4(b))。両者の質量が等しければ、

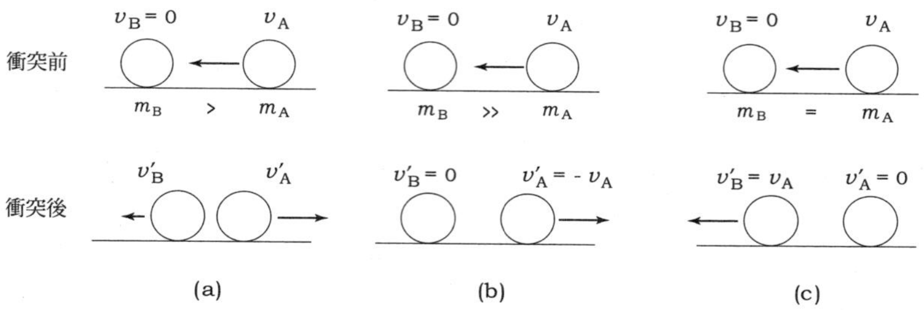

図 **12.4** 2つの球の衝突

$$v'_A = 0, \quad v'_B = v_A \tag{12.9}$$

となり、質量の大きさにかかわらず、常に衝突により A は止まり、静止していた B は衝突前の A と同じ速度で運動することになる。この様子は衝突前に両球が運動していても $(v_A \neq 0, v_B \neq 0)$ 変わらず

$$v'_A = v_B, \quad v'_B = v_A \tag{12.10}$$

であり、質量が等しくて区別の付かない2つの球がお互いを通り抜けて運動するようにみえる (図 12.4(c))。

12-1-2　エネルギー保存則

上では反発係数の関係を利用した。弾性衝突、つまり、衝突により力学的エネルギーの消滅がない状態なので、ここではエネルギー保存則を利用することを考える。衝突前後で全エネルギー E が変わらないので

$$\frac{1}{2}m_A v_A^2 + \frac{1}{2}m_B v_B^2 = \frac{1}{2}m_A v'^2_A + \frac{1}{2}m_B v'^2_B \tag{12.11}$$

の関係が成立する。

問　式 (12.2) と上式を使って、v'_A, v'_B を導出せよ。

上の問を計算すると、

$$v'_A = \frac{1}{m_A + m_B}\left\{(m_A v_A + m_B v_B) \pm \sqrt{m_B^2(v_A - v_B)^2}\right\}$$

$$= \frac{1}{m_A + m_B}\Big\{(m_A v_A + m_B v_B) \pm m_B |v_A - v_B|\Big\} \qquad (12.12)$$

を得る。v'_B についても同様な結果が得られる。第 2 項に両球の相対速度 $v_A - v_B$ が現れている。相対速度の正負がその前にある ± 記号に最終的には吸収されてしまうが、2 つの解が現れる。一方は式 (12.6) の解であり、他方は衝突せず離れてゆく解 $v'_A = v_A,\ v'_B = v_B$ である。エネルギー保存は速度の 2 次式であり、反発係数を利用するときと比べ計算が多少複雑になるが、あり得る衝突状態を自動的に提示してくれる利点がある。

しかし、非弾性衝突では力学的エネルギーが保存しないため、エネルギー保存則が使えない。反発係数に頼るしかない。非弾性衝突の面白い例題をつぎに取り上げよう。

12-1-3 バットでボールを打つ

近角聡信著『日常の物理事典』(東京堂出版) でバットでボールを打つ野球の例題を取り上げている。なかなか面白いので、参考にして議論を展開する。

バットとボールの質量を各々 M, m とする。ピッチャーがボールを速度 v で投げる、バッターが速度 V のバットで打つ。打った後のボールとバットの速度をそれぞれ v', V' と記し、1 次元の直線上での事象とする。バットの速度方向を正方向とする。

運動量の保存は

$$mv + MV = mv' + MV' \qquad (12.13)$$

である。反発係数を $\kappa(\neq 1)$ と記すと、

$$\kappa = -\frac{V' - v'}{V - v} \qquad (12.14)$$

である。この連立方程式を解けばよい。

$$v' = \frac{m - \kappa M}{m + M}v + \frac{(1 + \kappa)M}{m + M}V \qquad (12.15)$$

$$V' = \frac{(1 + \kappa)m}{m + M}v + \frac{M - \kappa m}{m + M}V \qquad (12.16)$$

図 **12.5** バットでボールを打つ

である。

これだけでは面白くもない。

では、反発係数 κ をどのようにして知るか？ バットと同じ材質の床を想定せよ。そこにボールを高さ h_0 から自由落下させる。床で跳ね返されたボールは高さ h_1 まで跳ね返る。このとき、反発係数は

$$\kappa = \frac{\sqrt{h_1}}{\sqrt{h_0}} \tag{12.17}$$

である。これで反発係数 κ が得られる。

問 式 (12.17) を導け。

また、ボールが何度も床に跳ね返され、その都度高さ h_n にまで戻ってくるとすれば、

$$h_n = \kappa^{2n} h_0 \tag{12.18}$$

となることを示せ。$n \to \infty$ として、ボールが止まるまでの全時間 T と往復した全距離 L を求めよ。(ヒント：$1/(1-\kappa^2) = 1 + \kappa^2 + \kappa^4 + \ldots$, $1/(1-\kappa) = 1 + \kappa + \kappa^2 + \ldots$ である。)

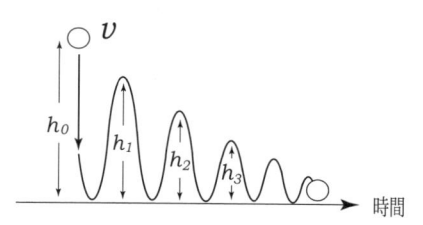

図 12.6 ボールの床からの跳ね返り (横軸に時間の推移をとった)

(a) どうすればより遠くへ飛ばせるか

大雑把な数値を使うが、少し数値評価してみよう。打者の立場から考える。打ったボールの速度は式 (12.15) から

$$v' = \frac{-m + \kappa M}{m + M}|v| + \frac{M(1+\kappa)}{m + M}V \tag{12.19}$$

と書ける。第1項は反発係数 κ が作用してもバットの重さ $(M \gg m)$ により、普通は正値をとる。$m \ll \kappa M < M$ と粗っぽく計算すれば、

$$v' \approx \kappa|v| + (1+\kappa)V \tag{12.20}$$

であり、遠くへ飛ばすには反発係数の大きなバットを高速度で振り回せ、という当たり前の結果を得る。

$M = 1$ kg, $m = 0.15$ kg らしい。反発係数を $\kappa = 0.7$ とすると、式 (12.15) は

$$v' = 0.48|v| + 1.48V \tag{12.21}$$

であり、$|v| = 150$ km/h, $V = 100$ km/h とすれば、$v' = 220$ km/h を得る。打たれたボールの方が投げられたものよりも充分速い。

(b) 上手なバントのしかた

バントをするために、バットに速度を与えず $(V=0)$ 衝突させるとどうなるか？

$$v' = 0.48|v| \tag{12.22}$$

であり、投手が投げたボールの速度の48%の速度でボールは転がる。$v' = 72$ km/h と充分速い。強振しなくとも、適当な速度でバットに当てるだけでボールは勢いよく飛ぶことが分かる。図 12.7 に v' と V の関係をプロットした。

さて、うまいバントとは投手と捕手の間に止まるような速度で転がるものである。どれほどの速度か具体的な数値は分からないので、極端に $v' = 0$ とすれば、

$$V = -\frac{-m+\kappa M}{M(1+\kappa)}|v| = -0.32|v| \approx -50 \text{ km/h} \tag{12.23}$$

であり、バットには負符号の速度、つまりボールとの相対速度を少なくするためにバットを引く必要がある。前にポタッとボールを落とすようなバントは、何の根拠もない

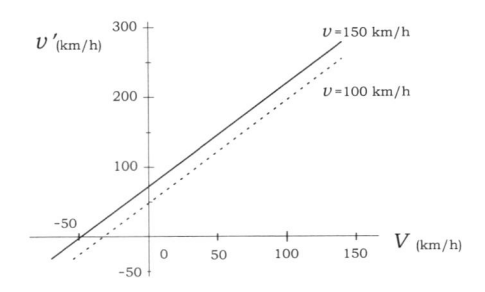

図 **12.7** バットの速度 V とボールの速度 v'

が $v' \approx$ 20-30 km/h と推定すれば、図 12.7 から $V \approx -(20\text{-}30)$ km/h であろう。

実際は、大きさのある物体としてのボールやバットの変形や打点の位置等々、多くの要因が絡んでここでみたように単純ではないのは、野球中継をみていれば分かる。

12-2　2次元での球の衝突 -1

前節では1次元での衝突を扱ったので、ここでは2次元の扱いをする。

質量 m_a, m_b の球が角度をもって衝突したとき、衝突後の速度を計算してみよう。反発係数を κ とする。

衝突事象は運動量の保存 から平面内で起こる。入射角ならびに放出角を衝突の瞬間の球の中心線に対して θ_a, θ_b と θ_a', θ_b' で、衝突前の速さを v_a, v_b、衝突後を v_a', v_b' と記す。角度のとり方に注意がいる。著者によって異なることがあるので、レポートなどに複数の教科書から不注意にそのまま写すと矛盾する内容となり、提出者が理解して書いたものでないことが分かってしまうから。

中心線に垂直な速度成分は衝突に何ら関係せず、したがって衝突の前後で変化しない。

$$v_a \sin \theta_a = v_a' \sin \theta_a' \tag{12.24}$$

$$v_b \sin \theta_b = v_b' \sin \theta_b' \tag{12.25}$$

である。そうすると、直衝突の1次元問題に単純化できたわけである。

中心線に沿った方向の運動量の保存は

$$m_a v_a \cos \theta_a + m_b v_b \cos \theta_b = m_a v_a' \cos \theta_a' + m_b v_b' \cos \theta_b' \tag{12.26}$$

であり、また反発係数から

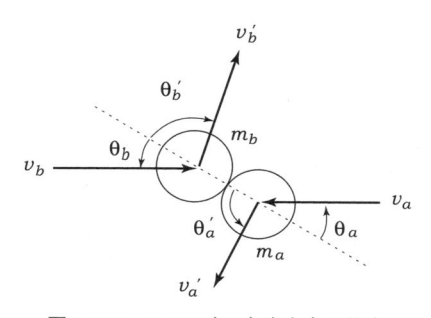

図 **12.8**　2つの球の角度をもつ衝突

$$\kappa(v_a \cos\theta_a - v_b \cos\theta_b) = -(v'_a \cos\theta'_a - v'_b \cos\theta'_b) \tag{12.27}$$

が出てくる。未知数4つに方程式4つで、解けることになる。

問 連立方程式 (12.24) – (12.27) を解いて、$v'_a, v'_b, \theta'_a, \theta'_b$ を求めよ。

$$v'_a = \left[(v_a \sin\theta_a)^2 + \left\{ \frac{(m_a - \kappa m_b)v_a \cos\theta_a + m_b(1+\kappa)v_b \cos\theta_b}{m_a + m_b} \right\}^2 \right]^{1/2}$$

$$v'_b = \left[(v_b \sin\theta_b)^2 + \left\{ \frac{m_a(1+\kappa)v_a \cos\theta_a + (m_b - \kappa m_a)v_b \cos\theta_b}{m_a + m_b} \right\}^2 \right]^{1/2}$$

$$\tan\theta'_a = \frac{(m_a + m_b)v_a \sin\theta_a}{(m_a - \kappa m_b)v_a \cos\theta_a + m_b(1+\kappa)v_b \cos\theta_b}$$

$$\tan\theta'_b = \frac{(m_a + m_b)v_b \sin\theta_b}{m_a(1+\kappa)v_a \cos\theta_a + (m_b - \kappa m_a)v_b \cos\theta_b} \tag{12.28}$$

となる。

12-2-1　ホームランを打つには

前節の野球の2次元版である。ボールをできるだけ遠くに飛ばすにはどうすればよいか、評価してみよう。

計算を簡単にするため、衝突前のボール (質量 m) とバット (質量 M) の速度 $\boldsymbol{v}, \boldsymbol{V}$ は水平面に平行とする。バットを a、ボールを b として、式 (12.28) を扱う。ボールの衝突後の角を中心線に対して図 12.9 のように、θ' で記す。中心線と水平線の角度を θ と記すと、衝突前の角は $\theta_a = \theta_b = \theta$ である。バットの速度方向を正にとれば、ボール速度は $v = -|\boldsymbol{v}|$ であって、式 (12.28) を使って計算すると図 12.10 で示すような様

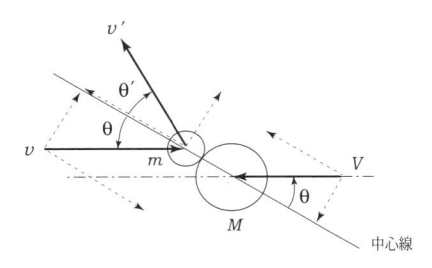

図 **12.9**　バットでボールを打つ（2）

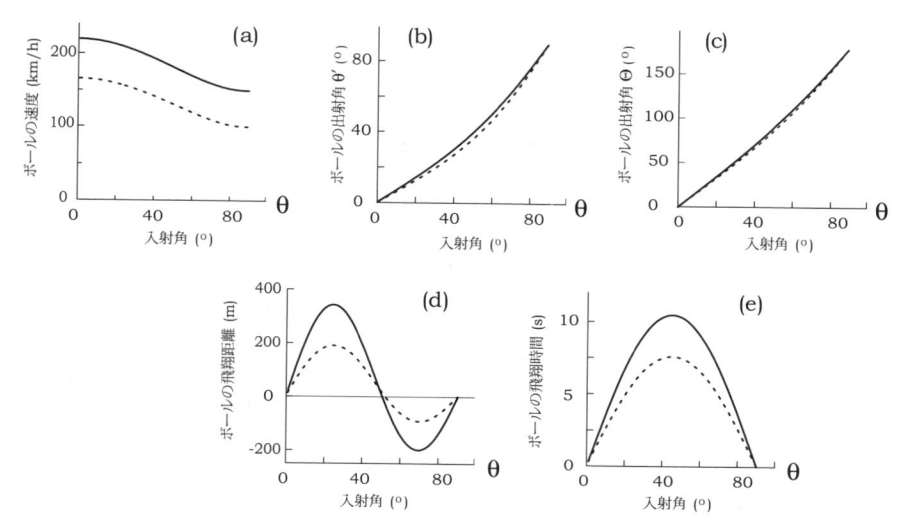

図 12.10 打たれたボールの角度、速度、飛翔距離など

子が得られる。このとき、$v = -150$ km/h, $V = 100$ km/h, $\kappa = 0.70$, $m = 0.15$ kg, $M = 1.0$ kg とした。破線は $v = -100$ km/h, $V = 80$ km/h のときである。ボールの打点をどこにもってゆくか、すなわち、θ を決めることがボールの運動を決定する。θ を変化させて、(a) 打たれたボールの速度 v' km/h, (b) ボールの中心軸に対する出射角 θ', (c) $\Theta \equiv \theta + \theta'$, (d) L (m) , (e) t (s) をプロットしたものであり、(c) は打たれたボールの飛び出す角 Θ、(d) は飛距離、(e) は落下までの飛翔時間である。図 (a) から直衝突 ($\theta = 0$) が最も大きな速度でボールが飛ぶことが分かる。また、当然空振り寸前のボールにかするだけであれば $\theta \approx \pi/2$ であって、投げられた速度に近い速さ ($v' \approx v$) でボールは飛ばされる。ただし、図 (b) で示されているように、当然、後方 ($\theta' \approx \pi/2$) へである。

いま、複雑な空気抵抗などを考慮していないので、出射速度 v' が決まっていれば、遠くへ飛ばすにはボールの出射角が $\Theta = \pi/4$ であればよいことは 2-2 節ですでにみた。しかし、出射角 Θ と出射速度 v' は相関しているので、この場合必ずしも $\pi/4$ がベストではない。衝突後のボールの水平、垂直成分はそれぞれ $v'_x = v' \cos \Theta$, $v'_y = v' \sin \Theta$ であるので、この初速度でボールが飛ぶ距離 L は

$$L = v'_x t = v'_x \frac{2v'_y}{g} = \frac{v'^2}{g} \sin 2\Theta \tag{12.29}$$

と計算できる。t はボールが落下するまでの飛翔時間である。計算しなくとも、当然、

どれだけ大きな v' でボールを飛ばせるかにかかっていることは分かるが、距離 L はその速さの 2 乗に比例する。出射角 $\Theta \approx 25°$ がもっともよく飛ぶことが、図 (d) から分かる。これは $\theta \approx 17°$ であり、$\sin(17°) \sim 0.3$ であって、ボールの芯からほぼ 3 割程度下に打点を置くことに相当するだろう。球場の広さはほぼ 120 m で、空気抵抗などの効果を考えない計算では、広い出射角にわたりボールは充分飛び、ホームランが打てそうである。特に、速い投手の球ほどボールの速度 v' は大きくホームランが出やすそうである。図 (d) の破線から想像できるように、投手のボールの速度 v が遅すぎるとバットをよほど高速で振らない限りはホームランはむずかしい。$\theta \approx 50°$ ではボールは飛翔距離 $L \approx 0$ であり、飛翔時間 t は大きい。これはほとんど真上に上がるキャッチャーフライに相当し、$\theta > 50°$ では後方へ上がるキャッチャーフライであることも分かる。

2-3 節「空気の抵抗を考える」(p.31) で議論したように、ボールの空気抵抗を取り入れて計算すればより現実に近くなるであろう。諸君の練習問題としよう。現実にはさらにボールの回転なども考える必要がある。

12-2-2　ビリヤード球

ビリヤード球は $\kappa = 1$ に近いだろう。このビリヤード球、すなわち、同じ質量 m の 2 つの球 a, b の衝突をつぎの問で考えよ。

問　一方の球は静止し、それに他方の球をぶつける。直衝突ではなく、かつ、弾性衝突 ($\kappa = 1$) であるとする。このとき、衝突後の 2 つの球は必ず垂直な角を構成して離散してゆくことを示せ。

この問題は、エネルギー保存則と運動量保存則をベクトル形式のまま扱い、それらから $\bm{v}'_a \cdot \bm{v}'_b = 0$ の関係を導くのがスマートである。あるいは、本節における式 (12.28) に条件を代入して導いてもよい。さらには、次節「2 次元での球の衝突 -2」でもエネルギー保存則と運動量保存則にもとづいて衝突後の速度 $v'_\mathrm{A}, v'_\mathrm{B}$、角 $\theta_\mathrm{A}, \theta_\mathrm{B}$ を得ているので、それら (式 (12.34)–(12.37)) からも確かめることができる。

衝突後の様子は図 12.11 に示すようなものである。衝突は中心線 (破線) に沿う成分と垂直な成分に分離して考えられる。前者は静止している球 b にもう 1 つの同じ質量の球 a がぶち当たればどうなるかという問題ですでに「1 次元での球の衝突」で学んだ。後者に関しては衝突はなく、静止する球 b はそのままで静止を続け、運動する球 a は速度の垂直成分は変化することなく同じ速度で運動を続ける。この 2 成分の運

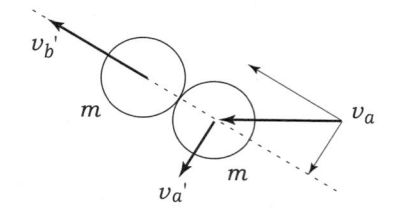

図 **12.11** 衝突後の2つの球は必ず直角を構成する

動で構成されたものが、本ビリヤード球の衝突である。これから、2つの球は必ず垂直な角を構成することが理解できるであろう。

本当に、垂直な角を構成するか、実験して確認してみるのがよい。

12-3　2次元での球の衝突 -2

前節の衝突は中心線に沿う実質1次元の運動であり、前々節の衝突とともに未知数と方程式数が各2つで一致し、一義的に衝突後の様子が決まった。ここでは、2つの質点 m_A, m_B が速度 $\bm{v}_A, \bm{v}_B$ で近づき、弾性衝突し、そして速度 $\bm{v}'_A, \bm{v}'_B$ で遠ざかる一般的な運動学を扱う。前章で学んだクーロン力による散乱が極微の衝突点で生じたと考えればよい。両粒子の飛来路を x 軸 (垂直方向を y 軸) ととり、速度を $\bm{v}_A = v_A \bm{e}_x$、$\bm{v}_B = -v_B \bm{e}_x$、衝突後の粒子軌道が x 軸となす角を図 12.12 のように θ_A, θ_B と記す。2次元の扱いとなるため、未知数は衝突後の速さと角、つまり $v'_A, v'_B, \theta_A, \theta_B$ の計4つである。あとの議論のため、$m_B > m_A$ としておく (本質的な重要性はない。単に、図を描くための便宜である)。

さて、活用できる関係方程式を書き出してみよう。まず、エネルギー保存則から

$$\frac{1}{2}m_A \bm{v}_A^2 + \frac{1}{2}m_B \bm{v}_B^2 = \frac{1}{2}m_A \bm{v}'^2_A + \frac{1}{2}m_B \bm{v}'^2_B \tag{12.30}$$

を得る。これはスカラー量であり、関係式として1つ。つぎは、運動量の保存則から

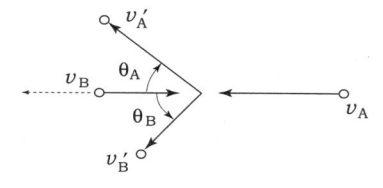

図 **12.12**　粒子 A, B の弾性散乱

$$m_A \boldsymbol{v}_A + m_B \boldsymbol{v}_B = m_A \boldsymbol{v}'_A + m_B \boldsymbol{v}'_B \tag{12.31}$$

である。これはベクトル量であって、成分展開すると、

x 成分 $\Rightarrow$ $\quad m_A v_A - m_B v_B = m_A v'_A \cos\theta_A + m_B v'_B \cos\theta_B \quad$ (12.32)

y 成分 $\Rightarrow$ $\quad 0 = m_A v'_A \sin\theta_A - m_B v'_B \sin\theta_B \quad$ (12.33)

2つの関係式が得られる。計3つの関係式となるが、未知数の数より関係式が1つ少ないので、衝突前の速度 v_A, v_B が与えられても4つの未知数が一義的に決まらない。3つの未知数は他の1つの未知数の従属関数となる。

前節の「2次元での球の衝突-1」では未知数が4つで、方程式が4つ書け、一義的に解を得た。ここではなぜ方程式の数が1つ足りないのか？ 前節の解法を適用する方がいいのではないか？ 同じような衝突であるにもかかわらず、取り扱いのどこに違いがあるのか、を記しておく。

上記したように、想定している対象はクーロン力による原子核の散乱のようなものである。原子核の電気的な大きさは、クーロン力の実効的な作用半径として考えてよく、これが前節のビリヤード球に対応する。しかし、前章で議論したように原子核は極微の粒子であり、われわれが2つの粒子の中心線を知り、散乱前の入射角を指定することは原理的に不可能である (図12.8 の θ_a, θ_b が分からない)。さらにいえば、衝突係数によって原子核の実効半径は異なって現れる (図11.7(b)) ので、前節のビリヤード球の扱いはできない。衝突係数=1の弾性散乱であっても、これらの理由のため、個々の球で中心線に沿う方向と垂直方向に運動が正確に分離できないので、系全体としての運動量保存則に頼るしかないのである。前節では中心線に沿う方向に方程式が1つ、垂直方向にそれぞれの球ごとに方程式が1つずつで、運動量の保存から合計3つの関係式がでた。それがここでは2体の系の x 方向と y 方向からの合計2つとなり、これにエネルギー保存則の関係が加わる。

12-3-1　連立方程式を解く

粒子Aの散乱角 θ_A が測定されたとき、v'_A, v'_B, θ_B を求める。

式 (12.32), (12.33) から θ_B を消去する。

$$\begin{aligned}v'^2_B = \left(\frac{m_A}{m_B}\right)^2 \left(v_A^2 - 2v_A v'_A \cos\theta_A + v'^2_A\right) \\ -2\left(\frac{m_A}{m_B}\right) v_B \left(v_A - v'_A \cos\theta_A\right) + v_B^2\end{aligned} \tag{12.34}$$

これを式 (12.30) に代入すると、v'_A の2次式を得る。

$$v_A'^2 - 2\frac{m_A v_A - m_B v_B}{m_A + m_B}\cos\theta_A v_A' + \frac{(m_A - m_B)v_A^2 - 2m_B v_A v_B}{m_A + m_B} = 0 \quad (12.35)$$

これを解くと、

$$\begin{aligned} v_A' = {} & \frac{1}{m_A + m_B}\Big\{(m_A v_A - m_B v_B)\cos\theta_A \\ & \pm \sqrt{(m_A v_A - m_B v_B)^2 \cos^2\theta_A + 2(m_A + m_B)m_B v_A v_B - (m_A^2 - m_B^2)v_A^2}\Big\} \end{aligned}$$
$$(12.36)$$

となる。この結果を式 (12.34) に代入して、v_B' は求まる。さらに、得られた v_A', v_B' を式 (12.33) に代入すれば、

$$\theta_B = \sin^{-1}\left(\frac{m_A v_A'}{m_B v_B'}\sin\theta_A\right) \quad (12.37)$$

を得ることができる。

12-3-2　$v_{A,B}'$ が 2 根をもつ理由

　エネルギー保存則に依存するため、衝突後の速度は式 (12.35) で分かるように 2 次式を形成する。その結果、速度は式 (12.36) に示すように 2 根をもち得る。これはどういうことか？　この衝突現象を 1 度、重心系を経由して眺めてみるのがいい。

　重心の速度を V と記す。重心の定義から

$$V = \frac{1}{m_A + m_B}(m_A v_A - m_B v_B) \quad (12.38)$$

である。**重心系** (center of mass coordinate system) とは重心が静止しているとする系（重心を原点とする）である。図 12.13 で示すように、重心系への移行とはいま扱っている系（の現象）を重心と同じ速度 V で運動する観測者から眺めることである。よって、この重心系での粒子 A, B の速度 $\tilde{v}_A$, $\tilde{v}_B$ は、v_A, v_B から重心の速度 V を引いて得られる。

$$\tilde{v}_A = v_A - V = \frac{m_B}{m_A + m_B}(v_A + v_B) \quad (12.39)$$

$$\tilde{v}_B = -v_B - V = -\frac{m_A}{m_A + m_B}(v_A + v_B) \quad (12.40)$$

である。ここで $v_A + v_B$ は両粒子の相対速度である。和の形になっているのは $\boldsymbol{v}_B = -v_B \boldsymbol{e}_x$ との記法をとったためであることに注意。上式から

$$m_A \tilde{v}_A \boldsymbol{e}_x = -m_B \tilde{v}_B \boldsymbol{e}_x \quad \Rightarrow \quad \tilde{\boldsymbol{p}}_A + \tilde{\boldsymbol{p}}_B = 0 \quad (12.41)$$

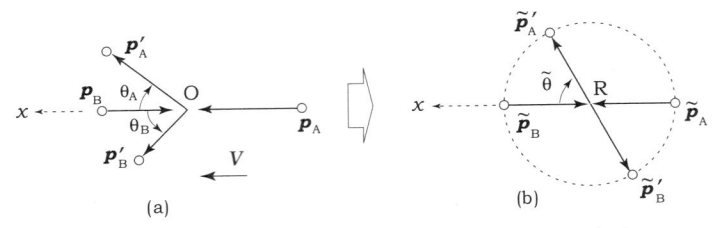

図 12.13 粒子 A, B の重心系 (b) への移行。運動量で表示。

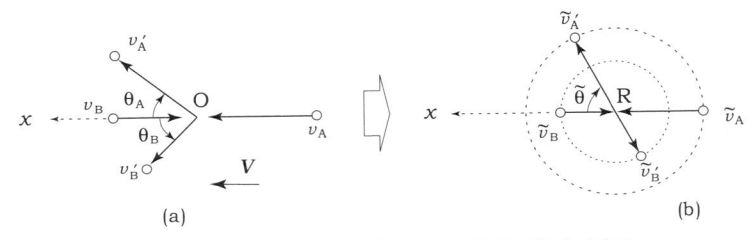

図 12.14 粒子 A, B の重心系 (b) への移行。速度で表示。

を知る。$\tilde{\boldsymbol{p}}_A, \tilde{\boldsymbol{p}}_B$ は重心系での粒子 A, B の運動量である。運動量保存則（式 (12.31)）から重心系においては

$$\tilde{\boldsymbol{p}}_A + \tilde{\boldsymbol{p}}_B = \tilde{\boldsymbol{p}}'_A + \tilde{\boldsymbol{p}}'_B = 0 \tag{12.42}$$

を得る。これが重心系の特徴である。すなわち、衝突前後での 2 粒子は原点を通る一直線上に同じ運動量の大きさをもち（$|\tilde{\boldsymbol{p}}_A| = |\tilde{\boldsymbol{p}}_B|, |\tilde{\boldsymbol{p}}'_A| = |\tilde{\boldsymbol{p}}'_B|$）、しかし、逆方向に運動する。さらに、衝突により 2 粒子の質量が変化しないので、エネルギー保存則から $|\tilde{\boldsymbol{p}}_A| = |\tilde{\boldsymbol{p}}'_A|, |\tilde{\boldsymbol{p}}_B| = |\tilde{\boldsymbol{p}}'_B|$ である。よって、重心系での散乱角は図 12.13(b) にみるように、1 つの散乱角 $\tilde{\theta}$ で表示できる。重心系に移り、かつ運動量で取り扱うと大変簡単になることが分かるであろう。

残念ながら、これまでは運動量よりもむしろ速度表示を前面に出していたので、ここでもそれを継続する。そのため、図 12.13 は速度表示すると図 12.14 となる。また、重心系の衝突前後での速度の絶対値の関係は $|\tilde{v}_A| = |\tilde{v}'_A|, |\tilde{v}_B| = |\tilde{v}'_B|, |\tilde{v}_A| = (m_B/m_A)|\tilde{v}_B|$ であって、粒子 A, B は互いに逆方向を向くのは変わりがない。

粒子 A は重心系では半径 $\tilde{v}'_A (= \tilde{v}_A)$ の円周上にあり（図 12.14 (b)）、その速度ベクトルに $+\boldsymbol{V}$ を足すともとの系でみる速度ベクトル $\boldsymbol{v}_A$、ならびに $\boldsymbol{v}'_A$ となる（図 12.15(a)）。これは、重心系の原点 R を $-\boldsymbol{V}$ だけずらしてもとの系の原点 O にするといっても同じである（図 12.15(b)）。諸君が理解しやすい方を取ればよい。

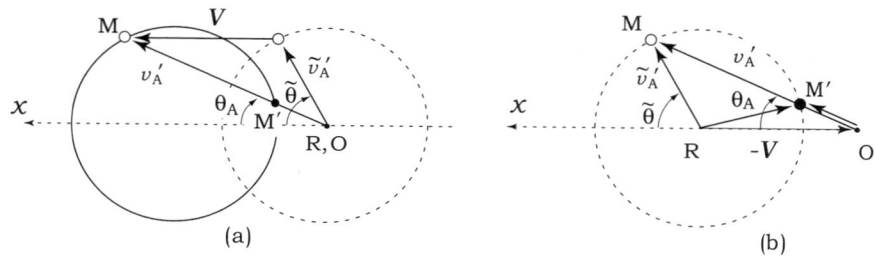

図 12.15 粒子 A, B の重心系 (a) からもとの系 (b) へ

重心系での散乱角 $\tilde{\theta}$ は分からなくとも、実験をする系ではわれわれは散乱角 θ_A, θ_B を測定し知ることができる。その様子をみる。いま、θ_A を測ると考える。速度 v'_A, $\tilde{v}'_A, V$ でつくる三角形をみよう。図 12.15(b) の $\triangle$OMR である。散乱角 θ_A は v'_A が x 軸とつくる角である。三角関数の余弦定理から、あるいは $v'_A = V + \tilde{v}'_A$ から直接計算して

$$\tilde{v}'^2_A = (v'_A - V)^2 \quad \Rightarrow \quad v'^2_A - 2V\cos\theta_A v'_A + (V^2 - \tilde{v}'^2_A) = 0 \qquad (12.43)$$

を得る。ここまで来れば気づいたであろう。上式と式 (12.35) は同じものである。重心の速度 V(式 (12.38)) から両式左辺の第 2 項は同じことは分かる。上式左辺の第 3 項に、$\tilde{v}'^2_A = \tilde{v}^2_A$ にもとづき式 (12.39) と V を代入して確認してみれば、第 3 項も同じである。つまり、2 次方程式を解くということは、$\triangle$OMR の辺 OM の長さを求めることである。このとき、M は半径 $\tilde{v}'_A$ の円周上の点である。そうすると、図 12.15 からみることができるように、同じ 2 辺 $V, \tilde{v}'_A$ と角 θ_A でもって条件を満たすもう 1 つの $\triangle$OM'R が存在する (もちろん $\tilde{\theta}$ は異なるが、われわれが測定できるのは θ_A であるので問題はない)。v'_A の 2 根はこの OM と OM' に相当するわけである。

議論はこれで終いではない。もう少し考えよう。原点 O が重心系の円の外にある場合と、内にある場合である。

(1) まず、円外のとき (図 12.15):

$V > \tilde{v}'_A (= \tilde{v}_A)$ の条件は、式 (12.38), (12.39) から

$$2V > v_A \quad \Rightarrow \quad v_A > -\frac{2m_B}{m_B - m_A} v_B \qquad (12.44)$$

と書ける。上でみたように、1 つの散乱角 θ_A に 2 つの解 v'_A が存在する。そして、散乱角 θ_A は $0 \sim \pi$ の任意の値はとれず、OM が円と接する角 $\theta_A^{\max}$ が最大散乱角となる。このとき、v'_A(式 (12.36)) の根号内はゼロであり、粒子 A は

$$v'_A = V\cos\theta_A^{\max} \qquad (12.45)$$

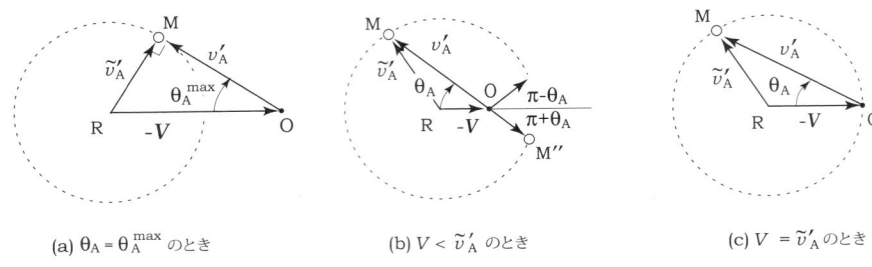

図 12.16 $v'_{A,B}$ が 2 根をもつ理由

(a) $\theta_A = \theta_A^{\max}$ のとき
(b) $V < \tilde{v}'_A$ のとき
(c) $V = \tilde{v}'_A$ のとき

をもつ．この意味は図 12.16(a) をみれば幾何学的にすぐに理解できる．△OMR は直角三角形を構成し，OM = OR×$\cos\theta_A^{\max}$ である．$V > \tilde{v}'_A$ のとき，散乱角が $\theta_A > \theta_A^{\max}$ の衝突は起こりえないということだ．

(2) 円内のとき (図 12.16(b))：

$V < \tilde{v}'_A (= \tilde{v}_A)$ のときである．原点 O が円内にあるので，図から考えると任意の散乱角 θ_A には 1 つの解しかないようにみえる．しかし，式 (12.43) を解くと，解 v'_A の根号内は

$$(V\cos\theta_A)^2 - (V^2 - \tilde{v}'_A{}^2) > 0 \tag{12.46}$$

であって，円内という条件から根号内はつねに正である．よって，解は 2 つあることになる．この 2 つの解は図 12.16(b) の M と M″ である．M″ は散乱角 θ_A で v'_A が負値をもつ解である．が，見方を変えて v'_A を正値にとると，散乱角 $\pi + \theta_A$ に対応する解である．散乱は x 軸に対して対称なので，つまり入射粒子軸 (x 軸) の片側で生じる散乱現象と反対の片側で生じる散乱現象は同じものであるので，この M″ は対称性から散乱角 $\pi - \theta_A$ の解として測定される．よって，θ_A 領域は $0 \sim \pi$ とすれば，円外のときと異なり，物理的には解は 1 つとして扱ってよいわけだ．

(3) $V = \tilde{v}'_A (= \tilde{v}_A)$ のとき (図 12.16(c))：

原点 O は円周と x 軸の交点にあり，散乱角は $\theta_A \leq \pi/2$ であって，その物理的な許容域で 1 つの解をもつ．

(4) $V = 0$ のとき (図 12.17)：

これは重心が測定する系において静止しているわけで，測定する系が重心系そのものである．原点 O は円の中心に位置し，散乱角は $\theta_A = 0 \sim \pi$ の任意の角をとるとともに，衝突後の速さは衝突前と変わらない．

粒子 B にも同じ事態が生じている．こんどは諸君が考察する番である．$m_B > m_A$

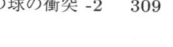

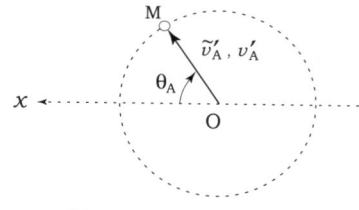

図 12.17 $V = 0$ のとき

であれば、粒子 B のつくる重心系の速度 $\tilde{v}_B$ の円は粒子 A のそれよりも小さく (図 12.14(b))、粒子 B においては原点 O が粒子 A におけるよりも先に円外にでる。両粒子の相関を考えに入れて、検討して欲しい。

衝突現象を記述する 4 変数 $(v'_A, \theta_A, v'_B, \theta_B)$ は一義的には決まらず、3 つの変数は他の 1 つの変数の従属変数となるとはじめに記した。ここでは、散乱角 θ_A をその変数にとった。つまり、衝突実験において粒子 A の散乱角 θ_A を測定すれば、具体的には、角 θ_A 方向に粒子 A の検出器を設置すれば、それで検出される粒子 A の速度 v'_A、さらには粒子 B の速度 v'_B ならびに散乱角 θ_B は測定しなくとも知ることができる、ということである。しかし、(1) の場合は散乱角 θ_A に飛び込んでくる粒子 A は異なる 2 つの速度をもちうるわけで、その各々に対応して粒子 B は異なる v'_B と θ_B をもつ (図 12.18)。この不定性を解消するためには、もう 1 つの情報量の測定が必要である。たとえば、v'_A の測定である。これにより不定性が解け一義的に粒子 B の v'_B と θ_B を測定しなくとも知ることができる。

素粒子や原子核実験の衝突反応の測定は本質的にはこのようなものである。研究現場では、起こる反応形態が弾性衝突のみでなく、多種の反応が起こるので対象とする衝突反応を確定するためにさらに多くの情報が要求される。また、実際の粒子反応の理解には相対論的取り扱いが必要であるが、粒子反応の運動学の本質的なことは上述したようなものである。

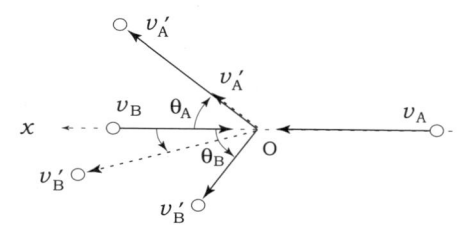

図 12.18 $V > \tilde{v}_A$ のとき、散乱角 θ_A を共通する 2 つの衝突 (実線と破線)

12-3-3 実験室系での衝突

上の1例として、もっとも簡単な場合として**実験室系** (laboratory coordinate system) での衝突をみよう。2粒子の一方の粒子が標的として静止している系のことである。いま、粒子 B を標的として静止させる ($v_B = 0$)。式 (12.38), (12.39) から $V, \tilde{v}_A$ は

$$V = \frac{m_A}{m_A + m_B} v_A \; ; \quad \tilde{v}_A = \frac{m_B}{m_A + m_B} v_A \, (= \tilde{v}'_A) \tag{12.47}$$

なので、$m_A > m_B$ であるかぎりは前述の (1) に対応し、$m_A < m_B$ であれば (2) である。

測定する系によって、たとえば、重心系と実験室系で散乱角が異なる理由は、座標系変換によって速度あるいは運動量の x 成分 (変換軸方向) のみが変化するのであって、垂直成分は変換に依存せず変化しないためである。重心系での散乱角は $\tilde{\theta}$ である。どの図でもよいが、ここでは図 12.15 を利用しよう。実験室系での粒子 A の速度ベクトルは

$$\begin{aligned} \boldsymbol{v}'_A &= (\tilde{v}'_A \cos \tilde{\theta} + V) \boldsymbol{e}_x + \tilde{v}'_A \sin \tilde{\theta} \boldsymbol{e}_y \\ &= \frac{v_A}{m_A + m_B} \left\{ (m_B \cos \tilde{\theta} + m_A) \boldsymbol{e}_x + m_B \sin \tilde{\theta} \boldsymbol{e}_y \right\} \end{aligned} \tag{12.48}$$

であるので、実験室系での散乱角 θ_A は

$$\tan \theta_A = \frac{m_B \sin \tilde{\theta}}{m_B \cos \tilde{\theta} + m_A} \tag{12.49}$$

となり、$\tilde{\theta}$ から θ_A が求まる。v'_A ならびに v'_B は各々式 (12.36)、(12.34) に $v_B = 0$ を代入することにより得られる。

ここで気づいたか。散乱角 θ_A は入射粒子の速度 v_A に依存しないことを。入射エネルギーが大きくなろうが、小さくなろうが、θ_A-$\tilde{\theta}$ の関係に変化はない。これは衝突を特徴付ける速度変数はいまの場合、v_A しか存在しないことによる。したがって、重心の速度 V も重心系での粒子速度 $\tilde{v}_{A,B}$ も、唯一の速度変数 v_A に比例する。$v'_{A,B}$ も同様に v_A に比例する。よって、散乱角 $\theta_{A,B}$ は速度の x 成分と y 成分の比であって分母分子で打ち消し合い、速度 v_A には依存しない。図 12.19 に (a) $\tilde{\theta}$-θ_A, (b) θ_A-v'_A/v_A の関係をプロットした。ラザフォードの実験では粒子 A が α 粒子 ($m_A \approx 4 m_p$)、粒子 B が静止した金の原子核 ($m_B \approx 197 m_p$) である。$m_B \gg m_A$ であるので、衝突後の α 粒子の速度 v'_A は散乱角 θ_A にほとんど依存せず、ほぼ一定 ($v'_A \approx v_A$) の大きさをもつ。$m_A = m_B$ では $\theta_A \leq \pi/2$、$m_A > m_B$ では前方散乱のみが力学的に許され、同じ θ_A をもつ $\tilde{\theta}$ が 2 つある。

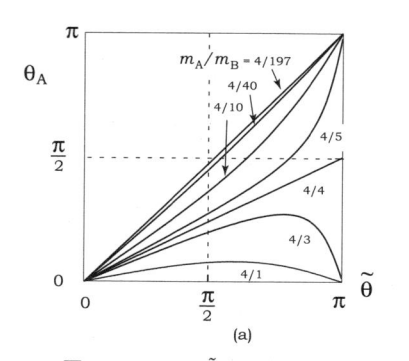

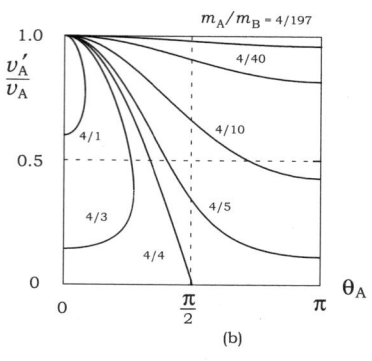

図 12.19 (a) $\tilde{\theta}$-θ_A, (b) θ_A-v'_A/v_A。粒子質量は m_A/m_B の比で示した。

問 粒子 B ($v_B = 0$) の散乱角を θ_B と記したとき、粒子 A の散乱角 θ_A は

$$\theta_A = \tan^{-1}\left(\frac{m_B \sin 2\theta_B}{m_A - m_B \cos 2\theta_B}\right) \tag{12.50}$$

と得られることを示せ。

問 $m_B \gg m_A$ のとき、散乱角 θ_A によらず $v'_A \approx v_A$ となることを示せ。

問 粒子 B について図 12.19 に対応する図を描いてみよ。

第13章

n 体系の運動へひろげる

ここまでに2体系の運動は重心と相対座標の運動に分離でき、それぞれ1体系の運動として扱い解析できることをみた。n 体の質点で構成される任意の多体系においても、重心と相対座標の運動に分離して同じ取り扱いができる。ここでは、その基本のみを扱う。

13-1　n 体系の運動方程式

n 体系においてはたらく力は、物体間に作用する**内力** $\boldsymbol{F}_{ij}$ ($i, j = 1, 2, \cdots, n$, 但し、$i \neq j$) と系外から作用する**外力** $\boldsymbol{F}_i$ がある (図13.1)。内力に関しては、作用・反作用の関係

$$\boldsymbol{F}_{ij} = -\boldsymbol{F}_{ji} \tag{13.1}$$

が成り立つ。任意の i 番目の物体の運動方程式は

$$m_i \ddot{\boldsymbol{r}}_i = \boldsymbol{F}_i + \sum_{j(\neq i)} \boldsymbol{F}_{ij} \tag{13.2}$$

と書ける。右辺第1項は系外から物体 i に作用する外力であり、第2項は系内の他のすべての物体 j から物体 i に作用する内力の総和である。$\sum_{j(\neq i)}$ は、$j=1$ から $j=n$ までのすべての物体 j が物体 i に及ぼす内力 $\boldsymbol{F}_{ij}$ について総和をとるが、但し、j は i を含まない ($j \neq i$)、つまり、自分自身との相互作用はないことを意味する。

個々の物体の運動方程式の総和をとると、

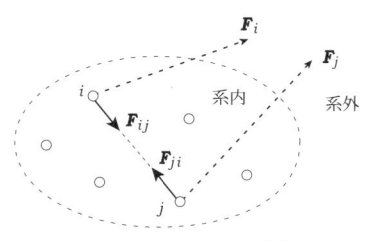

図 13.1　内力 $\boldsymbol{F}_{ij}$ と外力 $\boldsymbol{F}_i$

$$\sum_i m_i \ddot{\boldsymbol{r}}_i = \sum_i \left(\boldsymbol{F}_i + \sum_{j(\neq i)} \boldsymbol{F}_{ij} \right) = \sum_i \boldsymbol{F}_i + \sum_{i \neq j} \boldsymbol{F}_{ij} \tag{13.3}$$

となる。右辺第2項は2重総和の略記法にもとづいた[1]。右辺第2項は内力の総和で、作用・反作用の関係から

$$\sum_{i \neq j} \boldsymbol{F}_{ij} = \sum_{i \neq j} \frac{1}{2}(\boldsymbol{F}_{ij} + \boldsymbol{F}_{ji}) = 0 \tag{13.5}$$

であり、運動方程式 (13.3) の総和は

$$\sum_i m_i \ddot{\boldsymbol{r}}_i = \sum_i \boldsymbol{F}_i = \boldsymbol{F} \tag{13.6}$$

となる。外力の総和を $\boldsymbol{F}$ と記した。

13-1-1　n 体系の重心と相対座標

重心座標 $\boldsymbol{R}$ を

$$M\boldsymbol{R} = \sum_i m_i \boldsymbol{r}_i \quad \Rightarrow \quad \boldsymbol{R} = \frac{\sum_i m_i \boldsymbol{r}_i}{M} \tag{13.7}$$

$$M = \sum_i m_i \tag{13.8}$$

と定義する (図 13.2)。重心は物体の位置 $\boldsymbol{r}_i$ の**重み付き平均値** (加重平均値) である。この場合の重みは質量 m_i である。一般に、物理量 A_i が重み a_i をもって分布しているとき、その重み付き平均値 $\langle A \rangle$ は

$$\langle A \rangle = \frac{\sum_i a_i A_i}{\sum_i a_i} \tag{13.9}$$

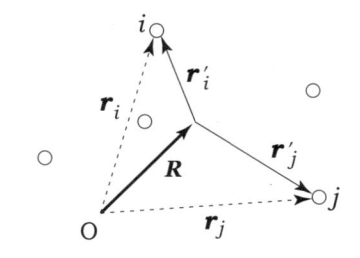

図 **13.2** 重心と相対座標

---

[1] $\sum$ の下付きの変数すべてについて総和をとる約束の表記である。ここでは、i ならびに j について2重の和を取るわけである。但し、自分自身との作用を除外するため、$i \neq j$ である。式 (13.2) の第2項では、変数 i は括弧内にあるため総和からはずれ、j のみに関する総和となっている。2重総和をつぎのように $\sum$ (summation) を2重に使って

$$\sum_i \sum_j{}' \tag{13.4}$$

と表示してもよい。ここで、ダッシュは $i \neq j$ を意味する約束である。

である (付録 F「原子核の崩壊」(p. 525) 参照)。相対座標 r'_i は

$$r_i = R + r'_i \tag{13.10}$$

と定義する。r'_i は重心 R に対する「相対」座標ベクトルであり、2 体系の場合の r_1^R, r_2^R (式 (9.16)) に相当する。第 9 章のときの「相対」は 2 物体間の意味で使われ、相対座標は $r = r_1 - r_2 (= r_1^R - r_2^R)$ と定義されたが (式 (9.18))、上のように重心 R に対する相対座標 r'_i を定めても、n 体系における物体 i-j 間の相対座標は 2 体系の使い方と矛盾せず、$r_{ij} = r_i - r_j = r'_i - r'_j$ である。

式 (13.10) に m_i を掛け、i について総和をとると、

$$\sum_i m_i r_i = \sum_i m_i R + \sum_i m_i r'_i = MR + \sum_i m_i r'_i \tag{13.11}$$

となる。重心の定義式 (13.8) と矛盾がないためには、上式の右辺第 2 項は

$$\sum_i m_i r'_i = 0 \tag{13.12}$$

でなければならない。これはまさに、重心が重み付き平均として定義された帰結である。

13-1-2　n 体系の運動量

式 (13.10) を時間微分し、m_i を掛け、i について総和をとると、

$$\sum_i m_i \dot{r}_i = \sum_i m_i \dot{R} + \sum_i m_i \dot{r}'_i = M\dot{R} + \sum_i m_i \dot{r}'_i \tag{13.13}$$

となる。右辺第 2 項は式 (13.12) を時間微分したものであって、ゼロである。つまり、相対座標の全運動量 P' は

$$\sum_i m_i \dot{r}'_i = \sum_i p'_i = P' = 0 \tag{13.14}$$

である。ここで相対座標の表記としてダッシュを用いた。したがって、式 (13.13) は

$$M\dot{R} = \sum_i m_i \dot{r}_i = \sum_i p_i = P \tag{13.15}$$

となる。系の全運動量 P は重心に全質量 M が集中したときの重心の運動量 $M\dot{R}$ に等しいことを意味する。これは相対座標の全運動量はゼロであるという式 (13.14) の帰結として自然に得られる結論である。

13-1-3　n 体系の運動方程式

さらに、式 (13.10) を時間で2階微分し、m_i を掛け、i について総和をとると、

$$\sum_i m_i \ddot{\boldsymbol{r}}_i = \sum_i m_i \ddot{\boldsymbol{R}} + \sum_i m_i \ddot{\boldsymbol{r}}'_i = M\ddot{\boldsymbol{R}} + \sum_i m_i \ddot{\boldsymbol{r}}'_i \tag{13.16}$$

となる。右辺第2項は式 (13.12) を時間で2階微分したものであって

$$\sum_i m_i \ddot{\boldsymbol{r}}'_i = 0 \tag{13.17}$$

ゼロである。したがって、

$$M\ddot{\boldsymbol{R}} = \sum_i m_i \ddot{\boldsymbol{r}}_i = \sum_i \boldsymbol{F}_i = \boldsymbol{F} \tag{13.18}$$

$$= \frac{\mathrm{d}}{\mathrm{d}t}\left\{\sum_i m_i \dot{\boldsymbol{r}}_i\right\} = \frac{\mathrm{d}\boldsymbol{P}}{\mathrm{d}t} \tag{13.19}$$

となる。第2式から第3、4式へは式 (13.6) を用いた。系の総体としての運動は全質量 M をもつ重心の運動方程式 ($\dot{\boldsymbol{P}} = \boldsymbol{F}$) で記述できる。これも相対座標の運動方程式 (13.17) の帰結として自然に得られる結論である。

13-1-4　n 体系の運動エネルギー

系全体の運動エネルギー T は個々の物体の運動エネルギーの総和であって

$$T = \sum_i \frac{1}{2} m_i \dot{\boldsymbol{r}}_i^{\,2} \tag{13.20}$$

である。式 (13.10) を時間微分し、重心と相対座標で上式を書き直すと、

$$T = \sum_i \frac{1}{2} m_i \left(\dot{\boldsymbol{R}}^2 + 2\dot{\boldsymbol{R}} \cdot \dot{\boldsymbol{r}}'_i + \dot{\boldsymbol{r}}'^{\,2}_i\right) = \sum_i \frac{1}{2} m_i \dot{\boldsymbol{R}}^2 + \dot{\boldsymbol{R}} \cdot \left(\sum_i m_i \dot{\boldsymbol{r}}'_i\right) + \sum_i \frac{1}{2} m_i \dot{\boldsymbol{r}}'^{\,2}_i$$

$$= \frac{1}{2} M \dot{\boldsymbol{R}}^2 + \sum_i \frac{1}{2} m_i \dot{\boldsymbol{r}}'^{\,2}_i \tag{13.21}$$

となる。第1行目の右辺の真ん中の項は式 (13.14) の関係、相対座標の全運動量＝ゼロ、から消去できる。したがって、全運動エネルギーは、第1項の重心の運動エネルギーと第2項の相対座標の全運動エネルギーの和に分離できる。

13-2　n 体系の角運動量

系の全角運動量 $\boldsymbol{L}$ は個々の角運動量 $\boldsymbol{\ell}_i$ の総和であり

$$\boldsymbol{L} = \sum_i \boldsymbol{\ell}_i = \sum_i \boldsymbol{r}_i \times \boldsymbol{p}_i \tag{13.22}$$

とする。運動量と同様にして、重心の角運動量 $\boldsymbol{L}_R$ と重心のまわりの角運動量 $\boldsymbol{L}'$ の和に書けることを示そう。位置ベクトル $\boldsymbol{r}_i = \boldsymbol{R} + \boldsymbol{r}'_i$ を上式に代入すると、

$$\begin{aligned}\boldsymbol{L} &= \sum_i \boldsymbol{R} \times \boldsymbol{p}_i + \sum_i \boldsymbol{r}'_i \times \boldsymbol{p}_i \\ &= \boldsymbol{R} \times \sum_i \boldsymbol{p}_i + \sum_i \boldsymbol{r}'_i \times \boldsymbol{p}_i = \boldsymbol{R} \times \boldsymbol{P} + \sum_i \boldsymbol{r}'_i \times \boldsymbol{p}_i = \boldsymbol{L}_R + \boldsymbol{L}'\end{aligned} \tag{13.23}$$

である。最終式で

$$\boldsymbol{L}_R = \boldsymbol{R} \times \boldsymbol{P} \tag{13.24}$$

$$\boldsymbol{L}' = \sum_i \boldsymbol{r}'_i \times \boldsymbol{p}_i \tag{13.25}$$

と記した。第 1 式 $\boldsymbol{L}_R$ は重心の角運動量、第 2 式 $\boldsymbol{L}' = \sum_i \boldsymbol{r}'_i \times \boldsymbol{p}_i$ は重心のまわりの角運動量 $\boldsymbol{L}'$ である。ここで、第 2 式を展開してみると、

$$\begin{aligned}\boldsymbol{L}' &= \sum_i \boldsymbol{r}'_i \times \boldsymbol{p}_i = \sum_i \boldsymbol{r}'_i \times m_i \dot{\boldsymbol{r}}_i \\ &= \sum_i \boldsymbol{r}'_i \times m_i (\dot{\boldsymbol{R}} + \dot{\boldsymbol{r}}'_i) = \left(\sum_i m_i \boldsymbol{r}'_i\right) \times \dot{\boldsymbol{R}} + \sum_i \boldsymbol{r}'_i \times m_i \dot{\boldsymbol{r}}'_i \\ &= \sum_i \boldsymbol{r}'_i \times \boldsymbol{p}'_i\end{aligned} \tag{13.26}$$

となる。2 行目第 2 式の第 1 項は重心の定義 $\sum_i m_i \boldsymbol{r}'_i = 0$ からゼロ。したがって、$\boldsymbol{L}' = \sum_i \boldsymbol{r}'_i \times \boldsymbol{p}_i = \sum_i \boldsymbol{r}'_i \times \boldsymbol{p}'_i$ である。

13-2-1　角運動量の運動方程式

角運動量についての方程式をみるために、全角運動量の時間微分 $\dot{\boldsymbol{L}}$ をとる。

$$\dot{\boldsymbol{L}} = \sum_i (\dot{\boldsymbol{r}}_i \times \boldsymbol{p}_i + \boldsymbol{r}_i \times \dot{\boldsymbol{p}}_i) \tag{13.27}$$

であり、右辺第 1 項は $\dot{\boldsymbol{r}}_i \parallel \boldsymbol{p}_i$ からゼロ。第 2 項に式 (13.2)

$$m_i \ddot{\boldsymbol{r}}_i = \dot{\boldsymbol{p}}_i = \boldsymbol{F}_i + \sum_{j(\neq i)} \boldsymbol{F}_{ij} \tag{13.2}$$

を代入し

$$\sum_i \boldsymbol{r}_i \times \dot{\boldsymbol{p}}_i = \sum_i \boldsymbol{r}_i \times \left(\boldsymbol{F}_i + \sum_{j(\neq i)} \boldsymbol{F}_{ij} \right) = \sum_i \boldsymbol{r}_i \times \boldsymbol{F}_i \tag{13.28}$$

を得る。上式真ん中の第 2 項である位置ベクトルと内力の外積の i, j についての総和がゼロである ($\sum_i \boldsymbol{r}_i \times \sum_{j(\neq i)} \boldsymbol{F}_{ij} = \sum_i \sum_j' \boldsymbol{r}_i \times \boldsymbol{F}_{ij} = 0$) ことを説明しておこう。

式 (13.29) に 2 物体間に作用する各々の内力を行列として示した。行は内力を受ける物体 (左端にその位置ベクトルを記す)、列は内力を及ぼす物体 (上端はその位置ベクトル) に対応する。内力と外積を構成する位置ベクトルは、左端に記した $\boldsymbol{r}_i$ ベクトルである。自分自身への内力はゼロであって、対角成分を構成する。

$$\begin{array}{c} \phantom{r_{i-1}\Rightarrow} \quad \cdots \quad \boldsymbol{r}_{i-1} \quad \boldsymbol{r}_i \quad \boldsymbol{r}_{i+1} \quad \cdots\cdots \quad \boldsymbol{r}_{j-1} \quad \boldsymbol{r}_j \quad \boldsymbol{r}_{j+1} \\ \phantom{r_{i-1}\Rightarrow} \quad\quad\quad \Downarrow \quad\quad \Downarrow \quad\quad \Downarrow \quad\quad\quad\quad \Downarrow \quad\quad \Downarrow \quad\quad \Downarrow \\ \begin{array}{r} \vdots \\ \boldsymbol{r}_{i-1} \Rightarrow \\ \boldsymbol{r}_i \Rightarrow \\ \boldsymbol{r}_{i+1} \Rightarrow \\ \vdots \\ \boldsymbol{r}_{j-1} \Rightarrow \\ \boldsymbol{r}_j \Rightarrow \\ \boldsymbol{r}_{j+1} \Rightarrow \\ \vdots \end{array} \left(\begin{array}{ccccccccc} \vdots & \vdots & \vdots & \vdots & \vdots & \vdots & \vdots & \vdots \\ \cdots & 0 & \boldsymbol{F}_{(i-1)i} & \cdots & \cdots\cdots & \cdots & \boldsymbol{F}_{(i-1)j} & \cdots \\ \cdots & \boldsymbol{F}_{i(i-1)} & 0 & \boldsymbol{F}_{i(i+1)} & \cdots\cdots & \boldsymbol{F}_{i(j-1)} & \boldsymbol{F}_{ij} & \boldsymbol{F}_{i(j+1)} \\ \cdots & \cdots & \boldsymbol{F}_{(i+1)i} & 0 & \cdots\cdots & \cdots & \boldsymbol{F}_{(i+1)j} & \cdots \\ \vdots & \vdots & \vdots & \vdots & \vdots & \vdots & \vdots & \vdots \\ \cdots & \cdots & \boldsymbol{F}_{(j-1)i} & \cdots & \cdots\cdots & 0 & \boldsymbol{F}_{(j-1)j} & \cdots \\ \cdots & \boldsymbol{F}_{j(i-1)} & \boldsymbol{F}_{ji} & \boldsymbol{F}_{j(i+1)} & \cdots\cdots & \boldsymbol{F}_{j(j-1)} & 0 & \boldsymbol{F}_{j(j+1)} \\ \cdots & \cdots & \boldsymbol{F}_{(j+1)i} & \cdots & \cdots\cdots & \cdots & \boldsymbol{F}_{(j+1)j} & 0 \\ \vdots & \vdots & \vdots & \vdots & \vdots & \vdots & \vdots & \vdots \end{array} \right) \end{array}$$

(13.29)

いま、i 番目と j 番目の物体間の内力に注目する。物体 i(位置ベクトル $\boldsymbol{r}_i$) が物体 j から受ける力は $\boldsymbol{F}_{ij}$ で、物体 j(位置ベクトル $\boldsymbol{r}_j$) が物体 i から受ける力は $\boldsymbol{F}_{ji}$ であり、作用・反作用の法則から $\boldsymbol{F}_{ij} = -\boldsymbol{F}_{ji}$ であることはすでに諸君は理解している。それらは行列の i-j 成分と j-i 成分であって、対角成分を境に対称に位置し、力は逆の方向を向いている反対称行列をつくる。この様子を式 (13.30) に示す。

$$\begin{pmatrix}
\vdots & \vdots & \vdots & \vdots & \vdots & \vdots & \vdots & \vdots \\
\cdots & 0 & \boldsymbol{F}_{(i-1)i} & \cdots & \cdots\cdots & \cdots & \boldsymbol{F}_{(i-1)j} & \cdots \\
\cdots & -\boldsymbol{F}_{(i-1)i} & 0 & \boldsymbol{F}_{i(i+1)} & \cdots\cdots & \boldsymbol{F}_{i(j-1)} & \boldsymbol{F}_{ij} & \boldsymbol{F}_{i(j+1)} \\
\cdots & \cdots & -\boldsymbol{F}_{i(i+1)} & 0 & \cdots\cdots & \cdots & \boldsymbol{F}_{(i+1)j} & \cdots \\
\vdots & \vdots & \vdots & \vdots & & \vdots & \vdots & \vdots \\
\cdots & \cdots & -\boldsymbol{F}_{i(j-1)} & \cdots & \cdots\cdots & 0 & \boldsymbol{F}_{(j-1)j} & \cdots \\
\cdots & -\boldsymbol{F}_{(i-1)j} & -\boldsymbol{F}_{ij} & -\boldsymbol{F}_{(i+1)j} & \cdots\cdots & -\boldsymbol{F}_{(j-1)j} & 0 & -\boldsymbol{F}_{(j+1)j} \\
\cdots & \cdots & -\boldsymbol{F}_{i(j+1)} & \cdots & \cdots\cdots & \cdots & -\boldsymbol{F}_{j(j+1)} & 0 \\
\vdots & \vdots & \vdots & \vdots & & \vdots & \vdots & \vdots
\end{pmatrix}$$
(13.30)

さて、このとき物体 i と j がつくる位置ベクトルと内力の外積の和は

$$\boldsymbol{r}_i \times \boldsymbol{F}_{ij} + \boldsymbol{r}_j \times \boldsymbol{F}_{ji} = (\boldsymbol{r}_i - \boldsymbol{r}_j) \times \boldsymbol{F}_{ij} \tag{13.31}$$

である。$\boldsymbol{r}_i - \boldsymbol{r}_j$ は j から i へ引いた距離（位置）ベクトルであって、すでに定義した相対座標 $\boldsymbol{r}_{ij}$ である。内力が万有引力やクーロン力のように作用線上に沿うものであれば、$\boldsymbol{r}_{ij}$ と $\boldsymbol{F}_{ij}$ は平行であって、式 (13.31) の外積はゼロである。式 (13.30) をみればわかるように、すべての 2 物体間でこの外積の関係が存在し、i と j の 2 重総和はゼロとなる。多くの教科書では当然のこととしてほとんど説明もしないが、内訳はこういうことである。

さて、質点系全体の力のモーメント $\boldsymbol{N}$ は外力ならびに内力を考慮に入れて

$$\boldsymbol{N} = \sum_i \boldsymbol{r}_i \times \left(\boldsymbol{F}_i + \sum_{j(\neq i)} \boldsymbol{F}_{ij} \right) \tag{13.32}$$

となるが、ここでも第 2 項の総和 $\sum_i \boldsymbol{r}_i \times \sum_{j(\neq i)} \boldsymbol{F}_{ij} = \sum_i \sum_j' \boldsymbol{r}_i \times \boldsymbol{F}_{ij} = 0$ から

$$\boldsymbol{N} = \sum_i \boldsymbol{r}_i \times \boldsymbol{F}_i \tag{13.33}$$

となり、外力のみが効く。よって、質点系においても角運動量の運動方程式は質点のそれとまったく同じ形式の

$$\dot{\boldsymbol{L}} = \boldsymbol{N} \tag{13.34}$$

になる。

力のモーメント $\boldsymbol{N}$ を重心とそのまわりの運動方程式に分離する。まず、上式右辺

の力のモーメントを展開する。

$$\begin{aligned}
\boldsymbol{N} &= \sum_i \boldsymbol{r}_i \times \boldsymbol{F}_i = \sum_i (\boldsymbol{R} + \boldsymbol{r}'_i) \times \boldsymbol{F}_i = \boldsymbol{R} \times \sum_i \boldsymbol{F}_i + \sum_i \boldsymbol{r}'_i \times \boldsymbol{F}_i \\
&= \boldsymbol{R} \times \boldsymbol{F} + \sum_i \boldsymbol{r}'_i \times \boldsymbol{F}_i = \boldsymbol{N}_R + \boldsymbol{N}'
\end{aligned} \tag{13.35}$$

上式右辺第1項の $\boldsymbol{N}_R = \boldsymbol{R} \times \boldsymbol{F}$ は重心にはたらく原点のまわりの力のモーメント、第2項の $\boldsymbol{N}' = \sum_i \boldsymbol{r}'_i \times \boldsymbol{F}_i$ は重心のまわりにはたらく力のモーメントの和である。系の角運動量の運動方程式 (13.34) の左辺に式 (13.23) を、右辺に式 (13.35) を代入すれば、

$$\dot{\boldsymbol{L}}_R + \dot{\boldsymbol{L}}' = \boldsymbol{N}_R + \boldsymbol{N}' \tag{13.36}$$

となり、重心とそのまわりの成分に展開はできた。しかし、両辺の第1項同士、第2項同士が等しいことを示す必要がある。まず、重心の角運動量を時間微分すると、

$$\begin{aligned}
\dot{\boldsymbol{L}}_R &= \frac{\mathrm{d}}{\mathrm{d}t}(\boldsymbol{R} \times \boldsymbol{P}) \\
&= \dot{\boldsymbol{R}} \times \boldsymbol{P} + \boldsymbol{R} \times \dot{\boldsymbol{P}} = \boldsymbol{R} \times \boldsymbol{F} \\
&= \boldsymbol{N}_R
\end{aligned} \tag{13.37}$$

を得る。第2行では $\dot{\boldsymbol{R}} \parallel \boldsymbol{P}$ を使った。同様に、重心のまわりの角運動量を時間微分すると、

$$\begin{aligned}
\dot{\boldsymbol{L}}' &= \frac{\mathrm{d}}{\mathrm{d}t}\left(\sum_i \boldsymbol{r}'_i \times \boldsymbol{p}_i\right) \\
&= \sum_i \dot{\boldsymbol{r}}'_i \times \boldsymbol{p}_i + \sum_i \boldsymbol{r}'_i \times \dot{\boldsymbol{p}}_i = \sum_i \boldsymbol{r}'_i \times \boldsymbol{F}_i \\
&= \boldsymbol{N}'
\end{aligned} \tag{13.38}$$

である。第2行第1式の第1項は

$$\begin{aligned}
\sum_i \dot{\boldsymbol{r}}'_i \times \boldsymbol{p}_i &= \sum_i (\dot{\boldsymbol{r}}_i - \dot{\boldsymbol{R}}) \times \boldsymbol{p}_i = \sum_i \dot{\boldsymbol{r}}_i \times \boldsymbol{p}_i - \dot{\boldsymbol{R}} \times \sum_i \boldsymbol{p}_i \\
&= \dot{\boldsymbol{R}} \times \boldsymbol{P} = 0
\end{aligned} \tag{13.39}$$

となって、$\dot{\boldsymbol{r}}_i \parallel \boldsymbol{p}_i$、$\dot{\boldsymbol{R}} \parallel \boldsymbol{P}$ のため、消える。

よって、系全体としてのみでなく、重心についても、重心のまわりの角運動量についても、ひとつの質点の場合と同じ形の運動方程式がそれぞれに成立する。

$$\dot{\boldsymbol{L}} = \boldsymbol{N} \qquad (13.34)$$
$$\dot{\boldsymbol{L}}_R = \boldsymbol{N}_R \qquad (13.37)$$
$$\dot{\boldsymbol{L}}' = \boldsymbol{N}' \qquad (13.38)$$

第IV部
こまの回転が語ること

第14章
剛体の回転に慣性モーメントをつかう

　ここからは、大きさのある物体の回転運動を扱う。しかし、大きさをもった物体は力が加われば一般に変形して、取り扱いが複雑になるので、ここでは簡単化して、変形しない理想的な物体を考える。つまり、**剛体**である。変形しないとは、剛体の各部分の相対位置関係が不変であることを意味する。

　また、大きさのある物体は細分割することにより、無数個の質点で構成される連続体と見なすことができ、前章で学んだ質点系の取り扱いが適用できる。

　剛体の回転運動は多少複雑にみえ、混乱をきたす可能性があるので、いま自分が学習している部分は全体構成のどこに位置しているのかを俯瞰的にみられるように、はじめに本章および次章の構成や留意点などを書いておく。

(1) 　前章の質点系の運動は、重心の運動と相対座標での運動に分離できた。同じように、剛体の運動は重心の運動とそのまわりの回転運動に分離できることを 14-1 節で学ぶ。前者は剛体の全質量をもつ質点の運動と等価であり、本章で再度復習する必要もない。ここでは後者の回転運動が課題なのである。そこで、まず、取り扱いが容易な、固定軸 (fixed axis) をもつ剛体の回転運動を本章および次章で扱う。

(2) 　つぎのことを常に頭に置いておこう。

　　「剛体の回転運動を表示する物理量は、剛体の固定軸（回転軸）まわりの角速度 ω と角運動量 L である。」

　角速度ベクトル ω の方向は回転軸上にあり、その大きさは剛体のまわる速さであるため視覚的に理解しやすい。一方、一般的には、角運動量ベクトル L は必ずしも角速度ベクトル ω と同一方向であるわけでなく、剛体の質量分布に依存するため、直感的に把握しづらい面がある。しかし、本章および次章においては軸対称な剛体を対象とし、両ベクトルが同一方向をもつ簡単な場合を扱う。

(3) 　この 2 つの物理量は慣性モーメント I (moment of inertia) を通して結びつく。固定軸を z 軸とすると、

$$L_z = I\omega_z \tag{14.1}$$

である。それは、(慣性) 質量が運動量と速度を通して関連したように、である。

$$\boldsymbol{p} = m\boldsymbol{v} \tag{14.2}$$

慣性モーメントとその算出法を 14-2 節、14-3 節で学ぶ。具体的に手を動かして、積分計算を習得する良い機会である。

(4) 慣性モーメント I が計算できるようになれば、次章において固定軸のまわりの回転運動の具体的な解析に進む。そこでは回転軸が固定されていて、角速度ベクトル $\boldsymbol{\omega}$ の方向が不変であるため、解析が容易である。適用する回転運動の方程式はすでに学んだ

$$\dot{\boldsymbol{L}} = \boldsymbol{N} \tag{14.3}$$

であり (たとえば、4-2 節をみよ)、$\boldsymbol{N}$ は力のモーメントである。これは質点の運動方程式

$$\dot{\boldsymbol{p}} = \boldsymbol{F} \tag{14.4}$$

に対応する。

具体的対象として、斜面をころがる剛体、物理振り子、ヨーヨー、ビリヤード球、戻るゴルフボールを扱う。

これが本章および次章の流れである。

14-1 重心のまわりの回転運動

直前の第 13 章において n 体質点系の運動の取り扱いをまとめたので、ここでは重心のまわりの回転運動から剛体の取り扱いに入ってゆく。

14-1-1 剛体の回転自由度は 3 つ

剛体では各部分の相対位置関係は不変である。よって、剛体の運動を記述するに必要な変数は、以下に示すようにたった 6 つでよい。

剛体は無数個の質点で構成される質点系であるので、剛体の運動も 2 つに分離できる。1 つは重心運動であり、その自由度 (degree of freedom) は質点の運動を記述する変数と同じく重心座標の 3 つである。各部分同士の相対位置関係が不変な剛体

では、もう1つの運動は重心のまわりの回転運動である。その記述には3つの自由度が必要となる。

たとえば、身の回りにある物体を手にとってみよう (図 14.1)。物体の様子を記述するためには、まず重心位置を3つの自由度で指定する。つぎに、重心 G [1] を通る任意の軸をとろう。その軸が座標系に対してどのような角度をもっているかを示すことによって軸を指定することができる。それには、極座標表示で採用したよう

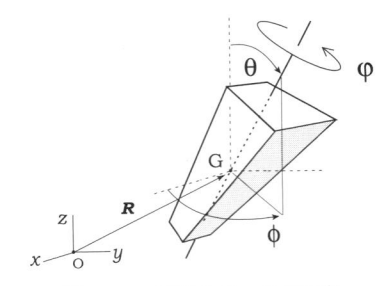

図 14.1 剛体と3つの回転角

な子午線方向の角 (極角) θ と方位角 ϕ の2変数が必要となる。軸を指定できたとしても、剛体は軸を中心として任意の回転ができる自由度が残っている。したがって、最後に、この軸を中心とした回転角 φ の大きさを指定する必要がある。これが3番目の変数である。

剛体の回転とは、これらの角 θ, ϕ, φ が時間とともに変化する運動のことである。この章で扱う固定軸のまわりの回転運動とは、θ と ϕ 角で指定された軸の方向が時間的に変化せず、その軸を中心として剛体が回転する運動である。図 14.1 での角 φ のみが時間的に変動する状態である。

14-1-2 角速度は剛体のすべての領域で同じ

明確な事項を書く。

角速度 $\boldsymbol{\omega}$ で回転する剛体はどの部分をとっても、同じ角速度 $\boldsymbol{\omega}$ で回転する。

剛体各領域 (微小質量 m_i) の回転速度 $\boldsymbol{v}_i'$ は領域の座標位置 $\boldsymbol{r}_i'$ に依存 (回転軸からの距離に比例) するが、角速度 $\boldsymbol{\omega}$ は共通する。

$$\boldsymbol{v}_i' = \boldsymbol{r}_i' \times \boldsymbol{\omega} \qquad (14.5)$$

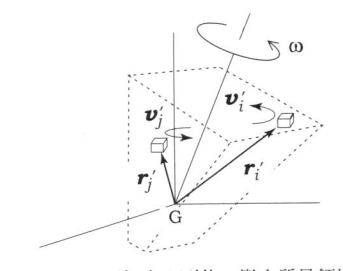

図 14.2 回転する剛体の微小質量領域

---

[1] 前章までは重心の位置ベクトルを $\boldsymbol{R}$ と表記したのにともない、重心を R で記した。諸君を混乱させて申し分けないが、これからは、万有引力定数 G との混同の心配がないため、通例にしたがって重心 (center of gravity) を R に替わり G と記す。

14-1-3 重心のまわりの回転運動

剛体を微小体積片に分割する。重心 G は座標原点 O に対して回転する勢い、つまり、角運動量 $\boldsymbol{L}_G$ をもつ。その角運動量の運動方程式は式 (13.37)

$$\dot{\boldsymbol{L}}_G = \boldsymbol{N}_G \tag{14.6}$$

であり、$\boldsymbol{L}_G$ ならびに重心にはたらく力のモーメント $\boldsymbol{N}_G$ は

$$\boldsymbol{L}_G = \boldsymbol{R} \times \boldsymbol{P}, \qquad \boldsymbol{N}_G = \boldsymbol{R} \times \boldsymbol{F} \tag{14.7}$$

であって、$\boldsymbol{P}$ ならびに $\boldsymbol{F}$ は剛体の全運動量と剛体にはたらく力の総和である。

また、重心のまわりの剛体の回転運動は方程式 (13.38) で、重心のまわりの角運動量 $\boldsymbol{L}'$ と重心のまわりの力のモーメント $\boldsymbol{N}'$ で

$$\dot{\boldsymbol{L}}' = \boldsymbol{N}' \tag{14.8}$$

と記述でき、

$$\boldsymbol{L}' = \sum_i \boldsymbol{r}'_i \times \boldsymbol{p}_i, \qquad \boldsymbol{N}' = \sum_i \boldsymbol{r}'_i \times \boldsymbol{F}_i \tag{14.9}$$

である。$\boldsymbol{r}'_i$ は重心から i 番目の微小体積片への相対距離、$\boldsymbol{p}_i$ ならびに $\boldsymbol{F}_i$ は体積片の運動量とそれにはたらく力である。

14-1-4 回転のエネルギーと慣性モーメント

では、重心 G を貫く軸 (z 軸) のまわりの回転運動を扱い、回転を記述するための重要な量である「**慣性モーメント**」(moment of inertia) を導入する。剛体の運動を重心の運動とそのまわりの運動に分離した流れにしたがって、また理解の容易さからも、ここではまず「軸が重心を通る」設定のもとで慣性モーメントを扱うが、軸が重心を通ることは本質ではない。そのことは本章 (14-2-4 小節「平行軸の定理」) ならびに以降の章で扱っているので、読みすすむとともに理解できる。

さて、回転する剛体の重心に対する相対的な運動エネルギー T' (式 (13.21) の右辺第 2 項)、すなわち、回転エネルギー

$$T' = \sum_i \frac{1}{2} m_i \dot{\boldsymbol{r}}'^{\,2}_i \tag{14.10}$$

を考える。

$\boldsymbol{r}'_i$ は重心からの距離ベクトルであるが、幾度もいうように、剛体は変形しないので

その大きさ r'_i は時間変化しない。ベクトルの方向が変化するだけである。また、剛体のすべての領域の角速度は共通である、こともすでに強調した。したがって、角速度を $\boldsymbol{\omega}$、回転軸からの距離を $r'_{i\perp}$ と表示すれば（図14.3）、各領域の回転速度は

$$\dot{r}'_i = r'_{i\perp}\omega \tag{14.11}$$

となる。よって、回転の運動エネルギー T' は

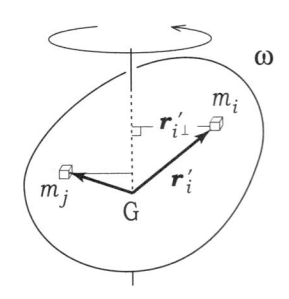

図14.3 固定軸のまわりに回転する剛体

$$T' = \sum_i \frac{1}{2}m_i \dot{r}'^2_i = \sum_i \frac{1}{2}m_i \left(r'_{i\perp}\omega\right)^2 = \frac{1}{2}\left(\sum_i m_i r'^2_{i\perp}\right)\omega^2 \tag{14.12}$$

と書ける。最右辺は2つの要素の積の形である。括弧内は剛体の（慣性）質量分布にのみ依存し、回転の角速度 ω とは独立した量である。これを**慣性モーメント**という。慣性モーメントは回転軸に対して決まるもので、同じ物体でも回転軸が違うと異なる。「回転軸まわりの」が省略されることもあるので、注意が要る。運動エネルギーは慣性質量と速度の2乗の積 $((1/2)m\dot{r}^2)$ であり、前者は物体の運動とは独立した物体固有の力学量であって、運動の変化のしにくさ程度を表現する量であった。いまの場合、運動とは回転運動のことであって、重心に対する運動エネルギーとは回転軸まわりの回転のエネルギーのことである。この回転のエネルギーは慣性モーメントと角速度の2乗の積であって、慣性モーメントは回転の変化のしにくさの程度を表す力学量である。通常、慣性モーメントは I で表示し

$$I = \sum_i m_i r'^2_{i\perp} \tag{14.13}$$

である。

剛体の運動エネルギーは、したがって、重心の運動エネルギーとこの回転のエネルギーの和の形

$$T = \frac{1}{2}M\dot{\boldsymbol{R}}^2 + \frac{1}{2}I\omega^2 \tag{14.14}$$

に書ける。角速度は角の変化率 $\omega = \dot{\theta}$ であるので、上式は

$$T = \frac{1}{2}M\dot{\boldsymbol{R}}^2 + \frac{1}{2}I\dot{\theta}^2 \tag{14.15}$$

と書いてもいい[2]。慣性質量 M と慣性モーメント I が、速度 $\dot{\boldsymbol{R}}$ と角速度 $\boldsymbol{\omega}$ が対応

---

[2] 3-1-5 小節「角と角速度」(p. 65) で議論したように、角は一般にベクトルでないこと、角の変化量で

し、重心の並進運動の運動エネルギーと回転運動の運動エネルギーがきれいな対応形式を示す。

$$M \leftrightarrow I$$
$$\boldsymbol{R}, \dot{\boldsymbol{R}} \leftrightarrow \theta, \boldsymbol{\omega}$$
$$\frac{1}{2}M\dot{\boldsymbol{R}}^2 \leftrightarrow \frac{1}{2}I\omega^2 \ \left(\frac{1}{2}I\dot{\theta}^2\right) \quad (14.16)$$

○ モーメント

　物理学における**モーメント** (moment) とは、定点に対する物理量の回転の能力を示すもので、定点からの方向性を考慮して距離 r との積で表現される。

　力のモーメント ($\boldsymbol{N} = \boldsymbol{r} \times \boldsymbol{F}$) は、力と力に垂直な定点からの距離の積であって、回転力の強さを表示する。また、角運動量 ($\boldsymbol{\ell} = \boldsymbol{r} \times \boldsymbol{p}$) も同様に、運動量 $\boldsymbol{p}$ の物体の回転する勢いであることは諸君はすでに知っている。慣性モーメントは質量と回転軸に垂直な距離の2乗の積であり、物体が回転に対して示す慣性（動きにくさ）の程度を表す。このほかにも、電気双極子モーメント、磁気モーメントなどがある。

14-2　角運動量と慣性モーメント

　物体の回転運動は角運動量 $\boldsymbol{L}$ の運動方程式

$$\dot{\boldsymbol{L}} = \boldsymbol{N} \quad (14.3)$$

で記述され、この方程式を解くことによって回転運動は解析できる。そこで、まず、左辺に注目し簡単な剛体の例をとりあげてその角運動量ベクトル $\boldsymbol{L}$ を書き出し、その取り扱いにともなう一般的特徴を学ぼう。「重心のまわりの」という意味で物理量にダッシュを付けてきたが、繁雑なので以降除く。

　簡単な例として、密度一様な円柱形（半径 a, 長さ b, 質量 M）の剛体を取り上げる。円柱の重心 G を座標原点 O にとり、その中心軸（当然原点 O を通る）を軸として回転し、回転軸 (z 軸) は時間とともに変動せず不動であると考える（図 14.4(a)）。剛体の回転の速さは角速度 $\boldsymbol{\omega}$ であって、$\boldsymbol{\omega}$ は当然中心軸 (z 軸) の方向を向く。

　剛体の各部の相対位置関係は変化しないで、中心軸からの距離が異なってもすべての部分は同じ角速度 $\boldsymbol{\omega}$ で回転する。回転軸を z 軸にとるので、剛体のあらゆる部分はその対応する z 値が一定の x-y 平面内を回転運動（円運動）する。

　円柱を図 14.4(b) のように、回転軸 (z 軸) に垂直な充分薄い厚さ Δz の円板に n 分

ある角速度はベクトルであることを思いだせ。

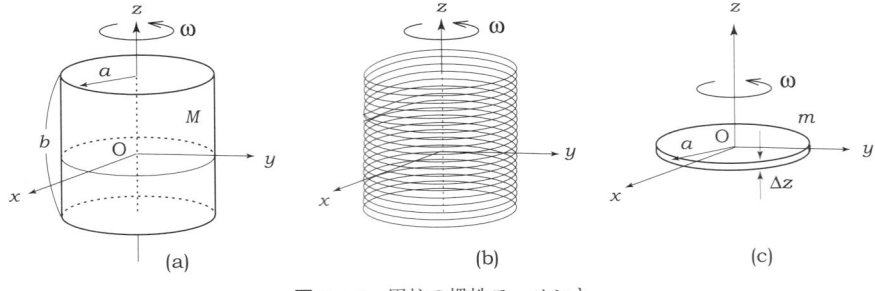

328　第 14 章　剛体の回転に慣性モーメントをつかう

図 14.4 円柱の慣性モーメント

割しよう ($b = n\Delta z$)。角運動量 $\boldsymbol{L}$ は個々の円板 (図 14.4(c)) の角運動量 $\Delta \boldsymbol{L}_i$ (i は円柱を分割してできた円板の番号) の総和

$$\boldsymbol{L} = \sum_{i=1}^{n} \Delta \boldsymbol{L}_i \tag{14.17}$$

として求められるので、まず、1つの円板の角運動量を求めよう。

14-2-1　円板の角運動量と慣性モーメント

　座標原点 O を中心とする密度一様な円板 (質量 m, 半径 a, 充分薄い厚み Δz) を図 14.5 に示す。円板の中心 O を回転軸 (z 軸) が貫く。円板を微小体積領域に分割する。中心 O から距離 $\boldsymbol{r}_j$ にある任意の微小体積 Δv_j の質量 Δm_j は $\Delta m_j = \rho(\Delta v)_j = \rho(\Delta x \Delta y \Delta z)_j$ である。ρ は質量密度である。この微小体積の角運動量 $\boldsymbol{\ell}_j$ は定義より

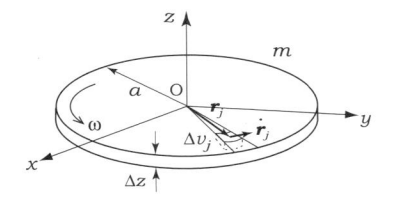

図 14.5 円板の慣性モーメント

$$\boldsymbol{\ell}_j = \boldsymbol{r}_j \times \boldsymbol{p}_j = \boldsymbol{r}_j \times (\Delta m_j \dot{\boldsymbol{r}}_j) \tag{14.18}$$

であって、$\boldsymbol{p}_j$ はこの Δm_j の運動量である。円板は x-y 平面での回転運動をしているので、2次元の極座標表示ではその速度 $\dot{\boldsymbol{r}}_j$ は

$$\dot{\boldsymbol{r}}_j = \dot{r}_j \boldsymbol{e}_r + r_j \dot{\theta} \boldsymbol{e}_\theta = r_j \omega \boldsymbol{e}_\theta \tag{14.19}$$

である。剛体のため、$\dot{r}_j = 0$ であることを使った。ω は $\dot{\theta}$ のことである。$\boldsymbol{e}_\theta$ の方向は回転とともに変化するが、x-y 平面内にあり、かつ $\boldsymbol{r}_j$ に垂直な方向 ($\boldsymbol{r}_j \perp \dot{\boldsymbol{r}}_j$) を

もつ。

よって、式 (14.18) は

$$\boldsymbol{\ell}_j = r_j \boldsymbol{e}_r \times (\Delta m_j r_j \omega \boldsymbol{e}_\theta) = \Delta m_j r_j^2 \omega \, (\boldsymbol{e}_r \times \boldsymbol{e}_\theta) = \Delta m_j r_j^2 \omega \boldsymbol{e}_z \quad (14.20)$$

となる。最右辺へは極座標系の基本ベクトルの外積の関係 (式 (C.48), $\boldsymbol{e}_r \times \boldsymbol{e}_\theta = \boldsymbol{e}_z$) を使った。円板の角運動量 $\Delta \boldsymbol{L}_i$ は

$$\Delta \boldsymbol{L}_i = \sum_j \Delta m_j r_j^2 \omega \boldsymbol{e}_z = \rho \omega \left(\sum_j r_j^2 (\Delta v)_j \right) \boldsymbol{e}_z \;\Rightarrow\; \rho \omega \int_v r^2 \mathrm{d}v \, \boldsymbol{e}_z \quad (14.21)$$

を計算すればよい。最右辺においては $\lim(\Delta v)_j \to 0$ の極限操作により総和 $\sum_j$ から積分 $\int_v$ に移行した。$\mathrm{d}v = r \mathrm{d}r \mathrm{d}\theta \Delta z$、$\rho = m/(\pi a^2 \Delta z)$ から

$$\begin{aligned}
\Delta \boldsymbol{L}_i &= \rho \omega \left(\int_0^a \int_0^{2\pi} r^3 \mathrm{d}r \mathrm{d}\theta \right) \Delta z \boldsymbol{e}_z = \left(\frac{m}{\pi a^2 \Delta z} \right) \omega \left(\frac{a^4}{4} 2\pi \right) \Delta z \boldsymbol{e}_z \\
&= \left(\frac{a^2 m}{2} \right) \omega \boldsymbol{e}_z
\end{aligned} \quad (14.22)$$

を得る。

この場合、円板の角運動量 $\Delta \boldsymbol{L}_i$ は角速度 $\boldsymbol{\omega}$ と同じく z 方向を向いている。ここで角運動量が 2 つの要素の積で構成されていることに注意しよう。上式括弧内の $a^2 m/2$ は円板の回転様式に関係しない量である。一方、$\omega \boldsymbol{e}_z$ は回転速度 $\boldsymbol{\omega}$ そのものであって、回転を表現する量である。式 (14.21) の最左辺を再度記すと、

$$\Delta \boldsymbol{L}_i = \left(\sum_j \Delta m_j r_j^2 \right) \omega \boldsymbol{e}_z \quad (14.21)$$

であって、括弧内はまさに前出の**慣性モーメント**である。いまの場合、充分薄い円板の慣性モーメント を I_i と記すと、角運動量は

$$\Delta \boldsymbol{L}_i = I_i \boldsymbol{\omega} \quad (14.23)$$

であり、慣性モーメントと角速度の積で構成される。そして、式 (14.22) の積分計算から

$$I_i = \frac{1}{2} a^2 m \quad (14.24)$$

であることが分かる。ここで、m は円板の質量である。

慣性モーメントの次元は、$[\mathrm{L}^2 \mathrm{M}]$ であって、単位は $\mathrm{m}^2 \cdot \mathrm{kg}$ である。

14-2-2 円柱の角運動量と慣性モーメント

　分割された薄い円板の角運動量が求まったのだから、円柱の角運動量は個々の薄い円板の角運動量をベクトル的に足し合わせればよい。

　しかし、少し注意が要る。

　図 14.6 をみてみよう。同じ円板であるが、その回転面が $z \neq 0$ にある。軸対称の円板であるため、以下で述べることを知らなくても最終的には正しい解答にたどり着くが、一般的に剛体を扱うとき、以降でさらに詳しく学ぶために、知っていなくてはならない事項があるので、ここで少し説明しておこう。

　質量 Δm_j の微小領域の角運動量 $\boldsymbol{\ell}_j$ は式 (14.18) であって

$$\boldsymbol{\ell}_j = \boldsymbol{r}_j \times \boldsymbol{p}_j = \boldsymbol{r}_j \times (\Delta m_j \dot{\boldsymbol{r}}_j) \tag{14.18}$$

であるが、いまの場合、原点 O は円板外にある。位置ベクトル $\boldsymbol{r}_j$ は、したがって、3 次元の成分をもつ。ここでは、z 方向成分 $\boldsymbol{r}_{j\parallel}$ ($= z\boldsymbol{e}_z$) と x-y 成分 (円板面)$\boldsymbol{r}_{j\perp}$ ($= r_{j\perp}\boldsymbol{e}_\perp = \sqrt{x^2 + y^2}\boldsymbol{e}_\perp$、ここで $\boldsymbol{e}_\perp$ は円板上の回転中心から微小領域へ向かう単位ベクトルであり、$\boldsymbol{e}_\theta$ に垂直である) に分割して

$$\boldsymbol{r}_j = \boldsymbol{r}_{j\parallel} + \boldsymbol{r}_{j\perp} = z\boldsymbol{e}_z + r_{j\perp}\boldsymbol{e}_\perp \tag{14.25}$$

と表示しよう。円板は x-y 平面に平行に回転するため、速度ベクトル $\dot{\boldsymbol{r}}_j$ は x-y 成分のみをもち、式 (14.19) と同様に

$$\dot{\boldsymbol{r}}_j = \dot{\boldsymbol{r}}_{j\perp} = r_{j\perp}\omega \boldsymbol{e}_\theta \tag{14.26}$$

となる。よって、角運動量ベクトル $\boldsymbol{\ell}_j$ は

$$\boldsymbol{\ell}_j = (z\boldsymbol{e}_z + r_{j\perp}\boldsymbol{e}_\perp) \times \Delta m_j r_{j\perp}\omega \boldsymbol{e}_\theta = \omega \Delta m_j \left\{ z r_{j\perp}(\boldsymbol{e}_z \times \boldsymbol{e}_\theta) + r_{j\perp}^2(\boldsymbol{e}_\perp \times \boldsymbol{e}_\theta) \right\}$$

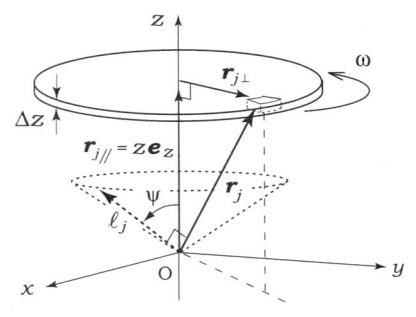

図 14.6 回転面が $z \neq 0$ にある円板の慣性モーメントと角運動量

$$= -\Delta m_j r_{j\perp} z\omega \boldsymbol{e}_\perp + \Delta m_j r_{j\perp}^2 \omega \boldsymbol{e}_z \tag{14.27}$$

である。

　上式と $z=0$ 面で回転する微小体積の角運動量 (式 (14.20)) を比較してみよ。上式で $z=0$ とすれば、$r_{j\perp} = r_j$ となることから、上式の第2項が式 (14.20) と同じものであることは分かる。一方、第1項は $z \neq 0$ のために生じる角運動量成分であって、$-\boldsymbol{e}_\perp$ の方向、つまり、回転軸に対して微小体積と反対の方向を向く。そして、第2項は z 軸方向成分であり時間変動しないのに対し、第1項は微小体積部分の回転とともに大きさは変化しないが、その $\boldsymbol{e}_\perp$ の方向は時間的に変動する。すなわち、$\boldsymbol{\ell}_j$ ベクトルは角 ψ をもつ円錐面上を回転する (図 14.6)。

$$\tan\psi = \frac{\ell_j \text{の} \perp \text{成分}}{\ell_j \text{の} z \text{成分}} = \frac{z}{r_{j\perp}} \tag{14.28}$$

このように一般的に扱うと $\boldsymbol{\ell}_j$ は2つの成分をもっていることが分かる。

　しかし、読者はすでに気づいていると思うが、円板を扱う限りは $\boldsymbol{\ell}_j$ の第1項成分は消滅する。円板の角運動量 $\Delta \boldsymbol{L}_i$ は

$$\Delta \boldsymbol{L}_i = \sum_j \boldsymbol{\ell}_j = \sum_j \Delta m_j \omega(-z r_{j\perp}\,\boldsymbol{e}_\perp + r_{j\perp}^2\,\boldsymbol{e}_z) \tag{14.29}$$

であり、回転軸に対して対称であって同一半径 $r_{j\perp}$ をもつ対向する微小体積部分の第1項同士が打ち消し合い、総体としてその寄与は消える。一方、第2項成分は前節で求めた角運動量と同一であり

$$\Delta \boldsymbol{L}_i = \rho\omega \int_0^a \int_0^{2\pi} r_\perp^2 (r_\perp \mathrm{d}r_\perp \mathrm{d}\theta \Delta z)\boldsymbol{e}_z = \left(\frac{a^2 m}{2}\right)\omega \boldsymbol{e}_z \tag{14.30}$$

である。

　実は、z 軸方向以外の角運動量成分がゼロとなるには、必ずしも剛体が軸対称である必要はない。このことについては、主慣性軸や主慣性モーメントを学ぶ第16章での議論までお預けとして、この章では軸対称な剛体を扱う。

　さて、円柱の角運動量 $\boldsymbol{L}$ は薄く細分化された円板の角運動量 $\Delta \boldsymbol{L}_i$ を足し合わせることによって

$$\boldsymbol{L} = \sum_i \Delta \boldsymbol{L}_i = \sum_i \left(\frac{a^2 m}{2}\right)\omega \boldsymbol{e}_z = \sum_i \left\{\frac{a^2(\rho\pi a^2 \Delta z)_i}{2}\right\}\omega \boldsymbol{e}_z$$

$$\Rightarrow \boldsymbol{L} = \lim_{\Delta z \to 0} \sum_i \Delta \boldsymbol{L}_i = \frac{a^2(\pi a^2 b \rho)}{2b}\omega \int_{-b/2}^{+b/2} \mathrm{d}z\,\boldsymbol{e}_z = \left(\frac{a^2 M}{2}\right)\omega \boldsymbol{e}_z$$

$$= I\boldsymbol{\omega} \tag{14.31}$$

と求められる。ここで M は円柱の質量であり、$M = \pi a^2 b \rho$ である。円柱の慣性モーメントは

$$I = \frac{1}{2}a^2 M \tag{14.32}$$

である。このとき、角運動量ベクトル $\boldsymbol{L}$ と角速度ベクトル $\boldsymbol{\omega}$ は同じ方向をもつ。

問 上で求めた円板の慣性モーメントを利用して、図 14.7 の円錐体の z 軸まわりの慣性モーメントを求めよ (答えは表 14.1 に)。

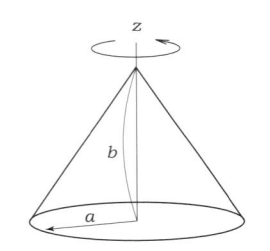

図 **14.7** 円錐の慣性モーメント

14-2-3 一般の慣性モーメント

固定軸まわりの剛体の回転運動、特に、剛体の質量分布が固定軸 (z 軸) に対称な円柱の場合を例にとり、その角運動量 $\boldsymbol{L}$ は慣性モーメント I と角速度 $\boldsymbol{\omega}$ の積で表現できることをみた。そして、慣性モーメント I は

$$I = \lim_{\Delta m_j \to 0} \sum_j r_{j\perp}^2 \Delta m_j = \int_v r_\perp^2 \, \mathrm{d}m = \int_v r_\perp^2 \, (\rho \mathrm{d}v) \tag{14.33}$$

であって、質量分布の $r_\perp^2$ についての積分である。これを全質量 M で割ると $r_\perp^2$ の平均値 $\langle r_\perp^2 \rangle$ である[3]。

$$\langle r_\perp^2 \rangle = \frac{\int_v r_\perp^2 \, \mathrm{d}m}{\int_v \mathrm{d}m} = \frac{I}{M} \tag{14.34}$$

つまり、慣性モーメントは

---

[3] 付録 F「原子核の崩壊」(p. 525) において平均値について説明した。

$$I = \langle r_\perp^2 \rangle M \tag{14.35}$$

となる。全質量 M をもつ有限の大きさの剛体の慣性モーメントは、固定軸から距離 $\sqrt{\langle r_\perp^2 \rangle}$ のところに質量が集中したリング状の剛体の慣性モーメントと等価である (14-3-4 小節「円殻の慣性モーメント」の式 (14.65) をみよ)。円板ならびに円柱の慣性モーメントはそれぞれ式 (14.24), (14.32) で与えられ、両者とも $\langle r_\perp^2 \rangle$ は

$$\langle r_\perp^2 \rangle = \frac{1}{2}a^2 \quad \Rightarrow \quad \sqrt{\langle r_\perp^2 \rangle} = \frac{1}{\sqrt{2}}a \tag{14.36}$$

である。$r_\perp$ の平均ではなく、$r_\perp^2$ の平均として現れる理由は、回転の運動エネルギーも角運動量も $r_\perp^2$ に比例するためである。下のように考えればよい。

$$\begin{aligned} T &= \frac{1}{2}\sum_i m_i \dot{r}_i^2 \quad \Rightarrow \quad \frac{1}{2}M\langle v^2 \rangle = \frac{1}{2}M\langle r_\perp^2 \rangle \omega^2 = \frac{1}{2}I\omega^2 \\ L &= \sum_i m_i r_{i\perp}^2 \omega \quad \Rightarrow \quad M\langle r_\perp^2 \rangle \omega = I\omega \end{aligned} \tag{14.37}$$

ここで $v = r_\perp \omega$ から $\langle v^2 \rangle = \langle r_\perp^2 \rangle \omega^2$ と関係づけた。また、慣性モーメントはつねに全質量 M 因子をともない、次元は $[\mathrm{L}^2\mathrm{M}]$ となる。

○ 数学におけるモーメント (moment)

x を変数とする関数 $f(x)$ に対して

$$\mu_n = \int_{-\infty}^{\infty} x^n f(x) \mathrm{d}x \tag{14.38}$$

を n 次モーメントという。

ここでは、$x = r_\perp$ であり、質量密度 ρ が関数 $f(x)$ に対応している ($f(x)\mathrm{d}x \to \rho \mathrm{d}v = \mathrm{d}m$)。0 次モーメントは

$$\mu_0 = \int \rho \mathrm{d}v = \int \mathrm{d}m = M \tag{14.39}$$

であって、積分は剛体に亘る体積積分である。1 次、2 次のモーメントは

$$\mu_1 = \int r_\perp \rho \mathrm{d}v = \int r_\perp \mathrm{d}m = M\langle r_\perp \rangle \tag{14.40}$$

$$\mu_2 = \int r_\perp^2 \rho \mathrm{d}v = \int r_\perp^2 \mathrm{d}m = M\langle r_\perp^2 \rangle \tag{14.41}$$

であって、前者は全質量 M で割ると $r_\perp$ の平均値、後者は全質量 M で割ると $r_\perp^2$ の平均値である。

諸君は統計学の方ですでに分散 σ^2、標準偏差 σ というよび方で、2 次モーメントもよく知っているかもしれない。

$$\mu_2 = \sigma^2, \qquad \sigma = \sqrt{\mu_2} \tag{14.42}$$

14-2-4 平行軸の定理

慣性モーメントを求めるのに、回転軸が剛体の対称軸と一致しなくとも、そのずれが平行な場合は、**平行軸の定理** (parallel-axis theorem) が役に立つ。

1例として、上記の円板を取り上げよう。

回転軸 O′ が円板の対称軸 O から平行に h だけ離れている場合を考える (図 14.8)。O′ は O から距離と方向を含め $\boldsymbol{h}$ にあるとする。

軸から微小体積領域への距離ベクトル $\boldsymbol{r}'_\perp$ は

$$\boldsymbol{r}'_\perp = \boldsymbol{r}_\perp - \boldsymbol{h} \tag{14.43}$$

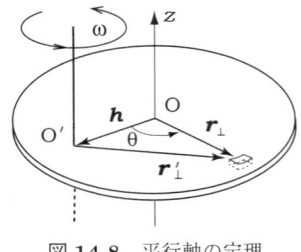

図 14.8 平行軸の定理

であるので、$r'^{\,2}_\perp$ は

$$r'^{\,2}_\perp = (\boldsymbol{r}_\perp - \boldsymbol{h})^2 = r_\perp^2 - 2r_\perp h \cos\theta + h^2 \tag{14.44}$$

ここで、θ は $\boldsymbol{r}_\perp$ と $\boldsymbol{h}$ のなす角である。したがって、回転軸 O′ まわりの慣性モーメント I'_z は

$$I'_z = \int \rho r'^{\,2}_\perp \, dv \tag{14.45}$$

であって、剛体にわたり微小体積で積分を行なう。微小体積は $dv = r_\perp dr_\perp d\theta \Delta z$ であり、積分範囲は $r_\perp = 0 \to a, \theta = 0 \to 2\pi$ であって、

$$\begin{aligned} I'_z &= \int \rho \left(r_\perp^2 - 2r_\perp h \cos\theta + h^2 \right) dv = \rho \left\{ \int r_\perp^2 dv - 2h \int r_\perp \cos\theta \, dv + h^2 \int dv \right\} \\ &= I_z - 2\rho h \int r_\perp \cos\theta \, dv + h^2 M \tag{14.46} \\ &= I_z + h^2 M \tag{14.47} \end{aligned}$$

となる。これが**平行軸の定理**である。第 2 式右辺の第 2 項の $\theta = 0 \to 2\pi$ にわたる $\cos\theta$ の積分はゼロとなり消えた。得られた最終式の第 1 項は回転軸が重心を通るときの慣性モーメントであり、第 2 項が回転軸のずれによって生じる慣性モーメントの項である。具体的に、円板の慣性モーメント $I_z = a^2 M/2$ を代入すると、

$$I'_z = \frac{1}{2} a^2 M + h^2 M \tag{14.48}$$

を得る。

慣性モーメントも、重心（対称軸）に対する部分（上式第 1 項）と重心の軸に対す

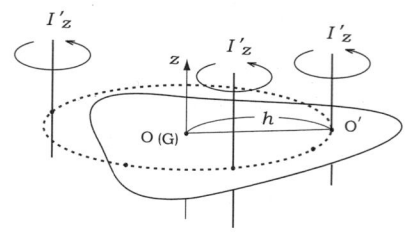

図 14.9 等しい慣性モーメントをもつ回転軸の分布。z 軸から半径 h の円周上に回転軸を有するものは、同じ慣性モーメント I'_z をもつ。

る回転による部分（上式第 2 項）に分割できることに気づく。第 2 項はまさに前小節で議論した $\langle r_\perp{}^2 \rangle M$ に対応している！　さらに、この第 2 項の重心まわりの回転部は重心からの距離の 2 乗のみに依存し、角 θ によらない。図 14.9 に示すように、重心から等しい距離に回転軸をもつ剛体の慣性モーメントはすべて等しいということである。回転軸が剛体の外に位置しても慣性モーメントは定義でき、平行軸の定理は成り立つ。

問　式 (14.46) の第 2 項の積分が消えるのは $\cos\theta$ の周期性のためと説明した。剛体が円板に限らないで任意の形状のとき、これは重心の定義から導ける結論である。証明せよ。

このように、一般的に「平行軸の定理」は剛体が対称である場合に限らず、剛体の重心を通る軸 O とそれに平行な軸 O′ の間に成り立つ。

14-3　慣性モーメントの計算例

慣性モーメントを求めるために、その計算法を幾何学的に、かつ論理的に考え、そして積分操作を繰り返して解答を導くのは、諸君にとってあらゆる意味で大変よい訓練の機会である。習熟する過程で物理的な取り扱いや考え方の初歩を学ぶであろうし、微積分がより身近になり自分の言葉の一部となってくるであろう。教科書を読んでいるだけではものは身に付かない。実際に手を動かし、計算し、考えることが必要である。以下では参考として、棒、板、直方体の慣性モーメントを計算した。その後は問を準備したので自分で計算してみよ。幾枚も幾枚も計算用紙を使い、試行錯誤を繰り返しやってみよ。計算法は 1 通りでなく、複数ある。

14-3-1 棒の慣性モーメント

一番簡単な棒から計算しよう。

y 軸方向に長さ ℓ、その軸に垂直な微小断面が ΔS である質量 M の棒を考え、重心を通る各軸のまわりの慣性モーメントを求める。慣性モーメントは式 (14.33) で示したように

$$I = \lim_{\Delta v_j \to 0} \sum_j r_{j\perp}^2 (\rho \Delta v_j) = \int_v r_\perp^2 (\rho \mathrm{d}v) \tag{14.33}$$

である。

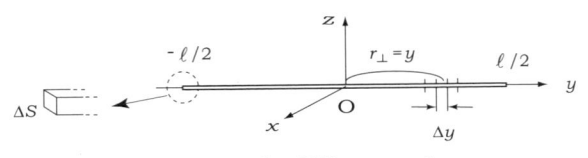

図 14.10 棒の慣性モーメント

z 軸まわりの慣性モーメント I_z を求めるには、その軸に垂直な方向 (y 軸) に沿って剛体を巾 Δy の微小領域に分割する。そうすると、上式における $r_{j\perp}$ は y であり、$\mathrm{d}v$ は $\Delta y \times \Delta S$ であって、質量密度は $\rho = M/(\ell \times \Delta S)$ である。上式は

$$I_z = \lim_{\Delta y \to 0} \sum y^2 \times \frac{M}{\ell \Delta S}(\Delta y \Delta S) = \int_{-\ell/2}^{\ell/2} y^2 \frac{M}{\ell} \mathrm{d}y = \frac{1}{12}\ell^2 M \tag{14.49}$$

となる。第 2 式での $\Delta y \to 0$ の極限操作によって第 3 式の積分へと移行した。積分領域は棒の端から端までの $-\ell/2$ から $+\ell/2$ までということ。棒の長さ方向に垂直な x 軸まわりの慣性モーメント I_x は $I_x = I_z$ ということは分かるだろう。では、y 軸まわりは？考えてみよ。

ここで微小断面積を ΔS と記したが、「微小」の意味は $\Delta S \to 0$ ということで、極限操作により断面積のない理論上の棒になる。よって、このとき、$I_y = 0$。実際的には、断面積 $\neq 0$ でないかと考える読者は、後述する「直方体の慣性モーメント」をみてほしい。

14-3-2 板の慣性モーメント

つぎは、次元を 1 つ上げる。板の慣性モーメントである。x 方向に長さ a, y 方向に長さ b, z 軸方向に微小な厚さ Δz の質量 M の板を考え、重心 O を通る各軸のまわりの慣性モーメントを求める (図 14.11)。

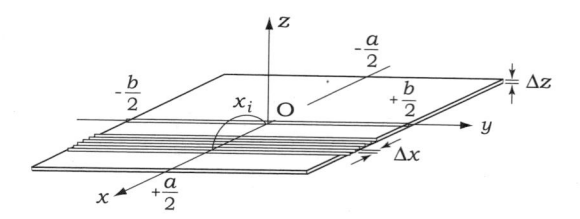

図 14.11 板の慣性モーメント

z 軸まわりの慣性モーメント I_z は、板は前小節の y 方向に伸びた長さ $\ell = b$、微小巾 Δx, 厚み Δz の棒が x 軸方向に横に並んだものと考えればよい。それぞれの棒の z 軸まわりの慣性モーメント ΔI_{zi} は、平行軸の定理を用いると、

$$\Delta I_{zi} = \frac{1}{12}b^2 dM_i + x_i^2 dM_i \tag{14.50}$$

である。右辺第 1 項は $x = x_i$ に位置する棒 (質量 $dM_i = \rho dv = \rho(\Delta x \times b \times \Delta z)$) の重心のまわりの慣性モーメントであり、第 2 項は棒の O に対してもつ慣性モーメントである。質量密度は $\rho = M/(ab\Delta z)$ である。よって、I_z は

$$\begin{aligned}
I_z &= \left(\sum_i \Delta I_{zi} =\right) \lim_{\Delta x \to 0} \sum_i \left(\frac{1}{12}b^2 + x_i^2\right)(\rho \times b\Delta z)\Delta x \\
&= \int_{-a/2}^{a/2} \left(\frac{1}{12}b^2 + x^2\right)(\rho \times b\Delta z)dx = \frac{M}{a}\int_{-a/2}^{a/2}\left(\frac{1}{12}b^2 + x^2\right)dx \\
&= \frac{1}{12}(a^2 + b^2)M \tag{14.51}
\end{aligned}$$

である。

x 軸まわりの慣性モーメント I_x は、上と同じ分割法を採用して求めよう。このとき、あらゆる棒は x 軸を回転軸としているので、すべては同じ慣性モーメント ΔI_{xi} をもち、また、式 (14.50) の右辺第 2 項に対応する寄与をもたない。よって、I_x は

$$\begin{aligned}
I_x &= \left(\sum_i \Delta I_{xi} =\right) \lim_{\Delta x \to 0} \sum_i \frac{1}{12}b^2(\rho \times b\Delta z)\Delta x \\
&= \int_{-a/2}^{a/2} \frac{1}{12}b^2(\rho \times b\Delta z)dx = \frac{Mb^2}{12a}\int_{-a/2}^{a/2}dx \\
&= \frac{1}{12}b^2 M \tag{14.52}
\end{aligned}$$

y 軸まわりの慣性モーメント I_y もこのままの分割法で求める。分割された棒は y 軸と平行であり断面積が無視できるため、$\Delta I_{yi} = 0$ である。つまり、式 (14.50) の右辺

第1項はゼロである。しかし、第2項が存在する。これは質量 dM_i の質点が半径 x_i を回転運動することに相当する。よって、I_y は

$$\begin{aligned}
I_y &= \left(\sum_i \Delta I_{yi} = \right) \lim_{\Delta x \to 0} \sum_i x_i^2 (\rho \times b\Delta z)\Delta x \\
&= \int_{-a/2}^{a/2} x^2 (\rho \times b\Delta z)\mathrm{d}x = \frac{M}{a}\int_{-a/2}^{a/2} x^2 \mathrm{d}x = \frac{M}{a}\left[\frac{x^3}{3}\right]_{-a/2}^{+a/2} \\
&= \frac{1}{12}a^2 M
\end{aligned} \qquad (14.53)$$

上の求め方が唯一でない。直接、式 (14.33) を 2 次元の拡がりのある板に適用してもよい。その様子は次小節の中で図 14.12(b) に示すように、式 (14.57) で計算してある ($\Delta z = c$ とおく) ので、ここでは省く。

○ 慣性モーメントに登場する 1/12 という因子

すでに、諸君も気づいているか。

単位長さにわたる $(-1/2 \sim +1/2)$ 分散 (dispersion) σ^2, 標準偏差 (standard deviation) σ は式 (14.41), (14.42) でみたように

$$\begin{aligned}
\mu_2 = \sigma^2 &= \int_{-1/2}^{+1/2} x^2 \mathrm{d}x = \frac{1}{12} \\
\sigma &= \frac{1}{\sqrt{12}}
\end{aligned} \qquad (14.54)$$

である。慣性モーメントとは、数学的には質量分布の分散であって

$$I = \langle r_\perp^2 \rangle M \qquad (14.35)$$

であることは幾度も繰り返した。本書や多くの教科書で扱うように、質量密度 ρ が一様であるときは質量因子 M を積分の外に出し、積分は空間分布の分散を計算することになった。つまり、

$$I = \langle r_\perp^2 \rangle M \quad \Rightarrow \quad \mu_2^M = \mu_2^x M \qquad (14.55)$$

のように表せる。質量分布についての分散 (2 次モーメント) という意味で右肩に M (質量) を、空間での分散という意味で x を付けた。1 次元の分布（棒状）ならば、ℓ の長さの分散 μ_2^x は単位長さの分散を ℓ^2 倍（標準偏差ならば ℓ 倍）したものであり、また、2 次元状の板ならば、その分散 μ_2^x （標準偏差の 2 乗）はピタゴラスの定理で横の分散（横の標準偏差の 2 乗）と縦の分散（縦の標準偏差の 2 乗）を足したものである。これらが前節で計算した結果の意味である。

ここで覚えておけば役に立つこととして、式 (14.54) がある。巾 a のスリットがあるとし、それに光あるいは粒子が一様に入射してくることを考える。このとき入射粒子の位置の標準偏差は

$$\sigma = \frac{1}{\sqrt{12}}\, a \tag{14.56}$$

である。観測や測定において、この標準偏差 σ を分解能として使う場合が多い。たとえば、1 mm 巾のスリットでの分解能は $\sigma = 1/\sqrt{12} = 0.28$ mm である。

14-3-3 直方体の慣性モーメント

3辺の長さが a, b, c、質量 M の剛体で図 14.12(a) のように重心 G を原点 O にとり、各辺に沿って x, y, z 軸をとる。各軸のまわりの慣性モーメントを計算する。

いま、z 軸に垂直に直方体を薄く n 分割する ($\Delta z = c/n$)。

まず、この四角い薄片の z 軸まわりの慣性モーメント ΔI_z を求める。図 14.12(b) に示すように微小領域 $\Delta x \Delta y \Delta z$ に分割し、$r_{i\perp}^2 \Delta m_i$ を四角い薄片にわたり積分すればよい。$r_{i\perp}^2 = x^2 + y^2$ であり、$\Delta m_i = \rho(\Delta x \Delta y \Delta z)_i$ である。密度は $\rho = M/(abc)$ である。微小領域に亘る総和 $\sum_i$ を積分に転換させ

$$\begin{aligned}
\Delta I_z &= \int_{-b/2}^{+b/2}\int_{-a/2}^{+a/2}(x^2+y^2)\,(\rho\,\mathrm{d}x\mathrm{d}y\Delta z)\\
&= \left(\frac{M}{abc}\Delta z\right)\int_{-b/2}^{+b/2}\left\{\left[\frac{x^3}{3}+y^2 x\right]_{-a/2}^{+a/2}\right\}\mathrm{d}y\\
&= \left(\frac{M}{abc}\Delta z\right)\left[\frac{a^3}{12}y+a\frac{y^3}{3}\right]_{-b/2}^{+b/2} = \left(\frac{M}{abc}\Delta z\right)\left\{\frac{ab}{12}(a^2+b^2)\right\}\\
&= \frac{1}{12}(a^2+b^2)M\frac{\Delta z}{c}
\end{aligned} \tag{14.57}$$

を得る。つぎに、これを z 軸に沿って足し合わせれば、直方体の慣性モーメント I_z が

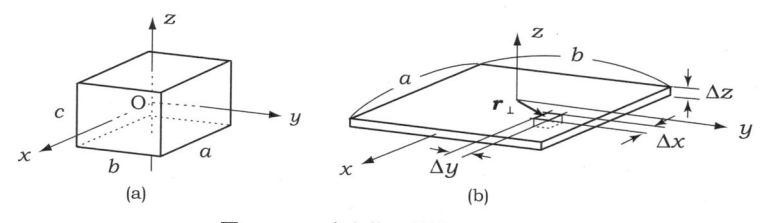

図 **14.12** 直方体の慣性モーメント

得られる。$I_z = \lim_{\Delta z \to 0 (n \to \infty)} \sum_{j=1}^{n} (\Delta I_z)_j$。つまり、

$$I_z = \int_{-c/2}^{+c/2} \frac{M}{12}(a^2+b^2)\frac{1}{c}\mathrm{d}z = \frac{1}{12}(a^2+b^2)M \tag{14.58}$$

を得る。

x 軸まわりの慣性モーメント I_x は、I_z で $a \to b, b \to c, c \to a$ に置き換えればよい。同様に、y 軸まわりの慣性モーメント I_y は、I_z で $a \to c, b \to a, c \to b$ に置き換えればよい。

$$I_x = \frac{1}{12}(b^2+c^2)M \qquad I_y = \frac{1}{12}(c^2+a^2)M \tag{14.59}$$

である。

慣性モーメントの物理的意味合いから、回転軸方向の長さの量が表示から消えていることに気づけ。たとえば、z 方向の辺の長さ c は I_z にはみえない。質量 M にのみ反映されるだけである。

○ 剛体の厚み Δz の取り扱いについて

上では剛体の厚み Δz を無視せず計算した。一方、多くの教科書でははじめから厚みを無視し、板を2次元、棒を1次元物体として簡単化し扱う。それにともない質量密度 ρ は、面密度あるいは線密度と対象ごとに変化する（次元も変わる）。その結果、計算のはじめから厚み記号は完全に消える。ここでは、諸君が実際の物体は3次元であるのに、と疑問を呈しないように厚みを無視せず計算した。また、計算をより次元の高い剛体に自然に拡張適用 (たとえば、棒 → 板 → 直方体) できるようにするためである。しかし、この2つの取り扱いで計算結果が異なるのではなく、極限の微少量 ($\Delta z \to 0$) としての厚みをはじめから考えないか、あらわに意識して扱うかの違いで、当然、両結果は一致する。

本書で扱う剛体の厚みとしての Δz は上の意味であることを述べておく。

○ 次元を逆に下げてみる

以下では上の計算とは逆に、直方体の慣性モーメントからスタートして、次元を下げて、板の慣性モーメントに至る過程をとる。

z 軸を回転軸とする板の慣性モーメント $(a, b \gg c)$ は

$$I_z = \frac{1}{12}(a^2+b^2)M \tag{14.58}$$

であり、厚み c は表面に現れてこない。x, y 軸を回転軸とする板の慣性モーメントも式 (14.59) から各々

$$I_x = \frac{1}{12}(b^2+c^2)M \approx \frac{1}{12}b^2 M, \quad I_y = \frac{1}{12}(a^2+c^2)M \approx \frac{1}{12}a^2 M \tag{14.60}$$

である。ちなみに、y 方向に長い棒 (断面が正方形 $a = c$ とする) の慣性モーメントは、板の慣性モーメントにおいて $b \gg a, c$ とおけばよく

$$I_z = I_x \approx \frac{1}{12}b^2 M, \qquad I_y = \frac{1}{12}(a^2 + c^2)M = \frac{1}{6}a^2 M = \frac{1}{6}c^2 M \qquad (14.61)$$

となる。ただし、$I_z = I_x \gg I_y$ である。ここでは厚みは他の辺と比べて充分薄いが、無視できない有限量として扱った。それは a, b, c の大小関係を設けることであり、そのため等号 = でなく、近似等号 ≈ 記号を使った。

一方、厚みが無視できる極限の微少量 $c = \Delta z$ であれば、たとえば、板の慣性モーメントは

$$I_z = \frac{1}{12}(a^2 + b^2)M, \quad I_x = \frac{1}{12}b^2 M, \quad I_y = \frac{1}{12}a^2 M \qquad (14.62)$$

となり、

$$I_z = I_x + I_y \qquad (14.63)$$

の関係が成り立つ。厚み c が (無視できない) 極限の微少量でない場合は

$$I_z + \frac{1}{6}c^2 M = I_x + I_y \qquad (14.64)$$

であり、左辺第 2 項に厚さの分の小さなモーメントを考慮する必要があり、近似で $I_z \approx I_x + I_y$ が成り立つ、ということになる。

14-3-4 円殻の慣性モーメント

x-y 平面上に半径 a の円殻 (巾 Δa、厚み Δh、質量 M) を考え、その中心に座標原点 O をとる。

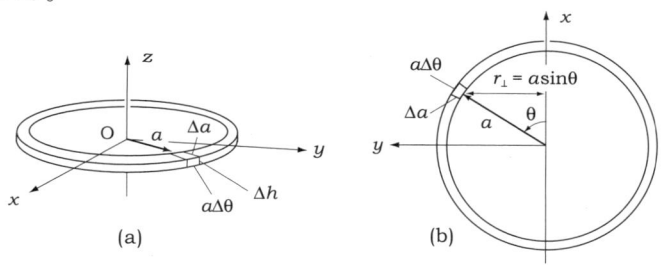

図 **14.13** 円殻のモーメント

問 各軸のまわりの慣性モーメントを求めよ。

$$I_z = a^2 M, \qquad I_x = I_y = \frac{1}{2} a^2 M \tag{14.65}$$

である。

問 上では円殻 (リング) の巾 Δa を微少量として扱った。では、内径が a_1, 外径が a_2 の一様な厚さ Δh の巾のある円殻 (図 14.14) のとき、その慣性モーメント I_x, I_y, I_z を求めよ。

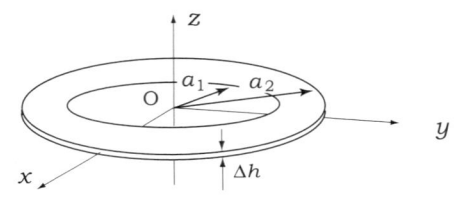

図 14.14 巾のある円殻の慣性モーメント

巾のある円殻は巾の薄い円殻の重ね合わせであるので、上で求めた慣性モーメント (式 (14.65)) を利用すれば以下のように求められる。

$$I_z = \frac{1}{2}(a_2{}^2 + a_1{}^2)M, \qquad I_x = I_y = \frac{1}{4}(a_2{}^2 + a_1{}^2)M \tag{14.66}$$

14-3-5 球殻の慣性モーメント

問 半径 a、質量 M の球殻 (厚さ Δt) の重心 G を原点 O にとり、原点を貫く任意の軸 (z 軸) のまわりの慣性モーメント I_z を求めよ (図 14.15)。前小節で求めた円殻の慣性モーメントを利用すればよい。

$$I_z = \frac{2}{3} a^2 M \tag{14.67}$$

である。

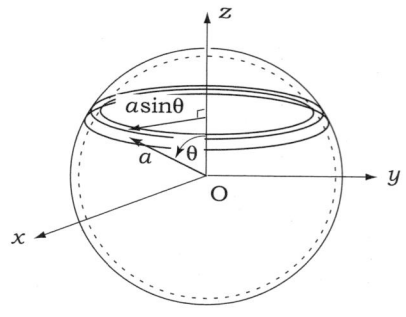

図 14.15 球殻の慣性モーメント

14-3-6 厚みのある球殻の慣性モーメント

球殻の厚みを考え、外径を R、内径を r とする。図 14.16(b) あるいは (c) のように分割法を変えて、2 通りで求めてみよう。

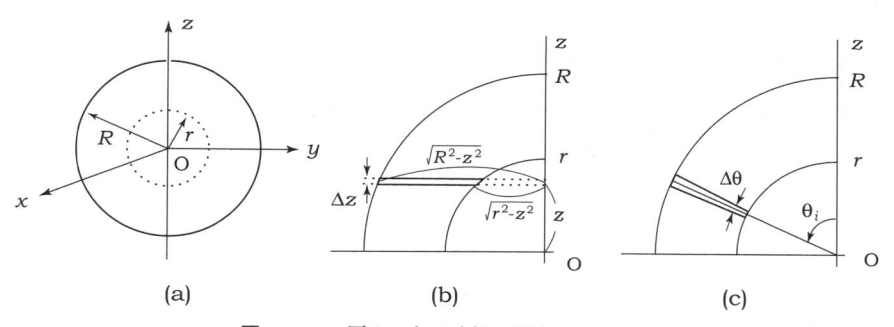

図 14.16 厚みのある球殻の慣性モーメント

(a) z 分割による求め方

問 まずはじめに、「有限な巾をもつ板状円殻の慣性モーメント ΔI_z」(図 14.16(b)、式 (14.66) を参考に) を計算し、つぎに、それらを重ね合わせて「厚みのある球殻の慣性モーメント I_z」を求めてみよ。ただし、$|z| < r$ と $R > |z| > r$ の領域で取扱いの違いに若干注意が要る。

$$I_z = \frac{2}{5}\left(\frac{R^5 - r^5}{R^3 - r^3}\right)M \tag{14.68}$$

である。

(b) θ 分割による求め方

○ 有限な巾をもつ杯の慣性モーメント

θ 分割を考える (図 14.16(c))。分割でできるのは逆さまにした中空の厚みのある円錐形であって、底が上底と平行に切られたものである (図 14.17(a))。杯の形に似ているので、ここでは杯(さかずき)とよぼう。さらにその i 番目の杯を動径 r 方向に分割し、厚さ、巾の微小なリングとする (図 14.18)。j 番目のリングは動径位置 r_j と方位角 θ_i によって特徴づけられ、杯の慣性モーメント I_{zi} はリングの慣性モーメント ΔI_{zj} の積分として求められる。ここでリングの回転軸からの距離は $r_{j\perp} = r_j \sin\theta_i$ であり、その質量は $dM_j = \rho \times (2\pi r_{j\perp} \cdot r_j \Delta\theta \cdot \Delta r_j)$ である。i 番目の杯の質量 M_i は dM_j を $r_j = r \sim R$ まで積分して求め、それから密度を得る。

$$M_i = \int dM_j = \rho \int_r^R 2\pi r_j \sin\theta_i \cdot r_j \Delta\theta \cdot dr_j = \rho \times \frac{2\pi}{3}\left(R^3 - r^3\right)\sin\theta_i \Delta\theta \quad (14.69)$$

$$\rho = \frac{3M_i}{2\pi\left(R^3 - r^3\right)\sin\theta_i \Delta\theta} \quad (14.70)$$

上と同様にして、この杯の慣性モーメント I_{zi} を計算する。

$$\begin{aligned} I_{zi} &= \int r_{j\perp}^2 dM_j \\ &= \int_r^R (r_j \sin\theta_i)^2 \left\{ \frac{3M_i}{2\pi\left(R^3 - r^3\right)\sin\theta_i \Delta\theta} 2\pi r_j \sin\theta_i \cdot r_j \Delta\theta \cdot dr_j \right\} \\ &= \frac{3M_i \sin^2\theta_i}{R^3 - r^3} \int_r^R r_j^4 dr_j = \frac{3}{5} M_i \sin^2\theta_i \left(\frac{R^5 - r^5}{R^3 - r^3}\right) \end{aligned} \quad (14.71)$$

ここから外径 R、内径 r、角度 θ の杯 (質量 M、厚み $\Delta\theta$) の z 軸まわりの慣性モーメント I_z (図 14.17(a)) は

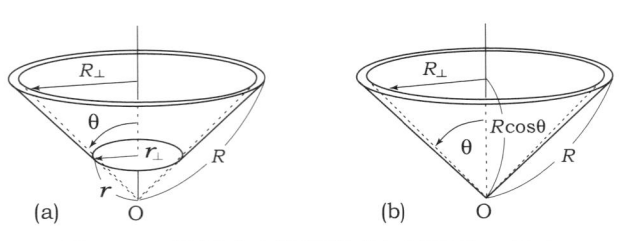

図 **14.17** 杯 (a) と中空の円錐 (b) の慣性モーメント

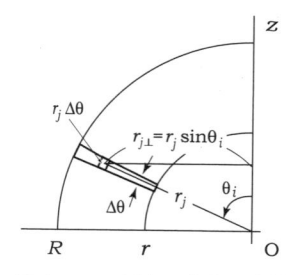

図 14.18 杯を r 方向に分割

$$I_z = \frac{3}{5} M \sin^2 \theta \left(\frac{R^5 - r^5}{R^3 - r^3} \right) \tag{14.72}$$

$$= \frac{3}{5} M \left(\frac{R_\perp^{\ 5} - r_\perp^{\ 5}}{R_\perp^{\ 3} - r_\perp^{\ 3}} \right) \tag{14.73}$$

となる。$R_\perp = R \sin \theta$ ならびに $r_\perp = r \sin \theta$ は回転軸に垂直に測った外径と内径である。

$r = 0$ とおくと、入り口が半径 $a = R_\perp = R \sin \theta$、角度が θ の中空の円錐（高さ $h = R \cos \theta$）の慣性モーメント I_z（図 14.17(b)）

$$I_z = \frac{3}{5} a^2 M \tag{14.74}$$

となる。また、$R = r$ とおくと、半径 $R_\perp$ の円殻（リング）の慣性モーメントになる。計算は $R_\perp = r_\perp$ で発散すると困ってはいけない。分母、分子を通分すればよい。

$$\frac{a^5 - b^5}{a^3 - b^3} = \frac{(a-b)(a^4 + a^3 b + a^2 b^2 + a^3 b + a^4)}{(a-b)(a^2 + ab + a^2)}$$

$$\to \ a = b \ \to \ \frac{5a^4}{3a^2} = \frac{5}{3} a^2 \tag{14.75}$$

であるので、慣性モーメントは

$$I_z = a^2 M \tag{14.76}$$

と式 (14.65) と一致する結果を得る。

○ 厚みのある球殻の慣性モーメント

話を戻して、分割した微小な杯状の剛体の慣性モーメント I_{zi} は、その質量を $M_i \to \mathrm{d}M_i = \rho \mathrm{d}v_i$ と記せば、

$$I_{zi} = \frac{3}{5} \sin^2 \theta_i \left(\frac{R^5 - r^5}{R^3 - r^3} \right) \rho \mathrm{d}v_i \tag{14.77}$$

であることは式 (14.71) で導いた。杯の体積はすでに式 (14.69) の時点で求め

$$dv_i = \frac{2\pi}{3}(R^3 - r^3)\sin\theta_i d\theta \tag{14.78}$$

であった。一方、球の体積より計算すると、ここでの質量密度は

$$\rho = M\bigg/\frac{4\pi}{3}(R^3 - r^3) \tag{14.79}$$

である。これらから求める球殻の慣性モーメントは

$$\begin{aligned}
I_z &= \int_0^\pi \left\{\frac{3}{5}\sin^2\theta\left(\frac{R^5 - r^5}{R^3 - r^3}\right)\right\}\left\{\frac{3M}{4\pi(R^3 - r^3)}\right\}\left\{\frac{2\pi}{3}(R^3 - r^3)\sin\theta\right\}d\theta \\
&= \frac{3}{10}\left(\frac{R^5 - r^5}{R^3 - r^3}\right)M\int_{-1}^{+1}\sin^2\theta\, d(\cos\theta) \\
&= \frac{2}{5}\left(\frac{R^5 - r^5}{R^3 - r^3}\right)M
\end{aligned} \tag{14.80}$$

これが厚みのある球殻のモーメントである。z 分割で求めた式 (14.68) と当然一致する。

$r = 0$ のときは球の慣性モーメントであり、それは

$$I_z = \frac{2}{5}R^2 M \tag{14.81}$$

であり、$R = r$ のときは球殻の慣性モーメントで、式 (14.75) で学んだように分母、分子の $(R - r)$ を相殺すると

$$I_z = \frac{2}{5}\left(\frac{5}{3}R^2\right)M = \frac{2}{3}R^2 M \tag{14.82}$$

となる。

以上で分かったように、z 分割あるいは θ 分割された領域は円殻様ではあるが、厚さをもつため、厚さのない円殻とは異なる慣性モーメントをもつ。有限な厚みをもつときは、厚み方向をさらに微小分割して求める必要がある。これを理解すれば、得られた円殻様の微小慣性モーメントをこんどは z 方向あるいは θ 方向に足し合わせることにより、剛体の慣性モーメント I_z が得られるわけである。当然、どちらの方法で計算しようが同一結果にたどり着くことになる。

14-3-7 慣性モーメント計算のためのいくつかの問

1. 円板の慣性モーメント：

円板の慣性モーメントを求めよ。たとえば、円殻が計算されているので、半径の異なる円殻を重ね合わせたものが円板になることから計算できる。z 軸が円板

（半径 R）の中心を貫くとすれば、

$$I_z = \frac{1}{2}MR^2, \quad I_x = I_y = \frac{1}{4}MR^2 \tag{14.83}$$

である。

2. 巾のある円殻の慣性モーメント

14-3-4 小節「円殻の慣性モーメント」の問 (p. 342) において、外径 R、内径 r の板状の薄い円板（質量 M）の z 軸まわりの慣性モーメント I_z を求めた。

$$I_z = \frac{1}{2}M\left(R^2 + r^2\right) \tag{14.66}$$

これは半径 R の円板の慣性モーメントから半径 r の円板の慣性モーメントを引いても求められるはずる。しかし、結果は $I_z = (1/2)M(R^2 - r^2)$ ではない！ 上式の符号が間違っているのではない。これを解き明かせ。

3. 厚みのある球殻ならびに球の慣性モーメント

14-3-6 小節において「厚みのある球殻の慣性モーメント」をもって回って計算した。それは極限操作の意味と扱いを理解するためであった。球殻（半径 a）の慣性モーメントをすでに式 (14.67) で得た。

$$I_z = \frac{2}{3}a^2 M \tag{14.67}$$

これを利用して、もっと簡単に、半径の異なる球殻を重ね合わせて慣性モーメントが得られる。計算してみよ。厚みのある球殻の慣性モーメントは

$$I_z = \frac{2}{5}\left(\frac{R^5 - r^5}{R^3 - r^3}\right) M \tag{14.80}$$

また、球の慣性モーメントは

$$I_z = \frac{2}{5}R^2 M \tag{14.81}$$

を得る。

ここでも、半径の異なる 2 つの球（半径 R と r）の慣性モーメントの引き算から、厚みのある球殻の慣性モーメントが得られるはずである。しかし、上と同様、$I_z = (2/5)M(R^2 - r^2)$ ではない。これを解き明かせ。

4. 直円錐の慣性モーメント

中空の直円錐（底半径 a, 高さ h）の慣性モーメントを式 (14.74) で求めた。

$$I_z = \frac{3}{5}a^2 M \tag{14.74}$$

これを使って、あるいは円板の慣性モーメントを使って、密度一様な直円錐の慣

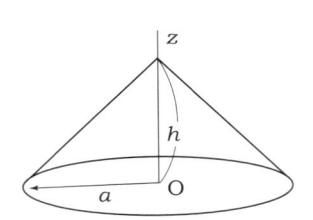

図 14.19 直円錐の慣性モーメント

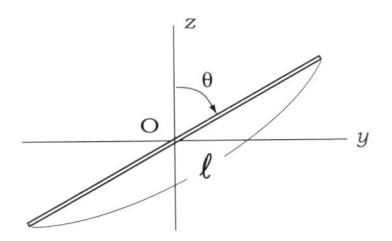

図 14.20 回転軸に対して角度をもつ棒の慣性モーメント

性モーメントを求めよ。高さ方向に z 軸をとる。

$$I_z = \frac{3}{10}a^2 M, \quad I_x = I_y = \frac{3}{20}\left(a^2 + \frac{h^2}{4}\right)M \tag{14.84}$$

である。計算せよ。

5. 回転軸に対して角度をもつ棒の慣性モーメント

回転軸が長さ ℓ の棒の重心を通り、角 θ をなすとき棒の慣性モーメントを求めよ。

$$I_z = \frac{1}{12}\ell^2 \sin^2\theta M \tag{14.85}$$

である。

6. 回転軸に対して角度をもつ有限断面な棒の慣性モーメント

つぎに、棒が断面 $a \times b$ をもち、直方体を形成している場合を考えよう。棒の中心軸は y-z 平面にあるとし、x 軸に垂直な面の短い辺が長さ a であるとする (図 14.21(a))。

上で回転軸に対して角 θ をもつ棒の慣性モーメントを知った。そこで、まず、棒を x 軸に沿って板に分割する (図 (a))。その内の $x = 0$ の y-z 平面上にある長方形 $\ell \times a$ の板の慣性モーメントを計算する。そのために、板を長さ方向に平行

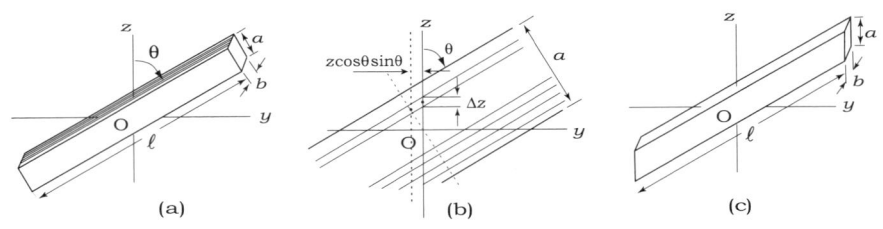

図 14.21 回転軸に対して角度をもつ有限断面な棒の慣性モーメント

に分割し棒の集合体にする (図 (b))。棒の慣性モーメントから板の慣性モーメントへ、板から直方体へと展開してゆけばよい。多少ややこしいが、細かい計算過程を載せるのはよそう。諸君が格闘して自分で計算するのを期待しよう。ここまでやってこれた諸君にはできるのだから。

中央の薄い板（質量 dM）の慣性モーメントは

$$I_z = \frac{1}{12} \left(\ell^2 \sin^2 \theta + a^2 \cos^2 \theta \right) dM \tag{14.86}$$

であり、計算には図 14.21(b) を参考に平行軸の定理を活用すればよい。板を重ね合わせた直方体（質量 M）の慣性モーメントも平行軸の定理を使って

$$I_z = \frac{1}{12} \left(\ell^2 \sin^2 \theta + a^2 \cos^2 \theta + b^2 \right) dM \tag{14.87}$$

と得ることができる。

長さ L の分散は $\mu_2^x = \sigma^2 = (1/12)L^2$ であり、標準偏差は $\sigma = (1/\sqrt{12})L$ であると数小節前に論じたが、上の慣性モーメントの形をその観点でみてみるとよく理解できる。棒は回転軸である z 軸から眺めると長さ $= \ell \times \sin \theta$ であるので、I_z は長さが $\ell \times \sin \theta$ の剛体にみえ、式 (14.85) となる。板に関しても z 軸から眺めると棒と同じであるが、構成要素である各微細棒の重心が原点からずれている。そのずれの分布は z 軸からみると、原点を中心として一直線上に $a \times \cos \theta$ の長さにわたって一様に拡がっている。この分散は $\mu_2^x = (1/12)(a \cos \theta)^2$ である。これら 2 つの効果が式 (14.86) の第 1 項と第 2 項に対応する。直方体になると、これらにさらに x 方向に拡がりが追加される。この拡がりは z 軸から眺めると、分散は $b^2/12$ である。これが式 (14.87) の第 3 項となる。

8. 回転軸に対して角度をもつ有限断面な棒の慣性モーメント -2

図 14.21(c) のような断面が z 軸に平行な剛体を考えると、z 軸からは a 方向の存在がみえないため、慣性モーメントには厚さ a は現れてこない。確認してみよ。

14-3-8　簡単な形状の剛体の慣性モーメント

表 14.1 に簡単な形状の剛体について、重心を通る回転軸まわりの慣性モーメント I をまとめる。

表 14.1 簡単な剛体の慣性モーメント

形状	図	I_x/M	I_y/M	I_z/M
棒	14.10	$\frac{1}{12}\ell^2$	0	$\frac{1}{12}\ell^2$
円殻（リング）	14.13	$\frac{1}{2}r^2$	$\frac{1}{2}r^2$	r^2
円板		$\frac{1}{4}r^2$	$\frac{1}{4}r^2$	$\frac{1}{2}r^2$
長方形の板	14.12(b)	$\frac{1}{12}b^2$	$\frac{1}{12}a^2$	$\frac{1}{12}(a^2+b^2)$
直方体	14.12(a)	$\frac{1}{12}(b^2+c^2)$	$\frac{1}{12}(c^2+a^2)$	$\frac{1}{12}(a^2+b^2)$
球殻	14.15	$\frac{2}{3}r^2$	$\frac{2}{3}r^2$	$\frac{2}{3}r^2$
球		$\frac{2}{5}r^2$	$\frac{2}{5}r^2$	$\frac{2}{5}r^2$
直円柱		$\frac{1}{12}(3r^2+h^2)$	$\frac{1}{12}(3r^2+h^2)$	$\frac{1}{2}r^2$
直円錐	14.19	$\frac{3}{20}(r^2+\frac{1}{4}h^2)$	$\frac{3}{20}(r^2+\frac{1}{4}h^2)$	$\frac{3}{10}r^2$

ℓ は棒の長さ、r は半径、a, b, c は辺の長さである。直円柱、直円錐においては、h は高さ、r は底面の半径である。

第15章

固定軸まわりの回転運動は語る

14-2 節で固定軸のまわりで回転する剛体の角運動量 L は、慣性モーメント I と角速度 ω の積で表示できること

$$L = I\omega \tag{15.1}$$

を知った。軸が固定されているため、自由度が3から1に減少して ω と L は同一方向をもつ。固定軸 (z 軸) のまわりの回転を扱っているため角速度ベクトルの方向 e_z は変わらないが、その大きさ ($\omega(t)$) は時間的に変化し得る。このとき、回転の運動方程式は

$$(\dot{L} =)\ I\dot{\omega} = N \tag{15.2}$$

である。これはニュートンの運動方程式

$$(\dot{p} =)\ m\dot{v} = F \tag{15.3}$$

と同じ形式をみせる。回転の運動方程式はニュートンの運動方程式に r を外積として作用させた結果であるから、当然ではある。

本章では、式 (15.2) にもとづき固定軸まわりに回転する剛体の具体的な運動を解析する。

○ 回転運動の3法則

ニュートンの運動の3法則に対応させて、回転運動の3法則を考えてみる。教科書にはこのようなことは書いていない。遊んでみる。

ニュートンの法則は運動量 $\dot{p}$、加速度 $\ddot{r}$、力 F と座標原点 O のとり方に依存しない力学量の関係で表現されたが、これらの回転の法則は角運動量 $L = r \times p$、角速度 $\omega = \dot{r}/r$、[1] 力のモーメント $N = r \times F$ と原点位置のとり方により (図 15.1(a))、それらのベクトル量は変化する。しかし、以下の3法則の関係は成り立つ。

1. 慣性モーメントの法則

---

[1] ベクトル表記では複雑になるので、これは概念的な表示である。

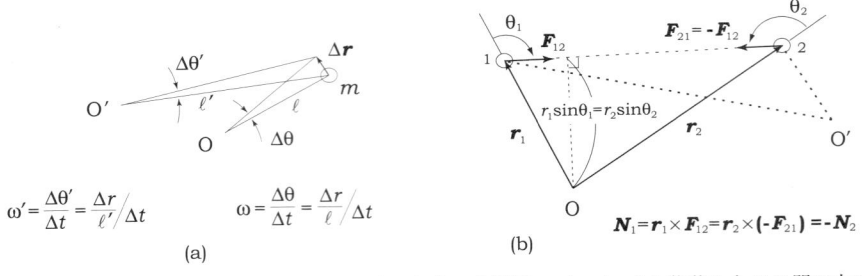

図 15.1 (a) 座標原点が O あるいは O′ のときの角速度 ω と ω'、(b) 物体 1 と 2 の間の力のモーメントの作用・反作用。座標原点が O から O′ に変化しても成立する。

$$\omega' = \frac{\Delta \theta'}{\Delta t} = \frac{\Delta r}{\ell'}\Big/\Delta t \qquad \omega = \frac{\Delta \theta}{\Delta t} = \frac{\Delta r}{\ell}\Big/\Delta t$$

$$\boldsymbol{N}_1 = \boldsymbol{r}_1 \times \boldsymbol{F}_{12} = \boldsymbol{r}_2 \times (-\boldsymbol{F}_{21}) = -\boldsymbol{N}_2$$

力のモーメントがはたらかない限り、剛体は静止し続けるか一定の角速度で回転し続ける。ニュートンの第 1 法則（慣性の法則）は慣性系座標を定義する。その座標系では空間は一様で、見かけの力のモーメントなどを生ぜず、回転運動に何ら影響を及ぼさないものである。

2. 回転の法則

    力のモーメントがはたらくと、剛体の回転に角加速度が生じる。このときの比例係数が慣性モーメントである。

3. 力のモーメントの作用・反作用の法則

    物体 1, 2 の間に作用・反作用の力がはたらくとき ($\boldsymbol{F}_{12} = -\boldsymbol{F}_{21}$)、同じく力のモーメントがはたらき、反作用として大きさが等しく逆向きの力のモーメントが生じる ($\boldsymbol{N}_1 = -\boldsymbol{N}_2$)。図 15.1(b) にみるように、物体 1 にはたらく力のモーメントは大きさが $|\boldsymbol{N}_1| = |\boldsymbol{r}_1 \times \boldsymbol{F}_{12}| = F_{12} r_1 \sin \theta_1$ であって、方向は紙面に垂直にこちらから向こうを向く。一方、物体 2 にはたらく力のモーメントの大きさは $|\boldsymbol{N}_2| = |\boldsymbol{r}_2 \times \boldsymbol{F}_{21}| = F_{21} r_2 \sin \theta_2 = -F_{12} r_1 \sin \theta_1 = -|\boldsymbol{N}_1|$ であって、その方向は紙面に垂直で向こうからこちらを向く。すなわち、両者は大きさが等しく逆向きの力のモーメントである。ここで $r_1 \sin \theta_1 = r_2 \sin \theta_2$ の関係を使った。この関係は座標原点が変化しても成立する。

15-1　斜面をころがる剛体の運動

傾斜角 θ の斜面上に質量 M、半径 a の円板があり、滑ることなく、加速度 g の重力を受けて、軸を水平に保ったままころがり落ちる状況を考える (図 15.2)。

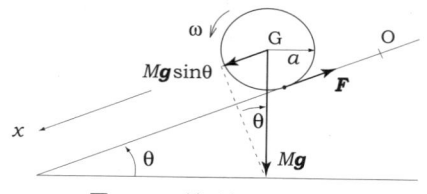

図 15.2 斜面をころがる円板

15-1-1 運動方程式を立てる

円板の重心 G は並進運動し、その重心を貫く回転軸のまわりに円板は回転運動をする。前者はニュートンの運動方程式 (式 (15.3)) で、後者は回転の運動方程式 (式 (15.2)) で記述できる。

斜面に平行に x 軸をとれば、重心は x 方向の 1 次元運動として記述できる。斜面下り方向を正方向とし、初期位置を原点 O にとる。

円板が滑らずにころがるには、斜面と円板の接点に抵抗力 $\boldsymbol{F}$ が作用し、接点は滑らないということだ。したがって、円周上の任意の点の回転距離と重心の移動距離は等しく、かつ、接点の移動速度と重心の移動速度も等しい。つまり、

$$\dot{x} = a\omega \tag{15.4}$$

の関係がある。したがって、重心の運動方程式は

$$M\ddot{x} = Mg\sin\theta - F \tag{15.5}$$

であり、右辺第 1 項は x 方向に作用する重力成分であり、第 2 項の摩擦力は運動方向と逆方向にはたらく。回転の運動方程式 $\dot{L} = N$ は

$$I\dot{\omega} = aF \tag{15.6}$$

であり、右辺ははたらく力のモーメントであり、抵抗力は円板の接線方向に作用する。円板の回転方向 (ω) と力のモーメント ($\boldsymbol{r} \times \boldsymbol{F}$) の方向が一致している。未知の量、$x$, ω, F に対して、方程式が 3 つできた。これを解けばよいわけだ。

15-1-2 運動方程式を解く

式 (15.4) を時間微分して $\dot{\omega} = \ddot{x}/a$ を得、式 (15.6) に代入すると、$F = I\ddot{x}/a^2$ を得る。これを式 (15.5) に代入すると、

$$M\ddot{x} = Mg\sin\theta - \frac{I\ddot{x}}{a^2} \quad \Rightarrow \quad \ddot{x} = \left(\frac{1}{1+I/Ma^2}\,g\right)\sin\theta = g'\sin\theta \tag{15.7}$$

具体的に円板の慣性モーメント $I = Ma^2/2$ を上式に代入すると、

$$g' = \frac{2}{3}g \tag{15.8}$$

となり、質点の場合 ($I=0$) と比べ、剛体の慣性モーメントのため加速度が 2/3 倍に小さくなることが分かる。式 (15.7) を

$$\left(1 + \frac{I}{Ma^2}\right)M\ddot{x} = \left(\frac{3}{2}M\right)\ddot{x} = Mg\sin\theta \tag{15.9}$$

と書き直す。剛体にはたらく傾斜方向の重力はあくまで $Mg\sin\theta$ である (上式の右辺) が、剛体は大きさをもつため、慣性モーメントに対応する分だけ「慣性」が、つまり、動かしにくさが増加した (上式の左辺) わけだ。このため、初速度ゼロでころがるときは、質点の場合と比べ剛体の速度は 2/3 倍遅く、同じ時間内では滑る距離は 2/3 倍短い。

$$\dot{x} = g't\sin\theta = \frac{2}{3}gt\sin\theta \tag{15.10}$$

$$x = \frac{1}{2}g't^2\sin\theta = \frac{1}{2}\left(\frac{2}{3}gt^2\sin\theta\right) \tag{15.11}$$

一方、はたらく抵抗力 F は

$$F = \frac{I\ddot{x}}{a^2} = \left(\frac{I}{a^2}\right)g'\sin\theta = \frac{I/(Ma^2)}{1+I/(Ma^2)}Mg\sin\theta = \frac{1}{3}Mg\sin\theta \tag{15.12}$$

である。円板が滑らないためには、斜面方向の重力成分の 1/3 の大きさの抵抗力が必要というわけで、このため、重心運動に実効的に作用する重力が 2/3 になる。また、

$$\dot{\omega} = \frac{\ddot{x}}{a} = \frac{1}{a}g'\sin\theta = \frac{g}{a\left(1+I/(Ma^2)\right)}\sin\theta = \frac{2}{3a}g\sin\theta$$

$$\Rightarrow \quad \omega = \frac{1}{a}g't\sin\theta = \frac{gt}{a\left(1+I/(Ma^2)\right)}\sin\theta = \frac{2}{3a}gt\sin\theta \tag{15.13}$$

であって、時間に比例して角速度は増加する。質点の場合は大きさがないため、抵抗力ならびに角速度自体が存在しない。

慣性モーメント I は質量 M に比例する。したがって、質点の自由落下の運動方程式 ($M\ddot{x} = Mg$) では左右両辺で質量 M が打ち消されるのと同様に、ここでも重心の運動は質量 M によらない (式 (15.9)→ 式 (15.10), (15.11))。さらに、式 (15.13) をみれば分かるように、回転運動 (角加速度 $\dot{\omega}$ ならびに角速度 ω) も質量 M によらず、円

板の半径 a に反比例する。回転軸に垂直な長さの量は半径 a のみであることから、慣性モーメント I は a^2 の因子をもつ。これらの事情は円板が球であっても、円柱であっても、それらが滑らずころがるのであれば、基本的に共通する。

15-1-3 剛体のエネルギー

剛体のエネルギーを考える。
14-1-4 小節でみたように、運動エネルギー T は

$$T = \frac{1}{2}M\dot{x}^2 + \frac{1}{2}I\omega^2 \tag{15.14}$$

であり、$\omega = \dot{x}/a$ の関係、さらに式 (15.10) と (15.11) を利用して $\dot{x}$ から時間 t を消去し ($\dot{x} = \sqrt{2xg'\sin\theta}$)

$$T = \frac{1}{2}M\left(1 + \frac{I}{Ma^2}\right)\dot{x}^2 = Mgx\sin\theta \tag{15.15}$$

を得る。一方、初期位置を座標原点としているので、円板が距離 x だけころがったところでの位置エネルギー U は

$$U = -Mgx\sin\theta \tag{15.16}$$

である。運動エネルギー T と位置エネルギー U の和は常に一定であり、全エネルギー E は初期状態のままゼロである ($E = T + U = 0$)。

重心の運動エネルギー T_G と回転のエネルギー T_ω の比をとると、

$$\frac{T_G}{T_\omega} = \frac{1}{2}M\dot{x}^2 \bigg/ \frac{1}{2}I\omega^2 = \frac{Ma^2}{I} \tag{15.17}$$

である。円板の場合は前者は後者の 2 倍であり、球 ($I = 2Ma^2/5$) の場合は 5/2 倍であり、円殻 ($I = Ma^2$) の場合は等しい。

等しい質量 M をもつ円板、球、円殻の T_G, T_ω ならびに U を時間 t の関数として図示してみよう。

$$\kappa \equiv \frac{I}{Ma^2} \qquad \text{ならびに} \qquad K \equiv \frac{1}{2}M(g\sin\theta)^2 \tag{15.18}$$

とおく。κ は剛体の形状によって異なる値をもつが、K は質量が等しい剛体には共通する定数となる。

$$T_G = \left(\frac{1}{1+\kappa}\right)^2 Kt^2, \ T_\omega = \kappa\left(\frac{1}{1+\kappa}\right)^2 Kt^2, \ U = -\left(\frac{1}{1+\kappa}\right)Kt^2 \tag{15.19}$$

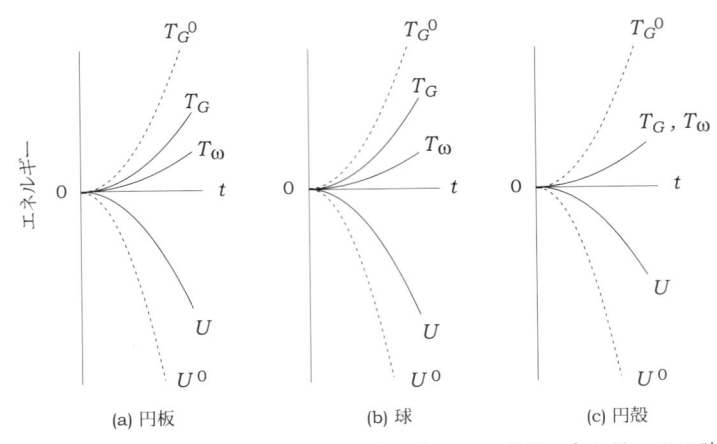

図 15.3 重心の運動エネルギー T_G、回転エネルギー T_ω、位置エネルギー U の時間変化

表 15.1 剛体形状による運動エネルギー、位置エネルギーの違い

形状	T_G $\left(\frac{1}{1+\kappa}\right)^2$	T_ω $\kappa\left(\frac{1}{1+\kappa}\right)^2$	U $\left(\frac{1}{1+\kappa}\right)$
円板	0.444	0.222	0.667
球	0.510	0.204	0.714
円殻	0.250	0.250	0.500
質点	1.0	0	1.0

 これを図 15.3 に示す。図の縦、横軸は任意のスケールであるが、3 つの剛体についてはスケールを同じにとる。全エネルギーは保存して、$E = T_G + T_\omega + U = 0$ となる。3 つの剛体の内では、円殻の T_G がもっとも小さい。つまり、ゆっくりところがり落ちる。参考までに κ の関連する係数の値を表 15.1 に載せる。また、T_G^0 ならびに U^0 として、剛体と同じ質量 M をもつ質点の運動エネルギーと位置エネルギーを示した。どの剛体においても、質点と比べ T_G も T_ω も小さい ($T_G^0 > T_G, T_\omega$)。これは剛体では体積が拡がっているので「慣性」が大きくなるためであり、すでに議論した。その結果として、位置エネルギーまでもが、剛体の場合は小さい ($|U^0| > |U|$) ことが分かる。

15-2 物理振り子

質量 M の質点が重さのない長さ ℓ の棒の先につながれて振動する様子はすでに第 6 章「単振り子は語る」(p. 129) で学んだ (図 15.4(a))。ここでは、質点に替わり剛体を扱う。図 15.4(b) に示すように、剛体を貫く固定軸のまわりの運動である。日常よく見かける現象だ。

固定軸から剛体の重心までの距離を ℓ、剛体の質量を M、固定軸と平行な重心を貫く軸のまわりの剛体の慣性モーメントを I と記し、固定軸を y 軸、重力方向を z 軸とる。OG が z 軸となす角を θ と書く。

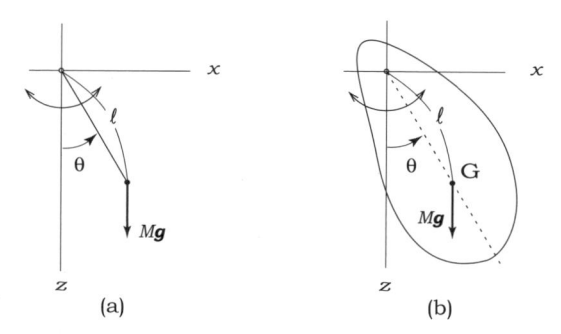

図 15.4 物理振り子 (physical pendulum)

15-2-1 回転の運動方程式を立てる

固定軸に剛体が束縛されているので、考えるのは固定軸まわりの回転運動であって、固定軸は文字通り固定され不動である。固定軸は重心と離れたところを貫いているため、この軸のまわりの慣性モーメント I' は**平行軸の定理**を適用して求まる。

$$I' = I + M\ell^2 \tag{15.20}$$

である。したがって、この固定軸のまわりの回転運動の方程式 $\dot{\boldsymbol{L}} = \boldsymbol{N}$ は

$$I'\dot{\boldsymbol{\omega}} = \boldsymbol{\ell} \times M\boldsymbol{g} \tag{15.21}$$

である。運動は固定軸に垂直な面に束縛されているので、剛体の角速度 $\boldsymbol{\omega}$ は y 軸方向を向き

$$\boldsymbol{\omega} = \omega \boldsymbol{e}_y \tag{15.22}$$

であって、力のモーメントの方向はベクトルの外積から y 軸上にある (剛体の振動に伴い、$\boldsymbol{\omega}$ ならびに $\boldsymbol{N}$ のベクトルは $+y$ あるいは $-y$ 方向に変動する)。よって、回転の運動方程式 (15.21) は

$$(I + M\ell^2)\dot{\omega} = (I + M\ell^2)\ddot{\theta} = -Mg\ell\sin\theta \tag{15.23}$$

となる ($\omega = \dot{\theta}$)。6 章の単振り子 (重さのない長さ ℓ の棒の先に質量 M の物体をつけた振り子) の θ 方向の運動方程式 (6.6) と比べてみよう。

$$\theta 方向: \quad M\ell\ddot{\theta} = -Mg\sin\theta \tag{6.6}$$

両振り子の違いを、ℓ は変わらず M が変わったとみると、剛体の場合は質量が実効的に

$$M \to M + \frac{I}{\ell^2} \tag{15.24}$$

に増加していることが分かる。

15-2-2 微小な振動の場合

微小な振動の場合 ($\sin\theta \approx \theta$)、剛体の運動方程式は

$$\ddot{\theta} = -\frac{Mg\ell}{I + M\ell^2}\theta = -\omega_0^2\theta \tag{15.25}$$

となり、これは単振動の方程式である。固定軸のまわりに剛体がぶらぶらと振動する見慣れた現象である。

$$\omega_0 = \sqrt{\frac{Mg\ell}{I + M\ell^2}} \tag{15.26}$$

は剛体の固有角振動数であり、質量 M、長さ ℓ の質点振り子の固有角振動数 (式 (6.8))

$$\omega_\mathrm{P} = \sqrt{\frac{g}{\ell}} \tag{15.27}$$

と対応する (混乱を避けるため、質点振り子には下付き添え字 P を付した)。両振り子の違いを M は変わらず ℓ が変わったと見なすと、剛体の有限な大きさのため慣性モーメントの分だけ質点の場合と比べて、長さが実質的に

$$\ell \to \ell + \frac{I}{M\ell} \tag{15.28}$$

に増加したのと等価であり、角振動数が

$$\omega_P = \sqrt{\frac{g}{\ell}} \quad \rightarrow \quad \omega_0 = \sqrt{\frac{g}{\ell + (I/M\ell)}} \tag{15.29}$$

と小さくなる。上式から、剛体の場合は固有角振動数 ω_0 は質点のときと異なり質量 M に依存する、と考えてはいけない。式 (14.35) でみたように、

$$I = \langle r_\perp^2 \rangle M \tag{14.35}$$

慣性モーメント I は M に比例し、剛体の場合でも ω_0 は M によらないのである。

(a) 回転のエネルギー

同じ事項をエネルギーの観点から考えよう。

剛体の運動エネルギー T は重心の運動エネルギー T_G と重心のまわりの回転 (振動) のエネルギー T_ω の和であり、これに位置エネルギー U_G を加えて、全エネルギー E は

$$\begin{aligned} E &= \left(\frac{1}{2}M\dot{\ell}^2 + \frac{1}{2}I\omega^2\right) - Mgz = \frac{1}{2}\left(M\ell^2 + I\right)\omega^2 - Mgz \\ &= \frac{1}{2}I'\omega^2 - Mgz \end{aligned} \tag{15.30}$$

である。重心の速さは $\dot{\ell} = \ell\omega$ である。全エネルギー E は第 2 式に示したように、固定軸まわりの回転 (振動) のエネルギー T'_ω と剛体の位置エネルギー U の和であるといってもよい。これは同じ質量 M、同じ長さ ℓ をもち同じ角速度 ω で回転する質点振り子のエネルギー E_P

$$E_P = \frac{1}{2}M\ell^2\omega^2 - Mgz \tag{15.31}$$

と比べると、剛体の方が慣性モーメントによる回転のエネルギー T_ω の分だけ大きい。あるいは、同じ位置エネルギーで振り子運動をさせるならば ($t = 0$ のとき、$z(t=0) = z_0$ で初速度ゼロで振り子を放す。$E = E_P = -Mgz_0$)、剛体の方が角速度が小さくなることを意味している。

(b) 最速の角速度を求める

微小振動を考えるとき、質点振り子では棒または糸が短いほど角速度は大きくなり、周期 $T_P = 2\pi/\omega$ は短くなる。しかし、剛体の振り子では重心 G と固定軸の距離 ℓ によって、つぎのように事情が異なる。角速度が ℓ によってどう変化するかをみるため、微分する。

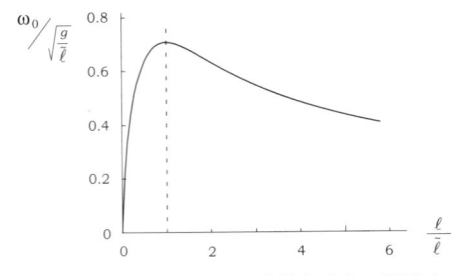

図 15.5 角速度 ω と固定軸と重心の距離 ℓ

$$\frac{d\omega_0}{d\ell} = \frac{d}{d\ell}\sqrt{\frac{Mg\ell}{I+M\ell^2}} = \omega_0 \left(\frac{1}{2\ell} - \frac{M\ell}{M\ell^2+I}\right) \tag{15.32}$$

から、$d\omega_0/d\ell = 0$ とおいて ω_0 の極値を求めると、

$$\tilde{\ell} = \sqrt{\frac{I}{M}} \tag{15.33}$$

のとき、角速度 ω_0 は最大値

$$\omega_{\max} = \sqrt{\frac{g}{2\tilde{\ell}}} \tag{15.34}$$

をもち、周期は最小値

$$T_{\min} = 2\pi\sqrt{\frac{2\tilde{\ell}}{g}} \tag{15.35}$$

をもつ。図 15.5 には横軸に $\tilde{\ell}$ で規格化した長さ $\ell/\tilde{\ell}$ をとり、縦軸には $\sqrt{g/\tilde{\ell}}$ で規格化した剛体の固有角振動数 ω_0 を示した。$\ell = \tilde{\ell}$ のとき、最大値をもつ。

(c) 剛体では振動数が小さくなる理由

同じ長さ ℓ の質点振り子と比べて、剛体では振動数が小さくなる。その理由を概念的に考える。

まず、質量 m の等しい3つの質点が同一点 (原点 O) からつり下げられ、同一面で振動している状態を想定しよう。各質点の棒または糸の長さを $\ell_1, \ell_2 = 4\ell_1, \ell_3 = 9\ell_1$ とする。各々の固有角振動数は $\omega_1 = \sqrt{g/\ell_1}$, $\omega_2 = \sqrt{g/\ell_2} = \omega_1/2$, $\omega_3 = \sqrt{g/\ell_3} = \omega_1/3$ である。これらの振り子を $t=0$ において、$\theta = -\theta_0$ の角度位置から初速度ゼロで離す。図 15.6 に振動の様子を図示する $((a) \to (f))$。当然のこととして、振り子の固有角振動数の違い、つまり、長さの違いにより、3つの振り子は当初は同一線上にあっ

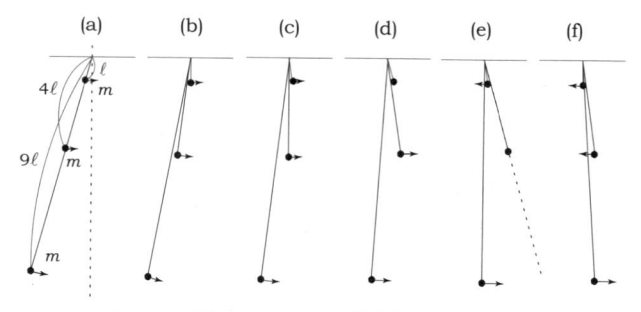

図 15.6 3つの質点振り子

たものが時間とともに直線から離れバラバラとなる。短い振り子は速く、長い振り子は遅い。

こんどは、これら3つの質点が重さのない棒などに一直線状に固定され、その棒の一端が固定軸（原点）を貫く状態を考える。3つの質点で構成された剛体である。質点間の相対距離は不変に保たれるため、3つの質点は常に原点を通る直線上にある。それらは、同じ角速度 ω で、したがって、共通の固有角振動数で振動する。短い振り子は他の質点によって減速され、長い質点は逆に加速される。

質点が3つでなく、連続的 $(0 \sim \ell)$ に連なった構成を考える。同じ質量をもつそれぞれの質点 m_i が、糸 ℓ_i で独立に振動できるとき、それらの重心の長さ方向の位置 r_G はすでに学んだように距離の重み付き平均であって、

$$r_G = \frac{\sum_i r_i m_i}{\sum_i m_i} = \frac{\int \ell(\rho \mathrm{d}\ell)}{M} = \frac{\ell}{2} \quad (m_i = \rho \mathrm{d}\ell,\ \rho = M/\ell) \tag{15.36}$$

であり、当然全長の真ん中である。一方、角速度 $\omega_i = \sqrt{g/\ell_i}$ の平均値 $\langle \omega \rangle$ は

$$\langle \omega \rangle = \frac{\sum_i \omega_i m_i}{\sum_i m_i} = \frac{\int \sqrt{g/\ell}\,(\rho \mathrm{d}\ell)}{M} = \sqrt{\frac{g}{\ell/4}} \tag{15.37}$$

である。つまり、全長の4分の1のところに位置する振り子の角速度が平均値である。すべての質点が1本の棒で貫かれたとき、その角速度は質点で構成されたときの平均値 $\langle \omega \rangle$ をとるが、それは重心位置にあった質点の角速度 $\omega_G = \sqrt{g/(\ell/2)}$ よりも速い。$0 \sim \ell/4$ 領域の質点は振動を速めようとするが、残りの $\ell/4 \sim \ell$ 領域の質点は遅らそうとする。後者の質量分布の方が前者よりも大きいため、総体として棒の角速度は遅くなり、同じ質量 M の振り子が重心にあるものと比べ遅くなるわけである。これは諸君もすでに気づいているように、角速度が長さの平方根に反比例 $\omega \propto 1/\sqrt{\ell}$ するこ

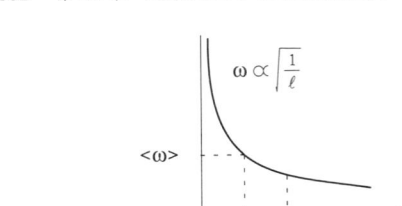

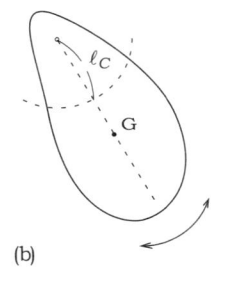

362　第 15 章　固定軸まわりの回転運動は語る

図 15.7　r_G と $\langle \omega \rangle$

とによる (図 15.7(a))[2]。

この事情は剛体一般に通用する。$\langle \omega \rangle$ に対応する長さを ℓ_C と記す ($\langle \omega \rangle = \sqrt{g/\ell_C}$)。重心は r_G を中心として質量分布がつり合い、$\langle \omega \rangle$ は ℓ_C を中心として角速度がつり合う。そして、$\omega \propto 1/\sqrt{\ell}$ の関係のため、図 15.7(b) に示すように剛体の形状によらず ℓ_C がつねに重心 r_G よりも短くなり、質量分布は ℓ_C よりも遠い領域に偏る。「慣性」が角速度の遅い領域に偏り減速するということである。

問　ここまでに諸君は質点系としての剛体について、方程式を自由自在にいじくり回すことができるようになった。そこで前章のはじめの部分において解説した剛体の運動方程式を、物理振り子を例にとり、こんどは自分で構成してみよ。復習である。

1. 剛体を分割し、微小質量領域 m_i に対するニュートンの運動方程式を書け。固定軸からの距離を ℓ_i、z 軸との角度を θ_i、重力加速度を $\boldsymbol{g}$ と記そう。上の方程式に $\boldsymbol{\ell}$ を外積として掛けて、角運動量（回転）の運動方程式を導け。

2. 距離ベクトルを $\boldsymbol{\ell}_i = \boldsymbol{\ell}_G + \boldsymbol{\ell}'$ と重心ベクトルと重心からの相対位置ベクトルに分離し、微小領域についての回転の運動方程式をすべての領域にわたって総和をとれ。重心に関する項と重心に相対的な運動に関する項に分離できる。そのとき、重心の定義から両者の干渉

---

[2] ここで諸君の幾人かは思ったであろうか。$\omega \propto 1/\sqrt{\ell}$ であるので、$\ell = 0$ ならば角速度は無限大になり問題だ、と。$\ell = 0$ では質点のため大きさがなく、角度をもって回転するということ自体が論理矛盾である。角速度は $\ell = 0$ では定義できない、ということである。では、$\langle \omega \rangle$ を求めるとき、$\ell = 0 \sim \ell$ まで積分するのは問題を生じないのか？　式 (15.37) の第 3 式の分子で示したように、積分は $d\ell$ にわたっておこなう。つまり、微小長さの足し合わせであって、問題とする $1/\sqrt{\ell}$ はこの微小長さ $d\ell$ と打ち消し合って長さの次元の平方根の形 $\sqrt{\ell}$ で残る。したがって、$d\ell$ のはたらきが強くて、$\ell \to 0$ で無限大に発散することはない。

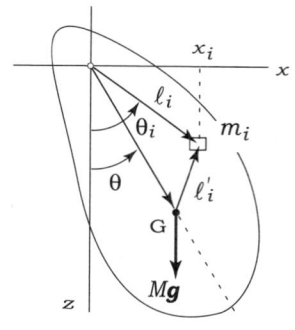

図 **15.8** 物理振り子（2）

項が消えることに気づけ。ℓ_i はその方向は変化するが、大きさは時間的に変化しないので、$\omega = \dot{\theta}_i$ は領域 i に依存せず剛体すべてに共通である。

3. 重心に相対的な運動に関する項は重心を通る固定軸のまわりの慣性モーメント I で表現でき、さらに、重心に関する項を加えると平行軸の定理の形になり、その結果、$\sum_i \dot{\boldsymbol{L}}_i = I'\ddot{\boldsymbol{\theta}} = I'\dot{\boldsymbol{\omega}}$ となることを示せ。

4. 一方、重心にはたらく力のモーメントの総和は $\boldsymbol{\ell}_G \times M\boldsymbol{g}$ となることを示せ。これで剛体の回転の運動方程式

$$\dot{\boldsymbol{L}} = I'\dot{\boldsymbol{\omega}} = \left(M\ell_G^2 + I_G\right)\ddot{\boldsymbol{\theta}} = \boldsymbol{\ell}_G \times M\boldsymbol{g} = \boldsymbol{N} \tag{15.38}$$

が得られたわけだ。

15-3　ヨーヨーの運動

15-3-1　糸を巻き付けた円板の運動

　質量 M、半径 a の一様なヨーヨー (円板のまわりに糸が巻き付けてある) を想定する。回転軸 (対称軸) まわりのヨーヨーの慣性モーメントを I_G と書く。$I_G = Ma^2/2$ である。円板を鉛直 (z 方向) にして糸の一端をもって、ヨーヨーを静かに放す。回転軸を中心として回転しながら、鉛直に落下する。糸には鉛直上方に張力 T がはたらく。自由落

下と比べ、落下の加速度、速度が異なる。糸を急激に、あるいはゆっくりと引き上げ、ヨーヨーの落下運動の違いを楽しんだことがあるであろう。その様子を解析しよう。

いつものとおり、運動方程式を立てる。重心の運動方程式と回転の運動方程式

$$M\ddot{z} = Mg - T \tag{15.39}$$

$$I\dot{\omega} = Ta \tag{15.40}$$

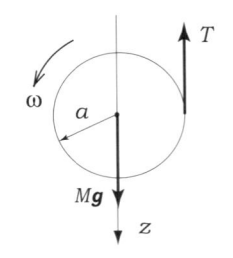

図 15.9 ヨーヨーの運動 (1)

である。円板は滑らずに糸が解けて落下するので、15-1 節の式 (15.4) の斜面を滑らずにころがる円板と同じで、その回転の角速度は

$$\omega = \frac{\dot{z}}{a} \tag{15.41}$$

である。

(a) 慣性モーメントのはたらき

初速度ゼロでヨーヨーを放したとき、その落下の加速度 $\ddot{z}$ ならびに張力 T は上の方程式を解いて、

$$\ddot{z} = \frac{2}{3}g \tag{15.42}$$

$$T = \frac{1}{3}Mg \tag{15.43}$$

を得る。自由落下の加速度に比べ、慣性モーメントのため、ヨーヨーの加速度は 2/3 倍遅くなった。

(b) ヨーヨーを一定位置に保つには

では、円板を回転させながら、その中心 O を一定位置に保つためには糸の他端をどれだけの加速度で引き上げればいいか?

落下せず一定位置に止まるためには、重力を打ち消せばよい。つまり、重力と同じ強さの張力で

$$T = Mg \tag{15.44}$$

糸を引き上げればよい。このとき、ヨーヨーの角加速度は運動方程式 (15.40) から

$$\dot{\omega} = \frac{2g}{a} \tag{15.45}$$

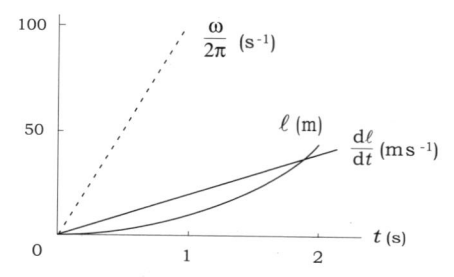

であり、糸を引き上げる加速度は

$$a\dot{\omega} = 2g \tag{15.46}$$

となる。ヨーヨーの角速度は $\omega = (2g/a)t$ であって、時間に比例して速く回転し、引き上げる糸の長さ ℓ は (糸が無限にヨーヨーから供給されるとして)

$$\ell = \int a\omega dt = gt^2 \tag{15.47}$$

となり、時間の 2 乗に比例して長くなる。

式 (15.39) から分かるように $T = Mg$ の張力が作用するとき、$\ddot{z} = 0$ であって、ヨーヨー中心の速度は $\dot{z} = v_0$ (一定) である。落下せずに一定位置で止まるのは、$t = 0$ の初期状態で運動していなかったためであり、たとえば、速度 v_0 で落下しておれば一定速度で降下する、あるいは速度 $-v_0$ で上昇しておれば一定速度で上昇する運動になる。以上、落下運動においても、$\ddot{z} = 0$ の運動においても、角加速度以外は円板の径 a に依存しない特性をもつことに気づけ。具体的に数値評価しておこう。ヨーヨー半径を $a = 0.03$ m と想定したとき、重心が一定値に止まるために引き上げる単位時間あたりの糸の長さ $d\ell/dt = 2gt$、t 時間後の全長 ℓ、角速度 $\omega = (2g/a)t$ (1 秒あたりの回転数に換算 $2gt/2\pi a$) を図 15.10 に示す。0.5 秒後には引き上げた糸の全長はほぼ 2.5 m である。

15-3-2　糸を巻き付けた円板と重りの運動

質量 M、半径 a の一様なヨーヨー (円板のまわりに糸が巻き付けてある) の糸の一端を図 15.11 のように、滑らかな滑車を通して質量 m の物体に結ぶ。この系の運動を解析しよう。

円板と重りの運動方程式は

$$M\ddot{z} = Mg - T \tag{15.48}$$
$$I\dot{\omega} = aT \tag{15.49}$$
$$m\ddot{z}_m = mg - T \tag{15.50}$$

である。重りの z 座標はヨーヨーの中心座標と区別するために z_m と表記した。張力は糸が共通しているため、同じ大きさである。糸は単位時間あたり $a\omega$ だけ伸びる。ヨーヨーは単位時間あたり $\dot{z}$ だけ伸び、重りは単位時間あたり $\dot{z}_m$ だけ伸びるので、この和が糸の単位時間あたりの伸びと等しい。$a\omega = \dot{z} + \dot{z}_m$ である。上の運動方程式と合わせるならば、伸びの加速度で表現してもよい。それは

$$a\dot{\omega} = \ddot{z} + \ddot{z}_m \tag{15.51}$$

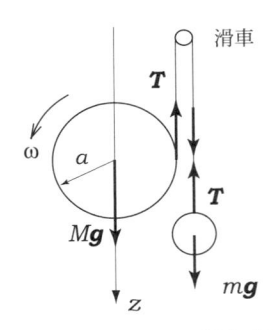

図 **15.11** ヨーヨーの運動（2）

である。これで4つの変数 (z, z_m, ω, T) に対して、方程式4つが揃った。では、運動方程式を解こう。

糸の張力 T は

$$T = \frac{2mM}{M + 3m}g \tag{15.52}$$

であり、ヨーヨーの角速度 ω は

$$\dot{\omega} = \frac{4m}{a(M + 3m)}g \quad \Rightarrow \quad \omega = \frac{4m}{a(M + 3m)}gt \tag{15.53}$$

であって、伸びる糸の速度 $a\omega$ ならびに伸びた糸の全長 ℓ は

$$a\omega = \frac{4m}{M + 3m}gt \tag{15.54}$$

$$\ell = \frac{2m}{M + 3m}gt^2 \tag{15.55}$$

となる。また、ヨーヨーならびに重りの落下の加速度、速度、さらに初期位置から落下した距離は

$$\ddot{z} = \frac{M + m}{M + 3m}g \quad \Rightarrow \quad \dot{z} = \frac{M + m}{M + 3m}gt \quad \Rightarrow \quad z = \frac{M + m}{2(M + 3m)}gt^2 \tag{15.56}$$

$$\ddot{z}_m = \frac{3m - M}{M + 3m}g \quad \Rightarrow \quad \dot{z}_m = \frac{3m - M}{M + 3m}gt \quad \Rightarrow \quad z_m = \frac{3m - M}{2(M + 3m)}gt^2 \tag{15.57}$$

となる。初期条件として $t = 0$ で、ヨーヨーの角速度をゼロ、ヨーヨーならびに重りの速度をゼロとした。ここでも、ヨーヨーの角速度以外はすべてヨーヨーの半径 a に

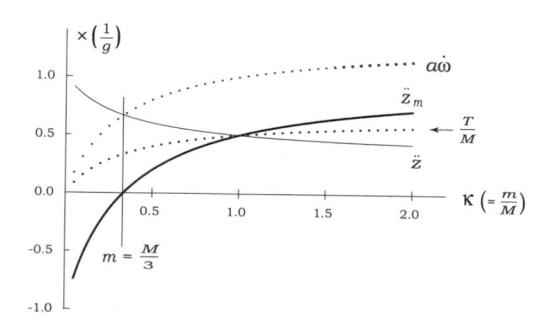

図 15.12 落下の加速度、糸の伸び率、T/M。$\kappa = m/M$。

は依存しない。

重りの質量が $m = M/3$ より小さくなると、重りはヨーヨーの重さに引かれて上昇する。図 15.12 に加速度 $\ddot{z}, \ddot{z}_m$、ならびに糸の伸び率（角加速度 $a\dot{\omega}$）、T/M を $\kappa \equiv m/M$ の関数としてプロットした。これらの変数はすべて κ のみに依存する。$m = M/3$ では重りの加速度はゼロ。初期条件で重りの速度をゼロに定めれば、糸の端が天井に固定されたヨーヨーの運動と等価である。重りの質量によってその加速度方向が変化するが、ヨーヨーの落下方向、張力のはたらく方向、ヨーヨーの回転方向は変化しない。

15-3-3　ヨーヨーの運動

質量 M、半径 a の一様なヨーヨー（円板）を想定する。回転軸を共有する半径 $b < a$ の芯のまわりに長さ ℓ の糸が巻いてあると考える。簡単のため、芯の慣性モーメントは無視できるとする。回転軸まわりのヨーヨーの慣性モーメントを I_G と書く。$I_G = Ma^2/2$ である。円板を鉛直（z 方向）にして糸の一端をもって、ヨーヨーを静かに放す。回転軸を中心として回転しながら、鉛直に落下する。糸には鉛直上方に張力 T がはたらく。

このヨーヨーの運動は 3 つに分けて考えられる。はじめは回転しながらの落下運動であり、回転は円板の軸を中心としたものである（図 15.13）。15-1 節の斜面を滑らずにころがる円板の運動と類似する。つぎには、糸が伸びきって、円板の回転運動は糸の一端を軸としたものになる（図 15.16）。最後には、落下運動とは逆の経路をとり、円板の軸を中心とした回転運動で上へと巻き上がるものである。

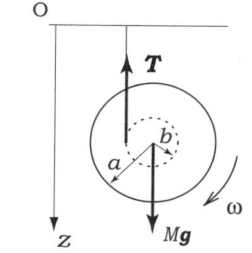

図 15.13 ヨーヨーの運動（3）

(a) ヨーヨーの落下

まず、重心 z の運動方程式と回転の運動方程式をいつも通りに書く。

$$M\ddot{\boldsymbol{r}}_G = \boldsymbol{F} \quad \Rightarrow \quad M\ddot{z} = Mg - T \tag{15.58}$$

$$I\dot{\boldsymbol{\omega}} = \boldsymbol{N} \quad \Rightarrow \quad I_G\left(\frac{\ddot{z}}{b}\right) = Tb \tag{15.59}$$

第2式では糸が滑らないことによる速度と角速度の関係、$\dot{z} = b\,\omega$、を代入した。両式から張力 T を消去すると、

$$\ddot{z} = \frac{Mb^2}{Mb^2 + I_G}g = \frac{1}{1 + I_G/(Mb^2)}g = \frac{b^2}{b^2 + (a^2/2)}g = \frac{2\kappa^2}{1 + 2\kappa^2}g = \chi g \tag{15.60}$$

$$\kappa \equiv \frac{b}{a}, \quad \chi \equiv \frac{2\kappa^2}{1 + 2\kappa^2} \tag{15.61}$$

を得る。手間を省くため、κ, χ(カイと読む)を用いる。落下の加速度は一定であり、ここでも前節同様に、慣性モーメントのため $\chi = 1/(1 + I_G/(Mb^2))$ 倍小さくなっている。式 (15.60) では円板の慣性モーメントを具体的に代入した。$\kappa \leq 1$ であって、加速度は $\kappa = 1$ ($a = b$) のときが最高で $\ddot{z} = (2/3)g$ である。また、$\chi \leq 1$ である。初期位置を原点 O、初速度をゼロとして、上式を時間積分するとヨーヨーの落下速度 $\dot{z}(t)$ ならびに落下距離 $z(t)$ は

$$g' = \chi g \tag{15.62}$$

と記せば、

$$\dot{z}(t) = g't = \chi \cdot gt \tag{15.63}$$

$$z(t) = \frac{1}{2}g't^2 = \chi \cdot \frac{1}{2}gt^2 \tag{15.64}$$

である。糸が伸びきった $z = \ell$ 時点での時刻 t_ℓ と速度 v_ℓ は

$$t_\ell = \sqrt{\frac{2\ell}{g'}} = \sqrt{\frac{2\ell}{g}}\frac{1}{\sqrt{\chi}} = \frac{t_{0\ell}}{\sqrt{\chi}} \tag{15.65}$$

$$v_\ell = \sqrt{2g'\ell} = \sqrt{2g\ell}\sqrt{\chi} = v_{0\ell}\sqrt{\chi} \tag{15.66}$$

を得る。質量 M の物体が距離 ℓ だけ自由落下したときの時間と速度を $t_{0\ell}, v_{0\ell}$ と記したが、ヨーヨーにおいては自由落下のときと比べて時間は $1/\sqrt{\chi}$ 倍長くかかり、速度は $\sqrt{\chi}$ 倍遅くなる。また、張力 T は方程式 (15.59) に $\ddot{z}$ を代入して、

$$T = \left(\frac{I_G}{b^2}\right)g' = \frac{I_G/(Mb^2)}{1 + I_G/(Mb^2)}Mg = \frac{Mg}{1 + 2\kappa^2} \tag{15.67}$$

を得る。張力 T は常に重力 Mg よりも小さな一定値をもっている。

(b) 回転のエネルギー

ヨーヨーの運動エネルギー T_E(張力と混同しないように、ここでは T_E と記した)は、重心の運動エネルギー T_G と重心のまわりの回転エネルギー T_ω の和であって、

$$T_E = T_G + T_\omega = \frac{1}{2}M\dot{z}^2 + \frac{1}{2}I_G\left(\frac{\dot{z}}{b}\right)^2 \tag{15.68}$$

である。これに $\dot{z} = v, \omega = v/b$ を代入して、T_G, T_ω, T_E を位置エネルギー $U(z) = -Mgz$ で表示すると、

$$T_G = \frac{1}{2}Mv^2 = Mgz\chi \tag{15.69}$$

$$T_\omega = \frac{1}{2}I_G\omega^2 = Mgz\frac{1}{1+2\kappa^2} = Mgz(1-\chi) \tag{15.70}$$

$$\left(\omega = \frac{v}{b} = \frac{2}{a}\sqrt{\frac{gz}{1+2\kappa^2}}\right)$$

$$T_E = T_G + T_\omega = Mgz \tag{15.71}$$

全運動エネルギー T_E は位置エネルギーの減少分 $U = -Mgz$ ($z = 0$ が位置エネルギーの基準点である)に等しい。したがって、運動エネルギーと位置エネルギーの和である全力学エネルギー E_T は保存する。$E_T = T_E + U = 0$. ここでの初期状態の設定により、右辺がたまたまゼロになったのである。これは円板の具体的な慣性モーメントによる結論ではなく、剛体一般に通用する帰結である。全エネルギーが保存しているので、ヨーヨーが落下とともに失う位置エネルギーがヨーヨーの重心と回転の運動エネルギーに転化するわけである。

全運動エネルギー T_E に対する重心の運動エネルギー T_G/T_E、回転のエネルギー T_ω/T_E、ならびにその比 $T_G/T_\omega = 2\kappa^2$ を $\kappa = b/a$ の変数として図 15.14 に示した。これらの値は落下距離に依存しない。ヨーヨーの軸半径 b が小さくなれば、運動エネルギー T_G は減少する。極限 $b \to 0$ ($\kappa \to 0, \chi \to 0$) においては、$T_G \to 0$ である。式 (15.63), (15.64) から $\chi \to 0$ では $\dot{z} \to 0, t = \sqrt{2z/\chi g} \to \infty$ となり、落下速度は遅くなり、落下時間は長くなる。また、角速度は $\omega = \dot{z}/b = (2\sqrt{gz}/a)/\sqrt{1+2\kappa^2}$ であって、一定値 $\omega = 2\sqrt{gz}/a$ に漸近する。一方、回転のエネルギーは $T_\omega \to Mgz = T_E$ となり、全エネルギーをもつ。

また、回転の勢いである角運動量 L は

$$L = I_G\omega = I_G\left(\frac{\dot{z}}{b}\right) = I_G\left(\frac{g'}{b}\right)t \tag{15.72}$$

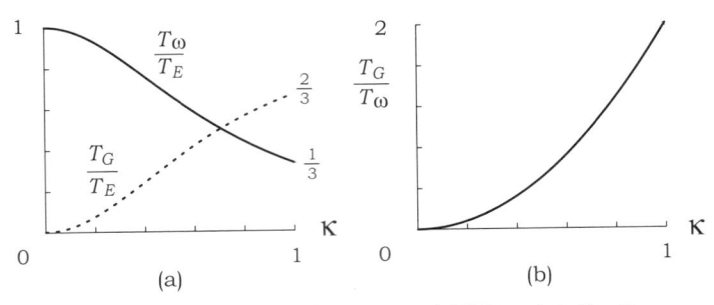

図 15.14 重心の運動エネルギー T_G と回転のエネルギー T_ω

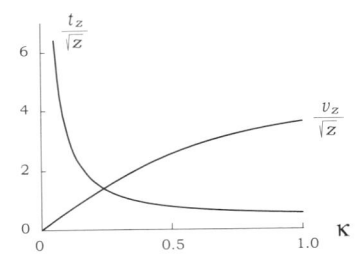

図 15.15 距離 z だけ落下する時間 t_z、そのときの速度 v_z

であって、図 15.13 のように時計回りに回転するとき、そのベクトルは紙面に垂直に手前から向こうへ向く。軸半径 $b \to 0$ では、$L \to Ma\sqrt{gz}$ となる。

z だけ落下するのに要する時間 t_z、落下したときの速度 v_z は

$$t_z = \sqrt{\frac{z}{g}}\sqrt{\frac{1+2\kappa^2}{\kappa^2}}, \qquad v_z = \sqrt{2gz}\sqrt{\frac{2\kappa^2}{1+2\kappa^2}} \tag{15.73}$$

であり、図 15.15 に κ の関数として示す。角速度は $\omega = v/b$、角運動量は $L = I_G\omega$ として計算できる。

(c) ヨーヨーの反転

糸が伸びきった瞬間は、その先端 P と回転中心は平行に並ぶ (図 15.16(a))。さらに、糸の張力のため円板の回転は続き、同時に重心も落下し続け、それにつれて糸は重心の落下軸の方に横へ移動し、力のモーメント $\bm{N} = \bm{b}\times\bm{T} = bT\sin\theta$ は減少していく。$\bm{b}$ は重心からの糸の先端までの位置ベクトルであって、大きさは芯の半径 b である。θ は $\bm{b}$ と $\bm{T}$ のなす角である (図 15.16(b))。Δt 後には、円板は最下点に達し張力の方向が重心を通る。このとき力のモーメントはゼロ ($\bm{N} = \bm{b}\times\bm{T} = 0$) となる (図 15.16(c))。

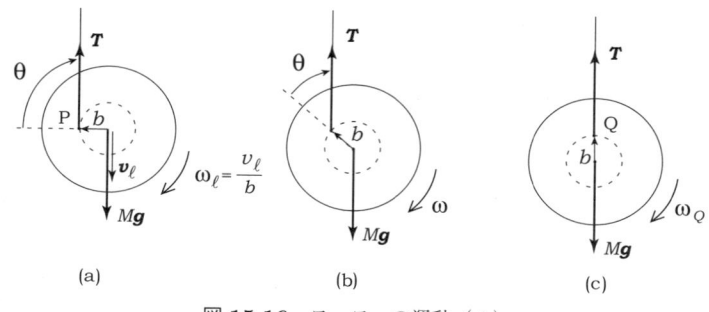

図 15.16 ヨーヨーの運動 (4)

回転の運動方程式

$$I\dot{\boldsymbol{\omega}} = \boldsymbol{N} \quad \Rightarrow \quad I_G\left(\frac{\ddot{z}}{b}\right) = bT\sin\theta \tag{15.74}$$

において、右辺の力のモーメントがこのように時間と共に変化するので、角加速度 $\dot{\omega}$ は一定でなく、落下速度も変化する。この過程が微小時間内に起こり、かつ一般には $b \ll \ell$ であるため、つぎのように近似して考える。

糸の先端が P→ Q 点 (図 15.16(a)→(c)) へ移る時間 Δt は落下距離を落下速度で割って、$\Delta t \sim b/v_\ell$ と評価する。この移動によってヨーヨーの角運動量は力のモーメントの変化分 $bT \to 0$ だけ変わる。すなわち、$\Delta L \sim (bT)\Delta t$ だけ変化する。この変化量 ΔL を P 点での角運動量 $L_P = I_G\omega_\ell = I_G v_\ell/b$ と比べる。

$$\frac{\Delta L}{L_P} = Tb\Delta t \Big/ I_G \frac{v_\ell}{b} = \frac{b}{2\ell} \sim 0 \tag{15.75}$$

$b \ll \ell$ であるので、角運動量の変化は小さく ($\Delta L \ll L_P$)、無視できる、すなわち、P → Q 点への移行においても角運動量は近似的に保存されると考える。具体的に数値評価すると、ヨーヨーの糸の長さは $\ell \sim 1$ (m) 程度であり、半径は $a \sim 3$ cm、芯の半径は $b = 0.5$-1 cm 程度であろう。そうであれば、$b/2\ell \sim 0.0025$-0.005 で上の近似は悪いものではない。最大では $b = a$ であって、$b/2\ell \sim 0.015$ である。落下の速度も、したがって、落下の運動エネルギーも Δt の前後でその変化は無視できて、同じく角運動量も回転の運動エネルギーも変化は無視できる、と考えるわけである。

つぎに、P 点が重心の真上 Q 点に来たとき (図 15.16(c))、糸が伸びきってヨーヨーはこれ以上落下できない。そのため、ヨーヨーの落下の勢い (エネルギー T_G) は撃力となり瞬間的に、ヨーヨーを手に持っているならば手に、図のように天井に止めているならば天井に、伝わり受け止められる (吸収される) ことになる。

一方、ヨーヨーの回転は継続し、この回転のエネルギーは変化しない。撃力としては

たらく力は重心を通るので、この力はヨーヨーに力のモーメントとしてははたらかない ($\boldsymbol{N} = 0$)。そうすると、回転の運動方程式は $\dot{\boldsymbol{L}} = \boldsymbol{N} = 0$ であって、$\boldsymbol{L} =$ 一定。すなわち、ヨーヨーの角運動量 $\boldsymbol{L}$、回転の勢い、は Q 点の前後で不変に保たれる。その結果、Q 点に達する前後では全エネルギーは保存しない ($E = T_E + U$, $T_E = T_G + T_\omega \to T_\omega$) で、運動エネルギーとしては回転のエネルギー T_ω のみ

$$T_\omega = \frac{1}{2} I_G \omega_\ell^2 = Mg\ell \frac{1}{1+2\kappa^2} = Mg\ell(1-\chi) \tag{15.70}$$

が残る。

Q 点に達した後はヨーヨーは Q 点を中心とした回転をすると考える。その角速度を ω_Q と記すと、角運動量の保存から

$$(L=)\ I_G \omega_\ell = I_Q \omega_Q = \left(I_G + Mb^2\right) \omega_Q$$

$$\Rightarrow \quad \omega_Q = \frac{2\sqrt{g\ell}}{a(1+2\kappa^2)^{3/2}} = \frac{1}{1+2\kappa^2} \omega_\ell \tag{15.76}$$

となる。I_Q は Q 点まわりの慣性モーメントで、「平行軸の定理」から $I_Q = I_G + Mb^2$ である。回転中心 Q が重心 G からずれたことによる増加した慣性モーメント $\Delta I = Mb^2$ の分だけ角速度が減少 ($\Delta \omega$) することになる。

$$\Delta \omega = \omega_\ell - \omega_Q = \frac{2\kappa^2}{1+2\kappa^2} \tag{15.77}$$

この角速度 ω_Q でヨーヨーは Q 点を中心として回転する。このときの重心の速度 v_Q は

$$v_Q = b\omega_Q = \frac{2\kappa\sqrt{g\ell}}{(1+2\kappa^2)^{3/2}} \tag{15.78}$$

である。

(d) ヨーヨーの上昇

最後の段階はヨーヨーの重心が Q 点と同じ高さ R 点にまで振られ (図 15.17)、つぎには重心を回転中心として手元まで戻る過程である。

このときの運動方程式はヨーヨーが落下するのと同じであって

$$M\ddot{z} = Mg - T, \quad I_G\left(\frac{\ddot{z}}{b}\right) = Tb \tag{15.79}$$

であるが、初期条件が異なる。R 点での条件は $v_R =$

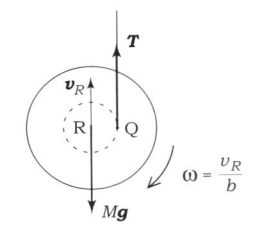

図 15.17 ヨーヨーの運動（5）

$-v_Q$, $z_R = \ell$ である (v_R の正負について考えてみること)。よって、

$$\dot{z}(t) = g't + v_R = g't - v_Q \tag{15.80}$$

$$z(t) = \frac{1}{2}g't^2 + v_R t + \ell = \frac{1}{2}g't^2 - v_Q t + \ell \tag{15.81}$$

であって、どこまで手元に戻るかの到達点 z_S は、速度がゼロとなる時刻 $t_S = -v_R/g' = v_Q/g'$ での $z(t_S)$ 位置

$$z(t_S) = \frac{1}{2}g't_S^2 + v_R t_S + \ell = -\frac{1}{2}\frac{v_R^2}{g'} + \ell = \left\{1 - \frac{1}{(1+2\kappa^2)^2}\right\}\ell \tag{15.82}$$

である。この z_S をエネルギー保存から導こう。R 点でのヨーヨーのもつ運動エネルギーは回転のエネルギーのみであり、

$$T_\omega(R) = \frac{1}{2}I_Q \omega_Q^2 = Mg\ell \frac{1}{(1+2\kappa^2)^2} \tag{15.83}$$

であって、この回転エネルギー $T_\omega(R)$ をすべて位置エネルギー $U(S)$ に換算した高さ z_S まで戻れるわけである[3]。したがって、それは

$$T_\omega(R) = U(S) = Mg(\ell - z_S) \tag{15.84}$$

であって、式 (15.82) と一致する。

κ を横軸にとって、z_S をプロットしたのが図 15.18 (a) の $n = 1$ のカーブである。往復回数 n を増やしてゆくとどうなるのか、をも示した。$\kappa \leq 0.1$ ならば、往復回数が $n \sim 10$ であっても手元近くに戻ってくることが分かる。ちなみに、$\kappa = 0.1$ では、

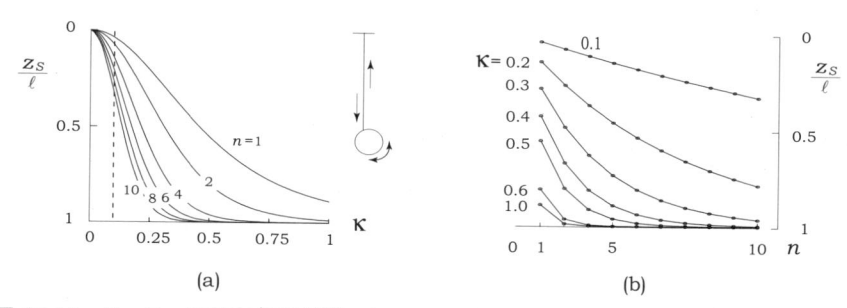

図 **15.18** ヨーヨーが手元に戻る距離。(a)κ-z_S 関係。往復回数を n で示し、$\kappa = 0.1$ を破線で示す。(b)n-z_S 関係。

---

[3] $T_\omega(R)$, $U(S)$ はそれぞれ R や S の関数ということではなく、R 点、あるいは S 点での値という意味で使った。

374　第 15 章　固定軸まわりの回転運動は語る

$n = 1 \sim 10$ の往復で $z_S/\ell = 0.039, 0.076, 0.11, 0.15\ 0.18, 0.21, 0.24, 0.27, 0.30, 0.33$ となる。図 15.18(b) には κ をパラメータとして縦軸に z_S/ℓ を、横軸に n をプロットした。

　ここまできたが、ヨーヨーの解析はそれほど簡単でない。上ではいくらかの簡単化、つまり近似を行なっている。

　特に、ヨーヨーの反転とした部分である。たとえば、諸君もすでに気づいているであろうが、当初の設定のとおりにヨーヨーが落下すれば糸は z 軸と小さいが角 δ をもって撃力を受ける (図 15.19)。この角は $\delta \approx b/\ell$ であり、微少量であって無視した。ここでは無視せず、その影響を考える。δ 角のため、ヨーヨーは角速度 ω_ℓ と落下速度 v_ℓ による横向きの力を受ける。そのため、回転の運動エネルギー T_ω のうち微少量がヨーヨーの振り子運動に転化し、ヨーヨーは振動運動をはじめる。

　ヨーヨーが伸びきったとき以降は Q 点を中心として回転する。撃力が重心を通るので、この前後で角運動量は保存する ($I_G\omega_\ell = I_Q\omega_Q$) と扱った。では、回転エネルギー T_ω の保存についてはどうか？　回転エネルギーを角運動量で表示すれば、

$$T_\omega = \frac{1}{2}I\omega^2 = \frac{L^2}{2I} \tag{15.85}$$

であり、Q 点前後では慣性モーメントが $I = I_G \to I_Q$ へと変化するため、明らかに回転エネルギーは Q 点の前後で保存しない。すなわち、

$$\Delta T_\omega = T_\omega(\ell) - T_\omega(Q) = Mg\ell\frac{2\kappa^2}{(1+2\kappa^2)^2} = T_\omega(\ell)\chi \tag{15.86}$$

だけ回転エネルギーが減少する。振れのエネルギーの一部として吸収されるか、撃力

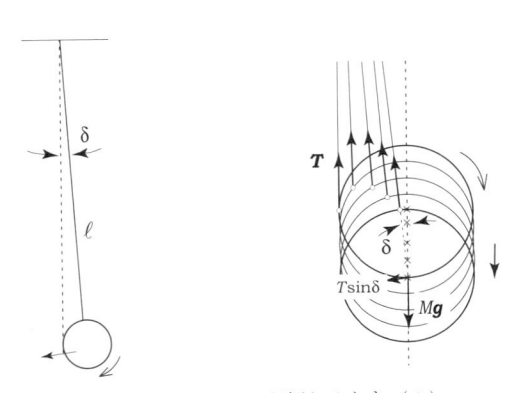

図 15.19　ヨーヨーが振れるとき (1)

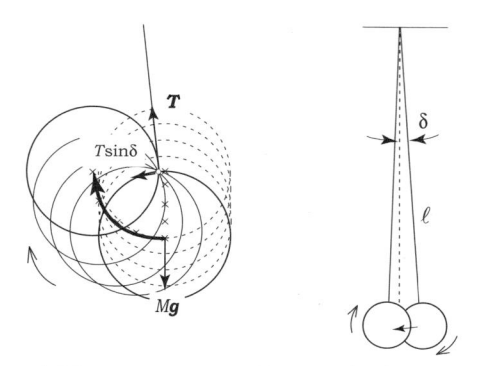

図 15.20 ヨーヨーが振れるとき（2）

として一部が吸収されるのであろう。κ が小さい限りはこのエネルギー量は小さく、無視できる。$\kappa = 1$ のとき、$\Delta T_\omega = (2/9) T_\omega(\ell)$ であり、2 割程度の回転エネルギーを失うことになる。上ではこのエネルギーの消耗を受け入れ、ヨーヨーの上昇においては利用できるエネルギーは $T_\omega(Q)$ であると扱った。

ヨーヨーは Q 点を中心に回転するわけであるが、先ほどの続きで考えると重心は振り子運動をする (図 15.20)。振り子の振動とヨーヨーの回転が同一方向であれば、同期して回転運動を助けるであろう。

このように少し考えても運動は複雑だ。教科書で学ぶときは、本質を理解するために適切な近似などにより単純化、簡単化をおこなっている。それを理解した後に、自分で運動のより詳細を検討すれば、用いられた近似の妥当さや運動の細部にわたる理解へとすすめ、一層学習度が深まる。このことをいいたくて、以上少し取り留めがなかったが議論した。

15-4　撃力とビリヤード球

ここでも 12 章 (p. 292) と同じく球の衝突をみる。ただし、その運動には慣性モーメントが重要な役割を果たす。

15-4-1　撃力

4-1-3 小節で**撃力** (impulsive force) にふれた。少し復習する。

短時間ではたらく強い力を日常的に、撃力とよぶ。撃力が作用する時間は充分短い

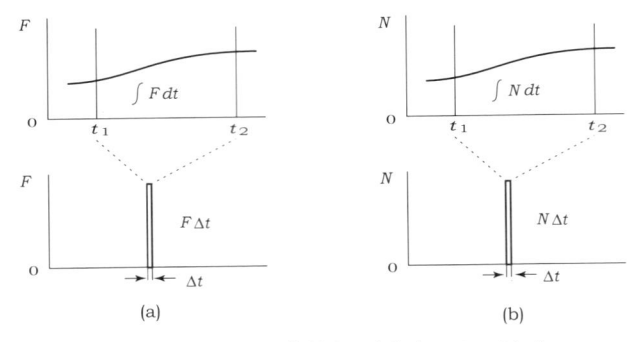

図 15.21 瞬間的に作用する力と力のモーメント

ので、その間に物体が動く距離は物体の大きさに比べて充分小さいとして無視できる。撃力は力学的につぎのように定義する。

力 F が時刻 t_1 から t_2 にわたって物体にはたらくとき、その力の総和（積分）が**力積 J** (impulse) であり、運動方程式を時間積分すると、

$$\dot{p} = F \quad \Rightarrow \quad J = \int_{t_1}^{t_2} F \, dt = p(t_2) - p(t_1) = \Delta p \tag{4.5}$$

であって、力積の量だけ物体の運動量は $p(t_1)$ から $p(t_2)$ へと変化する。(運動量の変化) = (力積) である。剛体の重心運動にこの力積が効く。一方、剛体の回転運動については、力 F に対応して力のモーメント N が、運動量 p に対応して角運動量 L が役割を果たす。回転の運動方程式を時間積分すると上式は

$$\dot{L} = N \quad \Rightarrow \quad \int_{t_1}^{t_2} N \, dt = L(t_2) - L(t_1) = \Delta L \tag{15.87}$$

である。撃力は瞬間的な力であるので、両式の時間積分は各々微小時間間隔 Δt と作用する力あるいは力のモーメントの積に置き換えることができ、

$$F \Delta t = \Delta p \tag{15.88}$$

$$N \Delta t = \Delta L \tag{15.89}$$

である。

では、ビリヤード球に撃力をはたらかせてみよう。

15-4-2　ビリヤード

ビリヤード (billiard) で球 (ball) を撞く。このとき、球に瞬間的な力がはたらく。撃力である。キュー（玉を撞く棒、cue）の撞く作用線が球の中心から外れていると、力

15-4 撃力とビリヤード球 377

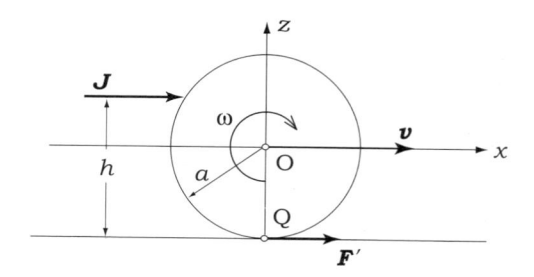

図 15.22 ビリヤードの球

のモーメントが作用する。

　質量 M、半径 a の静止していた球に、水平面である床に沿って高さ h のところに撃力 J を与えたときの球の運動をみる。撃力の作用線は球の中心 O を通る鉛直面内にあるとする。摩擦力がはたらくため、球はころがり、あるいは滑りながら回転運動する。

　撃力がはたらいた瞬間を $t=0$、そのときの球の中心 O を座標原点とし、床に平行に球の並進する方向に x 軸をとる。鉛直上方に z 軸を、したがって、y 軸は紙面に垂直で向こう向きである。よって、図 15.22 の時計回りの回転 (角速度 ω) が正となる。球の中心は床から高さ a にある。撃力の作用点の高さを h と記す。

　運動方程式に取りかかる前に運動の様子を考えてみよう。球の中心（重心）の運動と、重心を中心とした回転運動の様子である。

　撃力がはたらくので、静止していた球の重心 O は当然、並進運動をはじめる。また、力のモーメントもはたらくので、球は回転をはじめる。撃力は瞬間的な作用であるので、この力と力のモーメントは $t=0$ 後には存在しない。初期条件を決めるはたらきをする。撃力がはたらいた瞬間の重心の速度を v_0 と記す。

　球は回転をはじめるが、撃力の作用点により回転方向は異なる。重心より高いところを突けば、紙面に向かい時計回りとなり、低いところを突けば、反時計回りに回転することは日常経験で分かる。撃力がはたらいた瞬間の回転の角速度を ω_0 と記す。この回転で球は重心 O を通る対称軸 (紙面に垂直) を中心に角速度 ω_0 で回転し、重心を通る鉛直面と球面の交点である円周上の任意の点は、$a\omega_0$ の速さで対称軸を回る。球の円周上の任意の点として、重心 O の真下の点、すなわち床と接する点 Q を考える。この Q 点の速度は円に対する接線方向であって、床に平行である。ただし、球の回転方向によりその符号は変わる。Q 点の速度は $-a\omega_0$ である。時計回りの回転を正と定義したので、角速度 ω と Q 点の速度 $a\omega$ は符号が逆になることに注意。この速さは重心に対するものであり、その重心は床に対して速さ v_0 の並進運動をする。し

がって、床に対する Q 点の速度は上記 2 つの速度を足したもの $v_Q = v_0 - a\omega_0$ である。前節までに幾度か登場した「滑らずにころがる」とは $v_Q = 0$ であり、したがって、$v_0 = a\omega_0$ であったわけだ。

ここでは v_0 が同じであっても、撃力の作用点が違えば $-a\omega_0$ 値が異なる。その様子をまずみてみよう。

(a) 運動方程式

当初、静止していた球 ($p(t = 0) = 0$) が撃力のため、Δt の瞬間後に運動量 $p(t = \Delta t) = Mv_0$ で動き出し、運動方程式 (15.88) から速度 v_0 は力積 J と

$$Mv_0 = J \tag{15.90}$$

の関係をもつ。

また、この撃力は力のモーメントとして球に作用し、静止していた球 ($L(t = 0) = 0$) を Δt の瞬間後に角運動量 $L(t = \Delta t) = I\omega_0$ で重心のまわりに回転させる。回転の運動方程式 (15.89) から角速度 ω_0 は力積 J と

$$I\omega_0 = \{(h - a)F\}\Delta t = (h - a)J \tag{15.91}$$

の関係をもつ。ここで、瞬間的に撃力がはたらくので摩擦力の影響は小さいとして無視した。

(b) 撃力の作用点 h と回転の様子

球の中心は速度 v_0 で運動をはじめる。式 (15.90) から分かるように、当然であるが、撃力が大きいほど動きはじめる速度は大きい。$v_0 = J/M$ である。

一方、(O を通る鉛直面と交わる) 球面の任意の点は $|a\omega_0|$ の速さで回転する。角速度は式 (15.91) から分かるように、撃力 J ならびに慣性モーメント I の大きさに依存するが、さらに撃力の作用点の高さ h にも依存する。$\omega_0 = (h - a)J/I$ である。撃力の作用点の高さ h の如何によって、球の回転が異なる様子をみる。

ここでは球を扱うので、その中心 (重心) を回転軸とする慣性モーメントの具体的値

$$I = \frac{2}{5}Ma^2 \tag{15.92}$$

を代入する。そうすると、Q 点の速度 v_Q はすでに議論したように、式 (15.90), (15.91) から

$$v_Q = v_0 - a\omega_0 = \frac{J}{M}\left(\frac{7a - 5h}{2a}\right) \tag{15.93}$$

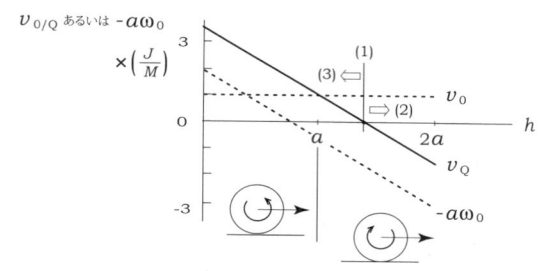

図 15.23 ビリヤード球の並進速度と回転速度

と書ける。撃力の作用点は $h = 0 \sim 2a$ の範囲内で変化でき、したがって、v_Q は正値、ゼロ値、負値を取りうることになる。

1. $h = 7a/5$ のとき、つまり球の中心よりも $(2/5)a$ 高いところを撞いたとき、$v_Q = 0$ となり、球は滑らずころがる。回転は時計回りである。

2. $h > 7a/5$ のとき、$v_Q < 0$ であって、球の重心 O の並進速度よりも回転の方が速い。空回りしてころがる状態である。繰り返すが、このとき、Q 点は床に対しては重心の並進運動の方向 (撃力の方向) とは逆方向に運動する。よって、球に作用する摩擦力 F' は Q 点の運動方向とは逆方向に作用するので、それはすなわち、球の並進運動の方向である。図 15.22 に示す F' である。撃力の作用後、動きはじめた球の運動方程式は、球の並進運動の方向 (図では左から右方向) を正方向にとっているので

$$M\dot{v} = F' \tag{15.94}$$

と書ける。つまり、このとき摩擦力は球の並進運動を助けるようにはたらく。一方、回転の運動方程式は

$$I\dot{\omega} = -aF' \tag{15.95}$$

であり、摩擦力は時計回りの回転運動に関して角速度を弱めるようにはたらく。

3. $h < 7a/5$ のとき、$v_Q > 0$ であって、重心 O の並進速度の方が球の回転より速い。滑りながら球は並進移動している状態である。先ほどと同じように考えると、このとき、Q 点は床に対しては球の並進運動と同じ方向に運動しており、よって、球に作用する摩擦力 F' は負方向に作用する。上記 2. の場合の摩擦力 F' とは逆方向になり、運動方程式 (15.94), (15.95) の力は $F' = -|F'|$ である。つまり、このとき摩擦力は球の並進運動を妨げるようにはたらき、回転運動の角加速度が正値をもつため、時計回りへの回転速度を速めるように作用する。$7a/5 > h > a$ で

はじめから時計回りであるので、それがさらに速くなり、一方、$a > h > 0$ ではじめは反時計回りであるが、それが減速されることになる。

ついでに記せば、1. のときの運動方程式では $F' = 0$ である。

(c) 摩擦力と最終速度

撃力が作用した直後の様子は上で理解できた。

しかし、球の運動は撃力直後から、球と床の摩擦力のため変化する。床に対する Q 点の速度 v_Q の逆方向に摩擦力 F' が作用し、それは $v_Q = 0$ となるまで続く。つまり、$v = a\omega$ となる。そこでは摩擦力がはたらかず、抵抗のない一様並進ならびに一様な回転運動に落ち着くわけだ。そのときの球の速度 v_C を求める。まず、この様子を推測してみる。

はじめに、特徴的な場合をみる。$h = 7a/5$ に撃力が作用するとき、$v_Q = 0$ であり、当初から摩擦力 F' は生じない。重心の運動方程式は $M\dot{v} = 0$、回転の運動方程式は $I\dot{\omega} = 0$ であり、重心は等速度運動 ($v = v_0 = v_C = $ 一定) であって、回転も等角速度 ($\omega = \omega_0 = \omega_C = $ 一定) となる。

$h = a$ に撃力が作用するとき、力のモーメントがゼロのため、球は回転しない ($\omega_0 = 0$)。重心とともに滑りはじめる ($v_Q = v_0$)。摩擦力が逆方向に作用する ($F' < 0$)。この力は力のモーメントとなり、球を時計回りに回転させる効果を生む。それと共に、重心の並進を妨げる力でもある。$v_Q > 0$ である限りはこの $F' < 0$ の摩擦力が連続して作用する。よって、並進速度が徐々に遅くなり、一方、回転が徐々に速くなる。結果的には $v_Q = 0$ となって球はころがりながら、並進運動する。

このような状態がすべての h の場合に生じる。具体的な状況は後回しにして、先に運動方程式を解こう。

運動方程式はすでに登場した式 (15.94), (15.95) である。これらから摩擦力 F' を消去すると、

$$M\dot{v} + \frac{I}{a}\dot{\omega} = 0 \tag{15.96}$$

を得る。それを時間積分すると、

$$Mv + \frac{I\omega}{a} = C \text{ (一定)} \tag{15.97}$$

であって、左辺は運動量の次元をもつ。左辺第 1 項は重心の床に対する運動量であり、第 2 項は回転の角運動量を半径で割ったもので、それらの和は一定である、というのが上式である。この積分定数 C は

$$Mv + \frac{I\omega}{a} = Mv_0 + \frac{I\omega_0}{a} = J + \frac{(h-a)J}{a} = \frac{h}{a}J = C \text{ (一定)} \tag{15.98}$$

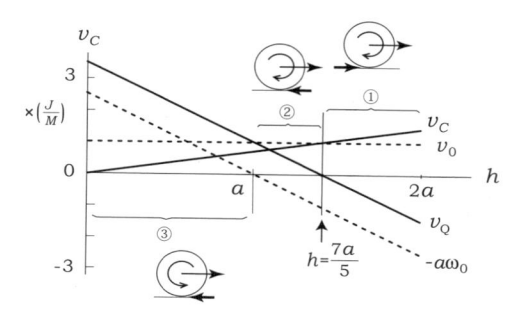

図 **15.24** ビリヤード球の最終速度 v_C

となり、力積 J と撃力の作用点の高さ h（a で規格化した）の積である。最終的には $v_C = a\omega_C$ の状態に落ち着くので、上式 (15.97), (15.98) から最終速度 v_C は

$$v_C = \frac{ahJ}{Ma^2 + I} = \frac{5h}{7Ma}J \tag{15.99}$$

となる。最右辺は球の慣性モーメントを適用した。速度 v_C は撃力の強さ J が一定であれば、その作用点の高さ h に比例することを教えてくれる。図 15.24 に最終速度 v_C を示す。方程式を解くだけでなく、図を書いてみるともっと楽しめる。最終速度 v_C を太線で示した。

撃力がはたらいた初期の速度 v_0 ならびに回転速度 $a\omega_0$ と比較してみよう。$h > a$ では球は時計回りに回転する。しかし、重心の並進運動のため上でみたように、$h = 7a/5$ を境にして v_Q は正負に分かれる。したがって、$h > 7a/5$ 領域①では摩擦力は $F' > 0$ であるが、$h < 7a/5$ 領域②では $F' < 0$ となる。このため、①では、摩擦力のはたらきは回転速度を下げながら、並進速度を速める。最終速度は v_0 よりも速いことになる！　②では回転速度を速め、その一方で並進速度を減少させて $v_Q = 0$ に達する。最終速度は v_0 よりも遅い。$h < a$ 領域③では球は当初反時計回りであって、摩擦力は $F' < 0$ である。この摩擦力のため、$\omega = 0$ を経て、最終的には球の回転方向が反転して、$v_Q = 0$ となる最終速度 v_C に達する。そして、ついには、$h = 0$ では止まることが $v_Q = 0$ を満足する解となる。

15-4-3　戻るゴルフボール

ゴルフボールでの「戻る球」をみる。テレビのゴルフ中継をみていると、グリーンにのった球がバックスピンのために手元方向に戻ってくる、この現象である。すでにみたように、球の反時計回りの回転のため摩擦力 F' が並進運動を妨げるわけであるが、さ

らに並進速度を超える急激な反時計回りの回転では、この摩擦力が並進運動の方向を反転させ、球を戻す状況が生まれる。

反時計回りの回転を与えるためには、すでにみたように $h < a$ で球を叩く必要がある。球が空中を飛翔するあいだの複雑な空気抵抗などは

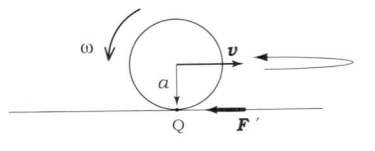

図 15.25 戻る球

ここでの課題ではないので、$t = 0$ はゴルフ球がグリーンにのった時点とし、初期条件としての球の速度、角速度は $v_0 > 0, \omega_0 < 0$（反時計回りへの回転）とする。

運動方程式

$$M\dot{v} = -F', \quad I\dot{\omega} = aF' \tag{15.100}$$

を解く。反時計回りの回転のため、摩擦力は負値をもつので $-F'$ ($F' > 0$) と記す。回転の運動方程式の右辺にマイナス符号が付いていないのは、摩擦力の力のモーメント $\boldsymbol{N} = \boldsymbol{a} \times \boldsymbol{F}'$ は時計回りの方向をもつためである。複雑な摩擦力 F' に具体的な想定をせず、そのままの形で残し、解析を試みる。

運動方程式の両辺を時間積分すると、

$$v(t) - v_0 = -\frac{1}{M}\int_0^t F' \mathrm{d}t \quad \Rightarrow \quad v(t) = v_0 - \frac{1}{M}K(t) \tag{15.101}$$

$$a\omega(t) - a\omega_0 = \frac{a^2}{I}\int_0^t F' \mathrm{d}t = \frac{5}{2M}\int_0^t F' \mathrm{d}t$$

$$\Rightarrow \quad -a\omega(t) = -a\omega_0 - \frac{5}{2M}K(t) \tag{15.102}$$

ここで $K(t) \equiv \int_0^t F' \mathrm{d}t$ は力積である。式 (15.102) では、前小節のビリヤードと同様に、Q点での球の回転速度を $-a\omega$ で表示した（反時計回りでは $-a\omega > 0$ である）。

図 15.26 に $v(t)$ と $-a\omega(t)$ の時間変化の概念的な様子をプロットした（$K(t)$ が時間に比例するような図となっているが、あくまでもコンセプトである）。

さて、球が戻るためには、どこかの時点 ($t = t_v$) で $v > 0 \to v = 0 \to v < 0$ と反転しなければならないが、図 (b) のように球の回転方向の逆転（時刻 $t = t_\omega$ で $-a\omega > 0 \to < 0$) がそれよりも早過ぎると、それに引き続く時刻 $t = t_Q$ で $v_Q > 0 \to < 0$ となり、摩擦力の方向も反転 ($-F' \to F'$) し、力積の取扱いが複雑になる。

式 (15.101), (15.102) をみれば分かるが、力積の効果は、並進速度よりも回転速度に 2.5 倍大きく現れる。$-a\omega_0 \gg v_0$ であれば、図 15.26(a) のように、球の戻りが回転の反転よりも先に ($t_v < t_\omega$) 生じる。球が戻りはじめても回転方向は変化せず、反時計回りの状態が続き、逆戻りの運動が維持される。これが実際に起こっている現象であろうが、どこで球が止まるかは、エネルギー消費などを考えなければならない。

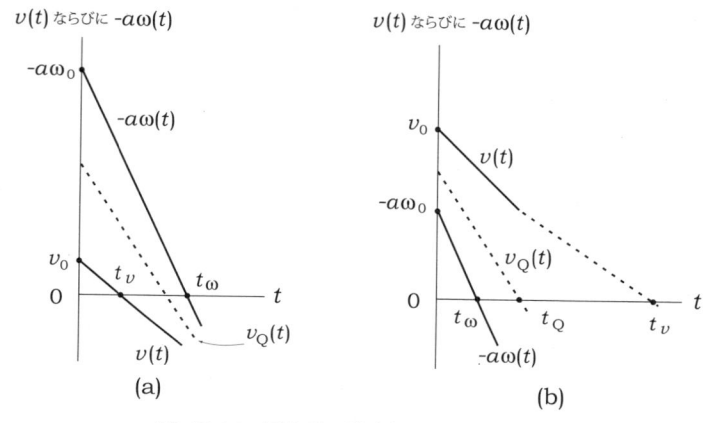

図 15.26 戻る球の速度ならびに回転速度

図 15.26(b) は $v_0 > -a\omega_0$ の場合を想定したものである。球の進行方向はそのままで、回転方向の反転が先に起こる。つぎに、時刻 $t = t_Q$ で $v_Q = 0$ が生じ、その後は摩擦力の方向は反転し、球は戻るどころか依然として進み続けるであろう。

第 16 章

剛体に固定した座標系とオイラー角をつかう

　前章および前々章で固定軸のまわりの回転運動をみた。つぎは重心または任意の固定点 (fixed point) のまわりの回転運動を扱う。剛体が固定点 O を不動として、回転の角速度 $\boldsymbol{\omega}$ をその大きさばかりでなく、方向をも時々刻々と変化させる運動である（図16.1）。

　新たに学ぶ事項に気が取られ、そのため全体の流れやポイントを見失って、回転運動は難しいと敬遠されないように、はじめに本章と次章の構成をまず簡単に説明しておこう。

(1)　固定軸の場合と比べ、ここでは回転の自由度は 1 から 3 と増え、それにつれて運動は空間的ならびに時間的に複雑になる。この複雑さに対処するため、**剛体に固定した座標系**を採用する。その意味を慣性モーメントの取り扱い方を通して、16-3 節にて理解する。

　以降、混乱に陥らないように常に 2 つの座標系を扱うことに留意せよ。1 つは静止系（慣性系）であって、もう 1 つは剛体に固定した座標系である。前者を座標系 O-(x, y, z)、後者を座標系 O'-$(1, 2, 3)$ と記す。この 2 つの座標系はその原点を回転の固定点として共有する。また、観測者が静止系にいる場合と剛体上にいる場合の 2 つの視座をとる。

(2)　O 系に対する O' 系の相対的配置は、**オイラー角** (Euler angles) (ϕ, θ, φ) を用い

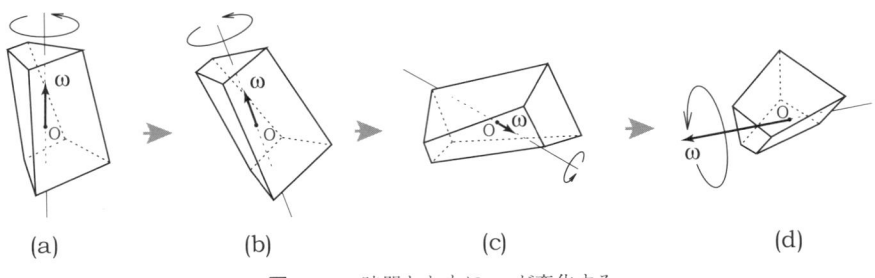

図 16.1　時間とともに $\boldsymbol{\omega}$ が変化する

(3) この 2 つの準備の後に、回転の運動方程式 $\dot{L} = N$ を O'-$(1, 2, 3)$ 系の表示を用いて表記する (16-4 節)。これを**オイラーの運動方程式** (Euler's equation of motion) という。
(4) 次章ではオイラーの運動方程式を具体的に適用して、まず、力のモーメントが作用していない状態のもとでの地球の自転やこまの回転運動を解析する。つぎに、外力や力のモーメントが作用するもとでのこまの歳差ならびに章動運動を扱う。

16-1　剛体に固定した座標系 O' の必要性

16-1-1　自由度は 1 から 3 へ

　固定軸のまわりの回転では、自由度は軸まわりの回転角 1 つであったのに対して、固定点のまわりの回転では自由度として 3 つの回転角が登場する。

　時々刻々と回転の角速度ベクトル $\boldsymbol{\omega}$ を変える剛体の様子を記述するには、図 16.2 に示すように回転軸の方向を O 系に対して ϕ と θ の 2 つの角で指定する。さらに、回転軸まわりの角 φ を指定すれば、剛体の配位は一義的に定まる。当然、これらの 3 つの角は時間の関数であって、それらの時間変化は剛体の角速度を表現し、また角運動量などの回転に関する力学量に関与する。

　ここで最初の注意点である。

　回転軸は常に剛体の同じところを貫いているのではない、ということ。前章の固定軸まわりの回転と異なり、固定点での回転運動は一般的に図 16.3 に描いたように角速度ベクトル $\boldsymbol{\omega}$ の一端 O は固定されているが、先端部は剛体を貫き剛体の表面を動き回る。

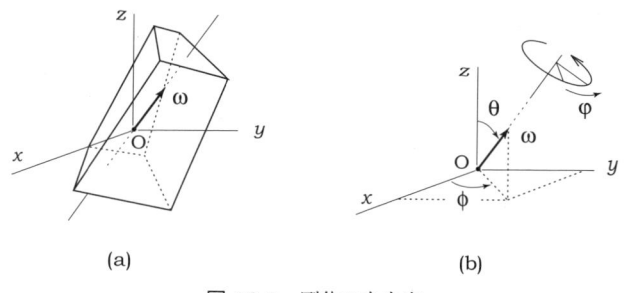

図 **16.2**　剛体の自由度

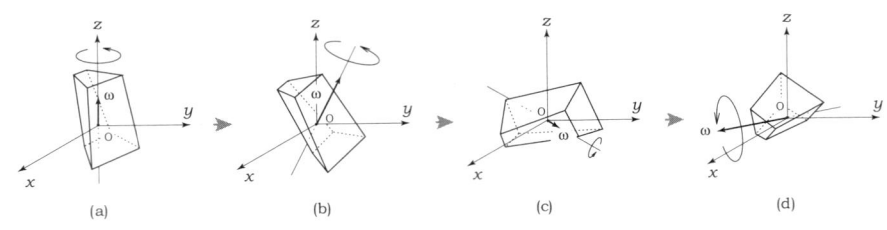

図 16.3　回転する剛体と静止座標系 O-(x, y, z)

運動の解析は自由度の増加につれて、3倍複雑となる感じである。

16-1-2　回転運動をどの座標系でみるのがよいか？

　固定軸の場合は剛体が回転しても、軸に対する剛体の配位は変化せず、つまり、軸に対する質量分布は変化せず、したがって慣性モーメント I は回転 $\boldsymbol{\omega}$ に依存せず一定値をもった。さらに、回転の角速度ベクトル $\boldsymbol{\omega}$ の方向は固定軸上にあり、その大きさ ω が時間的に変化するのみであった。

　ところが、固定点での回転では、静止座標系 O に対する剛体の配位は各瞬間ごとに変化する（図 16.3）。各瞬間の回転軸に対しての剛体の相対配置も時々刻々と変化する。剛体からみれば、角速度ベクトル、つまり、回転軸は固定点を貫きながら、剛体を走り回っている。したがって、固定軸の場合と同じように慣性モーメントを回転軸を基準としたもの $(\sum_i m_i |\boldsymbol{r}_{i\perp}|^2)$ と定めると、ここでは慣性モーメントも時間変化する。固定軸の場合と異なり、慣性モーメントも時間の関数 $(I = I(t))$ となる。

　固定軸のとき、剛体の角運動量は慣性モーメントと角速度の積 $(\boldsymbol{L} = I\boldsymbol{\omega})$ で表せ、回転の運動方程式

$$\dot{\boldsymbol{L}} = I\dot{\boldsymbol{\omega}}(t) = \boldsymbol{N} \tag{16.1}$$

は角速度ベクトル $\boldsymbol{\omega}(t)$ のみが時間変化し、慣性モーメント I は一定値をもった。ところが、こんどは慣性モーメントも角速度も時間の関数であり、回転の運動方程式には新たに慣性モーメントの時間微分項が現れ、複雑になる。

$$\dot{\boldsymbol{L}} = \dot{I}(t)\boldsymbol{\omega}(t) + I(t)\dot{\boldsymbol{\omega}}(t) = \boldsymbol{N} \tag{16.2}$$

時々刻々変化する慣性モーメント $I(t)$ を知ることが要求される。とても複雑で解析できず、運動理解の視点としては賢い方法ではない。

　では、どうすればよいか。

　回転軸の場合と同様に慣性モーメントが時間的に変化しないような視点をとればよ

い。そう、剛体に固定した座標系 O'-$(1, 2, 3)$ をとる。

O' 系で慣性モーメントがどう表記できるかは 16-3 節に譲り、O' 系の O 系に対する相対配置の記述の仕方をまず学ぼう。

16-2　オイラー角と回転座標系 O'

16-2-1　オイラー角を導入する

固定点を原点としても、剛体に固定する O' 系のとり方は無限にある。そのとり方については 16-3 節で議論するので、ここでは剛体を頭から消し、O'-$(1, 2, 3)$ 系と O-(x, y, z) 系のみをイメージしよう。

上でみたように固定点のまわりの回転は 3 つの回転角によって表現できる。したがって、O' 系の相対配置は O 系に対して 3 つの角 ϕ, θ, φ によって指定できる。以下、**オイラー角**（Euler angles）とよばれる角のとり方を説明する。3 つの角のとり方は一義的ではないが、以下のとり方が標準的である（図 16.4）。

まず、z 軸を回転軸として、x, y 軸を角 ϕ だけ回転させる。回転後の座標軸に $'$ を付けた（図 16.4(a)→(b)）。つぎに、y' 軸を回転軸として、x', z' 軸を角 θ だけ回転させる。回転後の座標軸に $''$ を付けた（図 16.4(b)→(c)）。最後に、z'' 軸を回転軸として、x'', z'' 軸を角 φ だけ回転させる（図 16.4(c)→(d)）。最終的に到達した座標軸が $1, 2, 3$ 軸であって、O' 系ができあがる。

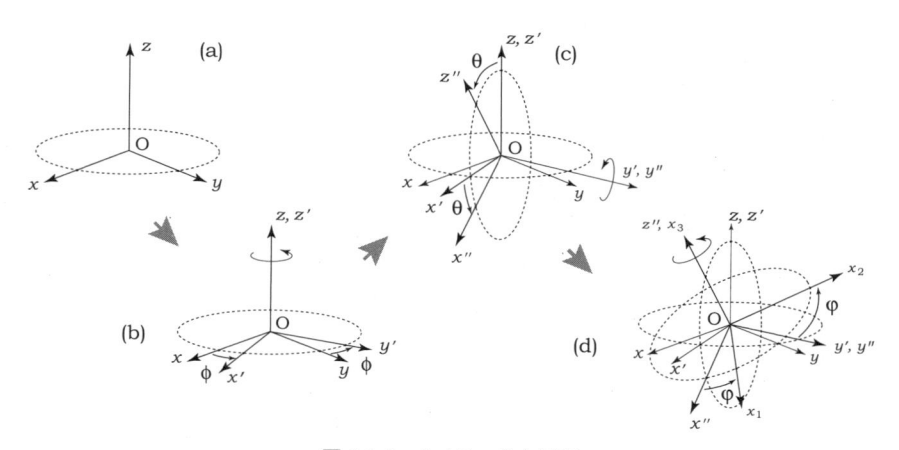

図 **16.4**　オイラー角と回転

16-2-2　O′系による表示の仕方

オイラー角を用いて剛体とともに回転する座標系 O′ が指定できることが分かったが、具体的にそれをどう数式表現すればよいのかを知らないと意味がない。そこで、ベクトル $\boldsymbol{A}$ が静止座標系 O で $\boldsymbol{A} = A_x \boldsymbol{e}_x + A_y \boldsymbol{e}_y + A_z \boldsymbol{e}_z$ と表せるとき、この同じベクトル $\boldsymbol{A}$ を回転座標系 O′（の言葉）で表記する仕方を学ぶ[1]。

図 16.4 で示した 3 回の座標回転を経て、O 系から O′ 系に移った。それに従って、まず、z 軸のまわりに x, y 軸を ϕ だけ回転させる。これは x-y 2 次元平面での回転であって、x-y 平面上のベクトル $\boldsymbol{a} = a_x \boldsymbol{e}_x + a_y \boldsymbol{e}_y$ は角 ϕ だけ回転した後の x'-y' 座標系で $\boldsymbol{a}'_\phi = a'_x \boldsymbol{e}'_x + a'_y \boldsymbol{e}'_y$ と書くと、各成分は

$$\left. \begin{array}{l} a'_x = \cos\phi\, a_x + \sin\phi\, a_y \\ a'_y = -\sin\phi\, a_x + \cos\phi\, a_y \end{array} \right\} \tag{16.3}$$

の関係をもつ（図 16.5）。これは x-y 系の単位ベクトル $\boldsymbol{e}_x, \boldsymbol{e}_y$ を x'-y' 系の単位ベクトル $\boldsymbol{e}'_x, \boldsymbol{e}'_y$ で書き換えれば得られる。

$$\boldsymbol{e}_x = \cos\phi\, \boldsymbol{e}'_x - \sin\phi\, \boldsymbol{e}'_y, \qquad \boldsymbol{e}_y = \sin\phi\, \boldsymbol{e}'_x + \cos\phi\, \boldsymbol{e}'_y \tag{16.4}$$

$$\left(\boldsymbol{e}'_x = \cos\phi\, \boldsymbol{e}_x + \sin\phi\, \boldsymbol{e}_y, \qquad \boldsymbol{e}'_y = -\sin\phi\, \boldsymbol{e}_x + \cos\phi\, \boldsymbol{e}_y \right) \tag{16.5}$$

ベクトルを表示する座標系が変わっても、ベクトル自体には変化がない。

$$\boldsymbol{a} = \boldsymbol{a}'_\phi \tag{16.6}$$

である。

以下、便利な行列表示を使おう。$\boldsymbol{a}$ は 2 行 1 列の列ベクトルとして

$$\boldsymbol{a} = \begin{pmatrix} a_x \\ a_y \end{pmatrix} \qquad \begin{array}{l} \ldots\ \boldsymbol{e}_x \\ \ldots\ \boldsymbol{e}_y \end{array} \tag{16.7}$$

と書き、1 行 1 列目には $\boldsymbol{e}_x$ 成分を、2 行 1 列目には $\boldsymbol{e}_y$ 成分を示す。座標系の 2 次元回転は 2 行 2 列の行列 $\tilde{r}_\phi$

$$\tilde{r}_\phi = \begin{pmatrix} \cos\phi & \sin\phi \\ -\sin\phi & \cos\phi \end{pmatrix} \tag{16.8}$$

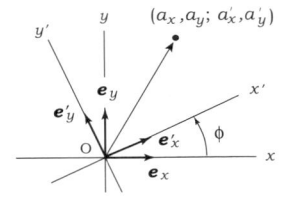

図 16.5　2 次元 x-y 平面での回転

---

[1] O′ 系の表示について、7-2 節「回転する座標系」において脚注 (p. 153) で断ったように、O′ 系の量は添え字が小さく見づらいので、O 系の表示にダッシュを付けて記すことにする。たとえば、単位ベクトルならば、$\boldsymbol{e}_{i'}$ と記すべきだが、$\boldsymbol{e}_i{'}$ と記す。

16-2 オイラー角と回転座標系 O′

となる。回転の行列には ~ を上に付けて表示することにする。$\bm{a}'_\phi$ は列ベクトル $\bm{a}$ に左から回転 $\tilde{r}_\phi$ を演算することにより得られる。

$$\begin{aligned}
\bm{a}'_\phi &= \begin{pmatrix} a'_x \\ a'_y \end{pmatrix} \quad \begin{matrix} \cdots \bm{e}'_x \\ \cdots \bm{e}'_y \end{matrix} \\
&= \tilde{r}_\phi \bm{a} = \begin{pmatrix} \cos\phi & \sin\phi \\ -\sin\phi & \cos\phi \end{pmatrix} \begin{pmatrix} a_x \\ a_y \end{pmatrix} = \begin{pmatrix} \cos\phi\, a_x + \sin\phi\, a_y \\ -\sin\phi\, a_x + \cos\phi\, a_y \end{pmatrix}
\end{aligned} \quad (16.9)$$

列ベクトル $\bm{a}'_\phi$ の 1 行 1 列目は座標系の回転後の $\bm{e}'_x$ 成分、2 行 1 列目は $\bm{e}'_y$ 成分である。確かに、式 (16.3) が得られた。

高校で学んだ回転行列と少し形が違うのに気づいたであろうか。そこではベクトルの回転を扱い

$$\begin{pmatrix} \cos\phi & -\sin\phi \\ \sin\phi & \cos\phi \end{pmatrix} \quad (16.10)$$

であった。ここではベクトルの回転でなく、基準となる座標系がオイラー角だけ回転することを扱っている。よって、ここで回転の行列といっているが、それは座標系の回転を意味している (繰り返すが、ベクトルには変化がない) ことに注意してほしい。

ここでは 3 次元空間での座標系の回転であるので、z 成分を取り込んで、ベクトル $\bm{a}$ をベクトル $\bm{A} = A_x \bm{e}_x + A_y \bm{e}_y + A_z \bm{e}_z$, $\bm{a}'_\phi$ を $\bm{A}'_\phi = A'_x \bm{e}'_x + A'_y \bm{e}'_y + A'_z \bm{e}'_z$ へと拡張しよう。$\bm{A}$ ならびに $\bm{A}'_\phi$ は 3 行 1 列の列ベクトルになる。ϕ 回転は 3 次元に拡張しても、変換の影響が現れるのは x-y 平面内のみで z 成分には変化がない ($A'_z = A_z$)。したがって、回転は 3 行 3 列 $\tilde{R}_\phi$ の行列表示になって、実効的には $\tilde{r}_\phi$ の役割を果たし、かつ、z 成分を変化させない

$$\tilde{R}_\phi = \begin{pmatrix} \cos\phi & \sin\phi & 0 \\ -\sin\phi & \cos\phi & 0 \\ 0 & 0 & 1 \end{pmatrix} \quad (16.11)$$

であって、

$$\bm{A}'_\phi = \begin{pmatrix} A'_x \\ A'_y \\ A'_z \end{pmatrix} \quad \begin{matrix} \cdots \bm{e}'_x \\ \cdots \bm{e}'_y \\ \cdots \bm{e}'_z \end{matrix}$$

$$= \tilde{R}_\phi \boldsymbol{A} = \begin{pmatrix} \cos\phi & \sin\phi & 0 \\ -\sin\phi & \cos\phi & 0 \\ 0 & 0 & 1 \end{pmatrix} \begin{pmatrix} A_x \\ A_y \\ A_z \end{pmatrix} = \begin{pmatrix} \cos\phi\ A_x + \sin\phi\ A_y \\ -\sin\phi\ A_x + \cos\phi\ A_y \\ A_z \end{pmatrix} \quad (16.12)$$

となる。上式の 3 行 1 列の列ベクトル $\boldsymbol{A}$ ($\boldsymbol{A}'_\phi$) は、上から順に $x(x')$ 軸成分、$y(y')$ 軸成分、$z(z')$ 軸成分を表す。$\tilde{R}_\phi$ が確かに必要とする回転の行列であることが分かる。

この要領に従えば回転 θ、φ の行列 $\tilde{R}_\theta$、$\tilde{R}_\varphi$ も同様に書き下せて、

$$\tilde{R}_\theta = \begin{pmatrix} \cos\theta & 0 & -\sin\theta \\ 0 & 1 & 0 \\ \sin\theta & 0 & \cos\theta \end{pmatrix} \quad (16.13)$$

$$\tilde{R}_\varphi = \begin{pmatrix} \cos\varphi & \sin\varphi & 0 \\ -\sin\varphi & \cos\varphi & 0 \\ 0 & 0 & 1 \end{pmatrix} \quad (16.14)$$

となる。$\tilde{R}_\varphi$ は (x'', y'', z'') 系における z'' 軸まわりの回転であって、(x, y, z) 系における z 軸まわりの回転 $\tilde{R}_\phi$ に対応する。$\tilde{R}_\theta$ は単に z 軸が y 軸に替わっただけである。それなのに、正弦関数 $\sin\theta$ の符号が $\tilde{R}_\phi$ や $\tilde{R}_\varphi$ と比べて反転しているのに気づく。これは次のように考えれば簡単に理解できる。$\tilde{R}_\theta$ での y' 軸まわりの回転は、$\tilde{R}_\phi$ での回転において x 軸 → z' 軸、y 軸 → x' 軸、z 軸 → y' 軸に置き換えたものである。そのためには、$\tilde{R}_\phi$ の 1, 2, 3 行を 3, 1, 2 行へと移し、つぎに同じように 1, 2, 3 列を 3, 1, 2 列へと移し変えれば $\tilde{R}_\theta$ が得られる。

回転の行列 $\tilde{R}_\phi, \tilde{R}_\theta, \tilde{R}_\varphi$ を順番に演算してゆけば、オイラー角だけ回転した O' 系に達することができる。すなわち、3 つの回転の行列の積 $\tilde{R}$ は

$$\begin{aligned}\tilde{R} &\equiv \tilde{R}_\varphi\ \tilde{R}_\theta\ \tilde{R}_\phi \\ &= \begin{pmatrix} \cos\varphi\cos\theta\cos\phi - \sin\varphi\sin\phi & \cos\varphi\cos\theta\sin\phi + \sin\varphi\cos\phi & -\cos\varphi\sin\theta \\ -\sin\varphi\cos\theta\cos\phi - \cos\varphi\sin\phi & -\sin\varphi\cos\theta\sin\phi + \cos\varphi\cos\phi & \sin\varphi\sin\theta \\ \sin\theta\cos\phi & \sin\theta\sin\phi & \cos\theta \end{pmatrix}\end{aligned}$$
$$(16.15)$$

である。座標系を具体的に表示するものは基本ベクトルであり、回転後の座標系の基本ベクトル $\boldsymbol{e}_1, \boldsymbol{e}_2, \boldsymbol{e}_3$ は、回転前の座標系の基本ベクトル $\boldsymbol{e}_x, \boldsymbol{e}_y, \boldsymbol{e}_z$ 各々に $\tilde{R}$ を演算して各 1, 2, 3 成分を得、すべての寄与を足し合わせることによって求められる。その結果は

$$
\begin{aligned}
\bm{e}_1 =\ & (\cos\varphi\cos\theta\cos\phi - \sin\varphi\sin\phi)\bm{e}_x \\
& + (\cos\varphi\cos\theta\sin\phi + \sin\varphi\cos\phi)\bm{e}_y - \cos\varphi\sin\theta\bm{e}_z \\
\bm{e}_2 =\ & -(\sin\varphi\cos\theta\cos\phi + \cos\varphi\sin\phi)\bm{e}_x \\
& - (\sin\varphi\cos\theta\sin\phi - \cos\varphi\cos\phi)\bm{e}_y + \sin\varphi\sin\theta\bm{e}_z \\
\bm{e}_3 =\ & \sin\theta\cos\phi\,\bm{e}_x + \sin\theta\sin\phi\,\bm{e}_y + \cos\theta\,\bm{e}_z
\end{aligned}
\tag{16.16}
$$

となる。

問 回転の行列 $\tilde{R}_\phi, \tilde{R}_\theta, \tilde{R}_\varphi$ を順番に演算して、$\tilde{R}$ を求め、式 (16.15) を確かめよ。

基本ベクトル $\bm{e}_i$ $(i=x,y,z)$ もベクトル $\bm{A}$ も $\tilde{R}$ を演算することにより、座標系の回転後の表示 $\bm{e}_\alpha$ $(\alpha = 1,2,3)$、$\bm{A}' = A_1\bm{e}_1 + A_2\bm{e}_2 + A_3\bm{e}_3$ に移ることに変わりがない。

$$\bm{A}' = \tilde{R}\,\bm{A} \tag{16.17}$$

$$\bm{A}' = \begin{pmatrix} A_1 \\ A_2 \\ A_3 \end{pmatrix}, \qquad \bm{A} = \begin{pmatrix} A_x \\ A_y \\ A_z \end{pmatrix} \tag{16.18}$$

よって、ベクトルの各成分は

$$
\begin{aligned}
A_1 =\ & A_x(\cos\varphi\cos\theta\cos\phi - \sin\varphi\sin\phi) \\
& + A_y(\cos\varphi\cos\theta\sin\phi + \sin\varphi\cos\phi) - A_z\cos\varphi\sin\theta \\
A_2 =\ & -A_x(\sin\varphi\cos\theta\cos\phi + \cos\varphi\sin\phi) \\
& - A_y(\sin\varphi\cos\theta\sin\phi - \cos\varphi\cos\phi) + A_z\sin\varphi\sin\theta \\
A_3 =\ & A_x\sin\theta\cos\phi + A_y\sin\theta\sin\phi + A_z\cos\theta
\end{aligned}
\tag{16.19}
$$

となる。

ここで注意することは、座標系の回転でベクトル $\bm{A}$ が変化するのではなくて、$\bm{A}$ の表示が変化しただけである、ということである。静止系（慣性系）からみるベクトル $\bm{A}$ は、どの座標系の表示のし方を用いても変化はない。基本ベクトル $\bm{e}_x, \bm{e}_y, \bm{e}_z$ にもとづき表示しても、基本ベクトル $\bm{e}_1, \bm{e}_2, \bm{e}_3$ を基底にとって表しても、ベクトル $\bm{A}$ はベクトル $\bm{A}$ である。

392　第16章　剛体に固定した座標系とオイラー角をつかう

$$A = A' \tag{16.20}$$

である。

りんごを日本語で「りんご」とよぼうが、英語で「apple」とよぼうがよび方（ここでは座標系）が変わっただけで、もの自体に変化はない、ということである。

16-2-3　O'系による角速度ベクトルの表示

固定軸の場合と同様に、固定点のまわりの運動においても、剛体のあらゆる領域は同じ角速度 ω で回転する。座標系 O' は剛体に固定されているため、剛体と同じ角速度 ω で回転する。したがって、剛体の角速度は O' 系の角速度であって、O' 系の基本ベクトルを用いると、

$$\omega = \omega_1 e_1 + \omega_2 e_2 + \omega_3 e_3 \tag{16.21}$$

である。

一方、O' 系はオイラー角 ϕ, θ, φ を用いて指定できたので、O' 系の角速度（角の時間変化）はオイラー角の時間変化であり、

$$\omega = \dot{\phi} e_z + \dot{\theta} e'_y + \dot{\varphi} e_3 \tag{16.22}$$

と表せる。$\dot{\phi}$ は e_z、$\dot{\theta}$ は e'_y、$\dot{\varphi}$ は e_3 方向の角速度成分であって、これらのベクトル和が剛体の角速度 ω である。それを表記したのが上式だ。

では、式 (16.22) を書き換えて、式 (16.21) の角速度成分 ω_α ($\alpha = 1, 2, 3$) を導こう。基本ベクトル e_z、e'_y、e_3 を e_α ($\alpha = 1, 2, 3$) で展開すればよい。e_z は $\tilde{R} = \tilde{R}_\varphi \tilde{R}_\theta \tilde{R}_\phi$ を演算することによって O' 系に移り、e_α ($\alpha = 1, 2, 3$) を基底として表示できる。

$$\begin{aligned}
\tilde{R} e_z &= \begin{pmatrix} \text{式 (16.15)} \end{pmatrix} \begin{bmatrix} e_z = \begin{pmatrix} 0 \\ 0 \\ 1 \end{pmatrix} & \begin{matrix} \ldots e_x \\ \ldots e_y \\ \ldots e_z \end{matrix} \end{bmatrix} \\
&= \begin{pmatrix} -\cos\varphi \sin\theta \\ \sin\varphi \sin\theta \\ \cos\theta \end{pmatrix} \begin{matrix} \ldots e_1 \\ \ldots e_2 \\ \ldots e_3 \end{matrix}
\end{aligned} \tag{16.23}$$

e_z を O' 系の言葉で表したのが $\tilde{R} e_z$ であり、$e_z = \tilde{R} e_z$ である（「りんご」=「apple」である）。その結果は

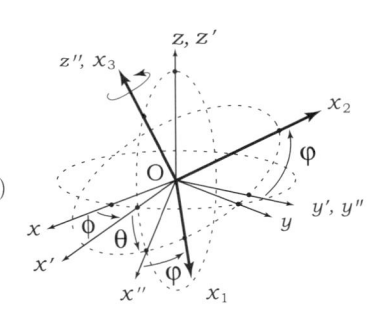

図 16.6　オイラー角による回転

$$e_z = -\cos\varphi\sin\theta e_1 + \sin\varphi\sin\theta e_2 + \cos\theta e_3 \tag{16.24}$$

である。同様に、しかし、e'_y に関しては $\tilde{R}_\varphi$ のみの回転で O' 系に移るので、

$$\tilde{R}_\varphi e'_y = \begin{pmatrix} \text{式 (16.14)} \end{pmatrix} \begin{bmatrix} e'_y = \begin{pmatrix} 0 \\ 1 \\ 0 \end{pmatrix} & \cdots e'_x \\ & \cdots e'_y \\ & \cdots e'_z \end{bmatrix}$$

$$= \begin{pmatrix} \sin\varphi \\ \cos\varphi \\ 0 \end{pmatrix} \begin{matrix} \cdots e_1 \\ \cdots e_2 \\ \cdots e_3 \end{matrix} \tag{16.25}$$

したがって、

$$e'_y = \sin\varphi e_1 + \cos\varphi e_2 \tag{16.26}$$

を得る。最後の e_3 はすでに O' 系の軸であるのでそのままでよい。式 (16.24), (16.26) を式 (16.22) に代入すると、

$$\begin{aligned}
\boldsymbol{\omega} &= \dot{\phi}(-\cos\varphi\sin\theta e_1 + \sin\varphi\sin\theta e_2 + \cos\theta e_3) + \dot{\theta}(\sin\varphi e_1 + \cos\varphi e_2) + \dot{\varphi}e_3 \\
&= (-\dot{\phi}\cos\varphi\sin\theta + \dot{\theta}\sin\varphi)e_1 + (\dot{\phi}\sin\varphi\sin\theta + \dot{\theta}\cos\varphi)e_2 + (\dot{\phi}\cos\theta + \dot{\varphi})e_3
\end{aligned}$$
$$\tag{16.27}$$

を得る。成分表示をすると、

$$\omega_1 = -\dot{\phi}\cos\varphi\sin\theta + \dot{\theta}\sin\varphi \tag{16.28}$$
$$\omega_2 = \dot{\phi}\sin\varphi\sin\theta + \dot{\theta}\cos\varphi \tag{16.29}$$
$$\omega_3 = \dot{\phi}\cos\theta + \dot{\varphi} \tag{16.30}$$

である。これで、剛体に固定した O' 系の言葉による角速度 $\boldsymbol{\omega}$ の表示ができた。

複数の教科書では幾何学的にオイラー回転の変換を説明している。だが、ここでは回転の操作に行列表示を用いて、O 系から O' 系への変換を行なった。これは機械的であるが、同時に、論理的であり、理解しやすく間違いが少ないと考えたためである。また、今後諸君が幾度となく出くわす回転の演算 $\tilde{R}_\gamma$ ($\gamma = \phi, \theta, \varphi$) や $\tilde{R}$ をこの機会にマスターしておくためである。

16-3 慣性モーメントはテンソル量

剛体が固定点のまわりで回転する、すなわち、軸でなく、1 点で拘束されているとき、慣性モーメントは 3 行 3 列の行列で表される**慣性テンソル**になる、ことをまずみる。つぎに、慣性テンソルを最も簡単に扱える**慣性主軸**を座標軸とする座標系 O′ のとり方を学ぶ。

16-3-1 角運動量と慣性テンソル

座標系を剛体に固定することにより、固定軸まわりの回転で扱ったと同じように、慣性モーメント I は回転運動（角速度 $\boldsymbol{\omega}$）とは独立な、剛体の質量分布を示す時間的に変化しない力学量となった。

いま、観測者は慣性系 O に立っているとして、剛体の角運動量 $\boldsymbol{L}$ を考えよう。

剛体を微小領域に分割し、i 番目の領域の質量ならびに位置を m_i と $\boldsymbol{r}_i$ ($= (x_i, y_i, z_i)$ あるいは $= (x_{1i}, x_{2i}, x_{3i})$) と記す（図 16.7）。剛体であるため、あらゆる領域の角速度は共通のベクトル $\boldsymbol{\omega}$ をもつ。領域 m_i の速度ベクトル $\dot{\boldsymbol{r}}_i$ は

$$\dot{\boldsymbol{r}}_i = \boldsymbol{\omega} \times \boldsymbol{r}_i \tag{16.31}$$

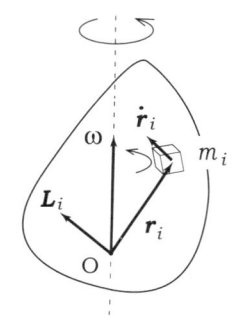

図 16.7 固定点をもつ回転する剛体

である。m_i の角運動量 $\boldsymbol{L}_i$ は

$$\boldsymbol{L}_i = \boldsymbol{r}_i \times \boldsymbol{p}_i = \boldsymbol{r}_i \times m_i \dot{\boldsymbol{r}}_i = m_i \boldsymbol{r}_i \times (\boldsymbol{\omega} \times \boldsymbol{r}_i) \tag{16.32}$$

であり、剛体の角運動量 $\boldsymbol{L}$ はこの微小質量領域の角運動量 $\boldsymbol{L}_i$ を全領域にわたり足し合わせたものである。

$$\boldsymbol{L} = \sum_i \boldsymbol{L}_i = \sum_i m_i \boldsymbol{r}_i \times (\boldsymbol{\omega} \times \boldsymbol{r}_i) \tag{16.33}$$

上式を計算するため、ベクトルの外積の外積

$$\boldsymbol{a} \times (\boldsymbol{b} \times \boldsymbol{c}) = (\boldsymbol{a} \cdot \boldsymbol{c})\boldsymbol{b} - (\boldsymbol{a} \cdot \boldsymbol{b})\boldsymbol{c} \tag{16.34}$$

を思い出せ (C-2-1 小節の例題 (p. 474))。よって、式 (16.33) は

$$L = \sum_i m_i r_i^2 \boldsymbol{\omega} - \sum_i m_i (\boldsymbol{r}_i \cdot \boldsymbol{\omega}) \boldsymbol{r}_i \tag{16.35}$$

と書ける。上式右辺第1項は $\boldsymbol{\omega}$ 方向をもつベクトルであるが、第2項は $\boldsymbol{\omega}$ と同じ方向をもつとは限らない。よって、角運動量 $\boldsymbol{L}$ の方向は必ずしも角速度 $\boldsymbol{\omega}$ の方向とは一致しない。静止系 (O 系) でみる角運動量 $\boldsymbol{L}$ は、O 系の言葉を使って表示するならば、角速度ベクトルを $\boldsymbol{\omega} = \omega_x \boldsymbol{e}_x + \omega_y \boldsymbol{e}_y + \omega_z \boldsymbol{e}_z$, 位置ベクトルを $\boldsymbol{r}_i = x_i \boldsymbol{e}_x + y_i \boldsymbol{e}_y + z_i \boldsymbol{e}_z$ を式 (16.35) に代入すればよい。また、O′ 系の言葉を使って表示するならば、$\boldsymbol{\omega} = \omega_1 \boldsymbol{e}_1 + \omega_2 \boldsymbol{e}_2 + \omega_3 \boldsymbol{e}_3$, $\boldsymbol{r}_i = x_{1i} \boldsymbol{e}_1 + x_{2i} \boldsymbol{e}_2 + x_{3i} \boldsymbol{e}_3$ として扱えばよい。しかし、O 系表示では、$\boldsymbol{\omega}$ のみでなく、$\boldsymbol{r}_i$ の各成分 x_i, y_i, z_i も時間の関数となり時々刻々変化し複雑になる。一方、O′ 系表示では、$\boldsymbol{r}_i$ の各成分 x_{1i}, x_{2i}, x_{3i} は時間に対して不変である。

さて、O′ 系で式 (16.35) を成分展開すると、角運動量の第1軸成分 L_1 は

$$\begin{aligned} L_1 &= \sum_i m_i (x_{i1}^2 + x_{i2}^2 + x_{i3}^2) \omega_1 \\ &\quad - \sum_i m_i x_{i1} x_{i1} \omega_1 - \sum_i m_i x_{i1} x_{i2} \omega_2 - \sum_i m_i x_{i1} x_{i3} \omega_3 \\ &= \sum_i m_i (x_{i2}^2 + x_{i3}^2) \omega_1 - \sum_i m_i x_{i1} x_{i2} \omega_2 - \sum_i m_i x_{i1} x_{i3} \omega_3 \end{aligned} \tag{16.36}$$

となる。第2軸ならびに第3軸成分も同様に書き下すことができ、後の説明のため項の順番を変えて記すと、

$$\begin{aligned} L_2 &= -\sum_i m_i x_{i2} x_{i1} \omega_1 - \sum_i m_i x_{i2} x_{i2} \omega_2 \\ &\quad + \sum_i m_i (x_{i2}^2 + x_{i3}^2 + x_{i1}^2) \omega_2 - \sum_i m_i x_{i2} x_{i3} \omega_3 \\ &= -\sum_i m_i x_{i2} x_{i1} \omega_1 + \sum_i m_i (x_{i3}^2 + x_{i1}^2) \omega_2 - \sum_i m_i x_{i2} x_{i3} \omega_3 \end{aligned} \tag{16.37}$$

$$\begin{aligned} L_3 &= -\sum_i m_i x_{i3} x_{i1} \omega_1 - \sum_i m_i x_{i3} x_{i2} \omega_2 \\ &\quad - \sum_i m_i x_{i3} x_{i3} \omega_3 + \sum_i m_i (x_{i3}^2 + x_{i1}^2 + x_{i2}^2) \omega_3 \\ &= -\sum_i m_i x_{i3} x_{i1} \omega_1 - \sum_i m_i x_{i3} x_{i2} \omega_2 + \sum_i m_i (x_{i1}^2 + x_{i2}^2) \omega_3 \end{aligned} \tag{16.38}$$

である。

これらを行列表示すると、

$$\begin{pmatrix} L_1 \\ L_2 \\ L_3 \end{pmatrix} = \begin{pmatrix} I_{11} & I_{21} & I_{31} \\ I_{12} & I_{22} & I_{32} \\ I_{13} & I_{23} & I_{33} \end{pmatrix} \begin{pmatrix} \omega_1 \\ \omega_2 \\ \omega_3 \end{pmatrix} \begin{matrix} \dots \boldsymbol{e}_1 \\ \dots \boldsymbol{e}_2 \\ \dots \boldsymbol{e}_3 \end{matrix} \tag{16.39}$$

$$\equiv \tilde{I} \cdot \boldsymbol{\omega} \tag{16.40}$$

となる。行列 $\tilde{I}$ の各成分は

$$I_{11} = \sum_i m_i (x_{i2}{}^2 + x_{i3}{}^2), \quad I_{22} = \sum_i m_i (x_{i3}{}^2 + x_{i1}{}^2), \tag{16.41}$$

$$I_{33} = \sum_i m_i (x_{i1}{}^2 + x_{i2}{}^2) \tag{16.42}$$

$$I_{12} = I_{21} = -\sum_i m_i x_{i1} x_{i2}, \quad I_{23} = I_{32} = -\sum_i m_i x_{i2} x_{i3}, \tag{16.43}$$

$$I_{31} = I_{13} = -\sum_i m_i x_{i3} x_{i1} \tag{16.44}$$

である。式 (16.39) の左辺の列ベクトルならびに右辺の列ベクトルは、各々角運動量ベクトル $\boldsymbol{L}$ と角速度ベクトル $\boldsymbol{\omega}$ である。左右両辺とも基本ベクトルは $\boldsymbol{e}_\alpha$ ($\alpha = 1, 2, 3$) である。右辺の3行3列の行列 $\tilde{I}$ を**慣性テンソル** (tensor of inertia) という。

これが O′ 系のとり方に何ら制約を科すことなく表示した角運動量 $\boldsymbol{L}$ であり、また慣性テンソル $\tilde{I}$ である。慣性モーメントは3行3列の**テンソル** (tensor) となり、式 (16.41) – (16.44) から分かるように、$I_{\alpha\beta} = I_{\beta\alpha}$ ($\alpha, \beta = 1, 2, 3$) であって**対称行列** (symmetric matrix) である。対角成分の I_{11}, I_{22}, I_{33} は、各々第 1, 2, 3 軸を回転軸とする軸から各微小質量領域への距離の2乗 $r_{i\perp}{}^2$ と質量 m_i の積の総和である。たとえば、$I_{11} = \sum_i m_i (x_{i2}{}^2 + x_{i3}{}^2)$ であり、第1軸に対する距離の2乗は $r_{i\perp}{}^2 = x_{i2}{}^2 + x_{i3}{}^2$ であることは分かる。これらは、まさに、第14章で定義した回転軸に対する**慣性モーメント**である。一方、非対角成分 $I_{\alpha\beta}$ ($\alpha \neq \beta$) は2つの軸方向からの距離の積の形であるので、α, β 軸についての**慣性乗積** (product of inertia) とよぶ。

このように剛体に固定した座標系 O′ をとることによって、固定軸まわりの回転運動のときと同じように、角運動量は慣性テンソルと角速度の積 ($\boldsymbol{L} = \tilde{I} \cdot \boldsymbol{\omega}$) に分離でき、前者は回転運動とは独立に、座標軸に対する剛体の質量分布で決まる時間的に変化しない因子となる。

しかしながら、慣性テンソルは3行3列の対称行列であって、固定軸まわりの回転を扱った第14章の慣性モーメントと比べ複雑過ぎる問題が残る。

そこで、慣性テンソルを非対角成分がゼロである**対角行列** (diagonal matrix) とする**慣性主軸**とよばれる座標軸のとり方を考える。その結果、固定軸のときと同じように、座標軸方向の3つの慣性モーメントのみで表現できるようになる。

そのことを学ぶ前に、つぎに慣性テンソル[2]の力学的意味をさらに理解しよう。

16-3-2　回転運動を束縛力の観点からみる

慣性モーメントは剛体の回転様式を決定する大切な力学量であり、しかも剛体の回転運動とは独立な、剛体固有の静的な力学量である、ことはすでに幾度も繰り返した。ここでは、固定軸あるいは固定点のまわりの回転運動を、束縛運動の観点から眺めてみよう。

(a)　固定軸まわりの回転と束縛力

はじめに、固定軸のまわりの回転運動を考える。

第14章のまま、静止座標系 O でみる（図16.8）。回転軸を z 軸にとる（$\boldsymbol{\omega} = \omega \boldsymbol{e}_z$）。このときの微小質量領域 m_i の角運動量 $\boldsymbol{L}_i$ を考える。原点から m_i への位置ベクトル $\boldsymbol{r}_i$ を式 (14.25) にしたがって、回転軸に垂直な成分 $\boldsymbol{r}_{i\perp}$ と平行な成分 $\boldsymbol{r}_{i\parallel}$ に分解する。

$$\boldsymbol{r}_i = \boldsymbol{r}_{i\parallel} + \boldsymbol{r}_{i\perp} = z\boldsymbol{e}_z + r_{i\perp}\boldsymbol{e}_\perp \tag{14.25}$$

角運動量は式 (14.27) で計算したように

$$\boldsymbol{L}_i = m_i r_{i\perp}^2 \omega \boldsymbol{e}_z - m_i z r_{i\perp} \omega \boldsymbol{e}_\perp \tag{14.27}$$

である。これは前小節の式 (16.35) において、角速度ベクトルを z 軸方向にとったものである。第1項は z 方向の角運動量 $\boldsymbol{L}_{iz}$ であり、回転軸まわりの慣性モーメント

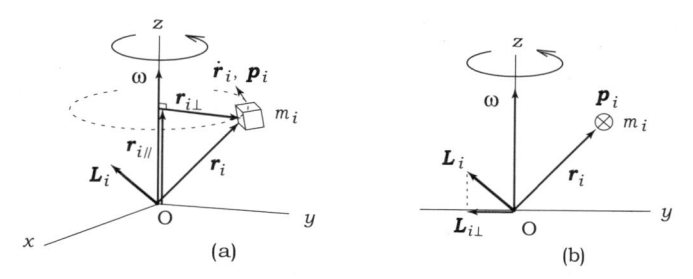

図 **16.8**　固定軸まわりの微小質量の回転運動

---

[2]「慣性モーメント」は、剛体の回転しにくさを示す力学量で、回転における「慣性質量」版である、ことはすでに述べた。その意味での、角運動量と角速度の変換係数として、この用語を用いる。したがって、以下では前章までのような比例定数としての、あるいは本章のようなテンソル量としての両者を包括する使い方をする。

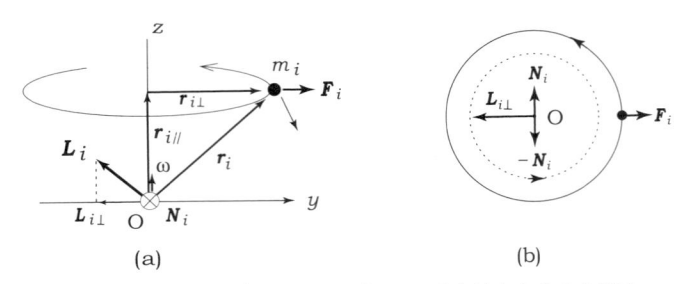

図 16.9 はたらく力のモーメント N_i。(b) は上からみた様子

$m_i r_{i\perp}^2$ と ω の積で現れる。第 2 項は回転軸方向と垂直な方向の角運動量 $L_{i\perp}$ が存在することを示す。このことは角運動量の定義 ($L_i = r_i \times p_i$) から、すなわち、外積の幾何学的関係から容易に理解できる。図 16.8(b) に示すように、いま、m_i が y-z 平面内にあるとすると運動量 p_i は紙面に垂直で表から裏への方向をもつ。L_i は r_i と p_i がつくる面に垂直で、図のように $L_{i\perp}$ 成分をもつ。角運動量は回転の勢いを意味するもので、$L_{i\perp}$ が存在するということは、物体 m_i は z 軸まわりに回転するだけでなく、それに垂直な回転をする勢いをもつことを示す。3 次元的にいえば、L_i の方向を回転軸とする回転をする勢いをもっている。

ところが、剛体は固定軸のまわりに回転するように設定されている。すなわち、物体 m_i は $r_{i\parallel}$ を一定とした x-y 平面を回転運動するように設定され、$L_{i\perp}$ に対応した回転運動はしない。しないように回転が束縛されているのである。軸を不動に固定するように、**束縛力**がはたらいているわけである。

m_i の回転によって遠心力 F_i がはたらく（図 16.9）。その方向は $e_\perp$ である。m_i は剛体の一部であって、自由に移動できない。固定軸からの距離 $r_{i\perp}$ が固定されている。このため、作用する力 F_i は回転軸に力のモーメント $N_i = r_{i\parallel} \times F_i$ をはたらかせる。図 16.9(a) のように、回転軸を右に倒そうとする力のモーメントである。同じことであるが、r_i を倒して物体 m_i を y 軸に近づけようとする力のモーメントである。この作用に対して、軸が動かないように固定しているわけだ。つまり、力のモーメントに対して逆のモーメント $-N_i$ をはたらかして打ち消している。

剛体のあらゆる領域に力 F_i と力のモーメント N_i がはたらいているわけで、その総和 $F = \sum_i F_i$、$N = \sum_i N_i$ が固定軸に作用する。

原点 O で強固に固定されているとき、回転軸の他端を動かないようにするには力のモーメント N_c をはたらかせて遠心力による力のモーメント N を打ち消す必要がある（$N_c + N = 0$）。これが束縛である。原点を不動にするにも、遠心力に逆らう力 F_c がいる（$F_c + F = 0$）。そうでないと、剛体が移動する。回転軸を束縛して動かな

いように束縛できてこそ、固定軸となる。

固定軸のまわりの回転は自由度は 1 であった。それは原点の拘束と他端の力のモーメントの束縛によって、回転角に関する 2 つの自由度を拘束したからである。つぎにみる固定点のまわりでの回転運動では、原点の拘束のみが行なわれ、回転角の 2 つの自由度が解き放たれた結果、自由度は 3 となる。

(b) 固定点まわりの回転と束縛力

ある瞬間でみると、剛体はある回転（固定）軸のまわりを回転していると見なせる。そして、前項の固定軸の場合と異なり、回転軸の一端（原点）のみを束縛し、他端は拘束されず自由な変動が許される。束縛のための力のモーメント N_c は存在せず、N の作用がはたらき回転軸を揺らす。これが固定点のまわりの回転である。

この様子は O′ 系で表示しても変わらない。固定軸（第 1 軸）まわりの回転であっても、それに平行な角運動量 (L_1) とともに、それに垂直な角運動量成分 ($L_\perp = L_2 e_2 + L_3 e_3$) が存在する。これを式 (16.39) でみるならば、列ベクトル ω の 1 行 1 列成分 ω_1 が慣性テンソルの 1 列目とつくる積が角運動量の第 1, 2, 3 軸の各成分である。

$$L = \begin{pmatrix} L_1 \\ L_2 \\ L_3 \end{pmatrix} = \begin{pmatrix} I_{11} & I_{21} & I_{31} \\ I_{12} & I_{22} & I_{32} \\ I_{13} & I_{23} & I_{33} \end{pmatrix} \begin{pmatrix} \omega_1 \\ 0 \\ 0 \end{pmatrix} = \begin{pmatrix} I_{11}\omega_1 \\ I_{12}\omega_1 \\ I_{13}\omega_1 \end{pmatrix} \tag{16.45}$$

単位ベクトルをあからさまに書いて表示すると、

$$L = L_1 e_1 + L_2 e_2 + L_3 e_3 = I_{11}\omega_1 e_1 + I_{12}\omega_1 e_2 + I_{13}\omega_1 e_3 \tag{16.46}$$

である。固定軸が第 2 あるいは第 3 軸であると、角運動量をつくる角速度と慣性テンソルの行列要素がそれにつれて変わるだけである。ω_2 はテンソルの 2 列目と、ω_3 はテンソルの 3 列目と積を構成する。一般に回転軸は任意の方向をもち変化を続けるので、角速度 ω は 3 成分の要素 $\omega_1, \omega_2, \omega_3$ で構成され、慣性テンソルとの積の重ね合わせで角運動量が形成される。

$$\left. \begin{array}{l} L_1 = I_{11}\omega_1 + I_{21}\omega_2 + I_{31}\omega_3 \quad \ldots \quad e_1 \\ L_2 = I_{12}\omega_1 + I_{22}\omega_2 + I_{32}\omega_3 \quad \ldots \quad e_2 \\ L_3 = I_{13}\omega_1 + I_{23}\omega_2 + I_{33}\omega_3 \quad \ldots \quad e_3 \end{array} \right\} \tag{16.47}$$

である。

慣性テンソルの対角成分 $I_{\alpha\alpha}$ ($\alpha = 1, 2, 3$) は、式 (16.41), (16.42) にみるように、角速度 ω_α の回転がその同じ方向の角運動量 L_α を生起する、そのときの変換係数に当

たる ($I_{\alpha\alpha}\boldsymbol{\omega}_\alpha \to \boldsymbol{L}_\alpha$)。これはまさに固定軸まわりの回転での慣性モーメント因子であり、したがって、α 軸 ($\alpha = 1, 2, 3$) に垂直な質量分布（α 軸からの距離の 2 乗）に依存する。

一方、非対角要素 $I_{\alpha\beta}$ ($\alpha \ne \beta$) は角速度 $\boldsymbol{\omega}_\alpha$ の回転がその回転方向に垂直な角運動量成分 $\boldsymbol{L}_\beta$ ($\alpha \ne \beta$) を生じる、そのときの変換係数に当たる ($I_{\alpha\beta}\boldsymbol{\omega}_\alpha \to \boldsymbol{L}_\beta$)。この形は角運動量 $\boldsymbol{L} = \boldsymbol{r} \times \boldsymbol{p}$ のベクトル外積に起因する。

テンソルの各要素は角速度を力学量である角運動量に結びつける変換係数であり、それらは剛体の質量分布で決まる。これが慣性テンソルの力学的意味である。

◯ 慣性テンソルを簡単にする

対角要素は距離の 2 乗に比例するため、つねに正値をもつ。一方、非対角要素は直交する 2 つの位置座標の積 ($\sum_i m_i x_{i\alpha} x_{i\beta}$) ($\alpha, \beta = 1, 2, 3,\ \alpha \ne \beta$) であり、$x_{i\alpha}, x_{i\beta}$ は正値ならびに負値を取りえ、その結果、テンソル要素として正負値のいずれかをとる。特別な場合として、ゼロ値にもなりうる。

慣性テンソルは対称テンソル ($I_{\alpha\beta} = I_{\beta\alpha}$) のため、独立な非対角要素は 3 つある。剛体に固定する O' 系は、固定点を原点として剛体に対して 3 つの角を指定することにより自由に決めることができる。そこで、第 1, 2, 3 軸をうまくとれば、非対角要素をゼロにできる。3 つの軸方向が決まれば、それにつれて対角要素も決定される。このときの対角要素を各々 $I_1 = I_{11}, I_2 = I_{22}, I_3 = I_{33}$ と記すと、式 (16.39) は

$$\boldsymbol{L} = \begin{pmatrix} L_1 \\ L_2 \\ L_3 \end{pmatrix} = \begin{pmatrix} I_1 & 0 & 0 \\ 0 & I_2 & 0 \\ 0 & 0 & I_3 \end{pmatrix} \begin{pmatrix} \omega_1 \\ \omega_2 \\ \omega_3 \end{pmatrix} \tag{16.48}$$

$$\boldsymbol{L} = I_1 \omega_1 \boldsymbol{e}_1 + I_2 \omega_2 \boldsymbol{e}_2 + I_3 \omega_3 \boldsymbol{e}_3 \tag{16.49}$$

となり、各角速度成分 $\boldsymbol{\omega}_\alpha$ はその成分方向の角運動量 $\boldsymbol{L}_\alpha$ へのみ寄与する単純な構成となる。慣性テンソル $\tilde{I}$ は対角要素の慣性モーメントのみとなり、扱いが簡単になる。このときの第 1, 2, 3 軸を**慣性主軸** (principal axis of inertia)、主軸に関する慣性モーメント I_1, I_2, I_3 を**主慣性モーメント** (principal moment of inertia) という。上式にみるように、依然として 3 行 3 列のテンソル形式ではあるが、実効的には第 14 章での慣性モーメントのベクトル表示に直った。

剛体に対称性があれば、慣性主軸がとれることは容易に想像できるだろう。第 1-2 軸平面にひろがる一様な円板（図 16.10(a)）では、$x_{i3} = 0$ のため $I_{13} = I_{23} = 0$ （厚みを無視した。有限の厚みを考えた場合でも、第 1-2 軸平面に関して面対称のため結果は同じ）。第 1 軸に関して x_{i1} は正負方向に対称に質量分布しているので、$I_{12} = 0$ である。同じように、第 3 軸方向にも拡がりをもった回転楕円体（図 16.10(b)）でも、非

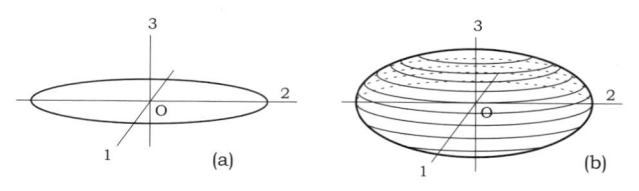

図 16.10 対称性のある剛体。(a) 円板、(b) 回転楕円体

対角要素はゼロになることが分かる。

16-3-3 慣性テンソルを対角化する

前小節では慣性テンソル $\tilde{I}$ の非対角要素をゼロにする、つまり、慣性テンソルを対角化する座標系 O' が採用できることを定性的に理解した。

諸君が 2, 3 年次に学ぶであろう「量子力学」においては、n 次正方行列の対角化を**固有値問題** (eigenvalue problem) として扱う。それを学べば、ここでの慣性テンソルの対角化は特にむずかしくもない。そんな先の話をしても現状の役にも立たないか。勉学に燃える読者は量子力学あるいは数学書で固有値問題を勉強するとよい。数学的取り扱いが明確で、却って、簡単に感じるであろう。

多くの教科書には力学的イメージを把握するためであろう、座標系 O' のとり方を変動させると慣性モーメントは回転楕円体を構成して変化する特性から、慣性テンソルの対角化を説明する。残念ながら、教科書では記述が簡潔すぎて、諸君には考えるほどに逆によく分からなくなるようだ。そこで、教科書の理解の助けになるように、以下に説明を試みる。

それでも複雑だ、レベルが高すぎると感じる読者はこの小節を飛ばしてもよい。座標系をうまくとることにより、一般的に対角化することができる、とのみ知るだけでよい。以降の剛体の回転運動についても、対角化された座標系 O' のもとで議論をすすめるし、慣性モーメント I_1, I_2, I_3 もはじめから与えられて解析を進展させてゆくからである。

(a) 慣性モーメントは慣性楕円体を構成する

剛体に固定した O' 系でみると、角速度ベクトル $\boldsymbol{\omega}$ は剛体上を走り回る、と幾度も記した。イメージしやすいと想ったからである。そこで、$\boldsymbol{\omega}$ ベクトルの走り回る様子を記述するために、角速度（回転軸）の方向を示す単位ベクトル $\boldsymbol{e}_\omega$ を O' 系に対して展開し

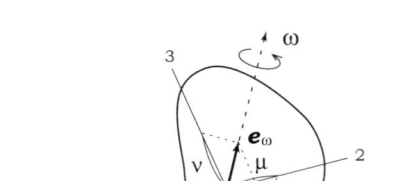

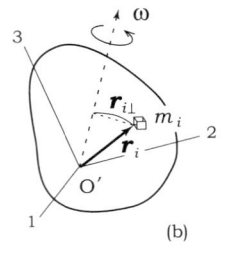

図 16.11 座標系 O' と角速度 $\boldsymbol{\omega}$

$$\boldsymbol{e}_\omega = \frac{\boldsymbol{\omega}}{|\boldsymbol{\omega}|} = \lambda \boldsymbol{e}_1 + \mu \boldsymbol{e}_2 + \nu \boldsymbol{e}_3 \tag{16.50}$$

と記す。λ, μ, ν は単位ベクトル $\boldsymbol{e}_\omega$ の第 1, 2, 3 軸成分であり、すなわち、$\boldsymbol{e}_\omega$ と基本ベクトル $\boldsymbol{e}_\alpha$ $(\alpha = 1, 2, 3)$ とが構成する角の余弦である (図 16.11(a))。

$\boldsymbol{e}_\omega$ は時間とともに変化する。すなわち、λ, μ, ν が時間とともにその大きさを変える。ただし、単位ベクトル $\boldsymbol{e}_\omega$ の大きさは 1 であるので

$$\boldsymbol{e}_\omega \cdot \boldsymbol{e}_\omega = 1 \quad \Rightarrow \quad \lambda^2 + \mu^2 + \nu^2 = 1 \tag{16.51}$$

の関係はいつも成り立つ。

剛体は任意の瞬間には、固定点 O' を通るある軸 ($\boldsymbol{e}_\omega$) のまわりに回転している。この瞬間の固定軸 ($\boldsymbol{e}_\omega$) のまわりの慣性モーメント I は第 14 章で学んだように

$$I = \sum_i m_i |\boldsymbol{r}_{i\perp}|^2 = \sum_i m_i \left\{ \boldsymbol{r}_i^{\,2} - (\boldsymbol{r}_i \cdot \boldsymbol{e}_\omega)^2 \right\} \tag{16.52}$$

であって、最右辺はピタゴラスの定理から $|\boldsymbol{r}_{i\perp}|^2$ を書き直したものである。これを O' 系の単位ベクトル (式 (16.50)) で展開すると、

$$\begin{aligned}
I &= \sum_i m_i \left\{ (x_{i1}^{\,2} + x_{i2}^{\,2} + x_{i3}^{\,2}) - (\lambda x_{i1} + \mu x_{i2} + \nu x_{i3})^2 \right\} \\
&= \sum_i m_i \Big\{ (1-\lambda^2) x_{i1}^{\,2} + (1-\mu^2) x_{i2}^{\,2} + (1-\nu^2) x_{i3}^{\,2} \\
&\qquad\qquad - 2\lambda\mu x_{i1} x_{i2} - 2\mu\nu x_{i2} x_{i3} - 2\nu\lambda x_{i3} x_{i1} \Big\} \\
&= \sum_i m_i \Big\{ (x_{i2}^{\,2} + x_{i3}^{\,2})\lambda^2 + (x_{i3}^{\,2} + x_{i1}^{\,2})\mu^2 + (x_{i1}^{\,2} + x_{i2}^{\,2})\nu^2 \\
&\qquad\qquad - 2\lambda\mu x_{i1} x_{i2} - 2\mu\nu x_{i2} x_{i3} - 2\nu\lambda x_{i3} x_{i1} \Big\} \\
&= I_{11}\lambda^2 + I_{22}\mu^2 + I_{33}\nu^2 + 2I_{12}\lambda\mu + 2I_{23}\mu\nu + 2I_{31}\nu\lambda
\end{aligned} \tag{16.53}$$

と書ける。第 3 式は $\lambda^2 + \mu^2 + \nu^2 = 1$ の関係を利用して、第 2 式を書き直した。最後

の式の各項は、前に求めた慣性テンソルの成分 (式 (16.41) − (16.44)) で表記した。

式 (16.52) の最右辺をみよう。第1項の $r_i{}^2$ はベクトル r_i の2乗であって、スカラー量である。スカラー量は単なる数であって、その大きさは原点 O' からの m_i までの距離の2乗である。この量は固定点を原点とする限り座標系 O' のとり方 (第 1, 2, 3 軸の選び方) には依存せず、常に同じ値をもつ。第2項の $(r_i \cdot e_\omega)$ もベクトルの内積であり、同様に、座標系 O' のとり方によらないスカラー量である[3]。よって、これらの差にスカラー量の質量 m_i を掛け、さらに剛体にわたって総和 $\sum_i$ をとっても結果はスカラー量であって、よって、慣性モーメント I は座標系 O' のとり方に依存しない定数 I である。式 (16.53) は同じことをつぎのように説明する。座標系 O' のとり方により、λ, μ, ν ならびに慣性テンソルの各成分 $I_{\alpha\beta}$ ($\alpha, \beta = 1, 2, 3$) は変わるが、それらで構成する量 I は変化しないと。座標系 O' のとり方、つまり、観測者の都合によって、客観的に存在する物理量である e_ω 軸まわりの慣性モーメントは変化しない、ということである。

しかし、時々刻々と角速度ベクトル ω は走り回っているため、剛体に対するその位置は変化する。(座標系 O' のとり方を変えなくとも) 単位ベクトル e_ω、あるいは同じことであるが、λ, μ, ν は時間変化する。これにつれて、式 (16.52) の第1項は変化しないが、第2項の内積 $(r_i \cdot e_\omega)$ は変化する。その結果、慣性モーメント I も時間的に変動する。$I = I(\lambda(t), \mu(t), \nu(t))$ である。しかし、これらの時間変化のし方は座標系 O' のとり方に依存しない、ことは変わりがない。

さて、式 (16.53) である。$x^2 + y^2 = R^2$ は円の方程式であり、$ax^2 + by^2 = R^2$ は楕円の方程式である。この楕円は x, y 軸に対して対称な形をもっているが、傾いた楕円は $ax^2 + by^2 + 2kxy = R^2$ となる。これらは2次元平面上の楕円曲線である。もう1次元 z を増やし、$ax^2 + by^2 + cz^2 = R^2$、さらに傾きを考慮した一般形としての $ax^2 + by^2 + cz^2 + 2dxy + 2eyk + 2fzx = R^2$ は3次元空間での2次元楕円曲面を表す。λ, μ, ν を x, y, z に置き換えて、同じように考えれば、式 (16.53) は傾いた楕円体に相当することが分かる。ただし、λ, μ, ν は実空間の x, y, z ではなく、それらは式 (16.50) で説明したように、e_ω と基本ベクトル e_α ($\alpha = 1, 2, 3$) とが構成する角の余弦である。変動可能領域は3者とも $+1 \sim -1$ であり、無次元である。式 (16.53) の両辺を $I(\lambda, \mu, \nu)$ で割り、$k = \lambda/\sqrt{I}, \ell = \mu/\sqrt{I}, m = \nu/\sqrt{I}$ とおくと、

$$I_{11}k^2 + I_{22}\ell^2 + I_{33}m^2 + 2I_{12}k\ell + 2I_{23}\ell m + 2I_{31}mk = 1 \tag{16.54}$$

となる。右辺を1に規格化しただけである。2次曲面であって、楕円体面の方程式で

---

[3] a と b の内積は $|a||b|\cos\theta$ である。a と b は座標系のとり方で変化するが、ベクトルの大きさ ($|a|, |b|$) ならびにベクトル間の角 (θ) は座標系が変化しても変わらない。単なる数であるスカラー量は座標系によって変化しない。

ある。これを**慣性楕円体**という。この2次曲面上の任意の点 P= (k, ℓ, m) と原点 O′ の距離 $\overline{\mathrm{O'P}}$ は

$$\overline{\mathrm{O'P}} = \sqrt{k^2 + \ell^2 + m^2} = \sqrt{\frac{\lambda^2 + \mu^2 + \nu^2}{I}}$$
$$= \frac{1}{\sqrt{I(\lambda, \mu, \nu)}} \tag{16.55}$$

である(最後の変形には式 (16.51) を使った)。すなわち、時々刻々と回転軸は移動するが、各瞬間の慣性モーメント $I(\lambda,\mu,\nu)$ は $1/\left(\overline{\mathrm{O'P}}\right)^2$ であって、走り回る P 点は式 (16.54) の慣性楕円体面を構成する。この慣性楕円体はすでに理解したように座標系 O′ のとり方に依存せず、形成される。しかし、座標系 O′ のとり方によって λ,μ,ν ならびに慣性テンソルの各成分 $I_{\alpha\beta}$ は当然、異なる。

楕円体は直交する3軸をもつので、対角化するとは、傾いた楕円体が軸対称になる座標系 O′ を採用する(慣性テンソルの非対角要素をゼロにする)ということである(図 16.12)。

$$I_1\lambda^2 + I_2\mu^2 + I_3\nu^2 = I \qquad (I_1 k^2 + I_2 \ell^2 + I_3 m^2 = 1) \tag{16.56}$$

すなわち、慣性乗積はゼロとなり、この3軸が慣性主軸、それらのまわりの慣性モーメントが主慣性モーメント $(I_1 = I_{11}, I_2 = I_{22}, I_3 = I_{33})$ である。剛体が回転して角速度ベクトルが第1軸方向を向く $(\boldsymbol{\omega} = \omega \boldsymbol{e}_1; \lambda = 1, \mu = \nu = 0)$ とき、$I = I_1$ であって角運動量は $\boldsymbol{L} = I_1 \boldsymbol{\omega}$ である。第2軸あるいは第3軸を向くと同様に、$I = I_2$ あるいは $I = I_3$ であって、角運動量は $\boldsymbol{L} = I_2 \boldsymbol{\omega}$, $\boldsymbol{L} = I_3 \boldsymbol{\omega}$ である。一般に角速度ベクトル $\boldsymbol{\omega}$ は3成分をもち $(\lambda \neq 0, \mu \neq 0, \nu \neq 0)$、剛体の回転の勢いを示す角運動量ベクトル $\boldsymbol{L}$ は、慣性テンソル $\tilde{I}$ の対角化によって式 (16.47) から式 (16.48) へと見通しのよい形となり、次式で示されるように単純化されたベクトル表記として扱えるようになる。

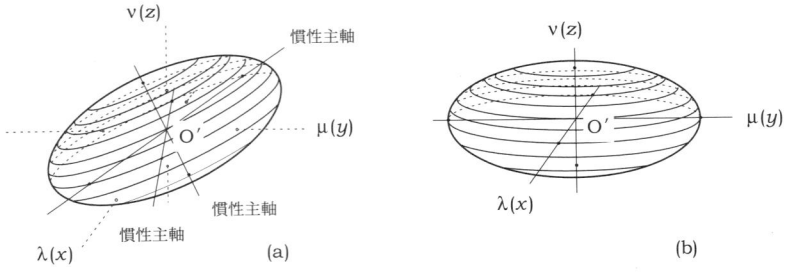

図 16.12 (a) 傾いた楕円体、(b) 慣性主軸を座標軸とした対角化された楕円体

$$L = L_1 e_1 + L_2 e_2 + L_3 e_3 = I_1\omega_1 e_1 + I_2\omega_2 e_2 + I_3\omega_3 e_3 \tag{16.57}$$

(b) 楕円の対角化のし方

前述したように、実際に対角化の計算をすることが本小節の目的でない。対角化できる、ことを理解することにある。そこで、理解しやすい2次元平面上の傾いた楕円曲線を対角化することによって、その論理を示す。

x-y軸に対して傾いている楕円の曲線は

$$I_{xx}x^2 + I_{yy}y^2 + 2I_{xy}xy = 1 \tag{16.58}$$

である (図 16.13(b))。x-y軸をθだけ回転し、x'-y'軸をつくる (図 16.13(c))。(x, y)と(x', y')の間に

$$\left. \begin{array}{l} x = x'\cos\theta - y'\sin\theta \\ y = x'\sin\theta + y'\cos\theta \end{array} \right\} \tag{16.59}$$

の関係がある。回転角θをうまく選べば、楕円式 (16.58) は軸に直交する楕円の式

$$I_x x'^2 + I_y y'^2 = 1 \tag{16.60}$$

となる。そのための角θを求めよう。式 (16.59) を式 (16.58) に代入すると、

$$x'^2 \left(I_{xx}\cos^2\theta + I_{yy}\sin^2\theta + 2I_{xy}\cos\theta\sin\theta \right)$$
$$+ y'^2 \left(I_{xx}\sin^2\theta + I_{yy}\cos^2\theta - 2I_{xy}\cos\theta\sin\theta \right)$$
$$+ 2x'y' \left(-I_{xx}\cos\theta\sin\theta + I_{yy}\cos\theta\sin\theta + I_{xy}(\cos^2\theta - \sin^2\theta) \right) = 1 \tag{16.61}$$

となるので、ここで左辺第3項をゼロにするθを求める。それは

$$\tan 2\theta = \frac{2I_{xy}}{I_{xx} - I_{yy}} \tag{16.62}$$

であって、I_x, I_yは式 (16.61) の左辺第1項、第2項から

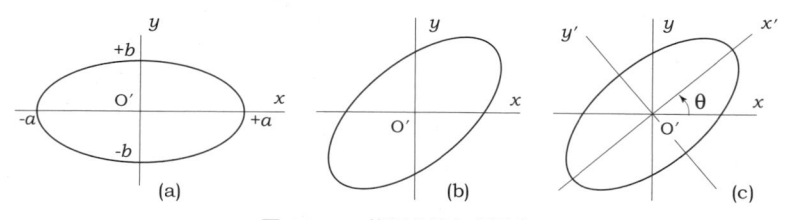

図 **16.13** 楕円曲線と座標系

$$\left.\begin{array}{l} I_x = \dfrac{1}{2}\left\{(I_{xx}+I_{yy})+\sqrt{(I_{xx}-I_{yy})^2+(2I_{xy})^2}\right\} \\ I_y = \dfrac{1}{2}\left\{(I_{xx}+I_{yy})-\sqrt{(I_{xx}-I_{yy})^2+(2I_{xy})^2}\right\} \end{array}\right\} \quad (16.63)$$

と得られる。上式の平方根の中は常に正値をもち、I_x, I_y が実数である解が存在することが分かる。図 16.13(c) に示すように、楕円曲線が軸に垂直に交わるような座標軸を一般的に設定できるわけである。つまり、楕円を対角化 ($I_{xy}=0$) する座標系のとり方があるというわけである。

さて、慣性楕円体、式 (16.54) である。

2 次元では回転角は 1 つであったが、3 次元では回転角は 3 つある。この 3 つの角をうまく選ぶことによって、$I_{12}=I_{23}=I_{31}=0$ とできるのは 2 次元のときと同じであり、楕円体に対しても対角化できるわけだ。

16-3-4　剛体の運動エネルギーと慣性モーメント

慣性テンソルが登場したついでに、剛体の運動エネルギー T もそれを使って表示しておこう。運動エネルギー T をその定義からスタートして、$\dot{\boldsymbol{r}}_i = \boldsymbol{\omega}\times\boldsymbol{r}_i$ を使って書き換えると、

$$T = \frac{1}{2}\sum_i m_i \dot{\boldsymbol{r}}_i^{\,2} = \frac{1}{2}\sum_i m_i(\boldsymbol{\omega}\times\boldsymbol{r}_i)\cdot\dot{\boldsymbol{r}}_i \quad (16.64)$$

さらに、ベクトルの関係式 $(\boldsymbol{a}\times\boldsymbol{b})\cdot\boldsymbol{c}=(\boldsymbol{b}\times\boldsymbol{c})\cdot\boldsymbol{a}$ を使うと上式は

$$\begin{aligned}
T &= \frac{1}{2}\sum_i m_i\,\boldsymbol{\omega}\cdot(\boldsymbol{r}_i\times\dot{\boldsymbol{r}}_i) = \frac{1}{2}\sum_i \boldsymbol{\omega}\cdot(\boldsymbol{r}_i\times\boldsymbol{p}_i) = \frac{1}{2}\sum_i \boldsymbol{\omega}\cdot\boldsymbol{L}_i \\
&= \frac{1}{2}\boldsymbol{\omega}\cdot\boldsymbol{L} \\
&= \frac{1}{2}\left(\omega_x L_x + \omega_y L_y + \omega_z L_z\right) \\
&= \frac{1}{2}\left(I_{xx}\omega_x^2 + I_{yy}\omega_y^2 + I_{zz}\omega_z^2\right) + \left(I_{xy}\omega_x\omega_y + I_{yz}\omega_y\omega_z + I_{zx}\omega_z\omega_x\right) \\
&= \frac{1}{2}\sum_i\sum_j I_{ij}\omega_i\omega_j \qquad (i,\,j=x,y,z) \quad (16.65)
\end{aligned}$$

となる。

16-4 オイラーの運動方程式

16-4-1　おさらい：慣性系と回転座標系

7-2-4 小節「慣性系と回転系におけるベクトルの時間微分」(p. 158) において、慣性系のベクトル $\boldsymbol{A}$ の時間変化 $\mathrm{d}\boldsymbol{A}/\mathrm{d}t$ と、原点 O を共有し慣性系に対し角速度 $\boldsymbol{\omega}$ で回転する回転座標系によるその表示の関係をみた。剛体の取り扱いで混乱するのは、特に、このあたりからであろう。まず、つぎのことを認識する必要がある。

われわれが運動を記述する（方程式を書く）とき、ニュートン方程式が唯一のよりどころ、スタート地点である。ニュートン方程式は慣性系でのみ成り立つ。非慣性系の運動方程式は、7-2 節でやったように、慣性系の方程式からスタートして、それを書き直して得る。以下、このことを心に留めながら進もう。

7-2-4 小節にしたがって慣性系を (x,y,z) 軸で表し、回転系を (x',y',z') 軸と表す。回転系座標による表示に $'$ をつけた。まず、ベクトル $\boldsymbol{A}$ を慣性系でみる（図 16.14）。慣性系座標の言葉を使って表示しようが、回転座標の言葉を使って表示しようが違いはなく

$$\boldsymbol{A} = A_x \boldsymbol{e}_x + A_y \boldsymbol{e}_y + A_z \boldsymbol{e}_z = A'_x \boldsymbol{e}'_x + A'_y \boldsymbol{e}'_y + A'_z \boldsymbol{e}'_z \; (= \boldsymbol{A}') \tag{16.66}$$

である。

つぎは、このベクトルの時間変化である。慣性系では単位ベクトル $\boldsymbol{e}_i \; (i=x,y,z)$ は変化しないから、単に $A_i \; (i=x,y,z)$ の時間変化を考えるだけでよい。

$$\frac{\mathrm{d}\boldsymbol{A}}{\mathrm{d}t} = \frac{\mathrm{d}A_x}{\mathrm{d}t}\boldsymbol{e}_x + \frac{\mathrm{d}A_y}{\mathrm{d}t}\boldsymbol{e}_y + \frac{\mathrm{d}A_z}{\mathrm{d}t}\boldsymbol{e}_z \tag{16.67}$$

である。一方、回転系座標による表示では、その座標系に乗った観測者からみれば単位ベクトル $\boldsymbol{e}'_i \; (i'=x',y',z')$ も不変であるが、慣性系の観測者からみれば回転してい

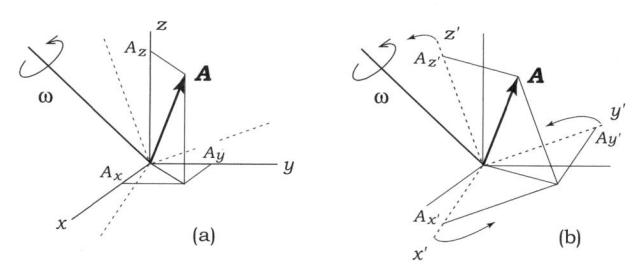

図 16.14　慣性系 (a) と回転座標系 (b) とベクトル $\boldsymbol{A}$

る（単位ベクトルであるので、大きさは 1 で変化しない）。時間変化しているわけで、式 (7.14) で導出したように

$$\frac{d\boldsymbol{e}'_i}{dt} = \boldsymbol{\omega} \times \boldsymbol{e}'_i \qquad (i' = x', y', z') \tag{7.14}$$

である。したがって、$\boldsymbol{A}$ の時間変化は

$$\frac{d\boldsymbol{A}}{dt} = \left(\frac{dA'_x}{dt}\boldsymbol{e}'_x + \frac{dA'_y}{dt}\boldsymbol{e}'_y + \frac{dA'_z}{dt}\boldsymbol{e}'_z\right) + \left(A'_x\frac{d\boldsymbol{e}'_x}{dt} + A'_y\frac{d\boldsymbol{e}'_y}{dt} + A'_z\frac{d\boldsymbol{e}'_z}{dt}\right) \tag{16.68}$$

である。第 1 項は回転系からみた $\boldsymbol{A}'$ の時間変化であり、回転系からみた物理量に ′ を付ける約束をしたので、微分には分子の d にダッシュを付した。

$$\frac{d'\boldsymbol{A}}{dt} = \left(\frac{dA'_x}{dt}\boldsymbol{e}'_x + \frac{dA'_y}{dt}\boldsymbol{e}'_y + \frac{dA'_z}{dt}\boldsymbol{e}'_z\right) \tag{16.69}$$

である。第 2 項を式 (7.14) を用いて書き直すと、

$$\left(A'_x\frac{d\boldsymbol{e}'_x}{dt} + A'_y\frac{d\boldsymbol{e}'_y}{dt} + A'_z\frac{d\boldsymbol{e}'_z}{dt}\right) = \boldsymbol{\omega} \times (A'_x\boldsymbol{e}'_x + A'_y\boldsymbol{e}'_y + A'_z\boldsymbol{e}'_z) = \boldsymbol{\omega} \times \boldsymbol{A}' \tag{16.70}$$

となる。よって、

$$\frac{d\boldsymbol{A}}{dt} = \frac{d'\boldsymbol{A}}{dt} + \boldsymbol{\omega} \times \boldsymbol{A}' \tag{16.71}$$

を得る。左辺は慣性系座標を使った表示、右辺は回転系の座標を使った表示となっている。繰り返す、これは慣性系にいる観測者がみたベクトル $\boldsymbol{A}$ の時間変化を示したものである。

16-4-2　慣性系と剛体に固定した座標系

さて、本章では回転系は剛体に固定された系として登場する。

剛体の回転運動を表記する力学量は角運動量 $\boldsymbol{L}$ と角速度 $\boldsymbol{\omega}$ であるので、前小節でのベクトル $\boldsymbol{A}$ をこれらに置き換えればよい。回転の運動方程式は、慣性系において角運動量の時間変化は作用する力のモーメントに等しい、という関係

$$\dot{\boldsymbol{L}} = \boldsymbol{N} \tag{16.72}$$

である。これを剛体に固定した O′ 系（x', y', z' 軸に替わり第 1, 2, 3 軸で記す）の表示にするには、式 (16.71) の $\boldsymbol{A}$ を $\boldsymbol{L}$ に換えればよく

$$\frac{d\boldsymbol{L}}{dt} = \frac{d'\boldsymbol{L}}{dt} + \boldsymbol{\omega} \times \boldsymbol{L}' \tag{16.73}$$

となる。また、力のモーメントは慣性系の座標表示を使おうが、剛体の座標表示を使おうが、

$$N = N' \tag{16.74}$$

である。したがって、剛体に固定した座標系を使って表示した慣性系での回転の運動方程式は

$$\frac{\mathrm{d}' \boldsymbol{L}}{\mathrm{d}t} + \boldsymbol{\omega} \times \boldsymbol{L}' = \boldsymbol{N}' \tag{16.75}$$

であり、すべてが O' 系の表示となる。

回転系の観測者がみる回転の運動方程式は、上式 (16.75) において左辺第 2 項を右辺に移項して

$$\frac{\mathrm{d}' \boldsymbol{L}}{\mathrm{d}t} = \boldsymbol{N}' - \boldsymbol{\omega} \times \boldsymbol{L}' \tag{16.76}$$

である。右辺第 2 項は「見かけの力」に対応する見かけの力のモーメントである。

16-4-3　オイラーの運動方程式

慣性主軸 $(1, 2, 3$ 軸$)$ を採用すると、角運動量 $\boldsymbol{L}$ と角速度 $\boldsymbol{\omega}$ と慣性テンソル $\tilde{I}$ の関係は

$$\boldsymbol{L}' = \begin{pmatrix} L_1 \\ L_2 \\ L_3 \end{pmatrix} = \begin{pmatrix} I_1 & 0 & 0 \\ 0 & I_2 & 0 \\ 0 & 0 & I_3 \end{pmatrix} \begin{pmatrix} \omega_1 \\ \omega_2 \\ \omega_3 \end{pmatrix} = \tilde{I} \cdot \boldsymbol{\omega} \tag{16.77}$$

であり、ベクトルの成分で展開すると、

$$\boldsymbol{L}' = L_1 \boldsymbol{e}_1 + L_2 \boldsymbol{e}_2 + L_3 \boldsymbol{e}_3 = I_1 \omega_1 \boldsymbol{e}_1 + I_2 \omega_2 \boldsymbol{e}_2 + I_3 \omega_3 \boldsymbol{e}_3 \tag{16.78}$$

と書ける。

さて、回転の運動方程式 $\dot{\boldsymbol{L}} = \boldsymbol{N}$ に上式を代入すると、

$$\frac{\mathrm{d}\boldsymbol{L}}{\mathrm{d}t} = \frac{\mathrm{d}'\boldsymbol{L}}{\mathrm{d}t} + \boldsymbol{\omega} \times \boldsymbol{L}' = \tilde{I} \frac{\mathrm{d}'\boldsymbol{\omega}}{\mathrm{d}t} + \boldsymbol{\omega} \times (\tilde{I}\,\boldsymbol{\omega}) = \boldsymbol{N}' = \boldsymbol{N} \tag{16.79}$$

つまり、

$$\tilde{I} \frac{\mathrm{d}'\boldsymbol{\omega}}{\mathrm{d}t} - (\tilde{I}\,\boldsymbol{\omega}) \times \boldsymbol{\omega} = \boldsymbol{N}' \tag{16.80}$$

上式[4]の左辺第2項のベクトルの外積は多くの教科書と合わせるため、ベクトルの順序を入れ替えたのでマイナス符号が付いた。ここで、

$$(\tilde{I}\,\boldsymbol{\omega}) \times \boldsymbol{\omega} = \tilde{I}\,(\boldsymbol{\omega} \times \boldsymbol{\omega}) \tag{16.81}$$

としてはいけない。対角化しても $\tilde{I}$ はテンソルであり、一般的にはすべての対角成分は等しくはならない。つまり、一般的に $I_1 = I_2 = I_3$ でなく、$\tilde{I}\,\boldsymbol{\omega}$ は $\boldsymbol{\omega}$ と同じ方向をもつベクトルでない。式 (16.80) をベクトルの成分で展開すると

$$\begin{aligned}
&\left\{ I_1 \frac{d\omega_1}{dt} \boldsymbol{e}_1 + I_2 \frac{d\omega_2}{dt} \boldsymbol{e}_2 + I_3 \frac{d\omega_3}{dt} \boldsymbol{e}_3 \right\} \\
&\quad - \{(I_2 - I_3)\omega_2\omega_3 \boldsymbol{e}_1 + (I_3 - I_1)\omega_3\omega_1 \boldsymbol{e}_2 + (I_1 - I_2)\omega_1\omega_2 \boldsymbol{e}_3\} \\
&= N_1 \boldsymbol{e}_1 + N_2 \boldsymbol{e}_2 + N_3 \boldsymbol{e}_3
\end{aligned} \tag{16.82}$$

であり、成分ごとにまとめると、

$$\left. \begin{aligned}
I_1 \dot{\omega}_1 - (I_2 - I_3)\omega_2\omega_3 &= N_1 \\
I_2 \dot{\omega}_2 - (I_3 - I_1)\omega_3\omega_1 &= N_2 \\
I_3 \dot{\omega}_3 - (I_1 - I_2)\omega_1\omega_2 &= N_3
\end{aligned} \right\} \tag{16.83}$$

を得る。これを**オイラーの運動方程式** (Euler's equation of motion) とよぶ。

これで慣性系からみる剛体の運動を、剛体に固定した座標系を使って記述できた。この式を解けば、角速度 $\boldsymbol{\omega}$ が求まる。そして、慣性モーメントと角速度から式 (16.78) によって角運動量 $\boldsymbol{L}$ が得られる。

16-4-4 混乱をきたしている諸君へ

丁寧に説明したつもりであるが、よく考える諸君は考えるほど混乱を起こしているかもしれないので、繰り返し説明する。すでにほかの教科書を読んで混乱をきたして、この読本を読んでいるのかもしれないしね。

混乱のもとは、多分「剛体に固定した座標系」にあるであろうか。

剛体に固定された座標系にいれば（つまり、剛体にいる観測者には）、剛体の運動はみえないのではないか！と。したがって、剛体が回転する角速度や角運動量は感じず、ゼロであるはずだと。

こうである。

---

[4] 大半の教科書には左辺第1項にダッシュはない。両者とも正しい。どちらの系 O, O' でみても角速度の時間微分は等しい。$d'\boldsymbol{\omega}/dt = d\boldsymbol{\omega}/dt$ (式 (16.73) に $\boldsymbol{L} = \boldsymbol{\omega}$ を適用してみよ)。ここでは、剛体に固定された座標系を強調するためにダッシュを残した。

われわれは（剛体とともに）回転している。**慣性系に対してである！** これが設定である。

回転する系とは、非慣性系である。したがって、非慣性系ではニュートンの方程式はそのままでは成り立たず、回転の運動方程式も成り立たない ($\dot{L}' \neq N'$)。**見かけの力のモーメント**を受けるわけである。オイラーの運動方程式 (式 (16.83)) の左辺第 2 項がそれに対応する。正確には、左辺第 2 項を右辺へ移項したものが見かけの力のモーメントであり、その方程式が回転系からみる回転の運動方程式である。第 7 章でみたような回転座標系にいて、見かけの力である遠心力やコリオリ力を感知できるのと同じように、見かけの力のモーメントのはたらきを受けるわけだ。

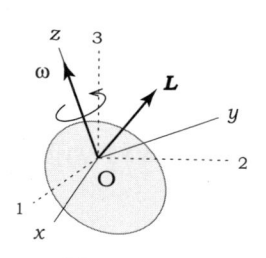

図 16.15 動きまわるベクトル ω と L

角速度はみえないのか？

剛体に目印を付けると、慣性系からはその目印の回転ぐあいがみえ、回転軸の方向、ならびに回転の速さが分かる。この意味で、角速度はみえるわけだ。

では、剛体からはどうだ。固定点 O から慣性系の 3 つの軸、x, y, z 軸、が剛体を貫いて空間に突出している状況を想定してみよう。たとえば、図 16.15 のように剛体が z 軸を回転軸として回っているとしよう。剛体上の観測者には、自分たちが z 軸のまわりを回っているのが分かる！ 天空の星座は慣性系を示すものと考えると、回転する地球上のわれわれは地球の角速度を星座をみて判断できる、のと同じだ。剛体は**慣性系に対して回転している**ので、角速度ならびに角運動量をもつのである。

第 17 章

固定点まわりの回転運動は語る

17-1 剛体の自由回転運動

　前章は基礎的準備であった。本章では、具体的に固定点まわりの回転運動を解析する。

　剛体の回転運動はオイラーの運動方程式で記述できる。本節では、剛体に力のモーメントがはたらかないときの自由回転運動を考える。複数の力のモーメントがはたらいても、それらのモーメントのベクトル総和がゼロの場合ということである。

17-1-1　力のモーメントが作用しないときのオイラーの運動方程式

　$N = 0$ のとき、慣性系での回転の運動方程式は

$$\frac{d\boldsymbol{L}}{dt} = \frac{d'\boldsymbol{L}}{dt} + \boldsymbol{\omega} \times \boldsymbol{L}' = 0 \tag{17.1}$$

である。左辺は慣性系の言葉で表示したもの、真ん中は剛体に固定した座標系の言葉で表示したものである。オイラーの運動方程式は、真ん中の式を慣性モーメントと角速度で展開して

$$\left.\begin{array}{l} I_1\dot{\omega}_1 - (I_2 - I_3)\omega_2\omega_3 = 0 \\ I_2\dot{\omega}_2 - (I_3 - I_1)\omega_3\omega_1 = 0 \\ I_3\dot{\omega}_3 - (I_1 - I_2)\omega_1\omega_2 = 0 \end{array}\right\} \tag{17.2}$$

となる。この連立微分方程式を解析することによって回転運動を解析できる。

(a) オイラーの運動方程式を読む

　方程式を解く前に、一般的な振る舞いをみる。式 (17.1) から分かるように

$$\dot{\boldsymbol{L}} = 0 \quad \Rightarrow \quad \boldsymbol{L} = \boldsymbol{L}_0 (\text{定数}) \tag{17.3}$$

である。慣性系の観測者からみると、力のモーメントがはたらかないため剛体の角運動量は保存（一定）する、すなわち、大きさも方向も変化せず剛体は一様な回転運動を続ける。第 15 章の「回転運動の 3 法則」(p. 351) の「慣性モーメントの法則」である。同じ角運動量ベクトルを O' 系の言葉で表示しても、当然角運動量は変化せず一定である。

$$\begin{aligned} \bm{L} &= L_x\bm{e}_x + L_y\bm{e}_y + L_z\bm{e}_z \\ &= \bm{L}' = L_1\bm{e}_1 + L_2\bm{e}_2 + L_3\bm{e}_3 \end{aligned} \tag{17.4}$$

O 系表示では $\bm{L}$ が不変ということは L_x, L_y, L_z も時間変化しないということだ。ところが、O' 系表示では基本ベクトル $\bm{e}_\alpha$ ($\alpha = 1, 2, 3$) が慣性系に対して変化するため、$\bm{L}'$ が不変であっても L_1, L_2, L_3 は時間変化する。

一方、剛体上の観測者からみるとどうであろうか。ここでは基本ベクトル $\bm{e}_\alpha$ ($\alpha = 1, 2, 3$) は時間変化しない。式 (17.1) を書き直すと、

$$\frac{\mathrm{d}'\bm{L}}{\mathrm{d}t} = -\bm{\omega} \times \bm{L}' \tag{17.5}$$

である。これを以下で取り扱う。左辺が剛体とともに回転する座標系 O' から眺めた角運動量の時間変化である。右辺は O' 系が慣性系に対して回転することによる「見かけの力のモーメント」$\bm{N}'$ である。

17-1-2 地球の歳差運動

自由回転運動として、一様な重力中で重心を支えられた回転運動や、重心のまわりの回転運動がある。これらでは力 $\bm{F}$ が重心にはたらき、力のモーメントはゼロである ($\bm{N} = \bm{r} \times \bm{F} = 0$)。具体的な対象として、地球や対称ごま (symmetric top) を考える。

理解を助けるために、はじめに**歳差運動** (precession)[1]を大雑把に説明しておこう。こまの**首振り運動**が、諸君がもっともよく知る歳差運動の例である。こまが自転しながら、床に鉛直な軸のまわりを回る運動のことである。この後者の回転のことを、歳差運動という（図 17.1）。

ここでは、対称ごまと同じく軸対称である地球の歳差運動を解析する。

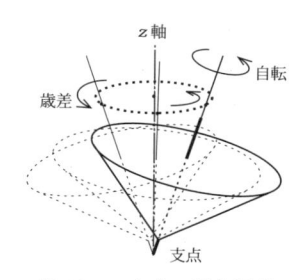

図 17.1 こまの歳差運動

[1) みそすり運動ともいう。

地球は真ん丸でなく、極方向に多少扁平な楕円体である。赤道半径 $a = 6,378$ km、極半径 $c = 6,357$ km であって、両者の差は僅か $a - c = 21$ km。扁率 $(a-c)/a = 1/298 \approx 1/300$ である。地球を回転楕円体と考え、地球に固定した座標軸をとる。座標軸は**慣性主軸**である。第 1, 2 軸は赤道面上にある。第 3 軸は**地軸**であって、自転軸である。慣性モーメントは $I_1 = I_2 (= I$ とおく$)$ であり、$I = 0.3296Ma^2$、$I_3 = 0.3307Ma^2$ ($M = 59.7 \times 10^9$ kg) である[2]。地球が第 3 軸方向に扁平なため、$I_3 > I$ である。I_3 は**最大主慣性モーメント**である。

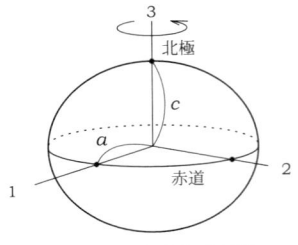

図 17.2 地球と座標軸

以下で複数の軸が登場する。混乱させないため、言葉の使い方を明確にしておく。また、地球の「公転」の話ではないことを一言注意しておく。

まず、地球に固定した座標系 O' の軸である慣性主軸、特に上述した「第 3 軸」であるが、これは「地軸」である。それは同時に、地球が 1 日に 1 回転する自転の軸、「自転軸」である。地球は以下で学ぶように、他の回転成分も有するが、それらと比べると自転の角速度は速く、その回転が地球の形状を決め、自転軸が地軸 (第 3 軸) となる慣性主軸の系をつくりだしているといえる。

「回転軸」という言葉も使う。これは角速度ベクトル $\boldsymbol{\omega}$ の方向にあって、自転軸に他の回転成分の影響を取り込んだものであって、自転軸とは必ずしも一致しない。しかも、これは座標系の軸ではなく、地球が回転する軸であって、時間とともに座標系の中を動き回る。上記の自転軸の定義は狭義であり、この回転軸を地球の自転軸といってもよいが、ここでは混乱させないため、そうしない。

もう 1 つは回転の勢いを示す角運動量ベクトル $\boldsymbol{L}$ の方向である。この回転の軸は混乱することはないと思う。

(a) 楕円体ならびに地球の慣性モーメントを計算する

地球を剛体の楕円体とし、慣性モーメント $I(= I_1 = I_2)$ と I_3 を計算する。

まず、一般的に、第 1, 2, 3 軸方向の径がそれぞれ a, b, c である楕円体 (図 17.3) の各軸に関する慣性モーメント I_1, I_2, I_3 を求める。計算の 1 方法を示す。

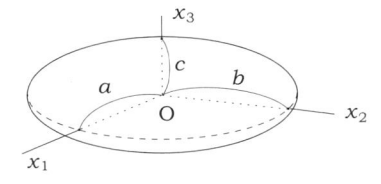

図 17.3 楕円体の慣性モーメント

---

[2] 理科年表から。地球を回転楕円体と見なし、月や人工衛星の軌道解析など各種の観測データから求めた数値である。

楕円体面の方程式は

$$\frac{x_1^2}{a^2} + \frac{x_2^2}{b^2} + \frac{x_3^2}{c^2} = 1 \tag{17.6}$$

であり、計算すべき慣性モーメント、たとえば、I_1 は

$$I_1 = \lim_{\Delta v \to 0} \sum_i (r_{1\perp})_i{}^2 (\rho \Delta v_i) = \rho \iiint (x_2^2 + x_3^2)\, \mathrm{d}x_1 \mathrm{d}x_2 \mathrm{d}x_3 \tag{17.7}$$

である。$(r_{1\perp})_i{}^2 = (x_2^2 + x_3^2)_i$ であり、分割した i 番目の微小領域の第 1 軸からの距離の 2 乗である。ρ は質量密度である。I_2, I_3 に関しても同様に書き出せる。

$$J_\alpha = \rho \iiint (r_{\alpha\perp})^2\, \mathrm{d}x_1 \mathrm{d}x_2 \mathrm{d}x_3 \quad (\alpha = 1, 2, 3) \tag{17.8}$$

という形が共通に現れる。以上の式には積分範囲を明示しなかった。積分範囲は楕円体面で囲まれた領域であって、式 (17.6) を通して 3 変数の積分範囲が相関している。3 変数が独立で、単に、積分範囲を $\int_{-a}^{a} \int_{-b}^{b} \int_{-c}^{c} \cdots \mathrm{d}x_1 \mathrm{d}x_2 \mathrm{d}x_3$ とするものではない。このように積分範囲が相関をもつとき、上手に取扱い積分を技巧的に容易にすることをここで学ぶ。

さて、$I_1 = J_2 + J_3$ であるので、J_α を計算する問題に置き換わる。いま述べたように、J_α の 3 変数の積分範囲は相関して複雑であるので、変数変換 (各軸のスケールを換える) して、$x_1 = aX, x_2 = bY, x_3 = cZ$ とおく。楕円体面の式は半径 1 の球面

$$X^2 + Y^2 + Z^2 = 1 \tag{17.9}$$

となり、J_α は

$$\begin{aligned} J_1 &= \rho a^3 bc \iiint X^2\, \mathrm{d}X \mathrm{d}Y \mathrm{d}Z \\ J_2 &= \rho a b^3 c \iiint Y^2\, \mathrm{d}X \mathrm{d}Y \mathrm{d}Z \\ J_3 &= \rho abc^3 \iiint Z^2\, \mathrm{d}X \mathrm{d}Y \mathrm{d}Z \end{aligned} \tag{17.10}$$

となる。係数は別にして、3 つの体積積分は等しく

$$\iiint X^2\, \mathrm{d}X \mathrm{d}Y \mathrm{d}Z = \iiint Y^2\, \mathrm{d}X \mathrm{d}Y \mathrm{d}Z = \iiint Z^2\, \mathrm{d}X \mathrm{d}Y \mathrm{d}Z$$
$$= \frac{1}{3} \iiint (X^2 + Y^2 + Z^2)\, \mathrm{d}X \mathrm{d}Y \mathrm{d}Z \tag{17.11}$$

($J_1 = J_2 = J_3 = (1/3)(J_1 + J_2 + J_3)$)

であって、第 2 行の積分 (J_{123} と記す) を計算すればよい。被積分関数に式 (17.9) の

1 を代入してはいけない。それは変数の相関を示し、積分範囲を規定する条件である。すなわち、積分範囲は半径 1 の球で囲まれた領域である。大変簡単になった。求める積分 J_{123} は極座標表示の方がきれいである (r, θ, ϕ と小文字を使うところを、X, Y, Z に合わせて大文字で記す)。

$$J_{123} = \frac{1}{3}\iiint R^2 dV = \frac{1}{3}\iiint R^2 (R d\Theta \cdot R\sin\Theta d\Phi \cdot dR) = \frac{4\pi}{3}\int R^4 dR$$
$$= \frac{4\pi}{15} \tag{17.12}$$

を得る。第 1 行の dV は微小体積であって、J_{123} は半径 1 の球にわたって距離の自乗 R^2 を積分せよということである (微小体積の 3 次元極座標表示は 11-2 節の「立体角」式 (11.38) を参照)。$X^2 + Y^2 + Z^2 = R^2$ であって、積分範囲は R は $0 \sim +1$、Θ ならびに Φ は $0 \sim \pi, 0 \sim 2\pi$ である。一方、楕円体の体積 V は $(4\pi/3)abc$ であるので、密度 ρ は

$$\rho = \frac{M}{V} = \frac{3M}{4\pi}\frac{1}{abc} \tag{17.13}$$

である。

これらから J_α が計算でき、慣性モーメント I_α が求まり

$$\left.\begin{aligned} I_1 &= \frac{1}{5}M(b^2 + c^2) \\ I_2 &= \frac{1}{5}M(c^2 + a^2) \\ I_3 &= \frac{1}{5}M(a^2 + b^2) \end{aligned}\right\} \tag{17.14}$$

である。検算として球の場合 ($a = b = c$) を求めると、

$$I_1 = I_2 = I_3 = \frac{2}{5}a^2 M \tag{17.15}$$

と正しい答えが出る。

問 図 17.3 の楕円体の体積 $V = (4\pi/3)abc$ であることを求めよ。

○ 地球の慣性モーメント

さて、$a = b$ である地球の慣性モーメントは

$$I = I_1 = \frac{1}{5}M(a^2 + c^2) = I_2, \qquad I_3 = \frac{2}{5}Ma^2 \tag{17.16}$$

と書ける。理科年表による前掲の数値 (赤道半径 $a = 6,378$ (km)、極半径 $c = 6,357$ (km)) を代入すると、$I = 0.3987Ma^2, I_3 = 0.4000Ma^2$ を得る。実際は $I = 0.3296Ma^2$, $I_3 = 0.3307Ma^2$ であり、違いは21%である。諸君はこの違いをどう考えるか？

　質量の密度分布が一様でなく、内部の方が密度が高いせいである。また、地球が完全剛体でないことも原因である。海流などは移動する。潮汐作用で海水だけでなく、地殻まで変形する。これらを考えると、21%の違いに至る計算 (地球を扁平な剛体楕円体と考える) はなかなかいい近似ではないか。

(b) オイラー方程式を解く

さて、このときのオイラーの運動方程式は、式 (17.2) から

$$I\dot{\omega}_1 - (I - I_3)\omega_2\omega_3 = 0 \tag{17.17}$$

$$I\dot{\omega}_2 - (I_3 - I)\omega_3\omega_1 = 0 \tag{17.18}$$

$$\dot{\omega}_3 = 0 \tag{17.19}$$

となる。幾度も記すが、上の方程式は慣性系の観測者がみる方程式であり、地球上に住むわれわれがみる運動方程式は

$$I\dot{\omega}_1 = (I - I_3)\omega_2\omega_3 \tag{17.20}$$

$$I\dot{\omega}_2 = (I_3 - I)\omega_3\omega_1 \tag{17.21}$$

$$\dot{\omega}_3 = 0 \tag{17.22}$$

である。単に、左辺第2項を右辺に移項した違いであるが、このように意味は違ってくる。だが、方程式の解き方は同じだ。

まず、式 (17.19) を時間積分して、

$$\omega_3 = \omega_0 \quad (\text{一定}) \tag{17.23}$$

を得る。これを式 (17.17), (17.18) に反映させ、書き換えると、

$$\dot{\omega}_1 + \nu\omega_2 = 0 \tag{17.24}$$

$$\dot{\omega}_2 - \nu\omega_1 = 0 \tag{17.25}$$

$$\nu = \frac{I_3 - I}{I}\omega_0 \quad (\text{一定}) \tag{17.26}$$

となる。この連立方程式の解き方はすでに 8-3-2 小節の「変数の置換」(p. 191) でマスターした。式 (17.25) に虚数 i を掛け、式 (17.24) と足すと、

$$\frac{d\tilde{\omega}}{dt} = i\nu\tilde{\omega} \tag{17.27}$$

$$\tilde{\omega} \equiv \omega_1 + i\omega_2 \tag{17.28}$$

式 (17.27) を解くと、

$$\tilde{\omega} = A\, e^{i(\nu t + \delta)} \tag{17.29}$$

を得る。A は振幅、δ は初期位相であった。上式を展開して、

$$\omega_1 = A\cos(\nu t + \delta) \tag{17.30}$$

$$\omega_2 = A\sin(\nu t + \delta) \tag{17.31}$$

となる。あるいは、式 (17.24) を時間微分し、それに式 (17.25) を代入すると、

$$\ddot{\omega}_1 = -\nu^2 \omega_1 \tag{17.32}$$

を得る。この式はまさに単振動の方程式であり、式 (17.30) を得る。

角速度の第 1-2 軸平面上の成分 $\omega_1 \boldsymbol{e}_1 + \omega_2 \boldsymbol{e}_2 = A\cos(\nu t + \delta)\boldsymbol{e}_1 + A\sin(\nu t + \delta)\boldsymbol{e}_2$ は、一定の半径 A で、一定の角速度 ν で円を描く。

$$\omega_1{}^2 + \omega_2{}^2 = A^2 \tag{17.33}$$

さらに、第 3 軸成分を考慮した角速度の大きさは

$$|\boldsymbol{\omega}| = \sqrt{\omega_1{}^2 + \omega_2{}^2 + \omega_3{}^2} = \sqrt{A^2 + \omega_0{}^2} \tag{17.34}$$

で一定である。また、$\boldsymbol{\omega}$ が第 3 軸となす角 α は

$$\tan\alpha = \frac{A}{\omega_0} \tag{17.35}$$

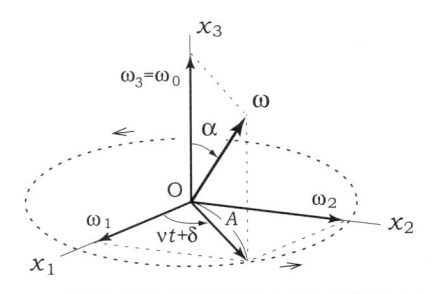

図 17.4 地球に固定した座標系でみる角速度ベクトル

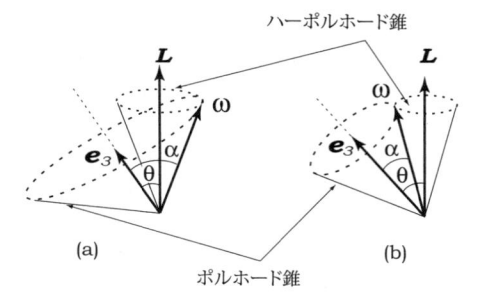

図 17.5 e_3 を軸とする $\boldsymbol{\omega}$ の回転による錐面 (ポルホード錐) と、$\boldsymbol{L}$ を軸とする $\boldsymbol{\omega}$ の回転による錐面 (ハーポルホード錐)。(a) $I_3 > I (\alpha > \theta)$ の場合、(b) $I_3 < I (\alpha < \theta)$ の場合。

である。したがって、地球上からみた角速度 $\boldsymbol{\omega}$ は第 3 軸のまわりに、第 3 軸と角度 α をもって、一定の大きさを維持しながら、周期

$$T = \frac{2\pi}{\nu} \tag{17.36}$$

の円軌道を描く（図 17.4、図 17.5）。第 3 軸を軸とする $\boldsymbol{\omega}$ の回転による円錐面を**ポルホード錐** (polhode cone) という。

一方、角運動量は

$$\left.\begin{array}{l} L_1 \ (= I\omega_1) \ = IA\cos(\nu t + \delta) \\ L_2 \ (= I\omega_2) \ = IA\sin(\nu t + \delta) \\ L_3 \ (= I_3\omega_0) \ = I_3\omega_0 \end{array}\right\} \tag{17.37}$$

であって、$I \neq I_3$ のため、$\boldsymbol{L}$ と $\boldsymbol{\omega}$ は平行ではない。地上の観測者には角運動量ベクトルも角速度ベクトルと同様に、第 3 軸を中心に円運動し、円錐面を構成する。ただし、角運動量 $\boldsymbol{L}$ が第 3 軸となす角 θ は

$$\tan\theta = \frac{IA}{I_3\omega_0} = \left(\frac{I}{I_3}\right)\tan\alpha \tag{17.38}$$

である。いまの場合、$I_3 > I$ のため、

$$\tan\theta < \tan\alpha \tag{17.39}$$

であって、角速度ベクトル $\boldsymbol{\omega}$ の方が角運動量ベクトル $\boldsymbol{L}$ よりも第 3 軸から遠いところに円軌道を描く。図 17.5(a) に対応する。

すでに、諸君は気づいたであろう。

$$\boldsymbol{e}_3 \cdot (\boldsymbol{\omega} \times \boldsymbol{L}) = \omega_1 L_2 - \omega_2 L_1 = \omega_1\omega_2(I - I) = 0 \tag{17.40}$$

からも分かるように、L と ω と e_3 は同一平面内にある。

(c) 正常歳差運動

上では式 (17.37) でみたように、角運動量の成分 L_α $(\alpha = 1, 2)$ は時間変化している。これは地上の観測者が角運動量 L を自分の回転する座標軸に投影して成分展開しているためである。ところが、式 (17.3) でみたように、力のモーメントがはたらいていなければ ($N = 0$)、

$$\dot{L} = 0 \quad \Rightarrow \quad L = \text{一定} \tag{17.3}$$

であって、慣性系では角運動量は時間変化せず、不動である。

少し諸君を混乱させようか。

ベクトル L は慣性系の座標表示で書こうが、回転系の座標表示で書こうが、表現する言葉に依存しないと幾度も強調した。$L = L'$ であると。しかし、前者は一定値をもち、後者は時間変動するのか？

否、慣性系からみると、後者も時間変動していないはずだ。では、どう説明する。それは、地球の回転が L_1, L_2 の時間変動を打ち消すのだ。地上の観測者の立場からすると、地球の回転が L_1, L_2 の時間変動をつくるのだ。得られた答えを用いて、確認しよう。回転座標系の表示による角運動量の時間変化は、慣性系からみると、

$$\frac{dL}{dt} = \frac{d'L}{dt} + \omega \times L' \quad (= N) \tag{17.41}$$

である。右辺第1項は dL'/dt ではなく、$d'L/dt$ であることを再認識せよ。右辺を実際に計算してみよ。

第1項 $= -\nu I A \sin(\nu t + \delta) e_1 + \nu I A \cos(\nu t + \delta) e_2$

第2項 $= \omega_0 (I_3 - I) A \sin(\nu t + \delta) e_1 - \omega_0 (I_3 - I) A \cos(\nu t + \delta) e_2$ (17.42)

式 (17.26)

$$\nu = \frac{I_3 - I}{I} \omega_0 \tag{17.26}$$

の関係から両項は打ち消しあう。これは運動方程式の右辺の力のモーメント $N = 0$ と当然、一致する。

角運動量ベクトル L を軸として、角速度ベクトル ω がそのまわりに円錐を描くとみられる (図 17.5)。L と ω のなす角は $|\alpha - \theta|$ である。このとき、ω の回転による円錐面を**ハーポルホード錐** (herpolhode cone) とよぶ。

また、このように力のモーメントが作用しないとき、剛体の対称軸（第3軸）(axis of symmetry) は L の方向を軸とした円錐を描いて回る。これを**正常歳差運動**という。

慣性系として遥かな彼方の恒星をとろう。恒星からこの地球の歳差運動を眺めると、地球の角運動量ベクトル $\boldsymbol{L}$ は不動である。そのまわりを角速度ベクトル $\boldsymbol{\omega}$ がまわる。さらに、第 3 軸 $\boldsymbol{e}_3$（地軸）も角運動量ベクトル $\boldsymbol{L}$ のまわりを回っている（図 17.5）。一方、われわれ地上の人間は、北極－南極を貫く自転軸（地軸）を基準に考える。極とは、自転軸と地表の交点である。この地軸（第 3 軸）のまわりを $\boldsymbol{\omega}$ も、$\boldsymbol{L}$ も回転している。地球においては以下にみるように、地軸と角速度ベクトル $\boldsymbol{\omega}$ はそれほど離れていない。

(d) 地球の歳差運動の様子をみる

上の様子を数値評価しよう。

まず、地球は地軸を中心に 1 日 1 回転する。

$$\omega_0 = \frac{2\pi}{1\,\text{日} = 24\,\text{時間} \times 60\,\text{分} \times 60\,\text{秒}} = 7.27 \times 10^{-5}\ \text{s}^{-1} \tag{17.43}$$

の角速度で自転している。歳差運動の角速度は式 (17.26) で定義した ν であり

$$\nu = \frac{I_3 - I}{I}\omega_0 \approx \frac{1}{300}\omega_0 \tag{17.26}$$

であって、その周期 T_ν は

$$T_\nu = \frac{2\pi}{\nu} \approx 300 \times \frac{2\pi}{\omega_0} = 300\,\text{日} \tag{17.44}$$

である。

地軸と回転軸（角速度ベクトルの方向）のなす角 α、ならびに地軸と角運動量のなす角 θ は第 1-2 軸平面の角速度の振幅 A に依存する（式 (17.35), (17.38)）。ところが、振幅 A は一義的に計算できるものではない。初期条件に依存する。太古のはじめから現在と同じ状態で地球が存在していたわけでないから、ここでいう初期条件とは地球形成の条件という意味である。このため、α, θ は計算できないが、式 (17.38) から以下のように両者の相関が慣性モーメントの大きさから得られる。

$$\tan\theta = \left(\frac{I}{I_3}\right)\tan\alpha = (1-\delta) \times \tan\alpha \tag{17.38}$$

p. 416 の地球の慣性モーメント値から、$\delta = 0.0033$ である。上式を少し書き直すと、

$$\frac{\tan\theta}{\tan\alpha} = \frac{\sin\theta}{\cos\theta}\bigg/\frac{\sin\alpha}{\cos\alpha} = 1-\delta \quad \Rightarrow \quad \sin(\alpha-\theta) = \delta\sin\alpha\cos\theta < \delta \tag{17.45}$$

δ は充分小さい量であり、さらに 1 より小さい量である $\sin\alpha, \cos\theta$ が掛かるので、

$$\alpha - \theta = \delta\sin\alpha\cos\theta \approx 0 \tag{17.46}$$

である。$\alpha \approx \theta$ であるので、上式は $\alpha - \theta \approx (\delta/2)\sin 2\alpha$ であって、それは $\alpha \approx \pi/4$ のときが最大値 $\delta/2$、角度差にして 0.0017 rad = 0.1° である。これは最大の程度の見積もりであって、実際は地軸と回転軸はそんなに大きくずれていない (つぎの記述を参照のこと)。α が小さい ($\sin\alpha \approx \alpha$) とすると、角運動量ベクトル $\boldsymbol{L}$ は僅か $\alpha - \theta = \delta\alpha = 3\times 10^{-3}\alpha$ rad だけ回転軸よりも地軸に近いだけである。両者はほとんど重なっているようにみえる。

○ 極の歳差運動

スイスの数学、物理学者**オイラー** (Leonhard Euler, 1707-1783) は、地球を剛体と考え、運動方程式を解いて、地球の「回転軸」は最大主慣性モーメントの軸 (地軸) のまわりを周期 305 日 (オイラー周期とよぶ) で回ると予言した。われわれが計算した周期 T_ν のことである。1891 年、チャンドラー (S.C. Chandler) は「極」が約 430 日の周期で変動しているのを見出す。これをチャンドラー周期とよぶ。オイラー周期とチャンドラー周期の差は、地球が完全な剛体でないことによる。ニュートン力学がここでも勝利を収めた。

図 17.6 に極運動の様子を載せる (物理学辞典による)。原点は 1903 年の極の位置、x 軸は経度 0° 方向を、y 軸はそれに直角の方向である。縦横の升目は 0.1 秒 (= 0.1/3,600° = 4.9×10^{-7} rad) であり、地球表面での距離に換算すると 3 m である。極の移動が cm の高精度で測定されている！ 極は反時計回りに回転し、このデータ (1974-1980 年) の期間では $r < 7.5$ m の半径内にある。極運動は 430 日のチャンド

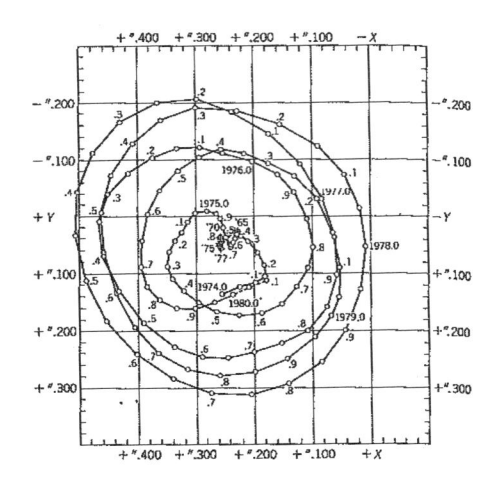

図 **17.6** 極移動 (物理学辞典から)

ラー周期と 1 年周期の運動からなり、年周期は地球表層の季節による大気水圏の質量分布の変化による。

回転運動を解析させてくれる運動方程式を導いたオイラーの業績について。

ニュートンの運動方程式を解析的に定式化し、物理学全般に「解析力学」的な考えを生み出すのに重要な貢献をした。最小作用の原理はその典型的な 1 つである。弦の振動、光の波動説、流体の運動方程式などの展開、また、数学においても関数論、微積分学、解析幾何学の発展、変分法の創始、代数学、整数論に寄与し大きな足跡を残す。

自然対数の底として登場するオイラー数 $e = 2.718\ldots$ や三角関数と指数関数についてのオイラーの等式 $e^{i\alpha} = \cos\alpha + i\sin\alpha$ (式 (E.45)) など、諸君がお世話になっている先生である。

17-2　ラグランジュのこま -1

前節では、力のモーメントが作用しない ($\bm{N}=0$) 自由回転運動の例として、地球の歳差運動を学んだ。ここでは、力のモーメントが作用する ($\bm{N}\neq 0$) とき、ただし、その支点 (固定点) が慣性主軸上にある場合を扱う。オイラーの運動方程式を解いて運動が理解できるわけであるが、任意の初期条件を与えられたときに完全に積分が解けるのはごく限られた場合である。それが前節の $\bm{N}=0$ の場合であり、そして、ここで扱う支点が慣性主軸上にある場合である。前者のときの対称ごま ($I_1 = I_2$) を**オイラーのこま**といい、後者のときの対称ごまを**ラグランジュのこま**という。

以下のようにラグランジュのこまを設定する。

机の上で対称ごまが回転している。机は慣性系 O であると考える。対称ごまに固定した座標系 O′ をいつものように第 1, 2, 3 軸 (慣性主軸) とし、第 3 軸に対してこまは

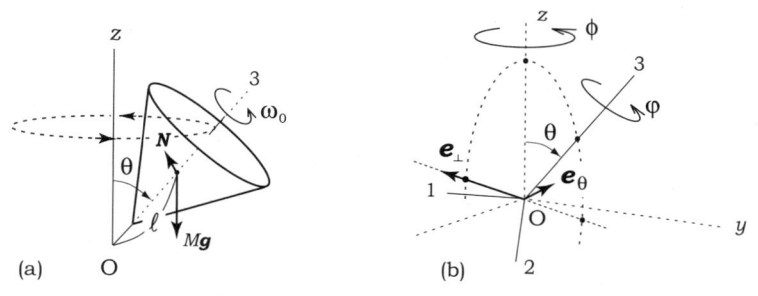

図 **17.7**　(a) ラグランジュのこま、(b) 座標系 O と O′

対称 ($I_1 = I_2 = I$) であるとする。図 17.7(a) のように、第 3 軸を「自転軸」とし、その下端 (点 O) が支点として固定されて、重力の作用のもとで回転する。慣性系 O の座標は点 O を共有し、鉛直上方に z 軸をとる。したがって、自転軸は z 軸と角度 θ をもつ。こまの質量を M とし、重心 G の位置は原点 O から ℓ の位置にある。

17-2-1　$\boldsymbol{\omega} = \dot{\phi}\boldsymbol{e}_z + \dot{\theta}\boldsymbol{e}_{y'} + \dot{\varphi}\boldsymbol{e}_3 = \omega_1\boldsymbol{e}_1 + \omega_2\boldsymbol{e}_2 + \omega_3\boldsymbol{e}_3$

剛体の角速度 $\boldsymbol{\omega}$ をオイラー角で表記しておく。おさらいである。

16-2-3 小節「O′ 系による角速度ベクトルの表示」(p. 392) で学んだように、剛体の角速度 $\boldsymbol{\omega}$ はオイラー角の時間微分で

$$\boldsymbol{\omega} = \dot{\phi}\boldsymbol{e}_z + \dot{\theta}\boldsymbol{e}'_y + \dot{\varphi}\boldsymbol{e}_3 \tag{16.22}$$

と表示できた。$\boldsymbol{e}_3$ 軸まわりの回転を「自転」と呼んだ。その角速度は $\dot{\varphi}$ である。また、「歳差」運動とは z 軸まわりの回転運動であり、その角速度は $\dot{\phi}$ である。最後に残った $\dot{\theta}$ は、第 3 軸の z 軸に対する角の時間変化である。これを「**章動**」(nutation) という。

この角速度ベクトル $\boldsymbol{\omega}$ を O′ 系で観測あるいは表示すると、

$$\boldsymbol{\omega} = (-\dot{\phi}\cos\varphi\sin\theta + \dot{\theta}\sin\varphi)\boldsymbol{e}_1 + (\dot{\phi}\sin\varphi\sin\theta + \dot{\theta}\cos\varphi)\boldsymbol{e}_2 + (\dot{\phi}\cos\theta + \dot{\varphi})\boldsymbol{e}_3 \tag{16.27}$$

$$\omega_1 = -\dot{\phi}\cos\varphi\sin\theta + \dot{\theta}\sin\varphi \tag{16.28}$$

$$\omega_2 = \dot{\phi}\sin\varphi\sin\theta + \dot{\theta}\cos\varphi \tag{16.29}$$

$$\omega_3 = \dot{\phi}\cos\theta + \dot{\varphi} \tag{16.30}$$

となる。このことは 16-2-3 小節で導いた。

17-2-2　力のモーメントが作用するときのオイラーの運動方程式

重力がこまに作用する。前節で扱った地球の歳差運動においても、太陽からの重力ははたらいていた。その万有引力が地球に対して一様にはたらくと考えると（厳密には、10-4 節の「潮汐効果」(p. 258) としてみたように一様でないが）、それは質量中心である重心への力としてはたらく。この力は地球の重心運動（太陽のまわりの公転運動）を支配するが、重心のまわりの回転運動には力のモーメントがゼロとなり影響を及ぼさない。そのため、自由回転運動となった。

ここでも、重心に重力がはたらく。ところが、こまの固定点は重心 G でなく支点 O

である。つまり、支点を中心に力のモーメントがこまに作用するわけで、オイラーの運動方程式の右辺は $\boldsymbol{N} \neq 0$ である。

$$\frac{\mathrm{d}\boldsymbol{L}}{\mathrm{d}t} = \frac{\mathrm{d}'\boldsymbol{L}}{\mathrm{d}t} + (\boldsymbol{\omega} \times \boldsymbol{L}') = \boldsymbol{N} \tag{17.47}$$

まず、はたらく力のモーメント $\boldsymbol{N}$ から書きだそう。

$$\boldsymbol{N} = \boldsymbol{\ell} \times M\boldsymbol{g} = -(\ell \boldsymbol{e}_3) \times (Mg\boldsymbol{e}_z) \tag{17.48}$$

である。$\boldsymbol{\ell}$ は支点を原点 O とする重心 G の位置ベクトルである。それは慣性主軸 $\boldsymbol{e}_3$ 上にある。重力は鉛直下向きのため、$\boldsymbol{F} = -Mg\boldsymbol{e}_z$ である。$\boldsymbol{N}$ の方向は、第 3 軸ならびに z 軸が作る面に垂直である。オイラーの運動方程式を解くために上の力のモーメントを O′ 系で表示する。つまり、$\boldsymbol{e}_z$ をオイラー角で表示することである。それはすでに式 (16.24) で導出してあるので、これを代入すると、

$$\begin{aligned}\boldsymbol{N} &= -Mg\ell \{-\sin\theta\cos\varphi(\boldsymbol{e}_3 \times \boldsymbol{e}_1) + \sin\theta\sin\varphi(\boldsymbol{e}_3 \times \boldsymbol{e}_2) + \cos\theta(\boldsymbol{e}_3 \times \boldsymbol{e}_3)\} \\ &= Mg\ell \{\sin\varphi\sin\theta\boldsymbol{e}_1 + \cos\varphi\sin\theta\boldsymbol{e}_2\} \end{aligned} \tag{17.49}$$

となる。

よって、式 (16.27) と (17.49) から対称ごま ($I_1 = I_2 = I$) について、オイラーの運動方程式は式 (16.83) から

$$\frac{\mathrm{d}L_1}{\mathrm{d}t} = I\frac{\mathrm{d}\omega_1}{\mathrm{d}t} - (I - I_3)\omega_2\omega_3 = N_1 \quad \Rightarrow$$
$$I\frac{\mathrm{d}}{\mathrm{d}t}\left(-\dot{\phi}\sin\theta\cos\varphi + \dot{\theta}\sin\varphi\right) - (I - I_3)\left(\dot{\phi}\sin\theta\sin\varphi + \dot{\theta}\cos\varphi\right)\left(\dot{\phi}\cos\theta + \dot{\varphi}\right)$$
$$= Mg\ell\sin\theta\sin\varphi \tag{17.50}$$

$$\frac{\mathrm{d}L_2}{\mathrm{d}t} = I\frac{\mathrm{d}\omega_2}{\mathrm{d}t} - (I_3 - I)\omega_3\omega_1 = N_2 \quad \Rightarrow$$
$$I\frac{\mathrm{d}}{\mathrm{d}t}\left(\dot{\phi}\sin\theta\sin\varphi + \dot{\theta}\cos\varphi\right) - (I_3 - I)\left(\dot{\phi}\cos\theta + \dot{\varphi}\right)\left(-\dot{\phi}\sin\theta\cos\varphi + \dot{\theta}\sin\varphi\right)$$
$$= Mg\ell\sin\theta\cos\varphi \tag{17.51}$$

$$\frac{\mathrm{d}L_3}{\mathrm{d}t} = I_3\frac{\mathrm{d}\omega_3}{\mathrm{d}t} = N_3 \quad \Rightarrow \quad I_3\frac{\mathrm{d}}{\mathrm{d}t}\left(\dot{\phi}\cos\theta + \dot{\varphi}\right) = 0 \tag{17.52}$$

となる。

17-2-3 運動方程式を解く - 保存量

オイラーの運動方程式から対称ごまと重力モーメントの作る保存量、その保存則をみる。

(a) $\omega_3 =$ 一定

e_3 はこまの軸であり、重力のモーメント N は式 (17.49) でみたように e_3 方向の成分をもたない。

$$N \cdot e_3 = 0 \tag{17.53}$$

である。したがって、重力は第 3 軸方向の回転に影響を及ぼさない。つまり、この回転の角速度は一定値をもち、保存する量である。これは、式 (17.52) から

$$I_3 \frac{d\omega_3}{dt} = I_3 \frac{d}{dt}\left(\dot{\phi}\cos\theta + \dot{\varphi}\right) = 0 \quad \Rightarrow \quad \omega_3 = \dot{\phi}\cos\theta + \dot{\varphi} = \omega_0 \text{(一定)} \tag{17.54}$$

として示すことができる。ω_3 は自転の角速度のみで構成されているのではない、ことに注意。上式にみるように、$\omega_3 = \dot{\phi}\cos\theta + \dot{\varphi}$ であって、2 つの成分からなる。自転の角速度は第 3 軸のまわりの回転であり、これは第 2 項の $\dot{\varphi}$ である。第 1 項は z 軸まわりの回転の第 3 軸方向の成分である。これらの和が保存する。

(b) $L_z =$ 一定

重力は z 軸方向の力であるため、この力のモーメントは e_z 方向の成分をもたないので

$$N \cdot e_z = 0 \tag{17.55}$$

である。O 系の回転の運動方程式の z 成分は

$$\frac{dL_z}{dt} = N_z = 0 \quad \Rightarrow \quad L_z = L_0 \text{ (一定)} \tag{17.56}$$

である。L_z も保存する。これを O′ 系の座標成分で示すと

$$\begin{aligned} L_z &= \boldsymbol{L} \cdot \boldsymbol{e}_z = (L_1 e_1 + L_2 e_2 + L_3 e_3) \cdot (-\sin\theta\cos\varphi\, e_1 + \sin\theta\sin\varphi\, e_2 + \cos\theta\, e_3) \\ &= -L_1 \sin\theta\cos\varphi + L_2 \sin\theta\sin\varphi + L_3 \cos\theta \\ &= I\dot{\phi}\sin^2\theta + I_3 \omega_0 \cos\theta \\ &= L_0 \text{ (一定)} \end{aligned} \tag{17.57}$$

である。ここで、e_z の O′ 系表示はすでに式 (16.24) で求めた関係を使った。

$$e_z = -\cos\varphi \sin\theta\, e_1 + \sin\varphi \sin\theta\, e_2 + \cos\theta\, e_3 \qquad (16.24)$$

また、角運動量 $L_\alpha = I_\alpha \omega_\alpha$ ($\alpha = 1, 2, 3$) の ω_α には式 (16.28) − (16.30) を用い、最終式へは式 (17.56) を使った。

　上の2つの保存則は力のモーメントの起因が重力であることから容易に理解できる。ニュートンの運動方程式は $\dot{p} = F$ であり、力のはたらく方向に運動量が変化を受け、力に垂直な方向の運動量は変化しない、のと同じである。N は z 軸と第3軸のつくる面に対して垂直なベクトルであり、回転の運動方程式は $\dot{L} = N$ であって、N に垂直な方向の角運動量 (L_z, L_3) は一定となる。逆にいえば、力のモーメントのはたらく方向に角運動量は変化を受ける。それが第1, 2軸方向である。慣性主軸を O′ 系にとっているので、$L_3 = I_3 \omega_3 = $ 一定 で $\omega_3 = $ 一定 となる。第1, 2軸のつくる面で角運動量が変化する。I_1, I_2 は定数であるので、ω_1, ω_2 が変化するということである。

　剛体は慣性系 O に対して回転しているので、O 系でみる慣性モーメントはテンソルの形になり、かつ、時間変化するので、$L_z = $ 一定 であっても ω_z は一定でない。

(c)　$E = $ 一定

剛体は回転のエネルギーと位置エネルギーをもち、全エネルギー E が保存する。それは

$$\frac{1}{2} L \cdot \omega + Mg\ell(e_3 \cdot e_z) = E \quad (\text{一定}) \qquad (17.58)$$

である。第1項に式 (16.28) − (16.30) を、第2項に式 (16.24) を用いると、

$$\begin{aligned} E &= \frac{1}{2}\left\{ I(\omega_1{}^2 + \omega_2{}^2) + I_3 \omega_3{}^2 \right\} + Mg\ell \cos\theta \\ &= \frac{1}{2}\left\{ I(\dot\phi^2 \sin^2\theta + \dot\theta^2) + I_3 \omega_0{}^2 \right\} + Mg\ell \cos\theta \end{aligned} \qquad (17.59)$$

を得る。

　これらの保存量が角や角速度間に制約を課し、運動を規定するはたらきをするわけである。

17-2-4　運動方程式を解く − 角速度 $\dot\phi, \dot\theta, \dot\varphi$

　オイラーの運動方程式 (17.50) − (17.52) は3つの角変数の2階微分方程式であるため、解を得るには6つの条件が必要である。上の3つの保存則はその内の3つの条件を与える。それらから、まず、$\dot\phi, \dot\theta, \dot\varphi$ を求める。

　そこで、$u = \cos\theta$ とおく。$\dot u = -\dot\theta \sin\theta = -\dot\theta\sqrt{1 - u^2}$ である。

式 (17.57) から

$$\dot{\phi} = \frac{L_0 - I_3\omega_0 u}{I(1-u^2)} \tag{17.60}$$

を得る。これを式 (17.54) に代入して

$$\dot{\varphi} = \omega_0 - \frac{L_0 - I_3\omega_0 u}{I(1-u^2)}u \tag{17.61}$$

が求まる。また、式 (17.59) から

$$\dot{u}^2 = \frac{2E - I_3\omega_0^2 - 2Mg\ell u}{I}(1-u^2) - \frac{(L_0 - I_3\omega_0 u)^2}{I^2} \equiv f(u) \tag{17.62}$$

を得る。式 (17.62) は u のみの関数であり、$f(u)$ と書いた。$\dot{u}^2 = f(u)$ の微分方程式を解けば、θ の回転が求まる。u が求まれば、式 (17.61) から φ が、式 (17.60) から ϕ の様子が分かる。ただし、この過程で具体的に回転運動を決定するためには、ϕ, θ, φ の初期値が必要である。

17-2-5　有効ポテンシャル $U_{\text{eff}}(\theta)$

エネルギー E(式 (17.59)) は回転のエネルギーと位置のエネルギーの和である。回転エネルギーには角速度 $\dot{\theta}$ と $\dot{\phi}$ のはたらきがみえるが、自転角速度 $\dot{\varphi}$ がみえない。自転はエネルギーには寄与しないのか？　当然そんなことはない。式 (17.54) の $\dot{\phi}\cos\theta + \dot{\varphi} = \omega_0 = $ 一定　の表示に吸収されただけである。

式 (17.59) を少し変形してみよう。式 (17.60) を式 (17.59) に代入する。

$$E' = E - \frac{1}{2}I_3\omega_0^2 = \frac{1}{2}I\dot{\theta}^2 + U_{\text{eff}}(\theta) \tag{17.63}$$

$$U_{\text{eff}}(\theta) = \frac{1}{2}I\left(\frac{L_0 - I_3\omega_0\cos\theta}{I\sin\theta}\right)^2 + Mg\ell\cos\theta \tag{17.64}$$

10-3 節において惑星の運動方程式を解くときに、角運動量の保存則を利用して角変数 θ を消去し、軌道運動を r 方向の 1 次元方程式の解析に移し換えたのと同じである。ここで U_{eff} は**有効ポテンシャル**である。左辺には保存される量の全エネルギー E と第 3 軸まわりの回転のエネルギー $I_3\omega_0^2/2$ をまとめ、E' とした。これで、上式は θ のみの微分方程式であり、惑星の軌道運動のときと同様にこれを解けばよい。$u = \cos\theta$ とおいて書き直したのが、上で導出した式 (17.62) である。残念ながら、解法は複雑である。

17-2-6　$f(u)$ の振る舞い

関数 $f(u)$ はエネルギー保存を示すことは、その導出過程 (式 (17.59) − (17.62)) をみれば明白である。

関数 $f(u)$(式 (17.62)) の振る舞いを考える。

$f(u)$ は u の 3 次の関数であって、3 次の項の係数 $2Mg\ell/I$ は正値のため、$f(+\infty) > 0$ であり、$f(-\infty) < 0$ である。また、式 (17.62) の左辺の $\dot{u}^2 = \dot{\theta}^2 \sin^2\theta$ も常に正値をもつので、$f(u) \geq 0$ である。u は $-1 \leq u = \cos\theta \leq 1$ の条件を満たし、$f(\pm 1) < 0$ である ($f(\pm 1) = 0$ は別に扱う)。図 17.8 に示すような 3 次関数の振る舞いをし、$-1 < u < 1$ の領域で $f(u) = 0$ の解を 2 つ (u_1, u_2)、$u > 1$ の領域で 1 つの解 u_3 をもつ。物理的に意味のある $f(u)$ は $u_1 < u < u_2$ 領域であることは以上で分かる。$u_1 \leq u \leq u_2$ がこまの可動域であり、この領域を往復運動するわけだ。往復運動はその折り返し点で速度がゼロとなる。ここでは $\dot{u} = 0$ ということである。したがって、$\dot{u}^2 = 0 = f(u)$ の解 u_1, u_2 が折り返し点を教えてくれる。図中に太線で示した u_1 と u_2 の間の領域 ($f(u) \geq 0$) を往復する。つまり、θ_1 と θ_2 の間を周期運動する。この θ の周期的運動を**章動**という。式 (17.60), (17.61) の $\dot{\phi}, \dot{\varphi}$ が「歳差運動」ならびに「自転」の角速度である。後者は、ω_0 から歳差運動の第 3 軸方向への寄与を差し引いたもので、その形は明確に読み取れる。

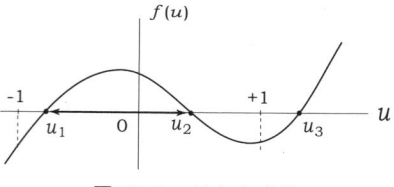

図 **17.8**　$f(u)$ と章動

少し式 (17.62) をいじってみよう。

そのためには、定数の量をまとめて書き換える。式 (17.62) は

$$\dot{u}^2 = (c_1 - c_2 u)(1 - u^2) - (c_3 - c_4 u)^2 = f(u) \tag{17.65}$$

$$= c_2(r_2 - u)(1 - u^2) - c_4^2 (r_4 - u)^2 \tag{17.66}$$

と書ける。ただし、c_1, c_2, c_3, c_4 は

$$c_1 = \frac{2E - I_3\omega_0^2}{I}, \quad c_2 = \frac{2Mg\ell}{I}, \quad c_3 = \frac{L_0}{I}, \quad c_4 = \frac{I_3\omega_0}{I} \tag{17.67}$$

であり、$\omega_0 > 0$ のときすべては正値をもつことは分かる。また、前 2 者の次元は s^{-2} であり、後 2 者の次元は s^{-1} である。式 (17.66) は後の数値計算のために、無次元量 $r_2 = c_1/c_2, r_4 = c_3/c_4$ で置き換えたものである。

$$r_2 = \left(E - \frac{1}{2}I_3\omega_0^2\right) \Big/ Mg\ell, \quad r_4 = \frac{L_0}{I_3\omega_0} \tag{17.68}$$

このことにより、第 1, 2 軸の慣性モーメント I は r_2, r_4 から消え、第 3 軸の慣性モーメント I_3 のみが効いている。c_2 には I が、c_4 では I_3/I の比の形で作用するので、それぞれの要素の効き方が考えやすくなる。r_2 の分子は、全エネルギーから第 3 軸まわりの回転のエネルギーを引いたもの、つまり、こまの軸以外の慣性主軸 (第 1, 2 軸) まわりの回転のエネルギーと位置エネルギーを足したもの (式 (17.63)) の E' に同じ) である。分母は、位置エネルギーの最大値で、回転の様子を表す傾き角 θ に依存しない定数である。また、r_4 は鉛直軸 (z 軸) まわりの角運動量 L_0 と第 3 軸まわりの角運動量 L_3 の比である。仮に、歳差運動の L_0 軸への寄与が充分小さければ、$L_0 \approx L_3 \cos\theta \sim L_3$ となり、$r_4 \sim 1$ であって、大雑把にいって、傾き角を教えてくれる指標ととれる。

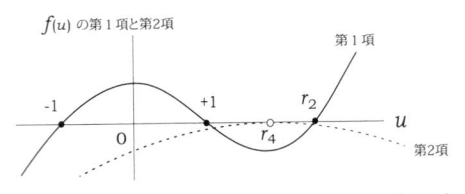

$f(u)$ の第 1 項は 3 次の関数で u 軸と $u = -1, +1, r_2$ の 3 点で交わる (図 17.9)。

$$c_2(r_2 - u) = \dot{\phi}^2 \sin^2\theta + \dot{\theta}^2 > 0 \tag{17.69}$$

であって、$r_2 > 1$ ($c_1 > c_2$) を意味する。この 3 次関数に第 2 項 $-c_4{}^2(r_4 - u)^2$ を足したものが $f(u)$ である。第 2 項は上に凸の放物線 (図 17.9 の破線) であり、頂点が u 軸上の $u = r_4$ で接する重根をもつ。式 (17.60) からは

$$c_4(r_4 - u) = \dot{\phi} \sin^2\theta \tag{17.70}$$

が得られる。右辺は歳差運動の回転方向により、正値あるいは負値をもつため、r_4 の大きさ、符号は決まらない。

第 1 項の 3 次曲線に対して、第 2 項の頂点がゼロ値をもつ放物線を足すわけであるので、得られる 3 次曲線 $f(u)$ は放物線の頂点に対応する $u = r_4$ では第 1 項の 3 次曲線の値をもち、他のすべての u 領域では負側へ引っ張られる。よって、第 1 項の u 軸と交わった点 $u = -1, +1, r_2$ が u の正、負、正値側へ移動し、それらが $f(u)$ の解 u_1, u_2, u_3 となる。直感的にいじり回すのはこの程度でよいだろう。

では、つぎに具体的なこまの動きをみよう。

17-3　ラグランジュのこま -2

前節でラグランジュのこまの一般的な解析的扱い方をみた。それにもとづき、ここでは具体的に運動を評価する。

17-3-1 こまの軸の動き

歳差 $\dot{\phi}$ と章動 $\dot{\theta}$ の運動は、こまの軸 (第 3 軸) が支点を共有する球面上を横切って移動する軌跡としてみることができる (図 17.10, 17.11, 17.13)。自転 $\dot{\varphi}$ は第 3 軸まわりの回転であるため、軌道変化としてみえない。

上でみたように、回転運動の様子は $f(u)$ の第 2 項 $c_4{}^2(r_4 - u)^2$ が重要な役割を果たす。特に、初期条件によって決まる頂点位置 r_4 がどこにあるかによって、つぎにみるように章動の様子が変化する。初期条件として $\omega_0 > 0$ としよう。

(a) $r_4 > u_2$ のとき

章動は $\theta_1 \sim \theta_2$ $(u_1 = \cos\theta_1, u_2 = \cos\theta_2)$ の間の往復運動である。このとき、歳差運動の角速度は式 (17.70) より

$$\dot{\phi} = \frac{c_4(r_4 - u)}{1 - u^2} > 0 \tag{17.71}$$

を満たす。$c_4 > 0$ のため、ϕ の増加する方向に連続して歳差運動を続ける、すなわち、左回りするということである (図 17.10)。$\omega_0 < 0$ ならば、$c_4 < 0$ であり、逆に右回りとなる。

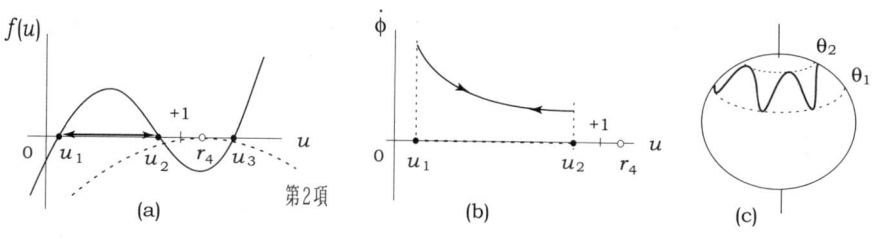

図 17.10 こまの軸の軌跡。$r_4 > u_2$ のとき

(b) $u_2 > r_4 > u_1$ のとき

このとき、$\dot{\phi}$(式 (17.71) の右辺) は章動周期 $u_1 \sim u_2$ の中で正値、負値を動き回る (図 17.11(b))。すなわち、歳差運動の方向が変化する (図 17.11(c))。しかし、$\dot{\phi}$ の平均値はゼロでなく、$L_0 =$ 一定 のため全体としては一定方向に歳差運動をする。章動の角速度がゼロとなる θ_1, θ_2 では、歳差の角速度 $\dot{\phi}$ は式 (17.66) で左辺$=0$ とし、式 (17.71) を使うことで

$$\dot{\phi}_{\dot{\theta}=0} = \frac{\sqrt{c_2(r_2 - u_{1,2})}}{\sin\theta_{1,2}} \tag{17.72}$$

図 17.11 こまの軸の軌跡。$u_2 > r_4 > u_1$ のとき

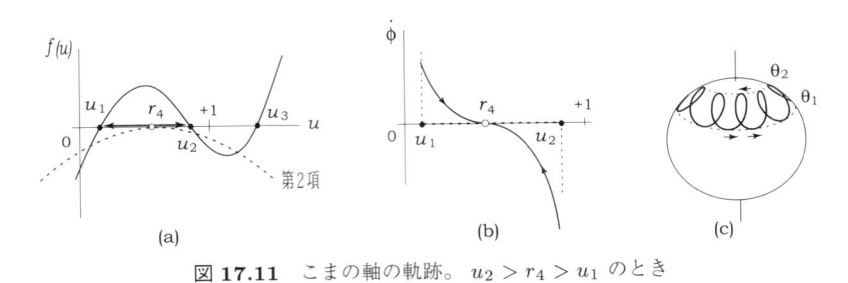

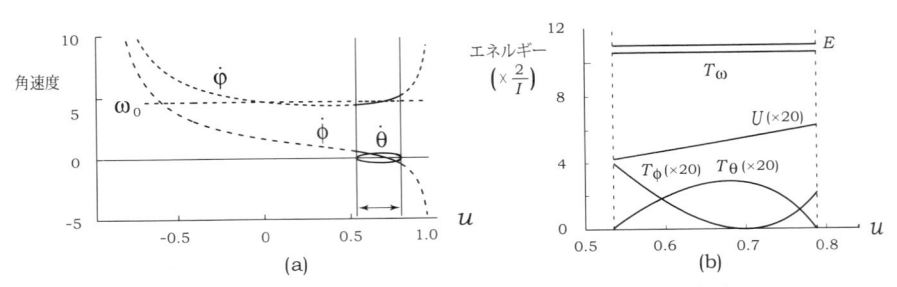

図 17.12 こまの軸の軌跡。$u_2 > r_4 > u_1$ のときの (a) 角速度 $\omega_0, \dot{\varphi}, \dot{\phi}, \dot{\theta}$ と (b) 対応する回転エネルギー $T_\omega, T_\phi, T_\theta$、位置エネルギー U と全エネルギー E。条件は本文に記入。

である。一方、歳差の角速度がゼロ ($\dot{\phi} = 0$) となるのは、$u(=\cos\theta) = r_4$ のときであり、そのときの章動の角速度 $\dot{\theta}$ は、式 (17.69) から

$$c_2(r_2 - u) = \dot{\phi}^2 \sin^2\theta + \dot{\theta}^2 \quad \Rightarrow \quad \dot{\theta}_{\dot{\phi}=0} = \sqrt{c_2(r_2 - r_4)} \tag{17.73}$$

である。

　図 17.12 に具体的な数値計算の結果を示す。$c_2 = 0.4$, $c_4 = 2.3$, $r_2 = 1.05$, $r_4 = 0.7$, $I_3/I = 0.5$ と選んだ。このとき、解は $u_1 = 0.535$, $u_2 = 0.790$ である。図 17.12(a) に歳差の角速度 $\dot{\phi}$ と第 3 軸方向の角速度 ω_0、自転の角速度 $\dot{\varphi}$、ならびに章動の角速度 $\dot{\theta}$ を示す。章動は往復運動であり、$\dot{\theta}$ は閉曲線を描く。計算は非力学的領域にも拡張したが、運動の可動領域は矢印で示した。各回転方向の回転エネルギー ($T_\omega = (1/2)I_3\omega_0^2$, $T_\phi = (1/2)I\dot{\phi}^2\sin^2\theta$, $T_\theta = (1/2)I\dot{\theta}^2$)、ならびに位置エネルギー U、全エネルギー E を可動領域のみにわたり図 17.12(b) に示した。ただし、T_ϕ, T_θ ならびに U は小さいので、20 倍してプロットしてある。エネルギーについてはまた後に議論するが、角速度の様子と並べてみるのが意味がある。

(c) $r_4 = u_1$ あるいは $r_4 = u_2$ のとき

歳差の角速度がゼロ ($\dot{\phi}=0$) となる $u=r_4$ 値と、章動の折り返し点 ($\dot{\theta}=0$) の片方 $u = u_{1,2}$ が一致する場合である (図 17.13)。上でみた場合の特殊な状態 ($\dot{\phi} = \dot{\theta} = 0$) である。

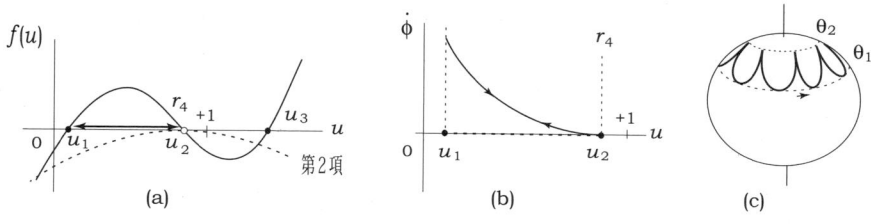

図 17.13 こまの軸の軌跡。$r_4 = u_2$ のとき

17-3-2 定常的な歳差運動

力のモーメントが作用しない場合の回転運動は正常歳差運動 (p. 420) となることを 17-1 節で学んだ。力のモーメントが作用すると一般的に章動が生じて正常歳差運動ではなくなるが、以下にみるように章動が生じず $\theta =$ 一定の定常的な歳差運動の解が存在する。

(a) $u_1 = u_2$ のとき

$\theta = \theta_0$ (下付き添え字 0 は $t = 0$ での初期値を意味する) が一定ということは、$-1 \leq u \leq 1$ 領域で解は重根 ($u_1 = u_2 = u_0 = \cos\theta_0$) をもつ (図 17.14)。その解は $\dot{u}^2 = f(u) = 0$ と $f'(u)(= \mathrm{d}f/\mathrm{d}u) = 0$ を満たす。式 (17.62) を u で微分して

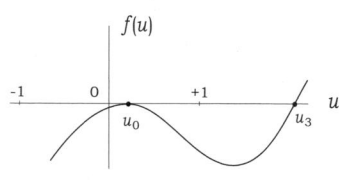

図 17.14 定常的な歳差運動

$$\begin{aligned}
f'(u) &= \frac{2}{I^2}\left\{I_3\omega_0(L_0 - I_3\omega_0 u) - I(2E - I_3\omega_0^2 - 2Mg\ell u)u - Mg\ell I(1-u^2)\right\} \\
&= \frac{2}{I}\left\{I_3\omega_0\dot{\phi}(1-u^2) - I\dot{\phi}^2(1-u^2)u - Mg\ell(1-u^2)\right\} \\
&= \frac{2(1-u^2)}{I}\left(I_3\omega_0\dot{\phi} - I\dot{\phi}^2 u - Mg\ell\right) = 0 \quad (17.74)
\end{aligned}$$

を得る。3 次の式 $f(u)$ の微分が 3 次式になっている理由は、エネルギー保存 (式 (17.59)) から $2E - 2Mg\ell u - I_3\omega_0^2 = I\dot{\phi}^2(1-u^2)$、ならびに L_z の保存 (式 (17.57)) から $L_0 - I_3\omega_0 u = I\dot{\phi}(1-u^2)$ を利用し書き直したためである。このとき、$\dot{\theta} = 0$ である。

上で $u^2 = 1$ の解は $\theta_0 = 0$ を意味し、これは後にみる**眠りごま**である。

(b) $\theta = $ **一定** $(= \theta_0)$, $\dot{\phi} = $ **一定** $(= \dot{\phi}_0)$, $\dot{\varphi} = $ **一定** $(= \dot{\varphi}_0)$

解について議論する前に、定常的な歳差運動では傾き角 $\theta = \theta_0 = $ 一定 $(u_0 = $ 一定$)$ であり、かつ歳差角速度 $\dot{\phi}$、自転角速度 $\dot{\varphi}$、第 3 軸まわりの角速度 ω_0(これは保存量であり、常に一定であるが) も一定であることを確認しておく。

$\dot{\theta} = 0$ $(u = u_0 = $ 一定$)$ であれば、式 (17.60) ならびに式 (17.61) から

$$\dot{\phi} = \frac{L_0 - I_3 \omega_0 u_0}{I(1 - u_0^2)} = \text{一定}, \qquad \dot{\varphi} = \omega_0 - \dot{\phi} u_0 = \text{一定} \tag{17.75}$$

である。すなわち、初期条件からして $\dot{\phi}_0 \neq 0, \dot{\varphi}_0 \neq 0$ でこまを運動させるということである。自転 $(\dot{\varphi}_0 \neq 0)$ するこまを傾き角 θ_0 で歳差角速度 $\dot{\phi}_0 = 0$ で手放してやったものが、ある時間後に定常状態に落ち着くということではない。

さて、解は式 (17.74) より u_0 $(-1 \leq u_0 \leq 1)$ と $\dot{\phi}$ の間で以下の関係を満足するものである。

$$I\dot{\phi}^2 u_0 - I_3 \omega_0 \dot{\phi} + Mg\ell = 0 \tag{17.76}$$

$\dot{\phi}$ は上の 2 次方程式を解けばよく

$$\dot{\phi}_{\pm} = \frac{1}{2Iu_0} \left\{ I_3 \omega_0 \pm \sqrt{(I_3 \omega_0)^2 - 4Mg\ell I u_0} \right\} \tag{17.77}$$

の 2 つの解をもつ。ただし、解が実数解である必要から根号内は正値でなければならず、第 3 軸まわりの角速度は

$$\omega_0^2 \geq \frac{4Mg\ell I}{I_3^2} u_0 \quad \Rightarrow \quad \frac{1}{2} I_3 \omega_0^2 \geq 2 \left(\frac{I}{I_3} \right) (Mg\ell u_0) \tag{17.78}$$

の条件を満たす必要がある。上の右式は、大雑把にいって、第 3 軸まわりの回転エネルギーは位置エネルギーよりも大きいこと、を求めている。特別な $I \ll I_3$ でない限りはこの解釈でよい。ただし、こまの傾き角が $\theta_0 > \pi/2$ 以上のときは位置エネルギーが負となり、この条件は常に満たされる (図 17.15(b))。回転のエネルギーが位置エネルギーと比べて充分大きいとき、

$$\dot{\phi}_+ \approx \frac{I_3 \omega_0}{Iu_0}, \qquad \dot{\phi}_- \approx \frac{Mg\ell}{I_3 \omega_0} \tag{17.79}$$

$\dot{\phi}_+$ は速い歳差運動に対応し運動は重力にほとんど無関係になる。一方、$\dot{\phi}_-$ は遅い歳差運動に対応する。

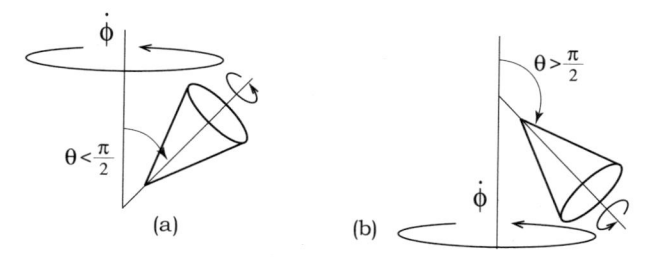

図 17.15 こまの傾き角と歳差角速度。(a) $\theta < \frac{\pi}{2}$ のとき。(b) $\theta > \frac{\pi}{2}$ のとき。

(c) 傾き角 θ_0 と歳差角速度 $\dot{\phi}$

傾き角 θ_0 が水平から下向きになることまで含めて、歳差角速度 $\dot{\phi}$ の様子を少し詳細に検討する。

式 (17.76) を変形する。

$$g(\dot{\phi}) \equiv Iu_0(\dot{\phi}-a)^2 - b = 0 \tag{17.80}$$

$$a = \frac{I_3\omega_0}{2Iu_0}, \qquad b = \frac{(I_3\omega_0)^2 - 4Mg\ell Iu_0}{4Iu_0} > 0$$

$u_0 > 0$ である限りは、関数 $g(\dot{\phi})$ は下に凸の放物線であって、頂点は $(\dot{\phi}=a,\ g(a)=-b)$ である。第3軸まわりの回転の速い遅いに関わらず、2つの解 $\dot{\phi}_+, \dot{\phi}_-$ ($\dot{\phi}_+ > \dot{\phi}_-$) が存在する。ただし、式 (17.78) の等号が成り立つとき、解は重根 ($\dot{\phi}_d = I_3\omega_0/2Iu_0$) となる。一方、$u_0 = 0$ ($\theta_0 = \pi/2$) のときは式 (17.76) に戻り、1次方程式となり

$$-I_3\omega_0\dot{\phi} + Mg\ell = 0 \quad \Rightarrow \quad \dot{\phi}_{\pi/2} = \frac{Mg\ell}{I_3\omega_0} \tag{17.81}$$

を得る。ただし、$\dot{\phi} = 0$ の解は重心が原点 ($\ell = 0$) でしか方程式を満たせず、それは歳差がなく自転のみするこまを意味し、それ以上の内容はない。

傾き角が $\pi/2$ に近いと、こまの位置エネルギーは小さく回転 (ω_0) のエネルギーの方が大きくなり、すでにみた式 (17.79) の状況となる。傾き角が $\theta_0 > \pi/2$ ($u_0 < 0$) になると、放物線は上に凸となり、解は

$$\dot{\phi}_\pm = -\frac{1}{2I|u_0|}\left\{I_3\omega_0 \pm \sqrt{(I_3\omega_0)^2 + 4Mg\ell I|u_0|}\right\} \tag{17.82}$$

である。解 $\dot{\phi}_\pm$ は $\theta_0 = \pi$ ($u_0 = -1$) の限界まで存在し得るが、位置エネルギーよりも回転 (ω_0) のエネルギーの方が大きい場合、平方根を展開するときに1次の項までしか採らないと $u_0 > 0$ ならびに $u_0 < 0$ の両場合とも同じ値をもってしまう。高次の項、少なくとも2次の項までも考慮すると、僅かであるが $u_0 < 0$ の方が小さい $\dot{\phi}_-$ 値を

もつことが分かる。位置 (重力) ポテンシャルのはたらきが反転するからである。

$$\dot{\phi}_{-;\ u_0>0} = \frac{Mg\ell}{I_3\omega_0}\left(1 + \frac{Mg\ell Iu_0}{(I_3\omega_0)^2}\right), \quad \dot{\phi}_{-;\ u_0<0} = \frac{Mg\ell}{I_3\omega_0}\left(1 - \frac{Mg\ell I|u_0|}{(I_3\omega_0)^2}\right) \quad (17.83)$$

もう1つの解 $\dot{\phi}_+$ も $\theta_0 = \pi$ まで増加をつづけるが、$u_0 > 0$ の場合との大きな違いは、この解は歳差の回転方向が逆になるということである。

$$\dot{\phi}_+ \approx -\frac{I_3\omega_0}{I|u_0|} \quad (17.84)$$

$\theta_0 > \pi/2$ のときは、重根は存在せず、つねに正負の歳差をもつ。

(d) 眠りごま

いま、定常的な歳差運動の特殊な場合として、初期値として $\theta_0 = \dot{\theta}_0 = 0$ の運動を考える。こまの軸が不動鉛直に立って、回転している運動である。$\theta_0 = 0$ $(u_0 = 1)$ ならびに $\dot{\theta}_0 = 0$ は継続的に解でありうるので、角速度の各成分 (式 (16.28)–(16.30)) は

$$\omega_1 = -\dot{\phi}\cos\varphi\sin\theta_0 + \dot{\theta}_0\sin\varphi = 0 \quad (17.85)$$

$$\omega_2 = \dot{\phi}\sin\varphi\sin\theta_0 + \dot{\theta}_0\cos\varphi = 0 \quad (17.86)$$

$$\omega_3 = \dot{\phi}\cos\theta_0 + \dot{\varphi} = \dot{\phi} + \dot{\varphi} \quad (17.87)$$

であって、回転軸が不動鉛直であれば当然第1, 2軸方向には回転していないから、$\omega_1 = \omega_2 = 0$ である。第3軸成分は $\dot{\phi} + \dot{\varphi} = \omega_0$ であるが、$\theta_0 = 0$ のため ϕ と φ は同じ回転角を意味し、自転と歳差運動が別物でなくなる。そこで、歳差を無視する。$\dot{\varphi}$ は自転の角速度であり

$$\dot{\varphi} = \omega_0 \quad (17.88)$$

を解とする。こまは章動も歳差運動もせず、直立し自転し続ける。眠りごま (sleeping top) である。

眠りごまの安定性を $f(u)$ 関数を通してみてみよう。上でみたように、章動ならびに歳差運動せず、$\theta = 0 (\cos\theta = u = 1, \sin\theta = 0, \dot{u} = 0)$ で自転 $(\omega_3 = \omega_0 \neq 0)$ を続け、$\omega_1 = \omega_2 = 0$ である。このことから、全エネルギー E は自転の回転エネルギー $(1/2)I_3\omega_0^2$ と位置エネルギー $Mg\ell$ のみからなり (式 (17.59))、このとき $f(u)$ の係数は $c_1 = c_2$ (式 (17.67)) の関係をもち、$r_2 = 1$ となる。同じように、角運動量に関しては式 (17.57) から $I_3\omega_0 = L_0$ の関係をもち、係数は $c_3 = c_4$、$r_4 = 1$ となる。すなわち、関数 $f(u)$ (式 (17.66)) は

$$f(u) = \dot{u}^2 = c_2(1-u)(1-u^2) - c_4^2(1-u)^2 = (1-u)^2\left\{c_2(1+u) - c_4^2\right\} \quad (17.89)$$

であって、この関数 $f(u)$ と u 軸の交点が 3 つの解となる。3 つの解のうち、$u = 1$ に重根をもつ。3 つ目の解 u_3 は

$$c_2(1+u_3) - c_4^2 = 0 \quad \Rightarrow \quad u_3 = \frac{c_4^2}{c_2} - 1 = \frac{(I_3\omega_0)^2 - 2Mg\ell I}{2Mg\ell I} \tag{17.90}$$

である。$(I_3\omega_0)^2$ と $2Mg\ell I$ との大小関係で様子が変わり

$$\text{(sleeping top)} \quad \left. \begin{array}{l} \text{Case} - \text{A}: (I_3\omega_0)^2 > 4Mg\ell I \quad \text{ならば、} \quad u_3 > 1 \\ \text{Case} - \text{B}: (I_3\omega_0)^2 = 4Mg\ell I \quad \text{ならば、} \quad u_3 = 1 \\ \text{Case} - \text{C}: (I_3\omega_0)^2 < 4Mg\ell I \quad \text{ならば、} \quad u_3 < 1 \end{array} \right\} \tag{17.91}$$

となる。Case − B では解が 3 重根をもつ。この様子を図 17.16(a) に示した。$\kappa \equiv (I_3\omega_0)^2/(4Mg\ell I)$ ととれば、$\kappa > 1$ のときは関数 $f(u)$ は $u = 1$ に下から接する形の 2 重根、$\kappa = 1$ では破線のグラフで示したように 3 重根、$\kappa < 1$ では上から $u = 1$ に接する 2 重根となる。第 3 軸まわりの回転速度 ω_0 が支点での摩擦により徐々に遅くなると、$u = 1$ の解を取りながら運動状態 $f(u)$ は図の矢印で示した方向 ($\kappa > 1 \to \kappa < 1$) に変化をきたす。この運動状態は、何らかの原因でこまの軸が揺れたときに、安定でいられるか、不安定になるか、として現れる。

この様子を有効ポテンシャル U_{eff}(式 (17.64)) を用いてみてみよう。

$$U_{\text{eff}}(\theta) = \frac{1}{2}I\left(\frac{L_0 - I_3\omega_0\cos\theta}{I\sin\theta}\right)^2 + Mg\ell\cos\theta = \frac{1}{2}I\dot{\phi}^2\sin^2\theta + Mg\ell\cos\theta \tag{17.64}$$

眠りごまでは $\theta = 0$ であって、$L_0 = I_3\omega_0$ であるので、有効ポテンシャルは位置エネルギーのみで構成される。

$$U_{\text{eff}}(0) = Mg\ell \tag{17.92}$$

$\theta = 0$ の近傍でのポテンシャルの振る舞いをみる。そのために、$\sin\theta = \theta$, $\cos\theta =$

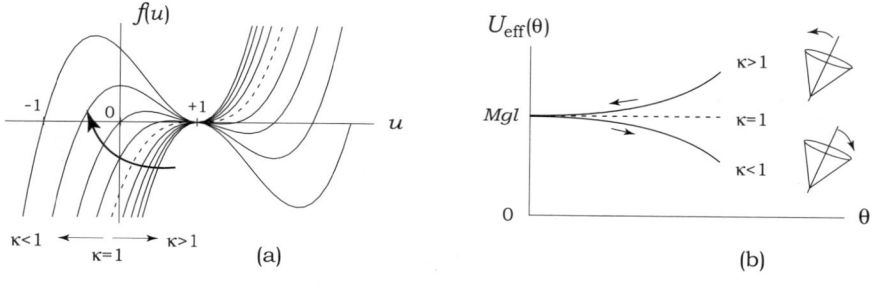

図 17.16 眠りごまの安定性

$1 - \theta^2/2$ と微少量 θ でテイラー展開すると

$$U_{\text{eff}}(\theta) = Mg\ell\left\{1 + \frac{1}{2}(\kappa - 1)\theta^2\right\} \tag{17.93}$$

を得る。

問 眠りごまについての上式を導出せよ。

κ は上で定義した $\kappa \equiv (I_3\omega_0)^2/(4Mg\ell I)$ である。はたらく力 F は有効ポテンシャルから $\boldsymbol{F} = -\nabla U_{\text{eff}}(\theta)$ にもとづいて計算すると、

$$\tilde{F} = -\frac{1}{\ell}\frac{\partial U_{\text{eff}}}{\partial \theta} = -Mg(\kappa - 1)\theta \tag{17.94}$$

である。このことについては後程、17-4-1 小節「有効ポテンシャルから考える」(p. 446) で詳しく議論する。式 (17.93) の第 1 項は $\theta = 0$ の位置エネルギー、第 2 項の $-(1/2)\theta^2$ は θ だけ傾いたときの位置エネルギーの減少分に対応する。$(1/2)\kappa\theta^2$ は傾いたことによって生じる歳差運動の回転エネルギーに対応する。つまり、直立していたときの位置エネルギーが減少し、その分が歳差運動のエネルギーに割り当てられる。ここで、$\kappa > 1$ ならば、図 17.16(b) に示すように、下に凸の放物線状のポテンシャルを形成して、それは傾きが生じると元に戻す復元力を生む。こまは安定している。$\kappa = 1$ ならば、ポテンシャルは一定であり、何ら力は生じず、復元もせず、あるいはこまを倒すこともしない。さらに、$\kappa < 1$ となれば、ポテンシャルは上に凸の放物線状となり、こまを倒す方向に力がはたらく。こまは不安定となる。式 (17.94) から分かるように、作用する力は傾き角に比例する ($F \propto -\theta$ @$\kappa > 1$; $\propto +\theta$ @$\kappa < 1$)。

はじめ高速 ω_0 で回転していた眠りごまは床との摩擦により徐々にエネルギーを失い、角速度 ω_0 が減衰して κ 値が下がってくる。しかし、κ が 1 を超えない限りは何らかの小さな影響で回転軸が傾いても復元力が作用して元に戻る。さらに、エネルギーを失い、κ が 1 を超えて小さくなったときに回転軸が傾くと復元せず、逆に傾きを助長する力が作用し、歳差運動とともに章動運動も現れる。摩擦によるエネルギー損失によって章動の範囲は増えてゆき、ついにはこまは倒れてしまう。

(e) 歳差運動はいつも左回り？

歳差の回転方向についてはすでに幾度か触れている (式 (17.71), (17.84))。

こまの歳差運動 $\dot{\phi}$ は、重力による力のモーメント $\boldsymbol{N} = M\boldsymbol{g} \times \boldsymbol{\ell}$ を受けるために生じる。この方向はつねに z 軸から第 3 軸方向へ右ネジを回す方向である。こまの軸が

(a) 左回りのこま (b) 右回りのこま

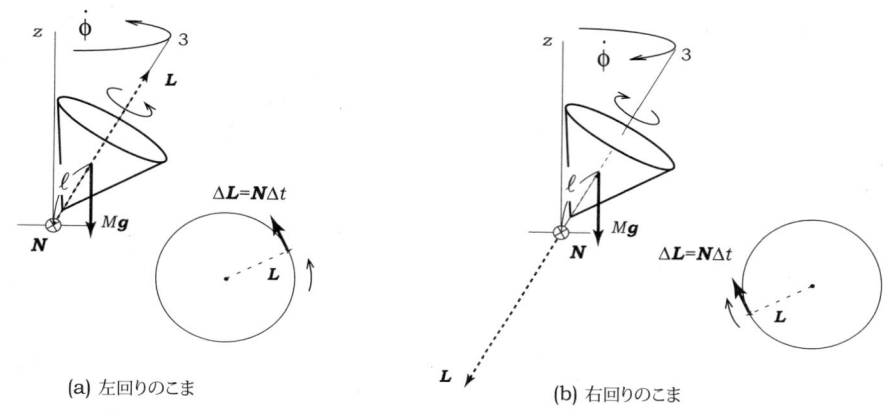

図 17.17 こまの自転方向と歳差回転の方向

水平からさらに下がっているとしても、この方向は変化しない。上で学んだように、こまの自転軸 (第 3 軸) がこの力のモーメントの作用により回転するのが歳差運動である。こまが左回りに自転しているとき (図 17.17(a)) は、その角運動量ベクトル L は支点を基点とし、こまの軸に沿う。それに微小時間あたりに力のモーメントに起因する微小回転ベクトル $\Delta L = N \cdot \Delta t$ が加わるので、こまの歳差方向は左回りとなる。右回りに自転しているとき (図 17.17(b)) は、支点を基点としながらもベクトル L はこまの軸に沿うが逆方向を向く。しかし、作用する力のモーメントの方向は当然、変化しない。よって、ΔL も変わらない。そうすると、こんどは、歳差の方向は常に右回りとなる。

図 17.17 の上部分では力のモーメント N をこまの支点に記した。それはまさに力のモーメントの支点であるからである。$\dot{L} = N$ による角運動量の変化量 ΔL も N と同じ方向に作用するが、図の下部分では L ベクトルの先端に加えたが、単に見やすくするためだけであって、支点で両ベクトルを加えても同じである。どちらでも理解しやすい方をとればよい。

17-3-3　地球の歳差運動 -2

17-1-2 小節の「極の歳差運動」(p. 422) で地球の「回転軸」が地軸のまわりを歳差運動する、いわゆる「極運動」をみた。極のふらつきは角度にして $\sim 10^{-6}$ rad (≈ 0.2 秒) と非常に小さく、かつ周期は 1 年程度と短いので、ここでの議論では無視する。ここでは天空に対する地球の歳差運動をみる。地軸の延長線が「天頂」を中心として天球面上に円軌道 (完全な円ではない) を描くことであって、地球が太陽のまわりを回

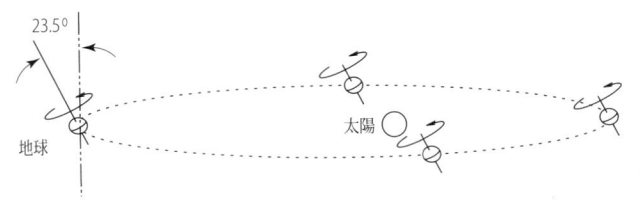

440 第 17 章 固定点まわりの回転運動は語る

図 17.18　太陽のまわりを公転する地球（1）

る公転軌道での回転方向についてではないことに注意。

地球の運動について復習しておこう。地球は太陽を焦点とする楕円軌道を描く。角運動量が保存しており、地球は太陽を含む平面内を運動する。この平面が公転面である。そして、地球は自転しており、その自転軸 (地軸) は公転面 (の法線) に対して 23.5°(= 0.41 rad) 傾いている。地球は公転軌道を 1 年で 1 周する (1 周の期間を 1 年と定めたのである) が、年程度のスケールでは公転軌道上の如何にかかわらず、自転軸はほぼ変わらず同じ方向を向く。このため、春夏秋冬がいつも同じ時期にやってくるのである。

(a)　地軸の歳差運動は自転方向とは逆の右回り

地球は赤道部が若干膨らんだ、地軸を対称軸とする少し扁平な楕円体である。地軸の傾きとこの扁平な楕円体であることのために、地球はここで説明するように、歳差運動をする。図 17.19(a) に図示したように、傾き、かつ扁平な地球は太陽からの重力によって力のモーメント N を受ける。10-4 節で潮汐力を学んだときのように地球中心への重力を基準にとれば、それは紙面手前から向こうへと方向をもつ力のモーメント、偶力である (図 17.19(b))。この力のモーメント N の作用のため、地球の角運動量 L は

$$\dot{L} = N \tag{17.95}$$

の運動方程式にしたがう回転運動をする。こまの歳差運動と同じであるから、諸君はすでにこの運動の様子を理解できる。前小節では、左 (右) 回りのこまの歳差運動は左 (右) 回りとなることを理解した。しかし、ここでは地球の歳差回転の方向は右回りであり、左回りの自転方向とは逆である。力のモーメント N の向きに角運動量 L、ここでは地軸が、移動することを理解できれば、両者ともが説明できる。この関係は地球が太陽に対して逆の位置にあるときにも変化はない (図 17.19(c))。また、地軸の傾きが、仮に図 17.19 とは逆の $-23.5°$ であっても、事態は同じである。

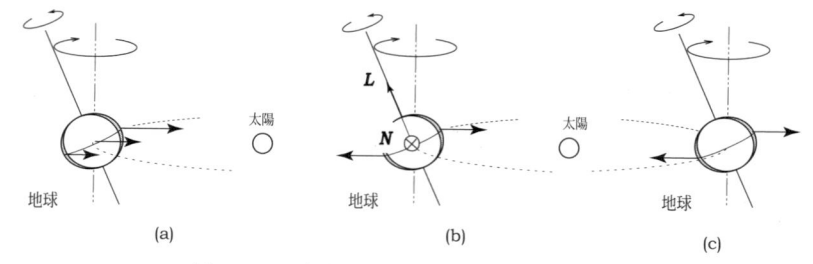

図 17.19 太陽のまわりを公転する地球（2）

問 地軸の傾きが図 17.19 とは逆の $-23.5°$ であっても、同じ回転方向（右回り）に歳差運動をつづけるように力のモーメントがはたらく。一方、地球が真球であれば、地軸が傾いていても歳差運動は生じないし、地球が扁平であっても地軸が傾いていなければ、歳差運動は生じない。さらには、地球が赤道部分が狭く、両極方向へ膨らむような楕円体であれば、歳差回転の方向は逆になる。これらを説明せよ。

問 力のモーメント N は自転の角運動量 L に対して垂直である。そのような力のモーメントが作用するとき、角運動量の大きさはつねに一定である。回転の運動方程式 (17.95) から、このことを導け。

(b) 周期は 2.6 万年

地球の公転面を天球に投影したものを黄道といい、地球からみると太陽はこの黄道を移動し、1 年で 1 周する。黄道は太陽の通り道である。地球の赤道面を天球に投影したものはやはり赤道とよぶが、地球の自転軸の傾きのため黄道面と赤道面は 23.5° の交角をもつ。地軸を北へ伸ばした天の北極には、(いまは) 北極星が位置する。北極星の高度は観測地の緯度を示す。

太陽ならびに月の潮汐力が前述した力のモーメントを地球に及ぼすことにより、地球は歳差運動する。このため、地軸は天球上の黄道軸（黄道の北極）を中心に、見上げて反時計回りの方向に、およそ 25800 年の周期でもって円を描く。人類文明史を 6000-7000 年とすれば、その期間に 1/4 周程度しか回転していない。黄道と赤道の交点が春分点であり、その反対側が秋分点である。太陽が天球の南半球から北半球へと赤道を横切る点を春分点という。地球の歳差運動のため春分、秋分点がおよそ 50 秒/年の速度で反時計回りの方向へ移動する。

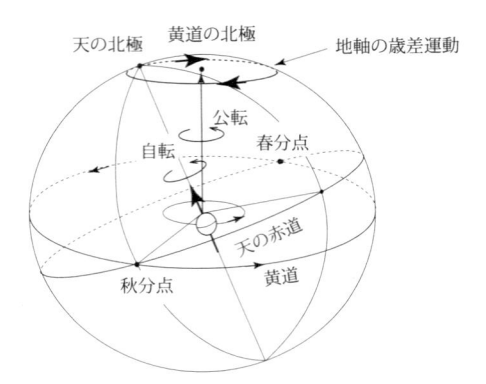

図 17.20 天球と地軸の歳差運動

　紀元前134年頃、ギリシアの天文学者ヒッパルコス (Hipparchus) は星図の作成過程においてすべての星が一様に西から東へ 2.6 万年をかけて 1 周する速度で移動していることを発見する。地球の歳差運動の発見である。こぐま座 α 星のポラリス (Polaris) が天の北極に近く、現在の北極星であるが、それも永久不変ではない。エジプト王朝の栄えた紀元前 2000-3000 年頃では、りゅう座 α 星（トゥバン Thuban）を北極星とした。星をその明るさによって（現在では等級とよばれる）分類することも、ヒッパルコスは行なっている (10-1-1 小節「コペルニクスからニュートンへ」(p. 223) にもアリスタルコスやヒッパルコス、プトレマイオスの業績を記したので参照のこと)。

17-3-4 高速で回転 (ω_3) するこまの章動と歳差運動

　前述の図 17.13 の場合であり、$t=0$ において $\dot{\theta}|_{t=0} = \dot{\phi}|_{t=0} = 0$ の初期条件をもち、角速度 ω_0 の高速

$$(I_3 \omega_0)^2 \gg 2Mg\ell I \tag{17.96}$$

で回転するこまを考え、ある角 (θ_0) でもって静かに放すことを想定する。歳差の角速度がゼロ ($\dot{\phi}=0$) となる点と章動の折り返し点 ($\dot{\theta}=0$) の片方 u_2 ($\cos\theta_2$) が一致する場合である。見づらいので、初期値という意味で $u_0 = u_2$ と記す。エネルギー E、角運動量 L_0 は

$$E = \frac{1}{2} I_3 \omega_0{}^2 + Mg\ell u_0, \qquad L_0 = I_3 \omega_0 u_0 \tag{17.97}$$

である。u_0 を使うと関数 $f(u)$ (式 (17.66)) は

$$\dot{u}^2 = \left(\frac{2Mg\ell}{I}\right)(u_0-u)(1-u^2) - \left(\frac{I_3\omega_0}{I}\right)^2(u_0-u)^2 = f(u)$$
$$= (u_0-u)\left\{c_2(1-u^2) - c_4^2(u_0-u)\right\} \tag{17.98}$$

と書け、c_2, c_4^2 は

$$c_2 = \frac{2Mg\ell}{I}, \qquad c_4^2 = \left(\frac{I_3\omega_0}{I}\right)^2 \tag{17.99}$$

であって、式 (17.96) の条件は

$$c_4^2 \gg c_2 \tag{17.100}$$

を意味する。

(a) 章動の大きさ

式 (17.98) から章動の折り返し角 $u_1 = \cos\theta_1$、つまり、$f(u_1) = 0$ を満たす解 u_1 ($-1 < u_1 < 1$) を求める。すなわち、2次方程式

$$c_2(1-u^2) - c_4^2(u_0-u) = 0 \tag{17.101}$$

を u について解けばよい。解は

$$u_1 = \frac{1}{2c_2}\left[c_4^2 \pm \left\{c_4^4 + 4c_2(c_2 - c_4^2 u_0)\right\}^{1/2}\right]$$
$$\approx \frac{1}{2c_2}\left[c_4^2 \pm (c_4^2 - 2c_2 u_0)\left\{1 + \frac{2c_2^2(1-u_0^2)}{(c_4^2 - 2c_2 u_0)^2}\right\}\right] \tag{17.102}$$

であるが、一方の解 $u_1 \approx c_4^2/c_2 = (I_3\omega_0)^2/(2Mg\ell I)$ は 1 よりも大きいので除外される。もう一方の解は

$$u_1 \approx u_0 - \frac{2Mg\ell I}{(I_3\omega_0)^2}\sin^2\theta_0 \tag{17.103}$$

であり、したがって、章動の巾は

$$u_0 - u_1 \approx \frac{2Mg\ell I}{(I_3\omega_0)^2}\sin^2\theta_0 \tag{17.104}$$

であって、回転と位置エネルギーの間の関係 $\frac{1}{2}I_3\omega_0^2 \gg Mg\ell$ により充分小さい。第3軸まわりの回転 ω_0 が速いほど、変動巾は ω_0 の 2 乗に反比例して小さくなる。

上の計算において平方根を展開するとき、各項の大きさや次数に注意が要る。

(b) 章動の振動数

章動の変動巾が小さいので $1 - u^2 = \sin^2\theta \approx \sin^2\theta_0$ と近似すれば、関数 $f(u)$ から章動の振動数が得られる。変動を $\tilde{u} \equiv u_0 - u$ と記すと、式 (17.98) は

$$\dot{u}^2 = (u_0 - u)\left\{c_2 \sin^2\theta_0 - c_4^2(u_0 - u)\right\} \quad \Rightarrow \quad \dot{\tilde{u}}^2 = \tilde{u}(c_2 \sin^2\theta_0 - c_4^2 \tilde{u}) \quad (17.105)$$

であり、$\tilde{u}$ のみの関数である。時間で微分すると、

$$\ddot{\tilde{u}} = -c_4^2\left(\tilde{u} - \frac{c_2}{2c_4^2}\sin^2\theta_0\right) \tag{17.106}$$

となり、$U = \tilde{u} - (c_2/2c_4^2)\sin^2\theta_0$ とおいてみれば分かるように、上式は

$$\ddot{U} = -c_4^2 U \tag{17.107}$$

単振動の運動方程式である。解はすでに諸君にお馴染みの $U = A\cos(c_4 t + \alpha)$ であり、A, α は振幅と初期位相である。U を元に戻すと、

$$\tilde{u} = \frac{c_2}{2c_4^2}\sin^2\theta_0 + A\cos(c_4 t + \alpha) \tag{17.108}$$

を得る。また、時間微分すると、

$$\dot{\tilde{u}} = -c_4 A\sin(c_4 t + \alpha) \tag{17.109}$$

である。これらに初期条件 ($t = 0$ で $\tilde{u} = 0$, $\dot{\tilde{u}} = 0$) を適用すると、$A = -(c_2/2c_4^2)\sin^2\theta_0$, $\alpha = 0$ であり、

$$\begin{aligned}\tilde{u} = u_0 - u &= \frac{c_2}{2c_4^2}\sin^2\theta_0(1 - \cos c_4 t) \\ &= \frac{Mg\ell I}{(I_3\omega_0)^2}\sin^2\theta_0\left\{1 - \cos\left(\frac{I_3\omega_0}{I}t\right)\right\}\end{aligned} \tag{17.110}$$

を得る。章動の振動数 ν ならびに周期 T は上式から分かるように

$$\nu = c_4 = \frac{I_3\omega_0}{I}, \quad T = 2\pi\frac{I}{I_3\omega_0} \tag{17.111}$$

である。さらに、章動の巾が小さい、つまり、章動角 θ の変動巾が小さいので $\theta \approx \theta_0$ と近似できたので、章動の角速度は $\dot{u} = \dot{\theta}\sin\theta \approx \dot{\theta}\sin\theta_0$ から

$$\dot{\theta} = \frac{Mg\ell}{I_3\omega_0}\sin\theta_0\sin\nu t \tag{17.112}$$

を得る。第 3 軸まわりの回転 (ω_0) が速いほど、章動の振動数 ν は大きく、章動角速度 $\dot{\theta}$ の振動する振幅は小さくなる。

(c) 歳差の角速度 $\dot{\phi}$

初期条件から $L_0 = I_3\omega_0 u_0$ であり、また章動巾が小さいとして $1 - u^2 = \sin^2\theta_0$ と近似すると、式 (17.60) は

$$\dot{\phi} = \frac{L_0 - I_3\omega_0 u}{I(1-u^2)} \approx \frac{I_3\omega_0(u_0-u)}{I\sin^2\theta_0} = \frac{Mg\ell}{I_3\omega_0}(1-\cos\nu t) \tag{17.113}$$

となる。歳差の角速度 $\dot{\phi}$ も章動の角速度 $\dot{\theta}$ と同じ振動数 ν をもち、式 (17.112), (17.113) から

$$\frac{(\dot{\phi}-a)^2}{a^2} + \frac{\dot{\theta}^2}{b^2} = 1 \tag{17.114}$$

$$a = \frac{Mg\ell}{I_3\omega_0}, \qquad b = a\sin\theta_0 \tag{17.115}$$

の関係がある。両角速度は同期して、$\dot{\phi}$-$\dot{\theta}$ 空間では楕円を描いて回転し、こまの回転が速くなるほど楕円の径は小さくなり、その周期は速くなる (図 17.21)。章動の径 b は歳差の径 a よりも小さい。章動は初期角速度ゼロでの往復運動のため、その角速度の平均値はゼロである。一方、歳差も初期角速度はゼロであるが、その角速度の平均値は有限な a 値をもち、図 17.13(c) ならびに図 17.21(a) で分かるように $\dot{\phi}$ はつねに正値を、すなわち、一定方向への回転を示す。

実際には、こまの回転が充分速いと支点での摩擦のため章動運動は減衰してみえなくなり、こまは一定の角速度 $\dot{\phi}$ で歳差運動するようにみえる。これを正常歳差運動と区別して、**擬正常歳差運動**という。

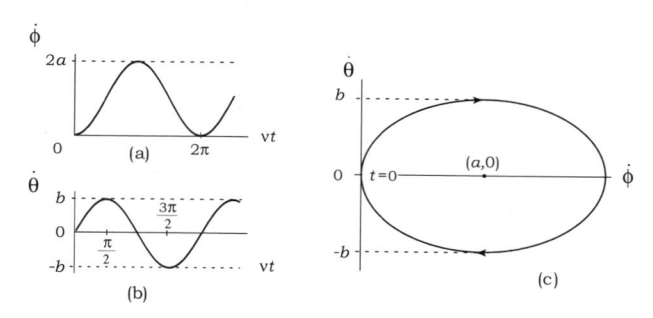

図 17.21 歳差と章動の角速度 $\dot{\phi}, \dot{\theta}$

17-4 なぜ、こまは倒れないか？

　回転していないこまをテーブルの上に置けば、すぐに倒れる。しかし、日常経験するように、回転しているこまはなかなか倒れない。ここまでは、倒れず回転するこまに歳差や章動運動をみたわけであるが、なぜすぐに倒れないのか？　上で扱ったように摩擦を無視した場合は、こまは永遠に回転を続け、倒れない。この理由を説明できるようになったか。

　以下で、こまが倒れない理由を切り口を変えながら試みるが、それらは1つの力学機構の違った表現である。

17-4-1　有効ポテンシャルから考える

　すでに記した、有効ポテンシャル $U_{\text{eff}}(\theta)$(式 (17.64)) の観点から議論しよう。

　惑星の運動に際しては、惑星は万有引力のために太陽に引きつけられて吸収されてしまうことはなく、太陽に近づきすぎると遠心力のポテンシャルが作用するおかげで押し返される。逆に、遠心力のために離れすぎると万有引力が引き戻す。その結果として公転(往復)運動が生じる。遠心力と万有引力の和である有効ポテンシャル $U_{\text{eff}}(r)$ が惑星を r 方向について捕捉(ポテンシャルの谷にトラップ)し、これが安定な周期運動の原因であると第10章で学んだ。

　同じことがこまの回転運動でも生じている。有効ポテンシャル U_{eff} は

$$E'\left(=E-\frac{1}{2}I_3\omega_0{}^2\right)=\frac{1}{2}I\dot{\theta}^2+U_{\text{eff}}(\theta) \qquad (17.63)$$

$$U_{\text{eff}}(\theta)=\frac{1}{2}I\left(\frac{L_0-I_3\omega_0\cos\theta}{I\sin\theta}\right)^2+Mg\ell\cos\theta=\frac{1}{2}I\dot{\phi}^2\sin^2\theta+Mg\ell\cos\theta \qquad (17.64)$$

であった。1例として、具体的に $c_2=1.0$, $c_4=2.3$, $r_2=1.5$, $r_4=0.7$, $I_3/I=0.5$ としたときの有効ポテンシャル $U_{\text{eff}}(\theta)$ を図 17.22 に示す。有効ポテンシャルが $E'-U_{\text{eff}}=I\dot{\theta}^2/2\geq 0$ の領域がこまの可動範囲である。E' は全エネルギーから第3軸まわりの回転エネルギー ($T_3=I_3\omega_0{}^2/2$) を引いたものであり、つねに一定に保たれる。それは、外力による力のモーメントが第3軸に垂直なための帰結である。この T_3 は自転と歳差の両者 ($\dot{\varphi},\dot{\phi}$) から形成され、それは式 (17.54) より

$$T_3=\frac{1}{2}I_3\omega_0{}^2=\frac{1}{2}I_3\dot{\varphi}^2+\frac{1}{2}I_3\dot{\phi}^2\cos^2\theta+I_3\dot{\varphi}\dot{\phi}\cos\theta \qquad (17.116)$$

である。右辺第1項が自転による回転エネルギーである。第2項は以降で説明するように、歳差の回転エネルギーそのものではない。第3項には自転と歳差の干渉が現れ

17-4 なぜ、こまは倒れないか？

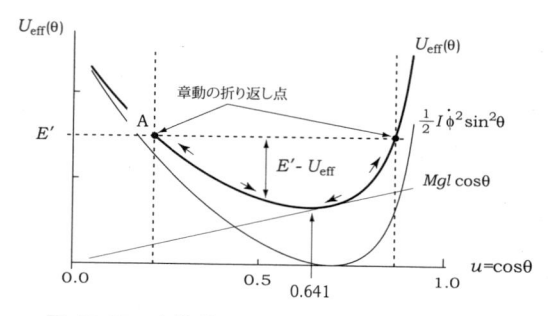

図 17.22 有効ポテンシャル。条件は本文に記入

る。複雑にみえるのはわざわざ展開したためであって、回転は慣性主軸を基準にみるのがよく、この場合は $\omega_3 (=\omega_0 (一定))$ の表示がよい。展開した理由は、T_3 は一定値をとるが、その内訳は自転と歳差の間で変動していることを知るためである。

さて、$E' = $ 一定 で、そのエネルギーは章動の回転エネルギー $T_\theta \equiv I\dot{\theta}^2/2$ と有効ポテンシャル $U_{\mathrm{eff}}(\theta)$ に分割できる、というのが式 (17.63) である。$U_{\mathrm{eff}}(\theta) = E'$ となる章動角 $\theta_{1,2}$ でその角速度は $\dot{\theta}_{1,2} = 0$ となり、章動の折り返し点である。

ポテンシャル内を運動する物体にはたらく力は、その大きさはポテンシャルの勾配であり、方向は勾配の逆方向であった。惑星の運動においては、$F = -\nabla U_{\mathrm{eff}}(r) = -(\mathrm{d}U_{\mathrm{eff}}(r)/\mathrm{d}r)$ の力がはたらいた。同様に、ここでは

$$F = -\frac{1}{\ell}\frac{\mathrm{d}U_{\mathrm{eff}}(\theta)}{\mathrm{d}\theta} \tag{17.117}$$

の力が生じる。球座標表示のナブラは

$$\nabla = \boldsymbol{e}_r \frac{\partial}{\partial r} + \boldsymbol{e}_\theta \frac{1}{r}\frac{\partial}{\partial \theta} + \boldsymbol{e}_\phi \frac{1}{r\sin\theta}\frac{\partial}{\partial \phi} \tag{D.91}$$

であって、ポテンシャルが θ のみの関数であるため第2項のみが生きてくる。

ここで、少し注釈がいる。

ℓ は支点から重心までの不変な長さであり、$\ell \mathrm{d}\theta$ は重心の θ 軸まわりの微小回転 $\mathrm{d}\theta$ に対する微小変位である。ここで登場する力 F は θ 方向の成分をもち、θ 軸 (y' 軸、図 17.23 では紙面の手前から向こう側へ向かう) まわりにこまを回転させる力である。

$$\ell F = -\frac{\mathrm{d}U_{\mathrm{eff}}(\theta)}{\mathrm{d}\theta} \tag{17.118}$$

と表現した方が分かりやすいかもしれない。式

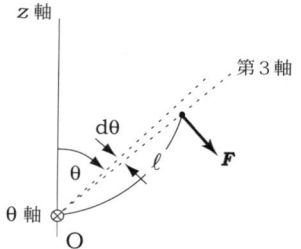

図 17.23 こまにはたらく F

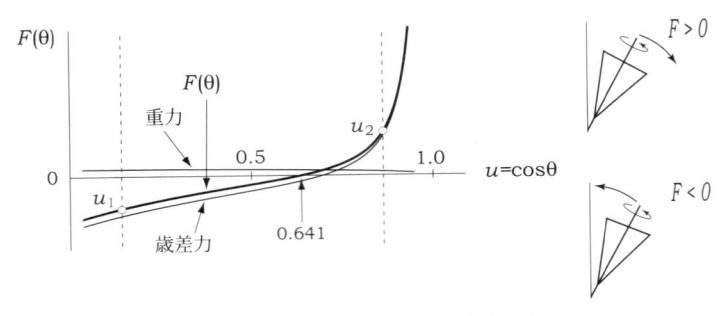

図 17.24 こまにはたらく θ 方向の力

(17.117) の右辺の θ 軸まわりの回転を起こす力 F とは、結局は力のモーメント ℓF のことでもあって、そのモーメントは θ 軸の方向を向く。

力のモーメントでなく、「力 F」の形を保ったままで話を続ける。

上式を計算する。

$$F = -\frac{1}{\ell}\frac{\mathrm{d}U_{\mathrm{eff}}}{\mathrm{d}\theta} = -\frac{1}{\ell}\frac{\mathrm{d}U_{\mathrm{eff}}}{\mathrm{d}u}\frac{\mathrm{d}u}{\mathrm{d}\theta}$$
$$= -\frac{1}{2}I\left(\frac{\sin\theta}{\ell}\right)\left\{\frac{2(L_0 - I_3\omega_0\cos\theta)(I_3\omega_0 - L_0\cos\theta)}{I^2\sin^4\theta} - \left(\frac{2Mg\ell}{I}\right)\right\} \quad (17.119)$$

この有効ポテンシャルによる力 F を図 17.24 に示す。横軸は $u = \cos\theta$ である。図 17.22 の有効ポテンシャルの分布と合わせながら、こまの振る舞いを推測しよう。こまが倒れる方向は u 値の小さくなる方向である（図 17.22, 図 17.24 の左方向）。力が正値をもつとはこまの倒れる方向に力が作用すること ($F > 0$) である。当然、重力は常にこまを倒す方向に作用をする。章動の角 θ が大きくなり、こまが大きく倒れはじめる (u が減少) と、図 17.22 でみられるように、重力ポテンシャル ($Mg\ell u$) が減少する一方、歳差運動のポテンシャル ($I\dot{\phi}^2\sin^2\theta/2$) が増加に転じ、こまの倒れに逆らう逆向きの力 ($F < 0$) を生む。それはポテンシャルが最大値 ($U_{\mathrm{eff}} = E'$) に達し、こまの倒れが止まった ($\dot{\theta} = 0$、図 17.22 の A 点) 以降はこんどはこまをもとに戻し立たせる力としてはたらく。作用する力の分岐点はいまの場合、$u = 0.641$ である。章動 θ の可動領域は縦線に挟まれた $u_1 \sim u_2$ 領域である。

17-4-2 新しい座標系

こまが倒れず、回転を続ける理由付けは有効ポテンシャルの観点で説明できた。重力に逆らう力がはたらき、こまを立たせるというのは感性的に理解しやすい。しかし、

その力がどこから生じるのか？、ということを考えると、有効ポテンシャルは若干抽象的な感がある。

そこで、つぎには保存量からこの様子をさらに解釈するために、理解度を確認しておこう。

惑星の運動は角運動量の保存 (式 (10.10), $\bm{L}_r = \mu r^2 \dot{\theta} \bm{e}_z =$ 一定) のため、1 平面 (2次元) で記述でき、さらに、この保存則により運動を r 方向の 1 次元運動に投影して解析できた。こまの運動は 3 次元であり、3 つの角速度が変数として登場する。これに対して、保存量が 3 つ存在し、その結果として、運動を θ 方向の 1 次元運動に投影できた。それは上でみた有効ポテンシャルによる解析である。複雑にみえるが、論理は惑星の運動と同じである。

ところが、運動の記述は惑星の場合は相対座標ベクトルの大きさ r とその角 θ の 2 変数のみで充分であったが、こまの場合では 3 変数、オイラー角 (ϕ, θ, φ)、が必要となる。こまに固定した系 O′ は角運動量表示に適した慣性主軸 (1, 2, 3 軸) の系である。しかし、観測者が慣性系（静止系）O にいるため、慣性系 (x, y, z 軸) の視点が登場する。2 つの座標系が登場して、混乱するであろうがじっくりと考えれば理解できる。2 つの座標系、特に、第 3 軸と z 軸、そして角速度と角運動量が登場するので混乱している諸君がいるかもしれないので、ポイントを記しておく。

回転に関連する力学量である角速度ならびに角運動量は慣性主軸の系でみる、ということを思いだせ。

17-2 節で学んだように、剛体の角速度 $\bm{\omega}$ は

$$\bm{\omega} = \dot{\phi}\bm{e}_z + \dot{\theta}\bm{e}_{y'} + \dot{\varphi}\bm{e}_3 = \omega_1 \bm{e}_1 + \omega_2 \bm{e}_2 + \omega_3 \bm{e}_3 \tag{17.120}$$

であり、真ん中の式はオイラー角の角速度で表示し、右辺は慣性主軸のまわりの角速度 ω_α ($\alpha = 1, 2, 3$) で表示したものである。図 17.7 を以下に転載したので参照のこと。

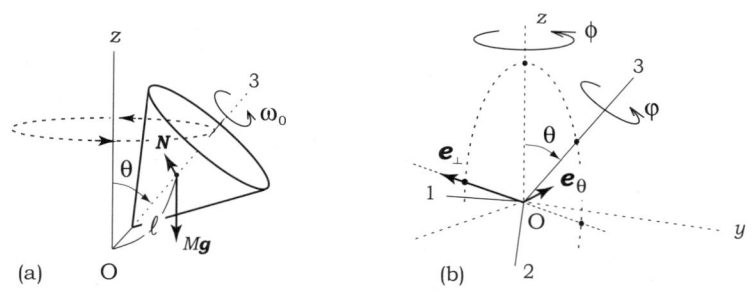

図 17.7 (a) ラグランジュのこま、(b) 座標系 O と O′

第3軸はこまの軸、z は重力の逆方向である。すべての軸はこまの支点 (固定点) を貫く。y' 軸は第3軸と z 軸の作る面に垂直で、z から第3軸方向に右ネジを回したときにネジが進む方向にある。先ほどは θ 軸と記したものである。角 θ を使って議論するのであるから、y' よりも θ を用いて記す方がよいだろう。以降、y' 軸 を θ 軸とよぶことにしよう ($\boldsymbol{e}_{y'} = \boldsymbol{e}_\theta$)。第 1, 2, 3 軸は直交する系を構成しているが、z 軸、θ 軸、第3軸は必ずしも直交する系でない。特に、z 軸と第3軸は一般的に直交しない。直交しないとは、一方の軸上のベクトルは他方の軸上に射影できる成分をもつということである。たとえば、歳差の角速度 $\dot{\phi}\boldsymbol{e}_z$ を第3軸に射影したものは $\dot{\phi}\cos\theta \boldsymbol{e}_3$ 成分をもつ。第 1, 2 軸は自転とともに回転しているので、第1-2軸平面と第3-z 軸平面の交わる直線上に単位ベクトル $\boldsymbol{e}_\perp$ を設定すると都合がよい。自転の角速度 $\dot{\varphi}$ は第3軸上にあり、これに上記歳差の射影分を足すと第3軸まわりの角速度 ω_3 は

$$\omega_3 = \dot{\phi}\cos\theta + \dot{\varphi} = \omega_0 \quad (\text{一定}) \tag{17.54}$$

であって、これが一定値をもつというのが式 (17.54) である。章動の角速度 $\dot{\theta}$ は θ 軸が第3軸ならびに z 軸と直交するので、歳差あるいは自転の角速度が混じることはなく、$\omega_\theta = \dot{\theta}$ である。同様に、歳差の残り成分も章動あるいは自転の角速度と混じることはなく、$\omega_\perp = \dot{\phi}\sin\theta$ である。

第3軸 ($\boldsymbol{e}_3$)、$\boldsymbol{e}_\perp$ 軸、θ 軸 ($\boldsymbol{e}_\theta$) は互いに直交する。理解できたか。この3つの軸はこまに固定した座標系 O'-(1,2,3) の3つの軸とは異なり、第3軸 ($\boldsymbol{e}_3$) を共有するのみである。こまが第3軸 ($\boldsymbol{e}_3$) 対称であるため、$\boldsymbol{e}_\perp$ 軸ならびに θ 軸 ($\boldsymbol{e}_\theta$) まわりの慣性モーメントは時間変動せず、しかも主慣性モーメント I であって、第3軸 ($\boldsymbol{e}_3$)、$\boldsymbol{e}_\perp$ 軸、θ 軸 ($\boldsymbol{e}_\theta$) も1つの慣性主軸系を形成する。この主軸系は慣性座標系 O-(x,y,z) ならびに剛体に固定した座標系 O'-(1,2,3) とも異なる。第3軸対称のこまの回転運動を地上の (慣性系の) 観測者がみるのに適した系である。

したがって、この主軸系ではこまの角運動量 $\boldsymbol{L}$ は

$$\begin{aligned}\boldsymbol{L} &= L_\perp \boldsymbol{e}_\perp + L_\theta \boldsymbol{e}_\theta + L_3 \boldsymbol{e}_3 = I\omega_\perp \boldsymbol{e}_\perp + I\omega_\theta \boldsymbol{e}_\theta + I_3 \omega_3 \boldsymbol{e}_3 \quad (17.121)\\ L_\perp &= I(\dot{\phi}\sin\theta)\\ L_\theta &= I\dot{\theta}\\ L_3 &= I_3(\dot{\phi}\cos\theta + \dot{\varphi}) = I_3 \omega_0\end{aligned}$$

角速度 $\boldsymbol{\omega}$ は

$$\begin{aligned}\boldsymbol{\omega} &= \omega_\perp \boldsymbol{e}_\perp + \omega_\theta \boldsymbol{e}_\theta + \omega_3 \boldsymbol{e}_3 \tag{17.122}\\ \omega_\perp &= \dot{\phi}\sin\theta\end{aligned}$$

$$\omega_\theta = \dot{\theta}$$
$$\omega_3 = \dot{\phi}\cos\theta + \dot{\varphi} = \omega_0$$

と表示できる。保存する z 軸の角運動量 ($L_z = L_0 = $ 一定) は

$$L_z = L_\perp \sin\theta + L_3 \cos\theta = I\dot{\phi}\sin^2\theta + I_3(\dot{\phi}\cos\theta + \dot{\varphi})\cos\theta$$
$$= I\dot{\phi}\sin^2\theta + I_3\omega_0\cos\theta = L_0(\text{一定}) \quad (17.123)$$

となる。

同じく、回転エネルギーをみておこう。角速度 $\boldsymbol{\omega}$、角運動量 $\boldsymbol{L}$ で回転する物体の運動エネルギー T は式 (16.65) から

$$T = \frac{1}{2}\boldsymbol{\omega}\cdot\boldsymbol{L} = \frac{1}{2}(\omega_\perp L_\perp + \omega_\theta L_\theta + \omega_3 L_3) = \frac{1}{2}(I{\omega_\perp}^2 + I{\omega_\theta}^2 + I_3{\omega_3}^2) \quad (17.124)$$

である。上で求めた角速度を代入すると、

$$T = \frac{1}{2}I\dot{\phi}^2\sin^2\theta + \frac{1}{2}I\dot{\theta}^2 + \frac{1}{2}I_3(\dot{\phi}\cos\theta + \dot{\varphi})^2$$
$$= \frac{1}{2}I\dot{\phi}^2\sin^2\theta + \frac{1}{2}I\dot{\theta}^2 + \frac{1}{2}I_3\omega_0^2 \quad (17.125)$$

となる。第 1 項は $\boldsymbol{e}_\perp$ 軸まわりの回転エネルギー、第 2 項は章動 (θ 軸 ($\boldsymbol{e}_\theta$) まわりの回転) エネルギーである。第 3 項は第 3 軸 ($\boldsymbol{e}_3$) まわりの回転エネルギーであり、純粋に自転エネルギーでなく、歳差と自転の混合であって自転だけを分離できない。ここで、z 軸まわりの回転エネルギー T_z は $(1/2)I\omega_z^2$ であるとしてはいけない。z 軸は慣性主軸でないため、主慣性モーメント (I または I_3) で表示できない。$T_z = (1/2)\omega_z L_z$ とするならば、式 (17.123) 同様に ω_z を求めて

$$T_z = \frac{1}{2}\omega_z L_z = \frac{1}{2}(\dot{\phi} + \dot{\varphi}\cos\theta)L_0 \quad (17.126)$$

である。自分で求めてみよ。

17-4-3 保存量から考える

さて、こまが倒れない理由を保存量から、再度眺める。

このために簡単な、日常的に経験するような 17-3-4 小節の初期条件、$t = 0$ で $\dot{\theta}_0 = \dot{\phi}_0 = 0$ を想定し、回転しているこま ($\dot{\varphi}_0 \neq 0$) を鉛直方向とは少し角度 $\theta_0 \neq 0$ を設けて床に静かに置く ($t = 0$ を下付き添え字 0 で示す)。

この初期条件では 3 つの保存量は

$$\omega_0 = \dot{\varphi}_0 \tag{17.127}$$

$$L_0 = I_3 \dot{\varphi}_0 \cos\theta_0 \tag{17.128}$$

$$E = \frac{1}{2} I_3 \dot{\varphi}_0{}^2 + Mg\ell \cos\theta_0 \tag{17.129}$$

として与えられる。

(1) こまを床に置くと、重心にはたらく重力のため、倒れはじめる。すなわち、角速度 $\dot{\theta}$ が正値をもちはじめる。回転の言葉で表現すると支点 (固定点) を中心として、θ 軸方向 (e_θ) に力のモーメント $N = Mg\ell \cos\theta_0$ が作用し、θ 軸方向の角運動量 L_θ が生じる。数式で表現すると、回転の運動方程式 $\dot{\bm{L}} = \bm{N}$ である。微小時間 Δt あたりにこまには微小な角運動量 $\Delta L_\theta = N\Delta t$ が作用し、第 3 軸方向の角運動量 $L_0 \bm{e}_3$ に加わる。それは図 17.25 に示すように、角運動量 $\bm{L}$ は支点を中心に倒れながら、歳差方向に回転しはじめる。すべては重力のはたらきがきっかけである。

(2) 歳差運動 ($\dot{\phi}$) が起こると、$\omega_3 =$ 一定 の保存量 (式 (17.54))

$$\omega_3 = \dot{\phi}\cos\theta + \dot{\varphi} = \dot{\varphi}_0 = \omega_0 \quad (\text{一定}) \tag{17.130}$$

の初期にはゼロであった第 1 項が登場してくる (図 17.26(b))。その分、自転の角速度 $\dot{\varphi}$ は初期値 $\dot{\varphi}_0 = \omega_0$ より小さくなりはじめ、自転が遅くなる。

また、倒れる ($\cos\theta$ が減少) ことにより、保存量 $L_z =$ 一定 (式 (17.57))

$$L_z = I\dot{\phi}\sin^2\theta + I_3 \omega_0 \cos\theta = I_3 \dot{\varphi}_0 \cos\theta_0 = L_0 \quad (\text{一定}) \tag{17.131}$$

を満たすため、ここでも当初はゼロであった第 1 項が登場する。第 3 軸まわりの角運動量が横になりはじめ (図 17.27(b))、第 2 項が減少するのでそれを補うために第 1 項の歳差運動が成長する。この様子は $E =$ 一定 (式 (17.59))

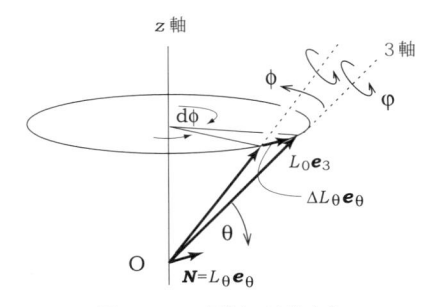

図 17.25 回転のはじまり

17-4 なぜ、こまは倒れないか？

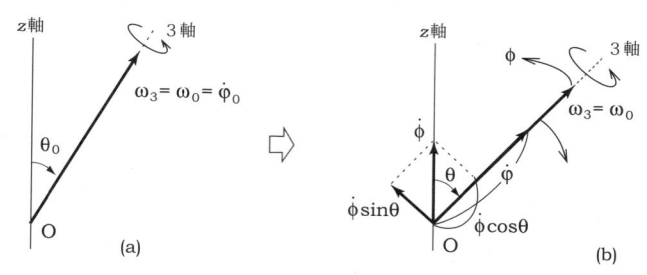

図 17.26 角速度の変化。(a) は初期状態、(b) はそれ以降

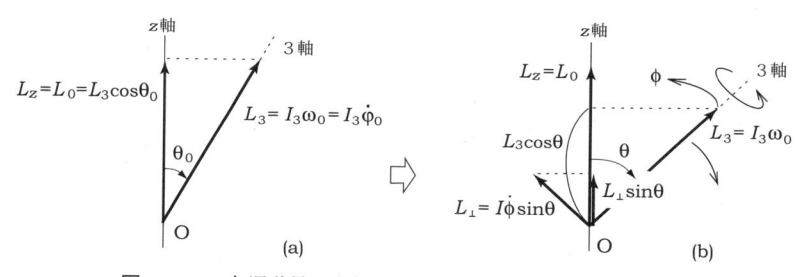

図 17.27 角運動量の変化。(a) は初期状態、(b) はそれ以降

$$E = \frac{1}{2}I\left(\dot{\phi}^2 \sin^2\theta + \dot{\theta}^2\right) + \left(\frac{1}{2}I_3\omega_0^2 + Mg\ell\cos\theta\right)$$

$$= \frac{1}{2}I_3\dot{\varphi}_0^2 + Mg\ell\cos\theta_0 \quad (\text{一定}) \tag{17.132}$$

からも分かる。こまが傾くと重力ポテンシャル $Mg\ell\cos\theta$ が減少し、その余ったエネルギーが歳差と章動のエネルギーにいくわけである。

(3) 3つの保存量の様子を数値計算する。
$L_z = $ 一定(式 (17.131)) から

$$\dot{\phi} = \frac{1}{1-u^2}\left(\frac{L_0}{I} - \frac{I_3\omega_0}{I}u\right) \quad \Rightarrow \quad \dot{\phi} = \frac{c_4(u_0 - u)}{1-u^2} \tag{17.133}$$

であり、$\dot{\phi}$ は u から一義的に決まる。$\omega_3 = $ 一定 (式 (17.130)) から

$$\dot{\varphi} = \frac{I_3\omega_0}{I}\frac{I}{I_3} - \dot{\phi}u = \left(\frac{c_4 I}{I_3}\right) - \dot{\phi}u \quad \Rightarrow \quad \dot{\varphi} = c - \dot{\phi}u \tag{17.134}$$

となり、$\dot{\varphi}$ は u が与えられると $\dot{\phi}$ の1次関数である。ここで $c = c_4 I/I_3$ と記した。
また、$E = $ 一定(式 (17.132)) から

$$\dot{\theta}^2 + \dot{\phi}^2 \sin^2\theta = \frac{2E - I_3\omega_0^2}{I} - \frac{2Mg\ell}{I}u = c_2(u_0 - u) \Rightarrow \frac{\dot{\theta}^2}{a^2} + \frac{\dot{\phi}^2}{b^2} = 1 \quad (17.135)$$

と書け、$a^2 = c_2(u_0 - u)$, $b^2 = a^2/(1-u^2)$ であって、u が与えられると $\dot{\theta}$ と $\dot{\phi}$ の関係は楕円曲線を構成する。パラメータを再度記しておくと、$c_2 = 2Mg\ell/I$, $c_4 = I_3\omega_0/I$ ($r_2 = (2E - I_3\omega_0^2)/(2Mg\ell)$, $r_4 = L_0/I_3\omega_0$) であり、初期条件から $u_0 = \cos\theta_0 = r_2 = r_4$ の関係がある。

数値計算のためのパラメータを $c_2 = 1.0$, $c_4 = 1.5$, $u_0 = 0.8$, $x = 0.5$ と設定する。このとき、$u = \cos\theta$ の可動領域は、$u_1 = 0.44 \sim u_2 = 0.80$ である。図 17.28 に (a) $u - \dot{\phi}$, (b) $\dot{\phi} - \dot{\varphi}$, (c) $\dot{\phi} - \dot{\theta}$ をプロットする。可動領域に丸印を付けた。①は初期位置、②は章動角速度が最大値をもつとき、③は章動の折り返し点を示す。(1)、(2) で述べた様子が図 17.28 でみて取れる。(c) における楕円 (実線) の長径の 2 乗 (a^2) は、全エネルギーから第 3 軸まわりの一定値をもつ回転エネルギーと位置のエネルギーを引いたもの、すなわち、回転に活用できるエネルギー、に係数 $2/I$ が掛かったものであり、こまが傾くほど活用できるエネルギーが増える。また、図 17.29 には u に対する (a) 角速度、(b) 回転エネルギーの変化を示した。図 17.29(b) から推測できるように、設定したパラメータ値では歳差の回転エネルギー T_ϕ の増加が早く、位置エネルギー U_g の減少が追いつかず、章動のエネルギー T_θ を使い尽くした状態が限界となる。この点が章動の折り返し点である。

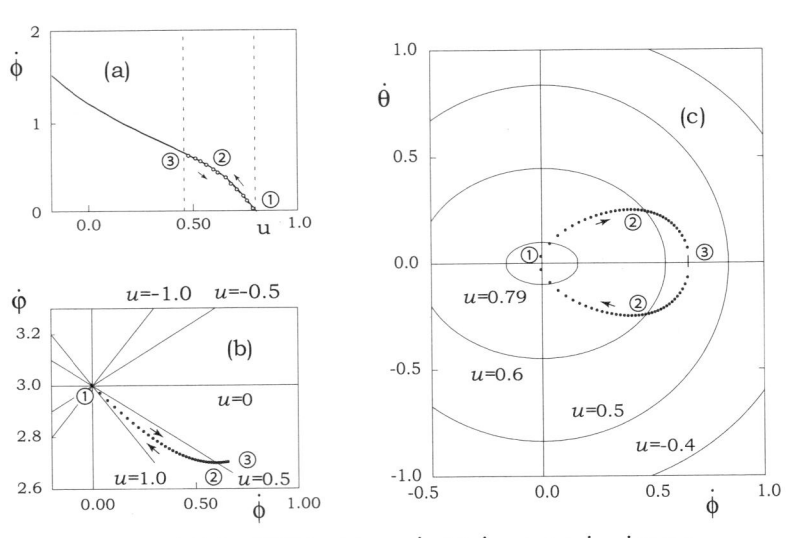

図 **17.28** 角速度の相関図。(a) $u - \dot{\phi}$, (b) $\dot{\phi} - \dot{\varphi}$, (c) $\dot{\phi} - \dot{\theta}$ である。

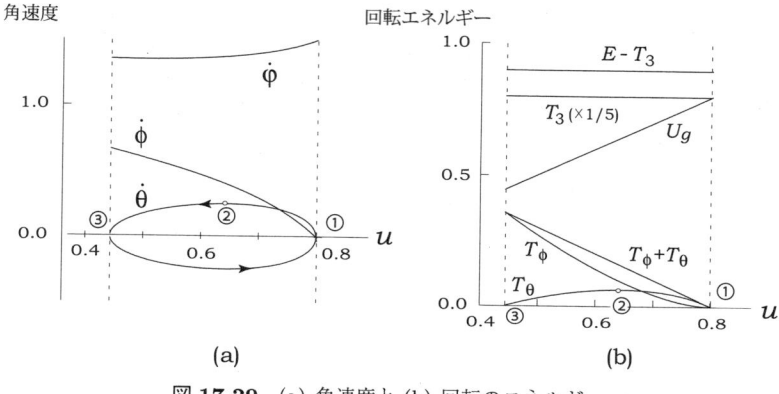

図 17.29 (a) 角速度と (b) 回転のエネルギー

$L_z =$ 一定 により、歳差の角速度 $\dot{\phi}$ はこまの傾き角とともに単調に増加する (図 17.28(a))。$\omega_3 =$ 一定 を通して、自転の角速度 $\dot{\varphi}$ が $\dot{\phi}$ と逆相関の関係にあり、$\dot{\phi}$ が増加すれば $\dot{\varphi}$ は減少する (図 17.28(b))。また、$E =$ 一定 では、こまが傾くほど回転運動に位置エネルギーが供給され楕円の長径 (a^2) が増加するが、章動の角速度 $\dot{\theta}$ と歳差の角速度 $\dot{\phi}$ の相関は u の変化方向 (こまが倒れる方向、あるいは立ちあがる方向) による (図 17.28(c))。

17-4-4 向心力から考える

3つの保存則によって運動の振る舞いが分かった。あと少し、遊んでみよう。こまが倒れず、立ち上がることについてである。ここでは、角運動量あるいは力のモーメントという回転の勢いを示す物理量ではなく、日常的により感じやすく、したがって、理解しやすく思う力の表現で考えてみる。

歳差の回転エネルギーは

$$T_\phi = \frac{1}{2} I \dot{\phi}^2 \sin^2 \theta \tag{17.136}$$

であって、$(1/2)I\dot{\phi}^2$ でない！ 同じ歳差の角速度であっても、傾き角が小さいほど回転のエネルギーは少なくてすむ。それは z 軸まわりでみるこまの慣性モーメントは、傾き角が大きいほど軸からの距離が増加し、大きくなるからである。この慣性モーメントは $I \sin^2 \theta$ であって、こまの慣性モーメント I と角 θ に依存する (図 17.30)。

付録 G の「等速円運動と観測する系」(p. 528) で議論する物体の円運動を参照してほしい。観測者が回転系に乗っていれば、見かけの力である遠心力が作用した。同じ

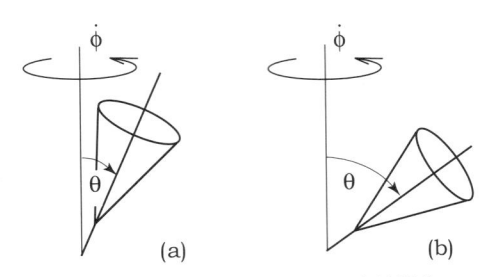

図 17.30　異なる傾き角をもつ歳差運動

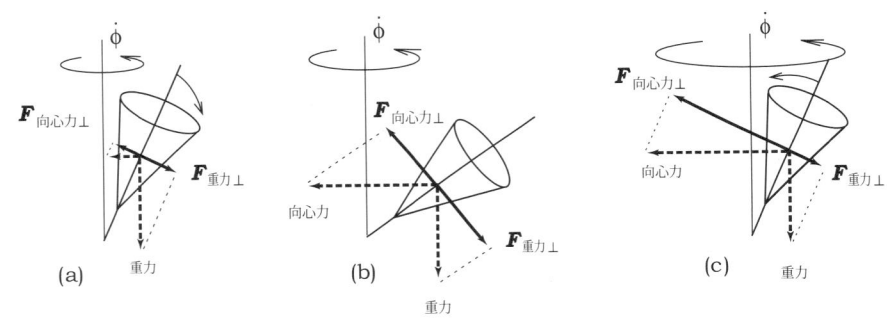

図 17.31　向心力と重力

現象を慣性系からみれば、それは向心力となった。われわれはこまの運動を慣性系 (静止系) からみている。そこで、こまが倒れない理由を「向心力」の観点から議論してみる。

ただし、ここでの運動は z 軸まわりの回転ではあっても、半径一定の円運動ではない。章動運動のため半径が増えたり減ったりする回転運動である。しかし、重力以外は外力は作用していない。z 軸に対して半径が増えるのは向心力が重力成分と比べ弱いからであり、半径が減るのは重力成分と比べて向心力が強いからであると考える。この向心力の方向は z 軸まわりの回転、すなわち、歳差運動を考える限りは、z 軸に向かう方向を向き前出の第 3-z 軸平面上にある (図 17.7)。向心力と重力は直角に交わるが、図 17.31 に示すようにこまを倒すあるいは立たす力は両力のこまの軸に垂直な成分の強弱関係にある。また、こまの歳差運動の方向とは垂直であって、この向心力は歳差回転については一切仕事をしない。エネルギーを必要としない！　向心力が強いと、半径が減少するが、こまは剛体であり支点に固定されているので、立ち上がるということである。

図 17.28 ならびに図 17.29 を参照しながら、運動を考える。はじめに傾くことによ

り供出された位置エネルギーは、章動運動と歳差運動に使われる。傾き角 θ が増加し、さらに位置エネルギーが供給され続ける。②で章動角速度の増加が止まり、向心力の作用が有効に効き始めることを示す。その後も、角の増加率 $\dot{\theta}$ は鈍るが、それまでの慣性で角 θ は増え続ける。歳差角速度 $\dot{\phi}$ は単調にさらに増加し、歳差の回転エネルギーも増加する。向心力は $\dot{\phi}$ の増加と傾き角 θ の増加の両者によって強くなる。③でついに $\dot{\theta}=0$ になる。最大の傾き角に達した (図 17.31(b))。後は内側へ向く向心力のために傾き角 θ は減少し、もとの初期状態①に戻る、という経過を繰り返すわけである。

有効ポテンシャルの観点から「力 F」を式 (17.119) で求めた。この力 F はまさに、ここで議論している第 3 軸に垂直な重力成分 $F_{重力\perp}$ と向心力成分 $F_{向心力\perp}$ の和（両者は逆符号をもつ）である（図 17.31）。

$$F = -\frac{1}{2}I\left(\frac{\sin\theta}{\ell}\right)\left\{\frac{2(L_0 - I_3\omega_0\cos\theta)(I_3\omega_0 - L_0\cos\theta)}{I^2\sin^4\theta} - \left(\frac{2Mg\ell}{I}\right)\right\} \quad (17.119)$$

式 (17.119) の第 2 項は $Mg\sin\theta$ であり、それは重力成分 $F_{重力\perp}$ となっている。第 1 項が向心力成分 $F_{向心力\perp} = (向心力)\cdot\cos\theta$ となっているかは、第 3 軸まわりに回転し、章動し、さらに歳差するこまの z 軸への向心力を導出する必要があるが、複雑すぎる。

これは著者の想像である。歴史的にはこのようなアプローチも考えられたのでなかろうか？ だが、合理的でなく、解析的にも解けないということで、オイラーの運動方程式が登場したのだと。回転に関しては、「力」の概念よりも、力のモーメント、角運動量が本質を突いた適した取り扱いということである。

ちなみに、このときの章動の折り返し点での向心力は、上式から

$$(向心力)_R = \frac{F_{向心力\perp}}{\cos\theta_R} = -\frac{(I_3\omega_0)^2}{I\ell}\left\{\frac{(u_0 - u_R)(1 - u_0 u_R)}{\sin^3\theta_R\cos\theta_R}\right\} \quad (17.137)$$

ここで、θ_R は折り返し点での章動角で $u_R = \cos\theta_R$、$u_0 = \cos\theta_0$ は初期の u 値である。

17-4-5　空間の一様性

よく考える読者はこれまでの議論において角 θ がいつも登場するが、角 ϕ, φ が登場しないことに疑問を感じているかもしれない。このことを少し論じておこう。

たとえば、運動を支配する保存量、ω_3(式 (17.54))、L_z(式 (17.57))、E(式 (17.59)) は角 θ の関数であるが、φ, ϕ が現れない ($\dot{\varphi}$ や $\dot{\phi}$ は現れる)。運動は、θ に依存するが φ, ϕ の値によらないということである。

確かに、θ に関しては重力の鉛直上方を基準 ($\theta=0$) ととった。重力が作用しなけれ

ば、z 軸はどの方向にとってもよい、といえる。空間のあらゆる領域は本来同等であり、ある空間点で成立した運動方程式はどのように平行移動しても、あるいは回転しても成立する不変なものである。ところが、重力が作用するため空間は重力方向にこの対称性が破れる。しかし、z 軸の取り方によりこの影響を取り込むと、再度運動方程式はあらゆる空間点で成立するようになる。

一方、3 つの保存量は φ, ϕ の関数でない。φ 方向 (第 3 軸まわりの回転), ϕ 方向 (z 軸まわりの回転) に関しては、空間のあらゆる点は同等である、空間はこれらの方向に一様である、といっている。$\varphi = 0, \phi = 0$ の基準方向の取り方は自由である。ところが、あらゆる方向が同等であるのに、記述の便宜上、特定の方向に $\varphi = 0, \phi = 0$ の基準方向をとる。このことがこの対称性、同等性を破ってしまう。したがって、対称性を破るこれらの角は運動の記述に現れるべきでない。しかし、角の基準設定に依存しない角速度 $\dot{\phi}, \dot{\varphi}$ は登場することは許される。それらは角の時間微分であり、微分によって基準値のとり方 (どの方向を $\varphi = 0, \phi = 0$ とするか) の任意性が消えるためである。この事情は φ 方向、ϕ 方向に空間の一様性を損なわせる外力がはたらいていないからである。

付　録

付録 A

物理定数表

　本書で用いる基本的な物理定数は非常に少ない。表 A.1 に載せる。有効数字 2 桁で書いた。5%以上の精度があり、普通の計算には充分である。光速 c、万有引力定数 G、電気素量 e ぐらいは覚えてしまおう。アボガドロ定数 N_A、重力加速度 g を含めて、すでに記憶しているかもしれない。

　この中で重力加速度 g は地球上で物体にはたらく重力 (F_g) を物体の質量 (m) で割ったものであり、地球密度の不均一さや地球の完全な球形からの変形や自転による遠心力などのため、緯度、経度、高さの異なる地点では若干異なる。たとえば、わが国においても札幌では 9.8048 m·s^{-2}、東京 9.7976、名古屋 9.7973、鹿児島 9.7947 である。したがって、本来は物理定数ではなく、重力の定数は万有引力定数 G である。標準の g の値としては 1901 年国際度量衡総会の数値、$g = 9.80665$ m·s^{-2} である。

　第 10 章では太陽のまわりの惑星の運動を、11 章では原子核の散乱問題を扱う。それらに関連する物理定数については、対応する箇所で与えることにした。

　物理量には次元と単位がある。これらについては 3-2 節で説明する。

表 A.1　物理定数表

物理量	記号	数値	単位
真空中の光の速さ	c	3.0×10^8	m·s^{-1}
万有引力定数	G	6.7×10^{-11}	N·m^2·kg^{-2}
電気素量	e	1.6×10^{-19}	C
真空の誘電率	ε_0	8.9×10^{-12}	N^{-1}·m^{-2}·C^2
$(1/4\pi\varepsilon_0)$	k_e	9.0×10^9	N·m^2·C^{-2}
アボガドロ定数	N_A	6.0×10^{23}	mol^{-1}
重力加速度	g	9.8	m·s^{-2}

付録 B

ギリシア文字

　科学においては物理量の表示に英語のアルファベットのみでなく、ギリシア文字を頻繁に使う。大学の授業で諸君が面食らう1つが、このギリシア文字であろう。なにもギリシア語を話すわけではなく、記号として使うわけであるから英語の abc 同様に読み方を覚えればよい。表 B.1 にギリシア文字のアルファベットとその読み方をリストする。

　アイザック・アシモフ (Isaac Asimov, 1920-1992) によると、紀元前 1500 年頃にはすでにエジプトのヒエログリフ、バビロニアの楔形文字、中国の漢字が複雑な文字として存在していたらしい。そして、地中海の貿易業者であったフェニキア人が交易の都合上、エジプトとバビロニア双方の言語に精通している必要があり、煩雑さを避けるため文字を簡略化した。そして、これを表音文字とし、これらだけを使って単語を表記したとのことである。この表音文字のはじめの2つをギリシア人が、アルファ、ベータと名付けたので、表音文字の体系を「アルファベット」とよぶようになった（した

表 B.1 ギリシア文字と読み方

大文字	小文字	読み方	大文字	小文字	読み方
A	α	アルファ (alpha)	N	ν	ニュー (nu)
B	β	ベータ (beta)	Ξ	ξ	グザイ (xi)
Γ	γ	ガンマ (gamma)	O	o	オミクロン (omicron)
Δ	δ	デルタ (delta)	Π	π	パイ (pi)
E	ϵ, ε	イプシロン (epsilon)	P	ρ	ロー (rho)
Z	ζ	ツェータ、ゼータ (zeta)	Σ	σ	シグマ (sigma)
H	η	イータ、エータ (eta)	T	τ	タウ (tau)
Θ	θ, ϑ	セータ、シータ (theta)	Υ	υ	ウプシロン (upsilon)
I	ι	イオタ (iota)	Φ	ϕ, φ	ファイ (phi)
K	κ	カッパ (kappa)	X	χ	カイ (chi)
Λ	λ	ラムダ (lambda)	Ψ	ψ	プサイ (psi)
M	μ	ミュー (mu)	Ω	ω	オメガ (omega)

がって、アルファベットとは英文字をのみ指すのではない)。

　ギリシア文字はフェニキア文字をもとにできた文字であり、さらにラテン文字（英語 Latin alphabet）はこのギリシア文字をもとに生まれたものでもある。ラテン人とはローマ人と考えてほぼ間違いない。諸君も知っているように、現在の英語文字は 26 文字から成立しているが、これはラテン文字の 23 字に J, V, W を追加したものである。

付録 C

ベクトルと座標系

C-1　ベクトル

　「力学」、「電磁気学」を学ぶ当初において出会う第1の関門がベクトル、特に、ベクトルの外積であるようだ。前期授業が終わりかけた頃に学生さんがベクトルの外積が分からない、理解できないという。では、これまで教えていたのは分かっていなかったのか、こちらの一人相撲をやっていたのかと唖然とするとともに、体から力が抜けていくことがある。しかし、勉学するとはこんなものだ。一度にすべてが満足に理解できるわけではない。徐々にじっくりと進めばよいのだ。しかしながら、ベクトルやそれらの内積、外積はそのための基礎である。徐々に進むためにも基礎は最低限度は理解しておこう。

　本書では、大学の授業ですでに学んだと考えて、はじめのページから当たり前のこととしてベクトル表記を用いた。ここで、ベクトルについて改めて述べておく。

C-1-1　ベクトルの定義

　力学ではいろいろの物理量を扱う。質量、仕事などの量は**スカラー** (scalar) 量といわれ、大きさのみで方向性をもたない物理量である。これに対し、位置、速度、加速度などは大きさとともに、どちらの方向へ、どちらに向いて、と方向性をもつ物理量である。大きさと方向をもち、さらにスカラー倍と加法（以下で説明する）が定義されている量を**ベクトル** (vector) とよぶ。定義をするとは、特定の約束事にしたがって他の量と結合（足したり、引いたり、掛けたり）するため、その特性を明らかにしておくということである。

　スカラー量の加減乗除は説明の必要もなく、小学校からやっている。また、ベクトル量の足し算、引き算もすでに学び、特に、問題もないはずであるが、おさらいをしておこう。

　ベクトルは $\boldsymbol{A}$ や $\boldsymbol{r}$ のように太字（ボールド体）で表記する。ベクトル $\boldsymbol{A}$ は大きさ

(magnitude) と向き (direction) をもつので有向線分ともよばれ，図 C.1 に示すように矢印をもって図示される．矢印の長さがベクトルの大きさであり，矢印の示す向きがベクトルの向きである．ベクトル A の大きさを $|A|$，あるいは A と書く．矢印の起点 O，先端 P を使って，$\overrightarrow{OP}$ とも書く．このとき，矢印の長さを $\overline{OP}$ と表示する．

図 C.1 ベクトル図

ベクトルの定義はつぎの 2 つの演算則による．

スカラー倍

実数 c をベクトル A に掛けると，ベクトルは cA となる．つまり，ベクトルの大きさは c 倍 (cA) となり，$c > 0$ ならば向きは A と同じであり，$c < 0$ ならば A の逆向きを向く．

ベクトルの和

2 つのベクトル A と B の和 ($A + B = C$) は，平行四辺形の法則 (parallelogram law of addition) で定義される．A と B の起点を共通とする平行四辺形の対角線の長さがベクトル和 C の大きさ C であり，方向は起点から他端に向かう．あるいは，A の先端に B の起点を重ねたとき，A の起点と B の先端を結んだものがベクトル和 C である．

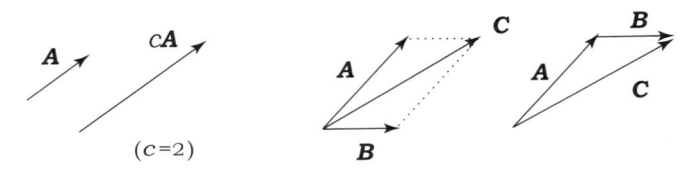

図 C.2 ベクトルのスカラー倍とベクトルの和

以上の演算則からつぎの関係が成り立つ．

$$\text{交換則} \quad A + B = B + A \tag{C.1}$$

$$\text{分配則} \quad c(A + B) = cA + cB \tag{C.2}$$

$$\text{結合則} \quad A + (B + C) = (A + B) + C \tag{C.3}$$

C-1-2 ベクトルの成分展開

力学量の多くは 3 次元空間のベクトルである．空間に対して**右手直交系** ($Oxyz$) (right-handed orthogonal coordinate system, 後で説明する) を展開すると，ベクトルは 3 軸

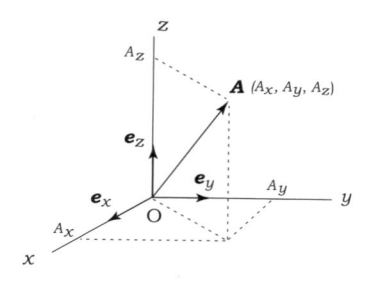

図 C.3 ベクトル $\boldsymbol{A}$ の成分展開と基本ベクトル

の各々の方向に成分をもつ。図 C.3 のようにベクトル $\boldsymbol{A}$ の先端の座標が (A_x, A_y, A_z) であれば、ベクトル $\boldsymbol{A}$ は

$$\boldsymbol{A} = A_x \boldsymbol{e}_x + A_y \boldsymbol{e}_y + A_z \boldsymbol{e}_z \tag{C.4}$$

と書ける。$\boldsymbol{e}_i$ $(i = x, y, z)$ は大きさが $|\boldsymbol{e}_i| = 1$ で、$i(= x, y, z)$ 軸の正方向を向くベクトルである。大きさが 1 のため、**単位ベクトル** (unit vector) という。また、座標系での成分展開の基準であるため、**基本ベクトル**とよぶ。A_x, A_y, A_z をベクトルの成分 (component) といい、ベクトル $\boldsymbol{A}$ の大きさは三平方の定理より $A = \sqrt{A_x^2 + A_y^2 + A_z^2}$ である。基本ベクトル $\boldsymbol{e}_x, \boldsymbol{e}_y, \boldsymbol{e}_z$ を $\boldsymbol{e}_1, \boldsymbol{e}_2, \boldsymbol{e}_3$ と表示したり、$\boldsymbol{i}, \boldsymbol{j}, \boldsymbol{k}$ と表示したりもする。

ベクトルの成分は基準となる座標系によって、当然異なる。また、基本ベクトルの取り方によっても異なる。異なる座標系でのベクトルの成分展開は、それが登場する節に譲ることにする。

ベクトル $\boldsymbol{A} = \boldsymbol{B}$ の等式は

$$A_x \boldsymbol{e}_x + A_y \boldsymbol{e}_y + A_z \boldsymbol{e}_z = B_x \boldsymbol{e}_x + B_y \boldsymbol{e}_y + B_z \boldsymbol{e}_z$$
$$\Rightarrow \quad A_x = B_x, \quad A_y = B_y, \quad A_z = B_z \tag{C.5}$$

を意味する。スカラー倍 $c\boldsymbol{A}$ は

$$c\boldsymbol{A} = cA_x \boldsymbol{e}_x + cA_y \boldsymbol{e}_y + cA_z \boldsymbol{e}_z \tag{C.6}$$

である。また、ベクトルの**合成** $\boldsymbol{C} = \boldsymbol{A} + \boldsymbol{B}$、あるいは**分解** $\boldsymbol{A} + \boldsymbol{B} = \boldsymbol{C}$ は

$$C_x = A_x + B_x, \quad C_y = A_y + B_y, \quad C_z = A_z + B_z \tag{C.7}$$

を意味する。

当たり前のことを強調しておく。それは、スカラー量であろうとベクトル量であろ

うと、足し算、引き算は同じ質の物理量について行なう演算であることを明確に把握しておくこと。同じ質の量であるからこそ、足したり引いたりできるわけである。面積と面積は足すことができるが、面積に体積は足せない。物理量の質は、3-2-1 小節 (p. 69) に述べる**次元** (dimension) によって表現される。この場合の面積の次元は長さの2乗 $[L^2]$ であり、体積は3乗 $[L^3]$ である。

C-1-3　自由ベクトルと束縛ベクトル

　ベクトルは矢印でもって図示でき、矢の長さがベクトルの大きさであり、矢の示す向きがベクトルの向きである。たとえば、図 C.4(a) に示したように同じ速さ $|\boldsymbol{v}|$ で同じ方向 $\boldsymbol{v}/|\boldsymbol{v}|$ に運動している物体は、場所がどこであろうと同じ速度ベクトル $\boldsymbol{v}$ をもつ。速度 $\boldsymbol{v}$ や加速度 $\boldsymbol{\alpha}$ や変位 $\Delta \boldsymbol{r}$ などのベクトルは、ベクトル矢の始点の違いを無視しても力学的に同質である。これを**自由ベクトル**という。

　一方、物体にはたらく力のように着力点の違いが力学的に重要な意味をもつものもある。図 C.4(b) のように物体に力 $\boldsymbol{F}$ が作用すると、固定点 O のまわりに物体は回転する。この作用は、力のモーメント $\boldsymbol{N} = \boldsymbol{r} \times \boldsymbol{F}$ の形ではたらくわけで、力の作用点 (point of action) は破線で示した作用線 (line of action) 上でのみ自由度がある。作用線上であれば、どこで力 $\boldsymbol{F}$ が作用しても同一の力のモーメント $\boldsymbol{N}$ がはたらく。同じ力のベクトルであっても作用線から外れていれば、力のモーメントは異なり、作用する効果は違ったものになる。このようにベクトル矢の始点が拘束されるものを**束縛ベクトル**という。

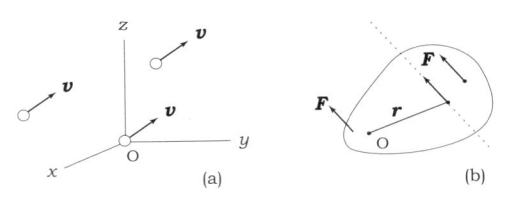

図 **C.4**　(a) 自由ベクトル $\boldsymbol{v}$ と (b) 束縛ベクトル $\boldsymbol{F}$

C-1-4　右手直交系

　x, y, z 軸が互いに直交する系を**直交系** (orthogonal coordinate system) という。右手直交系とは、x 軸から y 軸方向へ右ネジを回すとき、ネジの進む向きを z 軸方向にとる座標系である。右手の親指を x 軸、人差し指を y 軸ととると、中指は z 軸である。この関係は

左手では作れない。試しに左手で系をつくってみよう。左手の親指を x 軸、人差し指を y 軸、中指を z 軸とすれば、ネジの進む向きは右手系の $-z$ 軸方向になる。右手系と左手系 (left-handed system) は別物である。

ここで、右手系に軸の向きを反転する空間反転 (space inversion) を行なう（x, y, z 軸の向きをそれぞれ逆にとる）と、x 軸から y 軸方向へ右ネジを回すとネジは $-z$ 軸方向へ進む。空間反転すれば、右手系が左手系になる。右手で xyz 軸をつくり、鏡に映してみよう（z 軸を鏡に垂直にする。図 C.5 の①）。x, y 軸はそのままであるが、z 軸のみが向きが反転する（②）。系とは 3 つの軸の相対的関係の構成のし方を決めたものであるのだから、その関係を保存して z 軸を中心軸として 180° 系を回転したもの③は 3 つの軸の向きが①に対して逆になっている。空間反転している。鏡のなかの世界は、左手系の世界である。

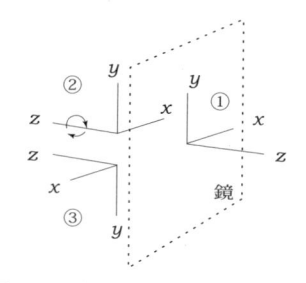

図 C.5 右手系、左手系と空間反転

C-1-5　ベクトルの発展史

ベクトル。われわれは、読みはドイツ語（ドイツ語の綴りは vektor）、綴りは英語を使っている。

力学発展史の 15, 16 世紀ごろには、すでに「力の平行四辺形の法則」などのように、力は大きさと向きをもつ量であると認知され、矢印で表記されていた。18 世紀末に 2 次元平面を扱う測地計算において、デンマークの測地学者ウェッセル (Caspar Wessel, 1745-1818) が複素数を導入し、計算を効率化した。諸君も想像できるように、複素数で実数軸と虚数軸をとるのも、直交する x, y 軸で 2 次元ベクトル平面をとるのも実質的に同じである。つまり、「複素数は 2 次元のベクトル」であると考えられる。このようにして、ベクトルは複素数の研究と関連しながら発展した。

19 世紀の初めには蒸気機関の効率をはじめて科学的に研究したフランスの物理学者カルノー (Nicolas-Léonard-Sadi Carnot, 1796-1832) が計算にベクトルを用い、その有効性を理解したドイツの数学者メビウス (August Ferdinand Möbius, 1790-1868) はそれを体系化した。また、スイスの数学者アーガンド (Jean Robert Argand, 1768-1822) は幾何学、代数学や力学の研究にベクトルを活用した。

「ベクトル」の用語を導入したのはアイルランドの数学者ハミルトン (William Rowan Hamilton, 1805-1865) である。また、ドイツの数学者グラスマン (Hermann Günther Grassmann, 1809-1877) も独立にベクトル計算の基礎を確立している。彼らは 2 次元平

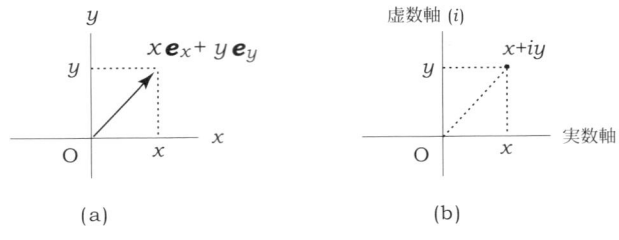

図 C.6 (a) 2次元ベクトル平面と (b) 複素平面

面から3次元空間へ、さらに n 次元ユークリッド空間へと枠組みを展開し、ベクトル解析の一般化を進めた。ハミルトンは2次元平面である複素数を、多次元を扱える超複素数へと拡張する試みを行ない、乗法の交換則 $\boldsymbol{A} \times \boldsymbol{B} = \boldsymbol{B} \times \boldsymbol{A}$ が成り立たないと仮定すれば、新たな矛盾のない代数の体系が構築できることを示した (1843年、4元数の発見)。

われわれが学ぶベクトル解析の形は、アメリカの物理学者ギッブス (Josiah Willard Gibbs, 1839-1903) によるものであって、著書『ベクトル解析の基礎』(1881-1884) でグラスマンの研究を活用した。ギッブスは化学反応での自由エネルギーや化学ポテンシャルの重要な概念を展開したりして、熱力学ならびに統計力学に多くの業績を残している。

C-2 ベクトルと座標系

物体の運動は時間と空間という容れ物のなかで生起する。空間は3次元のため、そのなかでの物体の位置 (座標) の表示 (representation) には3つの数値の組が必要とされ、それぞれの数値を座標成分という。この座標表示のし方は一義的ではなく、それぞれの運動形態に適した座標表示を採用すればよい。座標のとり方はわれわれ人間のものをみる、あるいは計る便宜的なものであって、客観的な物理現象は当然座標のとり方によらない。

座標系についてはすでに学んでいるとの前提のもとでここまで進んできた。本書の力学解析に必要な座標表示について、特に直交座標系と極座標系について、ここで簡単に復習しておこう。また、**ベクトル**についての必要な記法や演算など、さらに関連する力学的事項をまとめよう。

C-2-1　直交座標系とベクトルの内積、外積、微分

直交座標系はデカルト座標系 (cartesian coordinate system) ともいい、C-1-2 小節ですでに説明した。

右手直交系 (図 C.3) では、ベクトル $\boldsymbol{A}$ は

$$\boldsymbol{A} = A_x \boldsymbol{e}_x + A_y \boldsymbol{e}_y + A_z \boldsymbol{e}_z \tag{C.4}$$

と、x, y, z 方向の 3 つの成分ベクトル ($\boldsymbol{A}_x, \boldsymbol{A}_y, \boldsymbol{A}_z$) の和として展開できる ($\boldsymbol{A} = \boldsymbol{A}_x + \boldsymbol{A}_y + \boldsymbol{A}_z$, $\boldsymbol{A}_i = A_i \boldsymbol{e}_i$ $(i = x, y, z)$)。$\boldsymbol{e}_x, \boldsymbol{e}_y, \boldsymbol{e}_z$ はそれぞれ x, y, z 方向を向き、大きさ 1($|\boldsymbol{e}_x| = |\boldsymbol{e}_y| = |\boldsymbol{e}_z| = 1$) の単位ベクトルであって、成分展開の基本ベクトルであった。

ここで 2 つのベクトルの積をおさらいしておこう。ベクトル $\boldsymbol{A}, \boldsymbol{B}$ の積には 2 種類あり、**内積**と**外積**であった。

(a)　ベクトルの内積

まず、**内積** (inner product) であるが、これは $\boldsymbol{A} \cdot \boldsymbol{B}$ と書き (A ドット B と読む)

$$\boldsymbol{A} \cdot \boldsymbol{B} = |\boldsymbol{A}| \cdot |\boldsymbol{B}| \cos\theta = A \cdot B \cos\theta \tag{C.8}$$

と定義する。θ は 2 つのベクトルのつくる角である。$\boldsymbol{B} = \boldsymbol{A}$ の場合は、$\theta = 0$ で $\cos\theta = 1$ であって、$\boldsymbol{A} \cdot \boldsymbol{A} = \boldsymbol{A}^2 = A^2 = B^2 = AB$ である。

$|\boldsymbol{A}|$ はベクトル $\boldsymbol{A}$ の絶対値（大きさ）を意味する。太文字でなく、単に A と書いてもよい。内積は一方のベクトル (たとえば、$\boldsymbol{A}$) を他方のベクトル ($\boldsymbol{B}$) 方向に投影した成分 ($A\cos\theta$) と他方のベクトルの大きさ (B) の積である (図 C.7(a))。ベクトル間の内積の結果は、ベクトルではなく単なる数（**スカラー** (scalar)）になる。よって、内積を**スカラー積** (scalar product) ともいう。

内積が力学でどのように使われるかをみよう。

たとえば、斜面に沿って物体を移動させるために、一定の力 $\boldsymbol{F}$ で物体を引き上げる

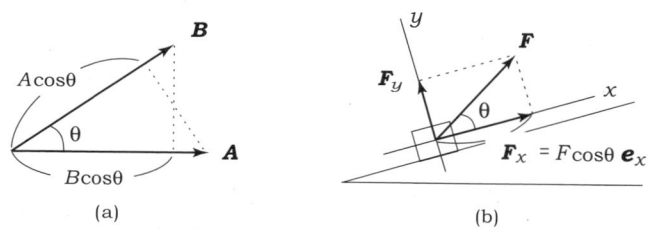

図 **C.7**　(a) 内積 $\boldsymbol{A} \cdot \boldsymbol{B}$ と (b) 斜面に沿って物体を移動させる仕事

場合を考える (図 C.7(b))。斜面に沿って上向きに x 軸、斜面に垂直上向きに y 軸をとる。物体を斜面に沿って距離 x だけ移動させるに要する仕事の量 W は、

$$\text{仕事量}(W) = (\text{物体を移動させる方向の力成分}) \times (\text{移動距離}) \tag{C.9}$$

である。(物体を移動させる方向の力成分) は、移動のための力の有効な成分であり、斜面に沿う方向の力 $\boldsymbol{F}_x$ である。斜面に垂直な力 $\boldsymbol{F}_y$ は物体の移動には何ら効果をもたない。力 $\boldsymbol{F}$ はいつも斜面に平行であるとは限らない。図 C.7(b) に示すように、一般的には斜面と角 θ をなすであろう。このとき物体を移動させるための有効な成分は、$F_x = F\cos\theta$ であることは明らかであろう。したがって、仕事量 W はベクトルの内積を使って表すと、

$$W = (F\cos\theta) \times (x) = \boldsymbol{F} \cdot \boldsymbol{x} \tag{C.10}$$

である。仕事量もスカラー量である。

式 (C.8) の定義により、直交座標系で単位ベクトルを規定する関係が得られる。異なる単位ベクトル同士のなす角は $\theta = \pi/2 = 90°$ であるため、

$$\boldsymbol{e}_x \cdot \boldsymbol{e}_y = 0, \quad \boldsymbol{e}_y \cdot \boldsymbol{e}_z = 0, \quad \boldsymbol{e}_z \cdot \boldsymbol{e}_x = 0 \tag{C.11}$$

である。また、自分自身との内積は $\theta = 0$ のため、

$$\boldsymbol{e}_x \cdot \boldsymbol{e}_x = |\boldsymbol{e}_x|^2 = 1, \quad \boldsymbol{e}_y \cdot \boldsymbol{e}_y = |\boldsymbol{e}_y|^2 = 1, \quad \boldsymbol{e}_z \cdot \boldsymbol{e}_z = |\boldsymbol{e}_z|^2 = 1 \tag{C.12}$$

である。他の軸に投影した自分自身の成分がゼロ ($\boldsymbol{e}_i \cdot \boldsymbol{e}_j = 0, i \neq j$) ということは、これら 3 つのベクトルは互いに独立である。$\boldsymbol{e}_i\,(i=x,y,z)$ は直交座標系における基本ベクトルであり、$\boldsymbol{e}_i\,(i=x,y,z)$ を正規直交系 (orthonormality) をなすという。

任意のベクトル $\boldsymbol{A}$ の軸方向の成分を求めるには、その軸方向の基本ベクトルと内積を構成すればよい。たとえば、ベクトル $\boldsymbol{A}$ の z 成分を求めるには、

$$\boldsymbol{A} \cdot \boldsymbol{e}_z = (A_x \boldsymbol{e}_x + A_y \boldsymbol{e}_y + A_z \boldsymbol{e}_z) \cdot \boldsymbol{e}_z = A_z \tag{C.13}$$

が得られることは、式 (C.11) を用いれば分かる。だから、内積 $\boldsymbol{A} \cdot \boldsymbol{B}$ は上式で $\boldsymbol{e}_z$ の代わりに $\boldsymbol{B}$ をとったものであり、$\boldsymbol{A}$ の $\boldsymbol{B}$ 方向の成分（と B の積）であるということだ。$\boldsymbol{B}$ 方向の単位ベクトルを $\boldsymbol{e}_B$ と表現すれば、$\boldsymbol{B} = B\boldsymbol{e}_B$ であって $\boldsymbol{A} \cdot \boldsymbol{B} = B(\boldsymbol{A} \cdot \boldsymbol{e}_B) = BA_B = BA\cos\theta = AB\cos\theta$ である。A_B はベクトル $\boldsymbol{A}$ の $\boldsymbol{B}$ 方向成分で、$A_B = A\cos\theta$ である。

直交座標系の基本ベクトルを用いて、内積 $\boldsymbol{A} \cdot \boldsymbol{B}$ をベクトル成分で表現すれば、

$$\boldsymbol{A} \cdot \boldsymbol{B} = (A_x \boldsymbol{e}_x + A_y \boldsymbol{e}_y + A_z \boldsymbol{e}_z) \cdot (B_x \boldsymbol{e}_x + B_y \boldsymbol{e}_y + B_z \boldsymbol{e}_z)$$

$$= A_x B_x + A_y B_y + A_z B_z \tag{C.14}$$

となることは基本ベクトル間の内積に式 (C.11), (C.12) の関係を用いれば分かる。

上式を書き換えると、

$$\begin{aligned} \boldsymbol{A} \cdot \boldsymbol{B} &= A_x B_x + A_y B_y + A_z B_z = B_x A_x + B_y A_y + B_z A_z \\ &= (B_x \boldsymbol{e}_x + B_y \boldsymbol{e}_y + B_z \boldsymbol{e}_z) \cdot (A_x \boldsymbol{e}_x + A_y \boldsymbol{e}_y + A_z \boldsymbol{e}_z) = \boldsymbol{B} \cdot \boldsymbol{A} \end{aligned} \tag{C.15}$$

を得る。内積に関しては、ベクトル $\boldsymbol{A}, \boldsymbol{B}$ の順番を入れ替えても変化がないことが分かる。

(b) ベクトルの外積

もう1つのベクトルの積は**外積** (cross product) であり、$\boldsymbol{A} \times \boldsymbol{B}$ と書く (A クロス B と読む)。その大きさは

$$|\boldsymbol{A} \times \boldsymbol{B}| = AB \sin \theta \tag{C.16}$$

と定義し、外積結果はベクトルであるとして、その方向は右ネジを $\boldsymbol{A}$ から $\boldsymbol{B}$ の方向へ回したときにネジの進む方向であると定める (図 C.8)。したがって、外積の順番が反転すればネジの回転方向が逆になり、外積結果は逆符号をもつ。

$$\boldsymbol{B} \times \boldsymbol{A} = -\boldsymbol{A} \times \boldsymbol{B} \tag{C.17}$$

外積の大きさは2つのベクトルがつくる平行四辺形の面積 (底辺 A, 高さ $B \sin \theta$) に相当することが分かるであろう (図 C.8)。外積を**ベクトル積** (vector product) ともいう。

2つのベクトルの間の角 θ の余弦をとって内積を定義すれば、つぎは、正弦をとりたくなる。正弦をとったこの外積は力学の多くの課題において重要な役割を果たす。1例として、外積を用いて力のモーメント (moment of force) を表現してみよう。

図 C.9 のように2次元平面において、支点 O から $\boldsymbol{\ell}_R$ の右端には力 $\boldsymbol{F}_R$ がはたら

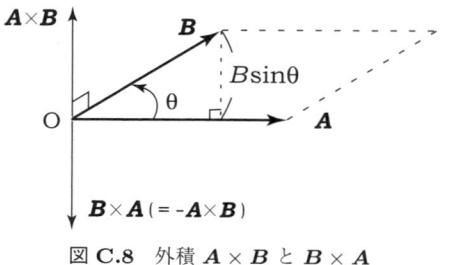

図 C.8　外積 $\boldsymbol{A} \times \boldsymbol{B}$ と $\boldsymbol{B} \times \boldsymbol{A}$

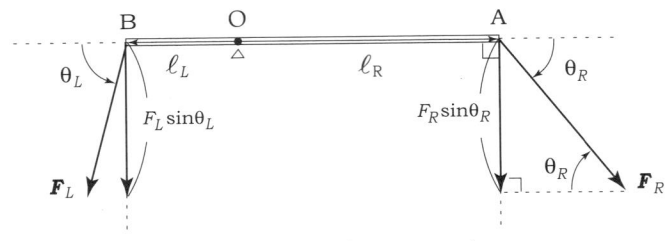

図 C.9 てこと力のモーメント

き、ℓ_L 左端には力 $\boldsymbol{F}_L$ がはたらいているてこ（梃子）AB を想定しよう。2 つの力はてこの軸に対して、それぞれ θ_R と θ_L の角をなしている。このとき、支点 O を中心とした右端の力のつくる力のモーメント $\boldsymbol{N}_R$ は

$$\boldsymbol{N}_R = \boldsymbol{\ell}_R \times \boldsymbol{F}_R \tag{C.18}$$

であり、大きさは $\ell_R F_R \sin\theta_R$ であって、方向は紙面に垂直にこちらから向こうに向かう。A 端は時計回りに回転する。一方、左端の力のモーメント $\boldsymbol{N}_L$ は

$$\boldsymbol{N}_L = \boldsymbol{\ell}_L \times \boldsymbol{F}_L \tag{C.19}$$

であり、大きさは $\ell_L F_L \sin\theta_L$ であって、方向は $\boldsymbol{N}_R$ と反対であって紙面に垂直で向こうからこちらに向かう。B 端は反時計回りに回転する。力のモーメントの大きさは、支点からのてこの腕の長さ $\ell_{R/L}$ とそれに垂直な力の成分 $F_R \sin\theta_R$、あるいは $F_L \sin\theta_L$ の積であった。そして、力がはたらいたときにてこが動く方向に回転する右ネジの進む向きを力のモーメントの方向と定義すれば、確かに、外積がそれぞれの力のモーメント $\boldsymbol{N}_{R/L}$ を表現していることが分かる。図中において、てこがバランスしておれば、2 つの力のモーメントの間に関係

$$\boldsymbol{N}_R + \boldsymbol{N}_L = 0 \tag{C.20}$$

が成り立つ。両者の力のモーメントの和がゼロであるということである。$\boldsymbol{N}_R = -\boldsymbol{N}_L$ で、確かに、大きさが等しいだけでなく、2 つのモーメントの方向も反対同士の表示となっている。てこの軸に平行な力の成分 $\boldsymbol{F}_{R\|}$ ならびに $\boldsymbol{F}_{L\|}$ は、てこの軸と平行であるため外積を構成する中で消える。

$$\boldsymbol{\ell}_R \times \boldsymbol{F}_{R\|} = \ell_R F_{R\|} \sin 0 = 0, \quad \boldsymbol{\ell}_L \times \boldsymbol{F}_{L\|} = \ell_L F_{L\|} \sin 0 = 0 \tag{C.21}$$

これらの力の成分はてこが回転するための力のモーメントを構成しないということである。

基本ベクトル間の外積をみる。

いま、右手直交系 ($Oxyz$) を採用しているので、3つの基本ベクトル e_x, e_y, e_z は大きさが1で、お互いに直交する。そして、右ネジの回転方向とその進む向きは $x \to y \to z \to x$ の循環性をもつ。

$$e_x \times e_y = e_z, \quad e_y \times e_z = e_x, \quad e_z \times e_x = e_y \tag{C.22}$$

下付の文字が x, y, z と循環しているのが分かるだろう。この x, y, z の順番が狂うと、ネジは対応する軸を逆方向に進むので、外積結果は逆符号をもつ。

$$e_y \times e_x = -e_z, \quad e_z \times e_y = -e_x, \quad e_x \times e_z = -e_y \tag{C.23}$$

また、自分同士でなす角は $\theta = 0$ であるので

$$e_x \times e_x = 0, \quad e_y \times e_y = 0, \quad e_z \times e_z = 0 \tag{C.24}$$

であることは明らかであろう。

外積 $\boldsymbol{A} \times \boldsymbol{B}$ を上式の関係を用いてベクトル成分で展開すると、

$$\begin{aligned}\boldsymbol{A} \times \boldsymbol{B} &= (A_x e_x + A_y e_y + A_z e_z) \times (B_x e_x + B_y e_y + B_z e_z) \\ &= (A_y B_z - A_z B_y)e_x + (A_z B_x - A_x B_z)e_y + (A_x B_y - A_y B_x)e_z \end{aligned} \tag{C.25}$$

となる。最後の式においても添え字 x, y, z の循環をみて取れる。

また、上式を書き換えると、

$$\begin{aligned}\boldsymbol{A} \times \boldsymbol{B} &= (A_y B_z - A_z B_y)e_x + (A_z B_x - A_x B_z)e_y + (A_x B_y - A_y B_x)e_z \\ &= -(B_y A_z - B_z A_y)e_x - (B_z A_x - B_x A_z)e_y - (B_x A_y - B_y A_x)e_z \\ &= -\boldsymbol{B} \times \boldsymbol{A} \end{aligned} \tag{C.26}$$

を得る。

外積で混乱する一因は、外積後のベクトル成分が式 (C.23) にみられるように複雑な (複雑にみえる) ことにあるようだ。$x \to y \to z \to x$ の循環パターンと成分の添え字は1度しか現れない (xyz の組み合わせのみで、xxz や yzy などでない) ことを頭に置けば、簡単に覚えられるはずだが。$\boldsymbol{A} \times \boldsymbol{B}$ について具体的に書けば、x 成分 (e_x) には $\boldsymbol{A}$ の y 成分と $\boldsymbol{B}$ の z 成分の積 ($A_y B_z$) が現れる。ここで、y と z を入れ替えた $A_z B_y$ も現れるが循環が $x \to z \to y$ と逆になる。逆循環のときにはマイナス符号が付くと覚えていればいい。したがって、x 成分は、$e_x(A_y B_z - A_z B_y)$ となる。同様に、y 成分についても、$y \to z \to x$ の循環であるので、$e_y(A_z B_x - A_x B_z)$ である。z 成分も同様に。

○ 行列式による外積展開

もうひとつの方法として**行列式**の表示を書いておく。

$$\bm{A} \times \bm{B} = \begin{vmatrix} \bm{e}_x & \bm{e}_y & \bm{e}_z \\ A_x & A_y & A_z \\ B_x & B_y & B_z \end{vmatrix} \tag{C.27}$$

$$= \bm{e}_x \begin{vmatrix} A_y & A_z \\ B_y & B_z \end{vmatrix} + \bm{e}_y \begin{vmatrix} A_z & A_x \\ B_z & B_x \end{vmatrix} + \bm{e}_z \begin{vmatrix} A_x & A_y \\ B_x & B_y \end{vmatrix} \tag{C.28}$$

$$= (A_y B_z - A_z B_y)\bm{e}_x + (A_z B_x - A_x B_z)\bm{e}_y + (A_x B_y - A_y B_x)\bm{e}_z$$

1 行目に基本ベクトルを、2 行目、3 行目にそれぞれの対応するベクトル成分を書いて行列式を作り計算すればよい。2 行 2 列の行列式は

$$\begin{vmatrix} a & b \\ c & d \end{vmatrix} = ad - bc \tag{C.29}$$

であったね。

○ 例題

外積の計算に慣れるため、少し例題を実行しよう。

$$\bm{A} \times (\bm{B} \times \bm{C}) = \bm{B}(\bm{A} \cdot \bm{C}) - \bm{C}(\bm{A} \cdot \bm{B}) \tag{C.30}$$

を導こう。

左辺の $\bm{B} \times \bm{C}$ は式 (C.25) で $\bm{A} \to \bm{B}$ に、$\bm{B} \to \bm{C}$ に置き換えればよいので、それを代入すると、

$$\begin{aligned}
\bm{A} \times (\bm{B} \times \bm{C}) &= (A_x \bm{e}_x + A_y \bm{e}_y + A_z \bm{e}_z) \\
&\quad \times \{(B_y C_z - B_z C_y)\bm{e}_x + (B_z C_x - B_x C_z)\bm{e}_y + (B_x C_y - B_y C_x)\bm{e}_z\} \\
&= \{A_y(B_x C_y - B_y C_x) - A_z(B_z C_x - B_x C_z)\}\bm{e}_x \\
&\quad + \{A_z(B_y C_z - B_z C_y) - A_x(B_x C_y - B_y C_x)\}\bm{e}_y \\
&\quad + \{A_x(B_z C_x - B_x C_z) - A_y(B_y C_z - B_z C_y)\}\bm{e}_z
\end{aligned} \tag{C.31}$$

これを整理して書き直すと、上式は

$$\begin{aligned}
&= \{B_x(A_y C_y + A_z C_z)\bm{e}_x + B_y(A_x C_x + A_z C_z)\bm{e}_y + B_z(A_x C_x + A_y C_y)\bm{e}_z\} \\
&\quad - \{C_x(A_y B_y + A_z B_z)\bm{e}_x + C_y(A_x B_x + A_z B_z)\bm{e}_y + C_z(A_x B_x + A_y B_y)\bm{e}_z\}
\end{aligned}$$

$$
\begin{aligned}
&= \{B_x(\underline{A_xC_x} + A_yC_y + A_zC_z)\boldsymbol{e}_x \\
&\quad +B_y(A_xC_x + \underline{A_yC_y} + A_zC_z)\boldsymbol{e}_y + B_z(A_xC_x + A_yC_y + \underline{A_zC_z})\boldsymbol{e}_z\} \\
&\quad - \{C_x(\underline{A_xB_x} + A_yB_y + A_zB_z)\boldsymbol{e}_x \\
&\quad +C_y(A_xB_x + \underline{A_yB_y} + A_zB_z)\boldsymbol{e}_y + C_z(A_xB_x + A_yB_y + \underline{A_zB_z})\boldsymbol{e}_z\} \\
&= (B_x\boldsymbol{e}_x + B_y\boldsymbol{e}_y + B_z\boldsymbol{e}_z)(A_xC_x + A_yC_y + A_zC_z) \\
&\quad -(C_x\boldsymbol{e}_x + C_y\boldsymbol{e}_y + C_z\boldsymbol{e}_z)(A_xB_x + A_yB_y + A_zB_z) \\
&= \boldsymbol{B}(\boldsymbol{A}\cdot\boldsymbol{C}) - \boldsymbol{C}(\boldsymbol{A}\cdot\boldsymbol{B}) \quad\quad\quad\quad\quad\quad\quad\quad\quad\quad\quad\quad (\text{C}.32)
\end{aligned}
$$

となる。丁寧に書いたので長くなったが、慣れてくるともっと短くなる。式 (C.32) の部分では、$\boldsymbol{A}\cdot\boldsymbol{C}$ と $\boldsymbol{A}\cdot\boldsymbol{B}$ の内積の形にするために追加した項（前者には足し、後者には引いたので、全体では差し引きゼロである）を下線で示した。

問 ベクトル計算は、まず、計算練習を繰り返して、慣れることである。
(1) $\boldsymbol{A}\cdot(\boldsymbol{A}\times\boldsymbol{B}) = 0$
(2) $\boldsymbol{A}\times(\boldsymbol{B}\times\boldsymbol{C}) + \boldsymbol{B}\times(\boldsymbol{C}\times\boldsymbol{A}) + \boldsymbol{C}\times(\boldsymbol{A}\times\boldsymbol{B}) = 0$
(3) $(\boldsymbol{A}\times\boldsymbol{B})\cdot(\boldsymbol{C}\times\boldsymbol{D}) = (\boldsymbol{A}\cdot\boldsymbol{C})(\boldsymbol{B}\cdot\boldsymbol{D}) - (\boldsymbol{A}\cdot\boldsymbol{D})(\boldsymbol{B}\cdot\boldsymbol{C})$
を自分で導いてみよ。

(c) ベクトルの微分

ベクトル $\boldsymbol{A}$ がある変数 t の関数であるとき、ベクトル $\boldsymbol{A}(t)$ の t に関する微分は

$$
\frac{d\boldsymbol{A}}{dt} = \frac{dA_x}{dt}\boldsymbol{e}_x + \frac{dA_y}{dt}\boldsymbol{e}_y + \frac{dA_z}{dt}\boldsymbol{e}_z \quad\quad (\text{C}.33)
$$

である。ベクトルの成分 $A_i(t)$ $(i=x,y,z)$ はスカラー量であり、それらを t で微分したものを成分とするベクトルである。微分の定義からいうと、

$$
\begin{aligned}
\frac{d\boldsymbol{A}(t)}{dt} &= \lim_{\Delta t\to 0}\frac{\boldsymbol{A}(t+\Delta t) - \boldsymbol{A}(t)}{\Delta t} \\
&= \left\{\lim_{\Delta t\to 0}\frac{A_x(t+\Delta t) - A_x(t)}{\Delta t}\right\}\boldsymbol{e}_x \\
&\quad + \left\{\lim_{\Delta t\to 0}\frac{A_y(t+\Delta t) - A_y(t)}{\Delta t}\right\}\boldsymbol{e}_y \\
&\quad + \left\{\lim_{\Delta t\to 0}\frac{A_z(t+\Delta t) - A_z(t)}{\Delta t}\right\}\boldsymbol{e}_z
\end{aligned}
$$

$$= \frac{\mathrm{d}A_x}{\mathrm{d}t}\boldsymbol{e}_x + \frac{\mathrm{d}A_y}{\mathrm{d}t}\boldsymbol{e}_y + \frac{\mathrm{d}A_z}{\mathrm{d}t}\boldsymbol{e}_z \tag{C.34}$$

である。

(d) 直交座標系での速度、加速度

直交座標 $(Oxyz)$ での速度（ベクトル）と加速度（ベクトル）は、位置ベクトル $\boldsymbol{r}$

$$\boldsymbol{r} = x\boldsymbol{e}_x + y\boldsymbol{e}_y + z\boldsymbol{e}_z \tag{C.35}$$

を時間 t で1階微分、2階微分することによって表示できる。速度 $\dot{\boldsymbol{r}}$ および加速度 $\ddot{\boldsymbol{r}}$ は

$$\dot{\boldsymbol{r}} = \dot{x}\boldsymbol{e}_x + \dot{y}\boldsymbol{e}_y + \dot{z}\boldsymbol{e}_z \quad \left(\frac{\mathrm{d}\boldsymbol{r}}{\mathrm{d}t} = \frac{\mathrm{d}x}{\mathrm{d}t}\boldsymbol{e}_x + \frac{\mathrm{d}y}{\mathrm{d}t}\boldsymbol{e}_y + \frac{\mathrm{d}z}{\mathrm{d}t}\boldsymbol{e}_z \right) \tag{C.36}$$

$$\ddot{\boldsymbol{r}} = \ddot{x}\boldsymbol{e}_x + \ddot{y}\boldsymbol{e}_y + \ddot{z}\boldsymbol{e}_z \quad \left(\frac{\mathrm{d}^2\boldsymbol{r}}{\mathrm{d}t^2} = \frac{\mathrm{d}^2x}{\mathrm{d}t^2}\boldsymbol{e}_x + \frac{\mathrm{d}^2y}{\mathrm{d}t^2}\boldsymbol{e}_y + \frac{\mathrm{d}^2z}{\mathrm{d}t^2}\boldsymbol{e}_z \right) \tag{C.37}$$

である。

ここで時間微分をニュートンの記法に従って、変数の上にドットを付けて表した。位置座標の時間微分である速度は $\dot{\boldsymbol{r}}$、2階の時間微分である加速度は $\ddot{\boldsymbol{r}}$ である。ライプニッツの記法にニュートンの記法を混ぜながら、簡潔なニュートンの記法に徐々に移ってゆくこととする。

C-2-2 2次元極座標系

2次元直交座標系 (Oxy) に代わり、原点 O からの距離 r と x 軸とのなす角 θ を2つの変数として座標点を表示する極座標系 (polar coordinate system) を学んでおこう。
x, y を極座標系 (r, θ) で表示すると（図 C.10(a)）、

$$x = r\cos\theta, \quad y = r\sin\theta \tag{C.38}$$

$$r = \sqrt{x^2 + y^2}, \quad \theta = \tan^{-1}\left(\frac{y}{x}\right) \tag{C.39}$$

である $(r \geq 0, 0 \leq \theta < 2\pi)$。原点 O と座標点 P$(x, y)$ を結ぶ方向を動径方向（r 方向）、これに直角に角 θ の増加する向きにとった方向を方位角方向（θ 方向）とよぶ。直交座標系の基本ベクトル $\boldsymbol{e}_i \ (i = x, y)$ とつぎのような関係をもつベクトル $\boldsymbol{e}_r$ ならびに $\boldsymbol{e}_\theta$ は、極座標系の基本ベクトルを構成することが分かる。

$$\boldsymbol{e}_r = \cos\theta\,\boldsymbol{e}_x + \sin\theta\,\boldsymbol{e}_y, \quad \boldsymbol{e}_\theta = -\sin\theta\,\boldsymbol{e}_x + \cos\theta\,\boldsymbol{e}_y \tag{C.40}$$

$$(\boldsymbol{e}_x = \cos\theta\,\boldsymbol{e}_r - \sin\theta\,\boldsymbol{e}_\theta, \quad \boldsymbol{e}_y = \sin\theta\,\boldsymbol{e}_r + \cos\theta\,\boldsymbol{e}_\theta) \tag{C.41}$$

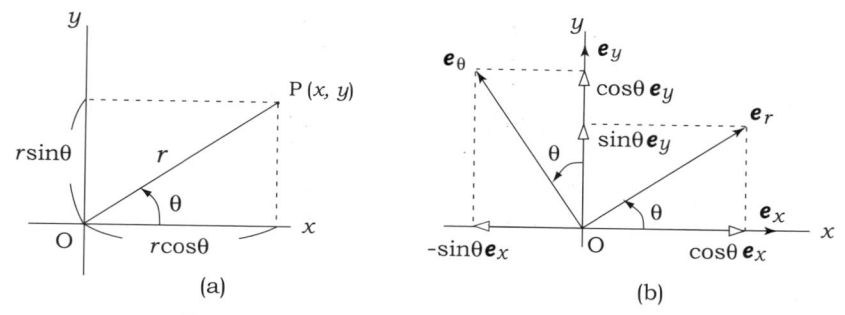

図 **C.10** 2次元平面における極座標と直交座標表示

すなわち、$e_i\ (i=x,y)$ の正規直交性から、e_r と e_θ の内積は

$$\begin{aligned}
e_r \cdot e_\theta &= (\cos\theta\ e_x + \sin\theta\ e_y) \cdot (-\sin\theta\ e_x + \cos\theta\ e_y) \\
&= -\cos\theta\sin\theta\ (e_x \cdot e_x - e_y \cdot e_y) + (\cos^2\theta - \sin^2\theta)\ (e_y \cdot e_x) \\
&= 0
\end{aligned} \qquad (\text{C.42})$$

であり、自分自身との内積も

$$\begin{aligned}
e_r \cdot e_r &= (\cos\theta\ e_x + \sin\theta\ e_y) \cdot (\cos\theta\ e_x + \sin\theta\ e_y) \\
&= \cos^2\theta(e_x \cdot e_x) + 2\cos\theta\sin\theta(e_x \cdot e_y) + \sin^2\theta(e_y \cdot e_y) = 1 \quad (\text{C.43}) \\
e_\theta \cdot e_\theta &= (-\sin\theta\ e_x + \cos\theta\ e_y) \cdot (-\sin\theta\ e_x + \cos\theta\ e_y) \\
&= \sin^2\theta(e_x \cdot e_x) - 2\sin\theta\cos\theta(e_x \cdot e_y) + \cos^2\theta(e_y \cdot e_y) = 1 \quad (\text{C.44})
\end{aligned}$$

を得る。よって、e_r ならびに e_θ は、r と θ の正方向を向く大きさ 1 の基本ベクトルである。

直交座標系での内積は式 (C.11), (C.12) で学んだ。極座標系も直交座標系もまとめると、

$$e_i \cdot e_i = 1 \quad (i = x, y \text{ あるいは } r, \theta) \qquad (\text{C.45})$$

$$e_i \cdot e_j = 0 \quad (i \neq j,\ i, j = x, y \text{ あるいは } r, \theta) \qquad (\text{C.46})$$

の関係を満たす。第 1 式の関係を**規格（正規）性**とよび、第 2 式の関係を**直交性**とよぶ。これらはまとめて

$$e_i \cdot e_j = \delta_{ij} \qquad (\text{C.47})$$

と書ける。δ_{ij} は $i = j$ ならば 1，$i \neq j$ ならば 0 の値をとり、**クロネッカーのデルタ**

(Kronecker's δ) という。よって、e_x, e_y は**規格直交性（正規直交性）**をもつという。e_r, e_θ も規格直交性をもっている。

内積をやったので、つぎには基本ベクトルの外積をやっておこう。引き続き、e_r と e_θ は 2 次元極座標系での単位ベクトル（e_x, e_y は対応する 2 次元直交座標系の単位ベクトル）とし、この 2 次元平面に垂直な単位ベクトル e_z をもつ 3 次元で考える。

まず、$e_r \times e_\theta$ を計算する。

$$\begin{aligned} e_r \times e_\theta &= (\cos\theta e_x + \sin\theta e_y) \times (-\sin\theta e_x + \cos\theta e_y) \\ &= -\sin^2\theta(e_y \times e_x) + \cos^2\theta(e_x \times e_y) = (\sin^2\theta + \cos^2\theta)(e_x \times e_y) \\ &= e_z \end{aligned} \quad (C.48)$$

ここで極座標系の基本ベクトルと直交座標系の基本ベクトルの関係式 (C.41) を使った。また、直交座標系の基本ベクトル間の外積は式 (C.22) で記した。2 つのベクトルの外積は、それらがつくる面に対して垂直な方向性をもつ（C-2-1 小節の「ベクトルの外積」(p. 471) 参照）。すなわち、いまの場合は e_r, e_θ が x-y 平面にあるため、その外積は z 軸方向を向く。また、両ベクトルは大きさ 1 で、直交しているため、それらの外積の大きさは 1 である。これが上の計算結果である。e_z も基本ベクトルであり、e_r, e_θ と直交する。これらの外積も計算しておこう。

$$\begin{aligned} e_r \times e_z &= (\cos\theta e_x + \sin\theta e_y) \times e_z = \cos\theta(e_x \times e_z) + \sin\theta(e_y \times e_z) \\ &= -\cos\theta e_y + \sin\theta e_x = -e_\theta \end{aligned} \quad (C.49)$$

$$\begin{aligned} e_\theta \times e_z &= (-\sin\theta e_x + \cos\theta e_y) \times e_z = -\sin\theta(e_x \times e_z) + \cos\theta(e_y \times e_z) \\ &= \sin\theta e_y + \cos\theta e_x = e_r \end{aligned} \quad (C.50)$$

となる。

(a) 基本ベクトル e_r, e_θ の時間微分

物理学では 2 次元極座標表示を頻繁に用いる。そこで、位置ベクトルの 1 階時間微分（速度 $d\boldsymbol{r}/dt$）、2 階時間微分（加速度 $d^2\boldsymbol{r}/dt^2$）の極座標表示をここで行なっておこう。

運動する物体の位置ベクトルは時間とともに変化する。したがって、その位置ベクトルを極座標表示するならば、基本ベクトル e_r, e_θ も直交座標系 Oxy からみると時間的に変化する。まず、基本ベクトル (式 (C.41)) の時間微分を求める。

$$\dot{\boldsymbol{e}}_r = \frac{d}{dt}\boldsymbol{e}_r = \left(\frac{d}{dt}\cos\theta\right)\boldsymbol{e}_x + \left(\frac{d}{dt}\sin\theta\right)\boldsymbol{e}_y = -\sin\theta\left(\frac{d\theta}{dt}\right)\boldsymbol{e}_x + \cos\theta\left(\frac{d\theta}{dt}\right)\boldsymbol{e}_y$$

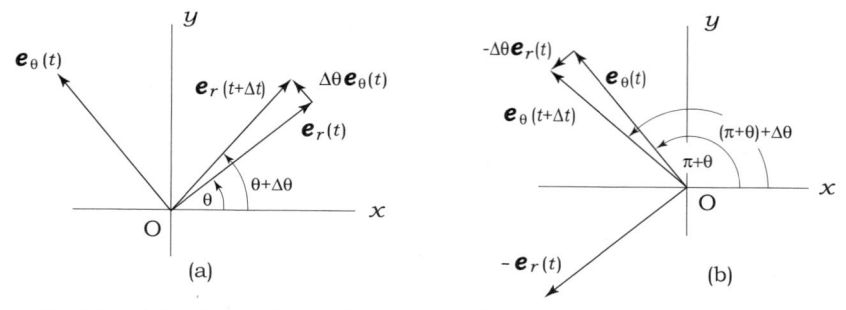

図 C.11 (a) $e_r(t+\Delta t) = e_r(t) + \Delta\theta e_\theta(t)$, (b) $e_\theta(t+\Delta t) = e_\theta(t) - \Delta\theta e_r(t)$

$$= \left(\frac{d\theta}{dt}\right)(-\sin\theta e_x + \cos\theta e_y) = \left(\frac{d\theta}{dt}\right)e_\theta = \dot{\theta}e_\theta \tag{C.51}$$

直交座標系の基本ベクトル e_x, e_y は座標系に固定されていて時間変化しない ($\dot{e}_x = 0$, $\dot{e}_y = 0$) ので、これらについては時間微分する必要はない。同様にして、

$$\dot{e}_\theta = \frac{d}{dt}e_\theta = \left(-\frac{d}{dt}\sin\theta\right)e_x + \left(\frac{d}{dt}\cos\theta\right)e_y = -\cos\theta\left(\frac{d\theta}{dt}\right)e_x - \sin\theta\left(\frac{d\theta}{dt}\right)e_y$$

$$= -\left(\frac{d\theta}{dt}\right)(\cos\theta e_x + \sin\theta e_y) = -\left(\frac{d\theta}{dt}\right)e_r = -\dot{\theta}e_r \tag{C.52}$$

を得る。

式 (C.51) ならびに式 (C.52) の関係を図示すれば、図 C.11(a) と (b) となる。

式 (C.51) と (C.52) は計算過程を記してあるので見づらい。結果のみを下にまとめておく。

$$\dot{e}_r = \dot{\theta}e_\theta, \qquad \dot{e}_\theta = -\dot{\theta}e_r \tag{C.53}$$

(b) dr/dt, d^2r/dt^2 の極座標表示

さて、速度 $\dot{r}$、加速度 $\ddot{r}$ を極座標表示しよう。

物体の位置座標は極座標表示では

$$r = re_r \tag{C.54}$$

である。これだけである。もっと精確に時間の関数であることを書けば、

$$r = r(t)e_r(t) \tag{C.55}$$

図 C.12 角の微小変化と角速度

である。

速度 $\dot{\boldsymbol{r}}$ を得るために時間微分すると、

$$\dot{\boldsymbol{r}} = \boldsymbol{v} = \frac{\mathrm{d}\boldsymbol{r}}{\mathrm{d}t} = \left(\frac{\mathrm{d}r}{\mathrm{d}t}\right)\boldsymbol{e}_r + r\left(\frac{\mathrm{d}\boldsymbol{e}_r}{\mathrm{d}t}\right)$$
$$= \left(\frac{\mathrm{d}r}{\mathrm{d}t}\right)\boldsymbol{e}_r + r\left(\frac{\mathrm{d}\theta}{\mathrm{d}t}\right)\boldsymbol{e}_\theta = \dot{r}\boldsymbol{e}_r + r\dot{\theta}\boldsymbol{e}_\theta = \dot{r}\boldsymbol{e}_r + r\omega\boldsymbol{e}_\theta \quad \text{(C.56)}$$

ここで上式右辺の ω は、$\omega = \dot{\theta}$ であり、**角速度** (angular velocity) という。速度は位置の時間変化であって、角速度は角の時間変化

$$\omega = \frac{\mathrm{d}\theta}{\mathrm{d}t} = \dot{\theta} \quad \text{(C.57)}$$

である。微小時間 Δt での物体の θ 方向の変位は $r \cdot \Delta \theta$ である（図 C.12）ので、速度の θ 方向成分 v_θ はまさに

$$v_\theta = \lim_{\Delta t \to 0} \frac{r\Delta\theta}{\Delta t} = r\dot{\theta} = r\omega \quad \text{(C.58)}$$

である。一方、r 方向の速度成分 v_r は

$$v_r = \frac{\mathrm{d}r}{\mathrm{d}t} = \dot{r} \quad \text{(C.59)}$$

である。

加速度を求めるため、さらに時間微分を行なうと、

$$\ddot{\boldsymbol{r}} = \frac{\mathrm{d}\boldsymbol{v}}{\mathrm{d}t} = \left(\frac{\mathrm{d}^2 r}{\mathrm{d}t^2}\right)\boldsymbol{e}_r + \left(\frac{\mathrm{d}r}{\mathrm{d}t}\right)\left(\frac{\mathrm{d}\boldsymbol{e}_r}{\mathrm{d}t}\right)$$
$$+ \left(\frac{\mathrm{d}r}{\mathrm{d}t}\right)\left(\frac{\mathrm{d}\theta}{\mathrm{d}t}\right)\boldsymbol{e}_\theta + r\left(\frac{\mathrm{d}^2\theta}{\mathrm{d}t^2}\right)\boldsymbol{e}_\theta + r\left(\frac{\mathrm{d}\theta}{\mathrm{d}t}\right)\left(\frac{\mathrm{d}\boldsymbol{e}_\theta}{\mathrm{d}t}\right)$$
$$= (\ddot{r} - r\dot{\theta}^2)\boldsymbol{e}_r + (2\dot{r}\dot{\theta} + r\ddot{\theta})\boldsymbol{e}_\theta \quad \text{(C.60)}$$

基本ベクトルの時間微分 $\dot{\boldsymbol{e}}_r, \dot{\boldsymbol{e}}_\theta$ には式 (C.51), (C.52) を用いて、最終行を得る。

のちのちの参照のため、まとめておく。

$$\dot{\boldsymbol{r}} = \dot{r}\boldsymbol{e}_r + r\dot{\theta}\boldsymbol{e}_\theta \quad \text{(C.61)}$$
$$\ddot{\boldsymbol{r}} = (\ddot{r} - r\dot{\theta}^2)\boldsymbol{e}_r + (2\dot{r}\dot{\theta} + r\ddot{\theta})\boldsymbol{e}_\theta \quad \text{(C.62)}$$

C-2-3　3 次元極座標系

3 次元の極座標、いわゆる球座標 (spherical coordinate) 表示をつぎにみる。

この座標表示では、図 C.13 に示すように、**動径** r (moving radius)、**方位角** ϕ (az-

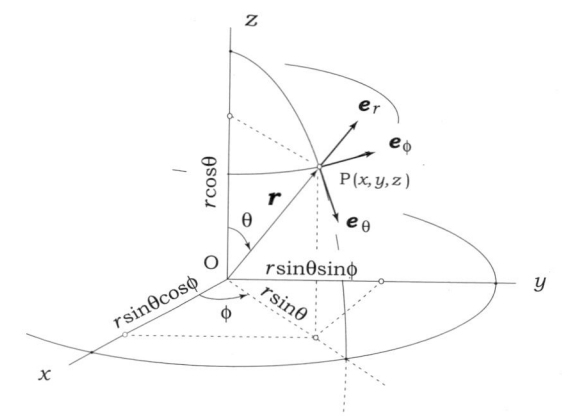

図 **C.13** 3次元極座標と直交座標表示。細線は球面（半径=r）上の経度線ならびに緯度線である。

imuthal angle) に**極角** θ (polar angle) の3つの変数を用いる。3次元の直交座標 x, y, z との関係はつぎのようになる。

$$x = r\sin\theta\cos\phi, \quad y = r\sin\theta\sin\phi, \quad z = r\cos\theta \tag{C.63}$$

$$r^2 = x^2 + y^2 + z^2, \quad \theta = \cos^{-1}\left(\frac{z}{\sqrt{x^2+y^2+z^2}}\right), \quad \phi = \tan^{-1}\left(\frac{y}{x}\right) \tag{C.64}$$

また、基本ベクトル $\boldsymbol{e}_r, \boldsymbol{e}_\phi, \boldsymbol{e}_\theta$ は図 C.13 にみるように、それぞれ r, ϕ, θ の正方向を向く大きさ1のベクトルであり、直交座標系の基本ベクトル $\boldsymbol{e}_i\ (i=x,y,z)$ とはつぎの関係をもつ。

$$\begin{aligned}
\boldsymbol{e}_r &= \sin\theta\cos\phi\,\boldsymbol{e}_x + \sin\theta\sin\phi\,\boldsymbol{e}_y + \cos\theta\,\boldsymbol{e}_z \\
&= \frac{1}{\sqrt{x^2+y^2+z^2}}\left(x\boldsymbol{e}_x + y\boldsymbol{e}_y + z\boldsymbol{e}_z\right)
\end{aligned} \tag{C.65}$$

$$\begin{aligned}
\boldsymbol{e}_\theta &= \cos\theta\cos\phi\,\boldsymbol{e}_x + \cos\theta\sin\phi\,\boldsymbol{e}_y - \sin\theta\,\boldsymbol{e}_z \\
&= \frac{1}{\sqrt{x^2+y^2+z^2}}\left(\frac{xz}{\sqrt{x^2+y^2}}\boldsymbol{e}_x + \frac{zy}{\sqrt{x^2+y^2}}\boldsymbol{e}_y - \sqrt{x^2+y^2}\,\boldsymbol{e}_z\right)
\end{aligned} \tag{C.66}$$

$$\begin{aligned}
\boldsymbol{e}_\phi &= -\sin\phi\,\boldsymbol{e}_x + \cos\phi\,\boldsymbol{e}_y \\
&= -\frac{1}{\sqrt{x^2+y^2}}\left(y\boldsymbol{e}_x - x\boldsymbol{e}_y\right)
\end{aligned} \tag{C.67}$$

3次元極座標系の基本ベクトルが正規直交性 (orthonormal system) を満足することは計算すれば分かる。

　3次元の同じ位置を表すのに、複数の座標表示があると具合が悪い。たとえば、

$(-r, \theta, \phi)$ と $(r, \pi - \theta, \pi + \phi)$ は見かけ上違う座標だが、実際には同じ位置を表している（確かめてみること）。そこで普通は、r, θ, ϕ の範囲を以下のように決めておき、位置に対して座標が一意的に決まるようにしている。

$$r \geq 0, \quad 0 \leq \theta \leq \pi, \quad 0 \leq \phi < 2\pi \tag{C.68}$$

便宜のため、逆展開した $\bm{e}_x, \bm{e}_y, \bm{e}_z$ の表示を示す。

$$\bm{e}_x = \sin\theta\cos\phi\,\bm{e}_r + \cos\theta\cos\phi\,\bm{e}_\theta - \sin\phi\,\bm{e}_\phi \tag{C.69}$$
$$\bm{e}_y = \sin\theta\sin\phi\,\bm{e}_r + \cos\theta\sin\phi\,\bm{e}_\theta + \cos\phi\,\bm{e}_\phi \tag{C.70}$$
$$\bm{e}_z = \cos\theta\,\bm{e}_r - \sin\theta\,\bm{e}_\theta \tag{C.71}$$

問 基本ベクトル $\bm{e}_r, \bm{e}_\phi, \bm{e}_\theta$ が正規直交性をもつことを、手を動かして計算して自分で確かめよ。

(a) $\mathrm{d}\bm{r}/\mathrm{d}t,\ \mathrm{d}^2\bm{r}/\mathrm{d}t^2$ の3次元極座標表示

まず、式 (C.65)–(C.67) の基本ベクトルの時間微分を実行する。右辺に式 (C.69)–(C.71) を用いて、極座標系の基本ベクトルで表示すればよい。

$$\dot{\bm{e}}_r = \dot{\theta}\,\bm{e}_\theta + \dot{\phi}\sin\theta\,\bm{e}_\phi \tag{C.72}$$
$$\dot{\bm{e}}_\theta = -\dot{\theta}\,\bm{e}_r + \dot{\phi}\cos\theta\,\bm{e}_\phi \tag{C.73}$$
$$\dot{\bm{e}}_\phi = -\dot{\phi}\left(\sin\theta\,\bm{e}_r + \cos\theta\,\bm{e}_\theta\right) \tag{C.74}$$

問 上式 (C.72)–(C.74) を導け。煩雑なので混乱しないようにやること。1度は自分で格闘してみるのがいい。

速度 $\dot{\bm{r}}$、加速度 $\ddot{\bm{r}}$ を求めるには、前小節同様に、$\bm{r} = r\bm{e}_r$ を時間微分すればよい。基本ベクトル $\bm{e}_r, \bm{e}_\phi, \bm{e}_\theta$ の時間微分には式 (C.72)–(C.74) の関係式を代入すればよい。その結果は

$$\dot{\bm{r}} = \bm{v} = \dot{r}\,\bm{e}_r + r\dot{\theta}\,\bm{e}_\theta + r\sin\theta\,\dot{\phi}\,\bm{e}_\phi \tag{C.75}$$
$$\ddot{\bm{r}} = \left(\ddot{r} - r\dot{\theta}^2 - r\sin^2\theta\,\dot{\phi}^2\right)\bm{e}_r + \left(2\dot{r}\dot{\theta} + r\ddot{\theta} - r\sin\theta\cos\theta\,\dot{\phi}^2\right)\bm{e}_\theta$$
$$+ \left\{\frac{1}{r\sin\theta}\frac{\mathrm{d}}{\mathrm{d}t}\left(r^2\sin^2\theta\,\dot{\phi}\right)\right\}\bm{e}_\phi \tag{C.76}$$

を得る。

> **問** 上式 (C.75), (C.76) を導け。

付録 D

微分と積分

D-1 微分

D-1-1 微分 (differentiation)

変数 x のある関数を $f(x)$ と書くと、$f(x)$ の x に関する**微分** (differential) は $f'(x)$ (微分記法については p. 485 の項「微分記号」で説明) または $\mathrm{d}f(x)/\mathrm{d}x$ と記し

$$f'(x) = \frac{\mathrm{d}f(x)}{\mathrm{d}x} = \lim_{\Delta x \to 0} \frac{\Delta f(x)}{\Delta x} = \lim_{\Delta x \to 0} \frac{f(x+\Delta x) - f(x)}{\Delta x} \tag{D.1}$$

と定義される。ただし、関数 $f(x)$ は x に対して連続であって、x とともにスムーズに変化し、不連続な振る舞いがないものとする。さもないと、一義的に微分が定義できないからである。変数 x のある値 $x = a$ における微分

$$f'(a) = \left.\frac{\mathrm{d}f}{\mathrm{d}x}\right|_a = \lim_{\Delta x \to 0} \frac{f(a+\Delta x) - f(a)}{\Delta x} \tag{D.2}$$

を**微分係数**といい、$f'(a)$ あるいは $\mathrm{d}f/\mathrm{d}x|_a$ と記す。式 (D.1) のように変数 x に微分係数が対応する関数を**導関数** (derivative) あるいは微分とよぶ。ある関数の導関数を求めることを単に「微分」あるいは「微分する」という。

式 (D.1) のいうことは、微分とは、変数 x の微小変化 ($x \to x + \Delta x$) に伴う関数 $f(x)$ の変化 ($f(x) \to f(x+\Delta x)$) の変化率 ($\Delta f(x)/\Delta x = (f(x+\Delta x) - f(x))/\Delta x$) を、$\Delta x \to 0$ の極限で求めたものである。

この様子を図 D.1 で示す。x、$x + \Delta x$ 点での曲線 $f(x)$ に a、b の記号を打った。$\Delta f(x)/\Delta x$ は、両点を結ぶ直線 ab (図中で α で示す) の傾き $\tan\theta = \Delta f(x)/\Delta x$ であり、Δx をゼロの極限にもってゆくこと (図中で β で示す) は a 点における曲線 $f(x)$ の勾配を求めることである。このことは特定の x 値に対して成り立つだけでなく、任意の x に対して成り立つもので、関数 $f(x)$ から一義的に導かれる 1 つの関数を形成する。

$\Delta x \to 0$ の極限にもってゆくと、$\Delta f(x) \to 0$ となり、分母、分子ともゼロとなって

図 **D.1** 微分

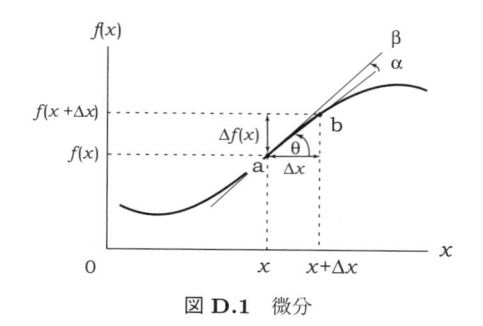

($\Delta f(x)/\Delta x \to 0/0$) 計算できない、あるいは理解できない、と考えるのでない。分母、分子とも同じ比率でゼロに近づく、つまり、比例してゼロに近づくため、分母、分子で比をとるとこの比例係数のみが残り、ゼロ÷ゼロとはならない。この様子は以降の複数の例題をみればよく理解できるが、いま $f(x) = x^2$ の微分を計算してみよう。定義に従って、

$$\frac{\mathrm{d}x^2}{\mathrm{d}x} = \lim_{\Delta x \to 0} \frac{(x+\Delta x)^2 - x^2}{\Delta x} = \lim_{\Delta x \to 0} \frac{(x^2 + 2x\Delta x + (\Delta x)^2) - x^2}{\Delta x}$$
$$= \lim_{\Delta x \to 0} \frac{2x\Delta x + (\Delta x)^2}{\Delta x} \tag{D.3}$$

Δx は微少量であるので、$(\Delta x)^2$ はさらに小さい微少量であり ($\Delta x \gg (\Delta x)^2$)、分子の第2項は第1項に対して無視できる。その結果、分母、分子とも Δx に比例し、打ち消し合い、以下のように分子の比例係数である $2x$ のみが残る。

$$\frac{\mathrm{d}x^2}{\mathrm{d}x} = \lim_{\Delta x \to 0} \frac{2x\Delta x}{\Delta x} = 2x \tag{D.4}$$

$\Delta x \to 0$ の極限操作で上図では b 点 $\to a$ 点へ移動していくが、それにつれての曲線の勾配は連続的に変化してゆき、a 点での勾配(微分)に漸近してゆく。これが極限操作にもとづく微分であり、ゼロ÷ゼロで不定でなく、有限な値(勾配)をもつ。

微分が分からなくなれば、上の定義式 (D.1) から求めればよい。

(a) 微分記号

時間 t を変数とする関数 $a(t)$ の時間微分を

$$\dot{a} \quad \text{あるいは} \quad \frac{\mathrm{d}a}{\mathrm{d}t} \tag{D.5}$$

と表示する。物理学では時間変化が頻繁に登場するので、時間微分だけを特別に、かつ簡略化して $\dot{a}$ と書き、a ドットと読む。ニュートンによる表記法である。$\frac{\mathrm{d}a}{\mathrm{d}t}$ はライ

プニッツによる表記法である。位置 x の1階時間微分（時間 t で1回微分したもの）が速度 $v = \dot{x}$ であり、位置 x の2階時間微分（時間 t で2回微分したもの）、あるいは速度 v の1階時間微分が加速度 α であって、$\alpha = \ddot{x} = \dot{v}$ と書く。

微分は必ずしも時間によるものばかりでない。関数 $f(x)$ の変数 x での微分を

$$f' = \frac{\mathrm{d}f}{\mathrm{d}x} \tag{D.6}$$

と表示し、f ダッシュあるいはプライムと読む。関数 f は必ずしも変数 x で直接的に表示されるとは限らない。つまり、関数 f は変数 x の関数 $g(x)$ で表示される方が物理的に明確であるとき、$f = f(g(x))$ と書く。このような関数を**合成関数** (composite function) という。このとき、g による $f(g)$ の微分を f'

$$f' = \frac{\mathrm{d}f}{\mathrm{d}g} \tag{D.7}$$

と書き、g を**引数**とよぶ。x による $f(g(x))$ の微分は

$$\frac{\mathrm{d}f}{\mathrm{d}x} = \frac{\mathrm{d}f}{\mathrm{d}g} \cdot \frac{\mathrm{d}g}{\mathrm{d}x} = f'(g) \cdot g'(x) \tag{D.8}$$

となる。証明は省略する。

○ 例題

少し例題をこなしておこう。

- $f(x) = x$ の場合

$$f'(x) = \frac{\mathrm{d}x}{\mathrm{d}x} = \lim_{\Delta x \to 0} \frac{(x + \Delta x) - x}{\Delta x} = \lim_{\Delta x \to 0} \frac{\Delta x}{\Delta x} = 1 \tag{D.9}$$

ここでは、極限操作が無くても微分値は 1 となる。$f(x) = x$ は横軸に x、縦軸に $f(x)$ をとれば、その傾きは常に 1 であることを意味している。

- $f(x) = 1/x$ の場合

$$f'(x) = \frac{\mathrm{d}}{\mathrm{d}x}\left(\frac{1}{x}\right) = \lim_{\Delta x \to 0}\left\{\left(\frac{1}{x + \Delta x} - \frac{1}{x}\right) \Big/ \Delta x\right\} = \lim_{\Delta x \to 0} \frac{-\Delta x}{x(x + \Delta x)\Delta x}$$
$$= \lim_{\Delta x \to 0} \frac{-1}{x(x + \Delta x)} = -\frac{1}{x^2} \tag{D.10}$$

- $f(x) = x^n$ の場合

$$f'(x) = \frac{\mathrm{d}x^n}{\mathrm{d}x} = \lim_{\Delta x \to 0} \frac{(x + \Delta x)^n - x^n}{\Delta x}$$
$$= \lim_{\Delta x \to 0} \frac{nx^{n-1}\Delta x + n(n-1)x^{n-2}(\Delta x)^2/2 + \cdots}{\Delta x}$$

$$= \lim_{\Delta x \to 0} \left(nx^{n-1} + n(n-1)x^{n-2}(\Delta x)/2 + \dots \right) = nx^{n-1} \quad \text{(D.11)}$$

となる。ここでも、$f(x)$ より 1 次低い次数の最初の項のみが Δx によらないため残り、他の項は極限操作のためにゼロに収束する。上式は、n が正値であっても負値であってもよい。

(b) 微分の線形性

$$\frac{\mathrm{d}}{\mathrm{d}x}\bigl\{af(x)\bigr\} = a\frac{\mathrm{d}f(x)}{\mathrm{d}x} = af'(x) \quad \text{(D.12)}$$

$$\frac{\mathrm{d}}{\mathrm{d}t}\bigl\{f(x) + g(x)\bigr\} = \frac{\mathrm{d}f(x)}{\mathrm{d}x} + \frac{\mathrm{d}g(x)}{\mathrm{d}x} = f'(x) + g'(x) \quad \text{(D.13)}$$

(c) 関数の積、商の微分

2 つの関数 $f(x)$ と $g(x)$ の積の微分は

$$\frac{\mathrm{d}}{\mathrm{d}x}\bigl\{f(x)g(x)\bigr\} = \frac{\mathrm{d}f(x)}{\mathrm{d}x}g(x) + f(x)\frac{\mathrm{d}g(x)}{\mathrm{d}x} = f'(x)g(x) + f(x)g'(x) \quad \text{(D.14)}$$

である。使用頻度の高い 2 つの関数 $f(x)$ と $h(x)$ の商の微分は

$$\frac{\mathrm{d}}{\mathrm{d}x}\left(\frac{f(x)}{h(x)}\right) = \frac{f'(x)h(x) - f(x)h'(x)}{h^2(x)} \quad \text{(D.15)}$$

である。

問　微分の定義式 (D.1) を用いて、式 (D.14) を示せ。

問　微分の定義式 (D.1) を用いて、式 (D.15) を示せ。
　　たとえば、$g(x) = 1/h(x)$ とおけば、$g'(x) = -h'(x)/h^2(x)$ となることを示し、式 (D.14) を経て式 (D.15) を導くことができる。

(d) 偏微分

関数が複数の独立な変数（たとえば、x, y, z）の関数 $f(x, y, z)$ [1]である場合、つまり、多変数関数であるとき、そのひとつの変数 x による微分を実行するに際しては他の変数 y, z は定数と見なして x で微分する。これを

---

[1]力学量を関数として扱う本書では、関数は全空間にわたり連続で微分可能であることを想定している。

$$\frac{\partial f(x,y,z)}{\partial x} \quad \text{あるいは、単に} \quad \frac{\partial f}{\partial x} \tag{D.16}$$

と書き、**偏微分** (partial differentiation) するという。つまり、偏微分は

$$\frac{\partial f(x,y,z)}{\partial x} = \lim_{\Delta x \to 0} \frac{f(x+\Delta x, y, z) - f(x,y,z)}{\Delta x} \tag{D.17}$$

である。微分変数以外の変数の値を明示する場合は

$$\left.\frac{\partial f(x,y,z)}{\partial x}\right|_{y_0,\, z_0} = \lim_{\Delta x \to 0} \frac{f(x+\Delta x, y_0, z_0) - f(x, y_0, z_0)}{\Delta x} \tag{D.18}$$

と記す。

今までの1変数関数の微分を常微分ともいう。常微分と同じく、多変数関数にも高次階の偏微分が定義できる。関数 $f(x,y,z)$ の1階偏微分は

$$\frac{\partial f}{\partial x},\quad \frac{\partial f}{\partial y},\quad \frac{\partial f}{\partial z} \tag{D.19}$$

と3つの偏微分が定義でき、さらに2階の偏微分では

$$\left.\begin{aligned}
\frac{\partial^2 f}{\partial x^2} &= \frac{\partial}{\partial x}\left(\frac{\partial f}{\partial x}\right), & \frac{\partial^2 f}{\partial y \partial x} &= \frac{\partial}{\partial y}\left(\frac{\partial f}{\partial x}\right), & \frac{\partial^2 f}{\partial z \partial x} &= \frac{\partial}{\partial z}\left(\frac{\partial f}{\partial x}\right) \\
\frac{\partial^2 f}{\partial x \partial y} &= \frac{\partial}{\partial x}\left(\frac{\partial f}{\partial y}\right), & \frac{\partial^2 f}{\partial y^2} &= \frac{\partial}{\partial y}\left(\frac{\partial f}{\partial y}\right), & \frac{\partial^2 f}{\partial z \partial y} &= \frac{\partial}{\partial z}\left(\frac{\partial f}{\partial y}\right) \\
\frac{\partial^2 f}{\partial x \partial z} &= \frac{\partial}{\partial x}\left(\frac{\partial f}{\partial z}\right), & \frac{\partial^2 f}{\partial y \partial z} &= \frac{\partial}{\partial y}\left(\frac{\partial f}{\partial z}\right), & \frac{\partial^2 f}{\partial z^2} &= \frac{\partial}{\partial z}\left(\frac{\partial f}{\partial z}\right)
\end{aligned}\right\} \tag{D.20}$$

と9つの偏微分がある。偏微分は関数の左から順に演算してゆく。関数 $f(x,y,z)$ が連続であれば、複数階の偏微分においてはその順番を入れ換えても違いはない。たとえば、

$$\frac{\partial^2 f}{\partial x \partial y} = \frac{\partial^2 f}{\partial y \partial x} \tag{D.21}$$

問 式 (D.17) を用いて、式 (D.21) を導け。

以下、1変数の関数を扱い、記述する。

D-1-2　多項式の微分

x の n 乗 (べき関数) が計算できれば (式 (D.11))、x の任意の次数の組み合わせで構成される関数の微分は問題なく求めることができる。

一般的に

$$f(x) = a_n x^n + a_{n-1} x^{n-1} + a_{n-2} x^{n-2} + \cdots + a_1 x + a_0 = \sum_{k=0}^{n} a_k x^k \quad \text{(D.22)}$$

に対して

$$\begin{aligned} f'(x) &= n a_n x^{n-1} + (n-1) a_{n-1} x^{n-2} + (n-2) a_{n-2} x^{n-3} + \cdots + a_1 \\ &= \sum_{k=1}^{n} k a_k x^{k-1} \end{aligned} \quad \text{(D.23)}$$

を得る。

たとえば、

$$f(x) = 5x^5 + x^3 - 9x^2 + 7 \quad \Rightarrow$$
$$f'(x) = 5 \times (5x^4) + 3x^2 - 9(2x) = 25x^4 + 3x^2 - 18x \quad \text{(D.24)}$$

となる。

つぎに、超越関数 (transcendental function) の微分を学ぶ。超越関数とは代数関数でない関数である。代数関数 (algebraic function) とは、上式 (D.22) のようにべき関数の和で表される関数 $f(x)$ であり、$\sum_k$ の k は一般に整数には限らず実数をとる。力学あるいは物理学でよく登場する代表的な超越関数は、指数関数であり、対数関数であり、三角関数である。

D-1-3　指数関数の微分

一般的に、a^x を「a を底にした指数が x の指数関数 (exponential function)」とよぶ。普通、a の x 乗という。底をオイラー数 e （付録 E-1 節 (p.515) を参照）とする指数関数 e^x は無限級数として

$$e^x = \sum_{n=0}^{\infty} \frac{x^n}{n!} = 1 + \frac{x}{1!} + \frac{x^2}{2!} + \frac{x^3}{3!} + \frac{x^4}{4!} + \cdots \quad \text{(D.25)}$$

と定義される。$n!$ は「n の階乗」とよび、1 から n までの自然数を掛け合わせた総乗である (6-2-1 小節の $n!$ についての説明 (p. 132) を参照)。よって、e^x の微分は上式の右辺を逐一微分してゆくと、

$$f'(x) = \frac{\mathrm{d}e^x}{\mathrm{d}x} = 0 + \frac{1}{1!} + \frac{2x}{2!} + \frac{3x^2}{3!} + \frac{4x^3}{4!} + \cdots = 1 + \frac{x}{1!} + \frac{x^2}{2!} + \frac{x^3}{3!} + \cdots$$
$$= e^x \tag{D.26}$$

となる。微分すると自分自身に戻る。

では、指数が x の関数のとき、たとえば $f(x) = e^{x^n}$ の微分は？ より一般的に考えて、指数関数の肩に関数 $g(x)$ が乗っている場合、$f(x) = e^{g(x)}$、を考えよう。これは**合成関数** (composite function) であるので、式 (D.8) より

$$f'(x) = \frac{\mathrm{d}e^{g(x)}}{\mathrm{d}x} = \frac{\mathrm{d}e^{g(x)}}{\mathrm{d}g(x)} \frac{\mathrm{d}g(x)}{\mathrm{d}x} = e^{g(x)} \frac{\mathrm{d}g(x)}{\mathrm{d}x} \tag{D.27}$$

となる。関数 $f(x)$ は $g(x)$ の関数であり、$g(x)$ 自体を変数と考えれば $f(g)$ と書ける。g は x の関数 $g(x)$ である。よって、$f(x)$ の x での微分は、$f(g)$ を変数 g で微分して、つぎに g をその変数 x で順に微分すれば得られる。それは第 3 式において $\mathrm{d}g(x)$ を分子、分母に挿入して因数分解するようなものである。このことを、一々微分の定義式に返って記せば、

$$\begin{aligned}
\frac{\mathrm{d}e^{g(x)}}{\mathrm{d}x} &= \lim_{\Delta x \to 0} \left\{ \frac{e^{g(x+\Delta x)} - e^{g(x)}}{g(x+\Delta x) - g(x)} \cdot \frac{g(x+\Delta x) - g(x)}{\Delta x} \right\} \\
&= \left\{ \lim_{\Delta g(x) \to 0} \frac{e^{g(x+\Delta x)} - e^{g(x)}}{\Delta g(x)} \right\} \left\{ \lim_{\Delta x \to 0} \frac{g(x+\Delta x) - g(x)}{\Delta x} \right\} \\
&= \frac{\mathrm{d}e^{g(x)}}{\mathrm{d}g(x)} \frac{\mathrm{d}g(x)}{\mathrm{d}x}
\end{aligned} \tag{D.28}$$

である。ここで、$\Delta g(x) = g(x + \Delta x) - g(x)$ と記した。

$\mathrm{d}e^{g(x)}/\mathrm{d}g(x)$ は $y = g(x)$ と変数変換すれば、$\mathrm{d}e^y/\mathrm{d}y = e^y$ である。$\mathrm{d}g(x)/\mathrm{d}x$ は式 (D.22) で求める多項式の微分である。したがって、$g(x) = x^n$ の場合は

$$\frac{\mathrm{d}e^{x^n}}{\mathrm{d}x} = e^{x^n} \frac{\mathrm{d}x^n}{\mathrm{d}x} = nx^{n-1} e^{x^n} \tag{D.29}$$

D-1-4 対数関数の微分

つぎに、対数関数 (logarithmic function) $\ln x$ の微分を取り上げる。なお、本書では単に対数というと自然対数のことを指し、$\ln x$ と省略した表記とする。ここでは微分に関したことだけを簡単に述べ、あとは付録 E に記す。

(a) 対数の定義

微分に入る前に、**対数**自体を復習しておこう。以下の定義では次節で扱う積分が先行してしまうが、諸君はここではじめて積分に出くわすわけでもない。また、たとえはじめてだからといって受け付けないわけでもないであろう。自然対数のこの定義がもっとも扱いやすく、理解しやすいと考えるからである。

x の対数 $\ln x$ は、曲線 $z = 1/u$ を $u = 1$ から $u = x$ まで積分したもの(曲線 z と横軸 (u 軸) が $u = 1$ と $u = x$ の間でつくる面積。図 D.2 の灰色部分)として定義される。つまり、

$$\ln x = \int_1^x \frac{1}{u}\,du \tag{D.30}$$

である。x を**真数** (anti-logarithm) という。$x = 1$ のときは $\ln 1 = 0$ であることは自明である(積分範囲がゼロのため)。

$0 < x < 1$ のときは、積分範囲の上限が下限より小さいので積分は右から左へと計算することになり、$du < 0$ である。したがって、被積分関数 $1/u$ は正値であるが、積分値は負値となる。このことは、$v = 1/u$ と変数変換するとよく分かる。すでに学んだ微分を適用すれば $dv/du = -1/u^2 = -v^2$ であって、変形して $du = (-1/v^2)dv$ を得る。これを使うと、式 (D.30) の $\ln x$ はつぎのように書き直せる。

$$\ln x = \int_{u=1}^{u=x} \frac{1}{u} du = \int_{v=1}^{v=1/x} v\left(-\frac{1}{v^2}\right) dv = -\int_{v=1}^{v=1/x} \frac{1}{v} dv = -\ln v \tag{D.31}$$

変数を $v = 1/u$ と変換すれば u 軸は v 軸に代わり、図 D.2 と同様に $v = 1$ から 1 よりも大きい v 値 ($= 1/x$) までの積分、$\ln v$ となる。ただし、負符号が付加する。上式右辺をもとの真数 x で書き直すと、

$$\ln x = -\ln v = -\ln\left(\frac{1}{x}\right) = -\ln(x^{-1}) \tag{D.32}$$

となる。この関係は $0 < x < 1$ を必要条件とせず、一般的に成立する。

○ 真数はいつも正値 ($x > 0$)

被積分関数の双曲線 $1/u$ は $u = 0$ で無限大に大きくなり、発散する。したがって、

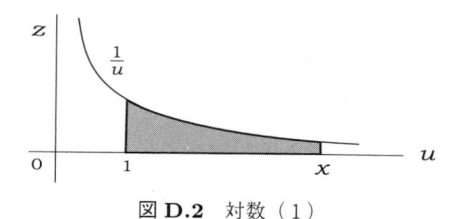

図 D.2 対数(1)

$x = 0$ は対数の積分範囲に含められない。よって、真数 x は常に正値 $(x > 0)$ であることが要求される。

(b) 対数 $\ln x$ の微分

さて、対数 $\ln x$ の微分を対数の定義式 (D.30) から導こう。
$y = \ln x$ を微分すると

$$\begin{aligned}\frac{\mathrm{d}y}{\mathrm{d}x} &= \lim_{\Delta x \to 0} \frac{\ln(x+\Delta x) - \ln(x)}{\Delta x} = \lim_{\Delta x \to 0} \frac{1}{\Delta x} \left\{ \int_1^{x+\Delta x} \frac{1}{u} \mathrm{d}u - \int_1^x \frac{1}{u} \mathrm{d}u \right\} \\ &= \lim_{\Delta x \to 0} \frac{1}{\Delta x} \left(\frac{1}{x+\Delta x} \Delta x \right) = \frac{1}{x}\end{aligned} \tag{D.33}$$

となる。第1行から第2行へは図 D.3 をみれば分かるだろう。(ABCD の面積) が $\ln(x)$ であり、(AEFD の面積) が $\ln(x+\Delta x)$ であるので、その差は面積 (BEFC) であり、それは $1/(x+\Delta x) \times \Delta x$ である。

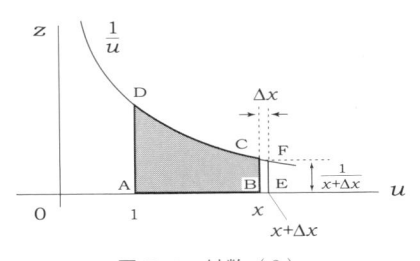

図 D.3 対数（2）

(c) $\ln f(x)$ の微分

$\ln f(x)$ の x による微分は、式 (D.8) にしたがって

$$\frac{\mathrm{d}\ln f(x)}{\mathrm{d}x} = \frac{\mathrm{d}\ln f(x)}{\mathrm{d}f(x)} \cdot \frac{\mathrm{d}f(x)}{\mathrm{d}x} = \frac{1}{f(x)} f'(x) \tag{D.34}$$

である。

付録 E にて指数と対数の関連をさらに学ぶ。

D-1-5　三角関数の微分

三角関数 $\cos\theta$, $\sin\theta$, $\tan\theta = \sin\theta/\cos\theta$ は、幾何学的には図 D.4 に示すように x-y 平面上の単位円 $x^2 + y^2 = 1$ の周上を動く点 $\mathrm{P}(x, y)$ と関連付けて

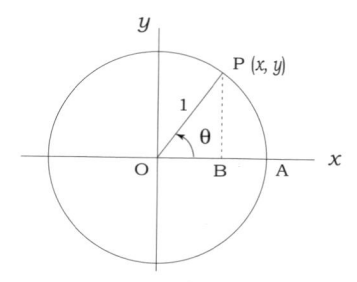

図 **D.4** 単位円と三角関数

$$\cos\theta = \frac{\text{OB}}{\text{OP}} = \text{OB} = x, \quad \sin\theta = \frac{\text{PB}}{\text{OP}} = \text{PB} = y \tag{D.35}$$

$$\tan\theta = \frac{\sin\theta}{\cos\theta} = \frac{\text{PB}}{\text{OB}} = \frac{y}{x}$$

と定義される。θ は正の x 軸と OP のなす方向をもつ角であり、ラジアン単位（弧度数ともいう）をとる。すなわち、弧 AP の長さはラジアン単位の角 θ の大きさに等しい。

関数 $f(\theta) = \cos\theta$ の微分は、微分の定義式 (D.1) を適用すればよい。

$$\begin{aligned}
\frac{d\cos\theta}{d\theta} &= \lim_{\Delta\theta \to 0}\frac{\cos(\theta+\Delta\theta)-\cos\theta}{\Delta\theta} = \lim_{\Delta\theta \to 0}\frac{(\cos\theta\cos\Delta\theta - \sin\theta\sin\Delta\theta)-\cos\theta}{\Delta\theta} \\
&= \cos\theta\left\{\lim_{\Delta\theta \to 0}\left(\frac{\cos\Delta\theta-1}{\Delta\theta}\right)\right\} - \sin\theta\left\{\lim_{\Delta\theta \to 0}\left(\frac{\sin\Delta\theta}{\Delta\theta}\right)\right\} \\
&= -\sin\theta
\end{aligned} \tag{D.36}$$

同様にして、$\sin\theta$ の微分も

$$\begin{aligned}
\frac{d\sin\theta}{d\theta} &= \lim_{\Delta\theta \to 0}\frac{\sin(\theta+\Delta\theta)-\sin\theta}{\Delta\theta} = \lim_{\Delta\theta \to 0}\frac{(\sin\theta\cos\Delta\theta + \cos\theta\sin\Delta\theta)-\sin\theta}{\Delta\theta} \\
&= \sin\theta\left\{\lim_{\Delta\theta \to 0}\left(\frac{\cos\Delta\theta-1}{\Delta\theta}\right)\right\} + \cos\theta\left\{\lim_{\Delta\theta \to 0}\left(\frac{\sin\Delta\theta}{\Delta\theta}\right)\right\} \\
&= \cos\theta
\end{aligned} \tag{D.37}$$

を得る。両式の第 1 行目において三角関数の加法定理を用いた。この定理は幾何学的に導くことができる。

問．加法定理

$$\sin(\alpha \pm \beta) = \sin\alpha\cos\beta \pm \cos\alpha\sin\beta \tag{D.38}$$

$$\cos(\alpha \pm \beta) = \cos\alpha\cos\beta \mp \sin\alpha\sin\beta \tag{D.39}$$

を幾何学的に導出せよ。

また、両式の第2行目において

$$\lim_{\Delta\theta \to 0}\left(\frac{\cos\Delta\theta - 1}{\Delta\theta}\right) = 0 \tag{D.40}$$

$$\lim_{\Delta\theta \to 0}\left(\frac{\sin\Delta\theta}{\Delta\theta}\right) = 1 \tag{D.41}$$

を代入した。この導出を記しておく。

図 D.5 から (OBP の三角形面積) < (OAP の扇形面積)[2] < (OAC の三角形面積) であるので、$\sin\phi < \phi < \tan\phi$ を得る。この関係を $\sin\phi$ で割り、逆数をとると、

$$\cos\phi < \frac{\sin\phi}{\phi} < 1 \tag{D.42}$$

となる。$1 - \cos\phi = (1 - \cos^2\phi)/(1 + \cos\phi) = \sin^2\phi/(1 + \cos\phi) < \sin^2\phi < \phi^2$ から $1 - \phi^2 < \cos\phi$ を得る。よって、式 (D.42) の不等式は

$$1 - \phi^2 < \frac{\sin\phi}{\phi} < 1 \tag{D.43}$$

と書け、$\phi = \Delta\theta$ として極限操作 $\Delta\theta \to 0$ のもとで、式 (D.41) を得る。式 (D.40) に関しては、$1 - \cos\phi < \phi^2$ から

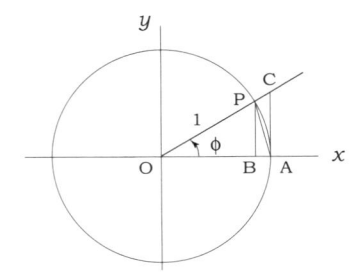

図 **D.5** 単位円と $\sin\phi/\phi$

---

[2] 単位円 ($r = 1$) の面積は π で、円周は 2π である。弧の長さが ϕ であれば、それがつくる扇形の面積は $\phi/2$ である。

$$-\phi < \frac{\cos\phi - 1}{\phi} < 0 \quad (\phi > 0), \qquad -\phi > \frac{\cos\phi - 1}{\phi} > 0 \quad (\phi < 0) \tag{D.44}$$

を得る。$\phi = \Delta\theta$ として極限操作 $\Delta\theta \to 0$ のもとで、式 (D.40) を得る。

$f(\theta) = \tan\theta$ の微分についても、微分の定義式に従えばよい。

$$\begin{aligned}
\frac{\mathrm{d}}{\mathrm{d}\theta}\tan\theta &= \frac{\mathrm{d}}{\mathrm{d}\theta}\left(\frac{\sin\theta}{\cos\theta}\right) = \lim_{\Delta\theta \to 0}\frac{1}{\Delta\theta}\left\{\frac{\sin(\theta+\Delta\theta)}{\cos(\theta+\Delta\theta)} - \frac{\sin\theta}{\cos\theta}\right\} \\
&= \lim_{\Delta\theta \to 0}\frac{\sin\Delta\theta}{\Delta\theta}\frac{1}{\cos\theta}\frac{1}{\cos\theta\cos\Delta\theta - \sin\theta\sin\Delta\theta} \\
&= \frac{1}{\cos^2\theta} = \sec^2\theta
\end{aligned} \tag{D.45}$$

を得る。$\Delta\theta \to 0$ の極限では、$\cos\Delta\theta = 1$ ならびに $\sin\Delta\theta = 0$ である。また、加法定理ならびに式 (D.41) を用いた。sec は cosine の逆数であり、セカント (secant) という (sine, tangent の逆数はそれぞれコセカント (cosecant)、コタンジェント (cotangent) といい、$\operatorname{cosec}\theta$, $\cot\theta$ と書く)。

D-2 積分

D-2-1 積分 (integration)

1 変数の関数の積分をみる。

関数 $f(x)$ の積分は

$$\int_a^b f(x)\mathrm{d}x \tag{D.46}$$

と表示する。これは、変数 x の関数である $f(x)$ を $x = a$ から $x = b$ まで積分することをいう。図 D.6 でいうならば、関数 $f(x)$ と x 軸と $x = a$ と $x = b$ のつくる灰色で示す面積を求めることである。このとき、被積分関数 $f(x)$ は 1 価の関数 (変数 x の任意の値に対して $f(x)$ は 1 つの値のみをもつ) であり、連続な関数 (したがって、微分できる) である。

円の面積を求める場合、内接あるいは外接する正 n 角形で円を近似し、その多角形度 n を大きくして近似の精度を上げた。それと同様に、関数 $f(x)$ の積分も積分範囲 $a \sim b$ を図 D.7 に示すように

$$\Delta x = \frac{(b-a)}{n} \tag{D.47}$$

図 D.6 積分

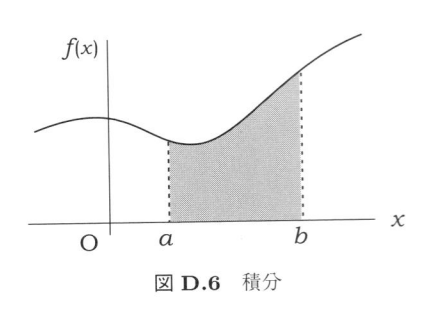

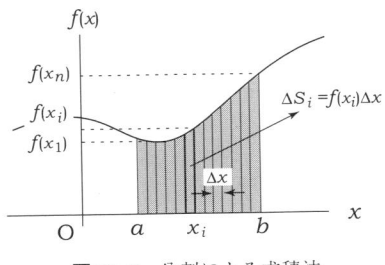

図 D.7 分割による求積法

で n 分割すれば、面積 S は

$$S \approx f(x_1)\Delta x + f(x_2)\Delta x + \cdots + f(x_n)\Delta x = \sum_{i=1}^{n} f(x_i)\Delta x = \sum_{i=1}^{n} \Delta S_i \quad \text{(D.48)}$$

と近似できる。近似を上げるには、分割巾 Δx をより細分化すればよい。無限小に細分化すれば、つまり、$\Delta x \to 0$ と極限化すれば、真の面積を得る。

$$S = \lim_{\substack{\Delta x \to 0 \\ (n \to \infty)}} \sum_{i=1}^{n} f(x_i)\Delta x = \lim_{\substack{\Delta x \to 0 \\ (n \to \infty)}} \sum_{i=1}^{n} \Delta S_i \quad \text{(D.49)}$$

$\Delta x \to 0$ とは分割度を無限大 $n \to \infty$ に極限化することである[3]。式 (D.48) の右辺を**リーマン和**といい、それに極限操作を施した式 (D.49) を

$$S = \int_a^b f(x)\mathrm{d}x \quad \text{(D.50)}$$

と表示する。これを**リーマン積分**という。$\lim_{\Delta x \to 0} \sum_{i=1}^{n}$ が積分記号 $\int_a^b$ に書き換わった。積分記号とは、そういう極限操作を行なったものである。

(a) 重積分

多変数の関数の積分を**重積分**という。いま、変数を x, y, z、関数を $f(x, y, z)$ とすると、多変数関数の定積分は

$$g(z) = \int_c^d \int_a^b f(x, y, z)\mathrm{d}x\mathrm{d}y, \qquad V = \int_e^f \int_c^d \int_a^b f(x, y, z)\mathrm{d}x\mathrm{d}y\mathrm{d}z \quad \text{(D.51)}$$

---

[3] 簡単化のために、$a \sim b$ の範囲を等 n 分割したが、一般的には分割区分ごとに分割巾 Δx_i が変化しても議論は同じである。そのとき、分割巾の極限化においてはもっとも大きな分割巾を極限化 $\Delta x_i \to 0$ すればよい。また、区分面積の計算に高さとして、右端の高さ $f(x_i)$ をとろうが、左右端の高さの平均値 $(f(x_{i-1}) + f(x_i))/2$ をとろうが、区分内の最大値をとろうが、$\Delta x_i \to 0$ の極限化においてはそれらの違いは消える。

と表記される。左式は2重積分であり、右式は3重積分である。それぞれ複数の積分記号を重ねて表記し、内側の変数の積分からやってゆく。一般に一つの積分範囲は多変数関数を通して他の変数の関数となる。多変数関数がそれぞれの変数の関数の積である変数分離形の場合 (たとえば、$f(x,y,z) = h(x)j(y)k(z)$) は、積分範囲が他の変数に依存しないため、それぞれの積分の積として以下のように計算できる。

$$g(z) = \int_c^d \int_a^b h(x)j(y)k(z)\mathrm{d}x\mathrm{d}y$$

$$= \left(\int_a^b h(x)\mathrm{d}x\right)\left(\int_c^d j(y)\mathrm{d}y\right)k(z) = C_1 C_2 k(z) \qquad \text{(D.52)}$$

$$V = \int_e^f \int_c^d \int_a^b h(x)j(y)k(z)\mathrm{d}x\mathrm{d}y\mathrm{d}z$$

$$= \left(\int_a^b h(x)\mathrm{d}x\right)\left(\int_c^d j(y)\mathrm{d}y\right)\left(\int_e^f k(z)\mathrm{d}z\right) = C_1 C_2 C_3 \qquad \text{(D.53)}$$

$$C_1(\text{定数}) = \int_a^b h(x)\mathrm{d}x, \quad C_2(\text{定数}) = \int_c^d j(y)\mathrm{d}y, \quad C_3(\text{定数}) = \int_e^f k(z)\mathrm{d}z$$

以下、1変数の関数を扱い、記述する。

D-2-2 定積分と不定積分

式 (D.46) の積分値は当然、積分する範囲 (積分の下限値 a と上限値 b) に依存する。積分範囲を指定したものを**定積分** (definite integral) という。定積分の結果は定数値となる。

物理学においては、積分範囲に応じて積分値が変化する振る舞いを求めたいので、積分範囲を固定せず変数として取り扱う。これを**不定積分** (indefinite integral) という。

$$F(x) = \int f(x)\mathrm{d}x \qquad \text{(D.54)}$$

と書く。ここで、積分範囲は明記していないが、詳細に書けば、

$$F(x) = \int_c^x f(x)\mathrm{d}x \qquad \text{(D.55)}$$

のことである。積分範囲の下限値を固定し (定数 $a = c$ に)、上限値を自由に変動できるように $b = x$ と記す。式 (D.55) の右辺において変数 x について積分を実行すると、答えは上限値 b によって定まる定数値となる。いま、この定数値が b の変化とともにどのように変動するか、つまり、b のどのような関数 $F(b)$ になるかを知りたいわけである。通常、上限値 b は積分変数 x と同じ変数 x で表示する。式 (D.55) では、この

図 D.8 不定積分

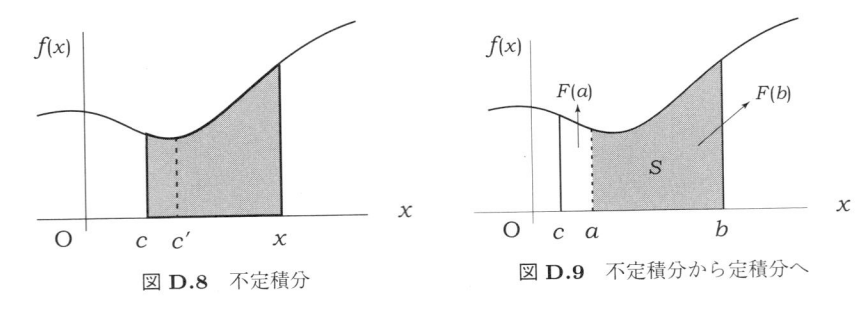

図 D.9 不定積分から定積分へ

事情を明確に示しておくために積分変数と上限値を同じ変数の x 記号を用いた。上限値が定まっていず変数 x として変化するため、積分 $F(x)$ は不定となる。「不定」積分である。

一方、固定された下限値 c の選び方で当然、積分値 $F(x)$ も異なったものとなるが、その違いは下にみるように定数の違いのみである。

$$F_c(x) = \int_c^x f(x)\mathrm{d}x = \int_{c'}^x f(x)\mathrm{d}x + \int_c^{c'} f(x)\mathrm{d}x = \int_{c'}^x f(x)\mathrm{d}x + (\text{定数}) \quad (\text{D.56})$$
$$= F_{c'}(x) + (\text{定数}) \tag{D.57}$$

第3式においては積分範囲 $c \sim x$ を $c \sim c'$ と $c' \sim x$ の2つに分離した(図 D.8)。$c \sim c'$ の積分は定数値をもたらす。$c' \sim x$ の積分を関数 $F_{c'}(x)$ と書いた。関数 $F_c(x)$ ならびに $F_{c'}(x)$ は定数値の違い以外は、x に関して同様の振る舞いをする。

不定積分 $F(x)$ が分かれば、つぎのように容易に定積分は求まる(図 D.9)。

$$S = \int_a^b f(x)\mathrm{d}x = \int_c^b f(x)\mathrm{d}x - \int_c^a f(x)\mathrm{d}x = F(b) - F(a)$$
$$= \Big[F(x)\Big]_a^b \tag{D.58}$$

力学、さらには物理学において、下限値 a を決めるものは**初期条件**や**境界条件**である。これらは別に述べる。

(a) 原始関数

式 (D.55) を微分してみよう。定義に従って

$$\frac{\mathrm{d}F(x)}{\mathrm{d}x} = \lim_{\Delta x \to 0} \frac{F(x+\Delta x) - F(x)}{\Delta x}$$
$$= \lim_{\Delta x \to 0} \frac{1}{\Delta x}\left\{\int_c^{x+\Delta x} f(z)\mathrm{d}z - \int_c^x f(z)\mathrm{d}z\right\} = \lim_{\Delta x \to 0} \frac{1}{\Delta x}\left\{\int_x^{x+\Delta x} f(z)\mathrm{d}z\right\}$$

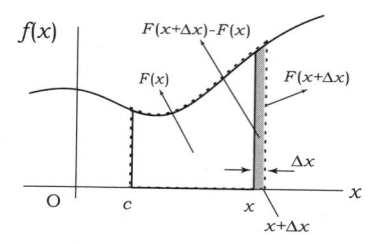

図 D.10 原始関数の微分。$F(x)$ は実線で、$F(x + \Delta x)$ は破線で囲んだ領域であり、$F(x + \Delta x) - F(x)$ は灰色の領域である。

$$= \lim_{\Delta x \to 0} \frac{1}{\Delta x} \{f(x + \Delta x)\Delta x\} = f(x) \tag{D.59}$$

となる。第 2 行目右辺の積分は、$f(x + \Delta x) \times \Delta x$ （あるいは $f(x) \times \Delta x$）に近似できる（図 D.10）。

微分されることによって $f(x)$ となる関数 $F(x)$ を、$f(x)$ の**原始関数** (primitive function) という。すなわち、原始関数 $F(x)$ は微分方程式

$$\frac{\mathrm{d}F(x)}{\mathrm{d}x} = f(x) \tag{D.60}$$

の解である。しかし、式 (D.57) で知ったように原始関数は一義的でなく、定数項の不定性（自由度）がある。「不定」積分である。$F_c(x)$ も $F_{c'}(x)$ も $f(x)$ の原始関数の一つであり、定数だけが異なる原始関数はいくらもある。この自由度は定数であるため、微分（式 (D.60) の左辺）をすれば消えてしまい、関数 $f(x)$ は一義的に求まる。

D-2-3　積分と微分

式 (D.54) と式 (D.60) を並べて書く。

$$F(x) = \int f(x)\mathrm{d}x \quad \Leftrightarrow \quad \frac{\mathrm{d}F(x)}{\mathrm{d}x} = f(x) \tag{D.61}$$

関数 $f(x)$ を積分したものが原始関数 $F(x)$ であり、$F(x)$ を微分したものが導関数 $f(x)$ である。積分と微分がつながった！　したがって、積分 $F(x)$ を求めたければ、微分をすれば被積分関数 $f(x)$ となる関数を求めればよい、ということだ。前節で微分を学んだので、これはできる。例題に進む前にいま少し、積分に関する基本事項を学んでおこう。

D-2-4　一般の公式

(a) 負の面積

積分とは、面積を求めることと記した。通常、面積は縦掛ける横と正の値をもつ。縦も横も正の値をもつためだ。しかし、図 D.11 のように縦 $f(x)$ が負値をもつ場合は、積分は負値をもつ。関数 $f(x)$ が正負を変動する場合、積分は正値 $f(x_i)\Delta x > 0$、負値 $f(x_i)\Delta x < 0$ の総和となり、正、あるいは負、場合によりゼロにもなる。

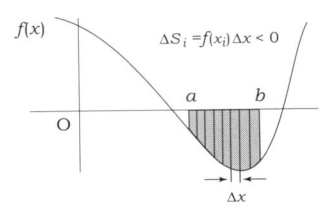

図 D.11　負積分

それだけでもなく、横、分割巾 Δx、は方向性をもつため、それが積分の正負をも左右する。分割巾は式 (D.47)、$\Delta x = (b-a)/n$ であり、b（上限値）$> a$（下限値）のとき Δx は正値をもつ。したがって、積分は変数範囲を変数軸に沿って $a \sim b$ に行なう。それを反転した $b \sim a$ に行なう場合では符号が反転する。

$$\int_b^a f(x)\mathrm{d}x = -\int_a^b f(x)\mathrm{d}x \tag{D.62}$$

積分計算においては、上限値、下限値の順序は重要である。

(b) 積分範囲の分割

積分範囲 $a \sim b$ は $a \sim c$ と $c \sim b$ に分割できる（図 D.12）。2 分割のみでなく、任意の数に分割可能である。

$$\int_a^b f(x)\mathrm{d}x = \int_a^c f(x)\mathrm{d}x + \int_c^b f(x)\mathrm{d}x \tag{D.63}$$

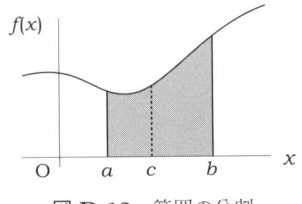

図 D.12　範囲の分割

(c) 積分の線形性

$$\int af(x)\mathrm{d}x = a\int f(x)\mathrm{d}x \tag{D.64}$$

$$\int (f(x)+g(x))\,\mathrm{d}x = \int f(x)\mathrm{d}x + \int g(x)\mathrm{d}x \tag{D.65}$$

(d) 部分積分

物理学を学ぶ限り頻繁に登場するのが、この部分積分である。2 つの関数 $f(x)$ と $g(x)$ の積の微分は

$$\frac{\mathrm{d}}{\mathrm{d}x}(f(x)g(x)) = f'(x)g(x) + f(x)g'(x) \tag{D.14}$$

であった。この微分を再度積分すると、左辺は

$$\int \frac{\mathrm{d}(f(x)g(x))}{\mathrm{d}x}\mathrm{d}x = \int \mathrm{d}(f(x)g(x)) = f(x)g(x) \tag{D.66}$$

となる。微分をしたものを積分したので元に戻った。したがって、式 (D.14) は

$$f(x)g(x) = \int f'(x)g(x)\mathrm{d}x + \int f(x)g'(x)\mathrm{d}x \tag{D.67}$$

となる。通常、部分積分としてよく登場するのは、被積分関数が 1 つの導関数 $f'(x)$ ともう 1 つの関数 $g(x)$ の積になっている場合である。上式を移項して

$$\int f'(x)g(x)\mathrm{d}x = f(x)g(x) - \int f(x)g'(x)\mathrm{d}x \tag{D.68}$$

と求まる。さらにいえば、境界条件を適用して右辺第 1 項を評価する。

(e) 合成関数を置換積分

被積分関数 $f(x)$ の変数 x が、さらに他の変数 t の関数 $x = x(t)$ であるとき、変数変換 $x \to t$ し、積分変数を以下のように置き換える。

$$\mathrm{d}x = \left(\frac{\mathrm{d}x}{\mathrm{d}t}\right)\mathrm{d}t \quad \Rightarrow \quad \int_{x_a}^{x_b} f(x)\mathrm{d}x = \int_{t_a}^{t_b} f(x(t))\left(\frac{\mathrm{d}x}{\mathrm{d}t}\right)\mathrm{d}t \tag{D.69}$$

定積分のときは特に、上限値、下限値は左辺では変数 x の値であり、右辺では t 値であることに注意がいる。x の導関数 $\mathrm{d}x/\mathrm{d}t$ は変数を $\mathrm{d}x \to \mathrm{d}t$ へ変換する変換係数である。

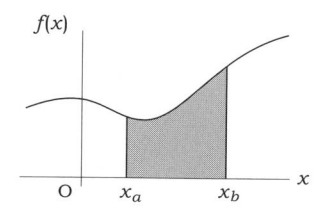

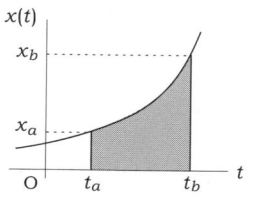

図 **D.13** 置換積分

(f) 積分の具体例

式 (D.61) にしたがって、被積分関数 $f(x)$ の不定積分 $F(x)$ を求める (下の左式)。

$$F(x) = \int f(x)\mathrm{d}x \quad \Leftrightarrow \quad (F'(x) =) \ \frac{\mathrm{d}F(x)}{\mathrm{d}x} = f(x) \quad \text{(D.61)}$$

繰り返すが、それは微分すると $f(x)$ になる原始関数 $F(x)$ を求めることである (上の右式)。前節の微分例題 (式 (D.9)–(D.11), (D.26), (D.33)) を活用するが、関数の記号に混乱を来さないように注意すること。例題の各微分式において、その右辺がここでいうところの $f(x)$ であり、左辺として $f'(x)$ と記してあるのは、ここでいうところの $F'(x)$ である。

- $F'(x) = k$ ($k = $ 定数) の場合
  式 (D.9) では $F(x)(= \int f(x)\mathrm{d}x) = x$ であり、$F'(x)(= f(x)) = 1$ である。したがって、それらを k 倍することによって、$F'(x) = k$ の原始関数 $F(x)$ は

$$F(x) = \int F'(x)\mathrm{d}x = \int k\mathrm{d}x = k\int \mathrm{d}x = kx \tag{D.70}$$

と求まる。ここで、被積分関数が 1 の場合は積分記号の中は空白に残す約束事に従っている。

- $F'(x) = x^n$ の場合
  式 (D.11) では $F(x) = x^n$ であり $F'(x) = nx^{n-1}$ であるので、n を $n+1$ に置き換えると $F(x) = x^{n+1}$, $F'(x) = (n+1)x^n$ と書ける。したがって、$F'(x) = x^n$ の原始関数 $F(x)$ は

$$F(x) = \int x^n \mathrm{d}x = \frac{1}{n+1}\int (n+1)x^n \mathrm{d}x = \frac{1}{n+1}x^{(n+1)} \quad (n \neq -1) \tag{D.71}$$

を得る。ここで $n \neq -1$ である。分母がゼロになり、発散するので。$n = -1$ については、つぎに求める。

- $F'(x) = 1/x$ の場合
  式 (D.33) から $F(x) = \ln x$, $F'(x) = 1/x$。したがって、

$$F(x) = \int \frac{1}{x}\mathrm{d}x = \ln |x| \tag{D.72}$$

ここで、真数 x はゼロでない正値であることに注意。

対数がでたので、ここで被積分関数が $f(x) = \ln x$ の場合を計算しておこう。つまり、微分結果が $f(x) = \ln x$ である関数を求めることである。

- $F'(x) = \ln x$ の場合

$(x \ln x)' = \ln x + 1$ であるので、$(x \ln x - x)' = \ln x$ を得る。したがって、

$$F(x) = \int \ln x \, \mathrm{d}x = x \ln x - x \qquad (x > 0) \tag{D.73}$$

$\ln x$ は $x > 0$ でのみ定義されているので、積分は x の正値でのみ意味がある。

- $F'(x) = e^x$ の場合

  式 (D.26) から $F(x) = e^x$, $F'(x) = e^x$。したがって、

$$F(x) = \int e^x \mathrm{d}x = e^x \tag{D.74}$$

である。

- $F'(x) = a^x$ の場合

  指数関数の底が任意の定数 a の場合である。$y = a^x$ の両辺を底を a とする対数をとると、

$$\text{左辺} = \log_a y = \frac{\log_e y}{\log_e a}, \quad \text{右辺} = \log_a a^x = x \quad \Rightarrow \quad x = \frac{\ln y}{\ln a} \tag{D.75}$$

となる。左辺は次章で説明する式 (E.28) を用いた。対数の底を log 記号にそれぞれ明記したが、自然対数は底 e を省略し ln で表示した。上式を x で微分すると、

$$1 = \frac{1}{\ln a}\left(\frac{1}{y}\frac{\mathrm{d}y}{\mathrm{d}x}\right) \quad \Rightarrow \quad y = \frac{1}{\ln a}\frac{\mathrm{d}y}{\mathrm{d}x} = \frac{\mathrm{d}}{\mathrm{d}x}\left(\frac{y}{\ln a}\right) \tag{D.76}$$

となる。$\ln a$ は定数で、括弧の中に入れた。これで関数 y の x 積分は

$$F(x) = \int a^x \mathrm{d}x = \frac{a^x}{\ln a} \qquad (a > 0) \tag{D.77}$$

が求まる。

- $F'(\theta) = \sin \theta$ あるいは $F'(\theta) = \cos \theta$ の場合

  式 (D.36)、(D.37) から $(\cos \theta)' = -\sin \theta$ ならびに $(\sin \theta)' = \cos \theta$。したがって、

$$F(\theta) = \int \sin \theta \, \mathrm{d}\theta = -\cos \theta \tag{D.78}$$

$$F(\theta) = \int \cos \theta \, \mathrm{d}\theta = \sin \theta \tag{D.79}$$

である。

このように微分が分かっていれば積分を容易に求めることができる。

問 試しに、$\int \tan \theta \, \mathrm{d}\theta$ を求めてみよ。

$\tan\theta = \sin\theta/\cos\theta$ であること、ならびに余弦関数の微分が正弦関数になることも知っているので諸君には求まる。

D-3　力学と微積分

ある時刻 t_0 における物体の位置 $\boldsymbol{r}(t_0)$ と速度 $\dot{\boldsymbol{r}}(t_0)$ が分かれば、運動方程式から物体の具体的な運動軌道（任意の時刻の物体位置 $\boldsymbol{r}(t)$ と速度 $\dot{\boldsymbol{r}}(t)$）が求まる。「ある時刻における物体の位置 $\boldsymbol{r}(t_0)$ と速度 $\dot{\boldsymbol{r}}(t_0)$」は物体に関する個別の具体的な状態を表現し、一方、「**運動方程式**」は運動の一般的な様式（法則）を指定したものである。運動方程式が位置に関する 2 階の時間微分であることにより、個別の速度と位置に関する情報がそこから消えてしまい、一般的な運動の関係のみが残る。

ここでは、繰り返しになるが、運動の解析に微分・積分を必要とする理由を理解する。

簡単のために 1 次元 (x で表示) で考える。

質量 m の質点にはたらく力 $F(t)$ を知っているとき、運動方程式を書き下すことができる。

$$m\ddot{x} = F(t) \tag{D.80}$$

$\ddot{x}$ は加速度であり、$\ddot{x} = \dot{v} (= \mathrm{d}v/\mathrm{d}t)$ であって、速度は $v = \dot{x}$ である。右辺の $F(t)$ は力の時間依存性であって、ある瞬間にはたらく力だけを意味するのではない。そして、質点の運動を考える出発点としての時刻を t_0 と表記し、そのときの質点の位置 $x(t_0)$ と速度 $v(t_0)$ が分かっているとする。

そうすると、t_0 から微小時間 Δt 後の質点の速度 $v(t_0 + \Delta t)$ は

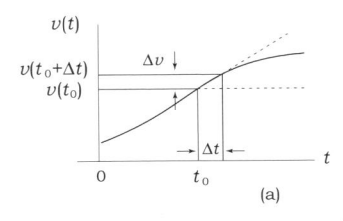

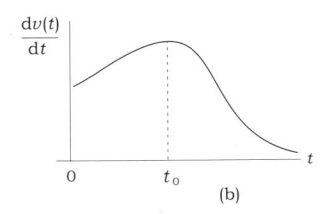

図 **D.14**　(a) 速度と (b) 加速度（1）

$$v(t_0 + \Delta t) = v(t_0) + \left.\frac{\Delta v}{\Delta t}\right|_{t_0} \Delta t$$

であって、その様子を図 D.14(a) に示す。つぎの瞬間の速度（上式左辺）は、いまの速度（右辺第 1 項）に微小時間の間の速度の増減量（右辺第 2 項）を加えたものであり、後者の量は速度の時間あたりの変化率（$\Delta v/\Delta t$）に時間間隔（Δt）を掛けた量である。これを連続的に繰り返してゆけば、任意の有限の時間 $T\, (= n\Delta t)$ 後の速度 $v(t_0 + T)$ がつぎのように求まる。

$$
\begin{aligned}
v(t_0) &+ \left.\frac{\Delta v}{\Delta t}\right|_{t_0} \Delta t & = v(t_0 + \Delta t) \\
v(t_0 + \Delta t) &+ \left.\frac{\Delta v}{\Delta t}\right|_{t_0 + \Delta t} \Delta t & = v(t_0 + 2\Delta t) \\
v(t_0 + 2\Delta t) &+ \left.\frac{\Delta v}{\Delta t}\right|_{t_0 + 2\Delta t} \Delta t & = v(t_0 + 3\Delta t) \\
& \quad \cdots \\
& \quad \cdots \\
v(t_0 + (n-2)\Delta t) &+ \left.\frac{\Delta v}{\Delta t}\right|_{t_0 + (n-2)\Delta t} \Delta t & = v(t_0 + (n-1)\Delta t) \\
v(t_0 + (n-1)\Delta t) &+ \left.\frac{\Delta v}{\Delta t}\right|_{t_0 + (n-1)\Delta t} \Delta t & = v(t_0 + n\Delta t)
\end{aligned}
$$

ここで $|_{\ldots}$ は式 (D.2) で説明したように、「変数が $\ldots$ のときの値」を意味する。上式を 1 つにまとめると時間 $T (= n\Delta t)$ 後の速度は

$$v(t_0 + T) = v(t_0) + \sum_{k=0}^{n-1} \left.\frac{\Delta v}{\Delta t}\right|_{t_0 + k\Delta t} \Delta t \tag{D.81}$$

であり、右辺第 2 項はまさに加速度の積分に対応する。時刻 t_0 から時刻 $t_0 + T$ への速度の変化分は図 D.15 に示したように、加速度の積分値である。微小時間 Δt を極限

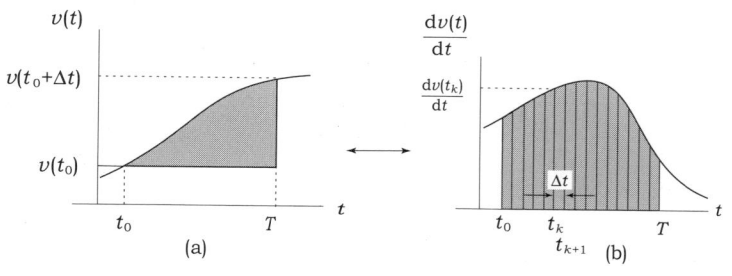

図 **D.15** (a) 速度と (b) 加速度（2）

操作 $(\lim \Delta t \to 0)$ により無限小にもってゆくと、上式は

$$v(t_0 + T) = v(t_0) + \int_{t_0}^{t_0+T} \left(\frac{dv}{dt}\right) dt \qquad (\text{D.82})$$

である。

$F(t)$ が分かっていれば加速度 $dv/dt = F(t)/m$ は既知の量であり、任意の時刻での質点の速度 $v(t)$ はこの加速度を時間積分することにより求めることができる。この積分ははじめの質点の速度 $v(t_0)$ とは無関係で、力 $F(t)$ の形にのみ依存する。そして、はじめの質点の運動状態は右辺第 1 項として現れる。第 2 項が運動の一般性を、第 1 項が個別性をそれぞれ担っている。

これで加速度から速度が得られた。つぎは質点の位置を求めたいわけであるが、上と同様にやればよい。加速度を速度に置き換えると、速度に替わり位置が得られることは分かる。

$$x(t_0 + T) = x(t_0) + \int_{t_0}^{t_0+T} \left(\frac{dx}{dt}\right) dt \qquad (\text{D.83})$$

である。

以上のように、質点にはたらく力が分かればニュートンの運動方程式が書け、そこから加速度 (F/m) を積分することにより質点の運動を記述する速度の時間変化が分かる。速度が分かれば、それを積分することにより質点の位置の時間依存性が分かる。ここでの両積分は、質点の初期状態に依存しない。同じ力がはたらいていても、初期状態の違いにより質点の運動の様子は違ってみえる。その簡単な例として、2-1 節では重力下での落下運動を学んだのであり、図 2.4 には初期状態の違いによる運動の様子の変化を示した。

逆に、位置の時間依存性が分かれば、微分することにより速度が得られ、さらに微分することにより加速度が分かる。微分を繰り返す毎に、初期状態の情報が失われてゆき、2 階微分の加速度になるとすべての個別初期情報は消え、運動の本質的な関係のみが現れてくる。

D-4　ベクトル微分演算子

運動方程式は微分形式であることによって、個別な初期条件や境界条件が除去され (第 2 章 2-1 節「落下運動と初期条件」(p. 13) を参照のこと)、運動を一般的にあらゆる時間・空間で扱うことが可能となる。

速度や加速度のように力学量の時間微分が重要な意味をもつのと同じように、力や

エネルギーなどで代表されるような力学量は時間的のみならず空間的な変化が運動の特性をもたらすことから、空間微分も重要となる。時間は 1 次元であるが、空間は位置ベクトル（座標）で表現されるように 3 つの方向と拡がりをもつ。そのため、微分操作にもベクトル表示形式が導入される。そのことにより 3 次元運動を一括して扱うことができ、空間の異なる成分間の相互の作用を取り込むこともできる。

D-4-1　ナブラ (nabla)

関数 $f(x,y,z)$ は 3 次元空間に連続して分布するスカラー量と考える。この関数の x 軸に沿っての微分が、x についての偏微分 $\partial f(x,y,z)/\partial x$ である。同様に、偏微分 $\partial f(x,y,z)/\partial y, \partial f(x,y,z)/\partial z$ は y 軸、z 軸に沿っての微分である。それぞれの偏微分を成分とする 3 次元空間の微分演算を

$$\nabla \equiv \boldsymbol{e}_x \frac{\partial}{\partial x} + \boldsymbol{e}_y \frac{\partial}{\partial y} + \boldsymbol{e}_z \frac{\partial}{\partial z} \tag{D.84}$$

と定義する。逆三角形の記号で表し、**ナブラ** (nabla) という。ナブラは関数に作用し微分操作を実行するもので、演算を行なうという意味で**演算子** (operator) という。ナブラは上の定義式で示すようにベクトルであって、**ベクトル微分演算子** (vector differential operator) という。演算する相手によって、ベクトルの内積や外積のように結果がスカラー量になったりベクトル量になったりする。物理量の分布関数に微分演算として作用することにより、その中から必要な情報のみを引き出す役割を果たす。

(a) ベクトル微分演算子 (ナブラ) の球座標表示

直交座標系と球座標系（3 次元極座標系）での偏微分の関係をまとめておく。導出はその後に記した。

$$\frac{\partial}{\partial x} = \sin\theta\cos\phi \left(\frac{\partial}{\partial r}\right) + \cos\theta\cos\phi \frac{1}{r}\left(\frac{\partial}{\partial \theta}\right) - \frac{\sin\phi}{r\sin\theta}\left(\frac{\partial}{\partial \phi}\right) \tag{D.85}$$

$$\frac{\partial}{\partial y} = \sin\theta\sin\phi \left(\frac{\partial}{\partial r}\right) + \cos\theta\sin\phi \frac{1}{r}\left(\frac{\partial}{\partial \theta}\right) + \frac{\cos\phi}{r\sin\theta}\left(\frac{\partial}{\partial \phi}\right) \tag{D.86}$$

$$\frac{\partial}{\partial z} = \cos\theta \left(\frac{\partial}{\partial r}\right) - \sin\theta \frac{1}{r}\left(\frac{\partial}{\partial \theta}\right) \tag{D.87}$$

$$\frac{\partial}{\partial r} = \sin\theta\cos\phi \left(\frac{\partial}{\partial x}\right) + \sin\theta\sin\phi \left(\frac{\partial}{\partial y}\right) + \cos\theta \left(\frac{\partial}{\partial z}\right) \tag{D.88}$$

$$\frac{1}{r}\frac{\partial}{\partial \theta} = \cos\theta \cos\phi \left(\frac{\partial}{\partial x}\right) + \cos\theta \sin\phi \left(\frac{\partial}{\partial y}\right) - \sin\theta \left(\frac{\partial}{\partial z}\right) \quad \text{(D.89)}$$

$$\frac{1}{r}\frac{\partial}{\partial \phi} = -\sin\theta \sin\phi \left(\frac{\partial}{\partial x}\right) + \sin\theta \cos\phi \left(\frac{\partial}{\partial y}\right) \quad \text{(D.90)}$$

ナブラの球座標表示は

$$\nabla = \boldsymbol{e}_r \frac{\partial}{\partial r} + \boldsymbol{e}_\theta \frac{1}{r}\frac{\partial}{\partial \theta} + \boldsymbol{e}_\phi \frac{1}{r\sin\theta}\frac{\partial}{\partial \phi} \quad \text{(D.91)}$$

である。

◯ ナブラの球座標表示を求める

直交座標表示のナブラ (式 (D.84)) を球座標表示 (式 (D.91)) に書き換える。微分計算の練習を兼ねて、煩雑で大変だがストレートにやってみる。両座標系での単位ベクトルの関係 ($\boldsymbol{e}_x, \boldsymbol{e}_y, \boldsymbol{e}_z$; $\boldsymbol{e}_r, \boldsymbol{e}_\theta, \boldsymbol{e}_\phi$) は式 (C.69)–(C.71)

$$\boldsymbol{e}_x = \sin\theta \cos\phi \, \boldsymbol{e}_r + \cos\theta \cos\phi \, \boldsymbol{e}_\theta - \sin\phi \, \boldsymbol{e}_\phi \quad \text{(C.69)}$$
$$\boldsymbol{e}_y = \sin\theta \sin\phi \, \boldsymbol{e}_r + \cos\theta \sin\phi \, \boldsymbol{e}_\theta + \cos\phi \, \boldsymbol{e}_\phi \quad \text{(C.70)}$$
$$\boldsymbol{e}_z = \cos\theta \, \boldsymbol{e}_r - \sin\theta \, \boldsymbol{e}_\theta \quad \text{(C.71)}$$

で与えられているので、直交座標系での偏微分 $\partial/\partial x, \partial/\partial y, \partial/\partial z$ を球座標表示に変換すればよい。すなわち、式 (D.85)–(D.87) を導くわけだ。

ここで x 成分の偏微分についてやるので、諸君は y, z 成分をやること。球座標表示の関数 $f(r, \theta, \phi)$ を x で偏微分すると

$$\frac{\partial f}{\partial x} = \frac{\partial r}{\partial x}\frac{\partial f}{\partial r} + \frac{\partial \theta}{\partial x}\frac{\partial f}{\partial \theta} + \frac{\partial \phi}{\partial x}\frac{\partial f}{\partial \phi} \quad \text{(D.92)}$$

である。上式は複雑そうにみえるがすでに登場した合成関数の微分 (式 (D.8)) の偏微分版である。

$$\frac{\mathrm{d}f}{\mathrm{d}x} = \frac{\mathrm{d}f}{\mathrm{d}g} \cdot \frac{\mathrm{d}g}{\mathrm{d}x} = f'(g) \cdot g'(x) \quad \text{(D.8)}$$

関数 f は変数 r, θ, ϕ の関数 $f(r, \theta, \phi)$ であるが、これらの変数 r, θ, ϕ はまた x, y, z の関数であるので関数 f は引数までを表記すれば、$f(r(x,y,z), \theta(x,y,z), \phi(x,y,z))$ である。式 (D.8) と比べ、1 関数 g が 3 つの r, θ, ϕ に替わり、1 変数 x が 3 つの x, y, z に拡張したわけである。合成関数 f の x での偏微分は、式 (D.8) の関数 g を r, θ, ϕ に置き換えた偏微分それぞれの和、つまり、式 (D.92) となる。

さて、式 (D.92) 右辺の各項の偏微分の係数を計算する。両座標系の変数関係は式 (C.63), (C.64) である。

$$x = r\sin\theta\cos\phi, \quad y = r\sin\theta\sin\phi, \quad z = r\cos\theta \qquad (C.63)$$

$$r^2 = x^2 + y^2 + z^2, \ \theta = \cos^{-1}\left(\frac{z}{\sqrt{x^2+y^2+z^2}}\right), \ \phi = \tan^{-1}\left(\frac{y}{x}\right) \qquad (C.64)$$

第1項の $\partial r/\partial x$ は $r = \sqrt{x^2 + y^2 + z^2}$ を x で偏微分すればいいだけで

$$\frac{\partial r}{\partial x} = \frac{x}{\sqrt{x^2+y^2+z^2}} = \frac{r\sin\theta\cos\phi}{r} = \sin\theta\cos\phi \qquad (D.93)$$

を得る。第2項の $\partial\theta/\partial x$ は $\cos\theta = z/\sqrt{x^2+y^2+z^2}$ を偏微分する。

$$\frac{\partial \cos\theta}{\partial x} = -\sin\theta\frac{\partial\theta}{\partial x} = -\frac{zx}{(x^2+y^2+z^2)^{3/2}} \ \Rightarrow \ \frac{\partial\theta}{\partial x} = \frac{\cos\theta\cos\phi}{r} \qquad (D.94)$$

最右辺へは式 (C.63)、(C.64) を使って直交座標表示をすべて球座標表示に書き換えた。同様に、$\tan\phi = y/x$ を偏微分すると、

$$\frac{\partial \tan\phi}{\partial x} = \frac{1}{\cos^2\phi}\frac{\partial\phi}{\partial x} = -\frac{y}{x^2} \ \Rightarrow \ \frac{\partial\phi}{\partial x} = -\frac{\sin\phi}{r\sin\theta} \qquad (D.95)$$

となる。これらを式 (D.92) に代入すると、式 (D.85) を得る。微分演算子、すなわち、任意の関数に微分という演算を行なう意味で、式 (D.85) のみでなく、式 (D.84) − (D.91) にわたって関数 $f(r,\theta,\phi)$ は明記していない。そのため、演算子の後（右側）に関数 f が存在することを考えずに計算する間違いが起こりやすい。明記されていないが注意が必要である。

問　同じように、y, z の偏微分を行ない、式 (D.86), (D.87) を導け。

---

x, y, z の偏微分と単位ベクトルの変換関係 ($\boldsymbol{e}_x, \boldsymbol{e}_y, \boldsymbol{e}_z$; $\boldsymbol{e}_r, \boldsymbol{e}_\theta, \boldsymbol{e}_\phi$) 式 (C.69)−(C.71) が分かるので、それらを式 (D.84) に代入すればナブラの球座標表示 (式 (D.91)) となる。

問　上の手順に従ってナブラの球座標表示 (式 (D.91)) を導け。計算は辛抱と注意力がいる。間違えないように。

(b) ナブラの次元

直交座標表示のナブラ (式 (D.84)) をみれば分かるように、次元は $[L^{-1}]$ である。

$$\nabla \equiv \boldsymbol{e}_x \frac{\partial}{\partial x} + \boldsymbol{e}_y \frac{\partial}{\partial y} + \boldsymbol{e}_z \frac{\partial}{\partial z} \qquad (D.84)$$

空間座標について微分する、すなわち、次元的には長さで割るのだから当たり前だ。単位ベクトルは x, y, z 各成分を指定するだけで次元はない ($\boldsymbol{r} = x\boldsymbol{e}_x + y\boldsymbol{e}_y + z\boldsymbol{e}_z$ や $\dot{\boldsymbol{r}} = \dot{x}\boldsymbol{e}_x + \dot{y}\boldsymbol{e}_y + \dot{z}\boldsymbol{e}_z$ をみれば分かるように、左辺の次元は右辺では単位ベクトルの前の各ベクトル成分がもっている)。

こんなことをわざわざ記すのは、球座標表示のナブラ (式 (D.91)) 導出において正解を判断するためには、次元を解析するのも 1 つの判断法であることをいうためである。r の偏微分は $[L^{-1}]$ の次元であるが、角が無次元のため θ ならびに ϕ の偏微分は無次元であって、このままでは各項が異なる次元をもってしまう。ところが、後者の角の偏微分係数は $1/r$ の因子を含んでいる。これによって次元が統一される。諸君の答えに $1/r$ 因子が正しく入っているか？

直交座標表示でのナブラの偏微分は、x, y, z 方向に沿っての微小変位 $\Delta x, \Delta y, \Delta z$ あたりのそれぞれの変化分を求める形になっている。同様に、球座標の偏微分は図 D.16 に示すように、変数 r, θ, ϕ の方向のそれぞれの微小変位 ([L] の次元) $\Delta r, r\Delta\theta, r\sin\theta\Delta\phi$ あたりの変化分を求めるものである。こう考えれば、直交座標表示のナブラが簡単に書き出せるのと同様に、球座標表示のナブラも丸暗記しなくとも容易に書き下せる。

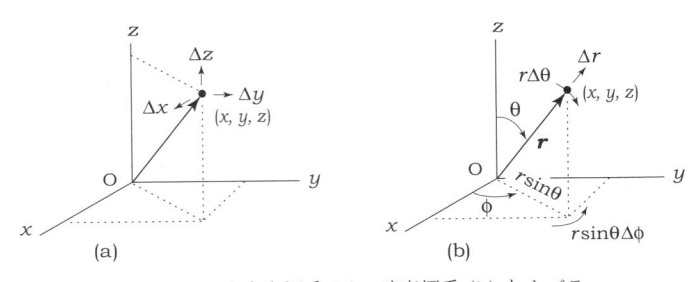

図 D.16 直交座標系 (a)、球座標系 (b) とナブラ

(c) 偏微分計算での注意事項

よくやる間違いについて一言。

x の偏微分を求めるのに、式 (C.63) の $x = r\sin\theta\cos\phi$ を使う間違いについて。具体的には、$\partial x/\partial r = \sin\theta\cos\phi$ と求めて、その逆関数として $\partial r/\partial x$ を得ることである。$\partial\theta/\partial x$ や $\partial\phi/\partial x$ は上にやった計算よりもずっと容易に計算できることになる。

しかし、残念ながら間違いだ！

偏微分の意味を考える必要がある。

$\partial x/\partial r$ は r, θ, ϕ の関数である $x(r, \theta, \phi)$ を、変数 θ, ϕ を固定して r のみについて微分することであった。一方、われわれが求めたいのは $\partial r/\partial x$ であって、これは x, y, z の関数である $r(x, y, z)$ を変数 y, z を固定して x のみについて微分した結果である。y, z を固定しても $\theta(x, y, z)$ も $\phi(x, y, z)$ も x の関数であるので、x の変化とともに変動しているのである。したがって、変数 θ, ϕ を固定して r のみについて微分した $\partial x/\partial r$ はまったく $1/(\partial r/\partial x)$ とは異なったものである。計算すれば、前者は $\partial x/\partial r = \sin\theta\cos\phi$ であり、後者は式 (D.93) で求めたように $1/(\partial r/\partial x) = 1/(\sin\theta\cos\phi)$ である。

以下に、ベクトル微分演算子の勾配 (gradient) とよばれる操作を説明する（発散 (divergence)、回転 (rotation) については紙数制約のため省略した）。数式に出合うとき、おのおのの数式がどのような物理的意味を表現しているのかを考え、かつイメージすることは物理を学ぶに際し本質的に重要である。また、際限の無い楽しさを与えてくれる。ナブラのはたらきの物理的意味を理解する試みはそのためのよいトレイニングである。本書の範囲では勾配を知れば充分であろう。発散や回転は電磁気学において大変重要な役目を果たす。

D-4-2　勾配 (gradient)

スカラー関数 f にベクトル微分演算子 ∇ を演算すると、勾配が得られる。その視覚的説明に、山の高さと傾斜の関係を例にとろう。関数値がスカラー量である関数を**スカラー関数** (scalar function) といい、関数値がベクトル量である関数を**ベクトル関数** (vector function) という。ここでは、スカラー量である山の高さを表示する関数 $f(x, y)$ とベクトル量である山の傾斜を表示する関数 $\boldsymbol{g}(x, y)$ が登場するので、両関数が具体的に把握できるであろう。考えやすいように、2 変数の関数 $f(x, y)$ とする。

地面の東西方向を x 軸、南北方向を y 軸方向とし、z 軸方向に山の高さをとり、関数 $f(x, y)$ がそれを表すものとする。関数 $f(x, y)$ は大きさ (高さ) をもつが、方向性をもたない量であるので、スカラー量である。一方、斜面の傾斜は大きさとともに方向性をもつベクトル量である（南北方向には下り坂であるが、東西方向には上り坂である、というように）。傾斜は、微小な位置の変位 Δx あるいは Δy あたりの高さの変化分 Δf として求まる。x 方向の傾斜は x 軸への方向性をもち、y 方向の傾斜は y 軸への方向性をもち、両傾斜ともベクトル量である。図 D.17 の地点 $a(x_0, y_0)$ と地点 $b(x_0 + \Delta x, y_0 + \Delta y)$ のつくる**勾配** $\boldsymbol{g}(x, y)$ は、x 方向の傾斜 $g_x \boldsymbol{e}_x$ と y 方向の傾斜 $g_y \boldsymbol{e}_y$ をベクトル的に合成して得られるものであり、

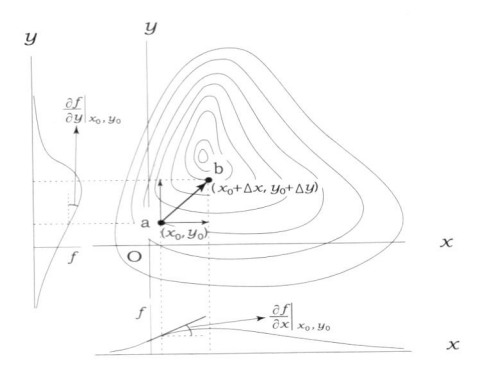

図 **D.17**　山の高さと勾配 (gradient)

$$\boldsymbol{g}(x,y) = g_x\boldsymbol{e}_x + g_y\boldsymbol{e}_y = \frac{\partial f}{\partial x}\boldsymbol{e}_x + \frac{\partial f}{\partial y}\boldsymbol{e}_y$$
$$= \left(\boldsymbol{e}_x\frac{\partial}{\partial x} + \boldsymbol{e}_y\frac{\partial}{\partial y}\right)f(x,y) \tag{D.96}$$

である (図 D.17)。これを 3 変数関数 $f(x,y,z)$ による 3 次元に拡張したイメージを描けば、スカラー関数 f に関するナブラ演算の意味が理解できる。

スカラー関数 $f(x,y,z)$ にナブラを演算したもの

$$\nabla f = \frac{\partial f}{\partial x}\boldsymbol{e}_x + \frac{\partial f}{\partial y}\boldsymbol{e}_y + \frac{\partial f}{\partial z}\boldsymbol{e}_z \tag{D.97}$$

を **勾配** (gradient) といい、∇f あるいは grad f と書く。結果は、ベクトル関数である。∇f の球座標表示は式 (D.91) から

$$\nabla f = \left(\frac{\partial f}{\partial r}\right)\boldsymbol{e}_r + \frac{1}{r}\left(\frac{\partial f}{\partial \theta}\right)\boldsymbol{e}_\theta + \frac{1}{r\sin\theta}\left(\frac{\partial f}{\partial \phi}\right)\boldsymbol{e}_\phi \tag{D.98}$$

である。
○ 例題　$f = x^2 + y^2 + z^2$ のとき

関数 $x^2 + y^2 + z^2 = a^2$(定数) は 3 次元空間での球面 (半径 a) を表現している。原点から離れるにつれて、f 値は原点からの距離の 2 乗で増加する。∇f は

$$\nabla f = 2\left(x\boldsymbol{e}_x + y\boldsymbol{e}_y + z\boldsymbol{e}_z\right) \tag{D.99}$$

である。では、この関数はどのような振る舞いをするのかを考えてみよう。

まず、イメージしやすく 2 次元、$f = x^2 + y^2$ で考える。$f = x^2 + y^2$ は半径 $\sqrt{f}$ の円である。z 軸に $f(x,y)$ をとる。関数 f は $y = 0$ 面上での放物線 $f(x,0) = x^2$ を描

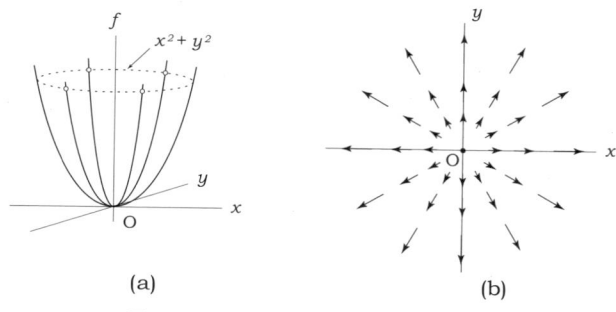

図 **D.18** (a) $f = x^2 + y^2$ と (b) 勾配

き、z 軸を中心に回転した軸対称の放物面を形成する (図 D.18(a))。

この勾配 $\nabla f = 2(x\bm{e}_x + y\bm{e}_y)$ (図 D.18(b)) は軸対称であり、式 (C.41) を用いて 2 次元極座標表示に換算すると、

$$\begin{aligned}
\nabla f &= 2(x\bm{e}_x + y\bm{e}_y) \\
&= 2\left\{r\cos\theta\,(\cos\theta\,\bm{e}_r - \sin\theta\,\bm{e}_\theta) + r\sin\theta\,(\sin\theta\,\bm{e}_r + \cos\theta\,\bm{e}_\theta)\right\} \\
&= 2r\bm{e}_r
\end{aligned} \tag{D.100}$$

となる。つまり、z 軸からの距離 $r = \sqrt{x^2 + y^2}$ に比例して大きくなり、原点から放射状に外に向かう方向性をもつ。

ナブラの 2 次元極座標表示を覚えておくと便利である。

$$\nabla = \bm{e}_r \frac{\partial}{\partial r} + \bm{e}_\theta \frac{1}{r}\frac{\partial}{\partial \theta} \tag{D.101}$$

関数 $f = x^2 + y^2$ を極座標表示すると $f = r^2$ であるので、上式を覚えておけばすぐに

$$\nabla f = \left(\bm{e}_r \frac{\partial}{\partial r} + \bm{e}_\theta \frac{1}{r}\frac{\partial}{\partial \theta}\right) r^2 = 2r\bm{e}_r \tag{D.102}$$

と計算できる。確かに、勾配は原点からの距離 r の 2 倍に等しい大きさをもち、動径方向 $\bm{e}_r$ に放射上に拡がることが分かる (図 D.18(b))。

これは 3 次元に戻って考えても同じである。式 (D.98) の 3 次元極座標表示を用いると、

$$\nabla f = \left(\bm{e}_r \frac{\partial}{\partial r} + \bm{e}_\theta \frac{1}{r}\frac{\partial}{\partial \theta} + \bm{e}_\phi \frac{1}{r\sin\theta}\frac{\partial}{\partial \phi}\right) r^2 \tag{D.103}$$

である。ここで $f = r^2$ は r のみの関数であるので θ での偏微分 (第 2 項)、ならびに ϕ での偏微分 (第 3 項) はゼロで、第 1 項のみが残り、直ちに

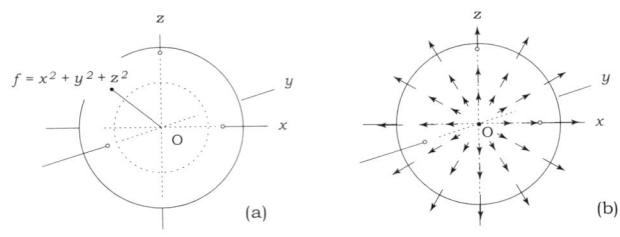

図 D.19 (a) 関数 $f = x^2 + y^2 + z^2$ と (b) ∇f

$$\nabla f = \bm{e}_r \frac{\partial r^2}{\partial r} = 2r\bm{e}_r \tag{D.104}$$

を得る。式 (D.102) と全く同じ形である。ただし、一方は 2 次元、他方は 3 次元空間での勾配である。関数 f の大きさを示す 4 次元目をイメージすることはむずかしいが、3 次元の球は容易にイメージでき、その半径の 2 乗が f である。さらに、勾配は r 方向の成分のみをもつ、つまり、球面に垂直に外向きであり、その大きさは半径の 2 倍であるイメージは描けるであろう。ハリネズミのように原点から放射上に、しかも距離とともに大きくなるベクトル分布である (図 D.19)。

付録 E

指数関数と対数関数と三角関数

E-1 対数関数と指数関数

オランダの数学者ニコラス・メルカトル (Nicholas Mercator, 1620 頃-1687) により導入された（自然）対数の定義、すでに式 (D.30) として登場したもの

$$\ln x = \int_1^x \frac{1}{u} du \tag{D.30}$$

からはじめよう。x の対数 $\ln x$ は、曲線 $z = 1/u$ を $u = 1$ から $u = x$ まで積分したもの（図 D.2 の灰色部分）として定義される。x を**真数** (anti-logarithm) という。

E-1-1 対数の主要な公式

(a) $\ln a + \ln b = \ln(ab)$ と $\ln a - \ln b = \ln(a/b)$

$$\ln a + \ln b = \ln(ab) \tag{E.1}$$

を導いておこう。定義式 (D.30) から上式は

$$\int_1^a \frac{1}{u} du + \int_1^b \frac{1}{u} du = \int_1^{ab} \frac{1}{u} du \tag{E.2}$$

と等価であるので、それを示せばよい。図 E.1 でいえば、(ABGH の面積)+(ACFH の面積)=(ADEH の面積) ということである。a ならびに b は正値であり、ab も正値である。両者が $a > 1$, $b > 1$ である必然性はないが、まず、その場合を考える。$ab > a, b$ であるので、右辺の積分範囲を 2 つに分割する。

$$\int_1^{ab} \frac{1}{u} du = \int_1^a \frac{1}{u} du + \int_a^{ab} \frac{1}{u} du \tag{E.3}$$

となる。右辺第 2 項を変形するために $u = aw$ と変数変換する。第 2 項は $du = adw$ を代入して、

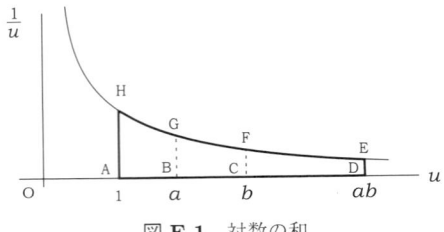

図 E.1 　対数の和

$$\int_a^{ab} \frac{1}{u}du = \int_{w=1}^{w=b} \frac{1}{aw}adw = \int_1^b \frac{1}{w}dw \tag{E.4}$$

となり、これはまさに $\ln b$ である。上式の右辺で変数が w であろうと、u であろうと問題ではないことは分かるであろう。変数記号として w、u、あるいは x を用いただけで、この変数の逆数を関数として、それを 1 から b まで積分したものが上式右辺の意味である。そこで、変数を w と表示する代わりに u と表示して式 (E.3) に代入すると、

$$\int_1^{ab} \frac{1}{u}du = \int_1^a \frac{1}{u}du + \int_1^b \frac{1}{u}du \tag{E.5}$$

であり、式 (E.2) が得られ、よって、式 (E.1) を導けた。

問　a あるいは b が、あるいは両者が 1 よりも小さな正値の場合も、式 (E.1) がそのまま成り立つことを示せ。

対数の差については上の対数和の計算を利用すればよい。

式 (D.32) の両辺に -1 を掛けると、

$$-\ln x = \ln\left(\frac{1}{x}\right) \tag{E.6}$$

これから

$$\ln a - \ln b = \ln a + \ln\left(\frac{1}{b}\right) = \ln\left(\frac{a}{b}\right) \tag{E.7}$$

最後の変形は対数和 (式 (E.1)) を使った。

対数の和は真数同士の積の対数となり、対数の差は真数同士の割り算の対数となる。

(b) $\int_{x_1}^{x_2}(1/u)\mathrm{d}u = \ln(x_2/x_1)$

ここで式 (E.4) について気づくべき面白いことは、図 E.1 でいえば、(ACFH の面積)=(BDEG の面積) のことである。

$$\int_{a}^{ab}\frac{1}{u}\mathrm{d}u = \int_{1}^{b}\frac{1}{u}\mathrm{d}u \tag{E.4}$$

つまり、双曲線 $1/u$ を $a \sim ab$ に積分したものは $1 \sim b$ の範囲で積分したものと同じである (図 E.2)。ここから、積分範囲の上限、下限を定数倍しても積分値は不変であることが分かる。上図の $a \sim ab$ の積分をさらに定数倍 c し、$ac \sim abc$ と範囲を広げても積分値は変わらない。

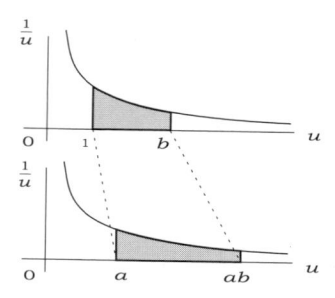

図 E.2 対数。積分範囲を定数倍する。

$$\int_{1}^{b}\frac{1}{u}\mathrm{d}u = \int_{a}^{ab}\frac{1}{u}\mathrm{d}u = \int_{ac}^{abc}\frac{1}{u}\mathrm{d}u \tag{E.8}$$

である。これから、双曲線 $1/u$ の任意の範囲 $x_1 \sim x_2$ にわたる積分は

$$\int_{x_1}^{x_2}\frac{1}{u}\mathrm{d}u = \int_{x_1\cdot\frac{1}{x_1}}^{x_2\cdot\frac{1}{x_1}}\frac{1}{u}\mathrm{d}u = \int_{1}^{\frac{x_2}{x_1}}\frac{1}{u}\mathrm{d}u = \ln\left(\frac{x_2}{x_1}\right) \tag{E.9}$$

と表すことができる。

(c) $n\ln x = \ln x^n$

これは式 (E.1) において、$a = b = x$ とおけば、

$$\ln x + \ln x = \ln(x\cdot x) \quad\Rightarrow\quad 2\ln x = \ln(x^2) \tag{E.10}$$

を得る。さらに、拡張して n 個の $\ln x$ を足せば、

$$\ln x + \ln x + \cdots + \ln x = \ln(x\cdot x\ldots x) \quad\Rightarrow\quad n\ln x = \ln(x^n) \tag{E.11}$$

となる。

上では、$n =$ 整数として扱ったが、一般的にはつぎのように任意の有理数に対して成り立つ。k、h を整数とし、$k\ln x$ を変形してゆく。

$$k\ln x = \ln(x^k) = \ln(x^{\frac{k}{h}h}) \tag{E.12}$$

変数 $x^{\frac{k}{h}}$ を変数 α と表示すれば、上式右辺は

$$\ln(x^{\frac{k}{h}h}) = \ln(\alpha^h) = h\ln\alpha \tag{E.13}$$

であって、$k \ln x = h \ln \alpha$ を得、変数 x で表示すると、

$$\ln(x^{\frac{k}{h}}) = \frac{k}{h} \ln x \tag{E.14}$$

である。式 (E.11) において、n を任意の有理数 k/h に置き換えたものとなる。

E-1-2　オイラー数 e

　ここまでの記述には自然対数の底 e が登場しない。あからさまに記す必要がなかったからであるが、以下では前面に登場する。そこで、この「e」を説明しておく。

　双曲線 $1/u$ は u とともに単調に減少し、$u \to \infty$ の極限において 0 に収束する関数である。その双曲線 $1/u$ を $u = 1 \sim x$ にわたり積分したものが対数 $y(x) = \ln x$ であり、図 E.3(a) にみるように x とともに単調増加する関数である。実数 x の単位が 1 であるように、この関数 $y(x)$ の大きさの単位を定める。すなわち、$y(x) = 1$ に対応する x 値が存在する。この x 値を e と記すと、

$$y(e) = \ln e = \int_1^e \frac{1}{u} du = 1 \tag{E.15}$$

これを**オイラー数** e という。e の具体的な数値は

$$e = 2.718\ldots \tag{E.16}$$

である。この e は付録 D の式 (D.25) で登場した e と同じものであることは、後ほど説明する。

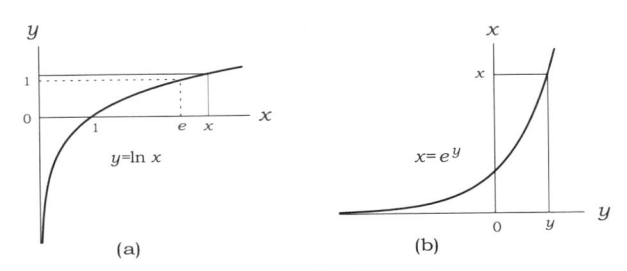

図 E.3　対数と指数関数

E-1-3　対数の逆関数

　図 E.3(a) は、任意の x 値に対応して、式 (D.30) を通じて y 値が存在することを示す。

$$y = \ln x = \int_1^x \frac{1}{x} dx \qquad (D.30)$$

逆関数はこれと逆で、任意の y 値が与えられたとき対応する x 値が一義的に存在するわけであるが、図 E.3(b) にみるように、それを y の関数 $x = x(y)$ として表したものである。

逆関数を求めるために、式 (E.15)

$$1 = \ln e \qquad (E.17)$$

からスタートする。左辺は y 世界であり、右辺はそれを x 世界の言葉で表したものである。y の単位が 1 であり、任意の y 値は上式を y 倍したものである。右辺を y 倍したものは y 値を x 世界の言葉で表現したものであり、それを $y = \ln x$ と表現した。これを順に書き表すと

$$\begin{aligned} y &= y \ln e = \ln(e^y) \\ &= \ln x \end{aligned} \qquad (E.18)$$

である。第 1 式と第 2 式の 2 つの対数が等しい、つまり、真数同士が等しいということは

$$x = e^y \qquad (E.19)$$

を得る。これが $y = \ln x$ の逆関数であり、y の関数として x が求まる図 E.3(b) の曲線である。対数の逆関数は指数関数となる。

指数関数 e^y の指数 y として対数 $y = \ln x$ を適用すると

$$e^{y(x)} = e^{\ln x} = x \qquad (E.20)$$

である。指数関数 e^y の指数 y が自然対数 $\ln x$ であれば、その指数関数 e^y は対数の真数 x である。e^y の逆関数 $y = \ln x (= \log_e x)$ を e を底 (base) とする対数とよぶ。

問 指数関数 e^y の指数 y として対数 $y = \ln x$ を適用すると、$e^y = x$ となることを示せ。

(a) 対数 $\ln x$ の微分

対数の微分は D-1-4 小節ですでに学んだ。ここでは逆関数 (式 (E.20)) を微分して求めてみよう。

$$\frac{\mathrm{d}}{\mathrm{d}x} e^{y(x)} = \frac{\mathrm{d}}{\mathrm{d}x} x$$

左辺 ⇒ $\quad \dfrac{\mathrm{d}e^{y(x)}}{\mathrm{d}x} = \dfrac{\mathrm{d}e^{y(x)}}{\mathrm{d}y(x)}\dfrac{\mathrm{d}y(x)}{\mathrm{d}x} = e^{y(x)}\dfrac{\mathrm{d}\ln x}{\mathrm{d}x} = x\dfrac{\mathrm{d}\ln x}{\mathrm{d}x}$ (E.21)

右辺 ⇒ $\quad \dfrac{\mathrm{d}x}{\mathrm{d}x} = 1$

したがって、

$$\frac{\mathrm{d}}{\mathrm{d}x}\left(\ln x\right) = \frac{1}{x} \tag{E.22}$$

を得る。

(b) 底の変換

対数ならびに指数関数の底をオイラーの数 e から、任意の正の数 a へ変換してみよう。そのために、ここでは対数には明確に底を表記する。したがって、自然対数も ln 表記でなく、$\log_e$ と記す。

a の自然対数は

$$\alpha = \log_e a \tag{E.23}$$

である。a は変数ではなく、定数であり、したがって、α も定数である。自然対数ということを示すため、あからさまに底 e を表示した。a は

$$a = e^\alpha = e^{\log_e a} \tag{E.24}$$

である。

e を底にする変数 x の対数は $y = \log_e x$ であって、その逆関数は $x = e^y$ であった。同様に考えて、$x = a^y$ を式 (E.24) を使って

$$x = a^y = (e^\alpha)^y = e^{y \log_e a} \tag{E.25}$$

と定義する。そして、「$x = a^y$ の逆関数を a を底とする対数 $\log_a x$」とよぼう。つまり、$y(x) = \log_a x$ とする。x の自然対数は上式から

$$\log_e x = \log_e e^{\alpha y} = \alpha y \tag{E.26}$$

であり、両辺を α で割り、式 (E.23) を代入すると、

$$y = \frac{\log_e x}{\alpha} = \frac{\log_e x}{\log_e a} \tag{E.27}$$

を得る。これが $y = \log_a x$ であるため、

$$\log_a x = \frac{\log_e x}{\log_e a} \tag{E.28}$$

である。任意の底 a の対数は上式により自然対数で表せる。

対数とその逆関数は一般的に書けば、

$$x = a^y \quad \Rightarrow \quad y = \log_a x \tag{E.29}$$

$$a = a^1 \quad \Rightarrow \quad 1 = \log_a a \tag{E.30}$$

である。

$a = 10$ を底とするものが**常用対数** (common logarithm) である。本書では底 10 を記して、自然対数との混同を避ける。「$x = a^y$ の逆関数は a を底とする対数 $y = \log_a x$」であるので、式 (E.25) から

$$x = 10^y \quad \Rightarrow \quad y = \log_{10} x \tag{E.31}$$

であり、$x = 10$ は

$$10 = 10^1 \quad \Rightarrow \quad 1 = \log_{10} 10 \tag{E.32}$$

である。常用対数は日常の十進法と関連し、$y = \log_{10} x$ の逆関数は $x = 10^y$ であり、10 のべき乗の表示となる。式 (E.28) から自然対数と常用対数の換算式を記しておく。

$$\log_{10} x = 0.434 \times \log_e x \tag{E.33}$$

$$\log_e x = 2.303 \times \log_{10} x \tag{E.34}$$

E-1-4　オイラー数再び

(a)　自然対数の底 e と指数関数の底 e

付録 D-1-3 小節において指数関数 e^x は無限級数として、式 (D.25) で定義された。

$$e^x = \sum_{n=0}^{\infty} \frac{x^n}{n!} = 1 + \frac{x}{1!} + \frac{x^2}{2!} + \frac{x^3}{3!} + \frac{x^4}{4!} + \cdots \tag{D.25}$$

e は $x = 1$ を代入することにより

$$e = \sum_{n=0}^{\infty} \frac{1}{n!} = 1 + \frac{1}{1!} + \frac{1}{2!} + \frac{1}{3!} + \frac{1}{4!} + \cdots \tag{E.35}$$

と求まる。この e が自然対数の底 e と同じものであることをみよう。

関数 $\ln x$（底 e をあらわにするため $\log_e x$ と書く）の微分は $1/x$ であった。それは微分の定義から

である。いま、h を $h = 1/2, 1/3, 1/4, \ldots, 1/n, \ldots$ という数列をたどってゼロに近づける極限操作を考える。上式の関係は

$$\frac{1}{x} = \lim_{h\to 0} \frac{\log_e(x+h) - \log_e x}{h} \tag{E.36}$$

$$\begin{aligned}\frac{1}{x} &= \lim_{n\to\infty} \frac{\log_e\left(x + \frac{1}{n}\right) - \log_e x}{1/n} \\ &= \lim_{n\to\infty} n\log_e\left(\frac{x + \frac{1}{n}}{x}\right) = \lim_{n\to\infty} \log_e\left\{\left(1 + \frac{1}{nx}\right)^n\right\}\end{aligned} \tag{E.37}$$

となる。$z = 1/x$ と書き換え、

$$z = \lim_{n\to\infty} \log_e\left\{\left(1 + \frac{z}{n}\right)^n\right\} \tag{E.38}$$

逆関数をとると、

$$e^z = \lim_{n\to\infty} \left(1 + \frac{z}{n}\right)^n \tag{E.39}$$

となる。あるいは、自然対数の底である e を底として、式 (E.38) を指数とする指数関数表示をしたと考えてもよい。その結果、左辺には自然対数の底 e が登場し、右辺では e が消去された形となる。$z = 1$ を代入すると、

$$e = \lim_{n\to\infty} \left(1 + \frac{1}{n}\right)^n \tag{E.40}$$

を得る。2項定理 (binomial theorem) から

$$\begin{aligned}\left(1 + \frac{1}{n}\right)^n &= 1 + n\frac{1}{n} + \left(\frac{n(n-1)}{n^2}\right)\frac{1}{2!} + \left(\frac{n(n-1)(n-2)}{n^3}\right)\frac{1}{3!} \\ &\quad + \cdots + \left(\frac{n(n-1)(n-2)\ldots 2\cdot 1}{n^n}\right)\frac{1}{n!}\end{aligned} \tag{E.41}$$

であり、$n \to \infty$ の極限操作で式 (E.41) の各項の大括弧 ( ) 内は1となり、また、無限級数となって、自然対数の底 e は

$$e = 1 + \frac{1}{1!} + \frac{1}{2!} + \frac{1}{3!} + \frac{1}{4!} + \cdots = \sum_{n=0}^{\infty} \frac{1}{n!} \tag{E.42}$$

であり、式 (E.35) の底 e と同じものである。

(b) オイラー数 e の収束

オイラー数 e は式 (E.35) の無限級数として求まる。

$$e = \sum_{n=0}^{\infty} \frac{1}{n!} = 1 + \frac{1}{1!} + \frac{1}{2!} + \frac{1}{3!} + \frac{1}{4!} + \cdots \quad (E.35)$$

図 E.4 にこの級数の収束の様子を示す。表 E.1 は $n = 10$ までの級数の値である。自分で数値計算し、収束の程度をみてみるのも面白い。収束が早い。$n = 3$ まで計算すれば差 2%の精度が得られ、$n = 4$ まで計算すれば充分な精度 (0.4%) が得られる。

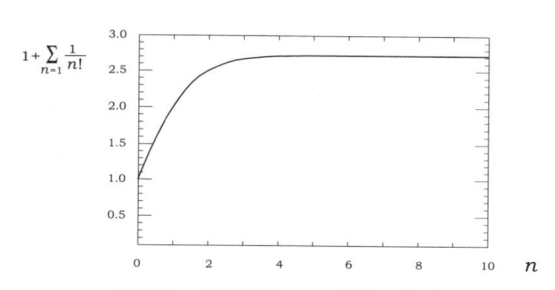

図 **E.4** 無限級数 e^x の収束の様子

表 **E.1** 無限級数 e^x の n 項までの数値 ($e = 2.7182\ 81828\ 45904\ 52354$)

n	1	2	3	4	5
$1+\sum \frac{1}{n!}$	2.0	2.5	2.666666667	2.708333333	2.716666667
n	6	7	8	9	10
$1+\sum \frac{1}{n!}$	2.718055556	2.718253968	2.718278770	2.718281526	2.718281801

E-2　三角関数と指数関数

E-2-1　オイラーの公式

指数関数 e^x は無限級数として、式 (D.25)

$$e^x = \sum_{n=0}^{\infty} \frac{x^n}{n!} = 1 + \frac{x}{1!} + \frac{x^2}{2!} + \frac{x^3}{3!} + \cdots \quad (D.25)$$

で定義されている。指数部を実数 x から虚数 $\pm i\alpha$ (α は実数) にすると、

$$e^{\pm i\alpha} = \left(1 - \frac{\alpha^2}{2!} + \frac{\alpha^4}{4!} - \cdots\right) \pm i\left(\frac{\alpha}{1!} - \frac{\alpha^3}{3!} + \frac{\alpha^5}{5!} - \cdots\right) \quad (E.43)$$

となり、右辺第1項は実数の無限級数、第2項も括弧内は実数の無限級数である。上式を書き直すと、

$$e^{i\alpha} = \sum_{n=0}^{\infty} (-1)^n \frac{\alpha^{2n}}{(2n)!} + i \sum_{n=0}^{\infty} (-1)^n \frac{\alpha^{2n+1}}{(2n+1)!} \tag{E.44}$$

と表示でき、第1項はマクローリン展開でべき級数展開された余弦関数 $\cos\alpha$ (式 (6.25)) であり、第2項も同じくべき級数展開された正弦関数 $\sin\alpha$ (式 (6.23))

$$\cos\alpha = \left(1 - \frac{\alpha^2}{2!} + \frac{\alpha^4}{4!} - \cdots\right) = \sum_{n=0}^{\infty} (-1)^n \frac{\alpha^{2n}}{(2n)!} \tag{6.25}$$

$$\sin\alpha = \left(\frac{\alpha}{1!} - \frac{\alpha^3}{3!} + \frac{\alpha^5}{5!} - \cdots\right) = \sum_{n=0}^{\infty} (-1)^n \frac{\alpha^{2n+1}}{(2n+1)!} \tag{6.23}$$

である。余弦ならびに正弦関数に置き換えると、式 (E.44) は**オイラーの公式**

$$e^{i\alpha} = \cos\alpha + i\sin\alpha \tag{E.45}$$

である。

以上は、三角関数と指数関数を結びつける「オイラーの等式」を簡潔に導入したもので、数学的に証明したものでない。すなわち、式 (D.25) の級数展開は x が実数という仮定の下で導出されたもので、厳密には $x = i\alpha$ を代入する正当化が必要である（クーラント＆ロビンズ『数学とは何か』より）。

付録 F

原子核の崩壊

物理学においては多くの場面で指数関数 $Ae^{\alpha t}$ に出合う。指数関数の具体的振る舞いを視覚的にも知るために、その1例として、自然崩壊する素粒子や原子核の崩壊をみよう。

時刻 t に N 個の原子核があり、その崩壊する確率 (probability) $\lambda(>0)$ は時間に依存せず、一定である。時間あたりの減少量は $dN(t)/dt$ であり、減少するのだからこの量は負値 (<0) をもつ。この減少量をそのときの原子核の個数 $N(t)$ で割ったものが崩壊率 $\lambda\ (>0)$ (decay rate) である。したがって、この様子は

$$\frac{dN(t)/dt}{N(t)} = -\lambda \quad \Rightarrow \quad \frac{dN(t)}{dt} = -\lambda N(t) \tag{F.1}$$

と書ける。減少量は負数であるので、右辺には負符号が付く。この微分方程式は式 (2.64) と同じであり、解は式 (2.77) であって

$$N(t) = N_0 e^{-\lambda t} \tag{F.2}$$

となる。N_0 は初期の原子核の個数であり、時間とともに残る原子核の個数 $N(t)$ は指数関数的に減少する。**寿命** (lifetime) は当初の原子核の個数が $1/e = 0.368$ 倍 (36.8%) に減衰する時間 $t = \tau$ であって、指数部が

$$-\lambda\tau = -1 \tag{F.3}$$

になる時間、つまり

$$\tau = \frac{1}{\lambda} \tag{F.4}$$

である。自然崩壊の様式は指数関数的であるので(指数関数は微分しても形は変化しないので)、寿命測定はどの瞬間を測定開始時間 $t = 0$ ととっても変化はない。

原子核の個数 $N(t)$ が時間とともに減少する様子を図 F.1 に示す。

平均寿命 (mean lifetime) は定義に従い、時間 t の**重み付き(または加重)平均** (weighted mean) を計算すれば得られる。重み(加重)が関数 $f(t)$ のときの時間平

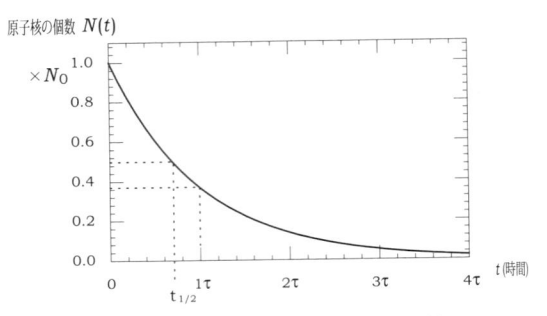

図 F.1 原子核の指数関数的な崩壊の様子

均値 $\langle t \rangle$ は

$$\langle t \rangle = \int_0^\infty t f(t) \, dt \bigg/ \int_0^\infty f(t) \, dt \tag{F.5}$$

である (式 (13.9) を参照)。いま、$f(t)$ は原子核の個数分布 $N(t)$ (式 (F.2)) であるので、

$$\langle t \rangle = \int_0^\infty t N(t) \, dt \bigg/ \int_0^\infty N(t) \, dt = \int_0^\infty t e^{-\lambda t} \, dt \bigg/ \int_0^\infty e^{-\lambda t} \, dt \tag{F.6}$$

を計算すればよい。分子の積分には**部分積分法**を用いる (付録 D-2-4 小節の「部分積分」(p. 501) を参照)。すなわち、

$$\frac{d}{dt}\left(t e^{-\lambda t}\right) = e^{-\lambda t} - \lambda t e^{-\lambda t} \tag{F.7}$$

なので、これを逆に積分すれば、

$$\left[t e^{-\lambda t}\right]_0^\infty = \int_0^\infty e^{-\lambda t} dt - \lambda \int_0^\infty t e^{-\lambda t} dt \tag{F.8}$$

であり、左辺はゼロ。したがって、

$$\lambda \int_0^\infty t e^{-\lambda t} dt = \int_0^\infty e^{-\lambda t} dt \tag{F.9}$$

であり、式 (F.6) に代入すれば、

$$\langle t \rangle = \frac{1}{\lambda} \tag{F.10}$$

であり、平均寿命は崩壊率の逆数であることが分かる。つまり、寿命 τ は平均寿命 $\langle t \rangle$ を指す。

一方、初期の粒子数 N_0 が半分 ($N = \frac{1}{2} N_0$) になる時間 $t_{1/2}$ を**半減期** (half-life) とよぶ。半減期を知るには

$$N(t_{1/2}) = N_0 e^{-\lambda t_{1/2}} = \frac{1}{2} N_0 \quad \Rightarrow \quad e^{-\lambda t_{1/2}} = \frac{1}{2} \tag{F.11}$$

を解けばよい。両辺の（自然）対数をとれば、

$$\text{左辺} = \ln\left(e^{-\lambda t_{1/2}}\right) = -\lambda t_{1/2}, \qquad \text{右辺} = \ln\left(\frac{1}{2}\right) = -\ln 2 \tag{F.12}$$

なので

$$t_{1/2} = \frac{\ln 2}{\lambda} = 0.693\,\tau \tag{F.13}$$

となる。半減期は平均寿命の約 70%の大きさであることが分かる。

付録 G

等速円運動と観測する系

　同じ運動であっても観測する座標系によって、それを記述する運動方程式は変わり、また物理的意味合いが異なってくる。単純な対象である等速円運動する質点を、慣性系あるいは回転系で観測しよう。運動方程式の物理的意味合いがよく分かる。

G-1 慣性系からの観測

　慣性系において等速円運動 (uniform circular motion) を眺める。
　物体が一定の半径 ($r = r_0$, $\dot{r} = \ddot{r} = 0$) で一定の角速度 ($\dot{\theta} = \omega = \omega_0$, $\ddot{\theta} = 0$) で円運動する場合である。このとき、速度、加速度は式 (C.61), (C.62) から

$$\dot{\boldsymbol{r}} = r\omega_0 \boldsymbol{e}_\theta \tag{G.1}$$

$$\ddot{\boldsymbol{r}} = -r\omega_0^2 \boldsymbol{e}_r \tag{G.2}$$

である。速度ならびに加速度の大きさは一定値をもつ。

$$\dot{r} = r\omega_0 \tag{G.3}$$

$$\ddot{r} = -r\omega_0^2 \tag{G.4}$$

速度ベクトルの方向は、当然、$\boldsymbol{r}$ に直角な $\boldsymbol{e}_\theta$ 方向、つまり、円の接線方向である。加速度ベクトルの方向は、$\boldsymbol{r}$ の逆方向、物体から原点に向かう方向である。
　加速度の極座標表示が分かったので、ニュートンの運動方程式 ($m\ddot{\boldsymbol{r}} = \boldsymbol{F}$) は

$$(m\ddot{\boldsymbol{r}} =) \ -mr\omega_0^2 \boldsymbol{e}_r = \boldsymbol{F} \tag{G.5}$$

である。
　この式を読んでみよう。
　これはニュートンの運動方程式 (式 (1.7))

$$m\frac{d^2 \boldsymbol{r}(t)}{dt^2} = \boldsymbol{F} \tag{1.7}$$

を等速円運動する物体について、2次元極座標表示したものである。式 (G.5) の左辺は、運動する物体の質量 (m) と加速度 ($-r\omega_0^2 \boldsymbol{e}_r$) の積を極座標表示したもので、何らその具体的な力の成因を示すものでない。一方、右辺は物体を等速円運動させる具体的な力 (外力) を示すものである。外力が万有引力であろうと、ひもによる張力であろうと何であっても構わないが、上式の等号はその力 $\boldsymbol{F}$ は $\boldsymbol{e}_r$ の負の方向 (原点の方向) に、大きさが $mr\omega_0^2$ であることを教える。また、左辺には $\boldsymbol{e}_\theta$ 方向の成分はないので、右辺の力も θ 成分をもたない。したがって、この力を中心に向かう力という意味で、**向心力** (centripetal force) という。

上の状況が成り立つ例として、たとえば、ボールにひもをつけ、その一端を手にもち、等速円運動させることを考える。ボールの回転とともに、ひもを常に手元に引っ張っておく必要がある。この力が外力 $\boldsymbol{F}$ であり、それは向心力である。この運動を記述する運動方程式 (G.5)、あるいは式 (1.7) は、地上に固定された慣性系においてである。

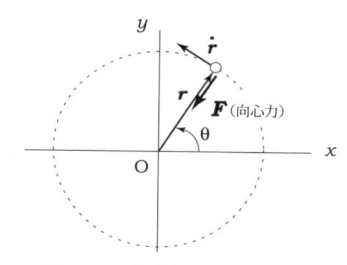

図 G.1 等速円運動と向心力

G-2 回転系からの観測

ところが、運動を記述する座標系が原点 O を共有しボールの回転とともに回転する系であるならば、ボールの運動の自由度は r 方向のみであり、θ 方向の運動自体は考えられない。したがって、運動方程式の左辺は $m\ddot{r}$ の項のみ (この r は $\boldsymbol{r}$ でなく、$\boldsymbol{r}$ の r 成分を示すことに注意) で構成される。しかも、これは半径が不変の円運動 ($r = $ 一定) のため、$\ddot{r} = 0$ ではある。この様子を方程式で追おう。

ボールとともに回転する回転座標系 O′ でみる運動方程式は、慣性系 O の運動方程式 ($m\ddot{\boldsymbol{r}} = \boldsymbol{F}$)

$$m\ddot{\boldsymbol{r}} = m(\ddot{r} - r\dot{\theta}^2)\boldsymbol{e}_r + m(2\dot{r}\dot{\theta} + r\ddot{\theta})\boldsymbol{e}_\theta$$
$$= \boldsymbol{F} \tag{G.6}$$

を変形して

$$m\ddot{r}\boldsymbol{e}_r = mr\dot{\theta}^2\boldsymbol{e}_r - m(2\dot{r}\dot{\theta} + r\ddot{\theta})\boldsymbol{e}_\theta + \boldsymbol{F} \tag{G.7}$$

図 G.2 (a) 向心力 と (b) 遠心力

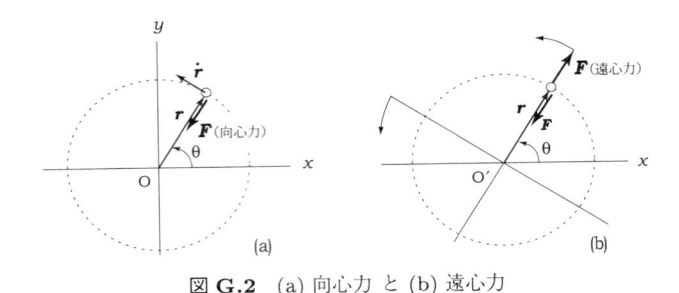

と書ける。等速円運動 ($\dot{\theta} = \omega_0$、$\dot{r} = \ddot{r} = 0$、$\ddot{\theta} = 0$) の状態を代入すると、

$$0 = mr\omega_0^2 \boldsymbol{e}_r + \boldsymbol{F} \tag{G.8}$$

を得る。これが、回転座標系でみる運動方程式である。

　静止座標系 O で等速円運動する物体を物体とともに回転する回転座標系 O' でみると、当然、物体は静止している。それは O' 系では「力がはたらかない」からである。しかし、万有引力であろうと、ひもによる張力であろうと外力 $\boldsymbol{F}$ が作用してこそ、等速円運動がある。「力がはたらかない」という「力」は (質量)×(加速度) = (力) の力、式 (G.8) の右辺全体のことであり、それがゼロということである。右辺第 2 項はひもを引く向心力の外力 $\boldsymbol{F}$ であり、第 1 項はこの向心力を打ち消し（向心力と大きさが等しく、逆方向に作用する力）、合力をゼロにする。それは質量、半径に比例し、角速度の 2 乗に比例する力。諸君がよく知る**遠心力** (centrifugal force) である。

　ここで学ぶべきことは、式 (G.5) の運動方程式と式 (G.8) の運動方程式は同じものであり、後者は $mr\omega_0^2 \boldsymbol{e}_r$ 項を左辺から右辺へ単に移項したものである、という以上のことである。力学的な意味が違うのである。式 (G.5) の運動方程式の $mr\omega_0^2 \boldsymbol{e}_r$ は、慣性系において (質量)×(加速度) を表示したものである。一方、式 (G.8) の運動方程式の $mr\omega_0^2 \boldsymbol{e}_r$ は、回転系において外力以外のはたらく力である。1 つの等速円運動という現象を、違う系からみると運動は違ってみえる。当然、それを記述する運動方程式も異なる。

　遠心力は慣性系から回転系に移ることによって起こる力である。実際にはたらいている外力は向心力 $\boldsymbol{F}$ のみである。遠心力は外部から作用させている力ではなく、座標系に付随して生ずる力であり、したがって、**見かけの力** (apparent force) とよばれる。見かけの力は (質量)×(加速度) の形をもつが、作用・反作用の法則がはたらく力ではない。

　以上の回転系や見かけの力は、第 8 章で詳しく学ぶ課題である。

あとがき

「まえがき」で述べたようにこの読本は授業用の教科書ではなく、副読本のつもりで、「行間を読む」読み方の1つの参考になればと考えて書きはじめた。

　先輩諸兄へ——。教科書が正装したフォーマル・ウェアーであるならば、この読本では著者は裸である。「行間を読む」1つの読み方を提示したが、それは人それぞれ、そして、能力に依存する。この読本では著者の理解力、把握力、発想力などを、したがって、自分自身をさらすことになった。裸という所以である。恥ずかしいかぎりである。本書を書いていて常に意識したのは、同業の教員や研究者が著者の記述に対してどう考えるかということである。本書の紙面の裏側には著者の思いがしみ込んでいるし、実は本書の裏の対象者は同業の教員である。将来のわが国を支える学生の勉学に少しでも寄与できれば、と思う著者の心意気に免じて、行間の読みが充分でないところは、先輩諸兄の度量の広いご批判、ご指導をお願いする次第である。

　なお、原稿枚数が出版物としての適量をはるかに超えてしまったので、「複数の振り子の系」と「質量が変化するときの運動」の章は省略した。また、剛体の回転運動についても2，3の節を丸ごと切り捨てた。最終章で「ジャイロ運動」について記述することも、紙幅の都合上断念した。機会があれば、これらの章を「補講」としてまとめて発表したく考えている。

　本書は名古屋大学で長年にわたり担当した「力学」の授業が基礎を構成している。前半の数年間は太田信義 著、『パリティ物理学コース　一般物理学 上』（丸善）を、後半の数年間では鈴村順三、大澤幸治、大島隆義 共著、『理工学の基礎　力学』（培風館）を教科書として活用したので、本書執筆は自ずと多くのところで両書に負っている。そのほか、本書執筆に貴重な役割を果たした参考文献を巻末に載せた。

　本書の執筆にあたっては、名古屋大学理学研究科・素粒子宇宙起源研究機構の特任准教授 早坂圭司 さんならびに同研究科・素粒子宇宙物理学専攻・高エネルギー物理学研究室（N研）の研究員 森隆志 さん（現高エネルギー加速器研究機構）に議論相手として対応していただき、また、原稿への適切なアドバイスや LaTeX 活用に関しご協力いただきました。ここに記して感謝します。最後になりましたが、名古屋大学出版会編集部の 神舘健司 さんには、原稿を通読し全体に亘る構成や各部各章の論理の一貫

性などについて鋭い指摘や示唆をいただき、また言葉の使い方、文章の表現についてまでいろいろとご教示いただきました。本書出版に至る神舘さんのご指導に深くお礼申します。

 2012 年 7 月

著　者

参考文献

　本書の主要な参考文献、ならびに学生の勉学の参考になる文献のいくつかをリストする。
　著者が力学授業の教科書として活用し、また本書構成の基本的参考文献となったのがつぎの2つである。

- 鈴村順三、大島隆義、大澤幸治 共著：『理工学の基礎　力学』（培風館）
- 太田信義 著：『パリティ物理学コース　一般物理学 上』（丸善）

本書では演習問題の数が少ない。多くの問題を自分で考え、悩み、解くことによって、理解の深さが大きく進展する。

- 後藤憲一、山本邦夫、神吉健 著：『詳解　力学演習』（共立出版）

は演習問題の詰まったよい参考書である。
　未知の用語や不確かな事項について、諸君が国語辞典や英和辞典などを活用するように、物理学に関連しても辞典を有効に利用できるようにしておくとよい。

- 物理学辞典編集委員会 編：『改訂版　物理学辞典　[縮刷版]』（培風館）

当初は難しくて取っつきにくいかもしれないが、気長につきあい慣れてみよ。用語についての説明以上に、物理学辞典は関連する事項を網羅し、簡潔に核心部を教えてくれる。1つの用語を調べると、複数の理解できない用語が登場するであろう。さらに、それらを引いて読み進め。はじめの用語の物理的な意味合いや物理学での位置付けが徐々に分かってくるであろうし、関連分野の拡がりや相互関連も漠然とであっても知りはじめるであろう。

- 文部省国立天文台 編：『理科年表』（丸善）

は各種の測定、観測データ集であり、毎年刊行されている。身近に置き、活用する癖をつけよ。
　つぎは微分、積分ならびに関数の公式集である。必要不可欠なものである。

- 森口繁一、宇田川銈久、一松信 著：『岩波　数学公式 (I,II,III)』（岩波書店）

以下は力学の教科書としての参考文献である。

- 松田哲 著:『パリティ物理学コース　力学』(丸善)
- 野田二次男、山田満 共著:『理工学のための　力学入門』(培風館)
- 砂川重信 著:『力学の考え方』(岩波書店)
- L.D. ランダウ、E.H. リフシッツ 著、水戸巌、恒藤敏彦、広重徹 訳:『ランダウ=リフシッツ物理学小教程　力学・場の理論』(ちくま学芸文庫)
- 滝本昇、高橋醇 共著:『工学系の力学』(森北出版)
- 藤原邦夫 著:『物理学序論としての　力学』(東京大学出版会)
- 都筑卓司 著:『なっとくする 物理数学』(講談社)
- 川久保勝夫 著:『なっとくする 行列・ベクトル』(講談社)
- ゴールドスタイン 著、瀬川富士、矢野忠、江沢康生 共訳:物理学叢書『新版 古典力学（上、下）』(吉岡書店)

その他、

- R. クーラント、H. ロビンズ 著、I. スチュアート 改訂、森口繁一 監訳:『数学とは何か』(岩波書店)

は名著である。一読を薦める。

歴史的事項については

- エルンスト・マッハ 著、岩野秀明 訳:『マッハ力学史　古典力学の発展と批判（上、下）』(ちくま学芸文庫)
- アイザック・アシモフ 著、小山慶太、輪湖博 共訳:『科学と発見の年表』(丸善)

を活用した。

索引

あ 行

アーガンド Jean Robert Argand　467
アシモフ Isaac Asimov　461
圧力 pressure　40
アボガドロ定数 Avogadro constant　460
アポロニウス Apollonius　244
アリスタルコス Aristarchus　223
アリストテレス Aristotle　53, 224
アリの落下 falling ant　49
アルキメデス Archimedes　61, 78
　——の滑車 Archimedes's pulley　83
アルファー (α)
　——線源 alpha-ray source　270
　——粒子 alpha (α) particle　269
位相 phase　105, 107, 124
　——空間 phase space　111
　初期—— initial phase　105, 130
位置 position　51
位置エネルギー　→ ポテンシャル・エネルギー, 88
一般解 general solution　101, 102, 105, 113, 115, 122
移動経路 path of movement　80, 88
陰極線 cathode ray　285
引力 attractive force　264
ヴァリニョン Pierre Varignon　62
ウェッセル Caspar Wessel　467
ウォリス John Wallis　74
雨滴の落下 falling raindrop　48
運動 motion　52, 73, 95
　往復—— reciprocal motion　98, 138, 146, 148
　回転—— rotational motion　108, 138, 142, 146, 148
　束縛—— constrained motion　141
　等速円—— uniform circular motion　528
　等速度—— uniform motion　9
　——の勢い momentum of motion　3
　——の法則 law of motion　3
　落下—— falling motion　13, 54
運動エネルギー kinetic energy　52, 85, 141, 249
運動方程式 equation of motion　2, 73, 504
　回転の—— ... of rotational body　76
　単振動の—— ... of simple harmonic oscillation　99, 232
　単振り子の—— ... of simple pendulum oscillation　129
運動量 momentum　3, 52, 73
　——の保存 conservation of momentum　73, 75, 296, 299
　——保存則 law of momentum conservation　302
SI 単位系 Système International d'Unités　71
エネルギー energy　85, 95
　——と離心率　255
　——保存 conservation of mechanical energy　110
　——保存則 law of conservation of mechanical energy　93, 295, 302
遠隔作用 action at a distance　215
演算子 operator　119, 507
遠日点 aphelion　254
遠心力 centrifugal force　136, 158, 160, 200, 250, 530
　——とコリオリ力と向心力　159
　——のポテンシャル　248, 250, 273, 275
円錐曲線 conic sections　243, 267
　——と光の経路　244
オイラー Leonhard Euler　422
　——の運動方程式 Euler's equation of motion　410
　——角 Euler angles　387
　——数 e Euler number　518
　——の公式 Euler's formula　107, 524
　——のこま Euler's top　423
応力 stress　99
重さ weight　62, 83

か 行

階乗 factorial　132
階数 order　100
外積 cross product　76, 77, 469, 471
解析力学 analytical mechanics　iv
回転 rotation
　——の勢い momentum of rotational motion　→ 角運動量, 75
　——角 rotation angle　324, 385
　——軸 rotation axis　66, 83
　——の運動エネルギー　326
　——のエネルギー　→ 回転の運動エネルギー, 359, 369

536　索　引

──の能力 rotational capacity　327
──の法則　352
──ベクトル　156
回転運動 rotational motion
　固定軸のまわりの── ... around fixed axis　324
　重心のまわりの── ... around the center of gravity　323
　2体系における── ... in two-body system　207
　──の3法則　351
　自由── free rotational motion　412, 424
回転系 rotating system　529, 530
回転楕円体 spheroid　400
外力 external force　12, 202, 312
ガウスの法則 Gauss's law　214, 215, 287
角運動量 angular momentum　52, 75, 276, 322, 395
　──と角速度と慣性テンソル　409
　──の保存 conservation of angular momentum　77, 228, 277
角振動数 angular frequency　108
角速度 angular velocity　65, 66, 145, 154, 322, 324, 395, 480
　──ベクトル angular velosity vector　156
加速度 acceleration　5, 13, 52-54, 57
滑車 pulley
　定── fixed pulley　83
　動── movable pulley　83
　──のつり合いと仕事　83
加法定理 addition theorems of trigometric functions　493
ガリレオ Galileo Galilei　14, 53, 54, 56, 58, 62, 84
　──の相対性原理 Galilean principle of relativity　152
カルノー Nicolas-Léonard-Sadi Carnot　467
慣性 inertia　5, 10, 64, 354
慣性系 inertial system of coordinate　8, 150, 151
　──と非慣性系　9
慣性主軸 principal axis of inertia　396, 400, 404, 414
慣性乗積 product of inertia　396, 404
慣性楕円体 ellipsid of inertia　404
慣性テンソル tensor of inertia　396, 400
慣性の法則 law of inertia　7, 10
慣性モーメント moment of inertia　322, 325, 326, 329, 396
　厚みのある球殻の── ... of thick spherical shell　343
　板の── ... of plate　336
　円殻の── ... of thin ring　341
　円錐体の── ... of circular cone　332
　円柱の── ... of right cylinder　332
　回転軸に対して角度をもつ棒の── ... of rod inclining to rotation axis　348
　回転軸に対して角度をもつ有限断面な棒の── ... of rod with finite cross-section, inclining to rotation axis　348
　球殻の── ... of spherical shell　342
　球の── ... of sphere　347
　直円錐の── ... of right circular cone　347
　直方体の── ... of rectangular parallelepiped　339
　棒の── ... of rod　336
　円板の── ... of disk　329
　杯の── ... of sake cup　344
　主── principal moment of inertia　400, 404
　──の次元　329
　──の法則　351
　最大主──　414
　地球の── ... of Earth　416
慣性力 inertial force　151
規格性 normality　477
ギブス Josiah Willard Gibbs　468
基本解 fundamental solution　101, 113
基本ベクトル fundamental vector　465, 469, 470
　──間の外積　473
　──の時間微分　478
逆2乗則 inverse square law　214, 226, 291
球座標 spherical coordinates　480
　ベクトル微分演算子の──　507
境界条件 boundary condition　498, 506
共振 resonance　126
　──角振動数 resonance angular frequency　126, 128
　──振動数 resonance frequency　128
共鳴 resonance　126
行列 matrix
　回転── rotation matrix　390
　対称── symmetric matrix　396
行列式 determinant　474
　──による外積展開　474
極角 polar angle　324, 481
極限操作 limit formula　155, 336, 485, 496
極座標系 polar coordinate system　468
　3次元──　507
　2次元──　476
虚数 imaginary number　101, 119, 191, 195, 196
近日点 perihelion　254
近接作用 action through medium　215
空間反転 space inversion　467
偶力 couple of forces　78, 440
クーロン力 Coulomb's force　264
組立単位 derived units　71
グラスマン Hermann Günther Grassmann　467
クルックス William Crookes　285
クロネッカーのデルタ Kronecker's δ　477

索引 537

撃力 impulsive force　75, 371, 375–377
　――の作用点 point of action of　378
ケプラー Johannes Kepler　225
　――の第1法則 Kepler's first law of planetary motion　226, 237, 241
　――の第3法則 Kepler's third law of planetary motion　227, 245
　――の第2法則 Kepler's second law of planetary motion　226, 229, 231
ケルヴィン Lord Kelvin　95
原子 atom　286
原子核 nucleus
　金の―― gold nucleus　269
　――の崩壊 decay of nucleus　525
原始関数 primitive function　499
原理 principle　6
　仮想変位の―― principle of virtual displacement　62
　ガリレオの相対性―― Galilean principle of relativity　152
　最小作用の―― principle of least action　5
　てこの―― principle of leverage　78, 85
　フェルマの―― Fermat's principle　5
　平行四辺形の―― principle of parallelogram　60, 62
　変分―― variational principle　6
　モーペルチュイの―― Maupertuis principle　6
　ハミルトンの最小作用の―― Hamilton's principle of least action　6
向心力 centripetal force　136, 160, 529
　遠心力とコリオリ力と―― 159
合成関数 composite function　486, 490
光速 speed of light　460
剛体 rigid body　322
勾配（グラジエント）gradient　91, 511, 512
合力 resultant force　60
国際単位系　→ SI 単位系, 71
コセカント cosec(cosecant)　495
コタンジェント cot(cotangent)　495
固定軸 fixed axis　385
固定点 fixed point　385
古典力学 classical mechanics　iii
コペルニクス Nicolaus Copernicus　223
固有角振動数 eigen(natural) angular frequency　106, 110, 128, 131, 193
固有値問題 eigenvalue problem　401
コリオリ Gaspard-Gustave de Coriolis　94
コリオリ力 Coriolis force　157
　遠心力と――と向心力　159
　――と台風　163
ゴールドシュタイン Eugen Goldstein　285

さ 行

歳差 precession　413, 424
　首振り運動 wobbling　413
歳差運動 precession

擬正常―― pseudoregular precession　445
極の―― pole precession　422
正常―― regular precession　420
最接近点 point of closest approach　274
座標系 coordinate system　8, 86, 150, 468
　回転―― rotatory coordinate system　152, 186, 388
　静止―― coordinate system at rest　388
座標成分 coordinate components　468
差分 difference　261
作用・反作用の法則 action-reaction law　10, 151, 530
　作用 action　10
　力のモーメントの―― 352
　反作用 reaction　10
三角関数 trigonometric function　25
　――の加法定理 addition theorems of ...　106
　――の公式 formula of ...　29
散乱角 scattering angle　271, 272
　衝突係数と―― 270
散乱断面積 scattering cross-section　283
　微分―― differential scattering cross-section　283
散乱と有効ポテンシャル　273
時間 time　51, 70
　――微分 ... derivative　19
　――微分演算子 ... derivative operator　119
次元 dimension　69, 76, 81, 466
　――解析 dimensional analysis　70
　――と単位　94
仕事 work　79, 81, 85, 93, 139
　てこの原理と――　82
　――とエネルギー　139
　――率 power　81
仕事量 amount of work　218, 470
指数 exponent　35, 489
次数 degree　42, 101, 104, 132, 443, 489
指数関数 exponential function　35, 100, 107, 113, 489, 523, 525
　――的増加 exponential growth　35
　――の微分　489
実験室系 laboratory coordinate system　310
質点 point body　2, 52
質量 mass　2, 4, 15, 62, 65, 70, 106
　換算―― reduced mass　206, 227, 266
　慣性―― inertial mass　5, 10, 15, 64
　重力―― gravitational mass　15, 64
　――密度 mass density　336
質量中心 center of mass　→ 重心, 205
自転 rotation　184, 185, 424
　――軸 rotation axis　200
周期 period　106, 107
　――運動 periodic motion　105, 110
重心 center of gravity　204, 325
　――に対する相対運動　202

――の運動　202
重心系 center of mass coordinate system　206, 305
重積分 multiple integral　496
終速度 terminal velocity　32, 37, 47, 49
終端速度　→ 終速度, 32
自由度 degree of freedom　124, 323, 385
周波数 frequency　106
自由ベクトル free vector　52, 60, 466
自由落下 free fall　16, 39, 48, 62, 87, 93, 121, 122, 174
重力 gravitational force　59, 87, 136, 213
――加速度 gravitational acceleration　14, 62, 93, 460
実効的な―― effective gravity　169
ジュール J　81, 94
ジュール James Presott Joule　81
――トムソン効果 Joule-Thomson effect　82
――の法則 Joule's law　82
主慣性モーメント principal moment of inertia　400, 404
寿命 lifetime　525
上手なバンド　298
焦点 focus　238, 241, 244
章動 nutation　424, 429
衝突係数 impact parameter　271
――と散乱角　270
――と離心率　271
常微分 ordinary differentiation　488
常微分方程式 ordinary differential equation　104
初期条件 initial condition　15–17, 130, 498, 506
初速度 initial velocity　16, 30
真数 anti-logarithm　491, 515
シンチレーション scintillation　290
振動 oscillation (vibration)　98
――の周期と角速度　105
――運動 oscillation motion　111
強制―― forced oscillation　120
減衰―― damped oscillation　112, 115, 123
振動数 frequency　106
振幅 amplitude　105, 130
垂直抗力　normal component of reaction　141
スカラー scalar　463, 469
――積 scalar product　→ 内積, 469
――関数 scalar function　91
――量 scalar quantity　80, 88
スカラー関数 scalar function　511
ステヴィン Simon Stevin　54, 61
ステラジアン steradian　281
ストークスの法則 Stokes law　46
ストーニー George Johnstone Stoney　285
滑らずにころがる　378
正規性　→ 規格性, 477
正規直交系　→ 規格直交性, 470, 481

正弦関数 sine function　524
斉次 homogeneous　104
――常微分方程式... ordinary differential equation　104
――線形微分方程式... linear differential equation　119, 191
――線形方程式... linear equation　112
――微分方程式... differential equation　122
静力学 statics　iii, 78, 84, 85
セカント sec(secant)　495
積分 integration　495
線―― line integral　80, 93
定―― definite integral　497
――定数 constant of integration　15, 17, 33, 34, 122
――の線形性　500
不定―― indefinite integral　34, 497
部分―― partial integration　501, 526
積乱雲 cumulonimbus cloud　163
斥力 repulsive force　264
絶対値 absolute value　42
接頭語 prefix　72
全運動量の保存 conservation of total momentum　203
全角運動量の保存 conservation of total angular momentum　204
漸近線 asymptotic line　269
線形 linear　101, 104, 121
――結合 linear combination　112, 113, 115
――微分方程式... differential equation　100
全微分 total differential　90
双曲線 hyperbola
――運動 hyperbolic motion　264, 266
――軌道 hyperbolic trajectory　267
双曲線正接関数 hyperbolic tangent function　43
相対座標 relative coordinate　206, 227, 314
相対性理論 theory of relativity　52
速度 velocity　4, 52, 111
束縛
――運動 constrained motion　141
――力 constraining force　141, 197, 397, 398
束縛ベクトル bound vector　466

た 行

ダ・ヴィンチ Leonardo da Vinci　61
第1種楕円積分 elliptic integral of the first kind　146
対角化する diagonalize　401
対角行列 diagonal matrix　396
対称テンソル symmetric tensor　400
対数 logarithm　491
自然―― natural logarithm　33
常用―― common logarithm　33, 521

――の逆関数　518
――の定義　491
――の微分　492, 519
代数関数 algebraic function　489
台風 typhoon　163
太陽 Sun
　――と地球間の距離　210
　――の直径 diameter of Sun　224
　――半径 radius of Sun　211
楕円 ellipse
　――曲線を対角化する　405
　――と双曲線 ellipse and hyperbola　238
多項式 polynomial　133
多体系 many-body system　312
ダッシュ dash　486
ダランベール Jean le Rond d'Alembert　iv
単位 units　70, 76, 81
　次元と――　94
単位系 system of measurement　71
単位ベクトル unit vector　154, 465, 469
単振動の式 equation of simple harmonic oscillation　130
弾性衝突 elastic collision　293
単振り子 simple pendulum　129
力 force　2, 3, 59, 80
　――とエネルギー　94
　――の平行四辺形の原理 principle of parallelogram of forces　60, 62
　――のモーメント moment of force　61, 76, 77, 83, 85, 204, 323, 398, 466, 471
置換積分 integration by substitution　501
地球の直径 diameter of Earth　224
逐次近似法 method of successive approximation　172
地衡風 geostrophic wind　168
地軸 earth's axis　184, 414, 421
地動説 heliocentric (Copernican) theory　223
チャドウィック Sir Lames Chadwick　286
中心力 central force　92, 218, 229
超越関数 transcendental function　489
潮汐 tide
　大潮 spring tide　262
　――作用 tidal effect　258
　――力 tidal force　260
張力 tension　83, 135, 136, 141, 144
　――と振動角　135
直線運動 linear motion　276
直交 orthogonal
　規格――性 orthonormality　478
　――座標系 orthogonal coordinate system　469
　――性 orthogonality　477
　右手――系 right-handed orthogonal coordinate system　469
直交系 orthogonal coordinate system　466
月の直径 diameter of Moon　224
強い力 strong force　60

つり合い equilibrium　iii
底 base　519, 520
　――の変換 change the base of logarithm　520
ティコ・ブラーエ Tycho Brahe　224
抵抗 resistance
　圧力―― pressure drag　40
　慣性―― inertial resistance　32, 39, 45
　空気―― air resistance　31
　粘性―― viscous resistance　32, 45, 112
　摩擦―― frictional resistance　32
テイラー展開 Taylor expansion　131, 132
デカルト座標系 cartesian coordinate system　469
てこの原理 principle of leverage
　――と仕事　82
電荷 electric charge　264
電気素量 elementary electric charge　216, 460
電子 electron　285
　軌道―― orbital electron　285
　――の遮蔽効果 screening effect of atomic electrons　287, 288
電磁気力 electromagnetic force　59
テンソル tensor　394, 396
天動説 geocentric (Ptolemaic) theory　223
天文単位 astronomical unit　211
電力 electricity　81
導関数 derivative　484
　――の階数 rank of ...　100
東京スカイツリー　176
東京タワー　176
動径 moving radius　480
動径方向 radial direction　476
同次 homogeneous　→ 斉次, 104
動摩擦 kinetic friction
　――力 kinetic frictional force　141
動力学 dynamics　iii, 78
特解 particular solution　121, 122, 124
ドット dots　485
トムソン卿 Sir Joseph John Thomson　285
トムソン・モデル Thomson model　289
トルク torque　77

な　行

内積 inner product　80, 87, 91, 469
内力 internal force　11, 202, 312
ナイルの放物線 Neil's parabola　171, 176, 177
長さ length　70
ナブラ nabla　90, 91, 220, 507
　――の球座標表示　507
　――の次元　510
2項定理 binomial theorem　522
2重総和の略記法 notation of double summation　313
2体系 two body system　202

540　索　引

ニュートン Isaac Newton　62, 226
　──の運動の第1法則 Newton's first law of motion　7, 122, 150
　──の運動の第3法則 Newton's third law of motion　10, 203
　──の運動の第2法則 Newton's second law of motion　3, 76, 122
　──力学 Newtonian mechanics　iii
　──の運動方程式 Newton's equations of motion　5
　──の記法 Newton's notation　7, 99
ニュートン N　94
熱帯性低気圧 tropical cyclone　163
眠りごま sleeping top　434
粘性率 viscosity coefficient　46, 48

　　　　　　は　行

ハーポルホード錐 herpolhode cone　420
倍角の公式 double-angle formulas　142
ばね定数 spring constant　92, 98, 106
ハミルトン Sir William Rowan Hamilton　iv, 467
　──の最小作用の原理　6
馬力 horse power　81
半減期 half life　526
反発係数 reflection coefficient　293
万有引力 universal gravitation　62, 213
　──定数 gravitational constant　209, 217, 460
万有引力定数 universal gravitation constant　460
非慣性系 non-inertial system of coordinate　9, 150
　慣性系と──　9
引数 argument　486
非斉次 non-homogeneous　104
　──項　121, 122
　──微分方程式... differential equation　121
非線形 nonlinear　42
　──方程式　42
非対角要素 off diagonal element　400
左手系 left-handed system　467
非弾性衝突 inelastic collision　293
ヒッパルコス Hipparchus　223, 442
微分 differential　484
　指数関数の──　489
　対数の──　492, 519
　多項式の──　489
　──の線形性　487
標準偏差 standard deviation　333, 338
ビリヤード billiard　376
　──球　302
フーコー Jean-Bernard-Lèon Foucault　184
　──の振り子 Foucault pendulum　184
復元力 restoring force　98, 99, 108
複素共役 complex conjugate　103, 108, 114, 118

複素数 complex number　100, 103, 113, 119, 467
複素平面 complex plane　107
フック Robert Hooke　54
　──の法則 Hooke's law　91, 98
物理定数 physical constant　460
物理振り子 physical pendulum　357
プトレマイオス Claudius Ptolemaeus　223
プライム prime　486
プラトン Plato　53
分散 dispersion　333, 338
分力 component of force　60
平均寿命 mean lifetime　525
平均値 mean　526
　重み付き（加重）── weighted mean value　313, 525
平衡 equilibrium　77, 79
平行軸の定理 parallel-axis theorem　334, 357
平行四辺形の法則　parallelogram law of addition　464
ベクトル vector　5, 75, 463, 467, 468
　──の外積 cross product of ...　463
　──の結合則 associative law of ...　464
　──の交換則 commutative law of ...　464
　──の合成 composition of ...　465
　──の定義 definition of ...　463
　──の分解 decomposition of ...　465
　──の分配則 distributive law of ...　464
ベクトル関数 vector function　511
ベクトル積 vector product　→ 外積, 471
ベクトル微分演算子 vector differential operator　90, 220, 507
ヘルムホルツ Hermann Ludwig Ferdinand von Helmholtz　82
変位 displacement　52, 98, 111
変数分離 separation of variable　42
変数変換 change of variable　37, 231
偏西風 westerlies　166, 167
偏微分 partial differentiation　90, 487, 488
　──方程式 partial differential equation　104
方位角 azimuth angle　324, 480
方位角方向 azimuthal direction　476
貿易風 trade wind　167
崩壊率 decay rate　525
法線ベクトル normal vector　66
放物線 parabola　30
　──軌道 parabolic orbit　23
ボーア Niels Henrik David Bohr　286
ホームランを打つには　300
保存力 conservative force　87, 218
　──とポテンシャル　→ ポテンシャル, 219
　──と仕事　218
ポテンシャル potential　91
　遠心力の──　248, 250, 273, 277

——の導入 213
ポテンシャル・エネルギー potential energy 88, 91, 95, 110, 141, 249
ポルホード錐 polhode cone 419

ま 行

マイヤー Julius Robert von Mayer 82
マクローリン展開 Maclaurin expansion 118, 131
摩擦 friction
　——抵抗 frictional resistance 32
　——電気 frictional electricity (triboelectricity) 216
　——力 friction 380, 381
マッハ Ernst Mach 61
見かけの力 151, 157, 158, 530
　——のモーメント apparent moment of force 409, 411, 413
右手 right-handed
　——直交系 right-handed orthogonal coordinate system 464, 466, 469
　——系 right-handed system 76
メビウス August Ferdinand Möbius 467
メルカトル Nicholas Mercator 515
面積速度一定の法則 law of equal areal velocity 226, 229
モーメント moment 327
n 次—— nth moment 333
文字
　ギリシア文字 Greek character 461
　ヒエログリフ hieroglyph 461
　漢字 Chinese character 461
　楔形文字 cuneiform character 461
　フェニキア文字 Phoenician character 462
　ラテン文字 Latin character 462
戻る球 returning ball 381

や 行

ヤング Thomas Young 94
有向線分 directed segment 464
有効ポテンシャル effective potential 250, 265, 273, 275, 428

散乱と—— 273
誘電率 permittivity 264
ヨーヨーの運動 yo-yo motion 363, 367
余弦関数 cosine function 524
余弦定理 cosine law 307
弱い力 weak force 60

ら・わ 行

ライプニッツ Gottfried Wilhelm Leibniz 7, 94
　——の記法 Leibniz's notation 153
ラグランジュ Joseph Louis Lagrange iv, 213
　——の解析力学 213
　——方程式 Lagrange's equation of motion 6
　——のこま Lagrange's top 423
ラザフォード Ernest Rutherford 269
　——実験の意義 286
　——の公式 Rutherford scattering formula 283
ラジアン radian 24
落下運動 falling motion 13, 54
ランキン William J. M. Rankine 95
リーマン Georg Friedrich Bernhard Riemann
　——積分 Riemann integral 496
　——和 Riemann sum 496
力学的エネルギー mechanical energy 85, 93, 141
力積 impulse 74, 376
離心率 eccentricity 238, 244
　衝突係数と—— 271
立体角 solid angle 279
　ステラジアン steradian 281
　——の単位 281
硫化亜鉛 zinc sulphide 290
量子力学 quantum mechanics 291
臨界速度 critical velocity 47
レイノルズ数 Reynolds number 46
列ベクトル column vector 388, 389, 396, 399
ワット James Watt 81
ワット W 81

《著者紹介》

大島 隆義(おお しま たか よし)

1946 年　大阪市に生まれる
1975 年　名古屋大学大学院理学系研究科博士課程修了
　　　　 東京大学原子核研究所助手、
　　　　 高エネルギー加速器研究機構助教授、
　　　　 名古屋大学理学部教授などを経て
現　在　名古屋大学名誉教授、理学博士
著　書　『理工学の基礎　力学』（共著、培風館、2005 年）他

自然は方程式で語る　力学読本

2012 年 9 月 10 日　初版第 1 刷発行

定価はカバーに
表示しています

著　者　　大　島　隆　義

発行者　　石　井　三　記

発行所　　一般財団法人　名古屋大学出版会

〒 464-0814　　名古屋市千種区不老町 1 名古屋大学構内
　　　　　　　 電話 (052)781-5027/FAX(052)781-0697

©Takayoshi Ohshima, 2012
印刷・製本 ㈱太洋社
乱丁・落丁はお取替えいたします。

Printed in Japan
ISBN978-4-8158-0708-5

R ＜日本複製権センター委託出版物＞
本書の全部または一部を無断で複写複製（コピー）することは、著作権法
上での例外を除き、禁じられています。本書からの複写を希望される場合
は、日本複製権センター（03-3401-2382）の許諾を受けてください。

福井康雄監修
宇宙史を物理学で読み解く
―素粒子から物質・生命まで―

A5・262頁
本体3500円

土井正男/滝本淳一編
物理仮想実験室
―3Dシミュレーションで見る、試す、発見する―

A5・300頁＋CD
本体4200円

大沢文夫著
大沢流 手づくり統計力学

A5・164頁
本体2400円

國分　征著
太陽地球系物理学
―変動するジオスペース―

A5・292頁
本体6200円

篠原久典/齋藤弥八著
フラーレンとナノチューブの科学

A5・374頁
本体4800円

早川幸男著
素粒子から宇宙へ
―自然の深さを求めて―

四六・352頁
本体2200円

石崎宏矩著
サナギから蛾へ
―カイコの脳ホルモンを究める―

四六・254頁
本体3200円

野依良治著
研究はみずみずしく
―ノーベル化学賞の言葉―

四六・218頁
本体2200円